STAHLBETONBAU IN BEISPIELEN
TEIL 1

STAHLBETONBAU IN BEISPIELEN TEIL 1

Grundlagen der Stahlbeton-Bemessung
Bemessung von Stabtragwerken nach EC 2

7. überarbeitete und aktualisierte Auflage

Bearbeitet von:

ab der 6. Auflage
Prof. Dr.-Ing. René Conchon
Dr.-Ing. Markus Aldejohann

1. – 5. Auflage
Univ.-Prof. Dr.-Ing. Ralf Avak

Bibliografische Information der Deutschen Nationalbibliothek
Die Deutsche Nationalbibliothek verzeichnet diese Publikation in der Deutschen Nationalbibliografie; detaillierte bibliografische Daten sind im Internet über http://dnb.d-nb.de abrufbar.

Ihre Meinung ist uns wichtig!
http://www.bundesanzeiger-verlag.de/Meinung

Bundesanzeiger Verlag GmbH
Amsterdamer Straße 192
50735 Köln

Internet: www.bundesanzeiger-verlag.de
Weitere Informationen finden Sie auch in unserem Themenportal unter www.betrifft-bau.de

Beratung und Bestellung:
Tel.: +49 (0) 221 97668-306
Fax: +49 (0) 221 97668-236
E-Mail: bau-immobilien@bundesanzeiger.de

ISBN (Print): 978-3-8462-0451-1

Herstellung: Günter Fabritius

Druck und buchbinderische Verarbeitung: Appel und Klinger Druck & Medien GmbH, Schneckenlohe

Printed in Germany

Vorwort

Die Umstellung der nationalen auf europäische Bemessungsnormen ist im Betonbau zwischenzeitlich erfolgreich umgesetzt. Die Bemessungsgrundlagen für den Stahlbetonbau sind mit der Einführung der Eurocodes und hierbei insbesondere der DIN EN 1992-1-1 (EC 2-1-1) und der DIN EN 1992-1-2 (EC 2-1-2) gegeben. Die Erläuterungen zum Normentext liegen im Heft 600 des DAfStb vollständig vor.

Mit der Bearbeitung der 6. Auflage fand ein Autorenwechsel statt. Wir danken Herrn Professor Avak, auf dessen Vorarbeit und Manuskript wir auch in der hier vorliegenden 7. Auflage aufbauen konnten, für sein Vertrauen und hoffen, dass es uns gelingt, das Buch in seinem Sinne weiterzuführen.

Die Struktur des Buches sowie das erfolgreiche Konzept, nach Darstellung der Theorie, die praktische Bemessung anhand von Beispielen zu veranschaulichen, wurde beibehalten. Insbesondere Lesern, die mit früheren Auflagen dieses Buches vertraut sind, wird es hierdurch hoffentlich leichter fallen, sich in die neuen normativen Regelungen einzuarbeiten. Generell hoffen wir, dass „Stahlbetonbau in Beispielen" weiterhin sowohl Studierenden als auch Praktikern ein nützliches Hilfsmittel bei der täglichen Arbeit sein wird.

Abschließend möchten wir uns beim Bundesanzeiger Verlag für die sehr angenehme Zusammenarbeit bedanken.

Nürnberg / Düsseldorf, im Januar 2016

René Conchon

Markus Aldejohann

Inhaltsverzeichnis

Verzeichnis der Kapitel

Verzeichnis der Beispiele

Folgende Beispiele bauen aufeinander auf:

1 Allgemeines

1.1 Europäische Bemessungsnormen im Stahlbetonbau

Die Umstellung von nationalen auf europäische Bemessungsnormen wurde im Betonbau erfolgreich umgesetzt.

Das Deutsche Institut für Bautechnik (*DIBt*) erstellt im Auftrag der Bundesländer in regelmäßigen Abständen eine *Muster-Liste der Technischen Baubestimmungen*. Die Bundesländer überführen diese Liste individuell mit mehr oder weniger großen Abweichungen in ihre eigenen Listen. Es entsteht die *Liste der als Technische Baubestimmungen eingeführten technischen Regeln*. Erst wenn die einzelnen Normen in dieser Liste erscheinen, sind sie bauaufsichtlich eingeführt und müssen von den jeweiligen Behörden der Bauaufsicht beachtet werden.

Für die Bemessung von Stahlbeton- und Spannbetonbaukonstruktionen im Hochbau ist in **Tafel 1.1** ein Abschnitt der *Muster-Liste der Technischen Baubestimmungen* des *DIBt* zusammengestellt.

Tafel 1.1 Auszug aus der *Muster-Liste der Technischen Baubestimmungen* (*DIBt*, September 2014)

Nr.	Bezeichnung	Titel	Ausgabe
2.3.2	DIN EN 1992 (EC 2)	Eurocode 2: Bemessung und Konstruktion von Stahlbeton- und Spannbetontragwerken	
Bezugsquelle: Beuth Verlag GmbH, 10772 Berlin	-1-1	- Teil 1-1: Allgemeine Bemessungsregeln und Regeln für den Hochbau	Januar 2011
	-1-1/NA	Nationaler Anhang – National festgelegte Parameter – Eurocode 2: Bemessung und Konstruktion von Stahlbeton- und Spannbetontragwerken – Teil 1-1: Allgemeine Bemessungsregeln und Regeln für den Hochbau	April 2013
	-1-2	- Teil 1-2: Allgemeine Regeln - Tragwerksbemessung für den Brandfall	Dezember 2010
	-1-2/NA	Nationaler Anhang - National festgelegte Parameter – Eurocode 2: Bemessung und Konstruktion von Stahlbeton- und Spannbetontragwerken – Teil 1-2: Allgemeine Regeln - Tragwerksbemessung für den Brandfall	Dezember 2010

Die *Liste der als Technische Baubestimmungen eingeführten technischen Regeln* betrifft nur den Hochbau. Die Einführung der Eurocodes für den Brücken- und Ingenieurbau erfolgt bei Straßenbrücken durch das Bundesministerium für Verkehr, Bau und Stadtentwicklung mit den *Allgemeinen Rundschreiben* (*ARS*) an die Obersten Straßenbaubehörden der Länder.

Für die Bemessung und Konstruktion von Bahnanlagen und Eisenbahnbrücken ist die vom Eisenbahn-Bundesamt eingeführte *Eisenbahnspezifische Liste Technischer Baubestimmungen* (*ELTB*) maßgebend.

Die entsprechenden Bemessungsnormen im Brückenbau sind in **Tafel 1.2** zusammengestellt.

Tafel 1.2 Bemessungsnormen Stahlbetonbau im Brückenbau (*ARS* Nr. 22/2012, *ELTB* 04/2015)

Nr.	Bezeichnung	Titel	Ausgabe
	DIN EN 1992 (EC 2)	Eurocode 2: Bemessung und Konstruktion von Stahlbeton- und Spannbetontragwerken	
-	-2	- Teil 2: Betonbrücken Bemessungs- und Konstruktionsregeln	Dezember 2010
	-2/NA	Nationaler Anhang - National festgelegte Parameter – Eurocode 2: Bemessung und Konstruktion von Stahlbeton- und Spannbetontragwerken – Teil 2: Betonbrücken – Bemessungs- und Konstruktionsregeln	April 2013
Bezugsquelle: Beuth Verlag GmbH, 10772 Berlin			

Hierbei enthält DIN EN 1992-2 (EC 2-2, **Tafel 1.2**) nur Inhalte, die Unterschiede zu DIN EN 1992-1-1 (EC 2-1-1, **Tafel 1.1**) aufweisen oder Ergänzungen.

Als Beispiel[1] für die Unterschiede kann man die Begrenzung der Druckstrebenneigung θ bei der Schubbemessung (→ Kap. 8) aufführen.

EC 2-1-1/NA, Gl. 6.7aDE (Hochbau):

$$1{,}0 \le \cot\theta \le \frac{1{,}2 + 1{,}4 \cdot \frac{\sigma_{cp}}{f_{cd}}}{1 - \frac{V_{Rd,cc}}{V_{Ed}}} \le 3{,}0$$

EC 2-2/NA, Gl. 6.107aDE (Brückenbau):

$$1{,}0 \le \cot\theta \le \frac{1{,}2 + 1{,}4 \cdot \frac{\sigma_{cp}}{f_{cd}}}{1 - \frac{V_{Rd,cc}}{V_{Ed}}} \le 1{,}75$$

Während im Hochbau bei der Schubbemessung eine Mindestneigung der Betondruckstrebe von $\theta = 18{,}4°$ zu beachten ist, wird im Brückenbau eine größere Mindestdruckstrebenneigung von $\theta = 29{,}7°$ gefordert.

[1] Dieses Beispiel ist erst vollkommen verständlich, wenn die Kapitel 7 und 8 bekannt sind.

1.2 Bauteile aus Stahlbeton

Belastet man einen Balken, so biegt er sich durch. Unter der Belastung werden im Inneren des Balkens Druck- und Zugspannungen wirksam.

Beton kann zwar hohe Druckspannungen, aber nur geringe Zugspannungen aufnehmen. Ein unbewehrter Betonbalken versagt daher sehr schnell. Stahl besitzt dagegen eine hohe Zugfestigkeit. Legt man nun Stahlbewehrungen unverschieblich in die Zugzone eines Querschnitts, so vereint sich die Druckfestigkeit des Betons mit der hohen Zugfestigkeit des Stahles zum tragfähigen Stahlbeton (**Abb. 1.1**). Zur Entfaltung dieser Tragwirkung müssen sich im Bauteil Risse ausbilden. Diese sind ein (die Dauerhaftigkeit nicht beeinträchtigender) Bestandteil der Bauweise, sofern sie ausreichend klein gehalten werden (→ Kap. 12).

Stahlbetontragwerke (reinforced concrete structures) sind i. d. R. komplexe zusammenhängende (= monolithische) Tragwerke. Sie werden für die Bemessung in einzelne Tragelemente (→ Kap. 5) zerlegt. Bauteile lassen sich einteilen in:

- *stabförmige Bauteile* (Balken, Stützen, Zugstäbe): Ihre Aufgabe ist der Lastabtrag.
- *flächenförmige Bauteile* (Platten, Wände, wandartige Träger → Teil 2): Ihre Aufgabe sind der Lastabtrag und i. d. R. zusätzlich die Bildung des Raumabschlusses.
- *räumliche Bauteile* (Schalen): Ihre Aufgabe sind der Lastabtrag und zusätzlich die Bildung der Bauwerkshülle.

Der Stahlbetonbau hat als Baustoff eine ganz wesentliche Bedeutung erlangt. Dies liegt hauptsächlich an folgenden beiden Gründen:

- Stahlbeton ist während der Herstellung beliebig formbar und ermöglicht damit vielfältige Gestaltungsformen.
- Stahlbeton lässt sich bei geeigneter Bewehrungsführung mit den verfügbaren Schalsystemen äußerst wirtschaftlich herstellen.

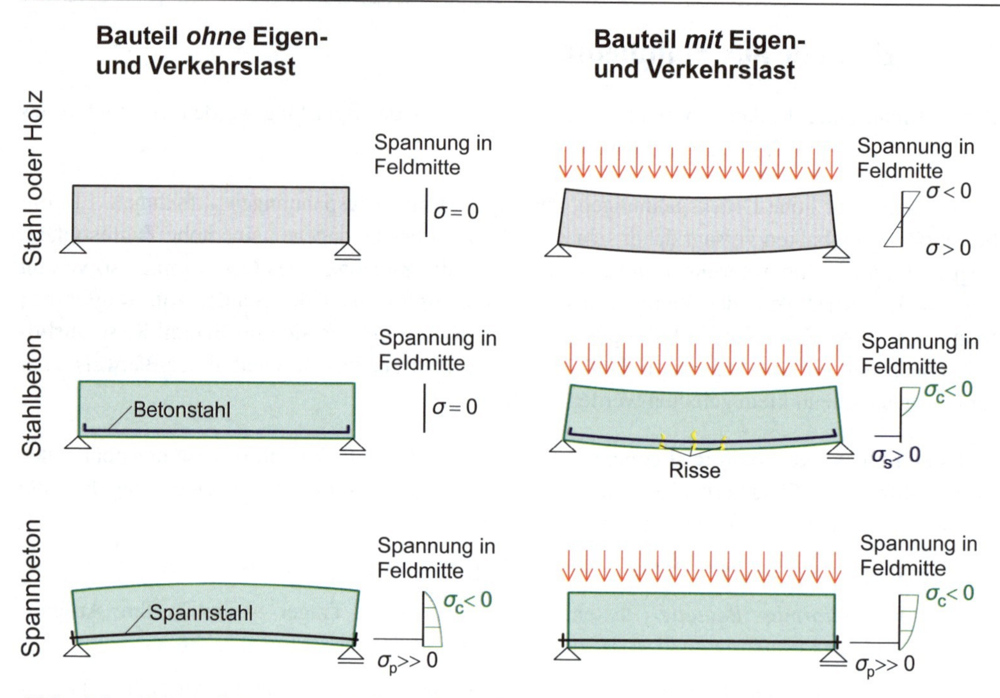

Abb. 1.1 Tragverhalten verschiedener Baustoffe

1.3 Eigenschaften des Verbundbaustoffes Stahlbeton

1.3.1 Tragverhalten unter zentrischem Druck

Im Stahlbeton beteiligen sich der Beton und der Betonstahl an der Aufnahme der Beanspruchung (Schnittgrößen). Die anteilige Aufteilung hängt hierbei von der Art der Beanspruchung (Druck-, Zug-, Biegebeanspruchung) und ihrer Größe ab. Der Tragmechanismus und die Lastaufteilung wird nachfolgend für jede dieser Beanspruchungen erklärt.

Um das Tragverhalten von Stahlbeton unter zentrischem Druck zu erläutern, soll ein Prisma mit der Querschnittsfläche A_c und einem mittig angeordneten Bewehrungsstab der Fläche A_s betrachtet werden (**Abb. 1.2**). Aufgetragen ist neben den Stauchungen des Betons ε_c und des Betonstahles ε_s sowie den zugehörigen Spannungen σ_c bzw. σ_s die Relativverschiebung u zwischen den beiden Werkstoffen in ihrer Kontaktfläche. Betrachtet werden unterschiedliche Laststufen.

Niedrige Beanspruchung (Bereich A):

Beide Baustoffe verhalten sich nach dem HOOKEschen Gesetz. Hierüber lassen sich Spannungen und innere Kräfte formulieren:

$$\sigma_c = E_c \cdot \varepsilon_c \tag{1.1}$$

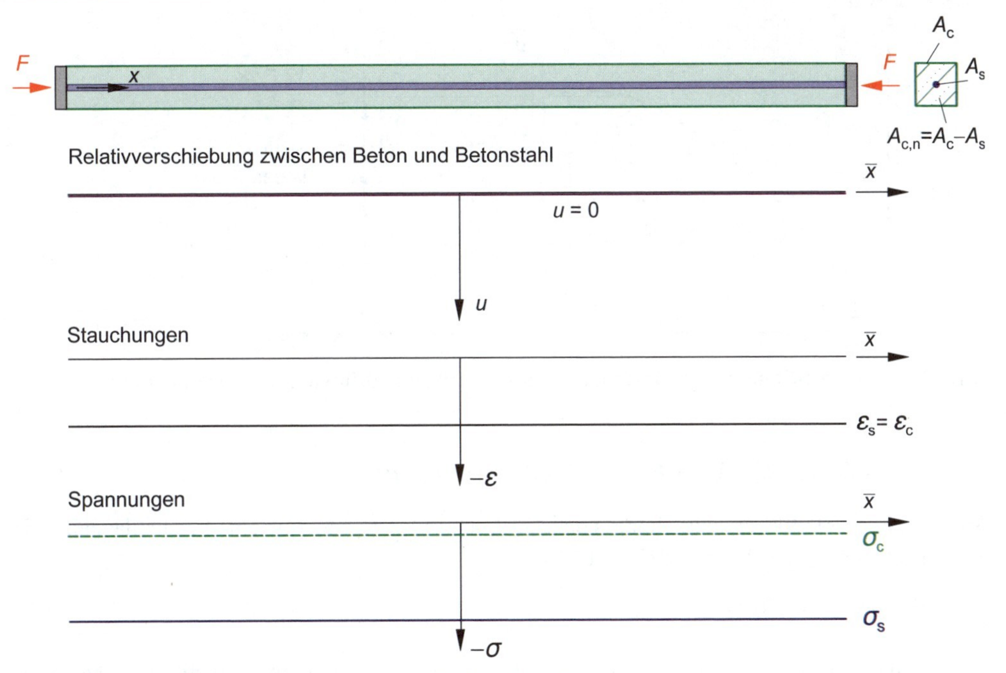

Abb. 1.2 Stahlbetonprisma unter zentrischem Druck

$$\sigma_\mathrm{s} = E_\mathrm{s} \cdot \varepsilon_\mathrm{s} = \alpha_\mathrm{e} \cdot \sigma_\mathrm{c} \tag{1.2}$$

$$\text{mit } \alpha_\mathrm{e} = \frac{E_\mathrm{s}}{E_\mathrm{c}} \tag{1.3}$$

$$F = F_\mathrm{c} + F_\mathrm{s} = \sigma_\mathrm{c} \cdot A_\mathrm{c,n} + \sigma_\mathrm{s} \cdot A_\mathrm{s} = \sigma_\mathrm{c} \cdot A_\mathrm{c,n} \cdot \left(1 + \alpha_\mathrm{e} \cdot \frac{A_\mathrm{s}}{A_\mathrm{c,n}}\right) \tag{1.4}$$

$$\sigma_\mathrm{c} = \frac{F}{A_\mathrm{i}} \tag{1.5}$$

Beachtet man, dass die Nettofläche des Betonquerschnitts $A_\mathrm{c,n}$ ungefähr der Querschnittsfläche des Prismas A_c gleich ist und definiert als Verhältnis der Stahlfläche zur Betonfläche den geometrischen Bewehrungsgrad ρ (geometrical reinforcement ratio), so kann die Beanspruchung über die innere Betondruckkraft F_c beschrieben werden.

$$\rho = \frac{A_\mathrm{s}}{A_\mathrm{c,n}} \approx \frac{A_\mathrm{s}}{A_\mathrm{c}} \tag{1.6}$$

$$F = F_\mathrm{c} \cdot (1 + \alpha_\mathrm{e} \cdot \rho) \tag{1.7}$$

Da der geometrische Bewehrungsgrad von Stahlbetonkonstruktionen wenige Prozent beträgt und das Verhältnis der Elastizitätsmoduli < 10 ist, lässt sich aus Gl. (1.7) sofort erkennen, dass der zweite Summand in der Klammer < 1 ist und somit die Tragfähigkeit einer Stahlbetonkonstruktion auf Druck durch den Beton bestimmt wird. Der Einfluss der Bewehrung nimmt weiterhin mit steigender Betonfestigkeit (= wachsendem E_c) ab. Versucht man die Steifigkeit $E \cdot A$ der Konstruktion darzustellen (**Abb. 1.3**), ergibt sich bei niedrigen Beanspruchungen Folgendes:

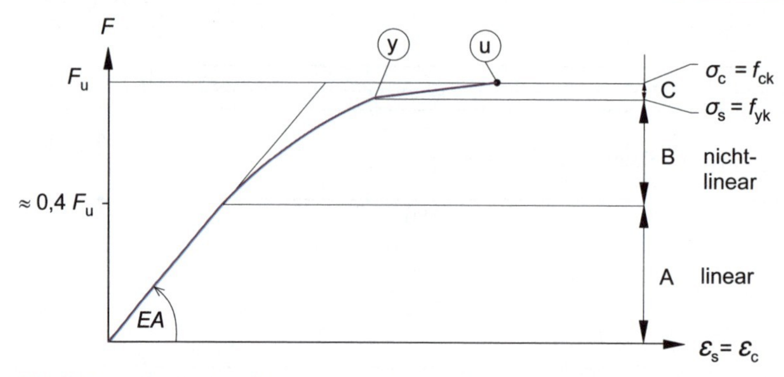

Abb. 1.3 Kraft-Stauchungs-Beziehung eines zentrisch gedrückten Stahlbetonbauteils

$$E \cdot A = E \cdot A^{I} = E_c \cdot A_{c,n} + E_s \cdot A_s = E_c \cdot A_{c,n} \cdot (1 + \alpha_e \cdot \rho) \tag{1.8}$$

Aus Gl. (1.8) ist sofort ersichtlich, dass der Ausdruck $A_{c,n} \cdot (1 + \alpha_e \cdot \rho)$ eine Fläche darstellt. Sie wird als ideeller Querschnitt A_i definiert.

$$A_i = A_{c,n} \cdot (1 + \alpha_e \cdot \rho) \tag{1.9}$$

Bei zunehmender Belastungssteigerung verhält sich der Beton zunehmend nichtlinear. Die Steifigkeit vermindert sich (Bereich B).

Hohe Beanspruchung (Punkt u):

Der Betonstahl erreicht mit zunehmender Belastung und damit Stauchung des Prismas die Fließgrenze f_{yk}. Dieser Zustand wird in (**Abb. 1.3**) durch den Punkt y beschrieben. Bei weiterer Laststeigerung nimmt nur noch die Druckspannung im Beton zu, bis diese die Druckfestigkeit f_{ck} erreicht. Mit den Gln. (1.4) und (1.6) lässt sich die Bruchlast F_u ausdrücken:

$$F_u = F_c + F_s = f_{ck} \cdot A_{c,n} + f_{yk} \cdot A_s \tag{1.10}$$

$$F_u = F_c \cdot \left(1 + \frac{f_{yk}}{f_{ck}} \cdot \rho\right) \tag{1.11}$$

Versagensursache ist somit der Beton (der Stahl fließt).

Beispiel 1.1: Längenänderung einer Stütze

a) Auf einer 2,50 m langen Stütze 20/20 cm befindet sich eine Last $F = -300$ kN. Der Beton der Stütze hat die Festigkeitsklasse C20/25 ($E_{cm} = 30000$ N/mm^2). Wie groß ist die Längenänderung der Stütze unmittelbar nach Lastaufbringung?

b) Die Stütze wird zusätzlich mit Betonstahl 4 ∅20 ($E_s = 200000$ N/mm^2) in den Ecken bewehrt. Wie groß ist die Längenänderung dann?

Lösung Frage a:

$A_c = 20 \cdot 20 = 400\,\text{cm}^2$	$A_c = b \cdot h$
$\Delta l = \dfrac{-0,300 \cdot 2,5}{30000 \cdot 0,04} = \underline{\underline{-0,63 \cdot 10^{-3}\,\text{m}}}$	$\Delta l = \dfrac{F \cdot l}{E \cdot A}$

Lösung Frage b:

$A_s = 4 \cdot \pi \cdot \dfrac{2,0^2}{4} = 12,6\,\text{cm}^2$	$A_s = n \cdot \pi \cdot \dfrac{d_s^2}{4}$
$A_{c,n} = A_c - A_s = 400 - 12,6 = 387\,\text{cm}^2$	$A_{c,n} = A_c - A_s$
$\rho = \dfrac{12,6}{387} = 0,033 = 3,3\%$	(1.6): $\rho = \dfrac{A_s}{A_{c,n}}$
$\alpha_e = \dfrac{200000}{30000} = 6,67$	(1.3): $\alpha_e = \dfrac{E_s}{E_c}$
$E \cdot A = 30000 \cdot 387 \cdot 10^{-4} \cdot (1 + 6,67 \cdot 0,033) = 1420\,\text{MNm}^2$	(1.8): $E \cdot A = E_c \cdot A_{c,n} \cdot (1 + \alpha_e \cdot \rho)$
$\Delta l = \dfrac{-0,300 \cdot 2,5}{1420} = \underline{\underline{-0,53 \cdot 10^{-3}\,\text{m}}}$	$\Delta l = \dfrac{F \cdot l}{E \cdot A}$
Die Bewehrung reduziert die Stauchung um 16 %.	Fortsetzung mit Beispiel 2.3

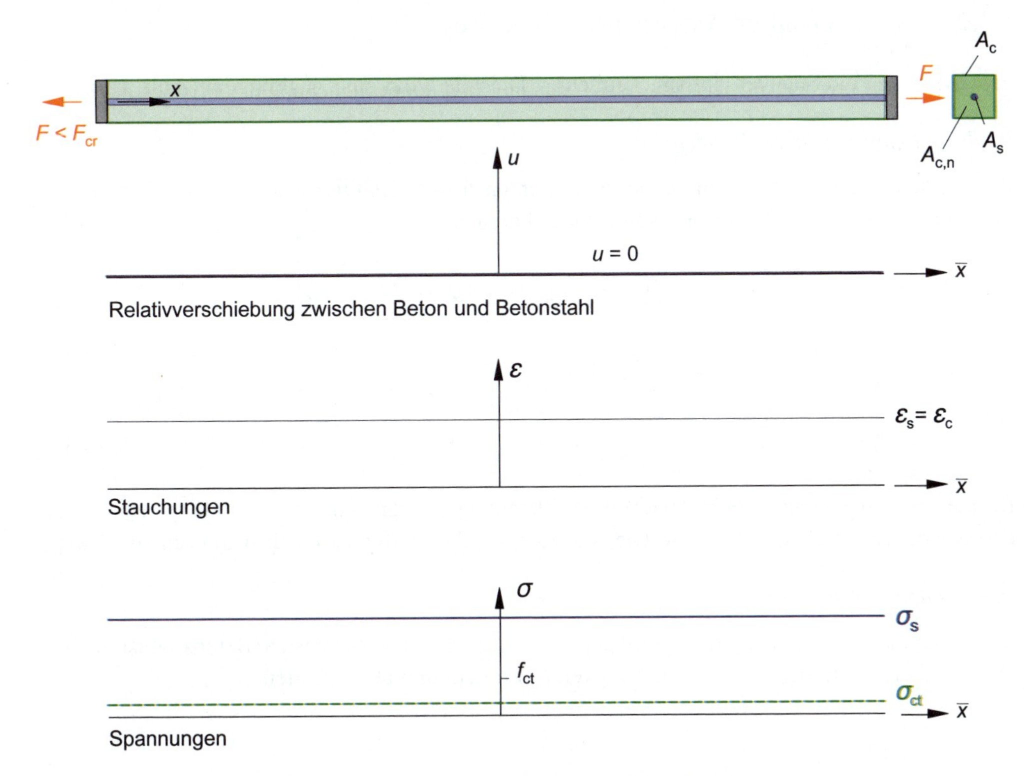

Abb. 1.4 Stahlbetonprisma unter zentrischem Zug vor Rissbildung

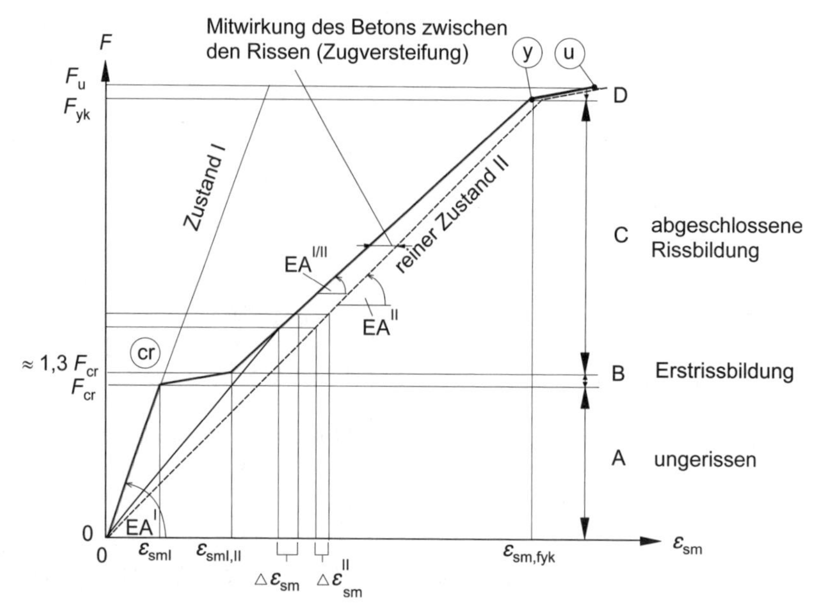

Abb. 1.5 Kraft-Dehnungs-Beziehung eines zentrisch gezogenen Stahlbetonbauteiles

1.3.2 Tragverhalten unter zentrischem Zug

Es wird wieder ein Stahlbetonprisma betrachtet. Diesmal wirkt eine Zugkraft ein (**Abb. 1.5**).

Niedrige Beanspruchung (Bereich A):

Beide Baustoffe verhalten sich zunächst wieder nach dem HOOKEschen Gesetz. Die inneren Spannungen und Kräfte lassen sich somit formulieren zu:

$$F = F_c + F_s = \sigma_{ct} \cdot A_{c,n} + \sigma_s \cdot A_s = \sigma_{ct} \cdot A_{c,n} \cdot \left(1 + \alpha_e \cdot \frac{A_s}{A_{c,n}}\right) = \sigma_{ct} \cdot A_i \tag{1.12}$$

$$\sigma_{ct} = \frac{F}{A_i} \approx \frac{F}{A_c} \tag{1.13}$$

$$\sigma_s = E_s \cdot \varepsilon_s = \alpha_e \cdot \sigma_{ct} \tag{1.14}$$

Bis auf das entgegengesetzte Vorzeichen der Spannungen liegt somit zunächst die gleiche Situation wie bei zentrischem Druck vor. Dies gilt auch für die Steifigkeit (**Abb. 1.5**) nach Gl. (1.8).

Bildung des 1. Risses (Punkt cr):

Mit zunehmender Laststeigerung wird an der Stelle mit den geringsten Betonzugfestigkeiten (Materialkennwerte streuen) die Zugfestigkeit f_{ct} erreicht und überschritten.

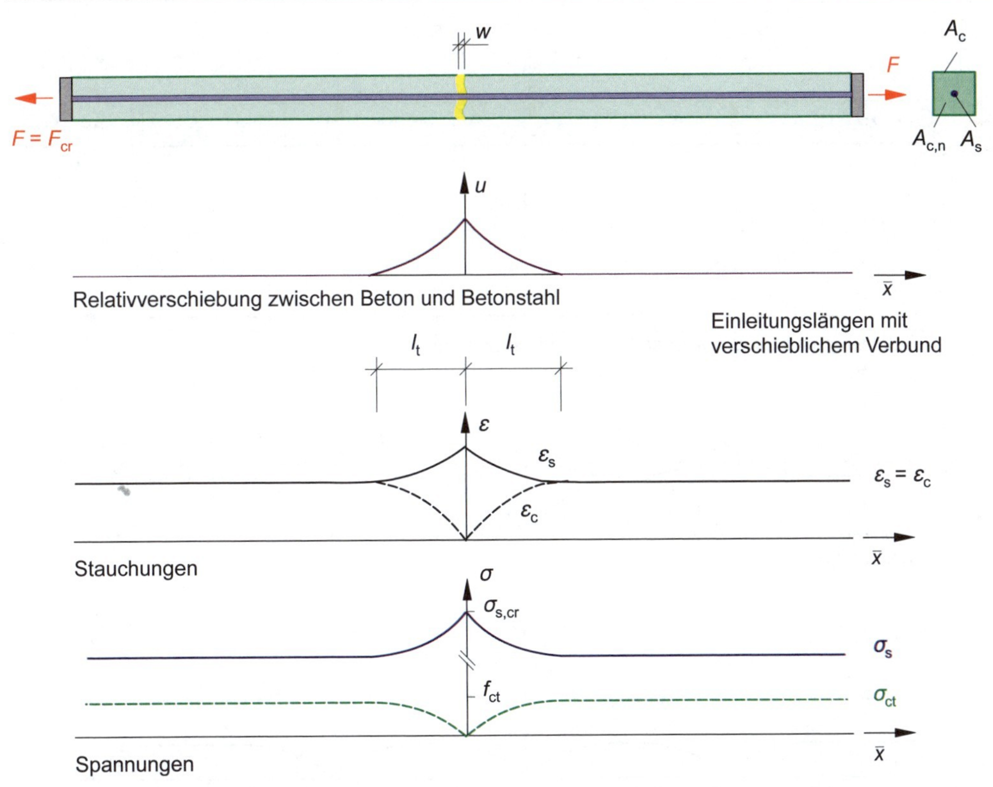

Abb. 1.6 Stahlbetonprisma unter zentrischem Zug nach Bildung des ersten Risses

unmittelbar *vor* Rissbildung (Zustand I = uncracked stage) $F \approx F_{cr} = f_{ct} \cdot A_i$ (1.15)

unmittelbar *nach* Rissbildung (Zustand II = cracked stage) $\sigma_c = 0 \Rightarrow$

$$F_{cr} = \sigma_{s,cr} \cdot A_s \tag{1.16}$$

Durch Gleichsetzen von Gl. (1.15) und (1.16) lassen sich folgende Erkenntnisse gewinnen:

$$f_{ct} \cdot A_i = \sigma_{s,cr} \cdot A_s$$

$$\sigma_{s,cr} = f_{ct} \cdot \frac{A_i}{A_s} = f_{ct} \cdot \frac{A_{c,n} \cdot (1 + \alpha_e \cdot \rho)}{\rho \cdot A_{cn}} = f_{ct} \cdot \frac{1 + \alpha_e \cdot \rho}{\rho} \tag{1.17}$$

$$\Delta\sigma_s = \sigma_s - \sigma_{s,cr} = f_{ct} \cdot \left(\frac{1 + \alpha_e \cdot \rho}{\rho} - \alpha_e \right) = \frac{f_{ct}}{\rho} \tag{1.18}$$

Im Betonstahl nehmen durch die Rissbildung die Spannungen und damit auch die Dehnungen an der Rissstelle sprunghaft zu (**Abb. 1.6**). Dieser Spannungssprung ist umso größer, je kleiner der Bewehrungsgrad ρ ist. Die Rissbreite w ist das Integral der Dehnungsunterschiede von Beton und Betonstahl (**Abb. 1.6**). Infolge der Verbundwirkung zwischen Beton und Betonstahl wird der Dehnungsunterschied jedoch schnell abgebaut. Außerhalb der Einleitungslänge l_t (transfer length) liegen im Prisma die Verhältnisse des ungerissenen Zustandes vor.

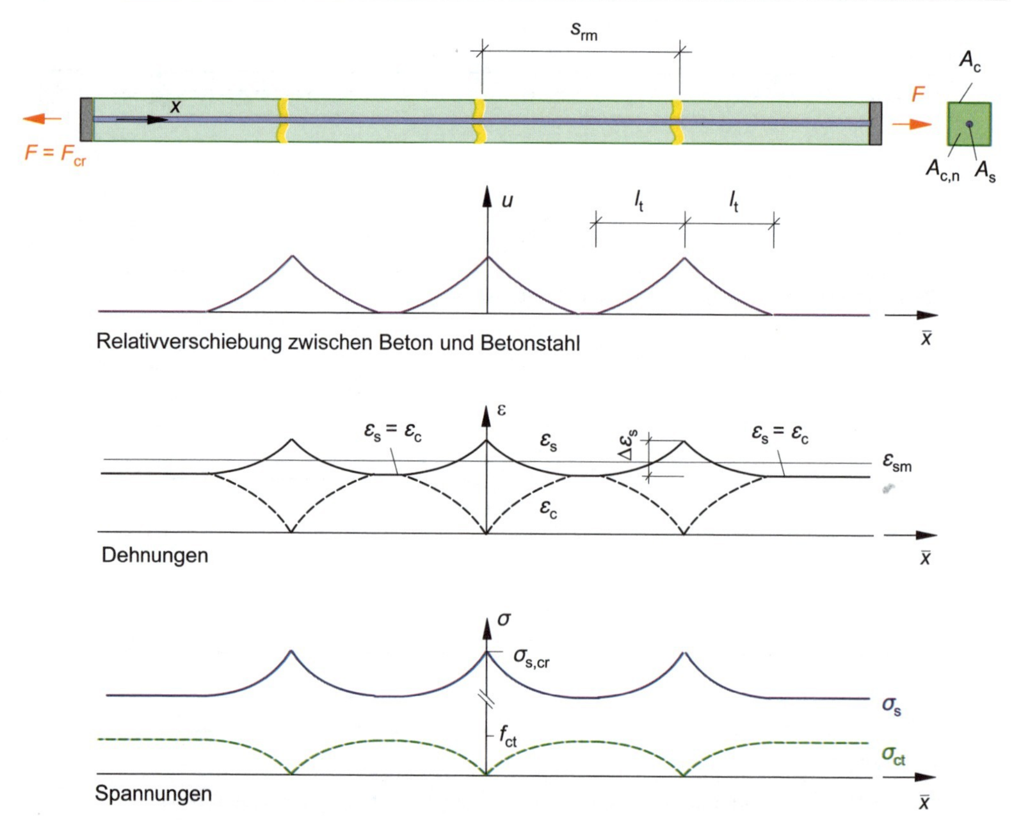

Abb. 1.7 Stahlbetonprisma unter zentrischem Zug bei Erstrissbildung

Erstrissbildung (crack formation stage = Bereich B):

Schon bei weiterer geringer Belastungssteigerung bilden sich weitere Risse (**Abb. 1.7**). Die Rissabstände sind hierbei zunächst noch deutlich größer als die Einleitungslänge l_t. Im Bereich zwischen den Einleitungslängen haben Beton und Betonstahl identische Dehnungen. Für die Betonstahldehnungen kann ein Mittelwert ε_{sm} angegeben werden. Der Beiwert β_t erfasst den Rissabstand und die Belastungsdauer; er ist geometrisch ein Völligkeitsbeiwert.

$$\varepsilon_{sm} = \varepsilon_{s,max} - \beta_t \cdot \Delta\varepsilon_s = \varepsilon_{s,max} - \beta_t \cdot \frac{\Delta\sigma_s}{E_s} \tag{1.19}$$

Abgeschlossene Rissbildung (stabilized cracking stage = Bereich C):

Bei etwa 1,3 F_{cr} haben die Rissabstände so weit abgenommen, dass sich die Einleitungslänge l_t nicht mehr voll ausbilden kann und zwischen Rissen keine Bereiche mit gleichen Beton- und Stahldehnungen mehr vorhanden sind; die Rissbildung ist abgeschlossen. Da die Einleitungslänge nicht mehr erreicht wird, ist die Betonzugspannung $\sigma_{ct} < f_{ct}$ (**Abb. 1.8**). Wegen der zunehmenden Schädigung des Verbundes in der Nähe der Rissufer ist $\Delta\varepsilon_{sm} > \Delta\varepsilon_s^{II}$. Für die Steifigkeit der Konstruktion gilt:

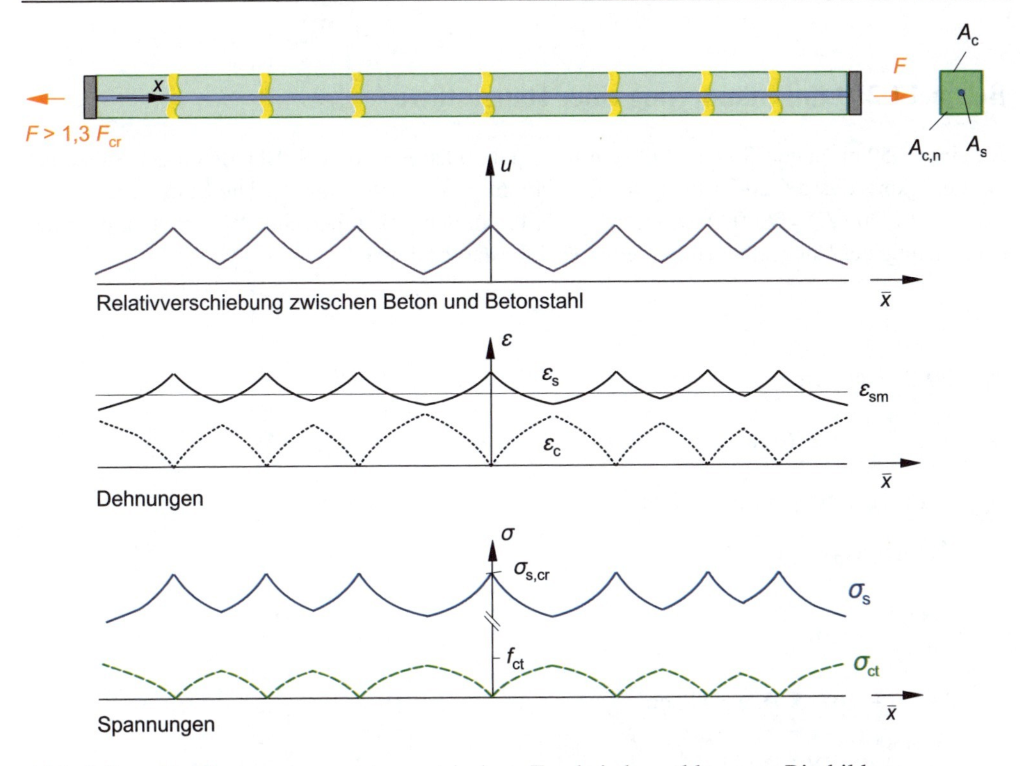

Abb. 1.8 Stahlbetonprisma unter zentrischem Zug bei abgeschlossener Rissbildung

$$E \cdot A^{\mathrm{I/II}} = \frac{\Delta F}{\Delta \varepsilon_{\mathrm{sm}}} \tag{1.20}$$

$$E \cdot A^{\mathrm{II}} = \frac{\Delta F}{\Delta \varepsilon_{\mathrm{s}}} \tag{1.21}$$

Für Nachweise im Grenzzustand der Tragfähigkeit (→ Kap. 6.2.1) kann ein reiner Zustand II betrachtet werden; für Nachweise im Grenzzustand der Gebrauchstauglichkeit muss die Mitwirkung des Betons zwischen den Rissen (Zugversteifung; tension stiffening) berücksichtigt werden.

Erreichen der Fließgrenze (yield strength = Punkt y):

Wenn die Zugspannung im Betonstahl die Fließgrenze f_{yk} erreicht, nehmen die weiteren Dehnungen sehr stark zu. Infolge des Verfestigungsbereiches des Betonstahles ist noch eine geringe Laststeigerung möglich, bis der Bruch infolge Betonstahlversagens eintritt (Punkt u).

Beispiel 1.2: Längenänderung einer Hängestütze

An einer 2,50 m langen Stütze 20/20 cm hängt eine Last $F = 300$ kN. Der Beton der Stütze hat die Festigkeitsklasse C20/25 ($E_{cm} = 30000$ N/mm^2 ; $f_{ct} = 1,5$ N/mm^2). Die Stütze ist mit Betonstahl 4 ∅20 ($E_s = 200000$ N/mm^2 ; $\beta_t = 0,40$) in den Ecken bewehrt. Wie groß ist die Längenänderung der Hängestütze unmittelbar nach Lastaufbringung?

Lösung:

$A_c = 20 \cdot 20 = 400 \text{ cm}^2$	$A_c = b \cdot h$
$A_s = 4 \cdot \pi \cdot \dfrac{2,0^2}{4} = 12,6 \text{ cm}^2$	$A_s = n \cdot \pi \cdot \dfrac{d_s^2}{4}$
$A_{c,n} = A_c - A_s = 400 - 12,6 = 387 \text{ cm}^2$	$A_{c,n} = A_c - A_s$
$\rho = \dfrac{12,6}{387} = 0,033 = 3,3\%$	(1.6): $\rho = \dfrac{A_s}{A_{c,n}}$
$\alpha_e = \dfrac{200000}{30000} = 6,67$	(1.3): $\alpha_e = \dfrac{E_s}{E_c}$
$A_i = 387 \cdot (1 + 6,67 \cdot 0,033) = 472 \text{ cm}^2$	(1.9): $A_i = A_{c,n} \cdot (1 + \alpha_e \cdot \rho)$
$\sigma_{ct} = \dfrac{0,300}{472 \cdot 10^{-4}} = 6,4 \text{ N/mm}^2$	(1.13): $\sigma_{ct} = \dfrac{F}{A_i}$
$\sigma_{ct} = 6,4 \text{ N/mm}^2 > 1,5 \text{ N/mm}^2 = f_{ct}$	Zugfestigkeit des Betons:
$\Rightarrow$ der Beton reißt, der Stahl trägt danach allein die Last	$f_{ct} = 1,5 \text{ N/mm}^2$
$\sigma_s = \dfrac{0,300}{12,6 \cdot 10^{-4}} = 238 \text{ N/mm}^2$	$\sigma_s = \dfrac{F}{A_s}$
$\varepsilon_{s,max} = \dfrac{238}{200000} = 1,19 \cdot 10^{-3}$	$\varepsilon_{s,max} = \dfrac{\sigma_s}{E_s}$
$\sigma_{s,cr} = 1,5 \cdot \dfrac{1 + 6,67 \cdot 0,033}{0,033} = 55 \text{ N/mm}^2$	(1.17): $\sigma_{s,cr} = f_{ct} \cdot \dfrac{1 + \alpha_e \cdot \rho}{\rho}$
$\Delta\sigma_s = 238 - 55 = 183 \text{ N/mm}^2$	(1.18): $\Delta\sigma_s = \sigma_s - \sigma_{s,cr}$
$\varepsilon_{sm} = 1,19 \cdot 10^{-3} - 0,40 \cdot \dfrac{183}{200000} = 0,82 \cdot 10^{-3}$	(1.19): $\varepsilon_{sm} = \varepsilon_{s,max} - \beta_t \cdot \dfrac{\Delta\sigma_s}{E_s}$
$\Delta l = 0,82 \cdot 10^{-3} \cdot 2,50 = \underline{\underline{2,1 \cdot 10^{-3} \text{ m}}}$	$\Delta l = \varepsilon \cdot l$

Infolge der Zugversteifung sinkt die Dehnung von 1,19 ‰ des gerissenen Querschnittes auf einen Mittelwert 0,82 ‰. Die Dehnung ist aber immer noch 4,0-mal so groß wie die Stauchung bei einer gleich großen Druckkraft (→ Beispiel 1.1).

1.3.3 Tragverhalten unter Biegung

Es wird ein Stahlbetonbalken betrachtet, auf den ein Biegemoment wirkt (**Abb. 1.9**). Durch analoge Betrachtungen zu den bei Druck- und Zuglast auftretenden Spannungen lassen sich die entsprechenden Gleichungen formulieren. Statt der Dehnsteifigkeit $E \cdot A$ ist hier die Biegesteifigkeit $E \cdot I$ zu betrachten.

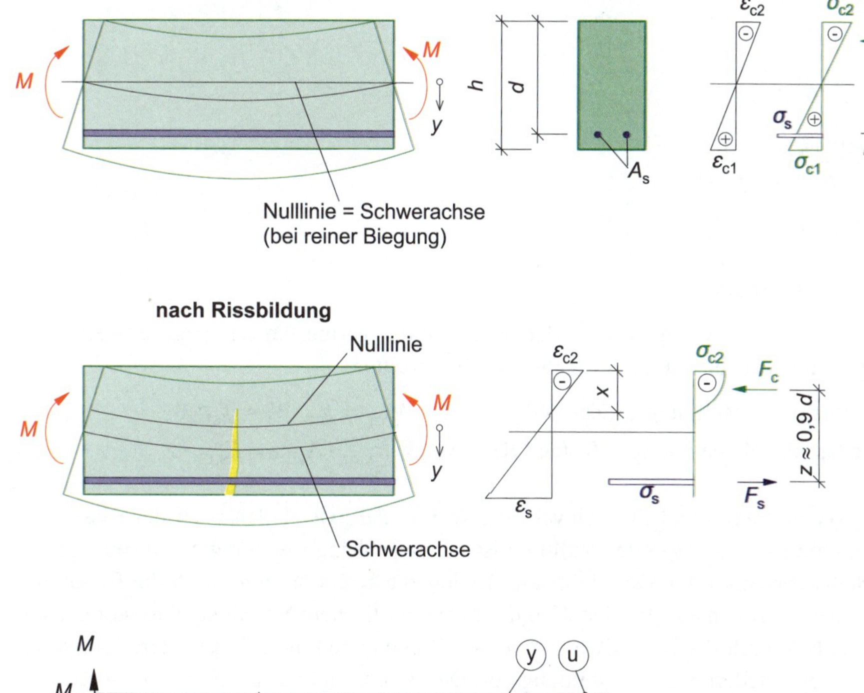

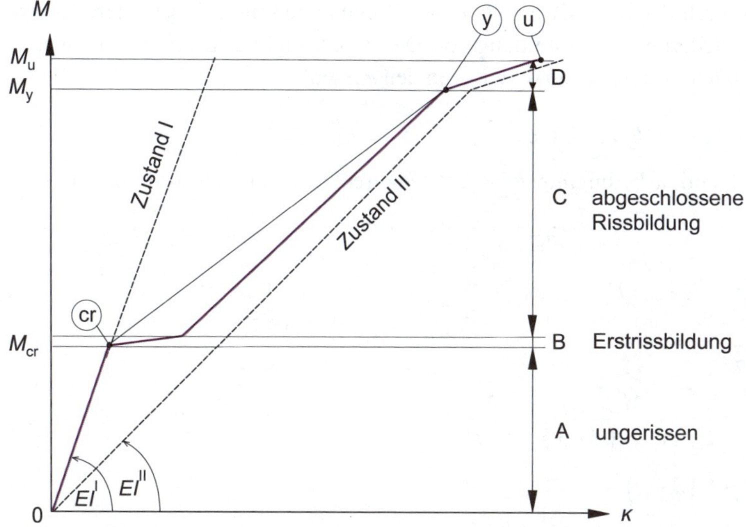

Abb. 1.9 Stahlbetonbalken unter Biegung und das entsprechende Momenten-Krümmungs-Diagramm

Niedrige Beanspruchung (Bereich A):

Beide Baustoffe verhalten sich zunächst wieder nach dem HOOKEschen Gesetz. Es gilt die Hypothese von BERNOULLI. Die inneren Spannungen und Kräfte lassen sich entsprechend **Abb. 1.9** formulieren, wobei die Nulllinie (bei reiner Biegung) in Höhe der Schwerachse liegt. Für die Spannung ergibt sich analog zu den Gln. (1.13) und (1.2):

$$\sigma_c = \frac{M}{I_i} \cdot y \approx \frac{M}{I_c} \cdot y \quad (1.22)$$

$$M = \sigma_c \cdot W \quad (1.23)$$

$$\sigma_s = \alpha_e \cdot \sigma_c \quad (1.2)$$

$$\kappa = \frac{|\varepsilon_{c1}| + |\varepsilon_{c2}|}{h} = \frac{M}{E \cdot I^{I}} \quad (1.24)$$

$$E \cdot I^{I} = E_c \cdot I_i \approx E_c \cdot I_c \quad (1.25)$$

Bildung des 1. Risses (Punkt cr):

Mit zunehmender Laststeigerung wird an der Stelle mit den geringsten Betonzugfestigkeiten die Zugfestigkeit f_{ct} am gezogenen Rand erreicht und überschritten.

unmittelbar *vor* Rissbildung (Zustand I) $M \approx M_{cr} = f_{ct} \cdot W_i \approx f_{ct} \cdot W$ (1.26)

unmittelbar *nach* Rissbildung (Zustand II) $M_{cr} = \sigma_{s,cr} \cdot A_s \cdot z = F_{s,cr} \cdot z$ (1.27)

Die Nulllinie (neutral axis) und die Schwerachse (centroidal axis) fallen nach der Rissbildung nicht mehr zusammen. Die Lage der Nulllinie ist hierbei abhängig von der Stahldehnung (und somit vom Stahlquerschnitt A_s). Der Hebelarm der inneren Kräfte nimmt durch die Rissbildung zu ($z > \frac{2}{3} d$). Dies ist gegenüber Werkstoffen mit linear elastischem Verhalten eine sehr günstige Eigenschaft, da hierdurch der Bauteilwiderstand auf Biegung zunimmt. Bei weiterer Steigerung des Momentes liegt wiederum Erstrissbildung vor. Der Beton trägt nur noch in den ungerissenen Querschnittsteilen (in der Druckzone und zwischen den Rissen).

Abgeschlossene Rissbildung (Bereich C):

Die entsprechenden Identitätsbedingungen lassen sich direkt aus **Abb. 1.9** formulieren.

$$M = F_c \cdot z \quad \text{oder} \quad (1.28)$$

$$M = F_s \cdot z = \sigma_s \cdot A_s \cdot z = E_s \cdot \varepsilon_s \cdot A_s \cdot z \quad (1.29)$$

$$\varepsilon_s = \frac{M}{E_s \cdot A_s \cdot z} \quad (1.30)$$

$$\kappa = \frac{1}{r} = \frac{\varepsilon_s}{d - x} = \frac{M}{E_s \cdot A_s \cdot z \cdot (d - x)} = \frac{M}{E \cdot I^{II}} \quad (1.31)$$

$$E \cdot I^{II} = E_s \cdot A_s \cdot z \cdot (d - x) \quad (1.32)$$

Aus Gl. (1.29) kann auch die Stahlspannung σ_s bestimmt werden, wenn näherungsweise eine lineare Spannungsverteilung in der Druckzone angenommen wird und damit

$$z \approx d - \frac{x}{3} \quad \text{(gilt nur für den Rechteckquerschnitt)} \tag{1.33}$$

ist.

$$\sigma_S = \frac{M}{A_S \cdot z} = \frac{M}{A_S \cdot \left(d - \frac{x}{3}\right)} \tag{1.34}$$

Bei weiterer Momentensteigerung ist entweder die Tragfähigkeit der Druckzone oder der Biegezugbewehrung erschöpft[2] und der Bruch wird erreicht.

1.3.4 Schlussfolgerungen

In den vorangegangenen Abschnitten wurde das Tragverhalten von Stahlbeton für unterschiedliche Beanspruchungen erläutert. Die theoretischen Ableitungen werden nachfolgend zu wichtigen Stichpunkten zusammengefasst, die beim weiteren Kennenlernen des Stahlbetonbaus präsent sein sollen:

- Der *Verbund* zwischen Beton und Bewehrung ist eine *notwendige Voraussetzung* für die Tragfähigkeit. Die Verbundwirkung wird wesentlich durch die Rippung der Betonstähle (**Abb. 2.13**) erreicht. Bei fehlendem Verbund würde der Versagenszustand schon bei Auftreten des ersten Risses eintreten, da die im Beton nicht mehr aufnehmbaren Zugspannungen nicht umgelagert werden können.
- Selbst unter konstanter Beanspruchung längs der Stabachse stellen sich in unterschiedlichen Querschnitten nicht dieselben Dehnungen (bzw. Spannungen) ein, die *Hypothese von* BERNOULLI *gilt streng genommen nicht.*
- Das *Tragverhalten* ist *abhängig* auch *von der Größe der Beanspruchung* und verhält sich *nichtlinear.* Bei der Bemessung ist daher streng zwischen den Grenzzuständen der Tragfähigkeit (Kap. 7 bis 10) und Gebrauchstauglichkeit (Kap. 11 bis 14) zu unterscheiden.
- Weiterhin wurde gezeigt, dass sich der *Beton im tatsächlichen Tragverhalten an der Aufnahme von Zugspannungen beteiligt. Näherungsweise* wird bei den meisten Nachweisen im Zuge der Bemessung angenommen, dass der Beton die *Zugfestigkeit Null* hat.

Voraussetzung für das Zusammenwirken beider ist die (relative) Unverschieblichkeit des Stahles gegenüber dem ihn umgebenden Beton, die auch dauerhaft gewährleistet sein muss. Dies ist infolge desselben Temperaturausdehnungskoeffizienten von Beton und Stahl möglich.

Die Grundlagen des Tragverhaltens lassen sich direkt auf andere Verbundbaustoffe übertragen, z. B: Stampflehmbauweise mit Bambusbewehrung oder bewehrtes Mauerwerk.

[2] Es ist auch eine Situation denkbar, bei der beide Werkstoffe gleichzeitig versagen.

2 Baustoffe des Stahlbetons

2.1 Beton

2.1.1 Einteilung und Begriffe

Beton ist ein künstlicher Stein, der aus einem Gemisch von Zement (1), grob- und feinkörnigem Betonzuschlag (2) und Wasser (3) – gegebenenfalls auch mit Betonzusatzmitteln (4) und Betonzusatzstoffen (5) – durch Erhärten des Zementleims entsteht (5-Stoff-System). Bei einem Nennwert des Größtkorns für den Zuschlag von nicht mehr als 4 mm liegt ein „Mörtel" vor.

Man unterscheidet Beton je nach der Trockenrohdichte (DIN EN 206-1, 3.1 und 4.3.2). Die Trockenrohdichte wird maßgeblich durch die Kornrohdichte des Zuschlags beeinflusst.

- *Leicht*beton (lightweight concrete) ($\rho \leq 2{,}0$ kg/dm^3)
- *Normal*beton (normal weight concrete) (2,0 kg/dm^3 $< \rho \leq 2{,}6$ kg/dm^3)
- *Schwer*beton (weighty or heavy concrete) ($\rho > 2{,}6$ kg/dm^3).

Unter dem Begriff „Beton" ist i. Allg. Normalbeton zu verstehen. Beton kann auch nach der Herstellung (Baustellenbeton, Transportbeton), dem Erhärtungszustand (Frischbeton, Festbeton), der Festigkeit (Hochleistungsbeton bzw. hochfester Beton) oder der Verwendung (Beton für Außenbauteile) bezeichnet werden. Weiterhin kann Beton nach der Konsistenz (steifer Beton, Fließbeton) unterschieden werden. Die quantitative Zusammensetzung von Beton und die Konsequenzen hieraus sind Lehrbüchern zur Baustoffkunde, z. B. [Scholz/Hiese – 03], zu entnehmen.

Beton ist wie alle Baustoffe den Einwirkungen aus der Umwelt ausgesetzt. Je nach den Umweltbedingungen werden für den Beton „Expositionsklassen" (EC 2-1-1, 4.2 und DIN EN 206-1, 4.1) festgelegt. Diese werden mit *X* (für Expositionsklasse) – *Buchstabe* (für Art der Expositionsklasse) – *laufende Nummerierung* (größere Zahl = stärkerer Angriff) beschrieben. Zusätzlich werden in EC 2-1-1/NA, 4.2) Feuchtigkeitsklassen festgelegt. Es gibt 21 Expositionsklassen und 4 Feuchtigkeitsklassen, die sich aus folgenden Einwirkungen ergeben (Beispiele siehe **Tafel 2.1**):

X0 **kein Korrosions- oder Angriffsrisiko**
für Bauteile ohne Bewehrung oder eingebettetes Metall in nicht betonangreifender Umgebung; für Bauteile mit Bewehrung in sehr trockener Umgebung

XC*i* **Bewehrungskorrosion durch Karbonatisierung** (Carbonation)
wenn Beton, der Bewehrung oder anderes eingebettetes Metall enthält, Luft und Feuchtigkeit ausgesetzt ist

XD*i* **Bewehrungskorrosion, ausgelöst durch Chloride aus Taumittel** (Deicing),
wenn Beton, der Bewehrung oder anderes eingebettetes Metall enthält, chloridhaltigem Wasser (einschließlich Taumittel, ausgenommen Meerwasser) ausgesetzt ist

Tafel 2.1 Expositionsklassen (EC 2-1-1/NA, Tabelle 4.1)

Klasse		Beschreibung der Umgebung	Beispiele für die Zuordnung von Expositionsklassen
	X0	Beton ohne Bewehrung: alle Umgebungsbedingungen, ausgenommen Frostangriff, Verschleiß oder chemischer Angriff; Beton mit Bewehrung: sehr trocken	Fundamente ohne Bewehrung ohne Frost, Innenbauteile ohne Bewehrung; Beton in Gebäuden mit sehr geringer Luftfeuchte (RH $\leq 30\%$)
Expositionsklassen für Bewehrungskorrosion	XC1	trocken oder ständig nass	Bauteil in Innenräumen mit üblicher Luftfeuchte (einschließlich Küche, Bad und Waschküche in Wohngebäuden); Beton, der ständig in Wasser getaucht ist
	XC2	nass, selten trocken	Teile von Wasserbehältern, Gründungsbauteile
	XC3	mäßige Feuchte	Bauteile, zu denen die Außenluft häufig oder ständig Zugang hat, z. B. offene Hallen; Innenräume mit hoher Luftfeuchte, z. B. in gewerblichen Küchen, Bädern, Wäschereien, in Feuchträumen von Hallenbädern und in Viehställen
	XC4	wechselnd nass und trocken	Außenbauteile mit direkter Beregnung
	XD1	mäßige Feuchte	Bauteile im Sprühnebelbereich von Verkehrsflächen; Einzelgaragen
	XD2	nass, selten trocken	Solebäder; Bauteile, die chloridhaltigen Industriewässern ausgesetzt sind
	XD3	wechselnd nass und trocken	Teile von Brücken mit häufiger Spritzwasserbehandlung; Fahrbahndecken; direkt befahrene Parkdecks (Ausführung nur mit zusätzlichen Maßnahmen [DAfStb Heft 600 – 12])
	XS1	salzhaltige Luft, aber kein unmittelbarer Kontakt mit Meerwasser	Außenbauteile in Küstennähe
	XS2	unter Wasser	Bauteile in Hafenanlagen, die ständig unter Wasser liegen
	XS3	Tidebereiche, Spritzwasser- und Sprühnebelbereiche	Kaimauern in Hafenanlagen
Expositionsklassen für Betonangriff	XF1	mäßige Wassersättigung ohne Taumittel	Außenbauteile
	XF2	mäßige Wassersättigung mit Taumittel	Bauteile im Sprühnebelbereich von taumittelbehandelten Verkehrsflächen (soweit nicht XF4); Bauteile im Sprühnebelbereich von Meerwasser
	XF3	hohe Wassersättigung ohne Taumittel	offene Wasserbehälter; Bauteile in der Wasserwechselzone von Süßwasser
	XF4	hohe Wassersättigung mit Taumittel	Verkehrsflächen, die mit Taumitteln behandelt werden; überwiegend horizontale Bauteile im Spritzwasserbereich von taumittelbehandelten Verkehrsflächen; direkt befahrene Parkdecks (Ausführung nur mit zusätzlichen Maßnahmen [DAfStb Heft 600 – 12]); Räumerlaufbahnen von Kläranlagen; Meerwasserbauteile in der Wasserwechselzone

Tafel 2.1 Expositionsklassen (Fortsetzung) **und Feuchtigkeitsklassen**

Klasse		**Beschreibung der Umgebung**	**Beispiele für die Zuordnung von Expositionsklassen**
Expositionsklassen für Betonangriff	XA1	chemisch schwach angreifende Umgebung	Behälter von Kläranlagen; Güllebehälter
	XA2	chemisch mäßig angreifende Umgebung und Meeresbauwerke	Betonbauteile, die mit Meerwasser in Berührung kommen; Bauteile in betonangreifenden Böden
	XA3	chemisch stark angreifende Umgebung	Industrieabwasseranl. mit chem. angreifenden Abwässern; Futtertische der Landwirtschaft; Kühltürme mit Rauchgasableitung
	XM1	mäßige Verschleißbeanspruchung	tragende oder aussteifende Industrieböden mit Beanspruchung durch luftbereifte Fahrzeuge
	XM2	schwere Verschleißbeanspruchung	tragende oder aussteifende Industrieböden mit Beanspruchung durch luft- oder vollgummibereifte Gabelstapler
	XM3	extreme Verschleißbeanspruchung	tragende oder aussteifende Industrieböden mit Beanspruchung durch elastomer- oder stahlrollenbereifte Gabelstapler; Oberflächen, die häufig mit Kettenfahrzeugen befahren werden; Wasserbauwerke in geschiebebelasteten Gewässern, z. B. Tosbecken
Betonkorrosion infolge Alkali-Kieselsäurereaktion	W0	Beton weitgehend trocken	Innenbauteile des Hochbaus; Außenbauteile ohne Beregnung, Oberflächenwasser oder Bodenfeuchte
	WF	Beton häufig oder längere Zeit feucht	Außenbauteile mit Beregnung, Oberflächenwasser oder Bodenfeuchte; Feuchträume; Massige Bauteile gemäß DAfStb-Richtlinie "Massige Bauteile aus Beton", deren kleinste Abmessung 0,80 m überschreitet (unabhängig vom Feuchtezutritt)
	WA	Beton mit häufiger oder langzeitiger Alkalizufuhr von außen	Bauteile mit Meerwassereinwirkung oder Tausalzeinwirkung; Bauteile von Industriebauten und landwirtschaftlichen Bauwerken (z. B. Güllebehälter) mit Alkalisalzeinwirkung
	WS	Beton mit hoher dynamischer Beanspruchung und direktem Alkalieintrag	Bauteile unter Tausalzeinwirkung mit zusätzlicher hoher dynamischer Beanspruchung (z. B. Betonfahrbahnen)

XS*i* **Bewehrungskorrosion, ausgelöst durch Chloride aus Meerwasser** (Seawater), wenn Beton, der Bewehrung oder anderes eingebettetes Metall enthält, Chloriden aus Meerwasser oder salzhaltiger Seeluft ausgesetzt ist

XF*i* **Betonkorrosion durch Frost ohne und mit Taumittel** (Freezing)
wenn durchfeuchteter Beton einem erheblichen Angriff durch Frost-Tauwechsel ausgesetzt ist

XA*i* **Betonkorrosion durch chemischen Angriff** (Chemical Attack)
wenn Beton einem chemischen Angriff durch natürliche Böden, Grundwasser und Meerwasser ausgesetzt ist

XM*i* **Betonkorrosion durch Verschleißbeanspruchung** (Mechanical Abrasion)
wenn Beton einer erheblichen mechanischen Beanspruchung ausgesetzt ist

W*j* **Betonkorrosion** infolge Alkali-Kieselsäurereaktion (Feuchtigkeitsklassen)

2.1.2 Bestandteile

Zement

ist ein hydraulisches Bindemittel. Mit Wasser angemacht entsteht Zementleim, der durch Hydratation erhärtet und nach dem Erhärten auch unter Wasser fest und raumbeständig bleibt. Zementarten sind entweder in DIN EN 197-1 genormt oder bauaufsichtlich zugelassen. Zur Herstellung von Beton wird meistens Portlandzement CEM I oder Hochofenzement CEM III verwendet. Daneben gibt es diverse weitere Sorten, wie z. B. Portlandkompositzemente (CEM II); hierzu zählen Portlandhüttenzement, Portlandpuzzolanzement, Portlandflugaschezement, Portlandölschieferzement usw. (Näheres → [Hilsdorf – 00]; [Scholz/Hiese – 03]).

Die Normzemente werden gemäß DIN EN 197-1 in drei Festigkeitsklassen 32,5; 42,5 und 52,5 eingeteilt (28-Tage-Festigkeit des Mörtels). Je nach Erhärtungsgeschwindigkeit werden sie in schnell (R) und normal (N) erhärtende Zemente eingeteilt.

Betonzuschläge

bestehen aus einem Gemenge von Körnern aus natürlichen (Granit, Quarzit, Kalkstein usw.) oder künstlichen (Hochofenschlacke, Ziegelsplitt usw.) mineralischen Stoffen. Die Körner können gebrochen oder ungebrochen sein. Zur Herstellung von genormtem Stahlbeton müssen die Korngrößen eine definierte Zusammensetzung aufweisen, d. h. zu einer bestimmten Sieblinie gehören (DIN 1045-2, Anhang L).

Betonzusatzstoffe und Betonzusatzmittel

Um bestimmte Eigenschaften des Betons günstig zu beeinflussen, können ihm spezielle Zusätze beigegeben werden. Man unterscheidet Betonzusatzstoffe und Betonzusatzmittel. Betonzusatzmittel verändern durch chemische oder physikalische Wirkung die Verarbeitbarkeit, das Erstarrungsverhalten des Betons (Betonverflüssiger, Verzögerer usw.). Betonzusatzstoffe beeinflussen die Betoneigenschaften. Sie werden in größerer Menge als die Betonzusatzmittel zugegeben und sind daher volumenmäßig in der Betonzusammensetzung zu berücksichtigen. Man unterscheidet

- latent-hydraulische Stoffe
- nicht hydraulische Stoffe
- puzzolanische Stoffe
- faserartige Stoffe
- Zusatzstoffe mit organischen Bestandteilen

Zugabewasser

ist erforderlich, damit der Beton verarbeitet werden und der Zement erhärten kann. Der Wassergehalt *w* darf eine bestimmte Menge weder unter- noch überschreiten (→ Kap. 2.2.1). Geeignet ist Trinkwasser oder (im Allg.) in der Natur vorkommendes Wasser.

2.2 Frischbeton

2.2.1 Wasserzementwert und Betonqualität

Der gesamte Wassergehalt w des Frischbetons setzt sich aus der Oberflächenfeuchte des Zuschlags und dem Zugabewasser zusammen. Der Wassergehalt bestimmt die Steifigkeit, die Verarbeitbarkeit und den Zusammenhang des Frischbetons. Diese Eigenschaften werden durch die Konsistenz beschrieben. Nach DIN EN 106-1, 4.2.1 in Verbindung mit DIN 1045-2, 4.2.1 sind vier verschiedene Verfahren zur Bestimmung der Konsistenzklassen möglich:

- Einteilung nach *Setzmaß*
- Einteilung nach *Setzzeit*
- Einteilung nach *Verdichtungsmaß*
- Einteilung nach *Ausbreitmaß*

In Deutschland ist die letztgenannte Methode zur Bestimmung des Konsistenzbereiches üblich (**Tafel 2.2**). Die Konsistenz wird bei vergleichbaren Sieblinien und Oberflächen der Zuschläge maßgeblich durch Fließmittel (sofern welche zugegeben wurden) und den Wasserzementwert (bzw. Wasserbindemittelwert) beeinflusst.

Tafel 2.2 **Konsistenzbereiche des Frischbetons** (DIN 1045-2, Tabelle 6)

Klasse	Ausbreitmaß (Durchmesser) in mm	Konsistenzbeschreibungen
F1	≤ 340	Steif
F2	350 bis 410	Plastisch
F3	420 bis 480	Weich
F4	490 bis 550	sehr weich
F5	560 bis 620	Fließfähig
F6	≥ 630	sehr fließfähig

Tafel 2.3 Empfohlene Grenzwerte für die Zusammensetzung und Eigenschaften von Beton nach (EC 2-1-1/NA, Tabelle E.1DE und DIN 1045-2, Tabelle F.2.1 und F.2.2)

Expositionsklasse nach **Tafel 2.1**	Mindestfestigkeitsklasse	Mindestzementgehalt in kg/m³	Maximal zulässiger *w/z*-Wert
X0	C12/15	-	-
XC1 XC2 XC3 XC4	C16/20 C16/20 C20/25 C25/30	240 240 260 280	0,75 0,75 0,65 0,60
XS1 XS2 XS3	C30/37 C35/45 C35/45	300 320 320	0,55 0,50 0,45
XD1 XD2 XD3	C30/37 C35/45 C35/45	300 320 320	0,55 0,50 0,45
XF1 XF2 XF3 XF4	C25/30 C25/30LP [a)]; C35/45 C25/30LP [a)]; C35/45 C30/37LP [a)]	280 300/320 [b)] 300/320 [b)] 320	0,60 0,55/0,50 [b)] 0,55/0,50 [b)] 0,50
XA1 XA2 XA3	C25/30 C35/45 [b)] C35/45 [b)]	280 320 320	0,60 0,50 0,45
XM1 XM2 XM3	C30/37 [b)] C30/37; C35/45 [b)] C35/45 [b)]	300 300/320 [b)] 320	0,55 0,55/0,45 [b)] 0,45

a) Mindestluftgehalte und Zusatzregelungen für Luftporenbeton (LP) siehe Fußnoten zu DIN 1045-2, Tabelle F.2.2

b) Siehe Fußnoten zu DIN 1045-2, Tabelle F.2.2

Der Wasserzementwert w/z ist das Verhältnis des Wassergehaltes w zum Zementgehalt z; der Wasserbindemittelwert w/z_{eq} berücksichtigt neben dem Zementgehalt zusätzlich die anrechenbaren Betonzusatzstoffe mit hydraulischen Eigenschaften (z. B. Flugasche, Silikastaub). Sie werden mit einem Wirksamkeitsfaktor k gewichtet.

$$z_{eq} = z + k \cdot \text{Zusatzstoff} \tag{2.1}$$

Zement kann ca. 25 % seines Gewichtes an Wasser chemisch fest binden. Darüber hinaus bindet er 10 – 15 % seines Gewichtes physikalisch als sogenanntes „Gelwasser“. Somit benötigt er insgesamt 35 – 40 % seines Gewichtes an Wasser (w/z_{eq} = 0,35 bis 0,40), um vollständig abzubinden, man spricht von „vollständiger Hydratation“.

Wasser, das vom Beton nicht gebunden werden kann, verdunstet nach dem Erhärten des Betons und hinterlässt Kapillarporen. Mit steigendem Wasserzementwert kann mehr Wasser verdunsten, es entstehen also mehr und größere Kapillarporen. Diese können sich nachteilig auf die Dauerhaftigkeit des Betons auswirken (→ Kap. 2.5). Andererseits würde ein zu kleiner Wasserbindemittelwert zu einer ungenügenden (Druck-) Festigkeit führen, da der Zement nicht vollständig hydratisieren kann und sich nicht einbauen lässt. Daher ist der Wasserzementwert durch die Steuerung des maximalen Wassergehaltes und minimalen Zementgehaltes so zu optimieren, dass beide Anforderungen – gute Verarbeitbarkeit des Frischbetons und Dauerhaftigkeit des Festbetons – bestmöglich erreicht werden. Grenzwerte für die Zusammensetzung von Beton sind in **Tafel 2.3** angegeben.

Beton muss so zusammengesetzt sein, dass er nach dem Verdichten ein geschlossenes Gefüge aufweist. Dies bedeutet, dass ein Normalbeton (Größtkorn des Zuschlags $d_g \geq 16$ mm) einen Luftgehalt von maximal 3 % aufweisen darf.

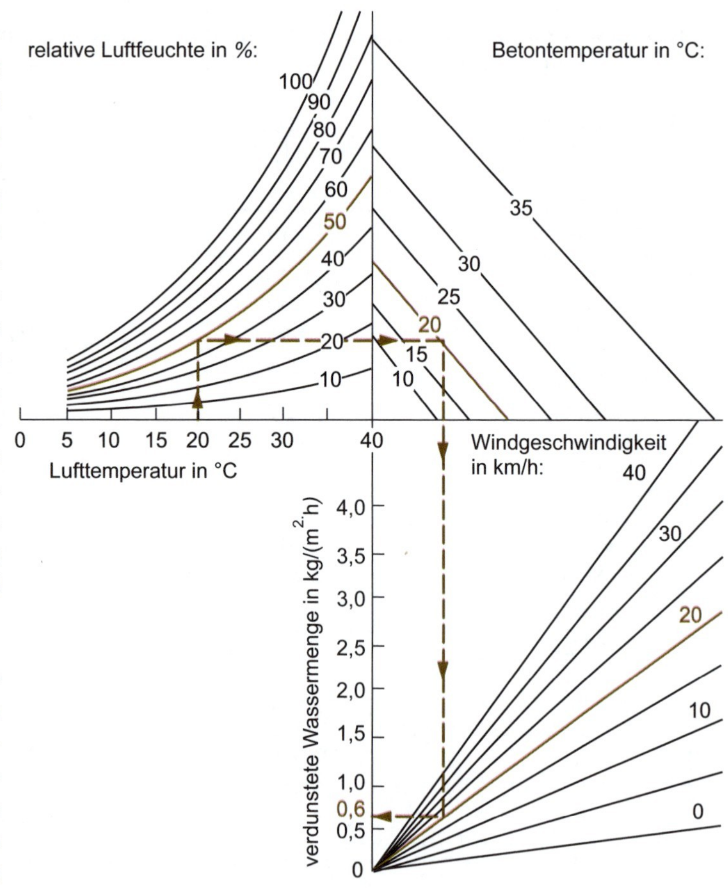

Abb. 2.1 Austrocknungsverhalten von Beton in Abhängigkeit von Windgeschwindigkeit, Luftfeuchtigkeit und Temperatureinfluss (nach [Wierig –84])

2.2.2 Nachbehandlung des Betons

Beton ist bis zum genügenden Erhärten seiner oberflächennahen Schichten gegen schädigende Einflüsse zu schützen, z. B. gegen Austrocknen, zu starke Temperaturänderung, Gefrieren, Auswaschen infolge strömenden Wassers, Erschütterungen usw. Unter Nachbehandlung (curing, after treatment) des Betons (DIN 1045-3, 2.8.7) werden alle Maßnahmen verstanden, die den frisch verarbeiteten Beton bis zur ausreichenden Erhärtung von schädlichen Einwirkungen abschirmen.

Beispiel 2.1: Berechnung der Wasserverdunstung im Frischbeton

Gegeben:
- Außenbauteil betoniert mit Betontemperatur θ = 20 °C bei rel F = 50 %.
- Windgeschwindigkeit beträgt v = 20 km/h
- Betonherstellung mit Zementgehalt z = 300 kg/m^3
- Entgegen den Regeln der Technik wird eine Nachbehandlung nicht durchgeführt.

Gesucht: Wann ist der gesamte Wassergehalt w in der 3,5 cm dicken Betondeckung verdunstet?

Lösung:

Abb. 2.1 ergibt mit rel F = 50 %; θ = 20 °C; v = 20 km/h eine verdunstende Wassermenge von 0,6 l/m^{2}h. Der Wassergehalt im Beton beträgt

$$w = 0{,}6 \cdot 300 = 180\,\text{kg/m}^3 = 180\,\text{l/m}^3$$

$$w = \frac{180}{100} = 1{,}8\,\text{l/m}^2\text{cm}$$

$w = 0{,}6 \cdot z$

Wassergehalt je cm Beton

Aus diesen Zahlen wird deutlich, dass nach drei Stunden das gesamte Wasser verdunstet ist, das innerhalb der Randschicht von 1 cm enthalten war. Bei einer für Außenbauteile erforderlichen Betondeckung von 35 mm ist das innerhalb der Betondeckung vorhandene Wasser nach 10,5 Stunden verdunstet. Da aus den weiter innen liegenden Bereichen Wasser jedoch nur langsam und unzureichend an die Betonoberfläche transportiert werden kann und der Beton eine weitaus längere Zeit zum Hydratisieren benötigt, wird deutlich, dass bei einem nicht nachbehandelten Beton die Betondeckung geschädigt und nicht dauerhaft ist.

Gebräuchliche Verfahren der Nachbehandlung sind:

- Belassen in der Schalung
- Abdecken mit Folien, die an den Kanten und Stößen gegen Durchzug gesichert sind
- Aufbringen wasserspeichernder Abdeckungen mit gleichzeitigem Verdunstungsschutz
- Aufbringen flüssiger Nachbehandlungsmittel mit nachgewiesener Eignung
- Fluten des Bauteils mit Wasser

Besprühen mit Wasser ist insbesondere an heißen Sommertagen nur eine bedingt geeignete Nachbehandlungsmaßnahme, da durch die Verdunstungskälte des Wassers Eigenspannungen aus Temperatur im Beton erzeugt werden, die zu Rissen führen können.

Wände werden i. Allg. in der Schalung belassen. Sofern eine Stahlschalung verwendet wird, ist diese bei direkter Sonneneinstrahlung vor zu starkem Aufheizen zu schützen. Dasselbe gilt bei niedrigen Temperaturen für zu starkes Abkühlen.

Tafel 2.4 Mindestdauer der Nachbehandlung von Beton bei den Expositionsklassen nach Tafel 2.1 außer X0, XC1 und XM (nach DIN 1045-3, Tabelle 5.NA)

Mindestnachbehandlungsdauer in d	Festigkeitsentwicklung des Betons a) $r = \frac{f_{cm2}}{f_{cm28}}$ b)			
Oberflächentemperatur ϑ in °C	$r \geq 0{,}50$	$r \geq 0{,}30$	$r \geq 0{,}15$	$r < 0{,}15$
$\vartheta \geq 25$	1	2	2	3
$25 > \vartheta \geq 15$	1	2	4	5
$15 > \vartheta \geq 10$	2	4	7	10
$10 > \vartheta \geq 5$ c)	3	6	10	15

a) Die Festigkeitsentwicklung des Betons wird durch das Verhältnis r der Mittelwerte der Druckfestigkeiten nach 2 Tagen und nach 28 Tagen beschrieben, das bei einer Eignungsprüfung oder auf der Grundlage eines bekannten Verhältnisses von Beton vergleichbarer Zusammensetzung ermittelt wurde.

b) Eine lineare Interpolation zwischen den Spalten der r-Wete ist zulässig.

c) Bei einer Temperatur unter 5 °C ist die Nachbehandlungsdauer um die Zeit zu verlängern, während der die Temperatur unter 5 °C lag.

Decken werden mit Kunststofffolien abgedeckt. Hierbei besteht jedoch bei normalem Beton die Schwierigkeit, dass er nicht sofort nach dem Betonieren trittfest ist. Die Folie kann erst einige Stunden nach dem Betonieren aufgelegt werden. Bei ungünstigen Windverhältnissen können dann schon erste Risse infolge Austrocknung entstanden sein. Sofern an das Betonbauteil besonders hohe Anforderungen gestellt werden, kann Vakuumbeton[3] hergestellt werden, der sofort nach der Herstellung begehbar ist.

Bei niedrigen Temperaturen reicht es nicht aus, das Austrocknen des Betons allein zu verhindern; der Beton ist zusätzlich gegen Abkühlen mit einer Wärmedämmung abzudecken. Hierfür eignen sich mit Stroh oder Styropor gefüllte abgesteppte Kunststofffolien, da diese den Verdunstungsschutz und die Wärmedämmung gleichzeitig gewährleisten. Bei sehr geringer Luftfeuchtigkeit kann unter die Folie ein wasserhaltendes Material (z. B. Jutegewebe oder Strohmatte) gelegt werden.

Die Dauer der Nachbehandlung hängt wesentlich von der Festigkeitsentwicklung des Betons ab. Sie muss so bemessen sein, dass auch in den oberflächennahen Schichten eine ausreichende Erhärtung des Betons erreicht wird. Dies wird erreicht, wenn die Nachbehandlung solange durchgeführt wird, bis 40-50 % der charakteristischen Festigkeit erreicht sind. In DIN 1045-3, 2.8.7 ist diese Forderung in eine Mindestnachbehandlungsdauer (**Tafel 2.4**) umgesetzt worden. Die hierin festgelegten Zeiten der Nachbehandlung sind angemessen zu verlängern, wenn

- an die Bauteile besonders hohe Anforderungen gestellt werden (z. B. Frost-Tausalz-Beständigkeit, chemischer Angriff)
- die Betontemperatur die Frostgrenze unterschreitet (praktisch erfasst als Grenztemperatur auf der Bauteiloberfläche von 5 °C) um die Zeit, während der die Grenztemperatur unterschritten wurde
- Betonverzögerer eingesetzt werden oder die Betonierdauer 5 Stunden überschreitet.

[3] Vakuumbeton ist ein Beton, dem nach dem Einbau durch Erzeugen eines Unterdrucks auf der Oberfläche überschüssiges Wasser entzogen wird. Dies bewirkt beim Festbeton eine Oberfläche mit weniger Kapillarporen.

2.3 Festbeton

2.3.1 Druckfestigkeit

Die wichtigste bautechnische Eigenschaft des Betons (für die meisten Anwendungen) ist die hohe Druckfestigkeit (im Verhältnis zu den geringen Herstellkosten). Gegenwärtig sind Druckfestigkeiten bis ca. 250 N/mm² erreichbar, genormt sind Festigkeiten bis 115 N/mm².

Die Druckfestigkeit hängt von Aufbau und Durchführung des Versuches ab, da die Form des Probekörpers und die Art der Prüfmaschine das Ergebnis beeinflussen. Um die an unterschiedlichen Orten ermittelten Druckfestigkeiten vergleichen zu können, muss die Prüfmethode genau festgelegt sein. Die Druckfestigkeit wird mit einem definierten Versuch bestimmt. Die Definition besteht in

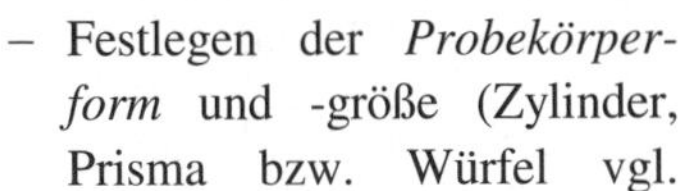

Abb. 2.2 Festigkeitverhältnis unterschiedlicher Prüfkörperformen

- Festlegen der *Probekörperform* und -größe (Zylinder, Prisma bzw. Würfel vgl. **Abb. 2.2**); DIN EN 206-1, 5.5.1.1: wahlweise Zylinder $\varnothing/h$ = 150/300 mm oder Würfel h = 150 mm.
- Festlegen des *Prüfzeitpunkt*es und der Lagerungsbedingungen bis zum Prüfzeitpunkt; DIN EN 12390-2: 28 Tage nach Herstellung, Lagerung vor dem Prüfzeitpunkt in der Feuchtekammer oder im Wasserbad (Referenzlagerung). Bei einer abweichenden Trockenlagerung muss beispielsweise bei Probewürfeln die geprüfte Festigkeit $f_{c,dry}$ auf die Festigkeit mit Referenzlagerung $f_{c,cube}$ nach Gl. (2.5) umgerechnet werden.
- Festlegen der Versuchseinrichtung gemäß DIN EN 12390-4.
- Festlegen der *Belastungsfunktion* (z. B. Kurzzeitversuch ohne Lastwechsel mit kontinuierlicher Steigerung der Prüflast bis zur Bruchlast nach ein bis zwei Minuten).

Die Druckfestigkeit an einem Würfel wird bestimmt aus:

$$f_c = \frac{F_u}{A_0} \tag{2.2}$$

A_0 Querschnittsfläche des Prüfkörpers senkrecht zur Lastrichtung

Die Ergebnisse von Prüfkörpern aus einer Grundgesamtheit streuen nach der Normalverteilung. Da das Versagen eines Bauteils durch die Stelle mit dem geringsten Bauteilwiderstand initiiert wird, ist die minimale Betonfestigkeit wichtig; für eine statistische Beurteilung ist daher ein charakteristischer Wert der Druckfestigkeit f_{ck} zu verwenden, der von einem vorgegebenen Anteil der Grundgesamtheit nicht unterschritten wird. Für die charakteristischen Betondruckfestigkeiten nach DIN EN 206-1, Tabelle 7, wird das 5%-Quantil verwendet. Bei Kenntnis des Mittelwerts der Druckfestigkeit f_{cm} und der Standardabweichung σ lässt sich somit die charakteristische Festigkeit der normalverteilten Grundgesamtheit bestimmen:

$$f_{ck} = f_{cm} - k_p \cdot \sigma \tag{2.3}$$

k_p Quantilenfaktor (für 5%-Quantil $k_p = 1{,}645$)

σ Standardabweichung (näherungsweise unabhängig von der Festigkeit $\sigma \approx 5$ N/mm²)

Während für Nachweise im Grenzzustand der Tragfähigkeit der charakteristische Wert der Festigkeit wichtig ist, ist für den Grenzzustand der Gebrauchstauglichkeit der Mittelwert der Festigkeit wichtig. Dieser lässt sich aus der umgestellten Gl. (2.3) ermitteln:

$$f_{cm} = f_{ck} + k_p \cdot \sigma = f_{ck} + 1{,}645 \cdot 5 \approx f_{ck} + 8 \tag{2.4}$$

Tafel 2.5 Festigkeitskennwerte und Elastizitätsmoduln von Beton nach EC 2-1-1

Beanspruchung	**Druck**			**Zug**		
	f_{ck}	$f_{ck,cube}$	E_{cm}	$f_{ctk;0.05}$	f_{ctm}	$f_{ctk;0.95}$
Festigkeitsklasse	$= f_{cm} - 8$			$= 0{,}7\ f_{ctm}$		$= 1{,}3\ f_{ctm}$
	in N/mm²					
C12/15	12	15	27000	1,1	1,6	2,0
C16/20	16	20	29000	1,3	1,9	2,5
C20/25	20	25	30000	1,5	2,2	2,9
C25/30	25	30	31000	1,8	2,6	3,3
C30/37	30	37	33000	2,0	2,9	3,8
C35/45	35	45	34000	2,2	3,2	4,2
C40/50	40	50	35000	2,5	3,5	4,6
C45/55	45	55	36000	2,7	3,8	4,9
C50/60	50	60	37000	2,9	4,1	5,3
C55/67	55	67	38000	3,0	4,2	5,5
C60/75	60	75	39000	3,1	4,4	5,7
C70/85	70	85	41000	3,2	4,6	6,0
C80/95	80	95	42000	3,4	4,8	6,3
C90/105	90	105	44000	3,5	5,0	6,6
C100/115	100	115	45000	3,7	5,2	6,8

Die charakteristische Festigkeit f_{ck} wird in EC 2-1-1 als Zylinderdruckfestigkeit bezeichnet und in DIN EN 206-1 abweichend $f_{ck,cyl}$ genannt.

$$f_{c,cube} = \begin{cases} 0{,}92\, f_{c,dry} & \text{für Festigkeitsklassen bis C50/60} \\ 0{,}95\, f_{c,dry} & \text{für Festigkeitsklassen ab C55/67} \end{cases} \tag{2.5}$$

Aufgrund der charakteristischen Festigkeit an Zylindern f_{ck} (characteristic compressive strength) werden die Betonsorten in Festigkeitsklassen (strength classes of concrete) eingeteilt. Normalfeste Betone werden mit C $f_{ck}/f_{ck,cube}$ (concrete) bezeichnet (**Tafel 2.5**). Die Festigkeitsklassen umfassen in DIN 1045-2 nur die normalfesten und die hochfesten Betone (high strength concrete) bis C100/115. Höhere Festigkeiten sind herstellbar, aber nicht ohne „Zustimmung im Einzelfall" anwendbar.

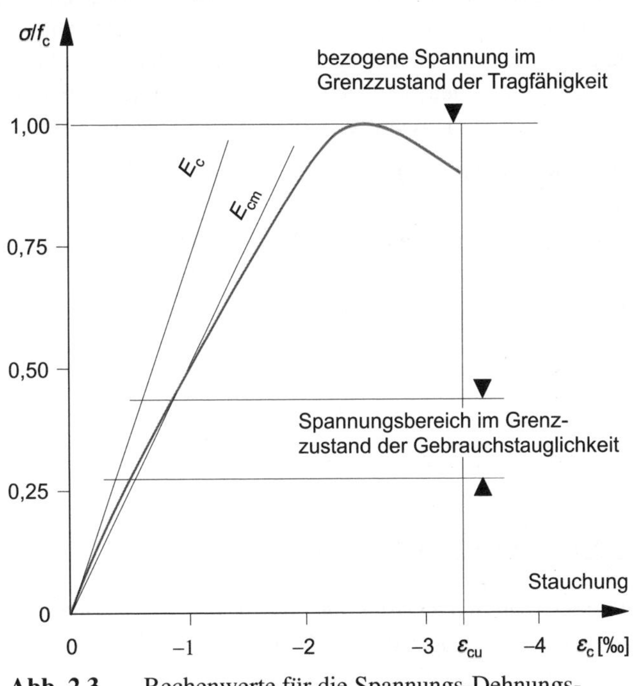

Abb. 2.3 Rechenwerte für die Spannungs-Dehnungs-Linie des Betons

2.3.2 Zugfestigkeit

Die Zugfestigkeit des Betons ist wesentlich kleiner als die Druckfestigkeit und beträgt nur 5 bis 10 % der Druckfestigkeit. Außerdem streut die Zugfestigkeit je nach Zuschlägen, Beanspruchungsart, Festigkeitsklasse des Betons wesentlich stärker als die Druckfestigkeit. Sie ist daher kein Werkstoffparameter, mit dem sich Beton hinsichtlich seiner Festigkeit ausreichend genau beschreiben lässt.

Für Nachweise im Grenzzustand (→ Kap. 6.2.1) der Tragfähigkeit wird die Zugfestigkeit zu null gesetzt (kein Mitwirken des Betons auf Zug). Für einige Nachweise, insbesondere im Grenzzustand der Gebrauchstauglichkeit, werden jedoch Anhaltswerte benötigt. Diese werden indirekt aus der Druckfestigkeit bestimmt:

$$f_{ctm} = \begin{cases} 0{,}3\, f_{ck}^{\frac{2}{3}} & \text{für Festigkeitsklassen bis C50/60} \\ 2{,}12 \cdot \ln\left(1 + \dfrac{f_{cm}}{10}\right) & \text{für Festigkeitsklassen ab C55/67} \end{cases} \tag{2.6}$$

In **Tafel 2.5** sind die Quantilwerte für die genormten Festigkeitsklassen angegeben.

2.3.3 Elastizitätsmodul

Für linear elastische Werkstoffe – wie Stahl – gilt das HOOKEsche Gesetz.

$$\sigma = E \cdot \varepsilon \tag{2.7}$$

Der Elastizitätsmodul ist für alle Spannungen konstant. Sofern das Werkstoffverhalten – wie beim Beton – nichtlinear ist, hängt der Elastizitätsmodul von der Spannung ab. Im Ursprung liegt der Tangentenmodul E_c vor (**Abb. 2.3**), der sich mit zunehmender Spannung verringert. Um dennoch die Formänderungen näherungsweise durch eine lineare Berechnung ermitteln zu können, verwendet man den Sekantenmodul E_{cm} (**Tafel 2.5**):

$$E_{cm} = 22000 \cdot (f_{cm} / 10)^{0,3} \approx 11000 \cdot f_{cm}{}^{0,3} \tag{2.8}$$

Die Neigung der Sekante wird dabei je nach Bemessungsnorm so vorgegeben, dass sie die tatsächliche Spannungs-Dehnungs-Beziehung bei 33 – 40 % der Prismen- bzw. Zylinderdruckfestigkeit schneidet. Für den Tangentenmodul E_c wird festgelegt:

$$E_c = 1{,}05 \cdot E_{cm} \tag{2.9}$$

In der Schreibweise für den Beton lautet das HOOKEsche Gesetz damit:

$$\sigma_c = E_{cm} \cdot \varepsilon_c \tag{2.10}$$

2.3.4 Werkstoffgesetze

Für die Schnittgrößenermittlung (statisch unbestimmter Tragwerke) und die Bemessung ist nicht allein die Kenntnis der Festigkeiten ausreichend, sondern es muss ein „Werkstoffgesetz" formuliert werden, das die Dehnungen des Baustoffs mit den Spannungen verknüpft. Die für den Beton besonders stark vereinfachende Beziehung ist das HOOKEsche Gesetz entsprechend Gl. (2.10). Diese einfache Form reicht oftmals nicht. **Abb. 2.4** zeigt genauere Spannungs-Dehnungs-Linien für unterschiedliche Festigkeitsklassen.

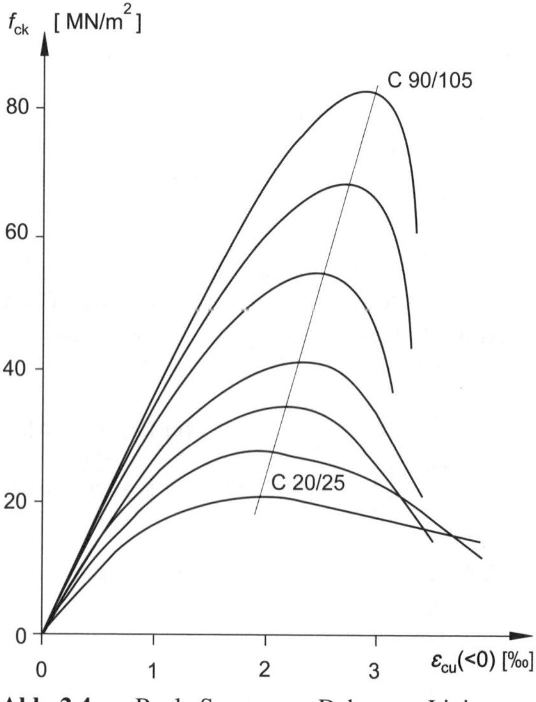

Abb. 2.4 Reale Spannungs-Dehnungs-Linie von Betonen unterschiedlicher Festigkeit

Die Spannungs-Dehnungs-Linien werden in Kurzzeitversuchen ermittelt. Es ist zu erkennen, dass der abfallende Ast der Spannungs-Dehnungs-Linie nach Überschreiten der Festigkeit mit zunehmender Festigkeitsklasse immer steiler und die Bruchstauchung geringer wird. Der Beton wird mit zunehmender Festigkeit spröder. Im ansteigenden Ast ist dagegen erkennbar, dass hochfester Beton zunächst ein deutlich lineares Verhalten aufweist. Dies ist in einem gleichmäßigeren Spannungszustand von Zuschlag und Zementstein in hochfestem Beton und einer damit verbundenen geringeren Mikrorissbildung begründet.

Die Spannungs-Dehnungs-Linie ist werkstoffspezifisch und gilt streng genommen sowohl für die „äußeren" als auch die „inneren" Schnittgrößen. Von diesem Gesichtspunkt wird jedoch derzeit aus rein praktischen Gründen der Handhabung in der Tragwerksplanung abgewichen, und es werden *unterschiedliche* Spannungs-Dehnungs-Linien für die Schnittgrößenermittlung und die Querschnittsbemessung formuliert.

Schnittgrößenermittlung:

Mögliche Spannungs-Dehnungs-Linien, die bei der Ermittlung der Schnittgrößen (Beanspruchung) verwendet werden dürfen, sind in **Abb. 2.5** dargestellt; i. d. R. wird die lineare Beziehung gemäß Gl. (2.10) verwendet werden. Daneben ist auch die dargestellte nichtlineare Funktion gemäß Gl. (2.11) möglich, die in dieser Form für kurzzeitig wirkende Einwirkungen und einachsige Spannungszustände gilt. Vereinfachend darf sie jedoch auch unabhängig von der zeitlichen Einwirkung und bei mehrachsigen Spannungszuständen verwendet werden.

linear: $$\sigma_c = E_{cm} \cdot \varepsilon_c \tag{2.10}$$

nichtlinear: $$\sigma_c = -\frac{k \cdot \eta - \eta^2}{1 + (k-2) \cdot \eta} \cdot f_{cm} \tag{2.11}$$

k Spannungsbeiwert eines elastischen Dehnungsansatzes für die Dehnung bei Erreichen der größten Spannung

$$k = -1{,}05 \cdot \frac{E_{cm} \cdot \varepsilon_{c1}}{f_{cm}} \tag{2.12}$$

η Dehnungsverhältnis

$$\eta = \frac{\varepsilon_c}{\varepsilon_{c1}} \leq 1{,}0 \tag{2.13}$$

Querschnittsbemessung:

Gemäß EC 2-1-1, 3.1.7 sind die in **Abb. 2.6** gezeigten Spannungs-Dehnungs-Linien möglich. Es sind dies:

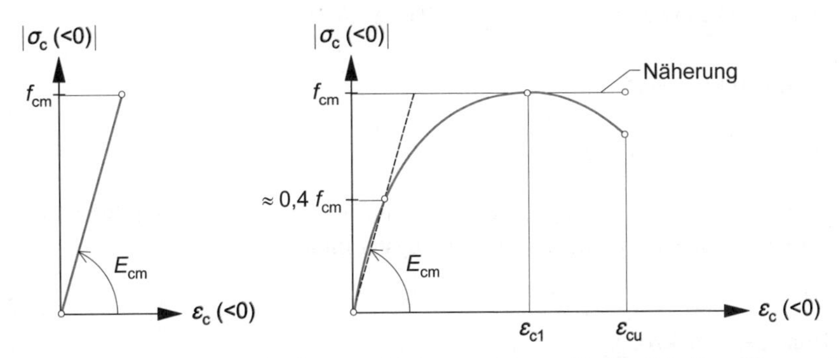

Abb. 2.5 Spannungs-Dehnungs-Linien von Beton für die Schnittgrößenermittlung

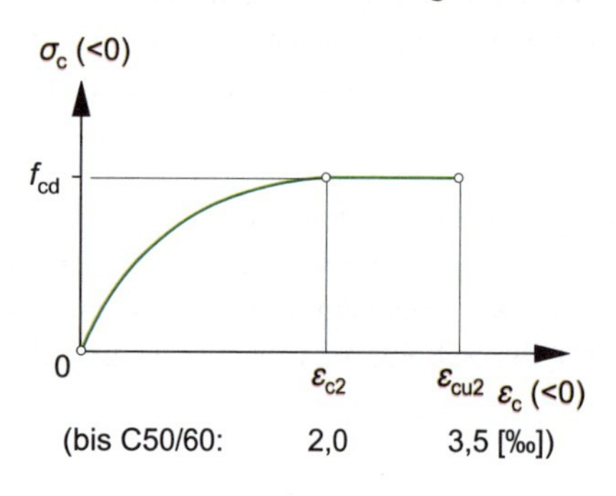

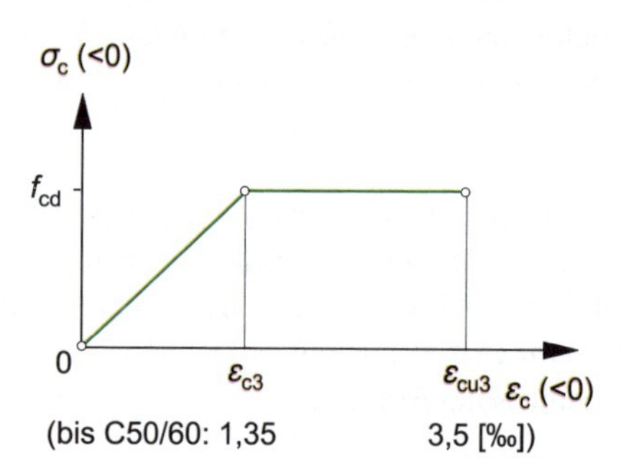

Im Regelfall wird das Parabel-Rechteck-Diagramm verwendet.

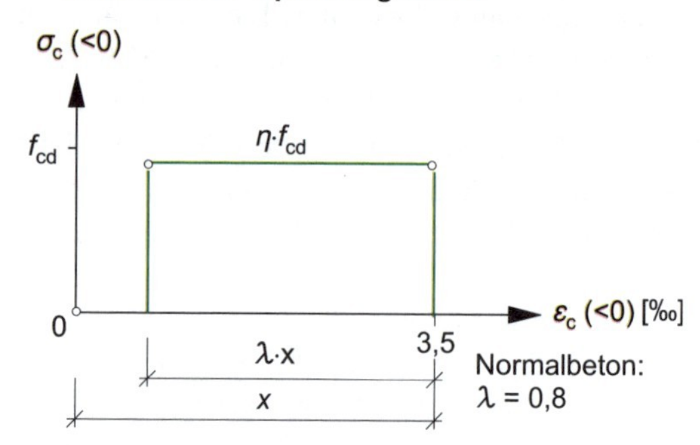

Abb. 2.6 Spannungs-Dehnungs-Linien von Beton für die Bemessung

- im Regelfall das *Parabel-Rechteck-Diagramm* (parabolic-rectangular stress-strain diagram);

$$\sigma_c = \begin{cases} \left[\left(1 - \frac{\varepsilon_c}{\varepsilon_{c2}}\right)^n - 1\right] \cdot f_{cd} & \text{für } 0 \le |\varepsilon_c| < |\varepsilon_{c2}| \\ f_{cd} \quad \text{für } |\varepsilon_{c2}| \le |\varepsilon_c| \le |\varepsilon_{cu2}| \end{cases} \tag{2.14}$$

Die Formänderungskennwerte n, ε_{c2}, und ε_{cu2} sind in **Tafel 2.6** angegeben.

- das *bilineare Diagramm* (bi-linear stress-strain diagram) für kompliziertere Querschnitte (Formänderungskennwerte ε_{c3}, und ε_{cu3} → **Tafel 2.6**

$$\sigma_c = \begin{cases} \frac{\varepsilon_c}{\varepsilon_{c3}} \cdot f_{cd} & \text{für } 0 \le |\varepsilon_c| < \varepsilon_{c3} \\ f_{cd} & \text{für } \varepsilon_{c3} \le |\varepsilon_c| \le |\varepsilon_{cu3}| \end{cases} \tag{2.15}$$

- der *Spannungsblock* (stress block) für Handrechnungen ohne Bemessungshilfsmittel; zulässig nur bei im Querschnitt liegender Dehnungsnulllinie

$$\sigma_c = \eta \cdot f_{cd} \tag{2.16}$$

x Höhe der Druckzone

η Beiwert für Betonfestigkeitsklasse ($\eta = 1{,}00$ für $f_{ck} \le 50$ N/mm²)

Tafel 2.6 Formänderungskennwerte von Beton (nach EC 2-1-1, Tabelle 3.1 und EC 2-1-1/NA, 3.1.3)

C	12/15	16/20	20/25	25/30	30/37	35/45	40/50	45/55	50/60	55/67	60/75	70/85	80/95	90/105	100/115
ε_{c2} in ‰	–2,00									–2,20	–2,30	–2,40	–2,50	–2,60	–2,60
ε_{cu2} in ‰	–3,50									–3,10	–2,90	–2,70	–2,60	–2,60	–2,60
n	2,00									1,75	1,60	1,45	1,40	1,40	1,40
ε_{c3} in ‰	–1,75									–1,80	–1,90	–2,00	–2,20	–2,30	–2,40
ε_{cu3} in ‰	–3,50									–3,10	–2,90	–2,70	–2,60	–2,60	–2,60

In allen Spannungs-Dehnungs-Linien ist f_{cd} der Bemessungswert der Betondruckfestigkeit. Er wird aus der charakteristischen Druckfestigkeit f_{ck} ermittelt.

$$f_{cd} = \frac{\alpha_{cc} \cdot f_{ck}}{\gamma_C} \quad (2.17)$$

a_{cc} Beiwert zur Erfassung der Festigkeit unter Dauerlasten für die mit Kurzzeitversuchen gewonnene charakteristische Druckfestigkeit (a_{cc} = 0,85 i. Allg., bei nachgewiesener Kurzzeitbelastung dürfen auch höhere Werte verwendet werden, jedoch immer a_{cc} = 1,00).

γ_C Teilsicherheitsbeiwert für Beton in der Grundkombination für

Ortbeton: $\gamma_C = 1{,}50$ (2.18)

Fertigteil[4]: $\gamma_C = 1{,}35$ (2.19)

2.3.5 Beton unter Hochtemperatur

Die im vorangegangenen Abschnitt erläuterten Werkstoffgesetze gelten bei normalen Temperaturen (θ = 20 °C). Für die Bemessung unter Brandeinwirkung ist auch die Kenntnis der Bauteilfestigkeit unter sehr hohen Temperaturen erforderlich, da diese für den Beton – wie auch bei anderen Baustoffen – mit zunehmender Temperatur abfällt (**Abb. 2.7**) bei gleichzeitigem Anstieg der Stauchungen. Dieser Prozess beginnt bei Betontemperaturen über 50 °C. Mit zunehmender Temperatur sinkt auch die Steigung der Spannungs-Dehnungs-Linie, d. h. der Elastizitätsmodul nimmt ab. An den Bereich I mit ansteigender Betonspannung σ_c schließt sich der Bereich II mit einem abfallenden Spannungsast. Die Druckfestigkeit des Betons $f_{ck,\theta}$ bei der Temperatur θ wird bei der Stauchung $\varepsilon_{cu,\theta}$ erreicht. Werte für diese beiden Hauptparameter sind in **Abb. 2.7** angegeben.

Bei Temperaturen über 150° C verdampft auch das im Beton physikalisch gebundene Wasser. Der entstehende Dampfdruck kann nicht durch die Kapillarporen entweichen und zu explosionsartigen Abplatzungen an der Oberfläche führen. Derartige Erscheinungen treten verstärkt bei den

[4] Werksmäßige und ständig überwachte Herstellung mit Überprüfung der Betonfestigkeit

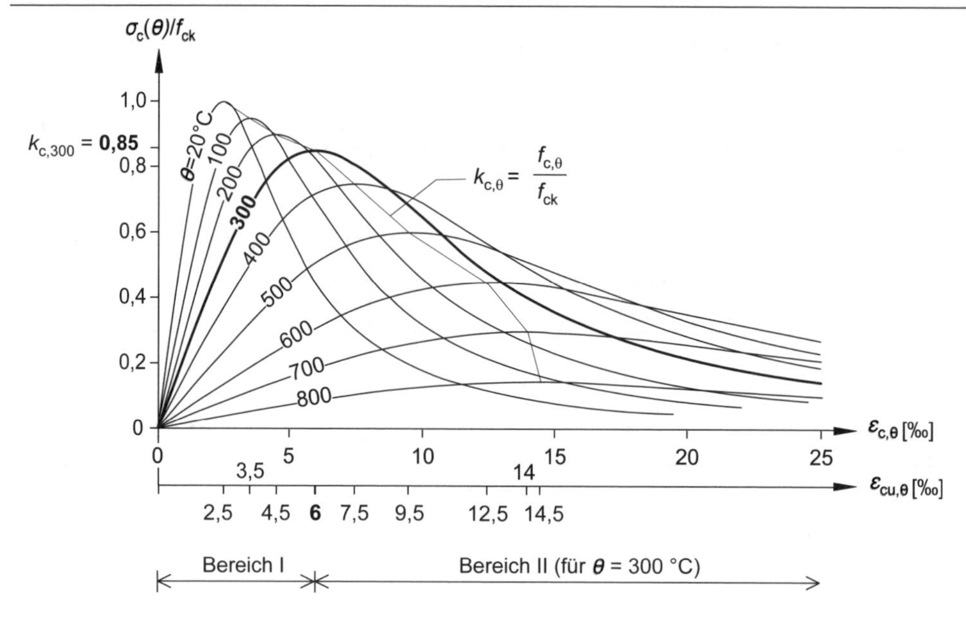

Abb. 2.7 Temperaturabhängige Spannungs-Dehnungs-Linien für Normalbeton ≤ C50/60 mit quarzitischem Zuschlag

(sehr dichten) Hochleistungsbetonen (≥ C55/67) auf. Sie können durch einen Zusatz von in den Frischbeton gemischten Polypropylen-Fasern verringert werden. Im Brandfall verbrennen oder schmelzen die Fasern und hinterlassen röhrenförmige Poren zum Abbau des Dampfdruckes.

2.3.6 Kriechen und Schwinden

Gl. (2.10) kann umgeformt werden, um die elastische Dehnung (bzw. Stauchung) zu bestimmen:

$$\varepsilon_{\mathrm{c}} = \frac{\sigma_{\mathrm{c}}}{E_{\mathrm{cm}}} \tag{2.20}$$

Die Verformung ist hierbei unabhängig von der Dauer der Lasteinwirkung und geht nach Entfernen der Last auf Null zurück. Für Beton gilt dies nur bei Lasten mit kurzzeitiger Dauer. Bei lange einwirkenden Lasten (mehrere Tage bei jungem Beton, mehrere Wochen bei altem) ändern sich die Verformungen zeitabhängig (**Abb. 2.8**). Man nennt dies Kriechen (creep), sofern die einwirkende Last hierbei konstant gehalten wird, bzw. Relaxation, sofern die Verformung konstant gehalten wird. Ein Teil der zusätzlich entstehenden Verformung Δl_{cc} ist irreversibel, d. h., auch nach Entlastung geht die Verformung nicht mehr auf Null zurück.

Die Auswirkungen des Kriechens auf das Bauteil sind sowohl günstig (Einwirkungen aus Zwang verrringern sich mit zunehmender Zeit) als auch ungünstig (Durchbiegungen nehmen zeitabhängig zu). Im (nicht vorgespannten) Stahlbeton wird Kriechen nur bei der Durchbiegungsberechnung (→ Kap. 13.4) und bei den Schnittgrößen schlanker Stützen berücksichtigt.

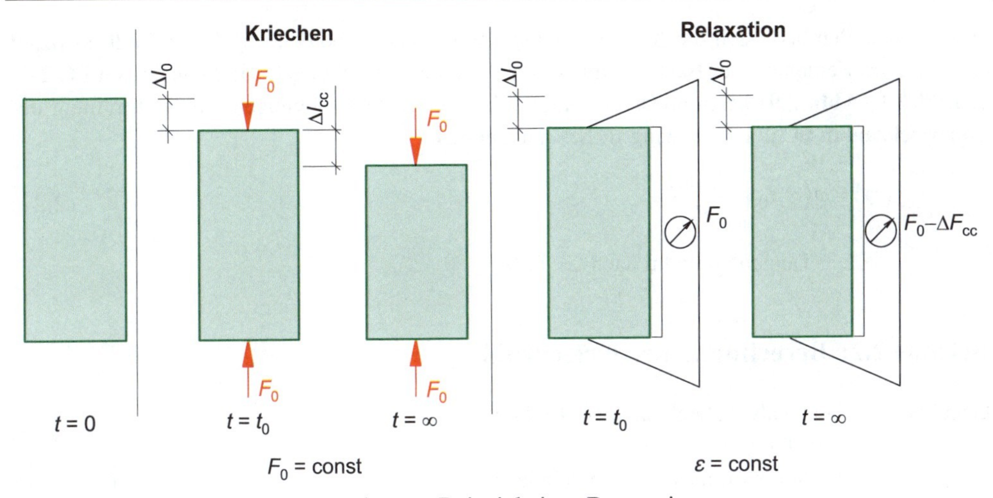

Abb. 2.8 Kriechen und Relaxation am Beispiel eines Betonprismas

Die Kriechzahl φ ist der Quotient aus der zusätzlich entstehenden Verformung Δl_{cc} und der elastischen Verformung Δl_0. Ein Wert von z. B. 3,0 bedeutet, dass die Verformung aus Kriechen das 3fache der elastischen Verformung beträgt. Übliche Kriechzahlen liegen zwischen eins und vier.

Die Kriechzahl ist abhängig vom Betrachtungszeitpunkt t und vom Belastungszeitpunkt t_0. Im Folgenden wird als Betrachtungszeitpunkt immer der Zeitpunkt $t = \infty$ verstanden, der zur Endkriechzahl $\varphi(\infty, t_0)$ führt.

$$\varphi(\infty, t_0) = \frac{\Delta l_{cc}(\infty)}{\Delta l_0} = \frac{\varepsilon_{cc}(\infty)}{\varepsilon_c(t_0)} = \frac{\varepsilon_{cc}(\infty)}{\frac{\sigma_c(t_0)}{E_c}} \tag{2.21}$$

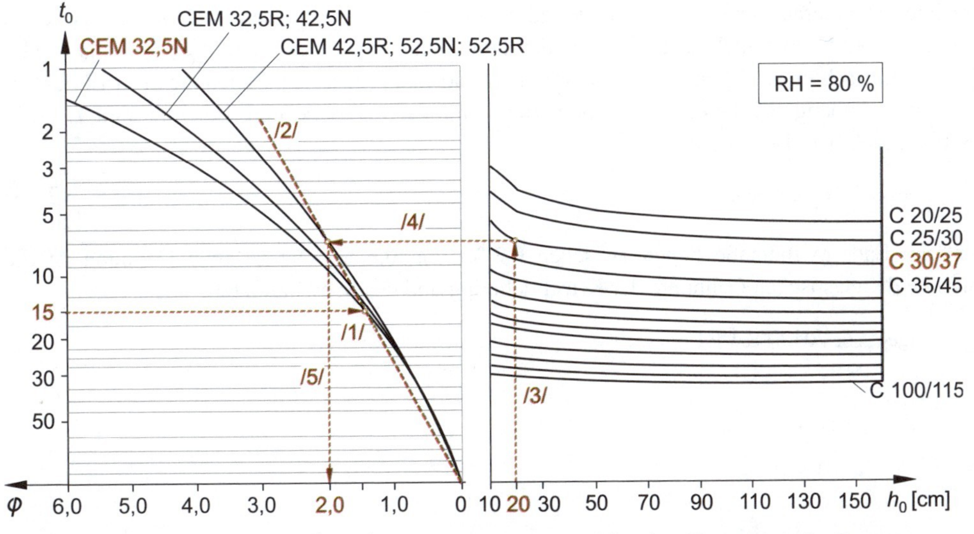

Abb. 2.9 Endkriechzahl $\varphi(\infty, t_0)$ für Normalbeton und feuchte Umgebungsbedingungen (EC 2-1-1, Bild 3.1)

Durch Umstellen lässt sich die Kriechdehnung des Betons ε_{cc} berechnen, da die Endkriechzahl aufgrund des Zementes, der Bauteilabmessungen und der Umgebungsbedingungen nach EC 2-1-1, Bild 3.1 (**Abb. 2.9**) bestimmbar ist. Alternativ sind Grundgleichungen zur Bestimmung der Endkriechzahl in EC 2-1-1, Anhang B, B.1, angegeben.

$$\varepsilon_{cc}(\infty) = \varphi(\infty, t_0) \cdot \frac{\sigma_c(t_0)}{E_c} \tag{2.22}$$

E_c Tangentenmodul nach Gl. (2.9)

Beispiel 2.2: Berechnung der Kriechzahl

Gegeben:
- Wand als Außenbauteil (RH = 80 %)
- $h = 20$ cm
- Bauteil wird nach 15 Tagen belastet
- Betonherstellung mit CEM32,5N
- C30/37

Gesucht: Kriechzahl zum Zeitpunkt $t = \infty$

Lösung:

$$h_0 = \frac{2 \cdot (0{,}20 \cdot 1{,}0)}{2 \cdot 1{,}0} = 0{,}20 \text{ m}$$

$$t_0 = 15 \text{ d}$$

C30/27; RH = 80 %, CEM 32,5N, $t_0 = 15$ d : $\varphi(\infty, 15) = 2{,}0$

$$h_0 = \frac{2\,A_c}{u}$$

Abb. 2.9 wird in Beispiel 11.1 verwendet

Mit Schwinden (shrinkage) wird die Volumenverringerung des Betons infolge Austrocknens bezeichnet. Die hieraus resultierende Schwinddehnung des Betons $\varepsilon_{cs,\infty}$ setzt sich aus den Anteilen der autogenen Schwinddehnung $\varepsilon_{ca,\infty}$ und der Trocknungsschwinddehnung $\varepsilon_{cd,\infty}$ (jeweils wieder für den Betrachtungszeitpunkt $t = \infty$) zusammen und kann nach den Gleichungen in EC 2-1-1, 3.1.4 und Anhang B.2 berechnet werden. Berechnungsdiagramme und Tabellen sind z. B. in [Schneider/Albert-14] enthalten.

$$\varepsilon_{cs,\infty} = \varepsilon_{ca,\infty} + \varepsilon_{cd,\infty} \tag{2.23}$$

Übliche Endschwindmaße liegen zwischen 0,2 ‰ und 0,6 ‰. Die gesamte Dehnung ist die Summe der elastischen Dehnung, der Kriechdehnung und des Schwindmaßes.

$$\varepsilon_{ges} = \varepsilon_c(t_0) + \varepsilon_{cc}(\infty) + \varepsilon_{cs,\infty} \tag{2.24}$$

Beispiel 2.3: Längenänderung einer Stütze zum Zeitpunkt $t = \infty$

(Fortsetzung von Beispiel 1.1)

Gegeben:
- Ergebnisse des Beispiels 1.1
- Bauteil wird nach 3 Tagen ausgeschalt und nach 30 Tagen belastet
- Innenstütze (RH = 50 %)
- Betonherstellung mit CEM32,5N

Gesucht: Verkürzung zum Zeitpunkt $t = \infty$

Lösung:

$A_i = 387 \cdot (1 + 6{,}67 \cdot 0{,}033) = 472 \text{ cm}^2$	(1.9): $A_i = A_{c,n} \cdot (1 + \alpha_e \cdot \rho)$
$\sigma_c = \dfrac{-0{,}300}{0{,}0472} = -6{,}36 \text{ N/mm}^2$	(1.5): $\sigma_c = \dfrac{F}{A_i}$
$E_c = 1{,}05 \cdot 30000 = 31500 \text{ MN/m}^2$	**Tafel 2.5**: C20/25; Gl. (2.9)
$h_0 = \dfrac{2 \cdot (0{,}20 \cdot 0{,}2)}{4 \cdot 0{,}2} = 0{,}10 \text{ m}$	$h_0 = \dfrac{2\,A_c}{u}$
C20/25; RH = 50 %, CEM 32,5N, $t_0 = 30$ d: $\varphi(\infty, 30) = 3{,}2$	EC 2-1-1, Bild 3.1 a)
$\varepsilon_{cc}(\infty) = 3{,}2 \cdot \dfrac{-6{,}36}{31500} = -0{,}65 \cdot 10^{-3}$	(2.22): $\varepsilon_{cc}(\infty) = \varphi(\infty, t_0) \cdot \dfrac{\sigma_c(t_0)}{E_c}$
C20/25: $\varepsilon_{ca,\infty} = -0{,}025 \cdot 10^{-3}$	z. B. [Schneider/Albert-14], Tafel 5.65b
C20/25; $t_s = 3$ d: $\varepsilon_{cd,\infty} = -0{,}440 \cdot 10^{-3}$	z. B. [Schneider/Albert-14], Tafel 5.65b
$\varepsilon_{cs,\infty} = -0{,}025 \cdot 10^{-3} - 0{,}440 \cdot 10^{-3} = -0{,}465 \cdot 10^{-3}$	(2.23): $\varepsilon_{cs,\infty} = \varepsilon_{ca,\infty} + \varepsilon_{cd,\infty}$
$\Delta l = -0{,}53 \cdot 10^{-3} - \left(0{,}65 \cdot 10^{-3} + 0{,}465 \cdot 10^{-3}\right) \cdot 2{,}5$	$\Delta l = \varepsilon \cdot l$ (2.24): $\varepsilon_{ges} = \varepsilon_c + \varepsilon_{cc}(\infty) + \varepsilon_{cs,\infty}$
$= \underline{\underline{-3{,}32 \cdot 10^{-3} \text{ m}}}$	

Die Stauchung steigt auf den 6,3fachen Wert der anfänglichen Stauchung.

2.3.7 Betone mit besonderen Eigenschaften

Moderne Betone können die Eigenschaften des Stahlbetons durch zusätzliche Qualitätsmerkmale weiter verbessern. Um diese Qualitätsmerkmale zu erreichen, sind – über den EC 2-1-1 hinausgehend – weitergehende Regelungen zu beachten, die nicht in diesem Buch behandelt werden. Nachfolgend werden einige dieser Betone vorgestellt.

Wasserundurchlässiger Beton:

Stahlbeton, der neben der tragenden Funktion gleichzeitig eine Abdichtung gegen Wasser übernimmt, bezeichnet man als wasserundurchlässigen Beton (WU-Beton, watertight concrete). In der Baupraxis wird der Beton auch häufig als „weiße Wanne" bezeichnet, aufgrund seiner helleren Farbe im Vergleich zu einem Keller mit bituminöser Abdichtung, die dann als „schwarze Wanne" benannt wird.

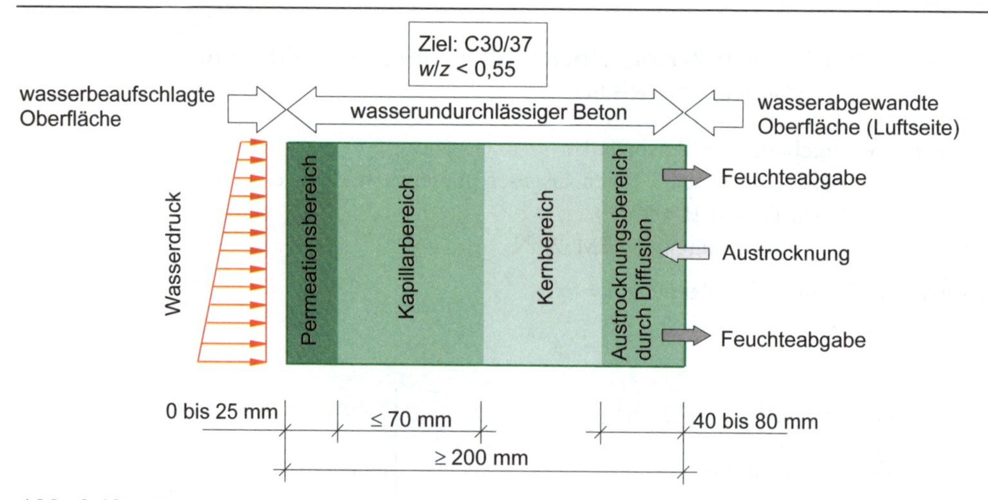

Abb. 2.10 Wasserundurchlässiger Beton

In wasserundurchlässigen Beton kann Wasser zwar durch kapillares Saugen ein- aber nicht durchdringen (**Abb. 2.10**). Dagegen kann Wasser in gasförmigem Zustand durch Diffusion das Bauteil durchdringen. Auf der wasserabgewandten Bauteiloberfläche muss ein Abtrocknen möglich sein.

Die Bemessung von WU-Beton erfolgt nach [WU-Richtlinie – 03] und [DAfStb Heft 555 – 06]. Wesentliche Konstruktionsdetails sind Fugenführung und Fugenausbildung. In den Fugen werden elastische Fugenbänder oder Kombinationsprodukte aus Blech und einer polymermodifizierten Beschichtung (z. B. Pentaflex®) angeordnet. Nähere Einzelheiten zur Konstruktion und Ausführung von WU-Beton sind in [Cziesielski/Schrepfer – 00], [Lohmeyer/Ebeling – 07], [Ebeling – 07] zu finden.

Stahlfaserbeton:

In Stahlfaserbeton werden in die Frischbetonmatrix Stahlfasern zugemischt. Die Stahlfasern verbessern die Duktilität in der Zugzone, da Kräfte über die (Mikro-) Risse übertragen werden können (**Abb. 2.11**). Die Eigenschaften hängen sehr stark von der Menge und der Art der zugemischten Fasern ab (bis zu 80 kg/m³). Außerdem erhöhen Stahlfasern die mechanische Abriebfestigkeit von Beton. Ein bedeutendes Anwendungsgebiet sind Industriefußböden.

Weitere Einzelheiten sind in [Schnütgen – 05] zu finden. Die Bemessung erfolgt nach [Stahlfaserbeton-RiL – 10].

Selbstverdichtender Beton:

Selbstverdichtender Beton (self compacting concrete) benötigt keine Verdichtung durch Rüttler. Infolge seiner Sieblinie und Fließmittel entweicht die Luft nach dem Einfüllen in die Schalung ohne Rüttlereinwirkung.

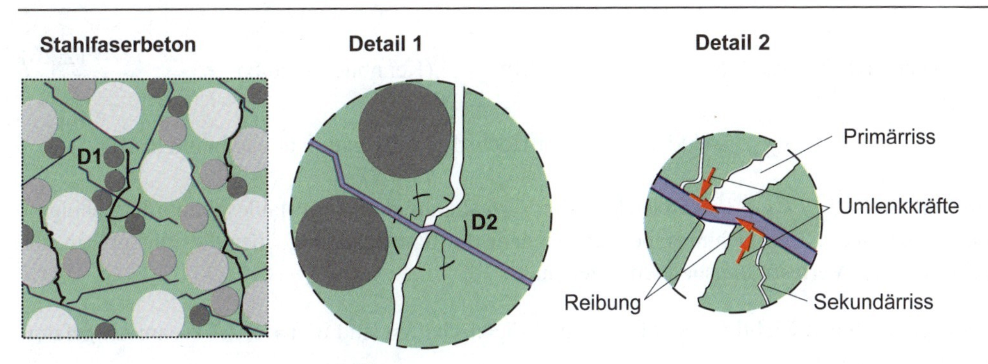

Abb. 2.11 Stahlfaserbeton und Übertragung von Kräften über die Risse

Tafel 2.7 Sorteneinteilung und Eigenschaften der Betonstähle (nach EC 2-1-1, 3.2.1 und DIN 488)

Betonstahlsorte					
	Erzeugnisform	Betonstabstahl	Betonstahlmatte	Betonstabstahl	Betonstahlmatte
	Benennung	B500A	B500A	B500B	B500B
Duktilität (ductility)		normal		hoch	
Fließgrenze f_{yk} (yield stress)		500 N/mm²			
Zugfestigkeit f_{tk} (tensile strength)		≥ 550 N/mm² (festgelegt durch nächste Zeile)			
Verhältnis $(f_t / f_y)_k$		≥ 1,05		≥ 1,08	
Stahldehnung unter Höchstlast ε_{uk}		0,025		0,050	
Nenndurchmesser ϕ in mm		6 bis 40 a)	6 bis 12	6 bis 40 a)	6 bis 14 b)

a) Nenndurchmesser $\phi > 40$ mm sind bauaufsichtlich zugelassen.

b) Betonstahlmatten mit Nenndurchmessern von 4,0 mm und 4,5 mm dürfen nur bei vorwiegend ruhender Belastung und – mit Ausnahme von untergeordneten vorgefertigten Bauteilen, wie eingeschossigen Einzelgaragen – nur als Querbewehrung bei einachsig gespannten Platten, bei Rippendecken und bei Wänden verwendet werden.

2.4 Betonstahl

2.4.1 Werkstoffkennwerte für Druck- und Zugbeanspruchung

Die im Stahlbetonbau anwendbaren Betonstähle sind in DIN 488-1 genormt. Die drei wesentlichen Kenngrößen im Hinblick auf die Bemessung zur Bezeichnung einer Stahlsorte sind:

- der charakteristische Wert der *Fließgrenze* f_{yk} (Bezeichnung in DIN 488-1 : R_e)
- der charakteristische Wert der *Zugfestigkeit* f_{tk} (Bezeichnung in DIN 488-1 : R_m)
- die *Duktilität* (DIN 488-1)

$$\text{normalduktil:} \quad \varepsilon_{uk} \geq 2{,}5\,\% \quad \text{und} \quad \frac{f_{tk}}{f_{yk}} \geq 1{,}05 \qquad \text{(Kennbuchstabe A)} \tag{2.25}$$

$$\text{hochduktil:} \quad \varepsilon_{uk} \geq 5{,}0\,\% \quad \text{und} \quad \frac{f_{tk}}{f_{yk}} \geq 1{,}08 \qquad \text{(Kennbuchstabe B)} \tag{2.26}$$

ε_{uk} Stahldehnung unter Höchstlast (elongation at maximum load)

Ein Verhältnis $f_{tk}/f_{yk} > 1$ kennzeichnet die Verfestigung des Betonstahles (strain-hardening of reinforcing steel). Der Dehnungsbereich, in dem die Stahlspannung über die Fließgrenze ansteigt, wird als Verfestigungsbereich bezeichnet.

Die in Deutschland wichtigen Stahlsorten und Eigenschaften sind in **Tafel 2.7** zusammengefasst. Man unterscheidet:

- Betonstabstahl (reinforcing steel bar)
- Betonstahlmatten (welded meshes)

Unter Betonstabstahl versteht man einzelne Stäbe, während Betonstahlmatten (→ Teil 2, Kap. 1) aus einer Vielzahl von Stäben bestehen, die werksmäßig in einem orthogonalen Raster durch Punktschweißung verbunden werden. Stäbe können hochduktil sein, wenn sie aus warmverformtem Material bestehen. Sie können auch nur normalduktil sein, wenn sie aus kaltverformtem Material (vom Ring) gefertigt werden. Letztgenannte treten insbesondere für die Durchmesserreihen bis d_s = 12 mm auf.

Betonstähle werden z. B. mit einer Buchstaben-Zahlen-Kombination bezeichnet: B500B

B Betonstahl nach DIN 488-1
500 Fließgrenze f_{yk} des Stahls, genormt sind R_e = 500 N/mm²
B Kennzeichen für Duktilität; A = normalduktil, B = hochduktil

Beide Betonstahlformen haben eine gerippte Oberfläche, um den Verbund zwischen dem Stahl und dem ihn umgebenden Beton zu verbessern. Eine Kenngröße zur Beschreibung der Rippen als wichtige Einflussgröße auf die Verbundeigenschaften ist die bezogene Rippenfläche f_R des Betonstahles (projected rib factor, **Abb. 2.12**). Aus der Anordnung der Rippen lässt sich die Duktilitätsklasse erkennen. Ein Betonstabstahl der Stahlsorte B500B muss entweder zwei oder vier Rippenreihen haben, Betonstabstahl der Stahlsorte B500A wird durch drei Rippenreihen gekennzeichnet (**Abb. 2.13**).

$$f_R = \frac{A_R}{A_S} = \frac{\pi \cdot (\phi + h_R) \cdot h_R}{\pi \cdot (\phi + 2 \cdot h_R) \cdot s_R} \approx \frac{h_R}{s_R} \tag{2.27}$$

Betonstähle nach DIN 488-1 sind schweißbar (weldable). Neben diesen genormten Stählen gibt es Betonstabstahl vom Ring, beschichtete und nichtrostende Betonstähle für besondere Anforderungen an den Korrosionsschutz und „GEWI"-Stahl (→ Kap. 4.5.3) für spezielle Verbindungsmittel. Ihre Anwendung wird durch bauaufsichtliche Zulassungen geregelt.

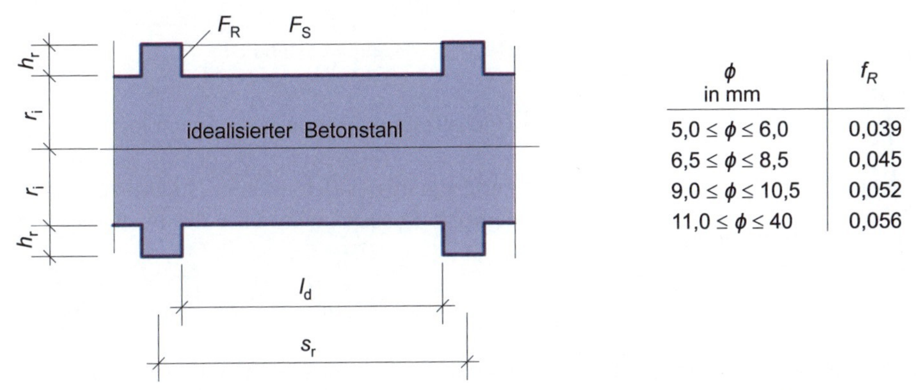

ϕ in mm	f_R
$5{,}0 \leq \phi \leq 6{,}0$	0,039
$6{,}5 \leq \phi \leq 8{,}5$	0,045
$9{,}0 \leq \phi \leq 10{,}5$	0,052
$11{,}0 \leq \phi \leq 40$	0,056

Abb. 2.12 Geometriekennzahlen zur Ermittlung der bezogenen Rippenfläche f_R

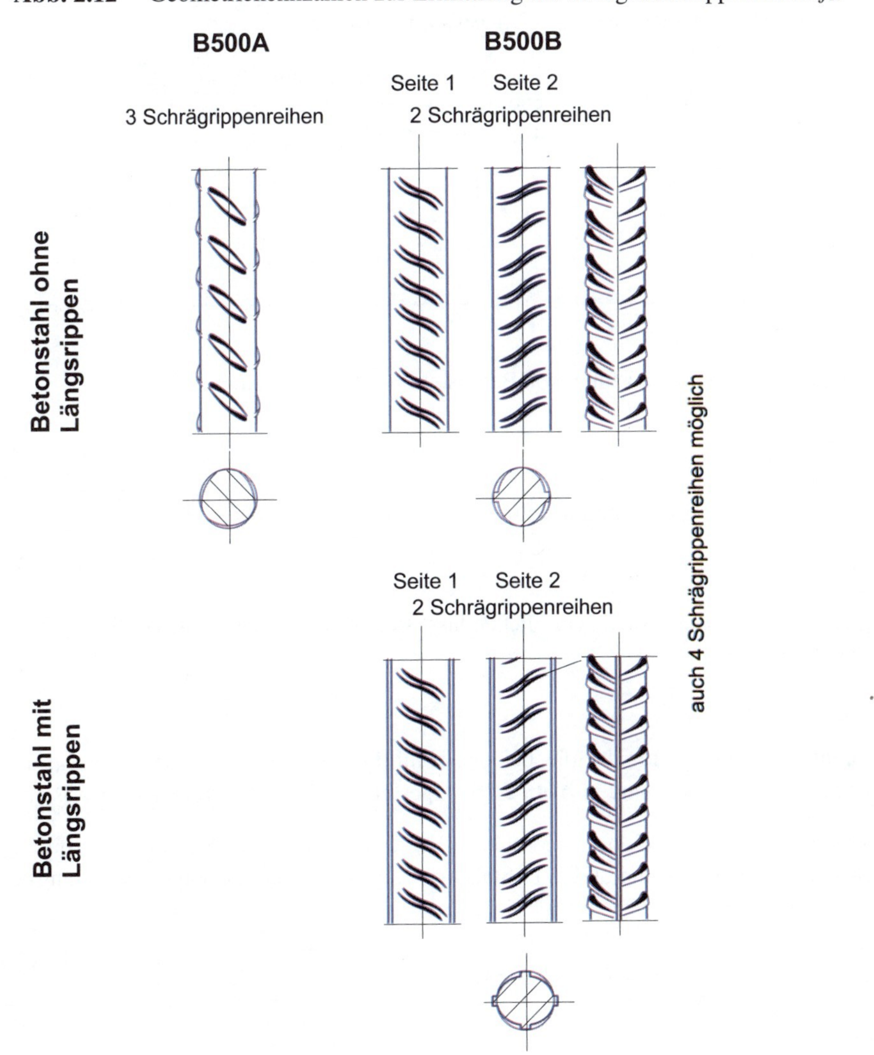

Abb. 2.13 Oberfläche verschiedener Betonstähle nach DIN 488-1

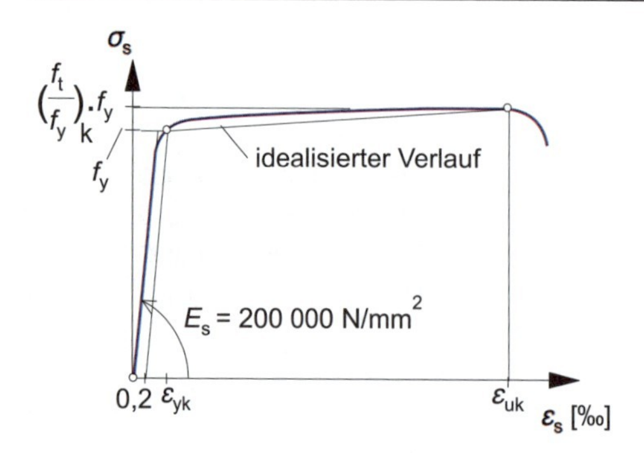

Abb. 2.14 Spannungs-Dehnungs-Linien von Betonstahl für die Schnittgrößenermittlung

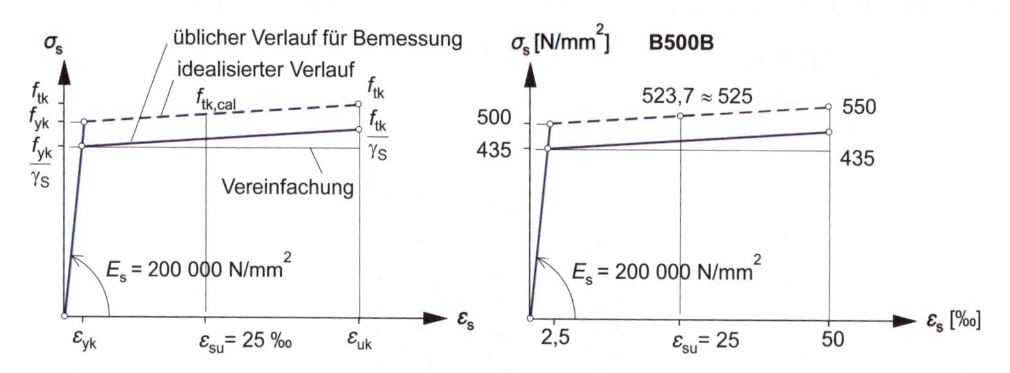

Abb. 2.15 Spannungs-Dehnungs-Linien von Betonstahl für die Bemessung

2.4.2 Werkstoffgesetze

Das Werkstoffgesetz für Betonstahl verhält sich nach dem HOOKEschen Gesetz,

$$\sigma_s = E_s \cdot \varepsilon_s \tag{2.28}$$

bis die Fließgrenze erreicht wird. Nach dem Fließen lässt sich die Spannung im Verfestigungsbereich noch geringfügig steigern.

Schnittgrößenermittlung

Mögliche Spannungs-Dehnungs-Linien, die bei der Ermittlung der Schnittgrößen (Beanspruchung) verwendet werden dürfen, sind in **Abb. 2.15** dargestellt. Üblich ist hierbei der linearisierte Verlauf.

$$\sigma_s = \begin{cases} E_s \cdot \varepsilon_s & \text{für } |\varepsilon_s| \leq \varepsilon_{yk} \\ f_y \cdot \left[1 + \dfrac{\left(\dfrac{f_t}{f_y}\right)_k - 1}{\varepsilon_{uk} - \varepsilon_{yk}} \right] & \text{für } \varepsilon_{yk} < |\varepsilon_s| \leq \varepsilon_{uk} \end{cases} \tag{2.29}$$

Querschnittsbemessung

Es wird ebenfalls eine bilineare Spannungs-Dehnungs-Linie verwendet (**Abb. 2.15**). Der Verfestigungsbereich darf hierbei ausgenutzt oder vereinfacht vernachlässigt werden.

– *Genauere Spannungs-Dehnungs-Linie (mit Verfestigungsbereich):*

$$\sigma_s = \begin{cases} E_s \cdot \varepsilon_s & \text{für } \left|\varepsilon_s\right| \le \dfrac{\varepsilon_{yk}}{\gamma_s} = \dfrac{f_{yk}}{\gamma_s \cdot E_s} \\ \dfrac{f_{yk}}{\gamma_s} \cdot \left[1 + \left(\dfrac{f_{tk}}{f_{yk}} - 1\right) \cdot \dfrac{\varepsilon_s - \dfrac{\varepsilon_{yk}}{\gamma_s}}{\varepsilon_{uk} - \dfrac{\varepsilon_{yk}}{\gamma_s}}\right] & \text{für } \dfrac{\varepsilon_{yk}}{\gamma_s} < \left|\varepsilon_s\right| \le \varepsilon_{su} \end{cases} \tag{2.30}$$

Gemäß EC 2-1-1/NA, 3.2.7 wird die Dehnung hierbei (auch für hochduktilen Stahl) auf den Wert

$$\varepsilon_{su} = 2{,}5\ \% \tag{2.31}$$

begrenzt und die Verfestigung einheitlich für beide Duktilitätsarten mit der Spannung des hochduktilen Stahls bei $\varepsilon_{su} = 2{,}5$ ‰ angesetzt (Gl. (2.30) für B500: $\sigma_s(0{,}025) = 525$ N/mm^2 $= f_{tk,cal}$ → **Abb. 2.15**). Der Vorteil dieser Vorgehensweise besteht darin, dass für beide Stahlsorten einheitliche Bemessungshilfsmittel (→ Kap. 7.5.1) verwendet werden können. Die maximale Stahlersparnis beim Ausnutzen des Verfestigungsbereichs beträgt damit 5 % ([525–500]/500).

Für die Bemessung ist die Spannung bei Dehnungen, die größer als ε_{yk} sind, durch den Teilsicherheitsbeiwert zu dividieren

$$\sigma_{sd} = \frac{\sigma_s}{\gamma_S} \tag{2.32}$$

γ_S Teilsicherheitsbeiwert für Betonstahl in der

Grundkombination: $\gamma_S = 1{,}15$ (2.33)

außergewöhnlichen Kombination: $\gamma_S = 1{,}00$ (2.34)

– *Vereinfachte Spannungs-Dehnungs-Linie (ohne Verfestigungsbereich):*

$$\sigma_{sd} = \begin{cases} E_s \cdot \varepsilon_s & \text{für } \left|\varepsilon_s\right| \le \varepsilon_{yk} = \dfrac{f_{yk}}{\gamma_S \cdot E_s} \\ \dfrac{f_{yk}}{\gamma_S} & \text{für } \varepsilon_{yk} < \left|\varepsilon_s\right| \le \varepsilon_{uk} \end{cases} \tag{2.35}$$

Der durch den Teilsicherheitsbeiwert für Betonstahl γ_S dividierte charakteristische Wert der Festigkeit f_{yk} wird als Bemessungswert der Stahlspannung f_{yd} an der Fließgrenze bezeichnet.

$$f_{yd} = \frac{f_{yk}}{\gamma_S} \tag{2.36}$$

2.4.3 Betonstahl unter Hochtemperatur

Auch bei Betonstahl sinken die Fließgrenze und die Zugfestigkeit sowie der Elastizitätsmodul mit steigender Temperatur. Die Fließgrenze sinkt bei höheren Temperaturen als 100 °C, die Zugfestigkeit bei mehr als ca. 400 °C (**Abb. 2.16**).

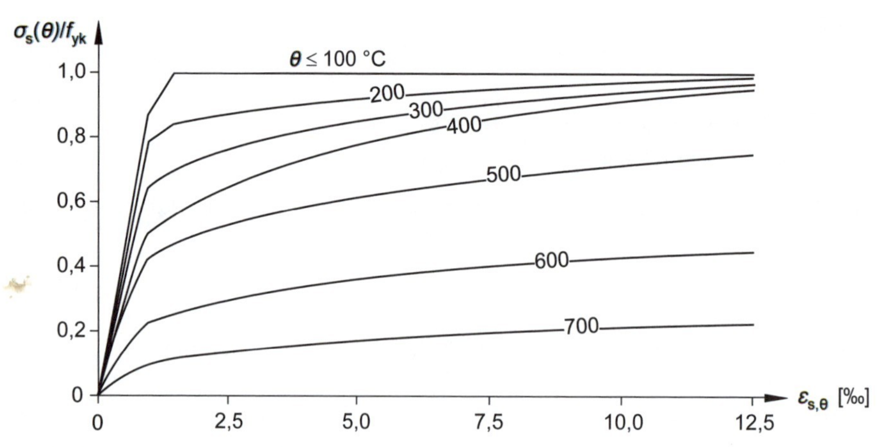

Abb. 2.16 Temperaturabhängige Spannungs-Dehnungs-Linien für warm gewalzten Betonstahl (entspricht einem Baustahl S235)

2.5 Stahlbeton unter Umwelteinflüssen

2.5.1 Karbonatisierung

Junger Beton besitzt einen hohen pH-Wert von ca. 13. Dieser wird durch das vom Zement erzeugte Calciumhydroxid $Ca(OH)_2$ bewirkt. Überschüssiges Anmachwasser (→ Kap. 2.2.1) füllt zunächst die Kapillarporen aus. Trocknet das nicht gebundene Wasser aus dem erhärteten Beton aus, so kann das in der Luft enthaltene Kohlendioxid CO_2 in die Kapillarporen des Betons eindringen. Dort reagiert es mit dem Calciumhydroxid zu Calciumcarbonat $CaCO_3$ und Wasser H_2O.

$$Ca(OH)_2 + CO_2 \rightarrow CaCO_3 + H_2O \quad (2.37)$$

Calciumcarbonat (auch „Kalkstein" genannt), ein Salz, ist neutral (pH = 7). Hierdurch sinkt der pH-Wert des Betons an der Oberfläche langsam ab. Dieser Vorgang wird als „Karbonatisierung" bezeichnet. Die Fläche, an der der Beton den Wert pH = 9 hat, nennt man Karbonatisierungsfront; auf der bauteilinneren Seite der Karbonatisierungsfront ist der pH-Wert größer, auf der äußeren Seite kleiner als 9 (**Abb. 2.17**). Der Fortschritt der Karbonatisierungsfront verläuft nicht mit zeitlich konstanter Geschwindigkeit, sondern wird mit zunehmender Karbonatisierungstiefe, also mit zunehmendem Betonalter, immer langsamer (Gl. (2.38) ist das sog. „Wurzel-T-Gesetz"). Der zeitliche Verlauf der Karbonatisierungstiefe hängt ab von:

- dem w/z-Wert und der Verdichtung bzw. dem sich daraus ergebenden Porenvolumen (**Abb. 2.18** und **Abb. 2.19**); Der w/z-Wert kann im Randzonenbereich durch Vakuumbeton oder das Auskleiden der Schalung mit einem wasseraufsaugenden Textilgewebe ([Karl/Solacolu – 92]) vermindert werden.
- der Betongüte (Zementgehalt, Zementfestigkeitsklasse, w/z_{eq}-Wert) (**Abb. 2.20**)
- der Nachbehandlung (gute Nachbehandlung verbessert den Widerstand gegen Karbonatisierung)
- den Umweltbedingungen (CO_2-Gehalt in der Luft).

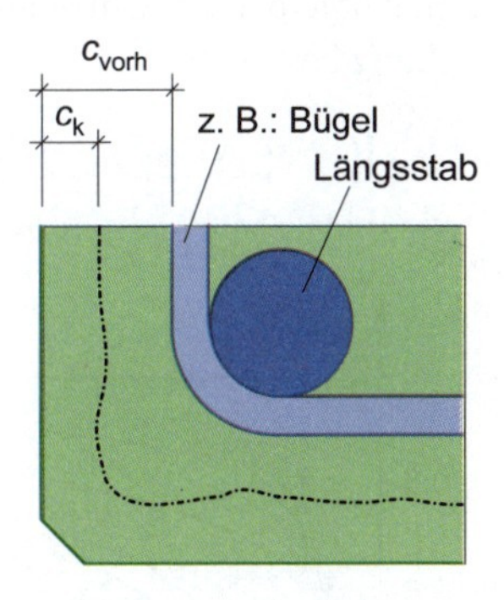

Abb. 2.17 Karbonatisierungsfront und Betondeckung

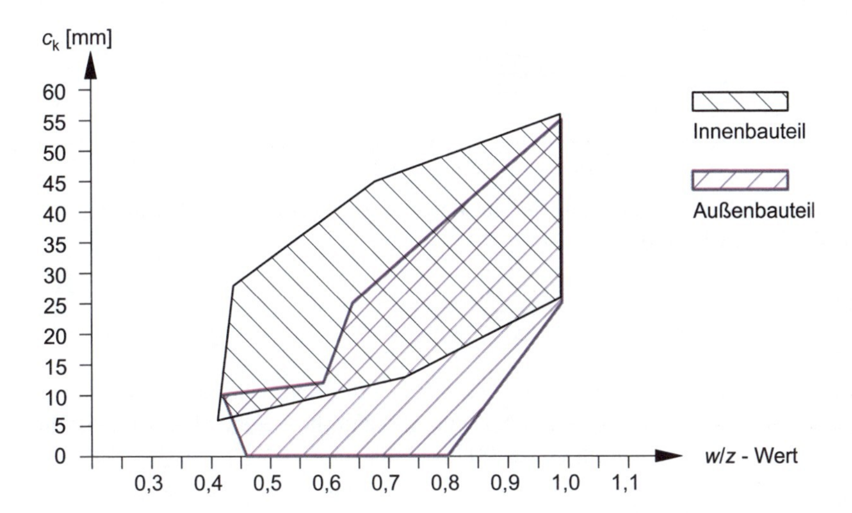

Abb. 2.18 Einfluss des Wasserzementwertes auf die mittlere Karbonatisierungstiefe von 1 bis 55 Jahre alten Betonbauteilen (nach [Soretz – 79])

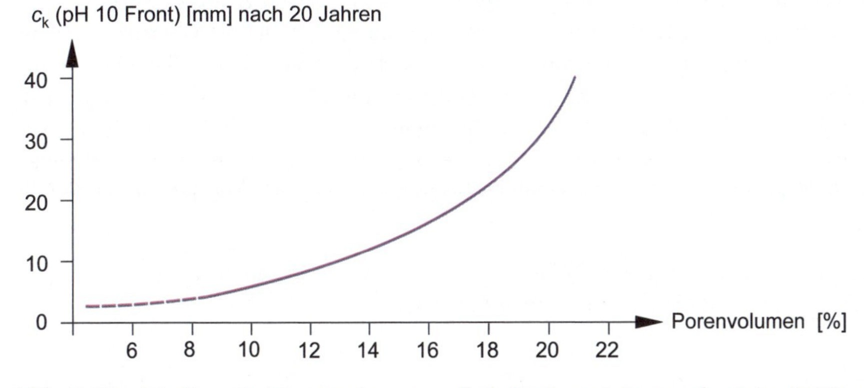

Abb. 2.19 Einfluss des Porenvolumens auf die Karbonatisierungsfront (nach [Grunau – 92])

Bei gleichbleibenden Umweltbedingungen kann man die Karbonatisierungstiefe nach folgender Gleichung bestimmen:

$$c_k(t) = \alpha \cdot \sqrt{t} \tag{2.38}$$

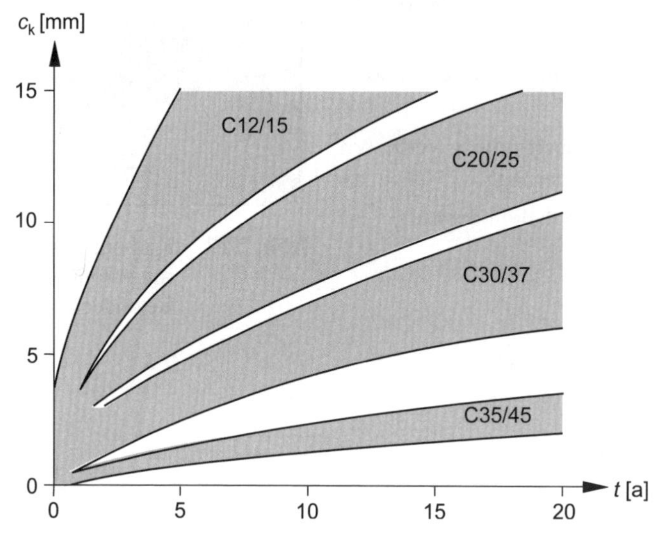

Abb. 2.20 Zeitlicher Verlauf der Karbonatisierungstiefe bei geschützter Lagerung im Freien (nach [KLOPFER - 83])

$$\alpha = \frac{c_k(t_0)}{\sqrt{t_0}} \tag{2.39}$$

Der Faktor α erfasst hierbei die o. g. Einflussfaktoren. Sofern die Karbonatisierungstiefe an einem Bauteil zu einem bestimmten Zeitpunkt t_0 bekannt ist, kann ihr weiteres Fortschreiten für spätere Zeitpunkte t_1 ermittelt werden nach Gl. (2.38) bis (2.40)

$$t_1 = \left(\frac{c_k}{\alpha}\right)^2 - t_0 \tag{2.40}$$

In der Praxis zeigt sich, dass die Karbonatisierungsfront einem Endwert zustrebt. Für unbewehrten Beton ist der Vorgang der Karbonatisierung ohne Bedeutung, zumal die Oberflächenfestigkeit hierdurch etwas ansteigt. Bei Stahlbetonbauteilen bewirkt die hohe Alkalität bei pH ≥ 10 den Korrosionsschutz des Betonstahles. Durch die Karbonatisierung wird dieser Schutz aufgehoben. Karbonatisierung ist also eine Voraussetzung für eine mögliche Betonstahlkorrosion. Stahlkorrosion kann aber erst dann eintreten, wenn zusätzlich Feuchtigkeit und Sauerstoff hinzukommen. Bei einer Betonstahlkorrosion müssen demnach folgende Voraussetzungen vorliegen:

Karbonatisierter Beton
⊕ ausreichende *Feuchtigkeit* zur Erhöhung der elektrischen Leitfähigkeit
⊕ ständiger Luftzutritt (Einwirkung von *Sauerstoff*).

Hieraus wird deutlich, dass Stahl in einem karbonatisierten Bauteil, das sich ständig im Wasser befindet, (im Sinne der für das Bauwesen relevanten Werte) nicht korrodieren kann. Durch die Korrosion entsteht aus Eisen Eisenhydroxid (Rost):

$$4\,Fe + 3\,O_2 + 2\,H_2O \rightarrow 4\,FeOOH \tag{2.41}$$

Eisenhydroxid hat das 2,5fache Volumen von Stahl. Deshalb verursacht der korrodierte Betonstahl eine Sprengwirkung auf den ihn umgebenden Beton, und die Betondeckung platzt ab. Daher muss u. a. durch eine ausreichend bemessene Betondeckung sichergestellt werden, dass die Karbonatisierungsfront während der geplanten Nutzungsdauer eines Bauwerkes die Bewehrung nicht erreichen kann, sofern der Zutritt von Feuchtigkeit möglich ist.

Beispiel 2.4: Berechnung des Karbonatisierungsfortschritts

Gegeben: – An einem Betonbauteil wird im Alter von fünf Jahren eine Karbonatisierungstiefe von $c_k = 10$ mm ermittelt. Die Betondeckung des Bauteils beträgt 30 mm.

Gesucht: – Wann erreicht die Karbonatisierungsfront die Bewehrung?

Lösung:

$$\alpha = \frac{10}{\sqrt{5}} = 4{,}47 \text{ mm}/\sqrt{\text{a}} \qquad \text{(2.39): } \alpha = \frac{c_k(t_0)}{\sqrt{t_0}}$$

$$t_1 = \left(\frac{30}{4{,}47}\right)^2 - 5 = \underline{\underline{40\text{ a}}} \qquad \text{(2.40): } t_1 = \left(\frac{c_k}{\alpha}\right)^2 - t_0$$

Nach 5+40 = 45 Jahren wird die Bewehrung von der Karbonatisierungsfront erreicht. Die Oberfläche des Betonbauteiles muss daher in den nächsten Jahren nicht zusätzlich beschichtet werden.

2.5.2 Betonkorrosion

Unter Betonkorrosion werden ausschließlich Schädigungen durch *chemische* Angriffe verstanden. Die chemischen Angriffe lassen sich in lösende und in treibende Angriffe unterteilen. Lösende Angriffe entstehen durch das in der Luft enthaltene Kohlendioxid und Schwefeldioxid SO_2. Schwefeldioxid ist in der Luft durch Hausbrand-, Kraftwerksabgase usw. enthalten. Die UV-Strahlung lässt in Verbindung mit der Luftfeuchtigkeit Schwefelsäure H_2SO_4 entstehen.

$$SO_2 + H_2O \rightarrow H_2SO_3 \tag{2.42}$$

$$2\,H_2SO_3 + O_2 \rightarrow 2\,H_2SO_4 \tag{2.43}$$

Die Schwefelsäure löst das Calciumhydroxid des Betons auf und zerstört das Betongefüge, es entsteht Gips $CaSO_4{\cdot}2H_2O$. Damit ist der Beton zerstört.

$$Ca(OH)_2 + H_2SO_4 \rightarrow CaSO_4{\cdot}2H_2O \tag{2.44}$$

Gips hat ein größeres Volumen als das Calciumhydroxid. Hierdurch entsteht gleichzeitig zu dem lösenden ein treibender Angriff.

Weiterhin reagiert das in der Luft enthaltene Kohlendioxid mit Regen zu Kohlensäure H_2CO_3.

$$CO_2 + H_2O \rightarrow H_2CO_3 \quad (2.45)$$

Die Kohlensäure dringt mit weiterem Regen in die Oberfläche des Betons ein und löst das Calciumhydroxid auf. Dabei wird der Zementstein zerstört, es entsteht Calciumcarbonat $CaCO_3$, ein wasserunlösliches Salz.

$$Ca(OH)_2 + H_2CO_3 \rightarrow CaCO_3 + 2\,H_2O \quad (2.46)$$

2.5.3 Chlorideinwirkung

Stahlbetontragwerke können im Wesentlichen durch folgende Einwirkungen mit Chloriden beansprucht werden:

- Salze (Natriumchlorid), die z. B. als Auftaumittel im Winterdienst eingesetzt werden, setzen Chloridionen frei. Da sie im Schmelzwasser gelöst vorliegen, können sie gut in die äußeren, durchnässten Bereiche des Betons eingetragen werden (durchnässt sind 2 bis 10 mm je nach Betonqualität).
- Meerwasser enthält Salze. Überall dort, wo Beton mit Meerwasser in Berührung kommt, werden Chloride in den Beton eingetragen.
- Im Brandfall verbrennen heute fast immer auch Kunststoffe, die chloridhaltig sein können (z. B. PVC = Polyvinylchlorid). Zusammen mit dem Löschwasser dringen sie in den Beton ein.

Die Chloride greifen den Beton nicht an, sie diffundieren jedoch auch durch dichten Beton und zerstören die alkalische Schutzschicht des Betonstahles. Am Betonstahl kommt es dann zur chloridinduzierten Stahlkorrosion, dem sog. Lochfraß. Der Zement kann nur eine sehr geringe Menge an Chloriden durch Bildung von „Friedelschem Salz" binden (Einflussgrößen sind Zementmenge und möglichst große Menge von Aluminaten im Zement). Bei längerer Chlorideinwirkung ist diese Schutzwirkung schnell erschöpft. Während Beton durch geeignete Maßnahmen bei der Herstellung der Karbonatisierung und der Betonkorrosion ausreichenden Widerstand entgegensetzen kann und während der Nutzungsdauer eines Bauwerks dauerhaft ist, müssen daher Stahlbetonbauwerke zusätzlich geschützt werden, sofern sie Chlorideinwirkung ausgesetzt sind. Dies kann durch eine Beschichtung (z. B. auf Epoxidharzbasis) geschehen.

2.5.4 Dauerhafte Stahlbetonbauwerke

Um der Karbonatisierung und der Betonkorrosion einen den Umgebungsbedingungen angepassten ausreichenden Widerstand entgegenzusetzen, sind seitens der Betonrezeptur folgende Maßnahmen zu ergreifen:

- *Mindestfestigkeitsklasse* des Betons und die Expositionsklasse (Begründung → **Abb. 2.20**) je nach Schwere des Angriffs (d. h. Expositionsklasse) nach **Tafel 2.3**. Beides ist vom Tragwerksplaner auf dem Bewehrungsplan anzugeben (EC 2-1-1/NA, 2.8.2).
- *Mindestzementmenge* (Begründung → **Abb. 2.20**) nach **Tafel 2.3**

- *Begrenzung des Wasserzementwertes* (Begründung → **Abb. 2.18**) je nach Expositionsklasse nach **Tafel 2.3**

Weiterhin ist die Betondeckung (→ Kap. 3) ausreichend groß zu wählen (Begründung → **Abb. 2.18**).

Ein Bauwerk, das die vorgesehene Nutzungsdauer (z. B. 70 bis 110 Jahre) unter planmäßigen Einwirkungen erreicht, bezeichnet man als dauerhaft. Stahlbetonbauteile sind dauerhaft, sofern sie

- *sachgerecht geplant und konstruiert* sind (Einflussgrößen: Bauphysik, Zementwahl, Bewehrungsdurchmesser und -abstände usw.)
- *fachgerecht ausgeführt* werden (Einflussgrößen: vorhandene Betondeckung, *w/z*-Wert, Nachbehandlung usw.)
- *termingerecht überprüft und gewartet* werden (Beobachten von Rissen, Reinigen von Oberflächen usw.)
- *materialgerecht und rechtzeitig gepflegt* werden (bei Bedarf hydrophobieren und beschichten).

Schäden an (im Verhältnis zur Gesamtzahl wenigen) bestehenden Gebäuden wurden verursacht durch die Verletzung einer oder mehrerer der o. g. Bedingungen.

2.6 Ausschalfristen

Um einen schnellen Baufortschritt zu erreichen, wird die kürzestmögliche Ausschalfrist angestrebt. Im Hinblick auf die Erhärtung und evtl. auch auf die Nachbehandlung des Betons (→ Kap. 2.2.2) dürfen bestimmte Mindestzeiträume nicht unterschritten werden. Allgemeine Angaben hierzu sind in DIN EN 13670, 5.7 zu finden. Weitergehende Angaben macht das DBV-Merkblatt „Betonschalungen und Ausschalfristen“ [DBV – 06/2].

3 Betondeckung

3.1 Aufgabe

Als Betondeckung (concrete cover) wird die Betonschicht bezeichnet, die die Bewehrung zu den Bauteiloberflächen hin schützend abdeckt. Sie erfüllt im Stahlbetonbau die folgenden wesentlichen Funktionen:

- *Sicherung des* für das Tragverhalten notwendigen *Verbundes* zwischen Bewehrung und Beton (→ **Abb. 4.1**)
- *Schutz* der Bewehrung *vor Korrosion* (→ Kap. 2, **Abb. 2.17**)
- *Schutz* der Bewehrung *im Brandfall* vor frühzeitigem Verlust der Festigkeit (→ vgl. EC 2-1-2 sowie Kap. 16)

Eine in Dicke und Dichtheit gute Betondeckung kann nur dann gelingen, wenn hierauf bei allen Herstellungsstufen des Bauwerkes besonderes Augenmerk gerichtet wird:

– *Planung*	Feingliedrige Bauteile vermeiden Maßtoleranzen und Verformungen von Schalungen beachten
– *Konstruktion*	Anordnung von Füllgassen und Rüttellücken Passlängen bei der Bewehrung vermeiden Bewehrungsanhäufungen vermeiden
– *Betontechnik*	Sieblinie muss gute Umhüllung der Bewehrung ermöglichen
– *Bauausführung*	Beton in einer angemessenen Konsistenz verarbeiten Abbindenden Beton nachbehandeln

Die große Bedeutung der Betondeckung für die Herstellung dauerhafter Stahlbetonbauwerke (→ Kap. 2.5) wurde in der Vergangenheit nicht immer ausreichend beachtet, was zu Schäden an Betonbauteilen führte.

3.2 Maße der Betondeckung

Sowohl Biegeformen von Bewehrungsstäben ([DBV – 11/1], Tabelle 3) als auch Schalungen ([DIN 18202 - 05]) sind mit Ausführungsabweichungen behaftet. Weiterhin treten beim Verlegen der Bewehrung Abweichungen zum gewünschten Sollmaß auf (**Abb. 3.1**). Diese Ungenauigkeiten werden durch ein Vorhaltemaß Δc_{dev} (allowance for tolerance) abgedeckt, das zum Mindestmaß (minimum cover) der Betondeckung c_{min} zu addieren ist. Die Summe aus beiden ergibt das Nennmaß (nominal cover) der Betondeckung c_{nom} (**Abb. 3.1**). Das Verlegemaß c_v erhält man aus dem Nennmaß durch Aufrunden auf den nächsthöheren durch fünf teilbaren Wert, da Abstandhalter (→ Kap. 3.5) in den Stufen 25, 30, 35, 40 mm … erhältlich sind. Verlegemaß und Vorhaltemaß sind auf Bewehrungsplänen anzugeben.

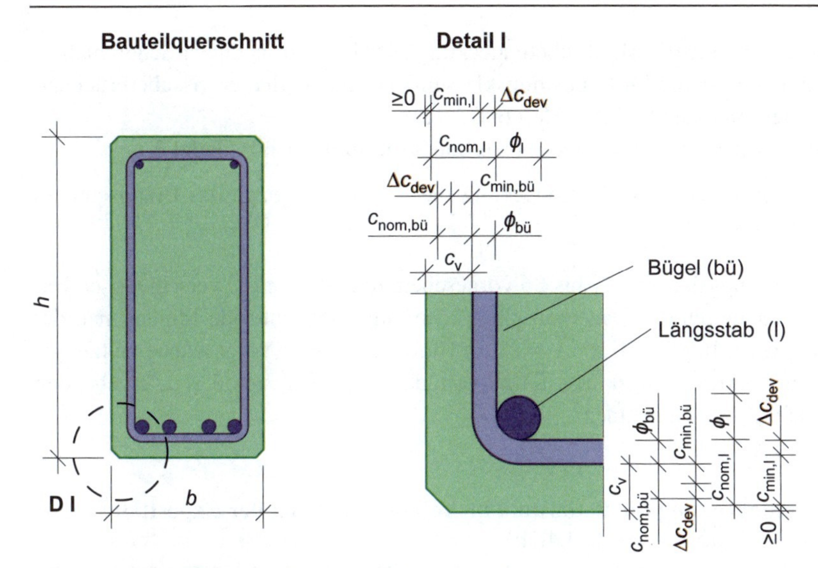

Abb. 3.1 Veranschaulichung der Betondeckungsmaße

Das *Verlege*maß ist für die Bemessung (→ Kap. 7) und für die Höhe der Abstandhalter der unten liegenden Bewehrung bzw. der Unterstützungskörbe bei Platten (→ Teil 2, Kap 1.5) für die oben liegende Bewehrung maßgebend.

$$c_{nom} = c_{min} + \Delta c_{dev} \tag{3.1}$$

Das *Mindest*maß der Betondeckung (= Mindestbetondeckung) ist an jeder Stelle *im fertigen (betonierten) Bauteil* einzuhalten. Es ist das für die Bewehrungsabnahme signifikante Maß und gilt für *alle Bewehrungsstäbe* unabhängig davon, ob es sich um einen statisch erforderlichen oder einen nur für die Montage erforderlichen Stab handelt. Das Mindestmaß der Betondeckung hängt ab vom Durchmesser des Betonstahles und den Umgebungsbedingungen. Es ist gemäß EC 2-1-1 zu bestimmen aus:

$$c_{min} = \max \begin{cases} c_{min,\,dur} + \Delta c_{dur,\,\gamma} - \Delta c_{dur,\,st} - \Delta c_{dur,\,add} \\ c_{min,b} \\ 10\text{ mm} \end{cases} \tag{3.2}$$

$c_{min,dur}$ Mindestmaß zur Einhaltung des Dauerhaftigkeitskriteriums (durability - abhängig von Expositionsklassen) (**Tafel 3.1**)

$\Delta c_{dur,\gamma}$ Additives Sicherheitselement (bei Stahlbetonbauteilen des Hochbaus gilt: für XD1/XS1: $\Delta c_{dur,\gamma} = +10$ mm, für XD2/XS2: $\Delta c_{dur,\gamma} = +5$ mm); $\Delta c_{dur,\gamma}$ ist in den Werten in Tafel 3.1 bereits enthalten

$\Delta c_{dur,st}$ Verringerung der Mindestbetondeckung bei Verwendung rostfreien Stahles; die jeweilige allgemeine bauaufsichtliche Zulassung ist zu beachten; in der Regel darf bei Verwendung rostfreien Stahles für c_{min} der größere der beiden Werte $c_{min,b}$ und 10 mm angesetzt werden

$\Delta c_{dur,add}$ Verringerung der Mindestbetondeckung auf Grund zusätzlicher Schutzmaßnahmen (=10 mm für Expositionsklassen XD bei dauerhafter, rissüberbrückender Beschichtung [DAfStb Heft 600 – 12])

$c_{min,b}$ Mindestmaß zur Einhaltung des Verbundkriteriums (bond) (**Tafel 3.1**)

Zusätzlich sind bei der Festlegung der Betondeckung die Regelungen bzgl. des Brandschutzes (vgl. EC 2-1-2) zu beachten.

In EC 2-1-1 sind Anforderungsklassen S1 bis S6 vorgesehen, über die für die verschiedenen Expositionsklassen das hinsichtlich des Dauerhaftigkeitskriteriums einzuhaltende Mindestmaß der Betondeckung verknüpft ist. In EC 2-1-1/NA wird im Hinblick auf eine vorgesehene Nutzungsdauer von 50 Jahren die Anforderungsklasse S3 zu Grunde gelegt. Die sich daraus ergebenden Werte für c_{min} sind Tafel 3.1 zu entnehmen.

Tafel 3.1 Mindestbetondeckung für Betonstahl in Abhängigkeit von der Expositionsklasse (nach EC 2-1-1/NA, Tabelle 4.4DE)

Mindestbetondeckung c_{min} (in mm)	**Expositionsklasse nach Tafel 2.1**									
	Karbonatisierungsinduzierte Korrosion				Cloridinduzierte Korrosion			Cloridinduzierte Korrosion aus Meerwasser		
	XC1	XC2	XC3	XC4	XD1	XD2	XD3 d)	XS1	XS2	XS3
Verbundkriterium	$\geq \phi$ bzw. ϕ_n									
Dauerhaftigkeitskriterium Betonstahl a) b) c)	10	20		25	40			40		

a) Die Mindestbetondeckung der Expositionsklassen XC, XD und XS (mit Ausnahme von XC 1) darf für Bauteile, deren Festigkeit um 2 Festigkeitsklassen höher liegt als nach Tafel 2.1 erforderlich ist, um 5 mm vermindert werden.

b) Für mechanische Beanspruchung sind die Werte zu erhöhen; in Expositionsklasse XM1 +5 mm, in XM2 +10 mm und in XM3 +15 mm.

c) Angaben für Spannstahl sind in EC 2-1-1/NA, Tabelle 4.5DE zu finden.

d) Ausführung von Parkdecks nur mit besonderen Maßnahmen (z.B. rissüberbrückende Beschichtung, siehe [DAfStb Heft 600 – 12])

Zusätzlich werden in EC2-1-1/NA die für die Einschätzung einer Gefährdung durch Betonkorrosion infolge einer Alkali-Kieselsäurereaktion relevanten Feuchteklassen W0-WS angegeben. Die Einstufung eines Bauteils in eine der Klassen ermöglicht die Wahl eines geeigneten Zementes sowie geeigneter Zuschlagsstoffe, hat jedoch keine Auswirkungen auf die Betondeckung. Gleichwohl liegt es in der Verantwortung des Tragwerksplaners, diese Einstufung vorzunehmen und auf den Ausführungsplänen anzugeben.

3.3 Mindestmaß

Das Mindestmaß der Betondeckung hinsichtlich des Verbundes $c_{min,b}$ hängt vom Durchmesser der oberflächennahen Bewehrungen ab. Der ungünstigste Bewehrungsdurchmesser (dies muss nicht unbedingt der oberflächennächste Stab sein) wird maßgebend.

$$c_{\min,b} \geq \phi \text{ bzw. } \phi_n \tag{3.3}$$

ϕ Stabdurchmesser

ϕ_n Vergleichsdurchmesser (equivalent diameter) eines Stabbündels (→ Kap. 4.3.6)

Von den in **Tafel 2.1** beschriebenen Expositionsklassen (exposure classes) sind diejenigen hinsichtlich der Bewehrungskorrosion und des Betonangriffs zu unterscheiden. Es können gleichzeitig mehrere Expositionsklassen zutreffen. In diesem Fall ist die Ungünstigste maßgebend. Die Forderungen hinsichtlich des Verbundes und der Dauerhaftigkeit sind in **Tafel 3.1** berücksichtigt. Die lt. Fußzeile der Tabelle mögliche Verringerung der Betondeckung bei einer die Erfordernisse übersteigenden Betongüte um mindestens zwei Festigkeitsklassen ist in **Abb. 2.20** begründet. Die für die Expositionsklassen XM*i* notwendige Erhöhung entspricht einer Verschleißschicht (auch bezeichnet als „Opferbeton").

Wird Ortbeton kraftschlüssig mit einem Fertigteil verbunden, darf die Mindestbetondeckung an den der Arbeitsfuge zugewandten Flächen auf 5 mm im Fertigteil und 10 mm im Ortbeton ohne ein zusätzliches Vorhaltemaß verringert werden. Sofern die Bewehrung im Bauzustand ausgenutzt wird, ist das Kriterium zur Sicherstellung des Verbundes einzuhalten. Zudem ist im Bereich der Elementfuge mindestens c_{nom} als Betondeckung vorzusehen.

3.4 Vorhaltemaß

Im Regelfall versteht man unter der Mindestbetondeckung den 5%-Quantilwert. Dies entspricht einem Vorhaltemaß Δc_{dev} = 15 mm für die Expositionsklassen XC2 bis XS3 nach **Tafel 3.1**. Für Innenbauteile der Expositionsklasse XC1 gilt der 10%-Quantilwert, der einem Vorhaltemaß Δc_{dev} = 10 mm entspricht. Bei besonderen Qualitätssicherungsmaßnahmen ([DBV – 11/1] und [DBV – 11/2]), die zur besseren Einhaltung o. g. Quantilwerte auch bei einem geringeren Vorhaltemaß führen, darf Δc_{dev} um 5 mm abgemindert werden. Für das Verbundkriterium beträgt das Vorhaltemaß Δc_{dev} = 10 mm.

Für Beton, der gegen unebene Oberflächen geschüttet wird, sollte das Vorhaltemaß grundsätzlich erhöht werden. Die Erhöhung erfolgt generell um das Differenzmaß der Unebenheit, mindestens jedoch um 20 mm bei unebener Sauberkeitsschicht und bei Schüttung direkt gegen Erdreich um 50 mm.

Beispiel 3.1: Ermittlung der erforderlichen Betondeckung

Gegeben:
- Bauteil lt. Skizze; es handelt sich hierbei um einen Randunterzug einer offenen Halle.
- Brandschutzanforderungen bestehen nicht
- Betonfestigkeitsklasse C30/37

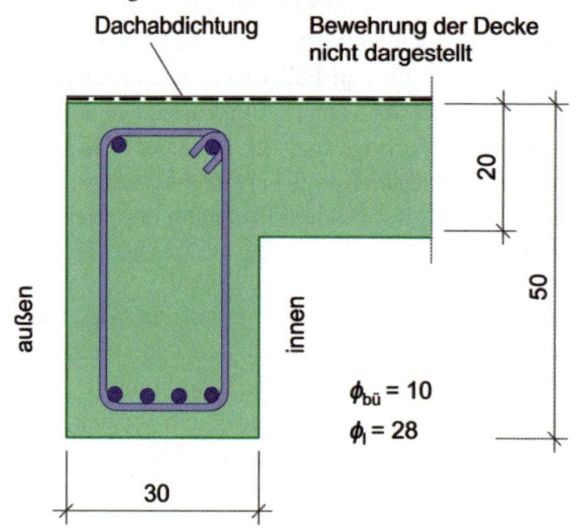

Gesucht: Verlegemaß der Bewehrung auf allen Seiten des Randunterzuges

Lösung:

Außenseite:	Gilt gleichzeitig auch für Ober-/ Unterseite
Zunächst sind die Expositionsklassen zu bestimmen. Wenn das Bauwerk nicht an der Küste liegt, ist die Seite hinsichtlich der Bewehrungskorrosion in Expositionsklasse XC4 einzuordnen. Hinsichtlich des Betonangriffs ist es in Expositionsklasse XF1 einzuordnen.	**Tafel 2.1**
Die Mindestfestigkeitsklasse ist in beiden Fällen C25/30	**Tafel 2.3**
$c_{\text{min, dur}} = 25$ mm; $\Delta c_{\text{min}, \gamma} = \Delta c_{\text{min, st}} = \Delta c_{\text{min, add}} = 0$	**Tafel 3.1** für Expositionsklasse XC4
Eine Abminderung darf nicht vorgenommen werden, da die verwendete Betonfestigkeitsklasse C30/37 nicht um zwei Festigkeitsklassen über der Mindestfestigkeitsklasse C25/30 liegt.	**Tafel 3.1** Fußnote
$c_{\text{min,b}} \geq \phi_{\text{bü}} = 10$ mm	(3.3): $c_{\text{min,b}} \geq \phi$ zunächst für die außen liegende Bügelbewehrung; die Umweltbedingung ist damit maßgebend.
$\Delta c_{\text{dev}} = 15$ mm	Vorhaltemaß für XC4
$c_{\text{nom,bü}} = 25 + 15 = 40$ mm	(3.1): $c_{\text{nom}} = c_{\text{min}} + \Delta c_{\text{dev}}$
$c_{\text{min,b}} \geq \phi = 28$ mm	Überprüfung der Betondeckung für die Längsbewehrung (vgl. Aufgabenskizze)

$c_{nom,l} = 28 + 10 = 38$ mm < 50 mm $= 40 + 10 = c_{nom,bü} + \phi_{bü}$	(3.1): $c_{nom} = c_{min} + \Delta c_{dev}$ Der Bügel ist für die Betondeckung außen maßgebend.
außen: $c_v = \underline{\underline{40 \text{ mm}}}$	Aufrunden auf das Verlegemaß im 5-mm-Raster
Innenseite: Hinsichtlich der Bewehrungskorrosion gilt Expositionsklasse XC3, hinsichtlich des Betonangriffs Expositionsklasse X0.	**Tafel 2.1**
Die Mindestfestigkeitsklasse ist die größere, somit C20/25.	**Tafel 2.3**
$c_{min,b} = 20$ mm	**Tafel 3.1** für Expositionsklasse XC3
Eine Abminderung um 5 mm darf vorgenommen werden, da die verwendete Betonfestigkeitsklasse C30/37 um zwei Festigkeitsklassen über der Mindestfestigkeitsklasse C20/25 liegt. red $c_{min,dur} = 20 - 5 = 15$ mm	**Tafel 3.1** Fußnote
$c_{min,b} \geq \phi_{bü} = 10 \text{ mm} < 15 \text{ mm}$, damit nicht maßgebend	(3.3): $c_{min,b} \geq \phi$ zunächst für die außen liegende Bügelbewehrung;
$\Delta c_{dev} = 15$ mm	Vorhaltemaß für XC3
$c_{nom,bü} = 15 + 15 = 30$ mm	(3.1): $c_{nom} = c_{min} + \Delta c_{dev}$
$c_{min,b} \geq \phi = 28$ mm	Überprüfung der Betondeckung für die Längsbewehrung
$\Delta c_{dev} = 10$ mm	Vorhaltemaß für Verbundbedingung
$c_{nom,l} = 28 + 10 = 38$ mm < 40 mm $= 30 + 10 = c_{nom,bü} + d_{sbü}$	(3.1): $c_{nom} = c_{min} + \Delta c_{dev}$ Die Längsbewehrung ist für die Betondeckung innen nicht maßgebend.
innen: $c_v = \underline{\underline{30 \text{ mm}}}$	Aufrunden auf das Verlegemaß im 5-mm-Raster

3.5 Abstandhalter

3.5.1 Arten

Abstandhalter (spacer) sind notwendig, um die erforderliche Dicke der Betondeckung beim Betonieren sicherzustellen. Hierzu müssen die Abstandhalter an der äußersten Bewehrungslage befestigt werden.

Abstandhalter werden aus verschiedenen Werkstoffen (Kunststoff, Faserbeton) und in verschiedenen Ausführungen (Unterstützung punkt-, linien- oder flächenförmig) hergestellt. Aus dem lieferbaren Sortiment ist der für den jeweiligen Anwendungsfall geeignete Abstandhalter auszuwählen. Einerseits ist eine sichere Lastabtragung des Bewehrungsgewichtes und des Betonierdruckes auf die Schalung, andererseits eine geringe Beeinträchtigung der Dichtigkeit der Betondeckung im Bereich des Abstandhalters anzustreben. Für Balken und senkrechte Flächentragwerke eignen sich punktförmige Abstandhalter; diese sollten kreisförmig sein, damit sie nicht infolge der Vibrationen aus dem Rütteln beim Einbringen des Betons den Abstand zur Schalung beim Verdrehen verändern. Für waagerechte Flächentragwerke eignen sich linien- oder flächenförmige Abstandhalter. Abstandhalter aus Kunststoff sind bei Sichtbetonflächen deutlicher sichtbar als jene aus Faserbeton. Insbesondere bei einer weichen Schalhaut oder beim Betonieren gegen Dämmplatten (Dreischichtverbundplatten, Perimeterdämmungen) ist darauf zu achten, dass die Fußpunkte der Abstandhalter nicht eindrücken. Andernfalls muss das Nennmaß der Betondeckung angemessen vergrößert werden.

3.5.2 Anordnung der Abstandhalter

Die Anordnung und Anzahl der einzubauenden Abstandhalter hängen ab von

- dem zu unterstützenden Stabdurchmesser der Bewehrung
- der Art der Abstandhalter (linien- oder punktförmig wirkend)
- Art und Lage des Bauteils

In **Tafel 3.2** sind Richtwerte für die Anzahl und Anordnung von Abstandhaltern angegeben.

3.5.3 Bezeichnung der Abstandhalter

Abstandhalter gelten jeweils für eine bestimmte Betondeckung und einen eingeschränkten Bereich aller Stabdurchmesser. Diese beiden Angaben sind auf den Abstandhaltern bzw. deren Verpackung verzeichnet. Im DBV-Merkblatt Betondeckung und Bewehrung nach Eurocode 2 [DBV – 11/1] ist eine Bezeichnungsweise geregelt, die für Bewehrungspläne verwendet werden sollte. Abstandhalter werden wie folgt beschrieben:

$$\text{DBV} - c - \text{L/F/T/A/D} \tag{3.4}$$

DBV Abstandhalter nach [DBV – 11/2]
c Verlegemaß der Betondeckung c_V (in mm)
L Leistungsklasse
L1 Keine erhöhten Anforderungen an Tragfähigkeit und Kippstabilität. Verwendung z. B. in Fällen, bei denen die Bewehrung nicht durch Begehen beansprucht wird (z. B. bei der Herstellung von Fertigteilen)
L2 Erhöhte Anforderungen an die Tragfähigkeit und Kippstabilität. Verwendung als Standardabstandhalter im Ortbetonbau

Folgende Angaben sind nur bei besonderen Anforderungen anzugeben:
F Erhöhter Frost-Tauwiderstand (Expositionsklassen XF1 bis XF4)
T Eignung für Bauteile, die Temperaturbeanspruchungen ausgesetzt sind (z. B. Brücken)
A Hoher Wassereindringwiderstand und Widerstand gegen chemischen Angriff und Chloride in den Expositionsklassen XA, XD und XS
D Erlaubter Stabdurchmesserbereich für den Abstandhalter (sofern eine Unterscheidung auf dem Bewehrungsplan erforderlich ist)

Tafel 3.2 Richtwerte für Anzahl und Anordnung von Abstandhaltern (nach [DBV – 11/1])

Form der Abstandhalter	punktförmig	z. B. Klötzchen, Rädchen
	linienförmig und flächig	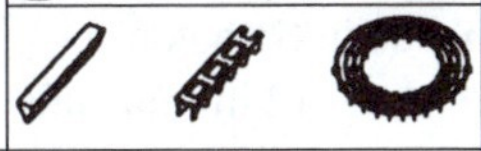 z. B. Dreikantprofile, U-Profile, Ringe
Unterstützungen	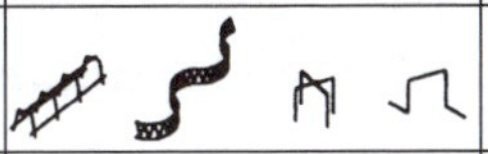	z. B. Unterstützungskörbe, Unterstützungsböcke, Stehbügel
Lagesicherungen	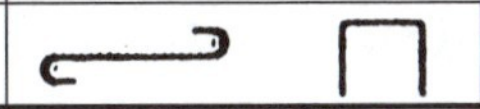	z. B. S-Haken, U-Haken

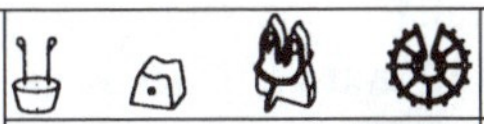

Platten

Unterstützungen für die obere Bewehrung z. B. Unterstützungskörbe
auf der unteren Bewehrung stehend

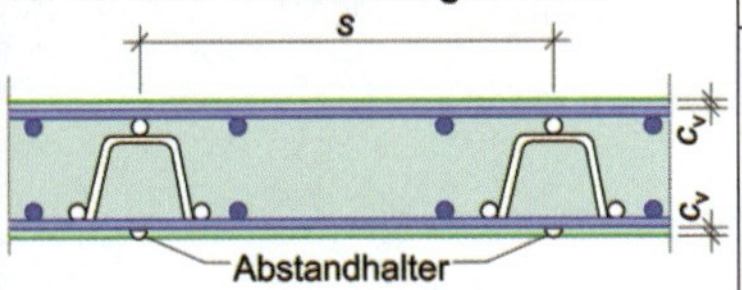

s; c_v; c_v; Abstandhalter

auf der Schalung stehend

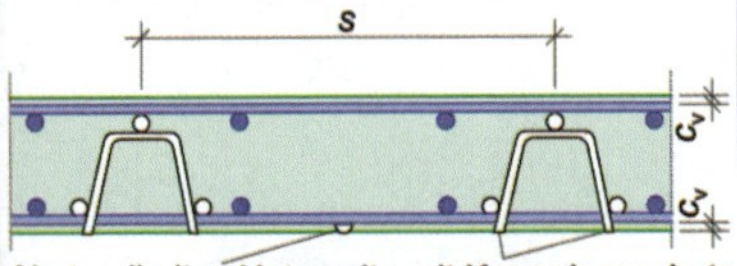

s; c_v; c_v; Abstandhalter Unterseite mit Korrosionsschutz

Abstände *s* der Abstandhalter/Unterstützungen

Tragstäbe mit ϕ	Abstandhalter			Unterstützungen
	punktförmig		linienförmig, flächig	
	max *s*	Stück/m²	max *s*	max *s*
≤ 6,5 mm	50 cm	4	50 cm	50 cm
> 6,5 mm	70 cm	2	70 cm	70 cm

Stützen, Balken

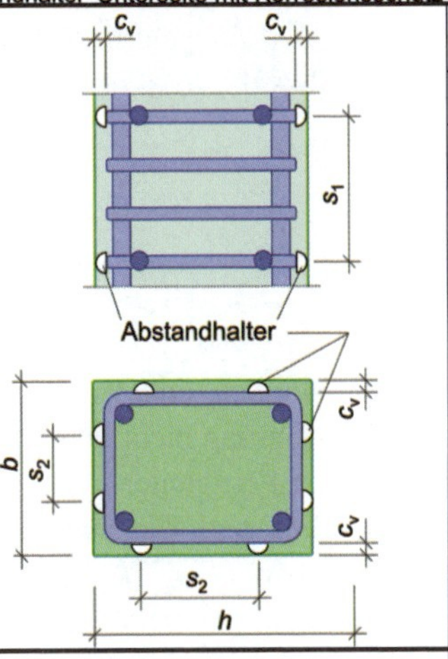

c_v; c_v; s_1; Abstandhalter; c_v; c_v; b; s_2; s_2; h

Abstände der Abstandhalter max s_1 in Längsrichtung

Längsstäbe ϕ	Stützen	Balken
≤ 10 mm	50 cm	25 cm
12 ≤ ϕ_s ≤ 20 mm	100 cm	50 cm
> 20 mm	125 cm	75 cm

Abstände der Abstandhalter max s_2 in Querrichtung

	Anzahl, Abstände	
b bzw. *h*	Stützen	Balken
≤ 100 cm	2	2
> 100 cm	≥ 3	≥ 3
max s_2	75 cm	50 cm

Wände

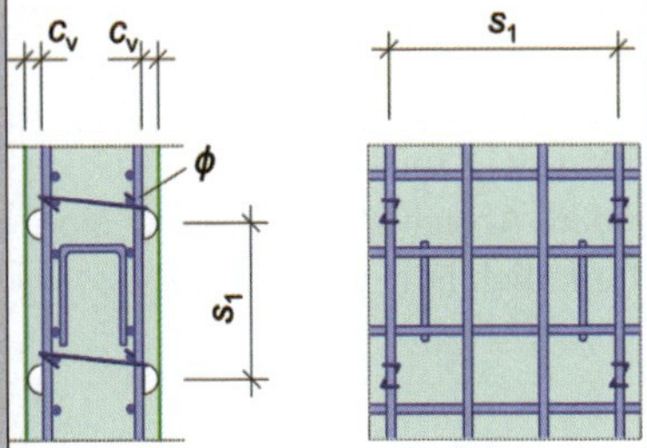

c_v; c_v; ϕ; s_1; s_1

Abstände und Anzahl

Tragstäbe ϕ in mm	Abstandhalter		S-Haken	Lagesicherung U-Bügel
	max s_1 in cm	Stück je m² Wand je Wandseite	Stück je m² Wand	Stück je m² Wand
≤ 8	70	4	1	1
10 ≤ ϕ_s ≤16	100	2		
> 16			4	

Beispiel 3.2: Bezeichnung von Abstandhaltern

Gegeben: – Verlegemaß $c_v = 30$ mm
– Decke eines Hochbaus in Ortbeton
– Stabdurchmesser $8 \leq \phi \leq 12$ in mm sind aufzunehmen.

Gesucht: korrekte Bezeichnung für die erforderlichen Abstandhalter

Lösung:

DBV – 30 – L2/8 ...12 | (3.4): DBV – c – L/F/T/A/D

4 Bewehren mit Betonstabstahl

4.1 Betonstahlquerschnitte

Ziel der Bemessung wird es sein, die zur Gewährleistung des Gleichgewichtes notwendigen Bauteilquerschnitte zu bestimmen. Hierzu zählt auch die erforderliche Betonstahlfläche. Wichtig bei der Wahl der Bauteilabmessungen, die durch die Bemessung zu bestätigen sind, ist eine ausreichende Größe auch im Hinblick auf den Platzbedarf der Bewehrung. Die Bedingungen zur Bestimmung des Platzbedarfes werden in den folgenden Abschnitten behandelt.

Der Betonstahl ist umgeben von Beton und liegt mit diesem im Verbund (bond). Nur hierdurch ist es möglich, dass längs der Stabrichtung Spannungen (bzw. als deren Integral Kräfte) zwischen Betonstahl und Beton übertragen werden. Die Spannungen werden im Wesentlichen durch Formschluss über die Rippen (**Abb. 4.1**) übertragen, die Adhäsionsspannungen des Betons am Stahl sind demgegenüber vernachlässigbar klein. Die Betonstahlrippen übertragen schräge, kegelförmig ausstrahlende Druckspannungskomponenten auf den Beton. Die hierbei senkrecht zur Stabachse auftretende Spannungskomponente wird über Zugringe kurzgeschlossen. Damit sich die Zugringe ausbilden können, ist eine ausreichend große Betondeckung (→ Kap. 3.1) erforderlich. Um die Zugkraft im Ring gering zu halten, sind Form und Größe der Rippen optimiert und über die bezogene Rippenfläche (**Abb. 2.12**) definiert. Auch bei im Bauteilinneren liegenden Stäben muss zwischen den Stäben ein Mindeststababstand vorhanden sein, damit sich der Zugring ausbilden kann. Die Bewehrungsstäbe müssen vollständig von Beton umgeben sein. Für den lichten Abstand s zu einem Nachbarstab müssen in beliebiger radialer Richtung zur Stabachse nachfolgende Mindestwerte eingehalten werden.

$$s \geq 20 \ \text{mm} \geq \begin{cases} \phi & \text{für Einzelstäbe} \\ \phi_{\text{n}} & \text{für Stabbündel} \\ d_{\text{g}} + 5 & \text{für Zuschlagkörnung } d_{\text{g}} > 16 \text{ mm} \end{cases} \quad (4.1)$$

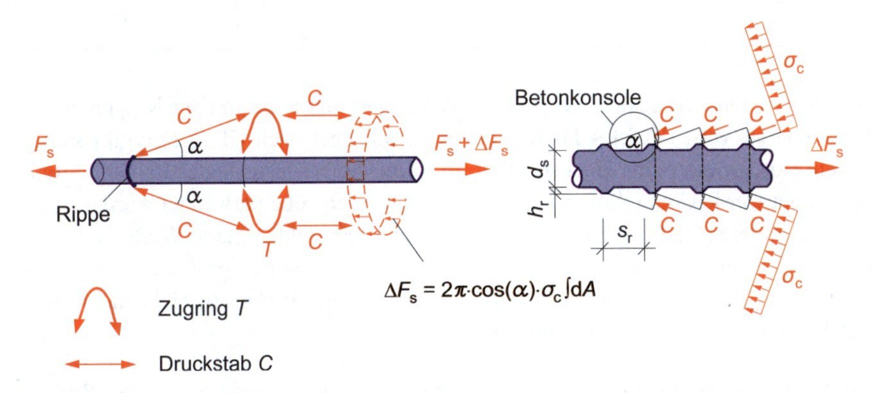

Abb. 4.1 Mehrdimensionaler Spannungszustand infolge Veränderung der Kraft im Bewehrungsstab

Tafel 4.1 Betonstahlquerschnitte und größte Stabanzahl je Lage (für $d_g \leq 16$ mm)

Nenndurchmesser ϕ in mm	**6**	**8**	**10**	**12**	**14**	**16**	**20**	**25**	**28**	**32**
realer Durchmesser in mm	7	10	12	14	17	19	24	30	34	39
Stabanzahl n	Betonstahlquerschnitt A_s in cm²									
1	0,28	0,50	0,79	1,13	1,54	2,01	3,14	4,91	6,16	8,04
2	0,57	1,01	1,57	2,26	3,08	4,02	6,28	9,82	12,3	16,1
3	0,85	1,51	2,36	3,39	4,62	6,03	9,42	14,7	18,5	24,1
4	1,13	2,01	3,14	4,52	6,16	8,04	12,6	19,6	24,6	32,2
5	1,41	2,51	3,93	5,65	7,70	10,1	15,7	24,5	30,8	40,2
6	1,70	3,02	4,71	6,79	9,24	12,1	18,8	29,5	37,0	48,2
7	1,98	3,52	5,50	7,92	10,8	14,1	22,0	34,4	43,1	56,2
8	2,26	4,02	6,28	9,05	12,3	16,1	25,1	39,3	49,3	64,3
9	2,54	4,52	7,07	10,2	13,9	18,1	28,3	44,2	55,4	72,4
10	2,83	5,03	7,85	11,3	15,4	20,1	31,4	49,1	61,6	80,4
Balkenbreite an der Stelle der Bewehrung b; b_w in cm	Größte Stabanzahl in einer Lage (bei einer Betondeckung c_v = 35 mm)									
15	3	3	2	2	2	2	(2)			
20	5	4	4	4	3	3	3	2	2	(2)
25	6	6	5	5	5	4	4	3	(3)	2
30	8	7	7	(7)	6	6	5	4	3	3
35		9	(9)	8	7	7	6	5	4	4
40		11	10	9	9	8	7	6	5	4
45			12	11	10	(10)	8	(7)	6	5
50			13	12	11	11	(10)	7	7	5
55				14	13	12	11	8	7	6
60				15	14	13	12	9	8	7
65					15	15	13	10	9	8
70						16	14	11	10	(9)
min $\phi_{bü}$	8							10		

Hierbei ist zu beachten, dass der reale Durchmesser von Betonstahl aufgrund der Rippen größer als der Nenndurchmesser ϕ ist (**Tafel 4.1**). Aus der Abstandsregel nach Gl. (4.1) ergibt sich je nach verwendetem Durchmesser eine Höchstzahl von Stäben, die bei festgelegter Balkenbreite in einer Lage angeordnet werden kann. Sofern nur eine Durchmessergröße verwendet wurde, ist die Maximalanzahl dem unteren Teil der **Tafel 4.1** zu entnehmen. Eingeklammerte Werte bedeuten, dass der Platz *knapp* ausreicht. Sofern die Betondeckung im aktuellen Fall größer als der in **Tafel 4.1** angesetzte Wert c_v = 35 mm ist, ist die in Klammern stehende Anzahl nicht mehr möglich, die Stückzahl ist um einen Stab zu vermindern.

Es dürfen aber auch Bewehrungsstäbe unterschiedlicher Durchmesser innerhalb einer Bewehrungsart (z. B. Biegezugbewehrung; Querkraftbewehrung) kombiniert werden. In diesem Fall kann die Stabanzahl näherungsweise aus **Tafel 4.1** ermittelt werden, wenn der größte verwendete Durchmesser der Tabelleneingangswert ist. Aus konstruktiven Gründen ist zu beachten, dass nur Stäbe mit ähnlichem Durchmesser miteinander kombiniert werden.

4.2 Biegen von Betonstahl

4.2.1 Beanspruchungen infolge der Stabkrümmung

Die Bewehrungsführung bedingt oft gebogene Bewehrungsstäbe. An die Ausbildung der Stabkrümmungen werden Mindestanforderungen gestellt, um Schäden infolge zu hoher Beanspruchung im Betonstahl und im Beton zu vermeiden.

Beanspruchung des Betonstahles

Der Bewehrungsstab wird in einer Biegemaschine um den Biegedorn mit dem Biegerollendurchmesser $D_{\min}$ (diameter of mandrel) gebogen und dabei plastisch verformt, d. h., in Teilen des Stabes wird die Fließgrenze erreicht bzw. überschritten (**Abb. 4.2**). Nach dem Biegen federt der Stab nur geringfügig zurück, da in ihm durch die (bleibende) Verformung ein Eigenspannungszustand erzeugt worden ist. Die aufnehmbare Kraft des Stabes wird durch die Krümmung (rechnerisch) nicht vermindert, da die resultierende Längskraft auch nach dem Biegen Null ist. Der Biegerollendurchmesser ist so zu begrenzen, dass die Stahldehnungen deutlich unter den Bruchdehnungen bleiben.

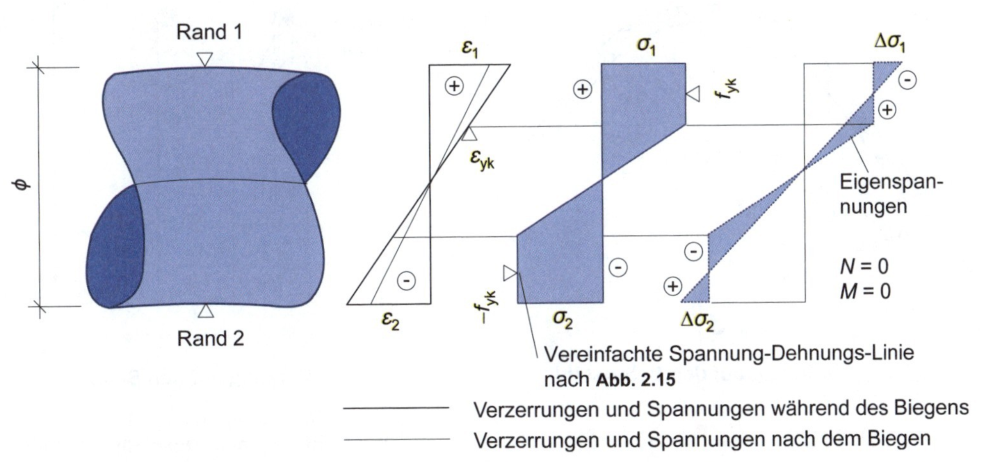

Abb. 4.2 Verzerrungs- und Spannungsverlauf in einem Betonstahl infolge einer Stabkrümmung

Beanspruchung des Betons

Aus der Umlenkung der Zugkraft im Betonstahl sind zur Erfüllung des Gleichgewichtes in der Krümmung des Stabes Spannungen zwischen Beton und Stahl (**Abb. 4.3**) notwendig. Diese

Spannungen (Umlenkpressungen) können aus der Gleichgewichtsbedingung in vertikaler Richtung bestimmt werden.[5]

$$\sum F_{\mathrm{v}} = 0 = 2 \cdot F_{\mathrm{s}} \cdot \sin\frac{\alpha}{2} - 2\int_{0}^{\frac{\alpha}{2}} p_{\mathrm{u}} \cdot \phi \cdot \frac{D_{\min}}{2} \cdot \cos\varphi \, \mathrm{d}\varphi$$

$$= 2 \cdot F_{\mathrm{s}} \cdot \sin\frac{\alpha}{2} - p_{\mathrm{u}} \cdot \phi \cdot D_{\min} \cdot \sin\varphi\Big|_{0}^{\frac{\alpha}{2}} = 2 \cdot \pi \cdot \frac{\phi^2}{4} \cdot f_{\mathrm{yk}} - p_{\mathrm{u}} \cdot \phi \cdot D_{\min}$$

$$D_{\min} = \frac{\pi \cdot \phi \cdot f_{\mathrm{yk}}}{2 \cdot p_{\mathrm{u}}}$$

Die Druckspannungen dürfen die Betondruckfestigkeit an der Kontaktstelle f_{c} (bzw. rechnerisch f_{ck}) nicht überschreiten.

$$p_{\mathrm{u}} \leq f_{\mathrm{ck}}$$

$$D_{\min} \geq \frac{\pi \cdot \phi \cdot f_{\mathrm{yk}}}{2 \cdot f_{\mathrm{ck}}} \tag{4.2}$$

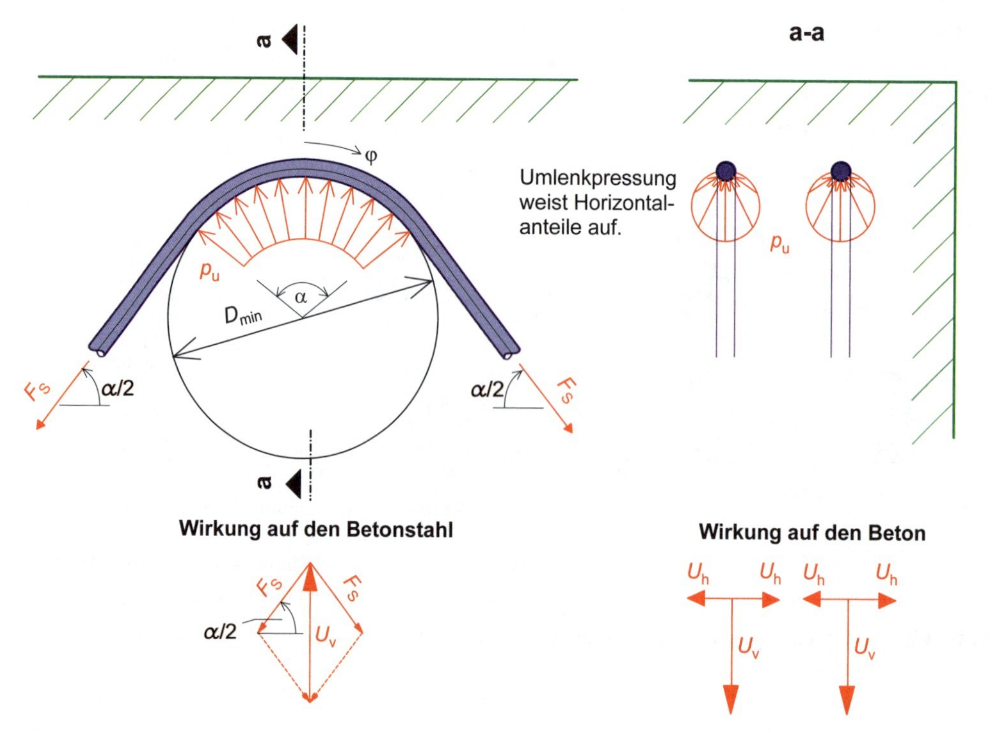

Abb. 4.3 Spannungen an Stabkrümmungen zwischen Beton und Betonstahl

[5] Alternativ erhält man die entsprechende Gl. (4.2) nach der Kesselformel ([Gross – 05], [Motz – 91]).

Tafel 4.2 Mindestwerte des Biegerollendurchmessers (nach EC 2-1-1/NA, Tabelle 8.1DE)

1 2	< 20 ≥ 20	4 ϕ 7 ϕ
	Mindestmaß der Betondeckung c_{min} rechtwinklig zur Biegeebene	D_{min} für Schrägstäbe und andere gebogene Stäbe (z. B. in Rahmenecken)
3 4 5	> 100 mm und > 7 ϕ > 50 mm und > 3 ϕ ≤ 50 mm oder ≤ 3 ϕ	10 ϕ 15 ϕ 20 ϕ

Aus Gl. (4.2) ist ersichtlich, dass die Umlenkpressungen mit abnehmendem Biegerollendurchmesser zunehmen. Der Biegerollendurchmesser darf daher einen Mindestwert nicht unterschreiten, wenn die Druckfestigkeit des Betons (und die Verformbarkeit des Stahls) nicht überschritten werden soll. Es ist weiterhin ersichtlich, dass die Umlenkpressung mit zunehmendem Stabdurchmesser und zunehmender Stahlgüte (also zunehmender Zugkraft im Stab) zunimmt. Da die Druckspannungen senkrecht zur Staboberfläche wirken, entstehen zusätzliche Spannungen senkrecht zur Krümmungsebene (**Abb. 4.3**). Diese wirken als Spaltzugspannung auf den Beton, sodass auch die Zugfestigkeit des Betons f_{ct} senkrecht zur Stabebene nicht überschritten werden darf.

$$U_h \leq f_{ct} \cdot A_{ct} \qquad (4.3)$$

Bei Stäben, die nahe an der Oberfläche eines Bauteiles liegen, ist daher der Biegerollendurchmesser auf größere Werte zu begrenzen, damit die äußere Betonschale nicht abplatzt. Die Grenzbedingung ist mit Gl. (4.4) angegeben:

$$D_{min} \approx \frac{\pi \cdot f_{yk}}{10\, f_{ct}} \cdot \frac{\phi^2}{c + 0{,}5\,\phi} \qquad (4.4)$$

Beispiel für $c = 3\, d_s$ und C20/25:

$$D_{min} \approx \frac{\pi \cdot 500}{10 \cdot 2{,}2} \cdot \frac{\phi^2}{3\, d_s + 0{,}5\,\phi} = 20{,}4\,\phi$$ (vgl. **Tafel 4.2**, Zeile 5)

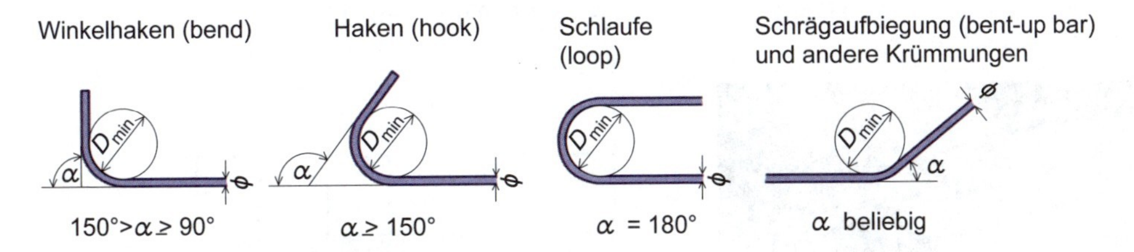

Haken und Winkelhaken werden nur zum Verankern von Stäben verwandt.

Abb. 4.4 Benennung unterschiedlicher Biegeformen

Tafel 4.3 Mindestwerte des Biegerollendurchmessers für nach dem Schweißen gebogene Bewehrung (nach EC 2-1-1/NA, Tabelle 8.1DE)

Vorwiegend ruhende Einwirkung		Nicht vorwiegend ruhende Einwirkung	
Schweißung außerhalb des Biegebereichs	Schweißung innerhalb des Biegebereichs	Schweißung auf der Biegeaußenseite	Schweißung auf der Biegeinnenseite
für $a < 4\ \phi$: 20 ϕ für $a \geq 4\ \phi$: **Tafel 4.2**	20 ϕ	100 ϕ	500 ϕ

a ist der Abstand zwischen Biegeanfang und Schweißstelle.

4.2.2 Mindestwerte des Biegerollendurchmessers

Aufgrund der geschilderten Beanspruchungen sind in EC 2-1-1/NA, 8.3(2) Mindestwerte des Biegerollendurchmessers vorgeschrieben (**Tafel 4.2**). Sie hängen zusätzlich von der Biegeform ab (**Abb. 4.4**). Bei geschweißten Bewehrungsstäben gelten zusätzliche Bedingungen (**Tafel 4.3**).

4.2.3 Hin- und Zurückbiegen von Bewehrungsstäben

Infolge des Arbeitsablaufs auf Baustellen ist es manchmal erforderlich, bereits gebogene Bewehrungsstäbe nach dem Einbau zurückzubiegen. Die wesentlichen Gründe hierfür sind (**Abb. 4.5**):

- die Arbeitsfuge kreuzende Bewehrungsstäbe
- dem Bauablauf nicht angepasste Bewehrungsführung.

Bewehrung wurde infolge schlechter Tragwerksplanung auf der Baustelle hochgebogen, um die Schaltische einfahren zu können

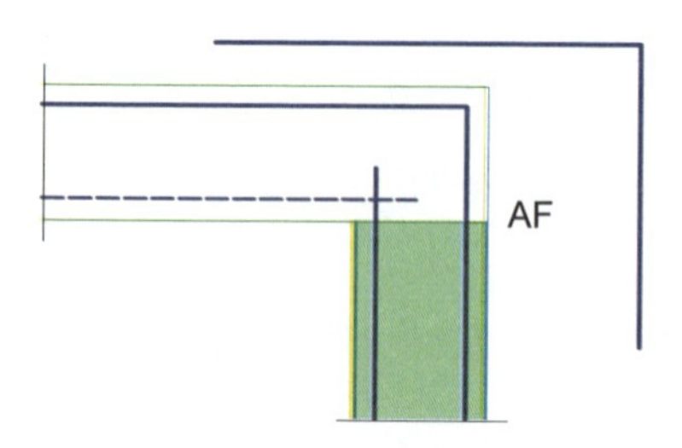

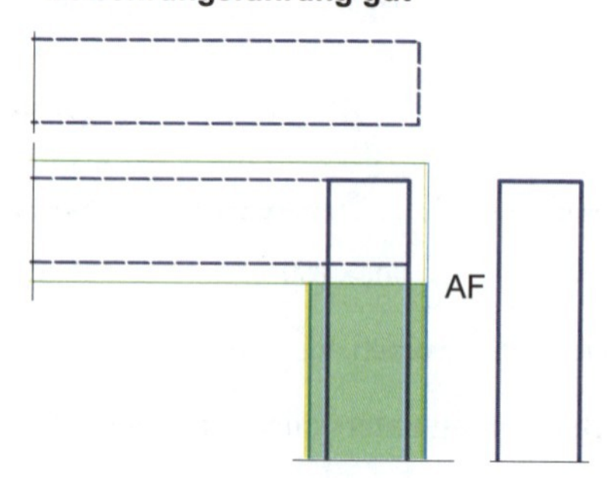

Abb. 4.5 Beispiel der Folge einer schlechten Bewehrungsführung und Vorschlag für eine bessere Biegeform

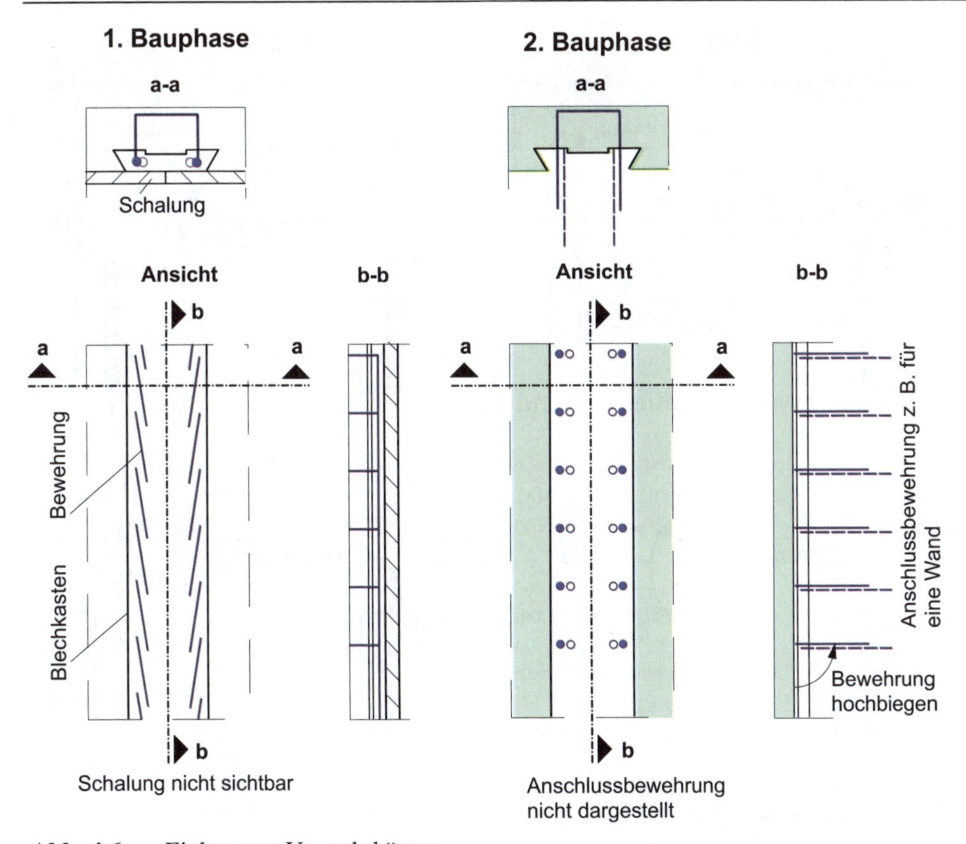

Abb. 4.6 Einbau von Verwahrkästen

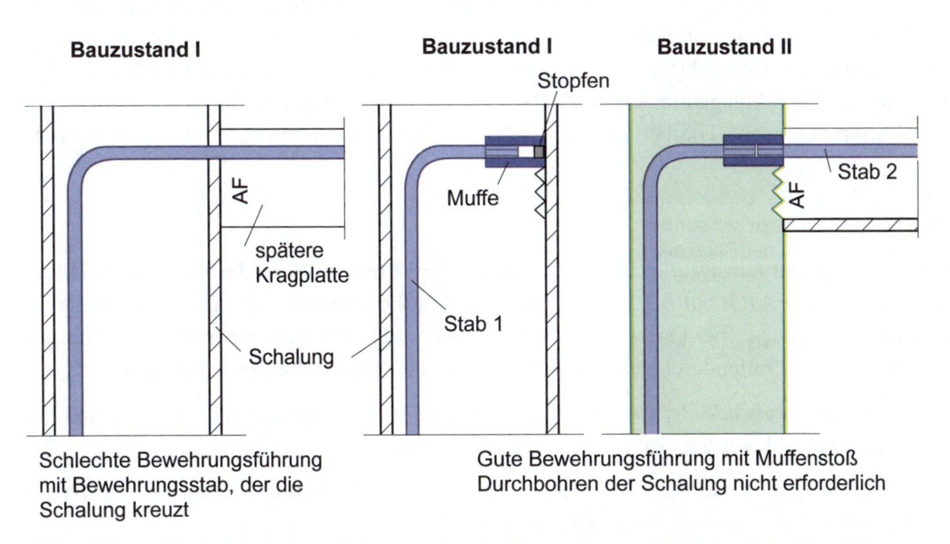

Abb. 4.7 Vermeidung von Schalungsdurchdringungen mit Hilfe von Muffenstößen

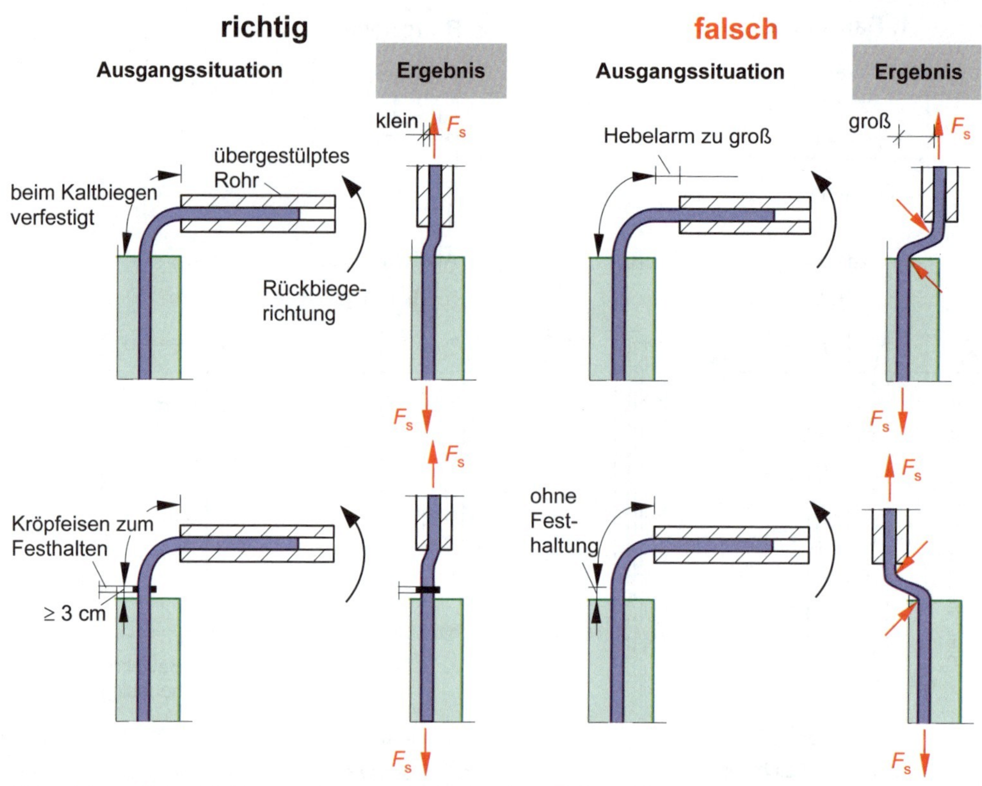

Abb. 4.8 Kaltrückbiegen mit einem Rohr (nach [DBV – 11/3])

Das Hin- und Zurückbiegen stellt für den Betonstahl und den umgebenden Beton eine zusätzliche Beanspruchung dar und ist ohne Verwahrkästen (rebend connections, **Abb. 4.6**) nach Möglichkeit zu vermeiden. Ein mehrfaches Hin- und Zurückbiegen ist in jedem Fall unzulässig. Man unterscheidet ein Zurückbiegen im kalten Zustand (= Kaltrückbiegen) von einem in warmem Zustand (= Warmrückbiegen). Hierbei sind folgende Einschränkungen zu beachten (EC 2-1-1/NA, 8.3):

Kaltrückbiegen

Das Kaltrückbiegen ist nur bis zum Stabdurchmesser $\phi = 14$ mm zulässig. Im Bereich der Rückbiegestelle ist die Querkraft auf 0,3 $V_{Rd,max}$ (bei Querkraftbewehrung senkrecht zur Bauteilebene) bzw. auf 0,2 $V_{Rd,max}$ (bei Querkraftbewehrung mit $\alpha<90°$ zur Bauteilebene) zu begrenzen (→ Kap. 8). Der Biegerollendurchmesser beim Hinbiegen ist angemessen zu vergrößern:

- *Vorwiegend ruhende Belastung*: $D_{min} \geq 6\,\phi$. Die Bewehrung darf im Grenzzustand der Tragfähigkeit höchstens zu 80 % ausgenutzt werden.
- *Nicht vorwiegend ruhende Belastung*: $D_{min} \geq 15\,\phi$. Die Schwingbreite der Stahlspannung darf 50 N/mm^2 nicht überschreiten.

Mit den auf der Baustelle verfügbaren Hilfsmitteln ist es nicht möglich, einen gebogenen Stab in kaltem Zustand wieder vollständig gerade zu richten. Im Stab verbleibt eine s-förmige Doppelkrümmung. Infolge der durch sie verursachten Umlenkkräfte entstehen Zusatzbeanspruchungen im Beton. Diese lassen sich in den meisten Fällen durch eine andere Bewehrungsführung oder -ausbildung vermeiden (**Abb. 4.6, Abb. 4.7**). Weiterhin muss entsprechend den Anweisungen in [DBV – 11/3] zurückgebogen werden (**Abb. 4.8**).

Warmrückbiegen

Hierbei wird der Stab über 500 °C erwärmt. Dies bewirkt eine Festigkeitsabnahme, und der Stahl kann rechnerisch nur noch mit $f_{yk} = 250$ N/mm^2 ausgenutzt werden. Ein Warmrückbiegen ist daher nur mit Zustimmung des Tragwerksplaners und ggf. des Prüfingenieurs zulässig. Die Schwingbreite der Stahlspannung bei nicht vorwiegend ruhender Belastung darf 50 /mm^2 nicht überschreiten.

4.2.4 Grenzabmaße von Bewehrungsstäben

Die Istmaße der Bewehrungsstäbe weisen Abweichungen gegenüber den Sollmaßen auf. Diese dürfen die in **Tafel 4.4** angegebenen Grenzabmaße (→ Teil 2, Kap. 2.1) nicht überschreiten, damit z. B. die Betondeckung sicher eingehalten werden kann.

4.3 Verankerung von Betonstählen

4.3.1 Tragwirkung

Wenn ein Bewehrungsstab rechnerisch nicht mehr erforderlich ist (z. B. am Bauteilende oder aufgrund der Zugkraftdeckungslinie nach Kap. 10), muss die Kraft im Stahl auf den Beton übertragen werden, bevor der Stab enden darf (**Abb. 4.9**).

Die Länge, die zur Einleitung der Stabkraft in den Beton erforderlich ist, wird mit Verankerungslänge (anchorage or bond length) bezeichnet.

Tafel 4.4 Grenzabmaße Δl von gebogenen Bewehrungsstäben
(nach [DBV – 11/1], Tabelle 3)

	ϕ in mm	≤ 14	> 14	≤ 14	> 14	≤ 10	> 10
Grenzabmaße Δl in mm	allgemein	+0 –15	+0 –25	+0 –10	+0 –20	+0 –10	+0 –15
	bei Passlängen	+0 –10	+0 –15	+0 –10	+0 –20	+0 –5	+0 –10

[a] Bei diesem Maß ist das Grenzmaß der zugehörigen Bügel zu beachten.

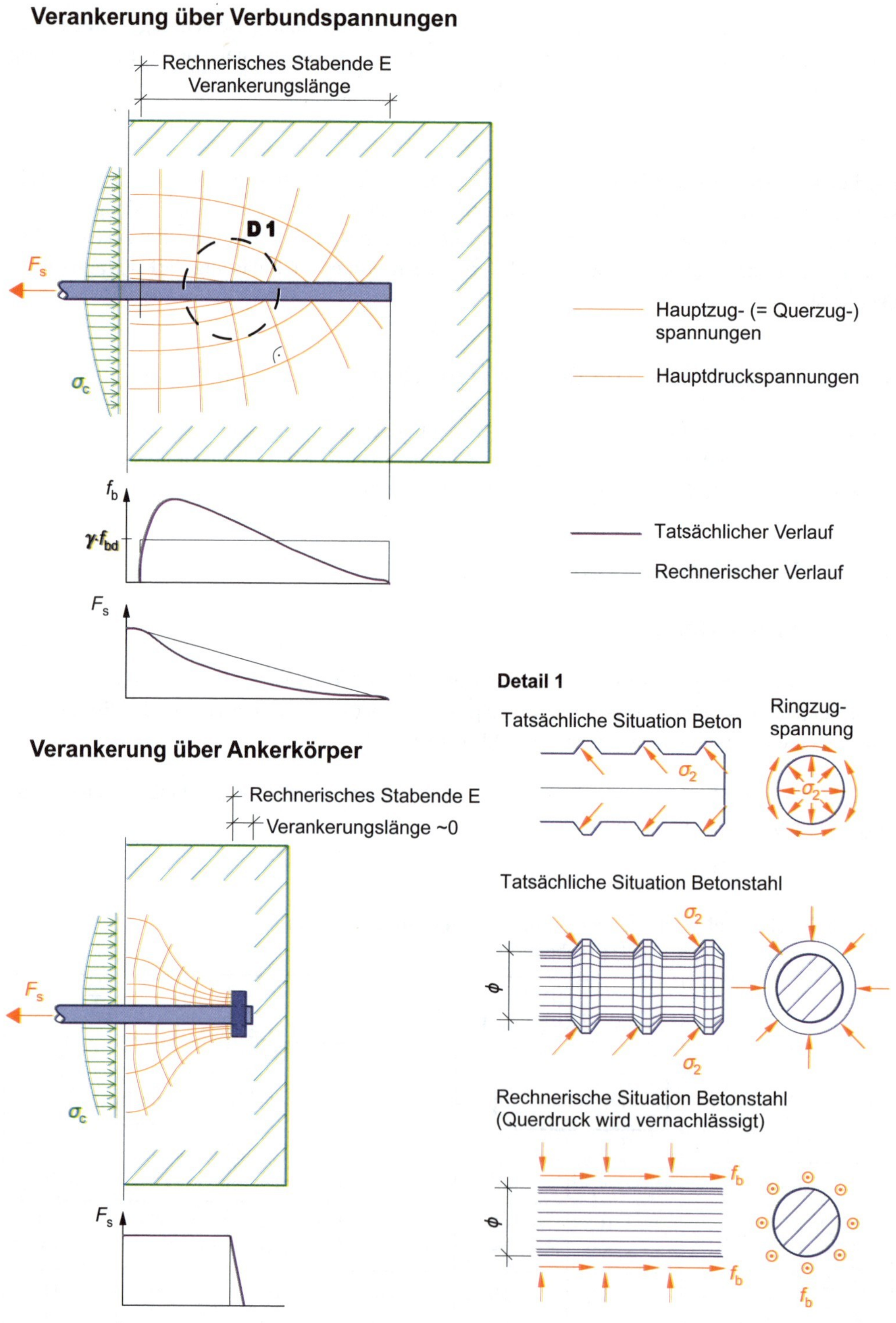

Verankerung über Verbundspannungen

Rechnerisches Stabende E
Verankerungslänge
D 1
F_s
σ_c
Hauptzug- (= Querzug-) spannungen
Hauptdruckspannungen
f_b
$\gamma \cdot f_{bd}$
Tatsächlicher Verlauf
Rechnerischer Verlauf
F_s

Verankerung über Ankerkörper

Rechnerisches Stabende E
Verankerungslänge ~0
F_s
σ_c
F_s

Detail 1

Tatsächliche Situation Beton
Ringzug-spannung
σ_2

Tatsächliche Situation Betonstahl
σ_2
ϕ

Rechnerische Situation Betonstahl (Querdruck wird vernachlässigt)
f_b
ϕ

Abb. 4.9 Spannungen im Verankerungsbereich eines Bewehrungsstabes

In der Regel erfolgt die Einleitung der Stabkräfte über einen zusätzlich vorzusehenen Bewehrungsabschnitt, die Verankerungslänge. Eine Verankerung mittels Ankerplatte ist auf Ausnahmen beschränkt.

Der Wirkungsmechanismus der Kraftübertragung aus dem Betonstahl in den Beton ist in **Abb. 4.1** dargestellt. Die Verankerungslänge muss ausreichend lang sein, damit weder die Ringzugspannungen die Zugfestigkeit des Betons erreichen, noch die Tragfähigkeit der Betonkonsolen erreicht wird. Das erstgenannte Versagen führt zu einem Längsriss parallel zum Bewehrungsstab, das zweitgenannte zu einem Abscheren des Betons zwischen den Rippen.

4.3.2 Basiswert der Verankerungslänge

Die erforderliche Verankerungslänge wird über die Verbundspannungen f_b berechnet, die (rechnerisch) um die idealisierte Zylindermantelfläche eines Betonstahls wirken. Bei geradem Stabende hängt die Größe der aufnehmbaren Verbundspannung[6] neben der Betonfestigkeitsklasse maßgeblich von der Lage des Stabes beim Betonieren ab. Die Lage des Stahles ist wichtig, da der Beton nach dem Verdichten sackt. Bei parallel zur Betonierrichtung verlaufenden oberflächennahen Stäben kann sich der Beton dabei von der Bewehrung lösen, und es entsteht eine (zunächst) wassergefüllte Linse (**Abb. 4.10**).

Hierdurch können sich die Verbundspannungen nicht mehr über die volle Mantelfläche ausbilden. In EC 2-1-1, 8.4.2 werden daher gute Verbundbedingungen (good bond conditions) und mäßige Verbundbedingungen (poor bond conditions) unterschieden.

Die Einteilung hinsichtlich der Verbundbedingungen erfolgt gemäß **Abb. 4.10**. Sofern einer der Fälle 1 bis 4 zutrifft, gelten für das zu verankernde Stabende gute Verbundbedingungen, andernfalls gelten mäßige Verbundbedingungen. Der Nachweis der Verankerungslänge erfolgt auch im Falle von mäßigen Verbundbedingungen mit der vollen Stahloberfläche, jedoch mit einer mit Hilfe des Beiwerts η_1 reduzierten Verbundfestigkeit. Den Bemessungswert der Verbundfestigkeit ermittelt man mit:

$$f_{\text{bd}} = 2,25 \cdot \eta_1 \cdot \eta_2 \cdot f_{\text{ctd}} \tag{4.5}$$

$$\begin{aligned} \text{mit } \eta_1 &= 1,0\text{, bei guten Verbundbedingungen} \\ &= 0,7\text{, bei mäßigen Verbundbedingungen} \\ \eta_2 &= 1,0\text{, für } \phi \leq 32\,\text{mm} \\ &= (132-\phi)/100\text{, für } \phi > 32\text{mm} \end{aligned}$$

Sofern im Verankerungsbereich senkrecht zur Stabachse Druckspannungen (Querdruck) wirken, steigern diese die übertragbaren Verbundspannungen. Dieser Effekt wird jedoch nicht bei der Verbundfestigkeit, sondern bei der Berechnung der Verankerungslänge mit Hilfe des Beiwertes α_5 berücksichtigt (→ Gl. 4.9). Ein gleichartiger Effekt tritt bei einer allseitig großen Betondeckung von mindestens 10 ϕ mit gleichzeitiger Verbügelung auf. Dieser Effekt wird ebenfalls bei der Berechnung der Verankerungslänge berücksichtigt (durch α_2 bzw. α_5).

---

[6] Anmerkung: Die Rippenausbildung beeinflusst ganz wesentlich die Verbundspannung. Sie liegt jedoch fest und ist nicht mehr wählbar.

Tafel 4.5 Bemessungswert der Verbundspannung f_{bd} in N/mm² bei guten Verbundbedingungen und für $d_s \leq 32$ mm ($f_{bd} = 2{,}25\, f_{ctk;0,05}/\gamma_c$)[7]

f_{ck}	12	16	20	25	30	35	40	45	50	55	60	70	80	90	100
f_{bd}	1,65	2,00	2,32	2,69	3,04	3,37	3,68	3,99	4,28	4,43	4,57	4,57	4,57	4,57	4,57

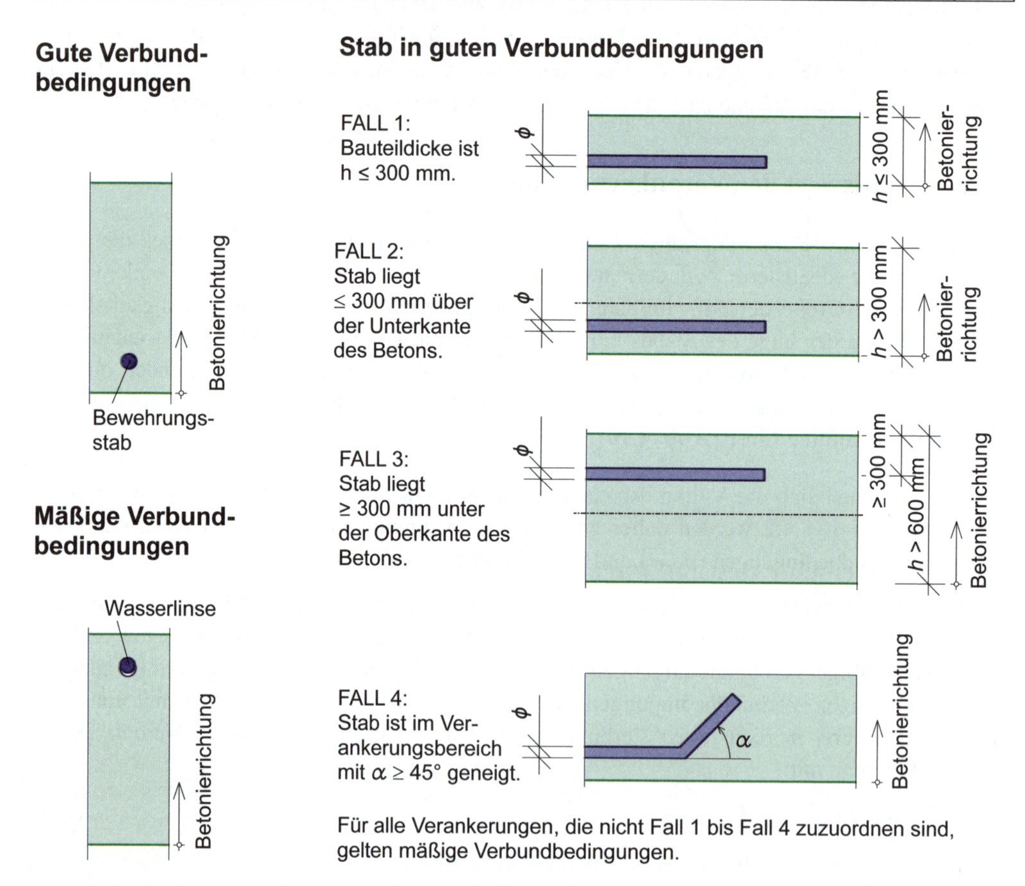

Abb. 4.10 Erläuterung und Einteilung der Verbundbedingungen

Mit Hilfe des Nachweises einer ausreichend großen Verankerunglänge weist man indirekt nach, dass die Verbundspannungen im Verankerungsbereich eines Stabes die zulässigen Werte nicht überschreiten. Die Betrachtung erfolgt zunächst für ein *gerades* Stabende. Man definiert hierzu den Basiswert der Verankerungslänge $l_{b,rqd}$ (basic anchorage length). Diesen kann man aus der Bedingung bestimmen, dass die in einem Bewehrungsstab zulässige Kraft der über die Stahloberfläche übertragbaren Kraft gleich sein muss.

$$F_{sd} = A_s \cdot \sigma_{sd} = \pi \cdot \frac{\phi^2}{4} \cdot \frac{\sigma_{sd}}{\gamma_s} \leq \pi \cdot \phi \cdot l_{b,rqd} \cdot f_{bd} \tag{4.6}$$

[7] $f_{ctk;0,05}$ ist in der Regel auf den Wert für C60/75 zu begrenzen.

$$l_{b,rqd} = \frac{\phi}{4} \cdot \frac{\sigma_{sd}}{f_{bd}} \tag{4.7}$$

Für σ_{sd} ist hierbei die Stahlspannung am Beginn der Verankerungslänge einzusetzen. Diese ergibt sich, indem die bei der Bemessung zugrunde gelegte Stahlspannung (i.Allg. f_{yd}; bei Ausnutzung des Verfestigungsbereichs der σ-ε-Linie jedoch $> f_{yd}$) abgemindert wird im Verhältnis der rechnerisch erforderlichen Bewehrung $A_{s,erf}$ zur tatsächlich eingebauten Bewehrung $A_{s,vorh}$. Lässt man den Verfestigungsbereich der σ-ε-Linie bei der Bemessung unberücksichtigt und geht von einer maximal zulässigen Spannung f_{yd} aus, so ergibt sich für den Basiswert der Verankerungslänge:

$$l_{b,rqd} = \frac{\phi}{4} \cdot \frac{f_{yd}}{f_{bd}} \cdot \frac{A_{s,erf}}{A_{s,vorh}} \tag{4.8}$$

Als oberen Grenzwert ergibt sich für $\sigma_{sd} = f_{yd}$ aus Gl. (4.7):

$$l_{b,rqd}' = \frac{\phi}{4} \cdot \frac{f_{yd}}{f_{bd}} \quad (\text{B500: } f_{yd} = 435 \text{ MN/m}^2) \tag{4.9}$$

Die Werte $l_{b,rqd}'$ sind in Abhängigkeit der Verbundbedingungen, der Betongüte und dem Stabdurchmesser in Tabellenwerken (z. B. Schneider/Albert – 14) tabelliert.

4.3.3 Allgemeine Bestimmungen der Verankerungslänge

Der Basiswert der Verankerungslänge wurde für einen gerade endenden Stab bestimmt. Er gilt unabhängig vom Vorzeichen der Stabkraft. Neben dem geraden Stabende bestehen jedoch auch andere Biegeformen wie Haken, Winkelhaken oder Schlaufen (**Tafel 4.6**). Diese Biegeformen benötigen bei Zugkräften im Stab eine kürzere Verankerungslänge. Bei Druckstäben führen gebogene Stabenden zu einer Biegebeanspruchung des Stabes; Verankerungen mit gebogenen Stabenden sind daher für Druckstäbe unzulässig. Lediglich angeschweißte Querstäbe verringern für Zug- *und* Druckkräfte die erforderliche Verankerungslänge. Der Basiswert der Verankerungslänge darf auf den Bemessungswert der Verankerungslänge nach folgender Gleichung vermindert werden:

$$l_{bd} = \alpha_1 \cdot \alpha_2 \cdot \alpha_3 \cdot \alpha_4 \cdot \alpha_5 \cdot l_{b,rqd} \geq l_{b,min} \tag{4.10}$$

α_1 Berücksichtigung der Biegeform

α_2 Berücksichtigung der Mindestbetondeckung

α_3 Berücksichtigung nicht angeschweißter Querstäbe

α_4 Berücksichtigung angeschweißter Querstäbe

α_5 Berücksichtigung von Querdruck

Der Beiwert α_1 (**Tafel 4.6**, Zeile 1 und Zeile 2) berücksichtigt hierbei die Biegeform, der Beiwert α_4 (**Tafel 4.6**, Zeile 3 und Zeile 5) berücksichtigt angeschweißte Querstäbe. In Zeile 4 ist mit $\alpha_1 \cdot \alpha_4$ die Kombination aus Biegeform und angeschweißten Querstäben dargestellt. Generell können die Zahlenwerte der Tabelle immer als Ergebnis des Produktes $(\alpha_1 \cdot \alpha_4)$ angesehen werden.

Der Beiwert α_2 dient zur Berücksichtigung des Einflusses der Betondeckung. Dieser Wert ist gemäß EC 2-1-1/NA jedoch i. Allg. mit 1,0 anzusetzen. Der Beiwert α_3 zur Berücksichtigung nicht angeschweißter Querbewehrung kann gemäß EC 2-1-1, 8.4.4 ermittelt werden, vereinfacht kann jedoch immer $\alpha_3 = 1,0$ angesetzt werden.

Tafel 4.6 Beiwerte α_1 und α_4 zur Berücksichtigung der Biegeform und angeschweißter Querstäbe bei der Ermittlung der Verankerungslänge (nach EC 2-1-1, Tabelle 8.2)

Art und Ausbildung der Verankerung	Beiwerte $(\alpha_1 \cdot \alpha_4)$ [c)] Zugstab[a)]	Beiwerte $(\alpha_1 \cdot \alpha_4)$ [c)] Druckstab
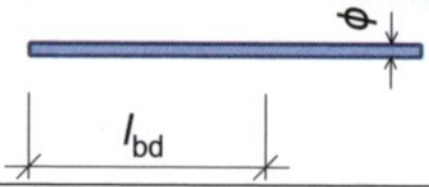 Gerade Stabenden (ϕ; l_{bd})	1,0	1,0
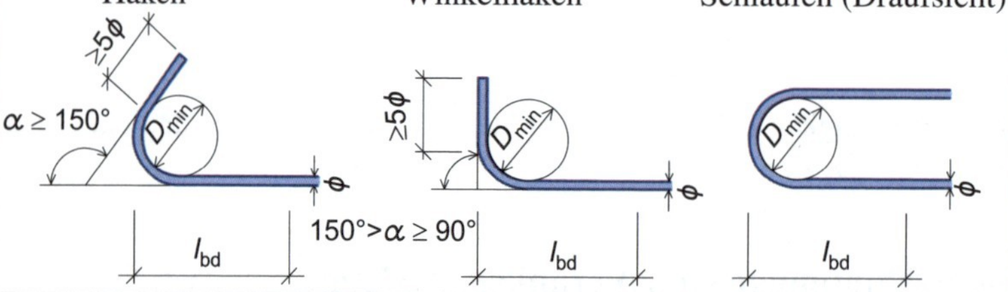 Haken ($\geq 5\phi$; $\alpha \geq 150°$; D_{min}; l_{bd}) / Winkelhaken ($\geq 5\phi$; $150° > \alpha \geq 90°$; D_{min}; l_{bd}) / Schlaufen (Draufsicht) (D_{min}; l_{bd})	0,7 [b)] (1,0)	Nicht zulässig
Gerade Stabenden mit mindestens einem angeschweißten Stab innerhalb l_{bd}	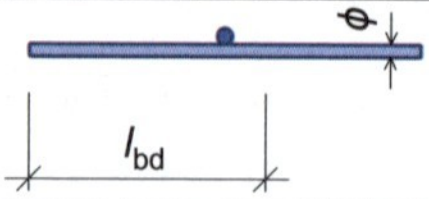 0,7	0,7
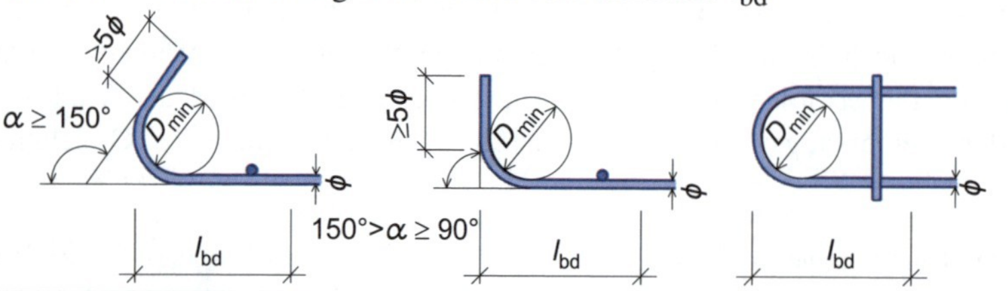 Haken ($\geq 5\phi$; $\alpha \geq 150°$; D_{min}; l_{bd}) / Winkelhaken ($\geq 5\phi$; $150° > \alpha \geq 90°$; D_{min}; l_{bd}) / Schlaufen (Draufsicht) (D_{min}; l_{bd}) mit mindestens einem angeschweißten Stab innerhalb l_{bd}	0,5 (0,7)	Nicht zulässig
Gerade Stabenden mit jeweils mindestens zwei angeschweißten Stäben innerhalb l_{bd} (Stababstand $s < 10$ cm bzw. $\geq 5\phi$ und ≥ 5 cm) nur zulässig bei Einzelstäben mit $\phi \leq 16$ mm bzw. Doppelstäben mit $\phi \leq 12$ mm (s: $\geq 5\phi$, ≥ 5 cm, <10 cm; l_{bd})	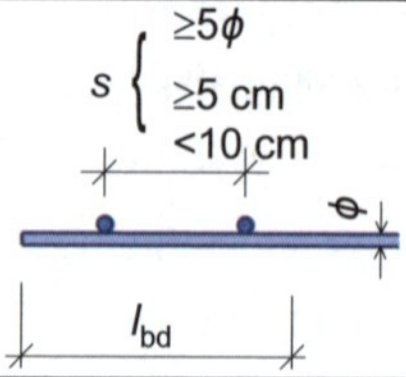 0,5	0,7

a) Die in Klammern dieser Spalte angegebenen Werte gelten, wenn im Krümmungsbeginn rechtwinklig zur Krümmungsebene die Betondeckung weniger als 3ϕ beträgt. Liegt jedoch Querdruck oder eine enge Verbügelung vor, gelten die Werte ohne Klammern.

b) Bei Schlaufenverankerungen mit Biegerollendurchmesser $D_{min} \geq 15\phi$ und einer Betondeckung rechtwinklig zur Krümmungsebene von mindestens 3ϕ darf der Wert α_1 auf 0,5 reduziert werden.

c) Für angeschweißte Querstäbe gilt $\phi_t > 0,6 \cdot \phi$

Im Falle einer allseitig durch Bewehrung gesicherten Betondeckung von mindestens 10ϕ wird deren positiver Einfluss durch den Beiwert $\alpha_5 = 2/3$ berücksichtigt (dies gilt nicht für Übergreifungsstöße mit einem Achsabstand der Stöße $s \leq 10\phi$). Generell dient der Beiwert α_5 zur Berücksichtigung der Auswirkungen von Querdruck oder Querzug auf die Verankerungslänge. Der Beiwert α_5 ist nur bei der Verankerung von Zugstäben anzusetzen:

$$\alpha_5 = \begin{cases} 1-0,04\cdot p \geq 0,7 & \text{bei Querdruck } p \text{ in MN/m}^2 \\ \frac{2}{3} & \text{bei direkter Lagerung } (\rightarrow \text{Kap. 8.2.1}) \\ \frac{2}{3} & \text{bei allseitiger durch Bewehrung gesicherter Betondeckung } \geq 10\phi \\ 1,5 & \text{bei Querzug rechtwinklig zur Bewehrungsebene} \end{cases} \quad (4.11)$$

Alternativ zur Berücksichtigung von $\alpha_5 = 1,5$ im Falle von Querzug rechtwinklig zur Bewehrungsebene besteht bei vorwiegend ruhenden Einwirkungen die Möglichkeit, die Breite der Risse parallel zur Bewehrung auf $\leq 0,2$ mm im Grenzzustand der Gebrauchstauglichkeit zu begrenzen.

Die Mindestverankerungslänge $l_{b,min}$ soll die sich bei kurzen Verankerungen besonders stark auswirkenden Verlegeungenauigkeiten abdecken und wird nach Gl. (4.12) ermittelt. Hierbei ist der obere Grenzwert des Basiswertes der Verankerungslänge $l_{b,rqd}'$ nach Gl. (4.9) zu verwenden.

$$l_{b,min} = \begin{cases} 0,3\,\alpha_1\cdot\alpha_4\cdot l_{b,rqd}' \geq 10\phi & \text{für Zugstäbe allgemein} \\ 0,3\,\alpha_1\cdot\alpha_4\cdot l_{b,rqd}'\cdot\frac{2}{3} \geq 6,7\phi & \text{für Zugstäbe im Auflagerbereich bei direkter Lagerung} \\ 0,6\,l_{b,rqd}' \geq 10\phi & \text{für Druckstäbe} \end{cases} \quad (4.12)$$

Im Verankerungsbereich treten – besonders bei Haken und Winkelhaken – Querzugspannungen auf (**Abb. 4.9**), die zu Betonabplatzungen führen können. Daher muss die seitliche Betondeckung bei Bauteilen beachtet und eine Querbewehrung im Verankerungsbereich angeordnet werden. Die Querbewehrung soll auf der zur Oberfläche hin zeigenden Seite angeordnet werden. Bei Platten mit dünnen zu verankernden Stäben (z. B. von Betonstahlmatten) ist auch die Innenseite möglich. Bei Druckstäben sollte die Querbewehrung die zu verankernden Stäbe umfassen und am Ende der Verankerungslänge konzentriert angeordnet werden. Zusätzlich ist ein Querstab hinter den Stabenden anzuordnen, um die Spaltzugspannungen aus dem Spitzendruck der Stirnflächen aufnehmen zu können. Bei Balken und Stützen mit Bügelbewehrung im Verankerungsbereich ist keine zusätzliche Querbewehrung erforderlich. Bei Platten gilt die Forderung durch Anordnung der Mindestquerbewehrung als erfüllt.

4.3.4 Verankerungslänge an Auflagern

Mindestens ein Viertel der größten Bewehrung im Feld ist über das Auflager zu führen und dort zu verankern. Bei Platten muss mindestens die Hälfte der Bewehrung zum Auflager geführt und dort verankert werden.

Allgemein: $$A_{sR} \geq \frac{A_{s,Feld}}{4} \quad (4.13)$$

Platten: $$A_{sR} \geq \frac{A_{s,Feld}}{2} \quad (4.14)$$

Bei der Ermittlung der Verankerungslänge wird unterschieden, ob es sich um ein Zwischen- oder ein Endauflager handelt. Weiterhin wird die Lagerungsart unterschieden. Ein Bauteil gilt als direkt (oder unmittelbar) gelagert, wenn es auf dem stützenden Bauteil aufliegt, sodass die Auflagerkraft über Druckspannungen in das gestützte Bauteil eingetragen wird. Das stützende Bauteil kann eine Stütze, eine Wand oder ein hoher Unterzug sein (**Abb. 8.2**). In allen anderen Fällen ist ein Bauteil indirekt (oder mittelbar) gestützt (**Abb. 8.4**).

Am Endauflager wirkt entsprechend der Zugkraftdeckungslinie (→ Kap. 10) noch eine Zugkraft, die sich nach Gl. (4.15) ermitteln lässt.

$$F_E = |V_{Ed}| \cdot \frac{a_1}{z} + N_{Ed} \geq \frac{V_{Ed}}{2} \quad (4.15)$$

a_1 Versatzmaß nach Gl. (10.5)

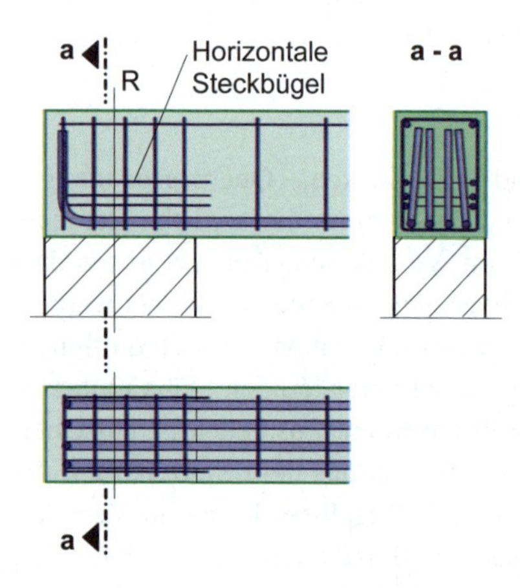

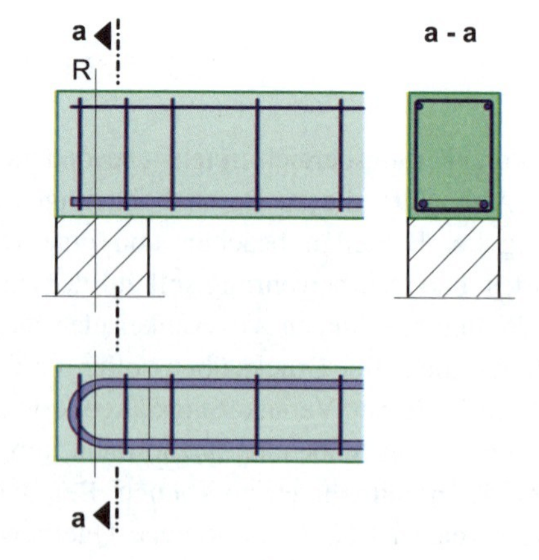

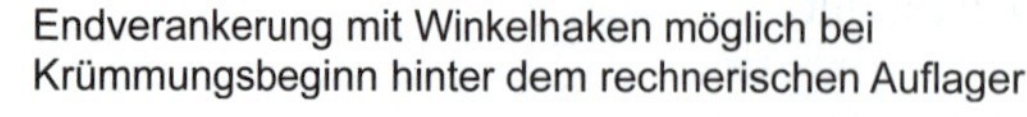
Endverankerung mit Winkelhaken möglich bei Krümmungsbeginn hinter dem rechnerischen Auflager

Endverankerung mit Schlaufen möglich bei nur zwei unten liegenden Stäben

Abb. 4.11 Bewehrungsführung an Endauflagern

Die Verankerungslänge beginnt an der Auflagervorderkante. Der Bewehrungsstab darf nicht vor der rechnerischen Auflagerlinie R enden (**Abb. 4.11**).

Sofern Haken oder Winkelhaken als Verankerungselement benutzt werden, soll der Krümmungsbeginn hinter der rechnerischen Auflagerlinie R liegen. Konstruktiv ist es besser (besonders bei dicken Durchmessern), die Haken horizontal anzuordnen oder zwei Stäbe in Form einer Schlaufe zu führen (**Abb. 4.11**). Hiermit wird ein Abplatzen der Auflagerecke vermieden. Ist dies nicht möglich, sollten zusätzliche horizontale Steckbügel vorgesehen werden.

Zwischenauflager

Eine Bewehrung, die zur Aufnahme möglicher positiver Momente (z. B. Brandeinwirkung, Stützensenkung usw.) erforderlich ist, ist gemäß EC 2-1-1, 9.2.1.5(3) in den Vertragsunterlagen festzulegen. Eine solche Bewehrung sollte über ein Zwischenauflager hinweg geführt oder kraftschlüssig gestoßen werden. Ansonsten ist es ausreichend, die untere Bewehrung an Zwischenauflagern zur Verankerung um 6ϕ hinter die Auflagervorderkante zu führen.

Beispiel 4.1: Ermittlung von Verankerungslängen

Gegeben:
- Balken lt. Skizze
- Baustoffe C30/37; B500

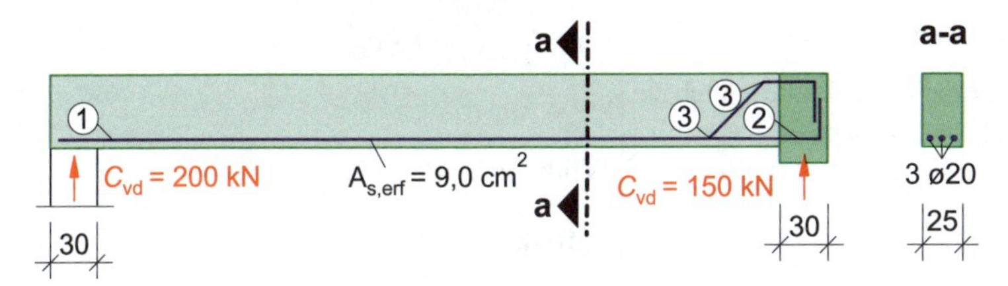

Gesucht: Verankerungslängen für den Fall einer Bemessung ohne Ausnutzen des Verfestigungsbereichs

Lösung:

linkes Ende:

$A_{s,vorh} = 9{,}42\ \text{cm}^2$

$A_{sR} = 9{,}42\ \text{cm}^2 > 2{,}25\ \text{cm}^2 = \dfrac{9{,}0}{4} = \dfrac{A_{s,Feld}}{4}$

Gute Verbundbedingungen

$f_{bd} = 2{,}25 \cdot 1{,}0 \cdot 1{,}0 \cdot \dfrac{2{,}0}{1{,}5} = 3{,}0\ \text{N/mm}^2$

$f_{yd} = \dfrac{500}{1{,}15} = 435\ \text{N/mm}^2$

Hier[8]: $a_l = \dfrac{z}{2}$

Gerade Verankerung

Tafel 4.1: 3 ∅20

(4.13): $A_{sR} \geq \dfrac{A_{s,Feld}}{4}$

Abb. 4.10: Stab liegt unten: Fall 2

(4.5): $f_{bd} = 2{,}25 \cdot \eta_1 \cdot \eta_2 \cdot f_{ctd}$

(2.36): $f_{yd} = \dfrac{f_{yk}}{\gamma_s}$

(10.5): $a_l = \dfrac{1}{2}(\cot\theta - \cot\alpha) \cdot z$

[8] Das Versatzmaß wird in Kap. 8 und 10 erläutert.

$F_E = 200 \cdot \frac{z}{2 \cdot z} + 0 = \frac{200}{2} = 100\ \text{kN}$ — (4.15): $F_E = |V_{Ed}| \cdot \frac{a_l}{z} + N_{Ed} \geq \frac{V_{Ed}}{2}$

$A_{s,erf} = \frac{100}{435} \cdot 10 = 2,3\ \text{cm}^2$ — $A = \frac{F}{\sigma}$

$\frac{2,3}{9,42} = 0,244$ — $\frac{A_{s,erf}}{A_{s,vorh}}$

$l_{b,rqd} = \frac{20}{4} \cdot \frac{435}{3,0} \cdot 0,244 = 177\text{mm}$ — (4.8): $l_{b,rqd} = \frac{\phi}{4} \cdot \frac{\sigma_{sd}}{f_{bd}} \cdot \frac{A_{s,erf}}{A_{s,vorh}}$

$l_{b,rqd}' = \frac{20}{4} \cdot \frac{435}{3,0} = 725\ \text{mm}$ — (4.9): $l_{b,rqd}' = \frac{\phi}{4} \cdot \frac{f_{yd}}{f_{bd}}$

$\alpha_1 = 1,0;\ \alpha_4 = 1,0;\ \alpha_5 = \frac{2}{3}$ — **Tafel 4.6**, (4.11): Gerades Stabende, keine angeschweißten Querstäbe, direktes Auflager

$l_{b,min} = 0,3 \cdot 1,0 \cdot 1,0 \cdot 725 \cdot \frac{2}{3} = \underline{145\ \text{mm}}$
$> 134\ \text{mm} = 6,7 \cdot 20 = 6,7\,\phi$ — (4.12): $l_{b,min} = 0,3\,\alpha_1 \cdot \alpha_4 \cdot l_{b,rqd}' \cdot \frac{2}{3} \geq 6,7\,\phi$

$l_{bd} = 1,0 \cdot 1,0 \cdot 1,0 \cdot 1,0 \cdot \frac{2}{3} \cdot 177 = 118\ \text{mm}$
$< \underline{145\ \text{mm}} = l_{b,min}$ — (4.10): $l_{bd} = \alpha_1 \cdot \alpha_2 \cdot \alpha_3 \cdot \alpha_4 \cdot \alpha_5 \cdot l_{b,rqd} \geq l_{b,min}$

$l_{b,vorh} \approx 300 - 50 = 250\ \text{mm} > 145\ \text{mm}$ — Hier: $l_{b,vorh} = t - c_v$

Die erforderliche Querbewehrung ist bei Balken durch die für Querkraft erforderlichen Bügel vorhanden.

rechtes Ende: — Winkelhaken

$A_{s,vorh} = 6,28\ \text{cm}^2$ — **Tafel 4.1**: 2 ∅20

$A_{sR} = 6,28\ \text{cm}^2 > 2,25\ \text{cm}^2 = \frac{9,0}{4} = \frac{A_{s,Feld}}{4}$ — (4.13): $A_{sR} \geq \frac{A_{s,Feld}}{4}$

Gute Verbundbedingungen — **Abb. 4.10**: Stab liegt unten: Fall 2

$f_{bd} = 2,25 \cdot 1,0 \cdot 1,0 \cdot \frac{2,0}{1,5} = 3,0\ \text{N/mm}^2$ — (4.5): $f_{bd} = 2,25 \cdot \eta_1 \cdot \eta_2 \cdot f_{ctd}$

$F_E = 150 \cdot \frac{z}{2 \cdot z} + 0 = \frac{150}{2} = 75\ \text{kN}$ — (4.15): $F_E = |V_{Ed}| \cdot \frac{a_l}{z} + N_{Ed} \geq \frac{V_{Ed}}{2}$

$A_{s,erf} = \frac{75}{435} \cdot 10 = 1,7\ \text{cm}^2$ — $A = \frac{F}{\sigma}$

$\frac{1,7}{6,28} = 0,271$ — $\frac{A_{s,erf}}{A_{s,vorh}}$

$l_{b,rqd} = \frac{20}{4} \cdot \frac{435}{3,0} \cdot 0,271 = 196\text{mm}$ — (4.7): $l_{b,rqd} = \frac{\phi}{4} \cdot \frac{\sigma_{sd}}{f_{bd}} \cdot \frac{A_{s,erf}}{A_{s,vorh}}$

$l_{b,rqd}' = \frac{20}{4} \cdot \frac{435}{3,0} = 725\ \text{mm}$ — (4.9): $l_{b,rqd}' = \frac{\phi}{4} \cdot \frac{f_{yd}}{f_{bd}}$

$\alpha_1 = 0,7;\ \alpha_4 = 1,0;\ \alpha_5 = 1,0$ — **Tafel 4.6**, (4.11): Winkelhaken, keine angeschweißten Querstäbe, indirektes Auflager

Die Betondeckung rechtwinklig zur Krümmungsebene ist infolge des Hauptträgers $>3\phi$.

$l_{b,min} = 0,3 \cdot 0,7 \cdot 1,0 \cdot 725 = 152$ mm

$> \underline{200 \text{ mm}} = 10 \cdot 20 = 10\phi$

(4.12): $l_{b,min} = 0,3\,\alpha_1 \cdot \alpha_4 \cdot l_{b,rqd}{}' \geq 10\phi$

$l_{bd} = 0,7 \cdot 1,0 \cdot 1,0 \cdot 1,0 \cdot 1,0 \cdot 196 = 137$ mm

$< \underline{200 \text{ mm}} = l_{b,min}$

(4.10):
$l_{bd} = \alpha_1 \cdot \alpha_2 \cdot \alpha_3 \cdot \alpha_4 \cdot \alpha_5 \cdot l_{b,rqd} \geq l_{b,min}$

$l_{b,vorh} \approx 300 - 50 = 250 \text{ mm} > 200$ mm

Hier: $l_{b,vorh} = t - c_v$

$D_{min} = 7 \cdot 20 = 140$ mm

Tafel 4.2, Z. 2: $D_{min} = 7\,\phi$

Es handelt sich um den mittleren ∅20.

Aufbiegung:

$c = \frac{1}{2}(250 - 20) = 115 \text{ mm} > 60 \text{ mm} = 3 \cdot 20$

> 50 mm

Tafel 4.2: Mindestwerte der Betondeckung senkrecht zur Krümmungsebene

$D_{min} = 15 \cdot 20 = 300$ mm

Tafel 4.2, Z. 4: $D_{min} = 15\,\phi$

4.3.5 Ergänzende Regelungen für große Bewehrungsdurchmesser

Hierzu zählen Stabdurchmesser $\phi > 32$ mm. Sie müssen mit geraden Stabenden oder mit Ankerkörpern verankert werden. Der Bemessungswert der Verbundspannung muss wie bereits erläutert mit Hilfe des Beiwertes η_2 abgemindert werden (vgl. Gleichung 4.5):

$$\eta_2 = \frac{132 - \phi}{100} \cdot f_{bd} \qquad (4.16)$$

Eine zusätzliche Querbewehrung ist auch dann erforderlich, sofern Bügel im Verankerungsbereich vorhanden sind. Der Querschnitt der erforderlichen Querbewehrung beträgt

- in Richtung parallel zur Zugseite:

$$\sum A_{sh} = 0,25 \cdot A_s \cdot n_1 \qquad (4.17)$$

n_1 Anzahl der Bewehrungslagen, die im selben Schnitt verankert werden

- in der Richtung rechtwinklig zur Zugseite:

$$\sum A_{sv} = 0,25 \cdot A_s \cdot n_2 \qquad (4.18)$$

n_2 Anzahl der Bewehrungsstäbe, die in jeder Lage verankert werden

Die Zusatzbewehrung muss in Abständen verlegt werden, die näherungsweise dem fünffachen Stabdurchmesser der zu verankernden Bewehrung entsprechen. Für weitere Regelungen für Bewehrungsstäbe mit $\phi > 32$mm wird auf EC 2-1-1 verwiesen.

4.3.6 Verankerung von Stabbündeln

Stabbündel (bundled bars) bestehen aus zwei oder drei direkt nebeneinander liegenden Stäben mit Einzelstabdurchmessern $\phi \leq 28$ mm (**Abb. 4.12**). Sie sind bei der Montage und beim Betonieren durch geeignete Maßnahmen zusammenzuhalten. Stabbündel sind bei sehr dichter Bewehrung vorteilhaft, um Platz für Rüttelgassen zu schaffen. Zwei sich berührende, übereinander liegende Stäbe mit guten Verbundbedingungen müssen nicht als Stabbündel betrachtet werden.

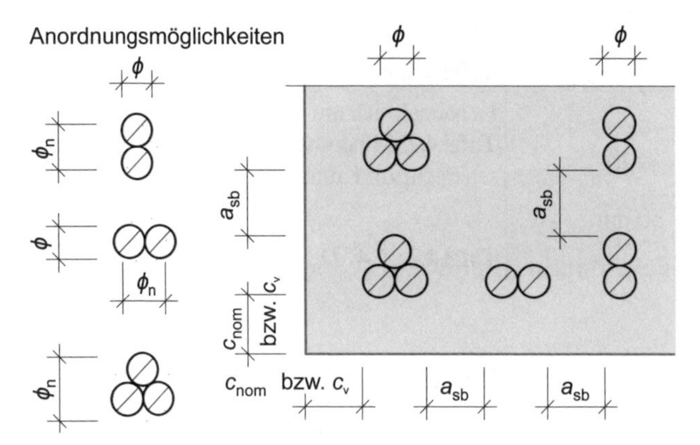

Abb. 4.12 Stabbündel

Die Vorschriften über die Anordnung und Verankerung von Einzelstäben gelten auch für Stabbündel mit einigen Ergänzungen. Anstelle des Einzelstabdurchmessers ϕ ist der Vergleichsdurchmesser ϕ_n (equivalent diameter) einzusetzen, der einem flächengleichen Kreisquerschnitt entspricht. Er ergibt sich bei Stäben gleichen Durchmessers ϕ zu:

$$\phi_n = \sqrt{n_b} \cdot \phi \leq 55 \text{ mm} \tag{4.19}$$

$n_b \leq 4$	Lotrechte Stäbe unter Druck und für Stäbe in einem Übergreifungsstoß
$n_b \leq 3$	Sonstige Fälle

Die Durchmesser der Einzelstäbe dürfen $\phi = 28$ mm nicht überschreiten. Stäbe mit verschiedenen Durchmessern dürfen zu Stabbündeln zusammengefasst werden, wenn das Verhältnis der Durchmesser den Wert 1,7 nicht übersteigt. Hiermit gelten die konstruktiven Regeln zur Ermittlung des Mindestmaßes der Betondeckung gemäß Gl. (3.3) und des Stababstandes gemäß Gl. (4.1) weiterhin.

Zugbeanspruchte Stabbündel dürfen über End- und Zwischenauflagern ohne Längsversatz enden. Außerhalb von Auflagern müssen Stabbündel mit $\phi_n \geq 32$ mm gegeneinander versetzt verankert werden (**Abb. 4.13**). Wird der Längsversatz $\geq 1{,}3 \cdot l_{b,rqd}'$ ausgeführt, darf der Stabdurchmesser ϕ zur Berechnung von $l_{b,rqd}'$ angesetzt werden. Der Mindestlängsversatz beträgt $0{,}3 \cdot l_{b,rqd}'$, allerdings muss dann $l_{b,rqd}'$ mit dem Vergleichsdurchmesser ϕ_n berechnet werden (**Abb. 4.13**).

Bei druckbeanspruchten Stäben dürfen alle Stäbe an einer Stelle enden. Für Vergleichsdurchmesser $\phi_n \geq 32$ mm sind in der Regel mindestens 4 Bügel mit einem Durchmesser ≥ 12 mm am Ende des Stabbündels und ein weiterer Bügel direkt hinter dem Ende anzuordnen.

Auseinandergezogene rechnerische Endpunkte E

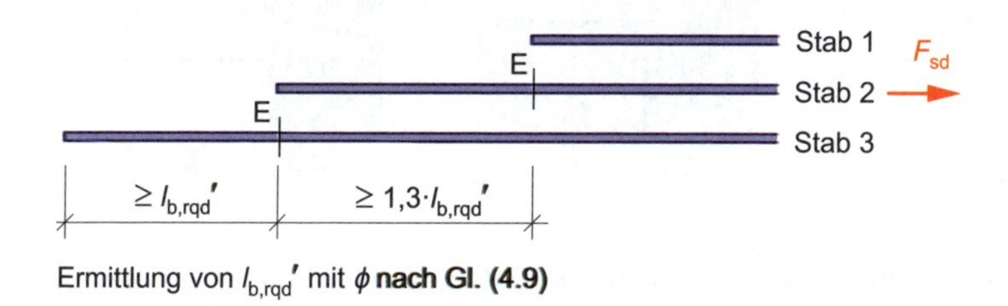

Dicht zusammenliegende rechnerische Endpunkte E

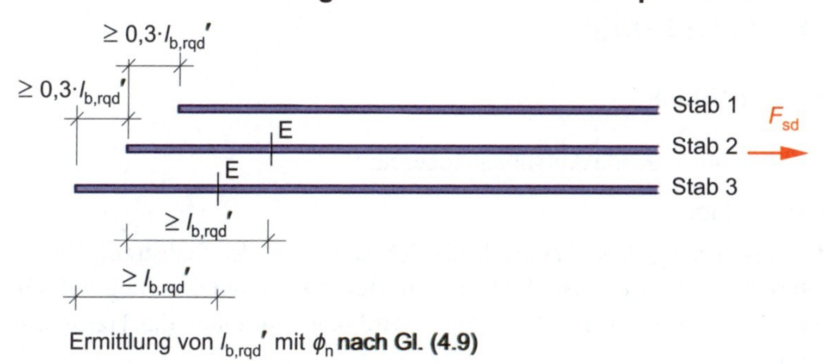

Abb. 4.13 Verankerung von Stabbündeln

4.3.7 Ankerkörper

Die Verankerung von Stäben mit Ankerkörpern ist in den bauaufsichtlichen Zulassungen der Ankerkörper geregelt. Zum einen gibt es Ankerkörper, die direkt mit dem Bewehrungsstab verbunden werden. Das Prinzip der Kraftübertragung vom Stab auf den Ankerkörper ist dem bei Muffenstößen (→ Kap. 4.5) ähnlich.

Die Übertragung der Kraft aus dem Ankerkörper in den Beton ist aus **Abb. 4.9** ersichtlich. Zum anderen gibt es Ankerkörper, die in Verbindung mit einer definierten Biegeform des Bewehrungsstabes und einem Verbundkörper die Verbundoberfläche erhöhen (**Abb. 4.14**).

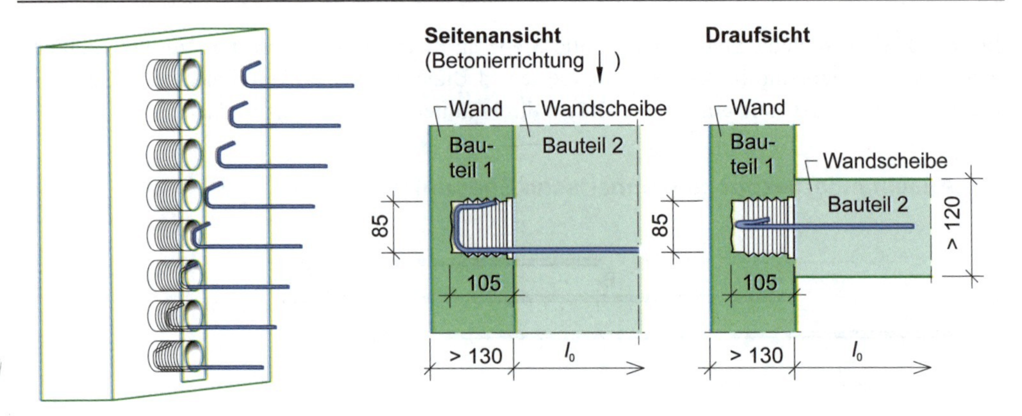

Abb. 4.14 Bewehrungsanschluss mit Formkörpern ([H-BAU], Boxfer-Bewehrungsanschluss)

4.4 Stöße von Betonstabstahl

4.4.1 Erfordernis von Stößen

Im Stahlbetonbau werden Stöße für folgende Aufgaben eingesetzt:

- Kreuzung einer Arbeitsfuge
- Verlängerung der Bewehrung; diese kann erforderlich sein, weil der Stabstrang länger als die Regellieferlänge von 14 m ist. Stabdurchmesser $\phi \leq 14$ mm im Biegebetrieb werden auch von Coils verarbeitet. Die Lieferlänge wird dann nur durch die Transportmöglichkeiten begrenzt.
- begrenzte Stablängen aufgrund der Einbausituation in die Schalung
- Anordnung von vorgefertigten Stößen, z. B. Verwahrkästen (**Abb. 4.6**).

Es werden direkte und indirekte Stöße unterschieden. Bei einem indirekten Stoß (üblicherweise mit Übergreifungsstoß bezeichnet) wird die Stabkraft *über den Beton* in den anderen Stab eingeleitet, während bei einem direkten Stoß die Stabkraft durch ein Verbindungsmittel zwischen zwei Stäben übertragen wird, sodass der Beton keine Tragwirkung übernimmt. Aufgrund des Preises wird i. d. R. der indirekte Stoß gewählt, der direkte Stoß wird nur verwendet, wenn der indirekte Stoß aufgrund der Bauteilgeometrie oder des Bauablaufs nicht möglich ist (**Abb. 4.7**). Ein Stoß soll nach Möglichkeit an einer Stelle geringer Beanspruchung (Stelle mit betragsmäßig kleinem Biegemoment) angeordnet werden, da an dieser Stelle auch die Kraft in den Bewehrungsstäben gering ist.

4.4.2 Übergreifungsstöße

Ein Übergreifungsstoß (lapping of reinforcement) ist nur tragfähig, sofern folgende Anforderungen erfüllt werden:

- Der Beton übernimmt über Druckstreben die Kraftübertragung (s. u.).
- Die zu stoßenden Stäbe liegen ausreichend dicht nebeneinander (oder übereinander).

- Zwischen Beton und Betonstahl ist (über die Rippen) die Übertragung von Verbundspannungen möglich.

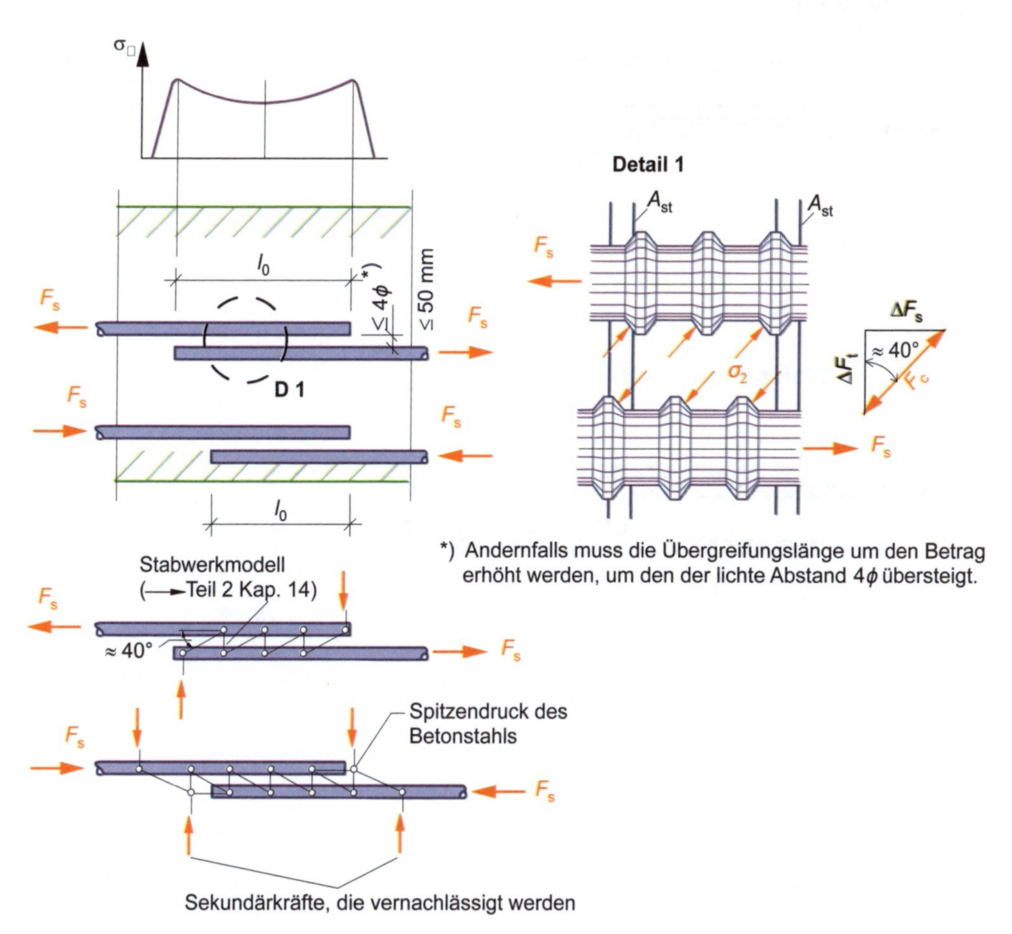

Abb. 4.15 Wirkungsprinzip von Übergreifungsstößen

Beim Übergreifungsstoß wird die Zugkraft F_s über schräge Betondruckstreben übertragen, die sich zwischen den Rippen ausbilden (**Abb. 4.15**). Diese schrägen Druckkräfte erzeugen in Querrichtung Zugspannungen σ_t, was anhand eines Stabwerkmodells (→ Teil 2, Kap. 14) leicht ersichtlich ist. Um diese Querzugspannungen aufnehmen zu können, ist bei Übergreifungsstößen immer eine Querbewehrung erforderlich.

Sofern mehrere Stäbe gestoßen werden, sollten die Übergreifungsstöße möglichst versetzt werden, damit sich die Querzugspannungen nicht überlagern (**Abb. 4.15**). Ein Versatz um 1,0 l_0 ist ungünstig, da sich hierbei die Querzugspannungen besonders ungünstig addieren (**Abb. 4.16**). Übergreifungsstöße gelten als längsversetzt, wenn der Längsabstand der Stoßmitten mindestens 1,3 l_0 beträgt (EC 2-1-1, 8.7.2). Sofern dieser Längsversatz nicht möglich ist, sollten die Stöße um 0,3 l_0 bis 0,5 l_0 versetzt werden. Die zu stoßenden Stäbe sollen in Querrichtung möglichst nahe beieinander liegen ($\leq$ 50 mm und $\leq 4\cdot\phi$). Der lichte Abstand von Stäben, die nicht gestoßen werden, muss in der Querrichtung Gl. (4.1) genügen. Übergreifungsstöße werden üblicherweise mit geraden Stabenden ausgebildet. Es sind jedoch auch Haken, Winkelhaken oder Schlaufen möglich (**Abb. 4.17**).

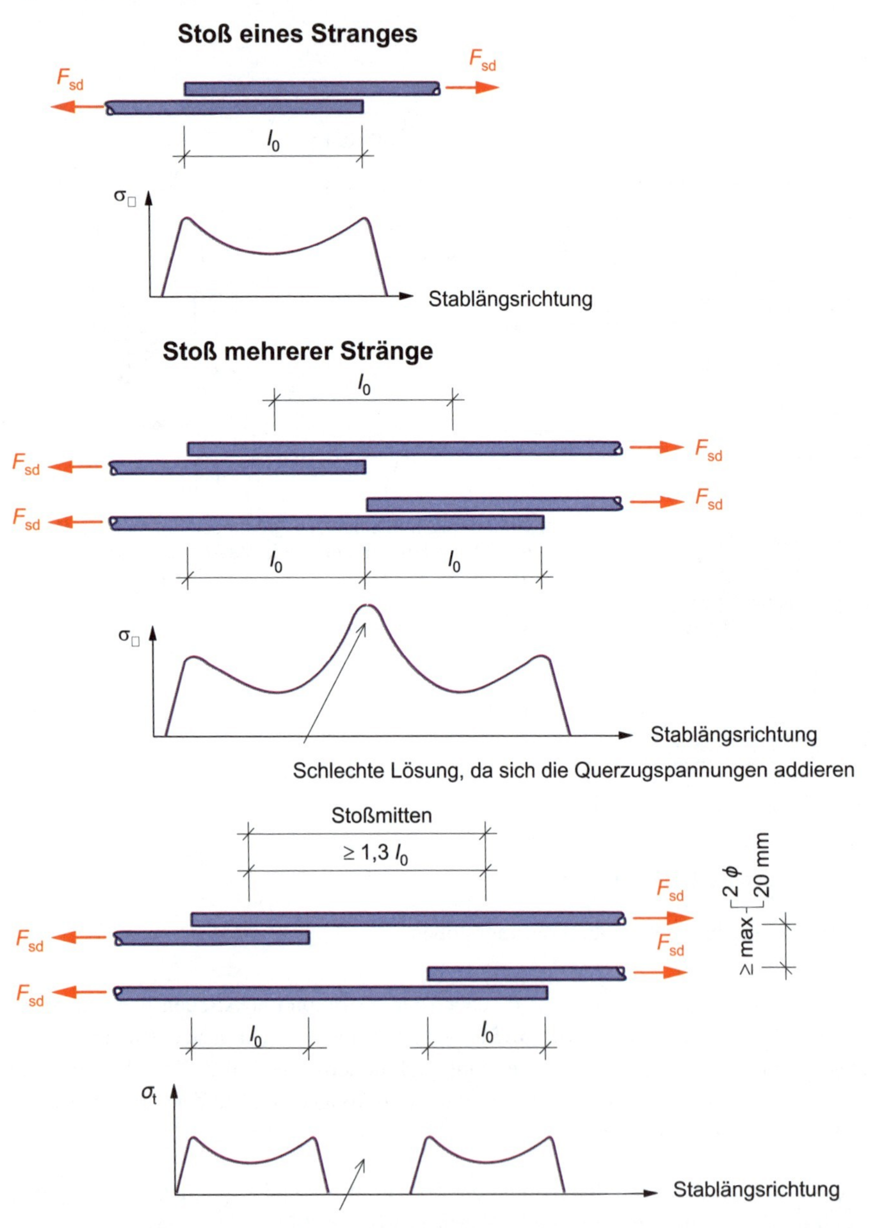

Abb. 4.16 Querzugspannungen bei Übergreifungsstößen

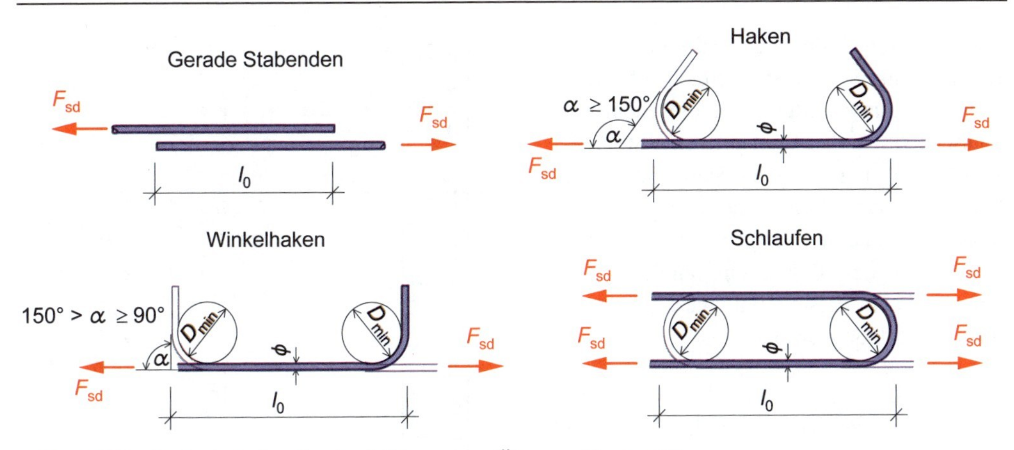

Abb. 4.17 Beispiele für die Ausbildung von Übergreifungsstößen

Stöße sind vorzugsweise in Bauteilbereichen mit geringer Beanspruchung vorzusehen, sodass die Bewehrung nicht voll ausgenutzt ist. Eine Überbeanspruchung des Betons im Stoßbereich muss vermieden werden. Bei einlagiger Bewehrung dürfen zwar alle Stäbe in einem Querschnitt gestoßen werden; konstruktiv besser ist es jedoch, den Stoß nicht an einer Stelle auszuführen. Verteilen sich die zu stoßenden Stäbe jedoch auf mehrere Bewehrungslagen, sollten in einem Querschnitt nur 50 % der gesamten Bewehrung gestoßen werden.

Ein Stoß übereinander liegender Stäbe ist aufgrund des Betoniervorgangs ungünstiger als einer nebeneinander liegender Stäbe, da in dem Betonbereich zwischen den Stäben nur Feinanteile sind und Absetzerscheinungen mit Wasserlinsen wie in **Abb. 4.10** auftreten. Stöße übereinander liegender Stäbe sind daher nach Möglichkeit zu vermeiden. Sofern dies nicht möglich ist, sollten die Übergreifungslängen nicht zu knapp gewählt werden.

4.4.3 Bestimmung der Übergreifungslänge

Im Gegensatz zur Verankerung von Stäben bilden sich die Betondruckstreben auf nur einer Seite des jeweiligen Stabes aus, nämlich derjenigen, die auf den zu stoßenden (anderen) Stab zeigt. Die Übergreifungslänge (lap length) muss daher größer als die Verankerungslänge sein. Die Übergreifungslänge l_0 wird aus dem Bemessungswert der Verankerungslänge l_{bd} berechnet, wobei bei der Ermittlung von l_{bd} angeschweißte Querstäbe nicht berücksichtigt werden dürfen. Der Beiwert α_4 ist demzufolge mit 1,0 anzusetzen. Zusätzlich muss eine Mindestübergreifungslänge $l_{0,min}$ eingehalten werden. Zur Berechnung von $l_{0,min}$ ist wiederum der obere Grenzwert des Basiswertes der Verankerungslänge $l_{b,rqd}'$ nach Gl. (4.9) zu verwenden.

$$l_0 = \alpha_6 \cdot l_{bd} \geq l_{0,min} \tag{4.20}$$

$$l_{0,min} = 0{,}3 \cdot \alpha_1 \cdot \alpha_6 \cdot l_{b,rqd}' \geq \max \begin{cases} 15\,\phi \\ 200 \text{ mm} \end{cases} \tag{4.21}$$

Der Beiwert α_1 kennzeichnet die Form des Übergreifungsstoßes und kann **Tafel 4.6**, Zeile 1 und Zeile 2 entnommen werden. Der Beiwert α_6 bezeichnet die Wirksamkeit von Bewehrungsstößen und wird mit **Tafel 4.7** bestimmt. Für die Bestimmung des im Stoßbereich erforderlichen Stabquerschnittes sind die Beanspruchungen am stärker beanspruchten Stoßende zu Grunde zu legen. Bei Stabbündeln und bei Stäben $\phi > 32$ mm sind Übergreifungsstöße aufgrund der langen Übergreifungslänge und der Bewehrungsanhäufung zu vermeiden. In diesem Fall wird besser ein direkter Stoß angeordnet.

Indirekte Druckstöße treten bei der Bewehrung von Stützen auf (**Abb. 4.18**). Ein Teil der Druckkraft im Stab wird dabei über Spitzendruck an den Stabenden übertragen. Die Übergreifungslänge l_0 darf deshalb geringer als bei Zugstößen sein (**Tafel 4.7**). Die Sprengwirkung des Spitzendruckes bedingt eine enge Querbewehrung, die auch noch über die Stabenden hinaus eingelegt werden muss (**Abb. 4.18**). Haken, Winkelhaken und Schlaufen dürfen als Verankerungselemente nicht verwendet werden, da sie

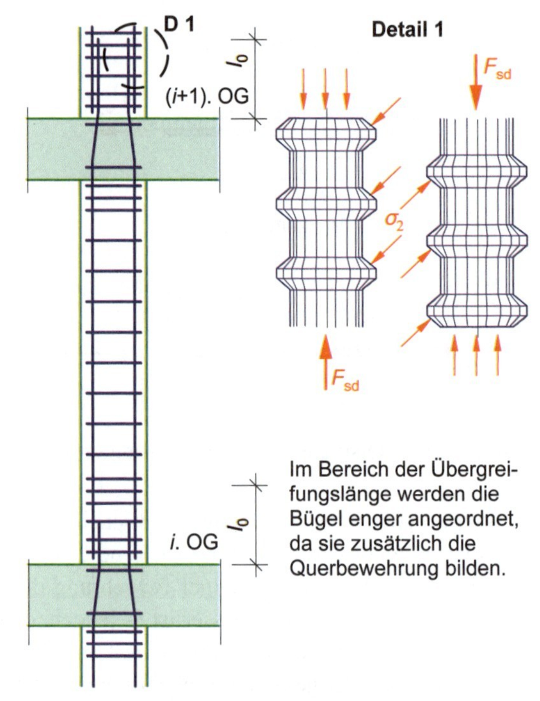

Abb. 4.18 Bewehrungsstoß bei Stützen im Hochbau und Tragwirkung im Stoß

- den Stab zusätzlich auf Biegung (infolge des exzentrischen Spitzendruckes) beanspruchen
- die Gefahr von Betonabplatzungen bei außen liegenden Stäben erhöhen.

Die Querbewehrung soll die im Stoßbereich auftretenden Sprengkräfte aufnehmen und die Breite evtl. auftretender Längsrisse gering halten. Daher ist im Übergreifungsbereich immer eine Querbewehrung erforderlich. Diese Forderung ist bei Balken leicht erfüllbar, da sie stets eine Bügelbewehrung haben. Bewehrungsstäbe mit $\phi \geq 20$mm, die auch unter Berücksichtigung der Schnittgrößen gemäß Theorie II. Ordnung nur auf Druck beansprucht werden, dürfen in Stützen durch Kontaktstoß der Stirnflächen gestoßen werden, wenn sie beim Betonieren lotrecht stehen und die Stützen an beiden Enden unverschieblich gehalten sind (Stoßanteil $\leq 50\%$ gleichmäßig über den Querschnitt verteilen). Der Querschnitt der nicht gestoßenen Stäbe muss mindestens 0,8% des statisch erforderlichen Betonquerschnitts betragen. Die Stöße müssen in den äußeren Vierteln der Stützenenden liegen und mit $1{,}3 \cdot l_{b,rqd}'$ längsversetzt angeordnet werden.

Eine außen liegende Bewehrung ist wirkungsvoller als eine innen liegende (**Abb. 4.19**), daher muss die Querbewehrung zwischen der Oberfläche und den zu stoßenden Stäben liegen. Die Querbewehrung wird längs des Übergreifungsstoßes so verteilt, dass sie im Bereich der maximalen Querzugspannungen liegt. Sie wird daher jeweils in den äußeren Dritteln der Übergreifungslänge angeordnet und soll keine größeren Abstände als 15 cm haben (**Abb. 4.20**). Eine vorhandene Querbewehrung darf angerechnet werden. Die Größe der erforderlichen Querbewehrung erhält man nach **Tafel 4.8**.

Werden mehr als 50 % der Bewehrung in einem Querschnitt gestoßen und ist der Abstand zwischen benachbarten Stößen in einem Querschnitt $a \leq 10\ \phi$, ist in der Regel die Querbewehrung in Form von Bügeln oder Steckbügeln ins Innere des Betonquerschnitts zu verankern. Weitere Details sind EC 2-1-1, 8.7.4 zu entnehmen.

Bei Druckstäben ist ein Stab der Querbewehrung außerhalb des Stoßbereichs, jedoch nicht weiter als 4ϕ anzuordnen.

Tafel 4.7 Beiwert α_6 zur Berücksichtigung der Übergreifungsanordnung
(EC 2-1-1/NA, Tabelle 8.3DE)

Anteil der ohne Längsversatz gestoßenen Stäbe am Querschnitt einer Bewehrungslage		≤ 33 %	> 33 %
Zugstoß (Stoß in der Zugzone)	$\phi < 16$ mm	1,2 [a)]	1,4 [a)]
	$\phi \geq 16$ mm	1,4 [a)]	2,0 [b)]
Druckstoß (Stoß in der Druckzone)		1,0	1,0

a) Falls $a \geq 8\ \phi$ und $c_1 \geq 4\ \phi$, gilt $\alpha_6 = 1{,}0$
b) Falls $a \geq 8\ \phi$ und $c_1 \geq 4\ \phi$, gilt $\alpha_6 = 1{,}4$

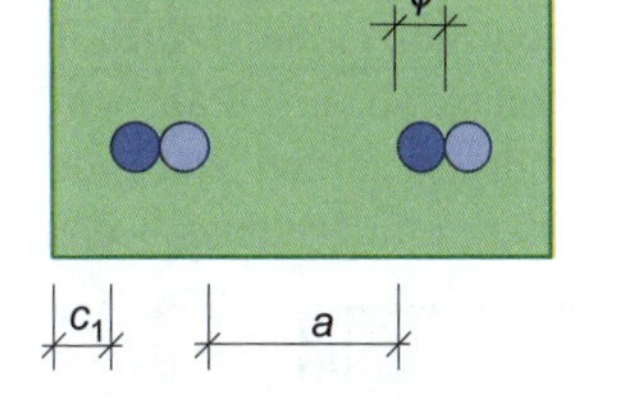

Bedingung 1: $a \geq 8\ \phi$
Bedingung 2: $c_1 \geq 4\ \phi$

Querbewehrung A_{st} innen:

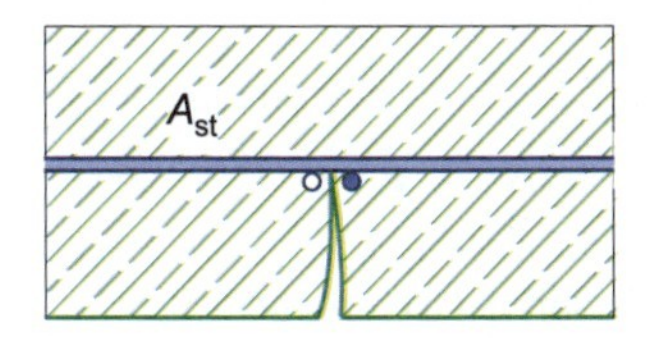

○● Übergreifungsstoß

Riss geht zwischen die zu stoßende Längsbewehrung.
Die Querbewehrung ist fast wirkungslos.

Querbewehrung A_{st} außen:

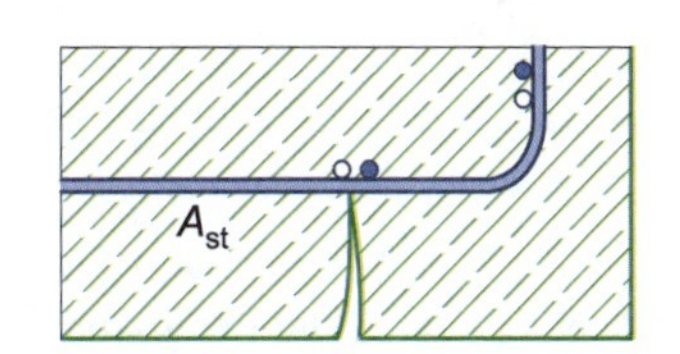

Querbewehrung kreuzt den Riss und beschränkt die Rissbreite und -tiefe.
Die Querbewehrung ist wirkungsvoll.

Abb. 4.19 Lage der Querbewehrung

Tafel 4.8 Erforderliche Querbewehrung (nach EC 2-1-1, 8.7.4)

<table>
<tr><th>Durchmesser der gestoßenen Stäbe</th><th>Anteil der gestoßenen Stäbe in %</th><th>erforderlicher Querschnitt A_{st}</th></tr>
<tr><td>$\phi < 20$</td><td>beliebig</td><td rowspan="2">Mindestbew. entsprechend EC 2-1-1, Kapitel 9</td></tr>
<tr><td rowspan="2">$\phi \geq 20$</td><td>≤ 25</td></tr>
<tr><td>> 25</td><td>Querschnitt eines gestoßenen Stabes</td></tr>
</table>

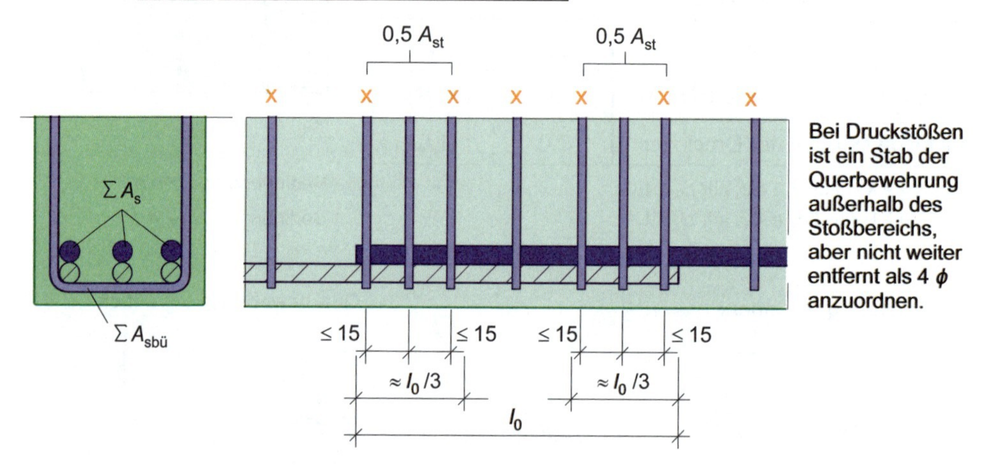

x Bügel $A_{sbü}$ ist aus der Bemessung für Querkräfte bereits vorhanden. Er darf auf die erforderliche Querbewehrung A_{st} angerechnet werden.

Abb. 4.20 Beispiel für die Anordnung zusätzlicher Querbewehrung bei Übergreifungsstößen

Beispiel 4.2: Ermittlung von Übergreifungslängen

Gegeben: Skizze in Beispiel 4.1

Gesucht: Übergreifungslänge für 2 ⌀20 der unteren Bewehrung an der Stelle $M_{Ed} = 0{,}7\ M_{max}$ (es werden die beiden äußeren Stäbe gestoßen)

Lösung:

Gute Verbundbedingungen — **Abb. 4.10**: Stab liegt unten: Fall 2

$$\frac{M_{Ed}}{M_{max}} = 0{,}70 \qquad \frac{A_{s,erf}}{A_{s,vorh}} \approx \frac{M_{Ed}}{M_{max}}$$

$$l_{b,rqd} = \frac{20}{4} \cdot \frac{435}{3{,}0} \cdot 0{,}7 = 508\text{mm} \qquad (4.8):\ l_{b,rqd} = \frac{\phi}{4} \cdot \frac{\sigma_{sd}}{f_{bd}} \cdot \frac{A_{s,erf}}{A_{s,vorh}}$$

$$l_{b,rqd}' = \frac{20}{4} \cdot \frac{435}{3{,}0} = 725 \text{ mm} \qquad (4.9):\ l_{b,rqd}' = \frac{\phi}{4} \cdot \frac{f_{yd}}{f_{bd}}$$

$\alpha_1 = 1{,}0;\ \alpha_4 = 1{,}0$ — **Tafel 4.6**: Gerades Stabende, keine angeschweißten Querstäbe

$$l_{b,min} = 0{,}3 \cdot 1{,}0 \cdot 1{,}0 \cdot 725 = \underline{218 \text{ mm}} > 200 \text{ mm} = 10 \cdot 20 = 10\phi$$

(4.12): $l_{b,min} = 0{,}3\ \alpha_1 \cdot \alpha_4 \cdot l_{b,rqd}' \geq 10\phi$

$$l_{bd} = 1{,}0 \cdot 1{,}0 \cdot 1{,}0 \cdot 1{,}0 \cdot 1{,}0 \cdot 508 = \underline{508 \text{ mm}} > 218 = l_{b,min}$$

(4.10): $l_{bd} = \alpha_1 \cdot \alpha_2 \cdot \alpha_3 \cdot \alpha_4 \cdot \alpha_5 \cdot l_{b,rqd} \geq l_{b,min}$

$n_{Stoß} / n = 2/3 = 0{,}667 = 67\ \% > 33\ \%$ — **Tafel 4.7**: Anteil gestoßener Stäbe > 33 %

$c_1 = c_v + \phi_{bü} \approx 40 + 10 = 50 \text{ mm} = 2{,}5 \cdot 20 = 2{,}5\,\phi < 4\,\phi$ — **Tafel 4.7**: $c_1 < 4\,\phi$

$a = b - 4 \cdot \phi - 2 \cdot c_v = 250 - 4 \cdot 20 - 2 \cdot 50 = 70 \text{ mm} = 3{,}5 \cdot 20 = 3{,}5\phi < 8\phi$ — **Tafel 4.7**: $a < 8\,\phi$

$\alpha_6 = 2{,}0$ — **Tafel 4.7**: $c_1 < 4\,\phi$ oder $a < 8\,\phi$; Anteil gestoßener Stäbe > 33 %

Da zwischen den gestoßenen Außenstäben und dem durchlaufenden Innenstab nur noch 25 mm lichter Abstand verbleiben, sollten die Außenstäbe verschwenkt eingebaut werden, so dass in einem Schnitt effektiv nur noch 1⌀20 gestoßen werden.

$$l_{0,min} = 0{,}3 \cdot 1{,}0 \cdot 2{,}0 \cdot 725 = \underline{435 \text{ mm}} > \max \begin{cases} 300 \text{ mm} = 15 \cdot 20 \\ 200 \text{ mm} \end{cases}$$

(4.21): $l_{0,min} = 0{,}3 \cdot \alpha_1 \cdot \alpha_6 \cdot l_{b,rqd}' \geq \max \begin{cases} 15\,\phi \\ 200 \text{ mm} \end{cases}$

$l_0 = 2{,}0 \cdot 508 = 1016 \text{ mm} > 435 \text{ mm}$ — (4.20): $l_0 = \alpha_6 \cdot l_{bd} \geq l_{0,min}$

gew: $l_0 = 1{,}05$ m

Querbewehrung:

$A_{st} = 3{,}14 \text{ cm}^2$ — **Tafel 4.8**: letzte Zeile $A_{st} \geq A_{s,\phi}$

$$A_{\text{st,vorh}} = 9{,}04 \cdot \frac{2}{3} \cdot 1{,}05 = 6{,}3\ \text{cm}^2 > 3{,}14\ \text{cm}^2 = A_{\text{st}}$$

Bügel ∅12-12[5] ($a_{s,\text{bü}}$ = 9,04 cm²/m) im Stoß. Angerechnet werden die horizontalen unteren Bügelschenkel in den äußeren Dritteln der Verankerungslänge.

4.5 Direkte Zug- und Druckstöße

4.5.1 Erfordernis, Stoßarten und Auswahlkriterien

Bei besonderen Randbedingungen sind Übergreifungsstöße nicht möglich, oder es sprechen Gründe des Bauablaufes für einen direkten Stoß:

- bei hohem Bewehrungsgrad. Hier führte ein Übergreifungsstoß (infolge der Verdoppelung der zu stoßenden Bewehrung) zu einem unzulässig großen Bewehrungsgrad bzw. ein Einbringen und Verdichten des Frischbetons wäre nicht mehr möglich.
- an abgeschalten Arbeitsfugen, die von Bewehrung gekreuzt werden. Hier müsste die Schalung durchbohrt werden (übliche Systemschalungen sind nicht verwendbar). Das Ein- und Ausschalen ist erschwert, die Schalung kann nur einmal verwendet werden.
- bei Erfordernis, alle Stäbe an einer Stelle stoßen zu müssen ohne die Möglichkeit, eine ausreichende Querbewehrung einlegen zu können;
- bei Vermeidung großer Stoßlängen.

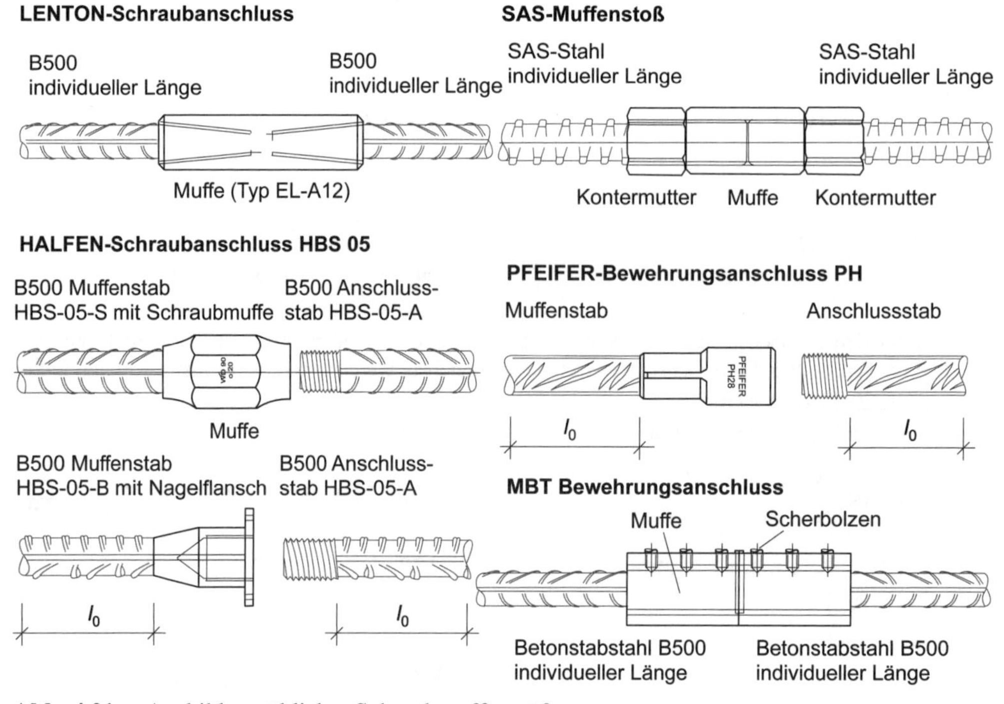

Abb. 4.21 Ausbildung üblicher Schraubmuffenstöße

Die direkten Stöße lassen sich einteilen in

- *Schweißverbindungen* (→ Kap. 4.5.2)
- *Mechanische Verbindungen* (**Abb. 4.21**, **Tafel 4.9**)

  Allen Systemen gemeinsam ist das Erfordernis einer allgemeinen bauaufsichtlichen Zulassung des Deutschen Institutes für Bautechnik (DIBt), sofern sie in Deutschland eingesetzt werden sollen. Es ist zwischen standardisierten objektunabhängigen und objektgefertigten Systemen zu unterscheiden (→ Kap. 4.5.3).

Die Auswahl des geeigneten Verbindungsmittels aus der Vielzahl der angebotenen Systeme richtet sich nach folgenden Punkten:

- *Kosten*
  - Materialkosten der Verbindung (= Lieferpreis für die Zubehörteile)
  - Zeitaufwand für die Montage
  - Evtl. Erfordernis zusätzlicher Montagegeräte auf der Baustelle (Schweißgerät, Presse)
  - Evtl. erforderliche Zusatzbewehrung
- *Herstellbarkeit*
  - Erforderlicher Platzbedarf für den Zusammenbau
  - Möglichkeit der Vorfertigung außerhalb des Einbauortes
  - Einschränkungen in der Montage, z. B.: Beide Stäbe lassen sich nicht drehen (erfordert eine „Positionsmuffe"); Stäbe unterschiedlichen Durchmessers sollen verbunden werden (erfordert eine „Reduziermuffe"); Stabkrümmungen beeinflussen den Stoß.
- *Systemeinflüsse*
  - Bei dynamischen Einwirkungen bestehen Unterschiede in der zulässigen Schwell-/Wechselspannung.
  - Erforderliche Qualifikation des Personals
  - Personal ist Arbeit mit einem bestimmten System gewohnt.
  - Gefahr von Beschädigungen vor dem Einbau
  - Flexibilität des Systems bei Fehlern (sind Änderungen auf der Baustelle möglich, oder müssen neue Teile angeliefert werden?)
- *Konstruktive Gesichtspunkte*
  - Zusatzbeanspruchungen auf den Beton und hieraus erforderliche Zusatzbewehrung
  - Erforderliche Mindeststababstände (ermittelt aus den größten Teilen der Verbindung, z. B. Muffe)
  - Mögliche Erhöhung der Betondeckung infolge des größten Teils der Verbindung (z. B. Muffe)
  - Mögliche Durchmesserauswahl für Betonstabstahl (Systeme verfügen nicht über Muffen für alle Stabdurchmesser.)

Tafel 4.9 Eigenschaften mechanischer Verbindungen

Name	Anbieter	Internet	Prinzip der Verbindung	Montage und Geräte	Vor- und Nachteile
LENTON	Erico	www.eric.com	Kegelstumpfförmig im Biegebetrieb aufgeschnittenes Gewinde auf Betonstabstahl	Keine Sondergeräte auf der Baustelle erforderlich	Keine Kontermuttern erforderlich; leichtes Einschrauben infolge Gewindegeometrie; Muffe erfordert großen Abstand von Stabkrümmungen
SAS	Stahlwerk Annahütte	www.anna-huette.de	Betonsonderstahl mit zu Gewinde ausgeformten Rippen	Keine Sondergeräte auf der Baustelle erforderlich	Unempfindliches Gewinde; hohe dynamische Belastung möglich; schnelle Montage; Betonsonderstahl teuer
HBS 05	Halfen	www.halfen.de	Betonstabstahl mit werkseitig aufgerolltem zylindrischem Gewinde	Keine Sondergeräte auf der Baustelle erforderlich	Unempfindliches Gewinde, keine Kontermuttern erforderlich; leichtes Einschrauben infolge Gewindegeometrie
MBT	Halfen	www.halfen.de	Stäbe werden in Muffe mittels Scherbolzen festgeklemmt.	Keine Sondergeräte auf der Baustelle erforderlich	Keine Bearbeitung der Stäbe; unempfindlich gegen Beschädigungen; einfache optische Kontrolle
Standardbewehrungsanschluss	diverse Anbieter z. B. Pfeifer	www.pfeifer.de	Seriengefertigte Muffen- und Anschlussstäbe mit festgelegter (durchmesserabhängiger) Standardlänge	Keine Sondergeräte auf der Baustelle erforderlich	Preiswerte Standardserienteile; Anwendungseinschränkung durch nochmalige Übergreifungsstöße auf beiden Seiten

Nachträgliches Betonieren einer Platte zwischen vorab hergestellten Wänden

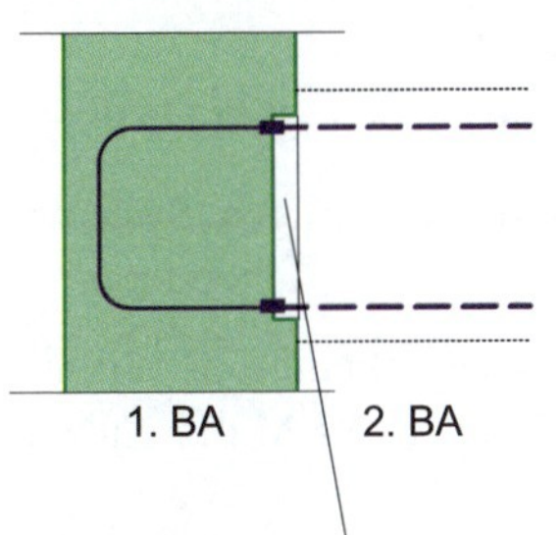

Aufnageln einer Bohle zur Lagesicherung der Stäbe und zur Verbesserung der Querkraftübertragung

Schließen einer Aussparung, durch die nach dem Montagevorgang eine Bewehrung verläuft

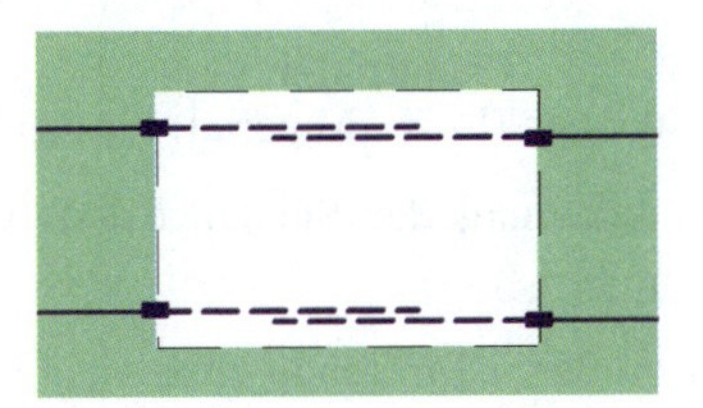

Sofern l_0 nicht vorhanden ist, können beide Stäbe auch mit einer Positionsmuffe direkt gestoßen werden. Maßgenauer Einbau der Stäbe ist erforderlich.

Biegefester **Anschluss eines Stahlträgers** an einer Wand

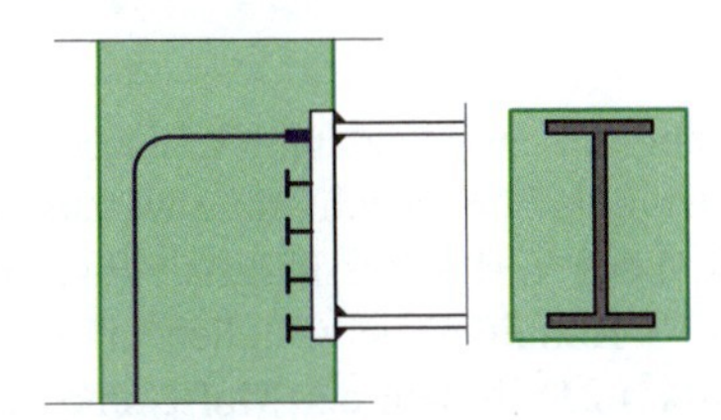

Muffe wird an Stahlplatte angeschweißt. Stahlplatte wird in die Schalung gelegt.

Stoß bei sehr hohem Bewehrungsgrad

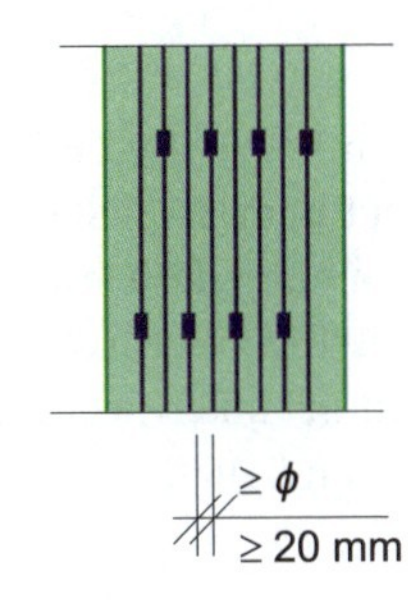

Abb. 4.22 Anwendungsbeispiele für Gewindemuffenstöße

4.5.2 Schweißverbindungen

Die in Deutschland verwendeten Betonstähle sind zwar seit etlichen Jahren schweißgeeignet (DIN 488-1), trotzdem konnte sich das Schweißen auf der Baustelle bisher kaum durchsetzen. Dies liegt sicherlich an der fachfremden Tätigkeit (des Schweißens) für den die Bewehrung Verlegenden. Bei dem zeitlichen Anfall der Arbeiten können ausgebildete Schweißer nicht ausgelastet werden, das mangelhaft qualifizierte Verlegepersonal kann und darf nicht schweißen. Einen Überblick über die möglichen Schweißverfahren gibt [Rußwurm/Martin – 93].

4.5.3 Mechanische Verbindungen

Die Anwendungen sind vielfältig möglich und allein der Kreativität des Konstrukteurs belassen. Einige Anwendungsbeispiele zeigt **Abb. 4.22**. Bei den angebotenen Systemen gibt es standardisierte Systeme, die objektunabhängig vorgefertigt und als Lagerware verfügbar sind (z. B. Pfeifer Bewehrungsanschluss **Abb. 4.21**). Kennzeichen dieser Verbindungen ist, dass sie den Übergang zu dem eigentlichen Bewehrungsstab durch je einen zusätzlichen Übergreifungsstoß (auf jeder Seite der Arbeitsfuge) vollziehen. Bei den objektgefertigten Muffenverbindungen (z. B.

LENTON-Schraubanschluss **Abb. 4.21**) werden dagegen die weiterführenden Bewehrungsstäbe direkt gekoppelt. Den vielen Vorteilen der Muffenverbindungen stehen nur wenige Nachteile gegenüber:

- Höhere Gesamtkosten (Lohn, Material) für den Stoß als bei einem indirekten Stoß
- Nachträgliche Änderung der Stablänge auf der Baustelle bei einigen Systemen nur schwer möglich
- Aufgrund des größeren Muffendurchmessers ist evtl. Stabanordnung mit verminderter statischer Höhe erforderlich, um die Betondeckung im Bereich der Muffe einhalten zu können.

Die lieferbaren Durchmesser, Reduzier- und Positionsmuffen sowie bei der Berechnung zu beachtende Besonderheiten sind der jeweils geltenden bauaufsichtlichen Zulassung zu entnehmen. Eine bauaufsichtliche Zulassung wird für einen Zeitraum von fünf Jahren erteilt und gilt in Zusammenhang mit einer bestimmten Norm. Die aktuellen Fassungen können über die in **Tafel 4.9** genannten Internetadressen aus dem Web heruntergeladen werden.

SAS-Schraubanschluss

Ausgehend vom Gewindestahl, wurde ein Betonrippenstahl mit aufgewalztem Linksgewinde entwickelt. Die Form der Rippen auf dem SAS-Stahl wurde unter Berücksichtigung walztechnischer Gesichtspunkte, der Selbsthemmung des Gewindes und des Verbundverhaltens entwickelt. Um bei dem aufgewalzten Grobgewinde eine schlupffreie Verbindung herzustellen, muss die Muffe beidseitig mit Kontermuttern gekontert werden (**Abb. 4.21**). Neben der Muffe sind auch Endverankerungen mit Ankerstücken möglich.

LENTON-Schraubanschluss

Die Besonderheit des LENTON-Schraubanschlusses sind kegelförmige Gewinde, die auf beiden mittels der Muffe zu verbindenden Stabenden geschnitten sind (**Abb. 4.21**). Das kegelförmige Gewinde bietet gegenüber den anderen Systemen einige Vorteile:

- Es gibt kein langwieriges Zentrieren mit langen Stäben (wie bei den zylindrisch aufgeschnittenen Gewinden), bis die ersten Gewindegänge fassen.
- Es bedarf nur ca. 5 Umdrehungen, um eine Verbindung herzustellen, da sich der Stab tief in die Muffe stecken lässt.
- Durch das kegelförmige Gewinde können Kontermuttern entfallen, bei Anzug mit dem Drehmomentschlüssel verspannen sich die Gewinde; es ist kein Schlupf vorhanden.
- Durch den günstigen Kraftfluss ist eine sehr kurze Muffe möglich (da der Querschnitt jeder Muffe größer als der eines Stabes ist, werden die Verzerrungen des Bauteiles durch die Muffe beeinflusst).

HALFEN-Schraubanschluss HBS 05

Es handelt sich um einen werkmäßig hergestellten Stab mit aufgerolltem Gewinde. Die Muffe wird werkseitig montiert (**Abb. 4.21**). Die Stäbe werden nach Angabe des Auftraggebers im Werk gefertigt. Unterschiedliche Ausführungen sind lieferbar, auch Muffen für gebogene Anschlussstäbe und mit Rechts-Links-Gewinde.

HALFEN-Bewehrungsanschluss MBT

Der Stoß erfolgt mit nicht besonders vorbereiteten Stäben mittels einer Klemmmuffe. In der Muffe befinden sich zwei Zahnleisten aus gehärtetem Stahl. Auf diese werden die Stabstähle mit Hilfe von Scherbolzen gedrückt. Die Scherbolzen scheren bei ordnungsgemäßer Montage ab, sodass der Anschluss über eine einfache Sichtkontrolle überprüft werden kann.

Vorgefertigte Standard-Bewehrungsanschlüsse

Bei diesen Muffenstößen handelt es sich um Stäbe, die in einer festen Stablänge vorfabriziert werden (z. B. [PFEIFER], [BETOMAX]). Ihr Einsatzgebiet sind vornehmlich Stöße an Arbeitsfugen. Für den Anschluss werden ein Muffenstab und ein Anschlussstab benötigt (**Abb. 4.21**). Aufgrund der kurzen Länge der Stäbe sind i. d. R. weitere Übergreifungsstöße erforderlich.

Neben diesen aufgeführten Systemen mit überregionaler Bedeutung werden weitere Bewehrungsanschlüsse angeboten. Für den Einsatz sind (wie auch bei den explizit aufgeführten Verbindungen) die Bestimmungen der jeweiligen bauaufsichtlichen Zulassung zu beachten.

4.6 Hinweise zur Bewehrungswahl

Nicht die Minimierung des Stahlbedarfs, sondern eine lohnsparende Bewehrungswahl fördert wirtschaftliches Bauen. Hierbei sind insbesondere bei der Planerstellung diverse Punkte zu beachten. Aber auch im Rahmen der statischen Berechnung kann die Wirtschaftlichkeit durch Beachten der folgenden Hinweise gesteigert werden:

- Bei vorgegebenem Bewehrungsquerschnitt möglichst große Stabdurchmesser (unter Beachtung des Nachweises der Rissbreitenbeschränkung → Kap. 12) verwenden (senkt Lohnkosten beim Verlegen)
- Möglichst gerade Stäbe verwenden (Kosten für das Biegen entfallen)[9]
- Die Haupttragbewehrung so anordnen, dass der Hebelarm der inneren Kräfte möglichst groß wird (senkt Stahlbedarf)
- Wenige Biegeformen verwenden (senkt Lohnkosten beim Biegen und Verlegen)
- Bei Erfordernis von dünnen Stabdurchmessern vorgefertigte Bewehrungselemente (z. B. Betonstahlmatten) verwenden (senkt Lohnkosten beim Verlegen)

[9] Da die Biegebetriebe mit einer Mischkalkulation aus Erfahrungswerten vergangener Aufträge arbeiten, kommt die Beachtung dieses Punktes dem aktuellen Bauvorhaben nicht direkt zugute.

5 Tragwerke und deren Idealisierung

5.1 Tragwerke

Die Tragwerksplanung für ein Bauwerk erfolgt schrittweise in aufeinander aufbauenden logischen Elementen. Hierbei filtert der Tragwerksplaner aus dem geplanten (und damit zunächst imaginären) Bauwerk das Tragwerk heraus. Hierzu entfernt er alle Bauteile, die keine tragende Funktion haben (z. B. Fenster, Fußbodenaufbauten usw.). In der verbleibenden Struktur befinden sich dann weitere Bauteile, deren Einsatz als Tragelement nicht sinnvoll ist. Das Ausblenden dieser Teile hängt von den geometrischen Randbedingungen des Bauwerks ab und ist ein ingenieurmäßiger Gedankengang (z. B.: Soll eine Wand, die im Erdgeschoss fehlt, in den oberen Geschossen ein Tragelement sein?).

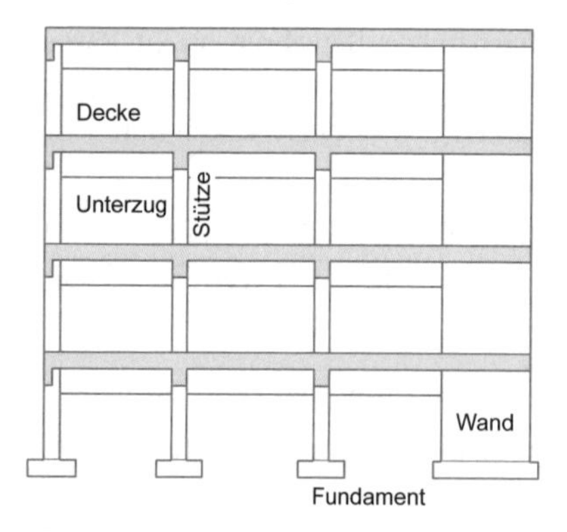

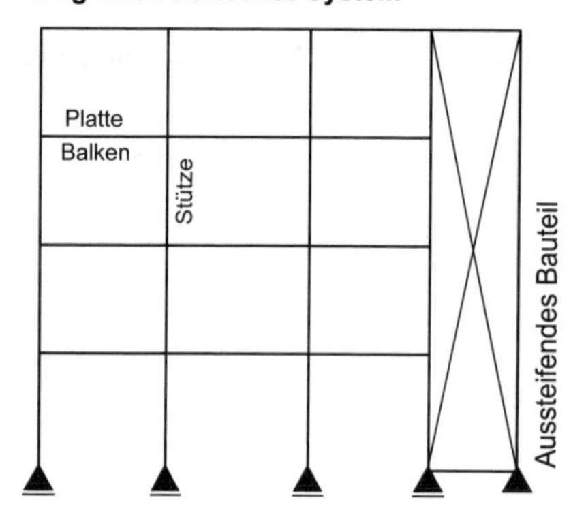

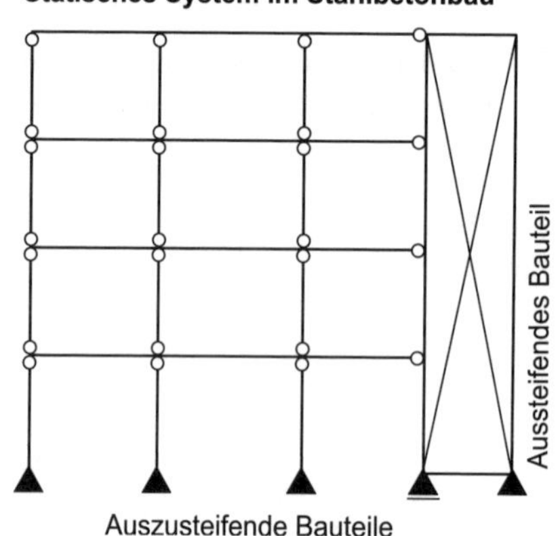

Abb. 5.1 Tragwerksidealisierung bei Stahlbetontragwerken im Hochbau

Tafel 5.1 Tragelemente im Stahlbetonbau

Ausdehnung	Tragelemente (Grundtypen)	Beispiel	Eignung von Stahlbeton für das Tragelement im Vergleich zu anderen Werkstoffen
Eindimensional	Seil	Hochspannungsleitung	ungeeignet
	Stab	Stütze	Auf Zug: bedingt geeignet Auf Druck: sehr geeignet
	Balken	Unterzug	Sehr geeignet
Zweidimensional	Scheibe	Wand, wandartiger Träger	Sehr geeignet
	Platte	Decke	Sehr geeignet
Dreidimensional	Schale	Behälter	Optimal geeignet

Anschließend wird die Tragstruktur in einzelne Tragelemente zerlegt (**Abb. 5.1**). Die Tragelemente können ein- oder mehrdimensional sein. Mit den Grundtypen (**Tafel 5.1**) können bei Beachtung von Bedingungen auch weitere Tragelemente gebildet werden (z. B. aus mehreren Stäben wird ein Fachwerk, aus mehreren Scheiben ein Faltwerk gebildet).

Die einzelnen Tragelemente sind an diskreten Stellen oder an Linien gekoppelt. Die Koppelstellen sind

- bei Ausleitung von Kräften (bzw. Momenten) aus dem Tragelement die *Lager*; die Lager nehmen je nach Ausbildung Kräfte, Biegemomente, Torsionsmomente auf;
- bei Einleitung von Einwirkungen in das Tragelement *Einwirkungsstellen*; die Einwirkungen können Kräfte und/oder Momente sein.

Der Ablauf der Tragwerksplanung erfolgt in folgenden Schritten:

1. Bilden des Tragwerkes und Separieren der Tragelemente
2. Lastannahmen am zu realisierenden Bauwerk. Für Hochbauten gelten in Deutschland die entsprechenden Normenteile des EC 1.
3. Tragwerksidealisierung (→ Kap. 5.2)
4. Ermittlung der Beanspruchungen (→ Kap. 5.4) am globalen statischen System (= am ganzen Bauwerksteil) und evtl. zusätzlich in örtlichen Bereichen (z. B. Lasteinleitungsbereichen)
5. Superposition zu extremalen Beanspruchungen (Extremalschnittgrößen) (→ Kap. 5.4.2)
6. Festlegen der maßgebenden Bemessungsschnittgrößen (z. B.: Momente → Kap. 7.3)
7. Bemessung (für Stahlbeton → Kap. 7 bis 16)

Endauflager mit gelenkiger Lagerung

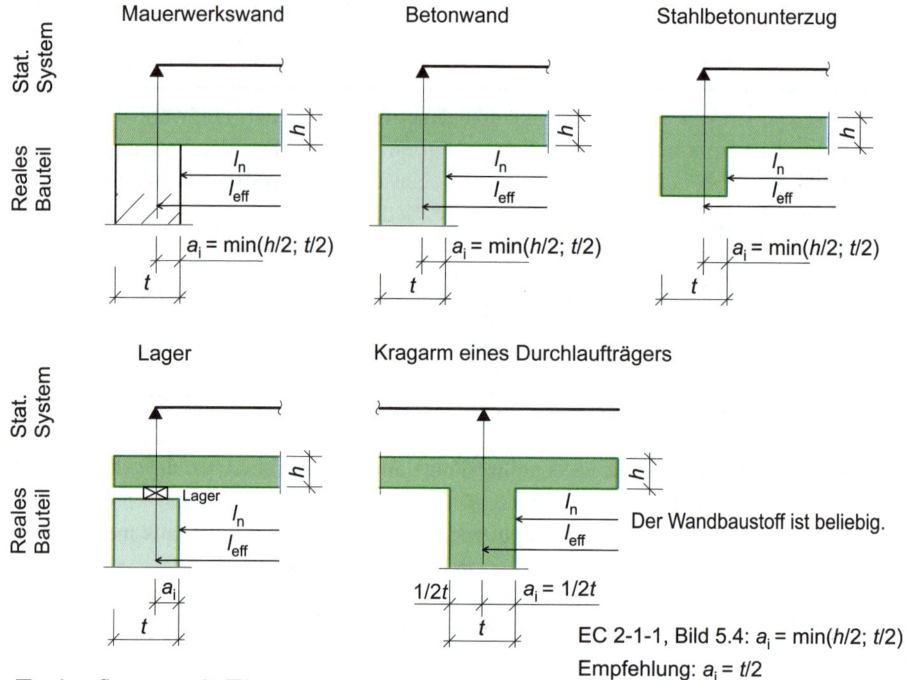

Endauflager mit Einspannung

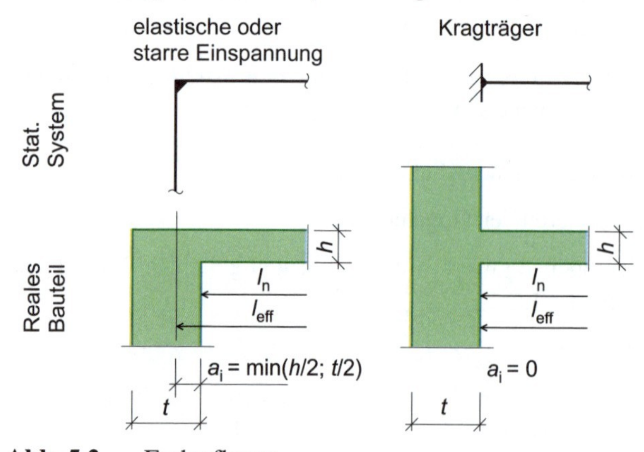

Abb. 5.2 Endauflager

5.2 Tragwerksidealisierung

5.2.1 Systemfindung

Für die statische Berechnung muss das tatsächliche Tragwerk in ein statisches System (geometrisch) idealisiert werden. Dieser Vorgang kennzeichnet einen Teil der Tragwerksidealisierung. Bei der Schnittgrößenermittlung (→ Kap. 5.4) erfolgt ein weiterer Teil der Tragwerksidealisierung hinsichtlich des Materialverhaltens (elastisch, elastoplastisch). Auch bei der Bemessung werden Idealisierungen vorgenommen, diese erfolgen jedoch nicht für das Tragwerk insgesamt oder für die Tragelemente, sondern nur für den jeweils betrachteten Querschnitt. Diese Idealisierungen sind somit von der Tragwerksidealisierung entkoppelt. Hierdurch können Widersprüche entstehen (im Stahlbetonbau z. B. eine linear-elastische Schnittgrößenermittlung und eine nichtlineare Bemessung).

Als statische Systeme kommen statisch bestimmte und statisch unbestimmte in Betracht. Bauteile aus Stahlbeton sind i. d. R. monolithisch hergestellt, sofern sie als Ortbetonbauwerke erstellt wurden (und damit vorzugsweise statisch unbestimmt). Im Fertigteilbau (prefabricated building) werden die Fertigteile durch Ortbeton (in-situ concrete) so ergänzt, dass quasi-monolithische Konstruktionen entstehen. Alle Verbindungen von Decken, Unterzügen und Stützen sind somit tatsächlich biegesteif. Der Regelfall im Stahlbeton ist das statisch unbestimmte System mit seinen günstigen Eigenschaften. Es ist oftmals sogar sinnvoll, einen Teil der statisch Unbestimmten zu vernachlässigen. Wenn z. B. biegesteife Verbindungen keine bedeutenden Auswirkungen auf die Biegemomente haben, wird statt einer Einspannung ein Gelenk angesetzt, um den Rechenaufwand zu vermindern. Die vernachlässigten Einspannmomente werden durch eine Mindestbewehrung konstruktiv berücksichtigt. Dies zeigt das Beispiel 5.1.

Zur Nachweisführung werden Tragwerke oder Tragwerksteile in ausgesteifte oder nicht ausgesteifte eingeteilt, je nachdem, ob aussteifende Bauteile vorhanden sind (**Abb. 5.1**). Ein aussteifendes Bauteil ist ein Teil des Tragwerks, das eine große Biege- und/oder Schubsteifigkeit aufweist und das entweder vollständig oder teilweise mit dem Fundament verbunden ist. Ein aussteifendes Bauteil sollte eine ausreichende Steifigkeit besitzen, um alle auf das Tragwerk wirkenden horizontalen Lasten aufzunehmen und in die Fundamente weiterzuleiten. Aussteifende Bauteile (→ Kap. 5.6) sind insbesondere bei Bauwerken mit mehr als zwei Geschossen äußerst sinnvoll, da andernfalls alle Biegemomente aus Wind und Imperfektionen über die Stützen abzuleiten wären, was zum einen viel Stützenbewehrung erfordert und zum anderen große Horizontalverschiebungen im Bauwerk bewirkt.

Beispiel 5.1: Tragwerksidealisierung für einen Hochbau

Gegeben: Tragwerk lt. **Abb. 5.1**

Gesucht: Tragwerksidealisierung

Lösung:

Aus dem Tragwerk werden die einzelnen Tragelemente (gemäß **Tafel 5.1**) selektiert. Bei der Kopplung der Tragelemente ist zu beachten, dass sowohl für jedes einzelne Element als auch für das gesamte Tragwerk ein stabiles System gebildet wird (Gebäudeaussteifung).

Im vorliegenden Fall könnte das mögliche statische System ein vielfach innerlich und äußerlich statisch unbestimmter Rahmen sein (**Abb. 5.1**). Aufgrund des Steifigkeitsverhältnisses von Rahmenriegeln (Unterzüge mit monolithischen Decken) und Stützen und der zu erwartenden Biegelinie des Riegels werden bei diesem System an den Kopf- und Fußpunkten der Stützen nur geringe Biegemomente auftreten. Es ist daher nicht sinnvoll, mit einem derart aufwändigen statischen System zu arbeiten. Der Tragwerksplaner idealisiert das System weiter zu einem System aus Durchlaufträgern (Unterzüge und Decken) und Pendelstützen. Sofern die Idealisierung zu größeren Fehlern führen wird (z. B. an den Endauflagern der Durchlaufträger), ist zu einem späteren Zeitpunkt eine Korrektur durchzuführen (→ Kap. 5.7).

Das gewählte System hat neben einer Verminderung der Anzahl der statisch Unbestimmten (aufgrund der Datenverarbeitung ist dies nicht mehr so bedeutungsvoll) den Vorteil, dass bei denselben Nutzungsarten die Durchlaufträger in den Geschossen identisch werden. Es muss somit nur noch ein Träger bearbeitet werden. In ähnlicher Form können auch leicht die Stützen der maximalen Beanspruchung gefunden werden. Der Umfang der statischen Berechnung sinkt entscheidend. Es wird bearbeitet:

- Platte → Durchlaufträger (bei einachsig gespannten Systemen → Teil 2, Kap. 5)
- Unterzug → Durchlaufträger mit einer Korrekturberechnung für die Randfelder (→ Kap. 5.7)
- Stützen → Pendelstäbe mit einer Korrekturberechnung für die Randfelder (→ Kap. 5.7)

5.2.2 Auflager und Stützweiten

Die Stützweite l_{eff} (effective width) ist der Abstand der Lagerachsen. Bauteile von Stahlbetonkonstruktionen des Hochbaus werden jedoch üblich ohne Lager (monolithisch) miteinander verbunden. Für die statische Berechnung ist festzulegen, an welcher Stelle der Unterstützung (support) die rechnerische Auflagerlinie anzusetzen ist. Sie ist abhängig von der Art der Unterstützung (End- oder Zwischenauflager) und den verwendeten Baustoffen (**Abb. 5.2** und **Abb. 5.3**). Allgemein lässt sich die Stützweite aus der lichten Weite l_n und den rechnerischen Auflagertiefen a_i ermitteln.

$$l_{eff} = l_n + a_1 + a_2 \tag{5.1}$$

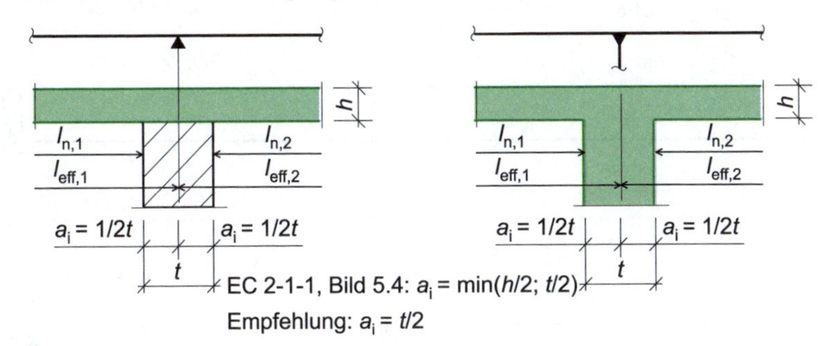

Abb. 5.3 Zwischenauflager

Endauflager:

- Aus einer Mauerwerks- oder Betonwand, einem Stahl-/Holzunterzug (**Abb. 5.2**):

$$a_\mathrm{i} = \min\,(h/2; t/2) \tag{5.2}$$

- Aus einer Stahlbetonwand oder -stütze (nur bei einem ausgesteiften Hochbau[10]) oder einem Stahlbetonunterzug; aus einer Stahlbetonwand oder -stütze bei Annahme einer Einspannung (kein ausgesteifter Hochbau) (**Abb. 5.2**):

$$a_\mathrm{i} = \min\,(h/2; t/2) \tag{5.3}$$

- Aus einem beliebigen Baustoff bei einem auskragenden Durchlaufträger (**Abb. 5.2**):

$$a_\mathrm{i} = t/2 \tag{5.4}$$

  Gemäß EC 2-1-1, Bild 5.4 darf für die Auflagerbreiten a_i der kleinere der beiden Werte $h/2$ oder $t/2$ angesetzt werden. Dies kann bei dünnen Decken und breiten Auflagern mit $h < t$ dazu führen, dass zwei Auflagerlinien für die Ermittlung der effektiven Stützweite zulässig wären. Man sollte hier auch weiterhin die Auflagermitte für die Stützweite heranziehen.

- Aus einem beliebigen Baustoff bei einem Kragträger (**Abb. 5.2**):

$$a_\mathrm{i} = 0 \tag{5.5}$$

Zwischenauflager:

- Durchlaufträger (**Abb. 5.3**):

$$a_\mathrm{i} = t/2 \tag{5.6}$$

  (→ Endauflager, Anmerkung zu Gl. (5.4))

---

[10] Bei ausgesteiften Hochbauten werden alle Lager unabhängig vom Baustoff gelenkig angenommen.

Beispiel 5.2: Stützweitenermittlung

Gegeben: Balken im Hochbau lt. Skizze

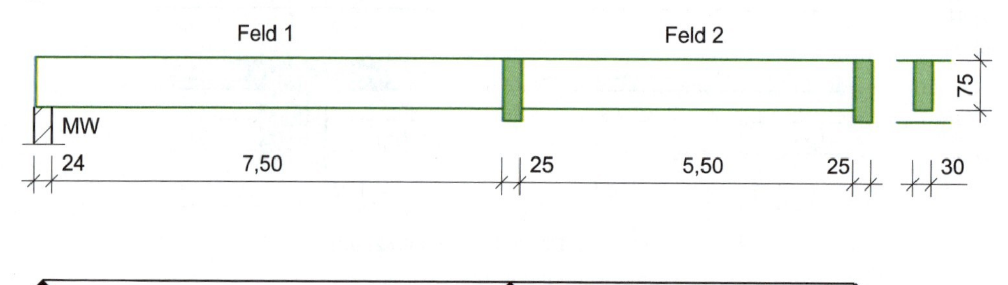

7,75 5,75

Gesucht: Stützweiten

Lösung:

Feld 1:

$a_1 = \frac{0,24}{2} = 0,12 \text{ m}$	(5.2): $a_i = \min\,(h/2; t/2)$
$a_2 = \frac{0,25}{2} = 0,125 \text{ m}$	(5.6): $a_i = \frac{t}{2}$
$l_{\text{eff},1} = 7,50 + 0,12 + 0,125 = 7,75 \text{ m}$	(5.1): $l_{\text{eff}} = l_n + a_1 + a_2$

Feld 2:

$a_1 = \frac{0,25}{2} = 0,125 \text{ m}$	(5.6): $a_i = \frac{t}{2}$
$a_2 = \frac{0,25}{2} = 0,125 \text{ m}$	(5.3): $a_i = \min\,(h/2; t/2)$
$l_{\text{eff},2} = 5,50 + 0,125 + 0,125 = 5,75 \text{ m}$	(5.1): $l_{\text{eff}} = l_n + a_1 + a_2$

(Fortsetzung mit Beispiel 5.3)

5.2.3 Steifigkeiten

Bei statisch unbestimmten Systemen beeinflusst das Verhältnis der Steifigkeiten innerhalb des Tragelementes die Verteilung der Schnittgrößen. Beim Plattenbalken (T-beam, **Abb. 5.4**) führt die Beantwortung der Frage der für die Schnittgrößenermittlung einzuführenden Steifigkeiten auf den Begriff der mitwirkenden Plattenbreite b_{eff}[11]. Wenn diese mitwirkende Plattenbreite bekannt ist, werden die Flächenmomente 2. Ordnung (Trägheitsmomente) für einen Plattenbalken ermittelt, dessen rechnerische Breite die mitwirkende Breite ist.

Aufgrund der schubfesten Verbindung zwischen Gurt und Steg wirken die Gurtplatten im stegnahen Bereich in vollem Umfang, mit zunehmender Entfernung vom Steg jedoch immer weniger mit. Rechnerisch kann dieses Tragverhalten mit der Elastizitätstheorie einer Scheibe erfasst werden. Da die Scheibentheorie für die alltägliche Praxis zu aufwändig ist, wird mit einem Näherungsverfahren gerechnet, das mit der Ermittlung der mitwirkenden Plattenbreite arbeitet.

Betrachtet man die Druckspannungen aus der Tragwirkung des Plattenbalkens, so haben sie ihr Maximum im Steg und werden mit zunehmender Entfernung vom Steg kleiner (**Abb. 5.4**). Bei sehr breiten Platten kann die Druckspannung in den vom Steg weit entfernten Plattenbereichen auch null sein; hier beteiligt sich die Platte dann nicht mehr am Tragverhalten.

Die mitwirkende Breite muss sich vom Nulldurchgang des Biegemomentes erst entwickeln, da erst von dieser Stelle an Schubkräfte T über die Verbindungsstelle Steg-Platte in dieselbe eingeleitet werden. Aus **Abb. 5.4** ist auch ersichtlich, dass die mitwirkende Plattenbreite maßgeblich von der zur Verfügung stehenden Breite b_i und der Stützweite l_{eff} abhängt.

Überschlägig kann die mitwirkende Plattenbreite (effective width) nach den folgenden Gleichungen gemäß EC 2-1-1/NA, 5.3.2 .1 bestimmt werden (**Abb. 5.5**):

$$b_{eff} = \sum_i b_{eff,i} + b_w \tag{5.7}$$

$$b_{eff,i} = 0,2\,b_i + 0,1\,l_0 \le \min\begin{cases} 0,2\,l_0 \\ b_i \end{cases} \tag{5.8}$$

l_0 Abstand der Momentennullpunkte; bei annähernd gleichen Steifigkeitsverhältnissen und annähernd gleicher Belastung innerhalb eines Durchlaufträgers (**Abb. 5.5**), wenn die Platte in der Druckzone liegt:

Endfeld: $$l_0 = 0,85 \cdot l_1 \tag{5.9}$$

Innenfeld: $$l_0 = 0,70 \cdot l_2 \tag{5.10}$$

Innenstütze: $$l_0 = 0,15 \cdot (l_1 + l_2) \tag{5.11}$$

Kragarm: $$l_0 = 0,15 \cdot l_2 + l_3 \tag{5.12}$$

Kurzer Kragarm: $$l_0 = 1,5 \cdot l_3 \tag{5.13}$$

[11] Weitere Zusammenhänge zur mitwirkenden Plattenbreite werden in Kap. 7.6.2 behandelt, für dessen Verständnis die Grundlagen der Biegebemessung benötigt werden.

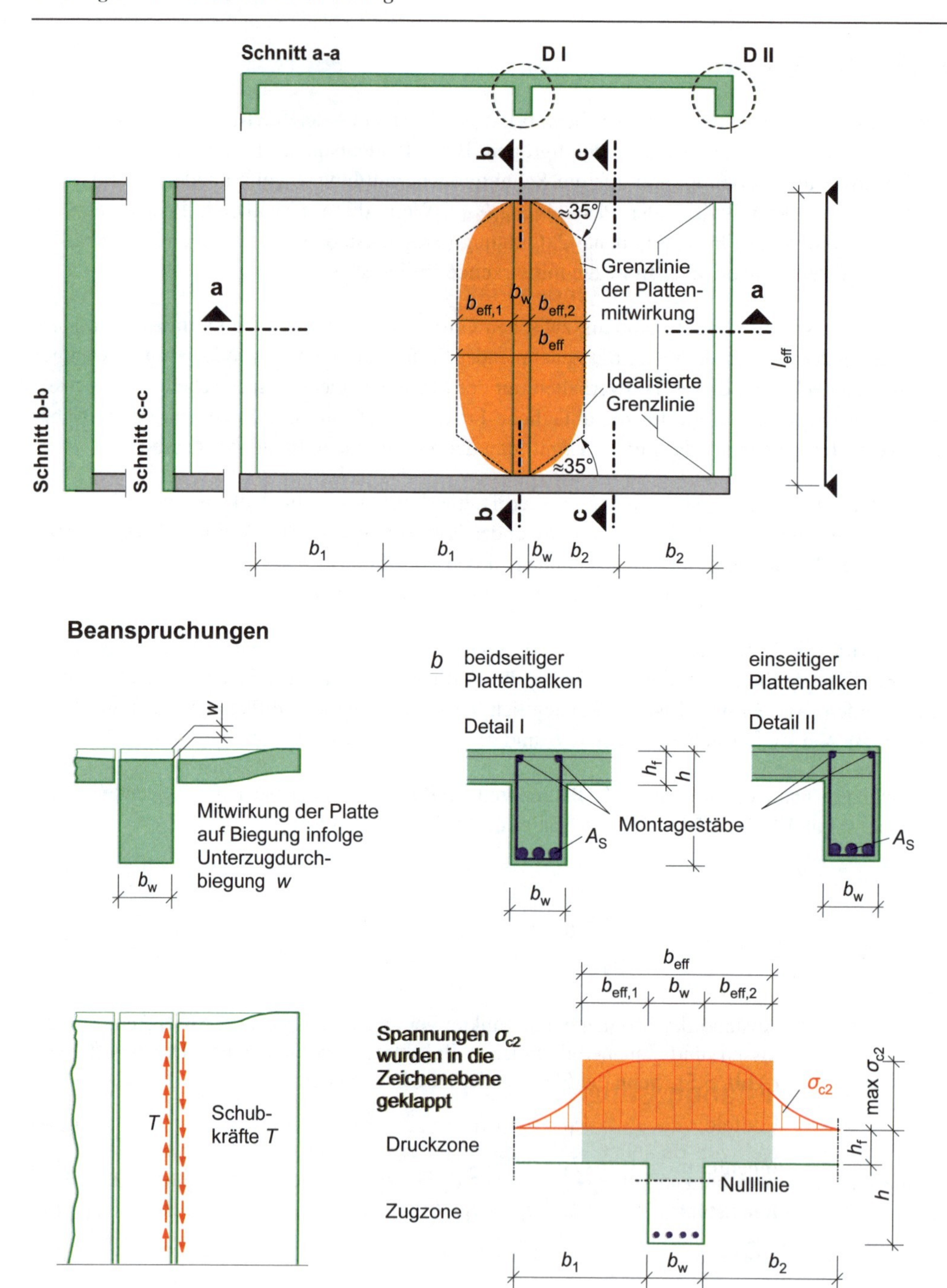

Abb. 5.4 Plattenbalken und mitwirkende Plattenbreite

Bei kurzen Kragarmen (in Bezug auf das angrenzende Feld) kann Gl. (5.12) unsichere Ergebnisse liefern. Hierzu wurde in EC 2-1-1/NA, 5.3.2.1 die mitwirkende Plattenbreite gemäß Gl. (5.13) begrenzt. Unter Einzellasten und über (Zwischen-) Auflagern schnürt sich die mitwirkende Plattenbreite ein. Da der Einschnürungsbereich bezogen auf die Gesamttragwerksabmessungen in der Regel klein ist, ergeben sich nur geringe Auswirkungen auf die Verteilung der Schnittgrößen am Gesamttragwerk. Meist ist es ausreichend, die mitwirkende Breite für die Orte der maximalen Feldmomente zu bestimmen und konstant über die Feldlänge anzusetzen. Liegen die Stützweitenunterschiede benachbarter Felder nicht in den Grenzen gemäß **Abb. 5.5**, sind größere Steifigkeitsunterschiede vorhanden oder liegt keine annähernd gleichmäßige Belastung vor, ist der Abstand der Momentennullpunkte durch die statische Berechnung zu bestimmen.

Ermittlung der mitwirkenden Plattenbreite

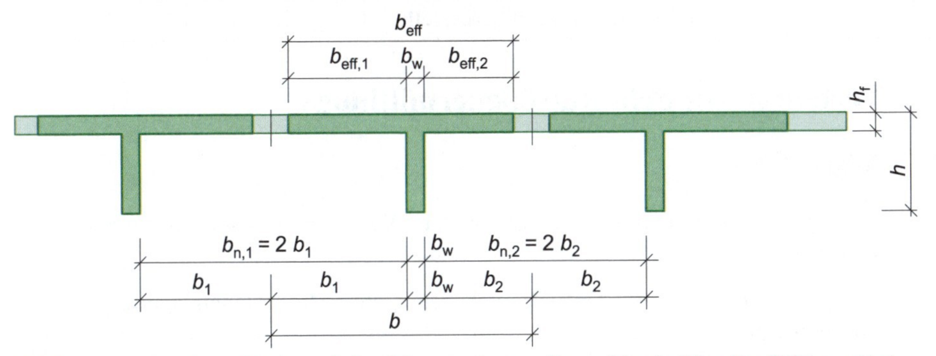

Näherungsweiser Abstand der Momentennullpunkte (= ideelle Stützweite)

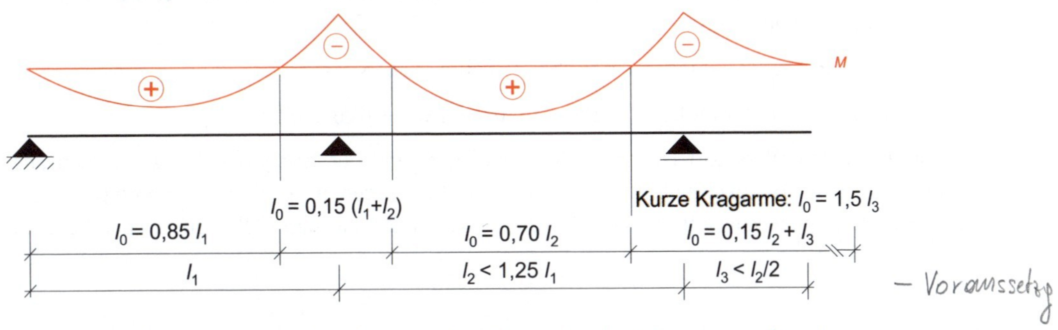

Abb. 5.5 Näherungsweise Bestimmung des Abstandes der Momentennullpunkte

5.3 Mindestabmessungen

Mindestabmessungen von Bauteilen sind erforderlich, um einerseits die bei der Herstellung unvermeidlichen Abweichungen von den Sollmaßen (z. B.: zu dünn betonierte Platte), andererseits um rechnerisch nicht berücksichtigte Effekte (z. B. Schlupf zwischen Stahl und Beton bei Querkraft-/Durchstanzbewehrung) nicht versagensauslösend werden zu lassen. Angaben sind **Tafel 5.2** zu entnehmen.

Tafel 5.2 Mindestabmessungen

Bauteil		EC 2-1-1/NA	h_{min} in mm
Liniengestützte Platten	ohne Querkraftbewehrung	9.3.1.1	70
	mit Querkraftbewehrung	9.3.2	160
Punktgestützte Platten mit Durchstanzbewehrung		9.3.2	200
Stützen	Ortbeton	9.5.1	200
	Fertigteil liegend hergestellt	10.9.8	120

5.4 Verfahren zur Schnittgrößenermittlung

5.4.1 Allgemeines

Die Schnittgrößen werden mit den in der Statik üblichen Verfahren ermittelt. Im Stahlbetonbau sind folgende Methoden zulässig:

- Lineare Verfahren auf Basis der Elastizitätstheorie ohne Momentenumlagerung (→ Kap. 5.4.2)
- Lineare Verfahren auf Basis der Elastizitätstheorie mit begrenzter Momentenumlagerung (→ Kap. 5.4.3)
- Nichtlineare Verfahren (→ Kap. 5.4.4; Teil 2, Kap. 8)
- Verfahren auf Grundlage der Plastizitätstheorie (→ Kap. 5.4.5).

Da Stahlbeton ein Werkstoff ist, der sich sowohl aufgrund der Rissentwicklung als auch aufgrund der Werkstoffgesetze nichtlinear verhält, sind die mit den elastischen Verfahren (ohne und mit Momentenumlagerung) grobe, aber für die Praxis in den meisten Fällen ausreichend genaue Näherungen.

5.4.2 Lineare Verfahren auf Basis der Elastizitätstheorie

Von allen genannten Verfahren liefert die Elastizitätstheorie die ungünstigsten (größten) Querschnittsabmessungen bzw. Bemessungsergebnisse. Dies muss (abgesehen von wirtschaftlichen Gesichtspunkten) jedoch nicht unbedingt gut sein, da z. B. eine zu groß ermittelte oben liegende Biegezugbewehrung über einer Stütze das Betonieren behindern kann.

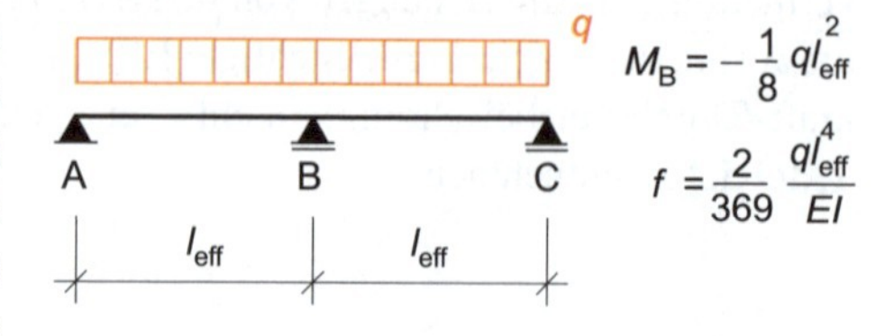

Abb. 5.6 Zweifeldträger mit Gleichlast

Kennzeichen der elastischen Verfahren ist eine konstante, von den Einwirkungen unabhängige Steifigkeit des statischen Systems; i. d. R. wird die Steifigkeit des ungerissenen Querschnitts (Zustand I) angesetzt. Die Querschnittswerte werden mit den Bauteilabmessungen des Betons bestimmt, für den Elastizitätsmodul wird der Sekantenmodul E_{cm} verwendet. Die konstante Steifigkeit bewirkt einen lastunabhängigen Proportionalitätsfaktor zwischen Einwirkungen und Beanspruchungen. Damit wird die Anwendung des Superpositionsgesetzes möglich (jede Belastung kann als Summe von Teillastfällen gebildet werden).

Exemplarisch wird dies am Zweifeldträger mit Gleichlast gezeigt (**Abb. 5.6**). Das Stützmoment weist den Proportionalitätsfaktor $-0{,}125\, l_{\text{eff}}^2$ auf. Es ist in diesem Fall sogar unabhängig von den Abmessungen, weil das Steifigkeits*verhältnis* beider Felder eins ist. Die Durchbiegung weist den Proportionalitätsfaktor $\frac{2}{369} \cdot \frac{l_{\text{eff}}^4}{E \cdot I}$ auf. Die Steifigkeit $E{\cdot}I$ geht lastunabhängig in die Durchbiegung ein.

5.4.3 Lineare Verfahren mit begrenzter Momentenumlagerung

In Kap. 1.3 wurde gezeigt, dass sich die Steifigkeit infolge der Rissbildung im Beton je nach Belastungszustand verändert. Dies hat bei statisch unbestimmten Systemen Auswirkung auf die Schnittgrößen. Die Proportionalitätsfaktoren der Elastizitätstheorie gelten nicht mehr, z. B. sinkt der Proportionalitätsfaktor des Stützmomentes betragsmäßig mit steigender Last (→ **Abb. 5.6** und **Abb. 5.7**: $-0{,}125\, l_{\text{eff}}^2 \Rightarrow -0{,}1\, l_{\text{eff}}^2$). Das Größenverhältnis zwischen Stütz- und Feldmomenten verändert sich lastabhängig! Dieser Umstand wird gezielt genutzt, um die erforderlichen Abmessungen bzw. die erforderliche Bewehrung zu minimieren. Ein Stahlbetontragwerk wird so dimensioniert, dass gegenüber den nach der Elastizitätstheorie berechneten betragsmäßig sehr unterschiedlichen Stütz- und Feldmomenten ein Ausgleich angestrebt wird. Dieses Verfahren hat den Terminus „Schnittgrößen- (bzw. Momenten-)umlagerung" (moment redistribution). Der Begriff kennzeichnet jedoch nur die Vorgehensweise des Tragwerkplaners ausgehend von der Elastizitätstheorie. Das Tragwerk sucht sich in jedem Fall den Gleichgewichtszustand unter Beachtung des Minimums der inneren Arbeit.

Bei der Schnittgrößenumlagerung wird ausgehend von dem Biegemoment M_{el}, das sich aufgrund der Elastizitätstheorie ergibt, ein Moment ΔM umgelagert. Die Größe der Umlagerung ist durch den Umlagerungsgrad (1 - δ) gekennzeichnet, den man aus dem Verhältnis des rechnerischen zum elastischen Moment δ erhält.

$$M_{\text{cal}} = M_{\text{el}} - \Delta M \tag{5.14}$$

$$\delta = \frac{M_{\text{cal}}}{M_{\text{el}}} \tag{5.15}$$

$$1 - \delta = 1 - \frac{M_{\text{cal}}}{M_{\text{el}}} = 1 - \frac{M_{\text{el}} - \Delta M}{M_{\text{el}}} = \frac{\Delta M}{M_{\text{el}}} \tag{5.16}$$

Da Bauteile durch ständige Lasten *und* Verkehrslasten beansprucht werden, führt die Momentenumlagerung über einer Stütze (z. B. Abminderung des Momentes) nicht zwangsläufig zu größeren Feldmomenten (**Abb. 5.7**). In diesem Fall verringert sich die erforderliche Gesamtbewehrung für das Bauteil. Bei der Schnittgrößenumlagerung sind zwei Voraussetzungen zu beachten:

- Es muss ein *Gleichgewichtszustand* möglich sein, d. h., es ist zu überprüfen, ob das Feldmoment bei Ausbildung des Fließmomentes über der Stütze (= Biegemoment im Fließgelenk) maßgebend wird. Meistens ist für das extremale Stützmoment jedoch eine andere Lastfallkombination maßgebend als für das extremale Feldmoment. In diesem Fall führt die Momentenumlagerung infolge entstehender Fließmomente zu geringeren Bemessungsschnittgrößen und damit zu geringerer Biegezugbewehrung.

- Die infolge des Fließgelenks an der Stelle des abgeminderten Momentes (i. d. R. Stützmomentes) entstehende Rotation (Verdrehung) muss sowohl vom Beton als auch von der Biegezugbewehrung ermöglicht werden. Dies wird im Rahmen eines *Rotationsnachweis*es überprüft.
- Die unter linearen Verfahren ermittelten Momente dürfen nur für die Nachweise im Grenzzustand der Tragfähigkeit umgelagert werden.

Das Rotationsvermögen eines Bauteils hängt vom statischen System sowie von der Duktilität des Betons und des Betonstahles ab. Innenknoten von Durchlaufträgern und Rahmen weisen ein gutes Rotationsvermögen auf, Rahmeneckknoten ein schlechteres. Demzufolge ist bei unverschieblichen Rahmen eine Umlagerung von Momenten in der Rahmenecke nicht sinnvoll. Bei horizontal verschieblichen Rahmen ist das Rotationsvermögen gering und daher keine Momentenumlagerung zugelassen. Der Rotationsnachweis kann vereinfacht über eine Begrenzung der Momentenumlagerung δ oder genauer über einen Nachweis des Rotationswinkels (→ Teil 2, Kap. 8) geführt werden. Nachfolgend wird nur die erstgenannte Möglichkeit erläutert, da die zweite Methode eine vertiefte Kenntnis über Stahlbetontragwerke erfordert und daher an dieser Stelle noch nicht verständlich ist.

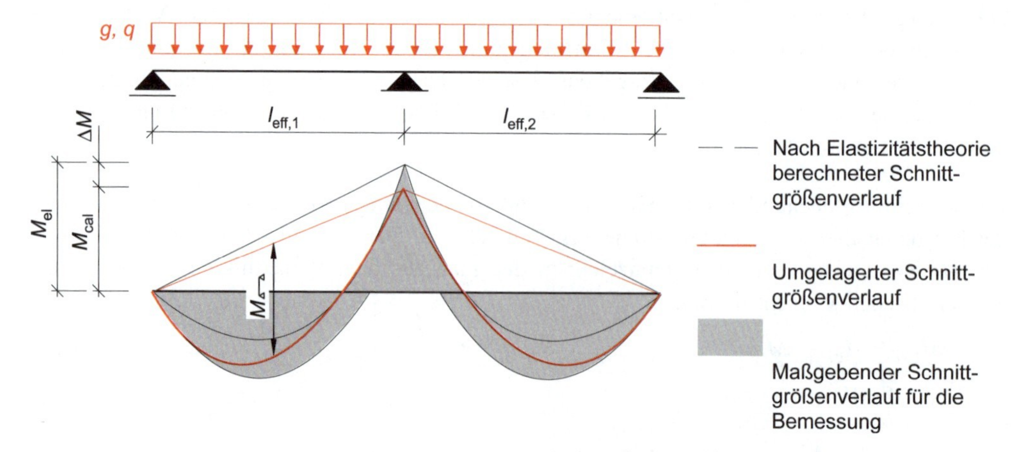

Abb. 5.7 Momentenumlagerung unter Wahrung des Gleichgewichts

Tafel 5.3 Grenzwerte δ_{lim} nach EC 2-1-1/NA, 5.5

Stahleigenschaft		Betonfestigkeitsklasse	
		$\leq$ C50/60	$\geq$ C55/67
Durchlaufende Platten oder Balken mit $0,5 < \frac{l_{eff,1}}{l_{eff,2}} < 2$	B500A	$\delta_{lim} = \max\begin{cases} 0,64 + 0,8\,\xi \\ 0,85 \end{cases}$	$\delta_{lim} = 1,0$
	B500B	$\delta_{lim} = \max\begin{cases} 0,64 + 0,8\,\xi \\ 0,70 \end{cases}$	$\delta_{lim} = \max\begin{cases} 0,72 + 0,8\,\xi \\ 0,8 \end{cases}$

Der Grenzwert der Momentenumlagerung δ_{lim} ist in **Tafel 5.3** angegeben. Die Duktilität des Betons wird hierbei maßgeblich von der Festigkeitsklasse und der Höhe der Beanspruchung beeinflusst, die sich ihrerseits in der bezogenen Höhe der Druckzone ξ manifestiert.

$$\xi = \frac{x}{d} \qquad (\rightarrow \text{Kap. 7, \textbf{Abb. 7.12}}) \tag{5.17}$$

$$\delta \geq \delta_{lim} \tag{5.18}$$

5.4.4 Nichtlineare Verfahren

Nichtlineare Verfahren führen zwar zu „genaueren" Ergebnissen und erlauben daher eine wirklichkeitsnähere Bemessung von Stahlbetonbauteilen, sie weisen in der praktischen Handhabung jedoch folgende Nachteile auf:

- Aufgrund der Nichtlinearität gilt das Superpositionsgesetz nicht mehr. Die Schnittgrößenermittlung muss daher getrennt für alle Kombinationsmöglichkeiten erfolgen.
- Da nichtlineare Verfahren die Bauteilsteifigkeiten entsprechend der jeweiligen Laststufe iterativ benötigen, sind sie numerisch aufwändig. Dieser Aspekt wird in Zukunft aufgrund immer leistungsfähigerer Rechnerleistungen an Bedeutung verlieren.
- Von großer Bedeutung bleibt aber ein anderer Aspekt der Bauteilsteifigkeiten. Ein realitätsnahes Ergebnis setzt als Eingangswert die Vorgabe der richtigen Bauteilabmessungen (inkl. der Biegezugbewehrung) voraus, damit die Steifigkeit richtig ermittelt werden kann. Die Kenntnis der Querschnittswerte ist jedoch das *Ziel* einer jeden Bemessung. Daher kann eine nichtlineare Rechnung nur im iterativen Verfahren durchgeführt werden. Als erster Anhalt müsste z. B. eine Bemessung nach der Elastizitätstheorie vorangestellt werden.
- Es müssen für alle Nachweise im Grenzzustand der Gebrauchstauglichkeit zusätzlich die Schnittgrößen bestimmt werden.

Diese Hemmnisse führen in der Gegenwart dazu, dass eine nichtlineare Berechnung für die üblichen Fälle der Baupraxis einen hohen Aufwand in der technischen Bearbeitung erfordert und dieser bei Neubauten nicht durch Einsparungen in der Bauausführung zu einem insgesamt wirtschaftlichen Vorgehen führt. Für Umbauten und Verstärkungen bestehender Bauten ist das Verfahren jedoch sinnvoll.

5.4.5 Verfahren auf Grundlage der Plastizitätstheorie

Die Plastizitätstheorie geht bei Annahme eines ideal plastischen Verhaltens davon aus, dass der Werkstoff ausschließlich Verformungen in Fließgelenken erfährt. Diese Annahme erfordert in diesen Fließgelenken eine hohe Duktilität (Rotationsfähigkeit) des Werkstoffes und ist im Stahlbetonbau nur für dünne Tragwerke (z. B. Platten) zutreffend. Weiterhin gilt die Plastizitätstheorie nur für den Grenzzustand der Tragfähigkeit. Für die Nachweise im Grenzzustand der Gebrauchstauglichkeit sind weitere Schnittgrößenermittlungen erfoederlich, z. B. auf Basis der Elastizitätstheorie. Daher ist auch diese Methode derzeit für den baupraktischen Regelfall unüblich.

5.5 Mindestmomente

Die Bemessung an der Stütze muss bei linearer Berechnung ohne oder mit Umlagerung mindestens für ein Moment erfolgen, das 65 % des mit der lichten Weite l_n ermittelten Festeinspannmomentes entspricht (EC 2-1-1, 5.3.2.2). Hierdurch werden Abweichungen des tatsächlichen Tragelementes von der Idealisierung und unbeabsichtigte geometrische Abweichungen von der Systemachse erfasst. Für einen Durchlaufträger unter Gleichstreckenlast erhält man also:

1. Innenstütze im Endfeld $$\min M_{\mathrm{Ed}} = -0{,}65 \cdot F_{\mathrm{d}} \cdot \frac{l_{\mathrm{n}}^2}{8} \approx -F_{\mathrm{d}} \cdot \frac{l_{\mathrm{n}}^2}{12} \tag{5.19}$$

Übrige Innenstützen $$\min M_{\mathrm{Ed}} = -0{,}65 \cdot F_{\mathrm{d}} \cdot \frac{l_{\mathrm{n}}^2}{12} \approx -F_{\mathrm{d}} \cdot \frac{l_{\mathrm{n}}^2}{18} \tag{5.20}$$

F_{d} Bemessungswert der Streckenlast

Beispiel 5.3: Bemessungsschnittgrößen nach Elastizitätstheorie mit Momentenumlagerung (Fortsetzung von Beispiel 5.2)[12]

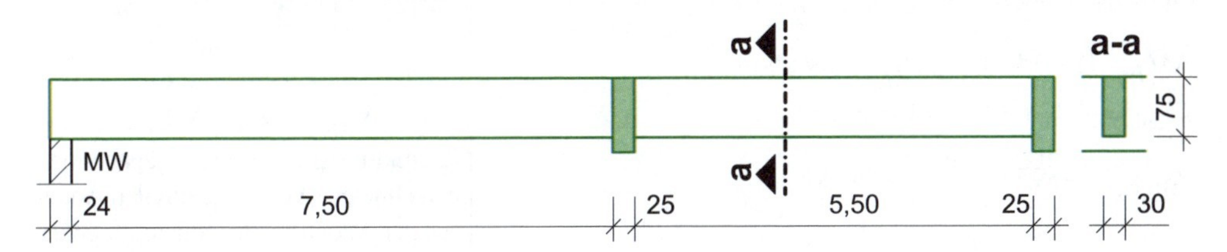

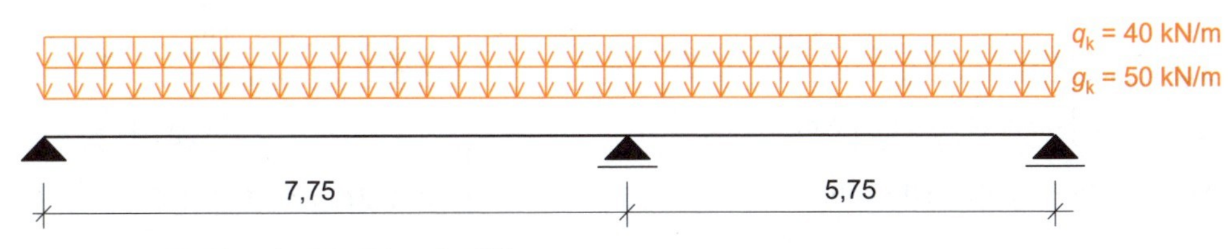

Gegeben:
- Balken im Hochbau lt. Skizze
- Belastung g_k = 50 kN/m; q_k = 40 kN/m
- Baustoffe C35/45; B500A

Gesucht: Bemessungsschnittgrößen nach Elastizitätstheorie mit begrenzter Momentenumlagerung um 5 %

Lösung:

Beanspruchungen		LF G	LF Q
max M_1	[kNm]	239	220
max M_2	[kNm]	83	132
max M_B	[kNm]	–304	–243
max V_A	[kN]	155	133
min V_{Bli}	[kN]	–233	–186
max V_{Br}	[kN]	197	157
min V_C	[kN]	–91	–103

Die Schnittgrößen können z. B. mit EDV-Programmen oder mit Tabellenwerken (z. B. [Schneider/Albert – 14], Abschnitt 4, Baustatik Kap. 1.4.3) bestimmt werden. Die veränderliche Last q_k ist feldweise anzuordnen.

Superposition zu Bemessungsschnittgrößen:

$\gamma_G = 1{,}35$; $\gamma_Q = 1{,}50$

(feldweise Anordnung von q_k)

$\max M_1 = 1{,}35 \cdot 239 + 1{,}50 \cdot 220 = 653$ kNm

$\max M_2 = 1{,}35 \cdot 83 + 1{,}50 \cdot 132 = 310$ kNm

$\min M_B = 1{,}35 \cdot (-304) + 1{,}50 \cdot (-243) = -775$ kNm

$V_{Bli} = 1{,}35 \cdot (-233) + 1{,}50 \cdot (-186) = -594$ kN

Tafel 6.6:

(6.12):

$\max E_d = 1{,}35 \cdot E_{Gk} \oplus 1{,}50 \cdot E_{Qk,unf}$

[12] Dieses Beispiel ist hinsichtlich des Rotationsnachweises erst vollkommen verständlich, wenn die Kapitel 6 und 7 bekannt sind.

$V_{Br} = 1{,}35 \cdot 197 + 1{,}50 \cdot 157 = 501\ \text{kN}$

Momentenumlagerung:

(5.16): $1 - \delta = \dfrac{\Delta M}{M_{el}}$

$\Delta M_B = (1 - 0{,}95) \cdot (-775) = -39\ \text{kNm}$

$M_{cal} = -775 + 39 = -736\ \text{kNm}$

(5.14): $M_{cal} = M_{el} - \Delta M$

$V_{Bli,cal} = -595 + \dfrac{39}{7{,}75} = -590\ \text{kN}$

$V_{Br,cal} = 501 - \dfrac{39}{5{,}75} = 494\ \text{kN}$

Korrektur der nach Elastizitätstheorie berechneten Querkräfte um den Anteil aus der Änderung des Stützmomentes

$$\Delta M = \min \begin{cases} |-590| \cdot \dfrac{0{,}25}{2} = 74\ \text{kNm} \\ |494| \cdot \dfrac{0{,}25}{2} = \underline{62\ \text{kNm}} \end{cases}$$

(7.17): $\Delta M = \min \begin{cases} |V_{Ed,li}| \cdot \dfrac{t}{2} \\ |V_{Ed,re}| \cdot \dfrac{t}{2} \end{cases}$

$M_{Ed} = |-736| - |62| = -674\ \text{kNm}$

(7.15): $M_{Ed} = |M_{el}| - |\Delta M|$

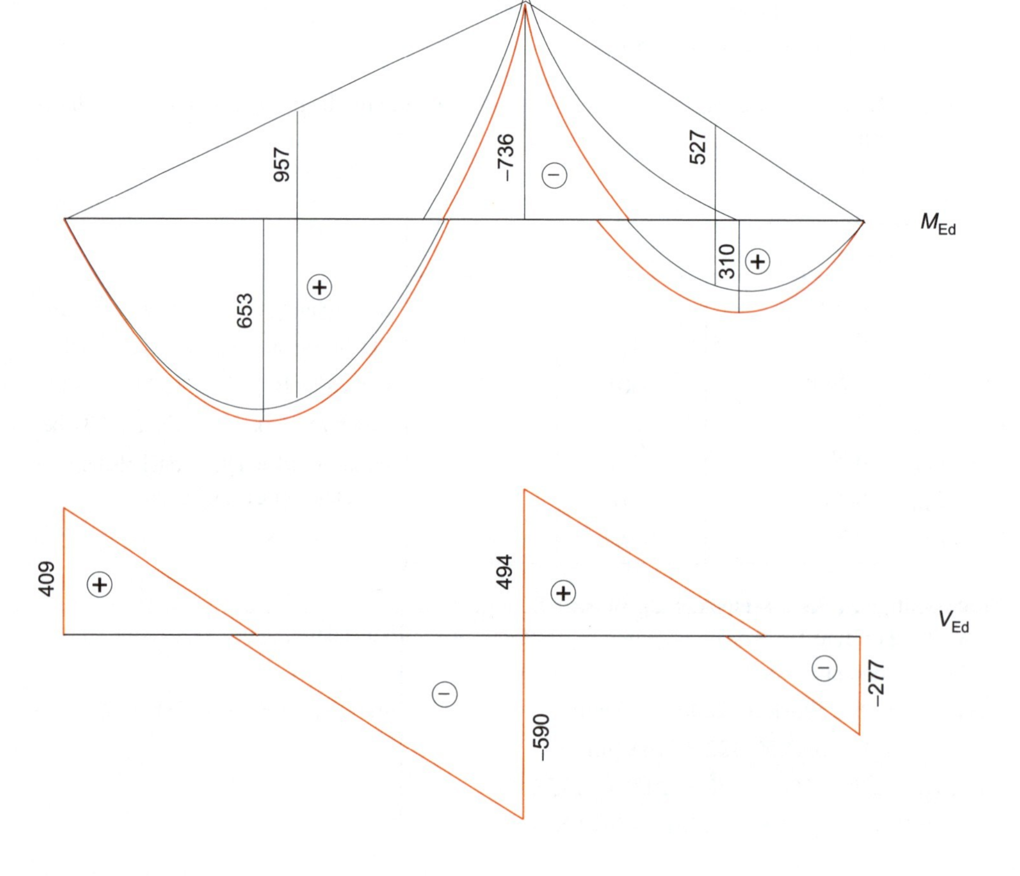

$$\min M_{\mathrm{Ed}} = -\left(1{,}35 \cdot 50 + 1{,}50 \cdot 40\right) \cdot \frac{7{,}50^2}{12} = -598 \text{ kNm}$$

(5.19): $\min M_{\mathrm{Ed}} \approx -F_{\mathrm{d}} \cdot \frac{l_{\mathrm{n}}^2}{12}$

$$M_{\mathrm{Ed}} = \underline{|-674|} > |-598| \text{ kNm}$$

Überprüfung der Zulässigkeit des Faktors δ zur Momentenumlagerung:

$$0{,}5 < \frac{7{,}75}{5{,}75} = 1{,}35 < 2$$

Tafel 5.3: $0{,}5 < \frac{l_{\mathrm{eff,1}}}{l_{\mathrm{eff,2}}} < 2$

$$f_{\mathrm{cd}} = \frac{0{,}85 \cdot 35}{1{,}50} = 19{,}8 \text{ N/mm}^2$$

(2.17): $f_{\mathrm{cd}} = \frac{\alpha_{\mathrm{cc}} \cdot f_{\mathrm{ck}}}{\gamma_{\mathrm{C}}}$

$$\mu_{\mathrm{Eds}} = \frac{0{,}736}{0{,}30 \cdot 0{,}675^2 \cdot 19{,}8} = 0{,}272$$

(7.21): $\mu_{\mathrm{Eds}} = \frac{M_{\mathrm{Eds}}}{b \cdot d^2 \cdot f_{\mathrm{cd}}}$

$$\xi = 0{,}404$$

Tafel 7.1: interpolierter Wert

$$\delta_{\mathrm{lim}} = \max \begin{cases} 0{,}64 + 0{,}8 \cdot 0{,}404 = \underline{0{,}96} \\ 0{,}85 \end{cases}$$

Tafel 5.3: $\delta_{\mathrm{lim}} = \max \begin{cases} 0{,}64 + 0{,}8\,\xi \\ 0{,}85 \end{cases}$

$$\delta = 0{,}95 \approx 0{,}96 = \delta_{\mathrm{lim}}$$

(5.18): $\delta \geq \delta_{\mathrm{lim}}$

Es ist zu überprüfen, ob durch die Umlagerung des Stützmomentes eine andere Lastfallkombination maßgebend wird. Dies geschieht hier, indem die ($F_{\mathrm{d}} \cdot l^2/8$)-Parabel in die Schlusslinie eingehängt wird. Man sieht, dass sich an den maßgebenden Lastfallkombinationen nichts ändert.

$$\left|\Delta V_{\text{Feld 1}}\right| = \frac{775 - 736}{7{,}75} = 5 \text{ kN}$$

$\left|\Delta V\right| = \frac{\Delta M}{l_{\mathrm{eff}}}$

$$\left|\Delta V_{\text{Feld 2}}\right| = \frac{775 - 736}{5{,}75} = 7 \text{ kN}$$

$\left|\Delta V\right| = \frac{\Delta M}{l_{\mathrm{eff}}}$

Wegen der geringen Änderungen der Querkraft werden keine Überlegungen angestellt, welche Querkraftlinie zu welcher Momentenlinie zuzuordnen ist.

5.6 Gebäudeaussteifung

5.6.1 Lotrechte aussteifende Bauteile

Eine Herstellung von *genau* waagerechten bzw. senkrechten Bauteilen (wie im statischen System unterstellt) ist in der Realität nicht möglich. Eine mögliche ungünstige Einwirkung infolge von Schiefstellungen ist bei der Schnittgrößenermittlung für den Grenzzustand der Tragfähigkeit zu berücksichtigen (EC 2-1-1/NA, 5.2). Bei der Schnittgrößenermittlung für das aussteifende Bauteil wird daher eine Ersatzschiefstellung θ_{i} des Gesamttragwerkes unterstellt (**Abb. 5.8**), aus der sich Belastungen für das aussteifende Bauteil ergeben. Sofern mehrere ($m > 1$) vertikale Lasten abtragende Bauteile (Stützen) gleichzeitig vorhanden sind, unterscheiden sich die Schiefstellungen der Stützenreihen nach Größe und Richtung. Daher kompensieren sich die Abtriebskräfte teilweise. Dies berücksichtigt der Beiwert α_{m} nach Gl. (5.22).

$$\alpha_{\mathrm{h}} = \frac{2}{\sqrt{l}} \leq 1{,}0 \tag{5.21}$$

$$\alpha_{\mathrm{m}} = \sqrt{\frac{1+\frac{1}{m}}{2}} \tag{5.22}$$

l Gesamthöhe des Bauwerkes ab Einspannebene
m Anzahl der Stützenreihen mit mindestens 70 % der mittleren Längskraft (**Abb. 5.8**)

$$\theta_{\mathrm{i}} = \frac{1}{200} \alpha_{\mathrm{h}} \cdot \alpha_{\mathrm{m}} \tag{5.23}$$

5.6.2 Waagerechte aussteifende Bauteile

Für diejenigen Bauteile, die die Abtriebskräfte von den auszusteifenden Bauteilen in die aussteifenden Bauteile leiten (z. B. Decken), sind ebenfalls Zusatzbeanspruchungen zu ermitteln und bei der Bemessung zu berücksichtigen. Der ungünstigste denkbare Fall ist hierbei, dass die Stützenschiefstellungen zweier benachbarter Stockwerke gerade entgegengesetzt sind (**Abb. 5.8**). Die Abtriebskraft H_{i} (EC 2-1-1/NA, 5.3) dient nur zur Scheibenbemessung der Decke. Sie braucht nicht als Belastung auf das vertikal aussteifende Bauteil angesetzt zu werden. Für die Scheibenbemessung der Decken mit den zugehörigen Abtriebskräften aus Stützenschiefstellungen wird zwischen Decken- und Dachscheiben unterschieden.

Dachscheibe:

$$\theta_{\mathrm{i}} = \frac{0{,}008}{\sqrt{m}} \tag{5.24}$$

$$H_{\mathrm{i}} = \pm N_{\mathrm{a}} \cdot \theta_{\mathrm{i}} \tag{5.25}$$

Deckenscheibe:

$$\theta_{\mathrm{i}} = \frac{0{,}008}{\sqrt{2m}} \tag{5.26}$$

$$H_{\mathrm{i}} = \pm \left(N_{\mathrm{a}} + N_{\mathrm{b}}\right) \cdot \theta_{\mathrm{i}} \tag{5.27}$$

m Anzahl der auszusteifenden Stützenstränge im betrachteten Geschoss
$N_{\mathrm{a}}, N_{\mathrm{b}}$ Bemessungswert der Stützenlängskraft im jeweils oberen und unteren Geschoss für den betrachteten Stützenstrang (**Abb. 5.8**)

Imperfektionen für das Gesamttragwerk

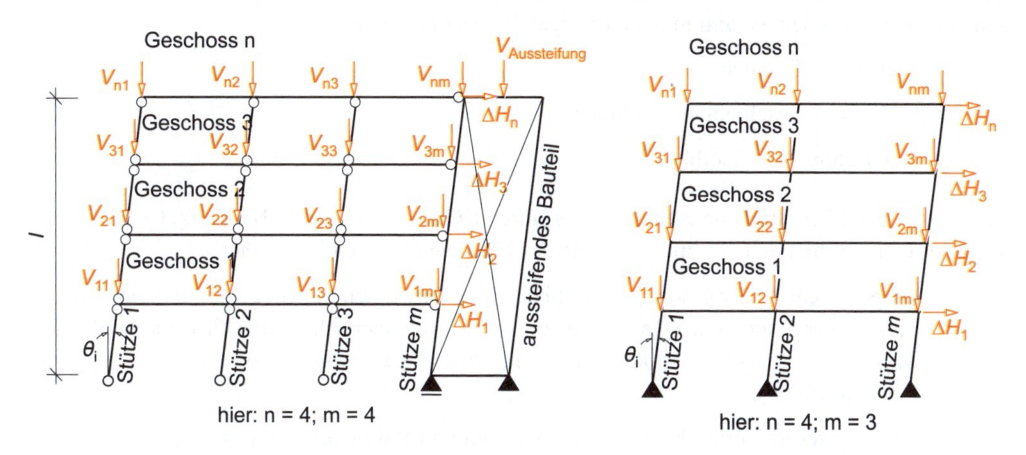

Imperfektionen für horizontal abtragende Bauteile

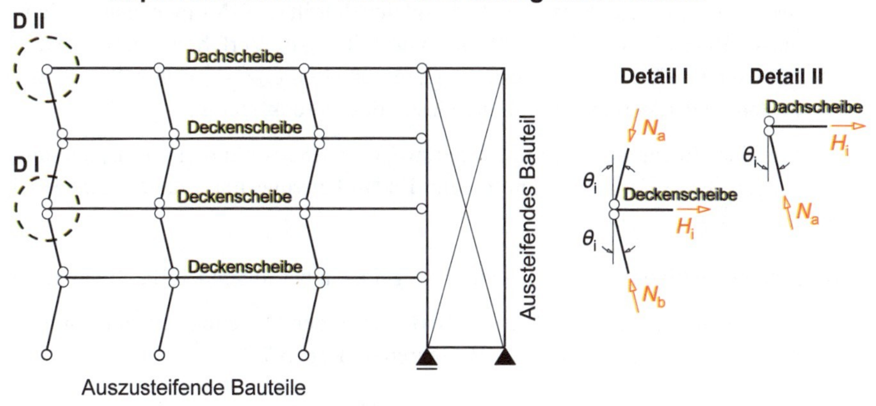

Abb. 5.8 Ansatz von Ersatzschiefstellungen

5.7 Näherungsverfahren zur Schnittgrößenermittlung für horizontal unverschiebliche Rahmen des Hochbaus

5.7.1 Anwendungsmöglichkeiten

Stahlbetonskeletttragwerke sind innerlich vielfach statisch unbestimmte Rahmen. Derartige Rahmen können zwar durch die Möglichkeiten der Datenverarbeitung als vielfach statisch unbestimmtes System berechnet werden; dies ist jedoch in vielen Fällen weder sinnvoll noch erforderlich.

Stahlbetontragwerke können durch Rissbildung ihre Steifigkeitsverhältnisse verändern. Bei statisch unbestimmten Systemen lassen sich hierdurch die Schnittgrößen umlagern (→ Kap. 5.4.3), solange die Gleichgewichtsbedingungen eingehalten werden. Daher brauchen die Schnittgrößen bei horizontal unverschieblichen mehrfeldrigen Rahmensystemen des Hochbaus auch nicht (entsprechend der Elastizitätstheorie) exakt in Rahmentragwerken ermittelt zu werden (**Abb. 5.1**). Am genauen statischen System müssen dagegen berechnet werden:

- Einfeldrige Rahmen
- Horizontal verschiebliche Rahmen
- Alle Rahmen des Tiefbaus

Das nachfolgend beschriebene Näherungsverfahren ([Grasser/Thielen – 91] Kapitel 1.6) darf für horizontal unverschiebliche Rahmensysteme des Hochbaus verwendet werden:

- Die Rahmenriegel werden als Durchlaufträger berechnet, die Biegemomente in den biegesteif angeschlossenen Innenstützen werden rechnerisch vernachlässigt (**Abb. 5.1**, **Abb. 5.9**). Sie sind konstruktiv durch die Mindestbewehrung in den Stützen abgedeckt (→ Kap. 15.2.1).
- Bei biegefester Verbindung von Randstützen und Rahmenriegel müssen die Schnittgrößen in den Randfeldern des Durchlaufträgers korrigiert werden (**Abb. 5.9**). Diese Korrektur ist im Grundsatz der 1. Ausgleichsschritt des Momentenausgleichsverfahrens nach CROSS [Schneider – 88]. Sie wird mit „c_o-c_u-Verfahren" bezeichnet. Bei dem in [Grasser/Thielen – 91] dargestellten „verbesserten c_o-c_u-Verfahren" wird zusätzlich der Lastanteil der Verkehrslast an der Gesamtlast berücksichtigt.

  Bei einer Endauflagerung auf Mauerwerk ist eine wesentliche Einspannung nicht vorhanden. Die gelenkig angenommene Endauflagerung muss daher nicht korrigiert werden.

Eine biegesteife Verbindung von Stütze und Riegel kann bei folgenden Bauteilen auftreten:

- Stahlbetonskelettbau mit Riegel als Balken (oder Plattenbalken) und Stütze (Regelfall der Berechnung mit dem c_o-c_u-Verfahren → Kap. 5.7.2)

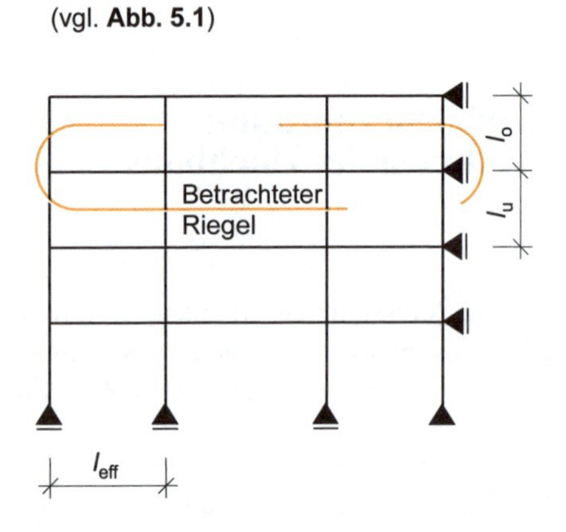

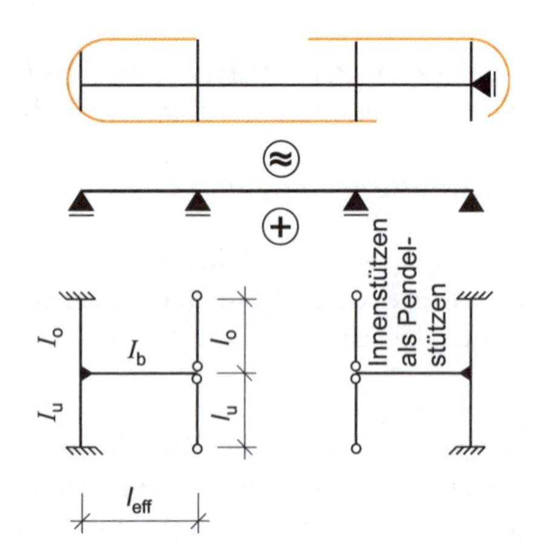

Abb. 5.9 Prinzip des c_o-c_u-Verfahrens

- Schottenbauweise mit Riegel als Stahlbetondecke und Stahlbetonwand (Regelfall der Berechnung mit dem c_o-c_u-Verfahren → Kap. 5.7.2)
- Stahlbetonskelettbau mit Riegel als einachsig gespannte Rippendecke und Stütze (Sonderfall der Berechnung mit dem c_o-c_u-Verfahren → Kap. 5.7.3)
- Riegel als Balken (oder Plattenbalken) und Stahlbetonwand (Sonderfall der Berechnung mit dem c_o-c_u-Verfahren → Kap. 5.7.4)
- Stahlbetonplatte (ohne Unterzüge) als Riegel und Stütze. Dieser Fall muss wie die Momente in den Randfeldern von punktgestützten Platten berechnet werden.

5.7.2 Regeldurchführung des c_o-c_u-Verfahrens

Die Biegemomente werden an einem Ersatzdurchlaufträger berechnet. Die Rahmenwirkung in den Randfeldern dieses Durchlaufträgers wird anschließend am Teilsystem erfasst. Sie ergibt den Momentenverlauf für das Endfeld des Durchlaufträgers (**Abb. 5.10**). Die Biegemomente des Randfeldes M_R, M_{So}, M_{Su} werden mit den folgenden Gln. ermittelt.

$$c_o = \frac{l_{eff}}{l_o} \cdot \frac{I_o}{I_b} \quad (5.28)$$ [13]

$$c_u = \frac{l_{eff}}{l_u} \cdot \frac{I_u}{I_b} \quad (5.29)$$

$$M_b = \frac{c_o + c_u}{3 \cdot (c_o + c_u) + 2{,}5} \cdot \left[3 + \frac{\gamma_Q \cdot q_k}{\gamma_G \cdot g_k + \gamma_Q \cdot q_k}\right] \cdot M_b^{(0)} \quad (5.30)$$

$$M_o = \frac{-c_o}{3 \cdot (c_o + c_u) + 2{,}5} \cdot \left[3 + \frac{\gamma_Q \cdot q_k}{\gamma_G \cdot g_k + \gamma_Q \cdot q_k}\right] \cdot M_b^{(0)} \quad (5.31)$$

$$M_u = \frac{c_u}{3(c_o + c_u) + 2{,}5} \cdot \left[3 + \frac{\gamma_Q \cdot q_k}{\gamma_G \cdot g_k + \gamma_Q \cdot q_k}\right] \cdot M_b^{(0)} \quad (5.32)$$

c_o, c_u Steifigkeitsbeiwerte der oberen bzw. unteren Stütze

M_b Stützmoment des Riegels am Endauflager

$M_b^{(0)}$ Stützmoment des Endfeldes unter Annahme einer beidseitigen Volleinspannung und Volllast ($\gamma_G \cdot g_k + \gamma_Q \cdot q_k$)

I_b Flächenmoment 2. Grades des Riegels; sofern der Rahmenriegel durch einen Plattenbalken gebildet wird, ist das Flächenmoment unter Berücksichtigung der mitwirkenden Plattenbreite zu ermitteln (→ Kap. 5.2.3).

I_o, I_u Flächenmoment 2. Grades der oberen bzw. unteren Randstütze

[13] Die Bezeichnungen wurden hier an die in EC 2-1-1 verwendete Schreibweise angepasst. In [Grasser/Thielen – 91] wird die in [DIN 1045 – 88] gebräuchliche Schreibweise verwendet.

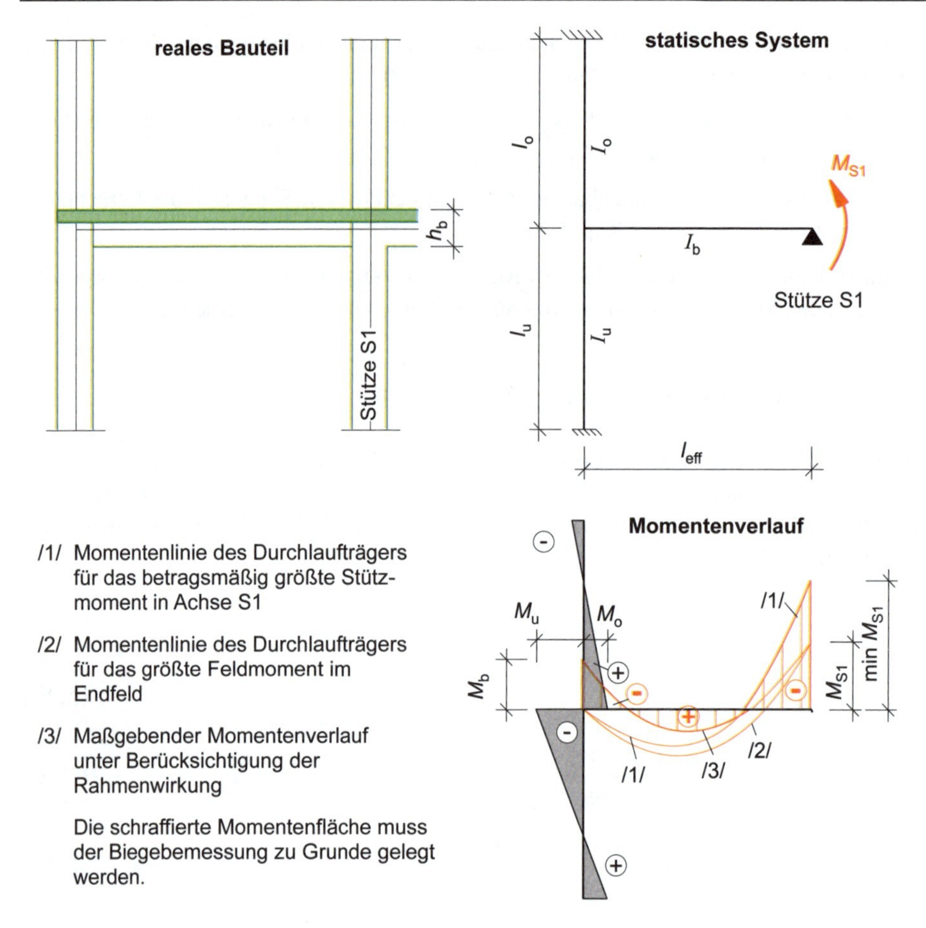

reales Bauteil
h_b
Stütze S1
statisches System
l_o
l_o
l_u
l_u
l_b
M_{S1}
Stütze S1
l_{eff}
Momentenverlauf
/1/ Momentenlinie des Durchlaufträgers für das betragsmäßig größte Stützmoment in Achse S1
/2/ Momentenlinie des Durchlaufträgers für das größte Feldmoment im Endfeld
/3/ Maßgebender Momentenverlauf unter Berücksichtigung der Rahmenwirkung
Die schraffierte Momentenfläche muss der Biegebemessung zu Grunde gelegt werden.
M_u
M_o
M_b
M_{S1}
min M_{S1}
/1/
/2/
/3/

Abb. 5.10 Momentenverlauf in den Endfeldern eines Rahmens

Aus den Gln. (5.30) bis (5.32) ist ersichtlich, dass das Momentengleichgewicht am Knoten erfüllt ist. Die Genauigkeit des c_o-c_u-Verfahrens nimmt ab, sofern sich die Riegelstützweiten sehr stark unterscheiden. Um die Ungenauigkeiten des Verfahrens zu kompensieren, kann auf eine Verringerung des Feldmomentes im Endfeld verzichtet werden (Linie /2/ in **Abb. 5.10** wird der Bemessung zu Grunde gelegt) oder das Bemessungsfeldmoment wird erhöht auf:

$$\text{cal}\, M_{\text{F,Ed}} = M_{\text{F,Ed}} + 0{,}15 \cdot |M_{\text{b}}| \tag{5.33}$$

5.7.3 Durchführung des c_o-c_u-Verfahrens bei Rippenplatten

Das Verfahren kann auch auf einachsig gespannte Rippenplatten angewendet werden, die wie ein Rahmenriegel spannen. Zur Vermeidung von Schäden am Stützenkopf infolge zu großer Rissbildung ist die Wirkung der Einspannung der Rippenplatte im Randunterzug und der daraus folgenden Torsionsverdrehung des Randunterzuges zu berücksichtigen. Hierzu wird in der Rippendecke ein mitwirkender Streifen der Breite b_{eff} (**Abb. 5.11**) bestimmt. Die mitwirkende Breite dient dabei gleichzeitig als Lasteinzugsbreite. Sie hängt von einem Beiwert λ ab, der das Verhältnis der Biegesteifigkeit des Riegels zur Torsionssteifigkeit des Randunterzuges berücksichtigt. Mit dem Beiwert kann die mitwirkende Breite aus **Abb. 5.12** entnommen werden.

$$\lambda = 3{,}5\sqrt{\frac{I_b}{I_T}\cdot\frac{l_{Rand}}{l_{eff}}} \tag{5.34}$$

- I_b Flächenmoment 2. Grades für den Riegel unter Berücksichtigung der mitwirkenden Breite
- I_T Torsionsflächenmoment 2. Grades (→ Kap. 9.2) des Randunterzuges
- l_{Rand} Abstand der Rahmen; entspricht der Stützweite des Randunterzuges zwischen den Rahmen

Einachsig gespannte Rippenplatte

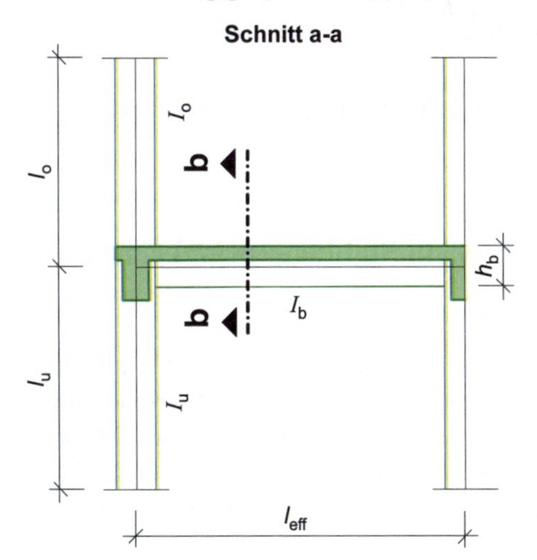

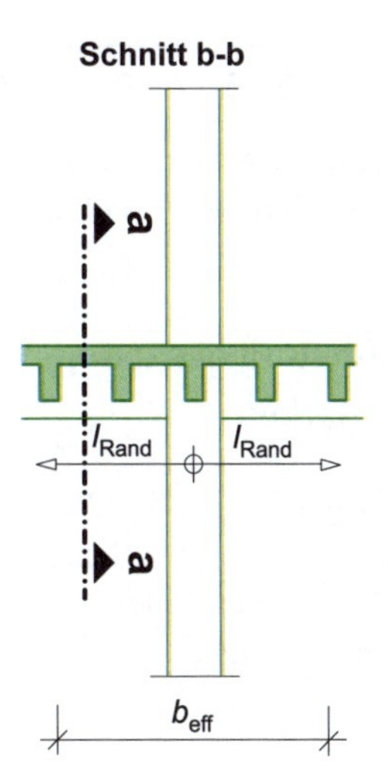

In Stahlbetonwand einbindender Riegel

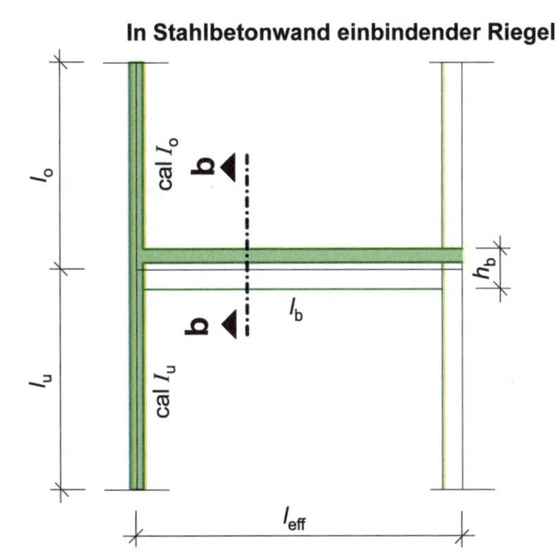

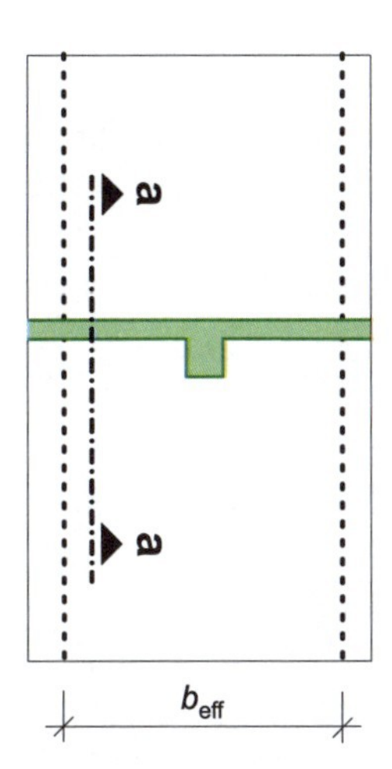

Abb. 5.11 Bestimmung der mitwirkenden Breite

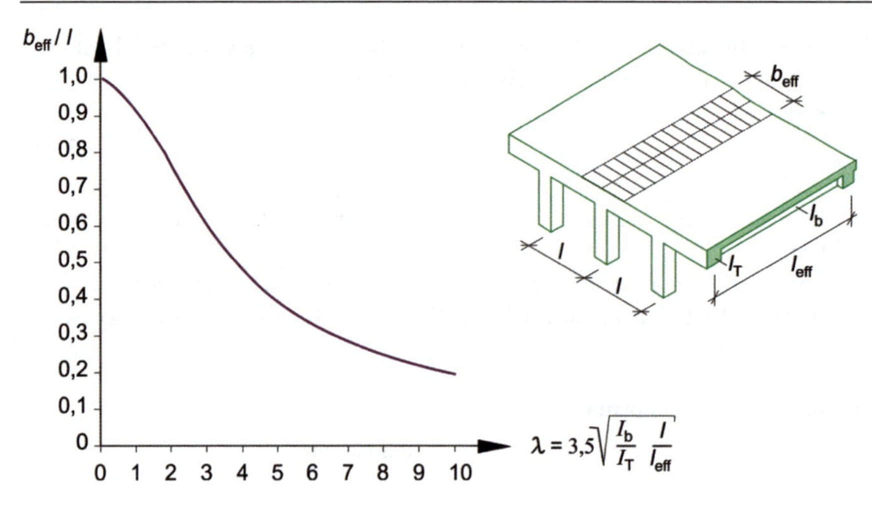

Abb. 5.12 Bezogene mitwirkende Breite zur Berechnung der Rahmeneckmomente bei Rippenplatten [Grasser/Thielen – 91]

5.7.4 Durchführung des c_o-c_u-Verfahrens bei in Stahlbetonwand einspannenden Balken

Wenn ein Rahmenriegel in eine Stahlbetonwand einbindet, kann ein Flächenmoment 2. Grades für eine fiktive Stütze ermittelt werden. Hierzu ist zunächst in der Wand eine mitwirkende Breite b_{eff} (**Abb. 5.11**) zu berechnen, mit der anschließend das Flächenmoment 2. Grades cal I_o = cal I_u für einen Rechteckquerschnitt bestimmt wird. Die mitwirkende Breite in der fiktiven Stütze kann wie bei einem Plattenbalken (→ Kap. 5.2.3) nach Gl. (5.7) ermittelt werden.

$$l = \min\begin{cases} 2\,l_o \\ 2\,l_u \end{cases} \tag{5.35}$$

$$l_0 = 0{,}6\,l \tag{5.36}$$

Beispiel 5.4: Anwendung des c_o-c_u-Verfahrens

Gegeben: in Wand einspannender 2-Feld-Träger in einem ausgesteiften Hochbau mit Lasten lt. Skizze

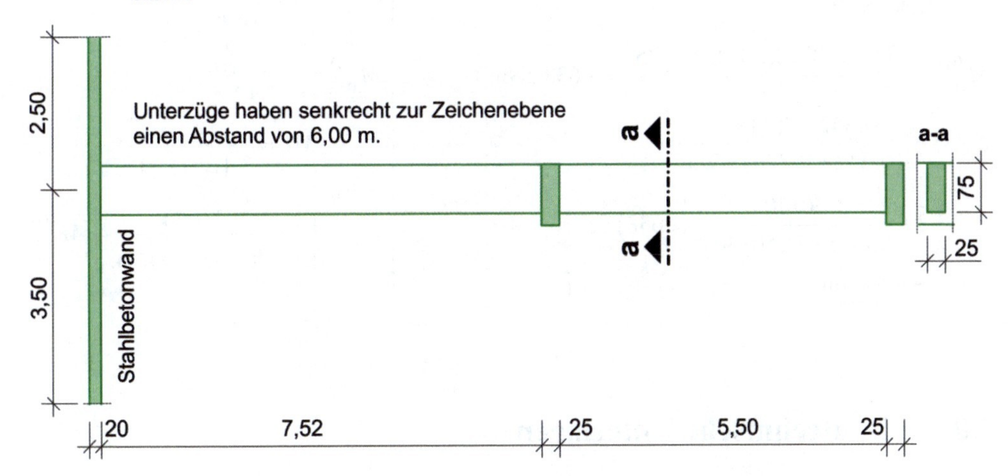

Gesucht: Biegemomente des Riegels am linken Endauflager

Lösung:

Das statische System und die Belastung des sich aus dem Riegel ergebenden Durchlaufträgers stimmen mit Beispiel 5.3 überein. Die Schnittgrößen des Durchlaufträgers können daher S. 107 entnommen werden.

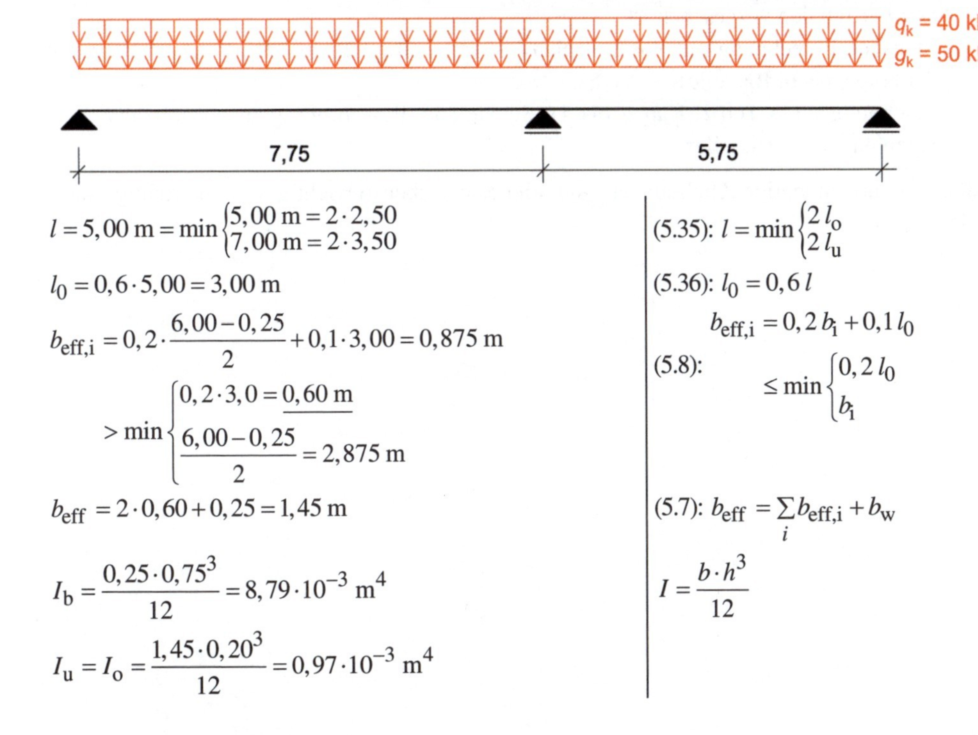

$$l = 5{,}00\ \text{m} = \min\begin{cases}5{,}00\ \text{m} = 2\cdot 2{,}50\\ 7{,}00\ \text{m} = 2\cdot 3{,}50\end{cases}$$ (5.35): $l = \min\begin{cases}2\,l_o\\ 2\,l_u\end{cases}$

$$l_0 = 0{,}6\cdot 5{,}00 = 3{,}00\ \text{m}$$ (5.36): $l_0 = 0{,}6\,l$

$$b_{\text{eff,i}} = 0{,}2\cdot\frac{6{,}00-0{,}25}{2} + 0{,}1\cdot 3{,}00 = 0{,}875\ \text{m}$$ $b_{\text{eff,i}} = 0{,}2\,b_1 + 0{,}1\,l_0$

$$> \min\begin{cases}0{,}2\cdot 3{,}0 = \underline{0{,}60\ \text{m}}\\ \dfrac{6{,}00-0{,}25}{2} = 2{,}875\ \text{m}\end{cases}$$ (5.8): $\le \min\begin{cases}0{,}2\,l_0\\ b_1\end{cases}$

$$b_{\text{eff}} = 2\cdot 0{,}60 + 0{,}25 = 1{,}45\ \text{m}$$ (5.7): $b_{\text{eff}} = \sum_i b_{\text{eff,i}} + b_w$

$$I_b = \frac{0{,}25\cdot 0{,}75^3}{12} = 8{,}79\cdot 10^{-3}\ \text{m}^4$$ $I = \dfrac{b\cdot h^3}{12}$

$$I_u = I_o = \frac{1{,}45\cdot 0{,}20^3}{12} = 0{,}97\cdot 10^{-3}\ \text{m}^4$$

$$c_o = \frac{7,75}{2,50} \cdot \frac{0,97}{8,79} = 0,342$$

(5.28): $$c_o = \frac{l_{eff}}{l_{col,o}} \cdot \frac{I_{col,o}}{I_b}$$

$$c_u = \frac{7,75}{3,50} \cdot \frac{0,97}{8,79} = 0,244$$

(5.29): $$c_u = \frac{l_{eff}}{l_{col,u}} \cdot \frac{I_{col,u}}{I_b}$$

$$M_b^{(0)} = -\frac{(1,35 \cdot 50 + 1,50 \cdot 40) \cdot 7,75^2}{12} = -638 \text{ kNm}$$

$$M_b^{(0)} = -\frac{F_d \cdot l_{eff}^2}{12}$$

$$M_b = \frac{0,342 + 0,244}{3 \cdot (0,342 + 0,244) + 2,5} \cdot \left(3 + \frac{1,50 \cdot 40}{1,35 \cdot 50 + 1,50 \cdot 40}\right) \cdot (-638) = -305 \text{ kNm}$$

(5.30): $$M_b = \frac{c_o + c_u}{3 \cdot (c_o + c_u) + 2,5} \cdot \left[3 + \frac{\gamma_Q \cdot q_k}{\gamma_G \cdot g_k + \gamma_Q \cdot q_k}\right] \cdot M_b^{(0)}$$

5.8 Bautechnische Unterlagen

Die Umsetzung der Gedanken des Tragwerkplaners erfolgt mit Hilfe der bautechnischen Unterlagen. Hierzu gehören:

- Baubeschreibung mit Nennung der verwendeten Baustoffe, Angaben zum Haupttragwerk, soweit sie für die Prüfung von Zeichnungen und Berechnungen erforderlich sind
- Evtl. eine Montagebeschreibung, sofern ein besonderer Bauablauf oder das Verlegen von Fertigteilen vorgesehen ist
- Statische Berechnung mit Positionsplan (→ Teil 2, Kap. 2) (mit den Positionsnummern der berechneten Bauteile)
- Zeichnungen (→ Teil 2, Kap. 2 bis 4) (Schalpläne, Bewehrungspläne, Stahllisten, Verlegepläne bei Fertigteilen)

Vollständige und eindeutige Zeichnungen sind mindestens ebenso wichtig wie eine richtige statische Berechnung.

6 Grundlagen der Bemessung

6.1 Allgemeines

Die Bemessung eines Bauteiles hat die Aufgaben, die

- *Tragfähigkeit* (= Standsicherheit)
- *Gebrauchstauglichkeit*
- *Dauerhaftigkeit*

zu gewährleisten. Weiterhin soll die Bemessung zu wirtschaftlichen (i. d. R. geringen) Bauteilquerschnitten führen. Es ist offensichtlich, dass Sicherheitsanforderungen und Wirtschaftlichkeitsbedürfnisse in der Tendenz zu unterschiedlichen Ergebnissen führen und gegeneinander abzuwägen sind. Die Anforderungen an die Sicherheit müssen umso höher sein, je größer das Schadenspotenzial eines Bauwerkes ist. Hierzu wird in EC 0, Anhang B nach Zuverlässigkeits- und Schadensfolgeklassen (RC: reliability class, CC: consequences class) differenziert (**Tafel 6.1**). Die angegebene Klasse 4 für eine geplante Nutzungsdauer von 50 Jahren gilt als Anhaltswert für den Hochbau (**Tafel 6.2**). Je höher der Sicherheitsindex β, desto geringer ist die Versagenswahrscheinlichkeit. Ergänzend soll eine Bemessung innerhalb eines Bauwerkes erreichen, dass alle Tragelemente in etwa das gleiche Sicherheitsniveau aufweisen, da für ein Versagen das schwächste Tragelement maßgebend ist. Hierzu wird im Stahlbetonbau das auf der semiprobalistischen Sicherheitstheorie beruhende Konzept der Teilsicherheitsbeiwerte verwendet. Mit diesem Verfahren lässt sich ein gleichmäßiges Sicherheitsniveau bestmöglich annähern. Hinsichtlich der Hintergründe zu Sicherheitsmodellen für die Bemessung wird auf [Grünberg – 01] verwiesen. Da die Bemessungen für die Standsicherheit als reine Querschnittsbemessungen erfolgen, ein Querschnittsversagen bei statisch unbestimmten Bauteilen jedoch nicht notwendig ein Tragwerksversagen zur Folge hat (Beispiel: Ausbildung von Fließgelenken in einem Durchlaufträger), wird ein gleiches Sicherheitsniveau nicht erreicht. Die Systemreserven statisch unbestimmter Systeme werden derzeit nur zum Teil genutzt. Wird ein Tragwerk mit den Teilsicherheitsbeiwerten gemäß EC 2-1-1 und EC 0 bemessen, entspricht es der Zuverlässigkeitsklasse RC 2 (**Tafel 6.1**). Mit dem Sicherheitsindex $\beta = 4{,}7$ ergibt sich für die Tragfähigkeit im Bezugszeitraum von einem Jahr eine Versagenswahrscheinlichkeit von $p_f = 10^{-6}$.

6.2 Bemessungskonzepte

Die Bemessung im Stahlbetonbau erfolgt nach EC 2-1-1 für Grenzzustände. Ein Grenzzustand ist als derjenige Zustand definiert, in dem das Tragelement die nachzuweisende Eigenschaft (Tragfähigkeit oder Gebrauchstauglichkeit) *rechnerisch* verliert. Demzufolge wird unterschieden zwischen

- Grenzzuständen der *Tragfähigkeit* (GZT) und
- Grenzzuständen der *Gebrauchstauglichkeit* (GZG).

Tafel 6.1 Klassen für Schadensfolgen und Zuverlässigkeitsindex *β* (EC 0, Tabelle B.1 und B.2)

Schadensfolgeklasse	Merkmale	Beispiele im Hochbau oder bei sonstigen Ingenieurtragwerken	Zuverlässigkeitsklasse	Mindestwert β Bezugszeitraum	
				1 Jahr	50 Jahre
CC 3	Hohe Folgen für Menschenleben oder sehr große wirtschaftliche, soziale oder umweltbeeinträchtigende Folgen	Tribüne, öffentliche Gebäude mit hohen Versagensfolgen	RC 3	5,2	4,3
CC 2	Mittlere Folgen für Menschenleben, beträchtliche wirtschaftliche, soziale oder umweltbeeinträchtigende Folgen	Wohn- und Bürogebäude, öffentliche Gebäude mit mittleren Versagensfolgen (z. B. ein Bürogebäude)	RC 2	4,7	3,8
CC 1	Niedrige Folgen für Menschenleben und kleine oder vernachlässigbare wirtschaftliche, soziale oder umweltbeeinträchtigende Folgen	Landwirtschaftliche Gebäude ohne regelmäßigen Personenverkehr (z. B. Scheunen, Gewächshäuser)	RC 1	4,2	3,3

Tafel 6.2 Klassifizierung und Nutzungsdauer (EC 0, Tabelle 2.1)

Klasse	Planungsgröße	Beispiele
1	10 Jahre	Tragwerke mit befristeter Standzeit
2	10 bis 25 Jahre	Austauschbare Tragwerksteile, z. B. Kranbahnträger, Lager
3	15 bis 30 Jahre	Landwirtschaftlich genutzte und ähnliche Tragwerke
4	50 Jahre	Gebäude und andere gewöhnliche Tragwerke
5	100 Jahre	Monumentale Gebäude, Brücken und andere Ingenieurbauwerke

Im Grenzzustand der Tragfähigkeit tritt das *rechnerische Versagen* durch Überschreiten der Querschnittsfestigkeiten, durch Stabilitätsversagen, durch Ermüdung oder durch Verlust des globalen Gleichgewichtes ein. Zur Vermeidung dieser Versagensformen sind die folgenden Nachweise zu führen.[14]

[14] In der Regel werden nur solche Nachweise geführt, die maßgebend werden können, es sind also nicht immer alle aufgelisteten Nachweise erforderlich.

Nachweis im Grenzzustand der Tragfähigkeit für[15]

- *Biegung* und Längskraft (→ Kap. 7)
- *Querkraft* (→ Kap. 8)
- *Durchstanzen* (→ Teil 2, Kap. 9)
- *Torsion* (→ Kap. 9)
- *Materialermüdung* (→ Kap. 14)
- Erhöhte Beanspruchungen aus Tragwerksverformungen (*Stabilitätsnachweis*) (→ Kap. 15)

Evtl. sind die Nachweise auch für außergewöhnliche Einwirkungen (z. B. Brand → Kap. 16) zu erfüllen. Im Grenzzustand der Gebrauchstauglichkeit werden die *Nutzungsanforderungen rechnerisch nicht* mehr *erfüllt*. Zur Vermeidung dieser Versagensformen sind die folgenden Nachweise zu führen:

Nachweis im Grenzzustand der Gebrauchstauglichkeit für die

- Begrenzung der *Spannungen* (→ Kap. 11)
- Beschränkung der *Rissbreite* (→ Kap. 12)
- Begrenzung der *Verformungen* (→ Kap. 13)
- Begrenzung von *Schwingungen* (im Hochbau i. d. R. nicht erforderlich)

6.3 Nachweisführung im Grenzzustand der Tragfähigkeit

6.3.1 Bemessungskonzept

In einer Bemessung wird nachgewiesen, dass der auf ein Tragwerk wirkende Bemessungswert der Einwirkungen (= Beanspruchungen) E_d nicht größer als der Bemessungswert des Tragwiderstandes R_d (= Bauteilwiderstand) ist.

$$E_\mathrm{d} \leq R_\mathrm{d} \tag{6.1}$$

Grundsätzlich sind hierbei zwei unterschiedliche Bemessungssituationen zu betrachten:

- *Ständige und vorübergehende* Bemessungssituation (Tragwerk unter planmäßigen Ereignissen Eigenlast, Verkehr, Wind, Schnee usw.)
- *Außergewöhnliche* Bemessungssituation (Katastrophenfälle wie Brand, Fahrzeuganprall, Explosion, Erdbeben)

Der Bauteilwiderstand wird für den maßgebenden Querschnitt ermittelt. Die Bemessungswerte der Materialeigenschaften werden hierbei durch Division der charakteristischen Werte mit dem Teilsicherheitsbeiwert (**Tafel 6.3**) ermittelt.

$$R_\mathrm{d} = R\left\{ f_\mathrm{cd} = \alpha_{cc}\frac{f_\mathrm{ck}}{\gamma_\mathrm{C}};\; f_\mathrm{yd} = \frac{f_\mathrm{yk}}{\gamma_\mathrm{S}};\; f_\mathrm{pd} = \frac{f_\mathrm{p0.1k}}{\gamma_\mathrm{S}} \right\} \tag{6.2}$$

[15] Das Wort „für“ wird im Sinne von „... gegen Versagen infolge ...“ verwendet.

Tafel 6.3 Teilsicherheitsbeiwerte für die Bestimmung des Tragwiderstandes (nach EC 2-1-1/NA, 2.4.2.4)

Bemessungssituation	Beton γ_C		Betonstahl oder Spannstahl γ_S
	in Stahlbeton	in unbewehrtem Beton [b] (→ Teil 2, Kap. 11)	
Ständige und vorübergehende Kombination (Grundkombination)	1,5 [a]	1,5	1,15
Außergewöhnliche Kombination (ausgenommen Erdbeben)	1,3	1,3	1,0
Nachweis gegen Ermüdung	1,5	-	1,15

[a] Bei Fertigteilen darf der Wert bei einer werksmäßigen und ständig überwachten Herstellung der Fertigteile auf $\gamma_C = 1,35$ verringert werden.

[b] Bei unbewehrtem Beton ist der Beiwert α_{cc} in Gl. (6.2) mit 0,7 statt 0,85 anzusetzen.

Bei einer Schnittgrößenermittlung mit einem nichtlinearen Verfahren[16] ist der Teilsicherheitsbeiwert auf den Gesamtquerschnitt zu beziehen.

$$R_d = \frac{1}{\gamma_R} R\left\{f_{cR};\ f_{yR};\ f_{pR}\right\} \tag{6.3}$$

[16] Der Ausdruck „nichtlinear" bezieht sich hierbei ausschließlich auf eine *physikalisch* nichtlineare Berechnung, eine *statisch* nichtlineare Berechnung (Theorie II. Ordnung) ist hiervon nicht betroffen.

Tafel 6.4 Unabhängige Einwirkungsgruppen

Einwirkungsgruppen	**Einwirkungen**
Ständige Einwirkungen $G_{k,i}$	- Eigenlast Tragwerk und Ausbauten $G_{k,1}$ - Erddruck (aus Baugrund) $G_{k,2}$ - Grundwasser, Flüssigkeitsdruck [a)] $G_{k,3}$ - Vorspannung P_k
Veränderliche Einwirkungen $Q_{k,i}$	- Nutzlasten $Q_{k,1}$ - Schneelasten $Q_{k,2}$ - Windlasten $Q_{k,3}$ - Temperatureinwirkungen $Q_{k,4}$ - Flüssigkeitsdruck [a)] $Q_{k,5}$ - Baugrundsetzung $Q_{k,6}$ - Erddruck (aus veränderlichen Lasten) $Q_{k,7}$
Außergewöhnliche Einwirkungen $A_{k,i}$	- Anpralllasten $A_{k,1}$ - Explosionslasten $A_{k,2}$ - Brandbelastung $A_{k,3}$
Erdbeben A_{Ek}	- Erbebeneinwirkungen
Vorübergehende Einwirkungen	- Einwirkungen während der Bauausführung - Montagelasten - Einbauten (nicht dauernd vorhanden)

a) Flüssigkeitsdruck ist im Allgemeinen als eine veränderliche Einwirkung zu behandeln, Flüssigkeitsdruck, dessen Größe durch geometrische Verhältnisse begrenzt ist, darf als eine ständige Einwirkung behandelt werden. Einwirkungen aus Grundwasser sind in der Regel ebenfalls als ständige Einwirkungen anzusehen.

6.3.2 Schnittgrößenermittlung im Grenzzustand der Tragfähigkeit

Ausgangswert für den Bemessungswert der Einwirkungen E_d sind die Einwirkungen selbst. Eine Einwirkung F auf ein Bauwerk kann sich darstellen als

- eine *Last*, die auf ein Tragwerk einwirkt (direkte Einwirkung);
- ein *Zwang* (z. B. aus Temperatur, Setzungen, Kriechen und Schwinden), dem das Bauteil unterliegt (indirekte Einwirkung);
- ein *Einfluss aus der Umgebung* (chemische oder physikalische Einwirkungen), z. B. Chlorideinwirkung.

Für die zu führenden Nachweise sind die maßgebenden Einwirkungskombinationen zu betrachten (EC 2-1-1, 5.3.4). Sofern sehr viele Einwirkungen auftreten können (z. B. im Brückenbau), ist es sinnvoll, die Einwirkungen in Einwirkungsgruppen gemäß (**Tafel 6.4**) zusammenzufassen. Die Größe der Einwirkungen ist in den einschlägigen Lastnormen als jeweils charakteristischer Wert (Index k) quantifiziert. Der in der jeweiligen Lastnorm (z. B. für Hochbauten, EC 1-1, Teile 1 bis 7) angegebene Wert stellt einen *Mindestwert* dar, der vom Bauherrn erhöht werden kann.

Die charakteristischen Einwirkungen werden unter Beachtung von Kombinationsbeiwerten ψ (**Tafel 6.5**) kombiniert. Durch die Kombinationsbeiwerte wird erfasst, dass bei einer zunehmenden Zahl von Einwirkungen nicht alle Einwirkungen gleichzeitig mit maximaler Lastordinate auftreten.

Den Bemessungswert einer Einwirkung E_d erhält man durch Multiplikation der Einwirkung bzw. des Produktes aus Kombinationsbeiwert und Einwirkung mit dem für den nachzuweisenden Grenzzustand geltenden Teilsicherheitsbeiwert. Die entsprechenden Teilsicherheitsbeiwerte sind je nach Lastart **Tafel 6.6** zu entnehmen. Diese Teilsicherheitsbeiwerte gelten für Nachweise gegen das Versagen des Tragwerks oder seiner Bauteile (STR) sowie für Nachweise gegen das Versagen des Baugrundes (GEO).

$$E_d = \gamma_F \cdot \psi_i \cdot F_k \quad \text{oder vereinfacht} \qquad (6.4)$$

$$E_d = \gamma_F \cdot F_k \qquad (6.5)$$

Beim Nachweis gegen den Verlust der Lagesicherheit (EQU) gelten abweichend zu den in **Tafel 6.6** genannten Teilsicherheitsbeiwerten für die ständige Last $\gamma_{G,stb} = 0{,}9$ für Anteile der ständigen Einwirkung, die günstig wirken, bzw. $\gamma_{G,dst} = 1{,}1$ für Anteile der ständigen Einwirkung, die ungünstig wirken (s. EC 0/NA, Tabelle NA.A.1.2(A)).

Die ungünstigsten Bemessungssituationen (d. h. Kombinationen von Einwirkungen zur Ermittlung von Beanspruchungen entsprechend der linken Seite von Gl. (6.1)) sind nun anhand der folgenden Kombinationsregeln zu bestimmen:

- *Ständige und vorübergehende Bemessungssituationen (P/T)*, ausgenommen Nachweise auf Ermüdung (Grundkombination)

$$E_d = E\left\{\sum_i \gamma_{G,i} \cdot G_{k,i} + \gamma_P \cdot P_k \oplus \gamma_{Q,1} \cdot Q_{k,1} \oplus \sum_{j \ge 2} \gamma_{Q,j} \cdot \psi_{0,j} \cdot Q_{k,j}\right\} \qquad (6.6)$$

  $\oplus$ bedeutet Überlagerung im Sinne einer Extremwertbildung

- *Außergewöhnliche Bemessungssituationen (A)*

$$E_{dA} = E\left\{\sum_i \gamma_{GA,i} \cdot G_{k,i} + \gamma_{PA} \cdot P_k \oplus A_d \oplus \psi_{1,1} \cdot Q_{k,1} \oplus \sum_{j \ge 2} \psi_{2,j} \cdot Q_{k,j}\right\} \qquad (6.7)$$

  Vereinzelt entfällt bei bestimmten maßgebenden außergewöhnlichen Bemessungssituationen (z. B. Brandbelastung mit Nutzlasten als Leiteinwirkung) die vorherrschende veränderliche Einwirkung $Q_{k,1}$:

$$E_{dA} = E\left\{\sum_i \gamma_{GA,i} \cdot G_{k,i} + \gamma_{PA} \cdot P_k \oplus A_d \oplus \sum_{j \ge 1} \psi_{2,j} \cdot Q_{k,j}\right\} \qquad (6.8)$$

- *Bemessungssituation Erdbeben*

$$E_{dAE} = E\left\{\sum_i \gamma_{GA,i} \cdot G_{k,i} + \gamma_{PA} \cdot P_k \oplus A_{Ed} \oplus \sum_{j \ge 1} \psi_{2,j} \cdot Q_{k,j}\right\} \qquad (6.9)$$

Tafel 6.5 Kombinationsbeiwerte für Einwirkungen bei Hochbauten
(EC 0/NA, Tab. NA.A.1.1)

Einwirkung	Kombinationsbeiwerte		
	ψ_0	ψ_1	ψ_2
Nutzlasten für Hochbauten (Kategorien gemäß EC 1-1-1) [a)]			
Kategorie A, B: Wohn- und Aufenthaltsräume, Büros	0,7	0,5	0,3
Kategorie C, D: Versammlungsräume, Verkaufsräume	0,7	0,7	0,6
Kategorie E: Lagerräume [b)]	1,0	0,9	0,8
Nutzlasten für Hochbauten (→ EC 1-1-1)			
Kategorie F [c)]: Verkehrsflächen, Fahrzeuglast ≤ 30 kN	0,7	0,7	0,6
Kategorie G [d)]: Verkehrsflächen, 30 kN ≤ Fahrzeuglast ≤ 160 kN	0,7	0,5	0,3
Kategorie H: Dächer	0	0	0
Schnee- und Eislasten (→ EC 1-1-3)			
Orte bis zu NN +1000 m	0,5	0,2	0
Orte über NN +1000 m	0,7	0,5	0,2
Windlasten (→ EC 1-1-4)	0,6	0,2	0
Temperatureinwirkungen (nicht für Brandlasten) (→ EC 1-1-5)	0,6	0,5	0
Baugrundsetzungen (→ EC 7)	1,0	1,0	1,0
Sonstige veränderliche Einwirkungen [e) f)]	0,8	0,7	0,5

a) Abminderungsbeiwerte für Nutzlasten in mehrgeschossigen Hochbauten siehe DIN EN 1991-1-1
b) Nutzlasten auf Lagerflächen mit Gabelstaplern gemäß EC 1-1-1/NA, Tabelle 6.4DE
c) Lotrechte Nutzlasten für Parkhäuser und Flächen mit Fahrzeugverkehr sind EC 1-1-1/NA, Tabelle 6.8DE zu entnehmen. Brücken sind hierbei ausgeschlossen. Einwirkungen für Brücken sind in EC 1-2 festgelegt, die Kombinationsbeiwerte sind in EC 0, Anhang A2, aufgeführt.
d) Brücken sind ausgeschlossen, siehe [c)].
e) Flüssigkeitsdruck ist im Allgemeinen als eine veränderliche Einwirkung zu behandeln (γ_Q = 1,50, ψ-Beiwerte standortbedingt). Flüssigkeitsdruck, dessen Größe durch geometrische Verhältnisse begrenzt ist, darf abweichend mit γ_Q = 1,35 berechnet werden, wobei alle ψ-Beiwerte gleich 1,0 zu setzen sind. Dies gilt ebenfalls für Einwirkungen aus Grundwasser.
f) ψ-Beiwerte für Maschinenlasten sind betriebsbedingt festzulegen.

Tafel 6.6 Teilsicherheitsbeiwerte für Einwirkungen (STR/GEO)
(EC 0, Tabelle NA.A.1.2(B) und EC 2-1-1/NA, 2.4)

Auswirkung	Ständige Einwirkungen γ_G	Veränderliche Einwirkungen γ_Q	Vorspannung γ_P
Günstig	1,0	0	1,0
Ungünstig	1,35	1,5	1,0

Beispiel 6.1: Schnittgrößen nach Elastizitätstheorie im Grenzzustand der Tragfähigkeit

Gegeben: Wand eines Wasserbehälters laut Skizze

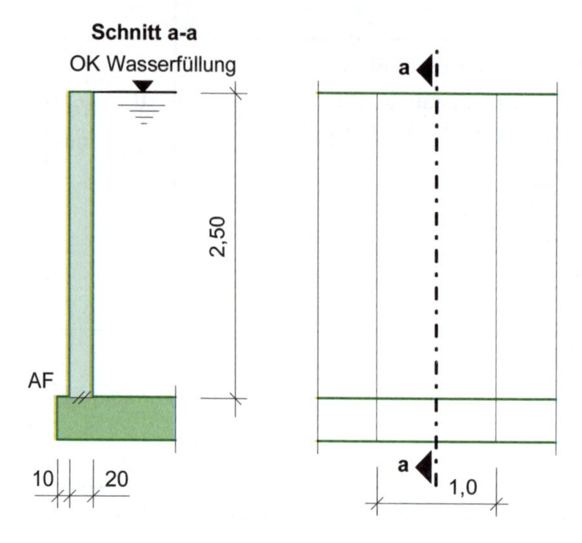

Gesucht: Extremalschnittgrößen für Bemessungen im Grenzzustand der Tragfähigkeit

Lösung:

$a_{\mathrm{i}} = 0$

$l_{\mathrm{eff}} = 2{,}50 + 0 = 2{,}50 \text{ m}$

Stelle mit Extremalschnittgrößen ist die Einspannung

$N_{\mathrm{Gk}} = -25 \cdot 1{,}0 \cdot 0{,}20 \cdot 2{,}50 = -12{,}5 \text{ kN}$

$$M_{\mathrm{Qk}} = -\left(10 \cdot 2{,}50\right) \cdot \frac{2{,}50^2}{6} = -26{,}0 \text{ kNm}$$

$$V_{\mathrm{Qk}} = 10 \cdot 2{,}50 \cdot \frac{2{,}50}{2} = 31{,}3 \text{ kN}$$

$\gamma_{\mathrm{G}} = 1{,}00$ (die Längskraft wirkt bei der späteren Biegebemessung günstig)

$\gamma_{\mathrm{Q}} = 1{,}35$

$N_{\mathrm{Ed}} = 1{,}0 \cdot \left(-12{,}5\right) + 0 = -12{,}5 \text{ kN}$

$M_{\mathrm{Ed}} = 0 + 1{,}35\left(-26{,}0\right) = -35{,}1 \text{ kNm}$

$V_{\mathrm{Ed}} = 0 + 1{,}35 \cdot 31{,}3 = 42{,}3 \text{ kN}$

(5.5): $a_{\mathrm{i}} = 0$

(5.1): $l_{\mathrm{eff}} = l_{\mathrm{n}} + a_1 + a_2$

Schnittgrößen für 1 m Breite

$N_{\mathrm{Gk}} = \rho_{\mathrm{Wand}} \cdot V$

$$M_{\mathrm{k}} = -F_{\mathrm{k}} \cdot \frac{l_{\mathrm{eff}}^2}{6}$$

(z. B. [Schneider/Albert – 14], S. 4.12)

$$V_{\mathrm{k}} = -F_{\mathrm{k}} \cdot \frac{l_{\mathrm{eff}}}{2}$$

(z. B. [Schneider/Albert – 14], S. 4.12)

Tafel 6.6

Tafel 6.5, e) : Flüssigkeitsdruck mit begrenzter Füllhöhe

(6.6):

$$\sum \gamma_{\mathrm{G,i}} \cdot G_{\mathrm{k,i}} + \gamma_{\mathrm{P}} \cdot P_{\mathrm{k}} \oplus \gamma_{\mathrm{Q,1}} \cdot Q_{\mathrm{k,1}} \oplus \sum_{j \geq 2} \gamma_{\mathrm{Q,j}} \cdot \psi_{\mathrm{Q,j}} \cdot Q_{\mathrm{k,j}}$$

Beispiel wird mit Beispiel 7.5 fortgesetzt.

6.3.3 Vereinfachte Schnittgrößenermittlung für Hochbauten

Für Tragwerke des üblichen Hochbaus können vereinfachte Kombinationsregeln verwendet werden. Die vereinfachten Kombinationsregeln setzen voraus, dass die *Schnittgrößenermittlung linear–elastisch* (mit oder ohne Momentenumlagerung) erfolgt.

Ständige und vorübergehende Bemessungssituation

Vereinfacht können die unabhängigen veränderlichen Auswirkungen durch Kombination ihrer ungünstigen charakteristischen Werte als repräsentative Größen $E_{\mathrm{Q,unf}}$ zusammengefasst werden.

$$E_{\mathrm{Qk,unf}} = E_{\mathrm{Q,1}} \oplus \psi_{0,\mathrm{Q}} \cdot \sum_{i>1(\mathrm{unf})} \left\{ E_{\mathrm{Q,i}} \right\} \tag{6.10}$$

mit der vorherrschenden unabhängigen veränderlichen Auswirkung $E_{\mathrm{Q,1}} = \mathrm{extr}\ E_{\mathrm{Q,i}}$ und $\psi_{0,\mathrm{Q}}$ als bauwerksbezogenes Maximum von ψ_0 nach **Tafel 6.5**

Im Grenzzustand der Tragfähigkeit wird dann folgende Kombination für ständige und vorübergehende Einwirkungen (Grundkombination) gebildet:

$$E_{\mathrm{d}} = \sum_i \gamma_{\mathrm{G,i}} \cdot E_{\mathrm{Gk,i}} \oplus 1,50 \cdot E_{\mathrm{Qk,unf}} \tag{6.11}$$

Für die Weiterleitung der vertikalen Lasten im Tragwerk darf für den häufig gegebenen Fall, dass die ständigen Einwirkungen insgesamt ungünstig sind, die Grundkombination wie folgt vereinfacht werden:

$$\max E_{\mathrm{d}} = 1,35 \cdot E_{\mathrm{Gk}} \oplus 1,50 \cdot E_{\mathrm{Qk,unf}} \tag{6.12}$$

$$\min E_{\mathrm{d}} = 1,0 \cdot E_{\mathrm{Gk}} \tag{6.13}$$

Außergewöhnliche Bemessungssituation

Neben der außergewöhnlichen Einwirkung E_{Ad} ist die häufige Kombination $E_{\mathrm{d,frequ}}$ zu Grunde zu legen:

$$E_{\mathrm{d}} = E_{\mathrm{Ad}} + E_{\mathrm{d,frequ}} = E_{\mathrm{Ad}} + E_{\mathrm{Gk}} \oplus \psi_{1,\mathrm{Q}} \cdot E_{\mathrm{Q,unf}} \tag{6.14}$$

Für Brandeinwirkung gilt:

$$E_{\mathrm{d}} = E_{\mathrm{Gk}} \oplus \psi_{1,1} \cdot E_{\mathrm{Qk,1}} \oplus \sum_{i \geq 2} \psi_{2,\mathrm{i}} \cdot E_{\mathrm{Qk,i}} \tag{6.15}$$

Beim Brandschutznachweis dürfen die Einwirkungen näherungsweise aus dem Bemessungswert bei Normaltemperatur bestimmt werden. Hierbei werden diese mit dem Beiwert η_{fi} abgemindert. Der Beiwert erfasst die verminderten Sicherheitsbeiwerte im Brandfall und beträgt für Stahlbeton $\eta_{\mathrm{fi}} = 0,70$.

$$E_{\mathrm{d,fi}} = \eta_{\mathrm{fi}} \cdot E_{\mathrm{d}} = 0,70 \cdot E_{\mathrm{d}} \tag{6.16}$$

6.4 Nachweisführung im Grenzzustand der Gebrauchstauglichkeit

6.4.1 Bemessungskonzept

Die Nachweise für den Grenzzustand der Gebrauchstauglichkeit werden analog zu denen der Tragfähigkeit geführt. Der Unterschied besteht darin, dass die Teilsicherheitsbeiwerte i. d. R. für den Gebrauchszustand zu 1 gesetzt werden. Die Bemessungsformel lautet:

$$E_\mathrm{d} \leq C_\mathrm{d} \tag{6.17}$$

E_d eine durch Einwirkungen verursachte Größe (z. B. Durchbiegungen, Rissbreite)
C_d ein festgelegter Grenzwert (z. B. zulässige Durchbiegung, zulässige Rissbreite)

Der Bauteilwiderstand wird für den maßgebenden Querschnitt ermittelt. Die Bemessungswerte der Materialeigenschaften werden hierbei durch Division der mittleren Festigkeitswerte mit dem Teilsicherheitsbeiwert (i. d. R. 1,0) ermittelt.

$$C_\mathrm{d} = C_\mathrm{d}\left\{\frac{f_\mathrm{cm}}{\gamma_\mathrm{c}};\frac{f_\mathrm{ym}}{\gamma_\mathrm{s}};\begin{pmatrix}0{,}9\\1{,}1\end{pmatrix}\frac{f_\mathrm{pm}}{\gamma_\mathrm{s}}\right\} \tag{6.18}$$

6.4.2 Schnittgrößenermittlung im Grenzzustand der Gebrauchstauglichkeit

Je nach durchzuführendem Nachweis sind die Schnittgrößen für unterschiedliche Lastniveaus (Einwirkungsniveaus) zu bestimmen:

– *Seltene* Kombinationen (rare)

$$E_\mathrm{d,rare} = E\left\{\sum_i G_\mathrm{k,i} + P_\mathrm{k} \oplus Q_\mathrm{k,1} \oplus \sum_{j\geq 2} \psi_\mathrm{0,j}\cdot Q_\mathrm{k,j}\right\} \tag{6.19}$$

– *Nicht häufige* Kombinationen (nonfrequent) [17]

$$E_\mathrm{d,nonfrequ} = E\left\{\sum_i G_\mathrm{k,i} + P_\mathrm{k} \oplus \psi'_\mathrm{1,1}\cdot Q_\mathrm{k,1} \oplus \sum_{j\geq 2} \psi_\mathrm{1,j}\cdot Q_\mathrm{k,j}\right\} \tag{6.20}$$

– *Häufige* Kombinationen (frequent)

$$E_\mathrm{d,frequ} = E\left\{\sum_i G_\mathrm{k,i} + P_\mathrm{k} \oplus \psi_\mathrm{1,1}\cdot Q_\mathrm{k,1} \oplus \sum_{j\geq 2} \psi_\mathrm{2,j}\cdot Q_\mathrm{k,j}\right\} \tag{6.21}$$

– *Quasi-ständige* Kombinationen (permanent)

$$E_\mathrm{d,perm} = E\left\{\sum_i G_\mathrm{k,i} + P_\mathrm{k} \oplus \sum_j \psi_\mathrm{2,j}\cdot Q_\mathrm{k,j}\right\} \tag{6.22}$$

[17] Verwendung im Brückenbau

Die Art der zu verwendenden Kombination wird bei dem jeweiligen Nachweis im Grenzzustand der Gebrauchstauglichkeit behandelt.

6.4.3 Vereinfachte Schnittgrößenermittlung für Hochbauten[18]

Für Tragwerke des üblichen Hochbaus dürfen vereinfachte Kombinationsregeln verwendet werden. Die vereinfachten Kombinationsregeln setzen voraus, dass die Schnittgrößenermittlung *linear–elastisch* erfolgt.

- *Seltene* Kombinationen

$$E_{\mathrm{d,rare}} = \sum_i E_{\mathrm{Gk,i}} \oplus E_{\mathrm{Qk,unf}} \tag{6.23}$$

- *Häufige* Kombinationen

$$E_{\mathrm{d,frequ}} = \sum_i E_{\mathrm{Gk,i}} \oplus \psi_{1,\mathrm{Q}} \cdot E_{\mathrm{Q,unf}} \tag{6.24}$$

- *Quasi-ständige* Kombinationen

$$E_{\mathrm{d,perm}} = \sum_i E_{\mathrm{Gk,i}} \oplus \sum_j \psi_{2,\mathrm{j}} \cdot E_{\mathrm{Qk,j}} \tag{6.25}$$

[18] Die angegebenen Gleichungen gelten für nicht vorgespannte Tragwerke.

7 Nachweis für Biegung und Längskraft (Biegebemessung)

7.1 Grundlagen des Nachweises

Die Bemessung erfolgt im Grenzzustand der Tragfähigkeit (→ Kap. 6.3.1). Im Unterschied zu homogenen elastischen Werkstoffen erfolgt der Nachweis im Stahlbetonbau nicht über Hauptspannungen, die aus allen Schnittgrößen ermittelt werden, sondern in getrennten Nachweisen für Biegung und Längskraft (design for bending), Querkraft (design for shear → Kap. 8) und evtl. Torsion (design for torsion → Kap. 9).

Bei der Bemessung könnte entweder der erforderliche Betonquerschnitt oder der Betonstahlquerschnitt minimiert werden. Im Hinblick auf eine lohnsparende Bauweise werden die Bauteilquerschnitte (= Betonquerschnitte) möglichst einheitlich festgelegt (also gewählt), um Schalungsumbauten zu vermeiden. Die Biegebemessung hat daher folgende zwei Aufgaben:

- Nachzuweisen, dass der gewählte Betonquerschnitt die vorhandenen (Druck-) Spannungen aufnehmen kann (Nachweis der Druckzone)
- Die in das Bauteil einzulegende Biegezugbewehrung A_s zu bestimmen (Nachweis der Zugzone)

Bei der Biegebemessung geht man von folgenden Annahmen aus:

- Die Hypothese von BERNOULLI gilt, d. h., Querschnitte, die vor der Verformung eben waren, bleiben auch während der Verformung eben. Diese Annahme gilt nur bei schlanken Bauteilen (= Balken, Platten) und nicht bei wandartigen Trägern (= Scheiben). Schlanke Bauteile liegen dann vor, wenn

  $$\frac{l}{h} \geq 3 \tag{7.1}$$

  l Stützweite
  h Bauteilhöhe

  ist. Die Biegebemessung ist also nur auf solche Bauteile anwendbar, die Gl. (7.1) erfüllen. Aus der Hypothese von BERNOULLI folgt, dass die Verzerrungen mit zunehmendem Abstand von der Nulllinie linear zunehmen (**Abb. 7.1**).
- Zwischen dem Beton und der Bewehrung liegt vollkommener Verbund vor, d. h., die Biegezugbewehrung hat dieselbe Dehnung wie die Betonfaser in der Höhe des Schwerpunktes des Bewehrungsstranges.
- Die Zugfestigkeit des Betons wird rechnerisch nicht berücksichtigt (im Unterschied zu dem in Kap. 1.3.3 geschilderten tatsächlichen Tragverhalten), d. h., der Querschnitt wird für die Bemessung als bis zur Nulllinie gerissen angenommen (Zustand II). Sämtliche Zugkräfte müssen durch die Bewehrung aufgenommen werden (**Abb. 7.1**).

- Die Verknüpfung der Stauchungen mit den Beton*druck*spannungen und der Dehnungen/Stauchungen mit den Stahlspannungen erfolgt über festgelegte Werkstoffgesetze (z. B. nach **Abb. 2.6** und **Abb. 2.15**).

Ein Spannungsnachweis nach der technischen Biegelehre ist nur für ungerissene Querschnitte gültig. In der Beanspruchungskombination Biegemoment plus Längskraft sind Stahlbetonbauteile gerissen (Ausnahme: geringe Beanspruchungen → Kap. 1.3.3). Daher sind die Gleichungen (7.2) bis (7.4) nicht anwendbar.

$$\sigma = \sigma_x = \frac{N(x)}{A(x)} + \frac{M_y(x)}{I_y(x)} \cdot z \tag{7.2}$$

$$\tau = \tau_{xz} = \frac{V_z(x) \cdot S_y(x)}{I_y(x) \cdot b(x)} \tag{7.3}$$

$$\sigma_{I,II} = \frac{\sigma_x}{2} \pm \sqrt{\left(\frac{\sigma_x}{2}\right)^2 + \tau_{xz}^2} \tag{7.4}$$

Um Stahlbetonbauteile bemessen zu können, sind Hilfsmittel (z. B. [Schmitz/Goris – 01]; [Goris et al. – 04]) oder Datenverarbeitung [Schmitz/Goris – 05] erforderlich. Die Grundlagen hierzu werden nachfolgend dargestellt. Der Nachweis für Biegung und Längskraft erfolgt mit den o. g. Annahmen über die Identitätsbedingung zwischen den (äußeren) Schnittgrößen M_{Ed} und N_{Ed} und den inneren Kräften F_c und F_s (bzw. F_{cd} und F_{sd}). Aus praktischen Gründen (die Bemessungshilfsmittel lassen sich unabhängig von der Längskraft aufstellen) werden vorher die Schnittgrößen in die Schwerachse der (gesuchten) Biegezugbewehrung transformiert. Es gilt:

$$M_{Eds} = |M_{Ed}| - N_{Ed} \cdot z_s \tag{7.5}$$

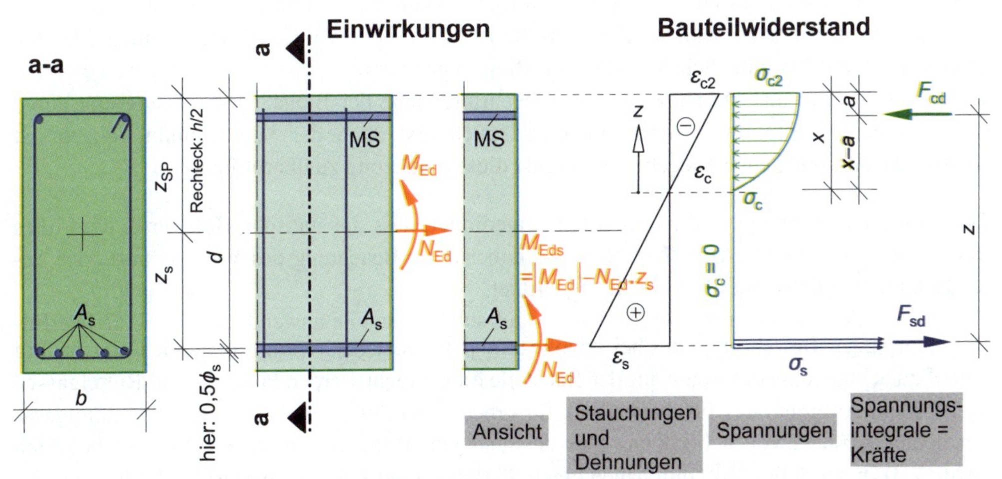

Abb. 7.1 Rechteckquerschnitt unter einachsiger Biegung

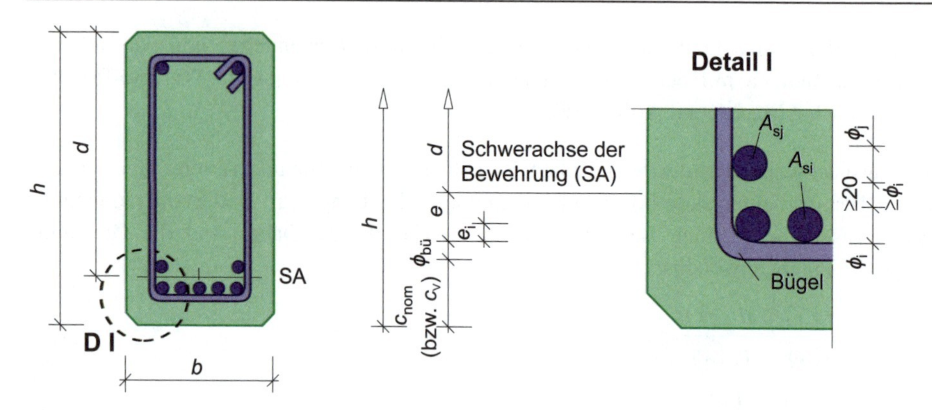

Abb. 7.2 Ermittlung der statischen Höhe

Da das *Vorzeichen des Momentes* lediglich die *Lage* der Druck- bzw. Zugzone im Querschnitt zuordnet, somit anzeigt, in welcher Querschnittshälfte die *Biegezugbewehrung* angeordnet werden muss, kann die Gl. (7.5) unabhängig vom Vorzeichen des Momentes geschrieben werden:

Für den Abstand der Bewehrung, gemessen von der Schwerachse des Bauteils (Index SP), gilt:

$$z_s = d - z_{SP} \quad \text{allgemein} \tag{7.6}$$

$$z_s = d - \frac{h}{2} \quad \text{für Rechteckquerschnitte} \tag{7.7}$$

7.2 Bauteilhöhe und statische Höhe

Die Bauteilbreite b (breath) und Bauteilhöhe h (height) sind aus den Werkplänen des Architekten oder einer Vorbemessung bekannt. Die statische Höhe d (depth) ist der Abstand vom gedrückten Querschnittsrand bis zum Schwerpunkt der Biegezugbewehrung. Sie muss zunächst geschätzt werden, da Anzahl und Durchmesser der Bewehrungsstäbe der Biegezugbewehrung erst durch die Bemessung bestimmt werden sollen und auch erst dann der Schwerpunkt bekannt ist (**Abb. 7.2**). Am Ende einer Biegebemessung ist diese Schätzung zu überprüfen.

Die Biegezugbewehrung wird möglichst so angeordnet, dass die statische Höhe groß wird (dies minimiert F_c bzw. F_s in **Abb. 7.1**). Sie wird daher unter Beachtung des Verlegemaßes der Betondeckung möglichst oberflächennah angeordnet.

Bei mehrlagiger Bewehrung oder bei obenliegender Biegezugbewehrung ist jedoch gleichzeitig darauf zu achten, dass der Beton auf der Baustelle eingebracht werden kann, es sind Rüttelgassen vorzusehen. Aufgrund des Flächenbedarfs für einen Innenrüttler ergibt sich für die Rüttelgasse ein lichter Abstand von 4 bis 8 cm. Der Abstand von Rüttelgassen ist ebenfalls zu beachten (**Abb. 7.3**). Innenrüttler ∅40 mm haben einen Wirkungsgrad < 45 cm, praxisübliche Innenrüttler ∅80 mm < 110 cm.

Bauteilquerschnitt

≥ 80 mm

≥ 80 mm

Zusätzliche Montagebewehrung erforderlich bei mehr als 2 Stäben in 2. Lage

Grundriss

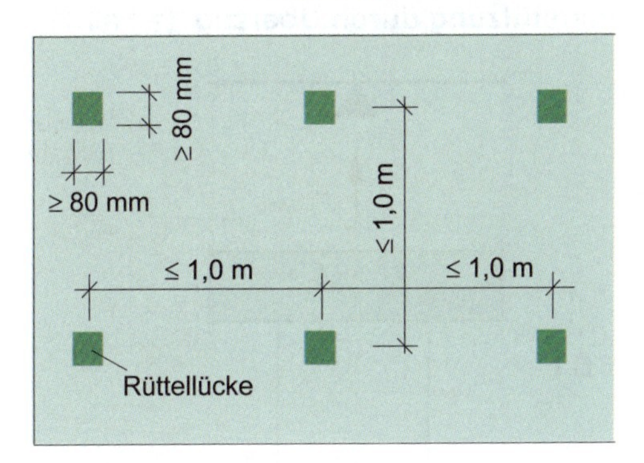

Abb. 7.3 Anordnung von Rüttellücken und -gassen

Bei üblichen Hochbauten wird eine Biegezugbewehrung ein- oder zweilagig angeordnet. Für die Schätzung der statischen Höhe muss entschieden werden, ob die Biegezugbewehrung in *einer* Lage eingelegt werden kann oder ob eine *zweilagige* Bewehrung (wie in **Abb. 7.3**) erforderlich ist, da sich beide Schwerpunkte deutlich unterscheiden. Für Schätzungen kann je nach Betondeckung und Bewehrungsgrad

$$d_{\text{est}} = h - (4 \text{ bis } 10) \qquad \text{in cm} \tag{7.8}$$

angenommen werden. Die Überprüfung der Schätzung erfolgt mit folgenden Gleichungen (vgl. **Abb. 7.3**), wobei der Bügeldurchmesser $\phi_{\text{bü}}$, der erst nach der Querkraftbemessung bekannt ist, im Hochbau mit 10 mm angenommen werden sollte. Hier sind Bügeldurchmesser 8 mm ≤ $\phi_{\text{bü}}$ ≤ 12 mm üblich.

$$d = h - c_{\text{v}} - \phi_{\text{bü}} - e \qquad \text{in cm} \tag{7.9}$$

$$e = \frac{\sum\limits_{i} A_{\text{si}} \cdot e_{\text{i}}}{\sum\limits_{i} A_{\text{si}}} \tag{7.10}$$

Sofern auf eine genaue Ermittlung von e verzichtet werden soll, kann dieses Maß auf „der sicheren Seite" liegend ermittelt werden

- bei *einlagiger* Bewehrung:

$$e = \frac{\phi}{2} \qquad \text{bzw.} \tag{7.11}$$

$$e \approx \frac{\max \phi}{2} \tag{7.12}$$

max ϕ größter Durchmesser der Biegezugbewehrung

- bei *zweilagiger* Bewehrung:

$$e \approx 1{,}5 \cdot \max \phi \geq \phi + 10 \text{ mm} \tag{7.13}$$

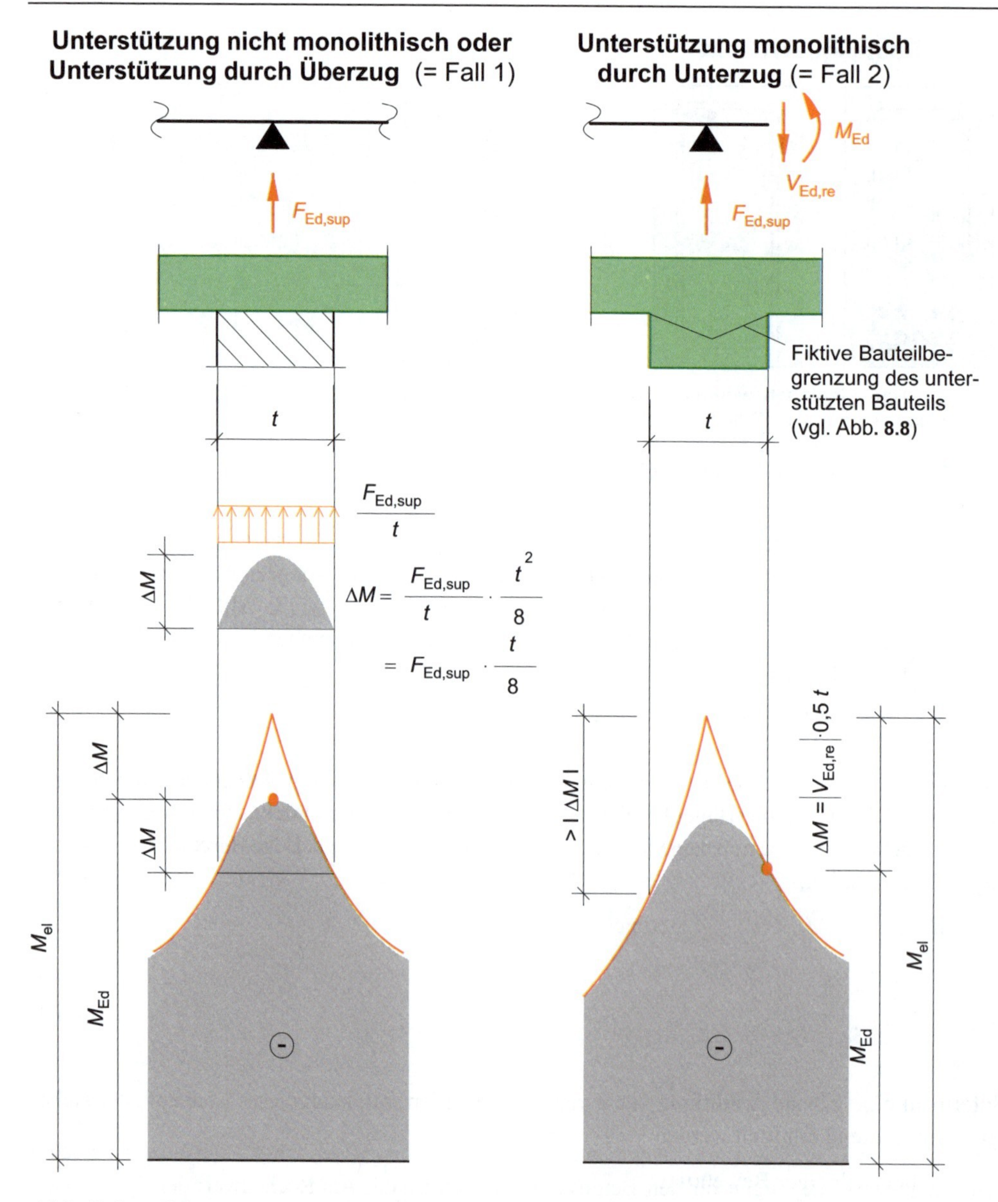

Abb. 7.4 Momentenausrundung bei gelenkiger Lagerung

Wenn die sich tatsächlich ergebende statische Höhe d bei üblichen Hochbauabmessungen um mehr als 5 bis 10 mm von der Schätzung abweicht, ist die Biegebemessung zu wiederholen oder die ermittelte Biegezugbewehrung ist (in Näherung) zu erhöhen auf:

$$A_{s,erf} \approx A_s \cdot \frac{d_{alt}}{d_{neu}} \tag{7.14}$$

7.3 Bemessungsmomente

Die Biegebemessung erfolgt an den Stellen der maximalen Biegebeanspruchung. Bei einem Bauteil konstanter Höhe sind dies die Orte der Extremalmomente im Feld und/oder über der Stütze. Sie treten an Lagern von Durchlaufträgern direkt über dem idealisierten schneidenförmigen Auflager auf. Monolithische Lager haben eine endliche Ausdehnung. Daher lässt sich das Bemessungsmoment reduzieren, indem die Auflagerkraft $F_{\text{Ed,sup}}$ auf die Auflagerbreite verteilt wird:

$$M_{\text{Ed}} = |M_{\text{el}}| - |\Delta M| \tag{7.15}$$

Abb. 7.4: Fall 1: $$\Delta M = F_{\text{Ed,sup}} \cdot \frac{t}{8} \tag{7.16}$$

Fall 2: $$\Delta M = \min \begin{cases} |V_{\text{Ed,li}}| \cdot \frac{t}{2} \\ |V_{\text{Ed,re}}| \cdot \frac{t}{2} \end{cases} \tag{7.17}$$

$F_{\text{Ed,sup}}$ zugehörige Auflagerkraft zum Moment M_{Ed}

Bei monolithischer Unterstützung durch einen Unterzug (Fall 2) ist die Auflagermitte nicht bemessungsbestimmend, da die Bauteilhöhe des unterstützten Bauteiles im Bereich des Auflagers größer ist (**Abb. 7.4**). Die Unterstützungsränder stellen die maßgebenden Stellen dar; dies führt zu Gl. (7.17).

Die Vorgehensweise entsprechend **Abb. 7.4** liefert bei sehr breiten Unterstützungen unzutreffende Ergebnisse. Die Bemessung muss daher unter Einhaltung eines Mindestmomentes erfolgen, das 65 % des mit der lichten Weite l_{n} ermittelten Festeinspannmomentes (→ Kap. 5.5) entspricht, sofern die Schnittgrößenermittlung mit einem linearen Verfahren (mit begrenzter Momentenumlagerung) erfolgt ist. An Endauflagern ist ebenfalls ein Mindestmoment einzuhalten.

7.4 Zulässige Stauchungen und Dehnungen

7.4.1 Grenzdehnungen

Um ein Bauteil bemessen zu können, müssen die Spannungs-Dehnungs-Linien bekannt sein, beim Stahlbeton diejenigen für den Beton und den Betonstahl. Als Rechenwert der Spannungs-Dehnungs-Linie für den Beton wird eine der gemäß **Abb. 2.6** möglichen, für den Betonstahl eine nach **Abb. 2.15** verwendet. In der Regel wird dabei für den Beton das „Parabel-Rechteck-Diagramm" benutzt.

Die Biegebemessung erfolgt – wie bereits erläutert – im Grenzzustand der Tragfähigkeit. Dieser rechnerische Versagenszustand tritt ein, wenn die Grenzverzerrungen (= Grenzdehnung oder Grenzstauchung) erreicht werden. Die zulässigen Dehnungsverteilungen nach EC 2 sind in **Abb. 7.5** dargestellt. Je nachdem, wo diese Grenzverzerrungen vorkommen, kann das Versagen durch den Beton oder den Betonstahl ausgelöst werden.

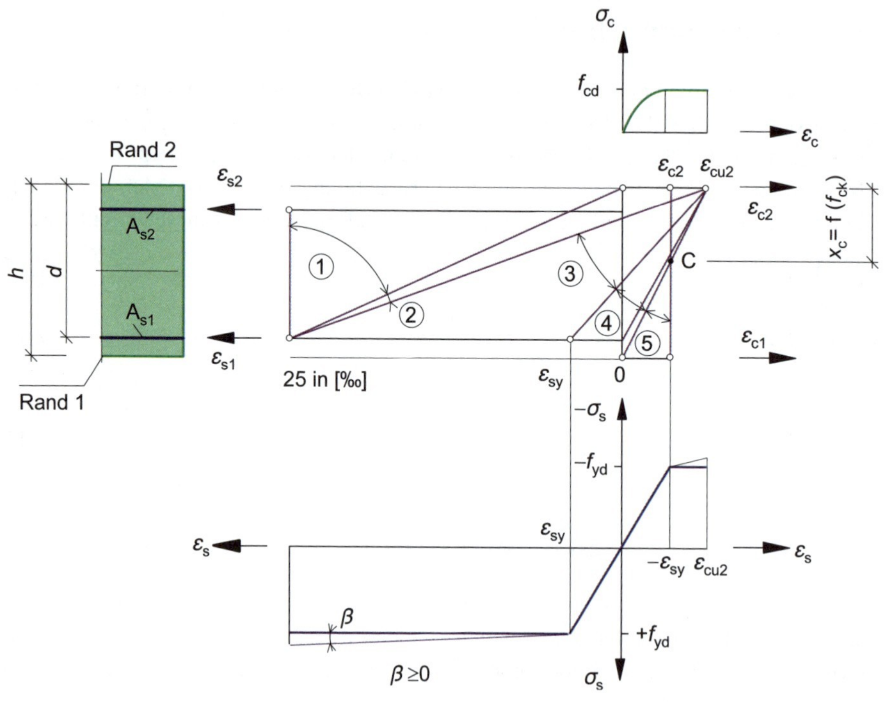

Abb. 7.5 Rechnerisch mögliche Dehnungsverteilungen für Stahlbetonquerschnitte nach EC 2-1-1, 6.1

- Ein *Versagen des Betons* (Bereiche 3 bis 5) liegt vor, wenn folgende für Betonfestigkeitsklassen bis C 50/60 geltende Grenzstauchungen am Bauteilrand erreicht werden:

  bei Biegung: $\varepsilon_{c2} = -3{,}5\,‰$ (7.18)

  bei zentrischem Druck: $\varepsilon_{c1} = \varepsilon_{c2} = -2{,}2\,‰$ (7.19)

- Ein *Versagen des Betonstahles* (Bereiche 1 und 2) liegt vor, wenn der Stahl folgende Grenzdehnungen erreicht:

$$\varepsilon_{s1} = \varepsilon_{s2} = 25\,‰ \tag{7.20}$$

Die in **Abb. 7.5** gezeigten Bereiche der Verzerrungen werden im Folgenden näher erläutert.

7.4.2 Dehnungsbereiche

Bereich 1

Bereich 1 tritt bei einer mittig angreifenden Zugkraft oder bei einer Zugkraft mit kleiner Ausmitte (Biegung mit großem Axialzug) auf. Er umfasst alle Lastkombinationen, die über den gesamten Querschnitt Dehnungen verursachen (**Abb. 7.6**). Der statisch wirksame Querschnitt besteht nur aus der Bewehrung mit den Querschnitten A_{s1} und A_{s2}. Die Bewehrung A_{s1} versagt, weil sie die Grenzdehnung von $\varepsilon_{s1} = 25{,}0\,‰$ erreicht. Die Bemessung erfolgt nach dem Hebelgesetz (→ Kap. 7.10).

Bereich 2

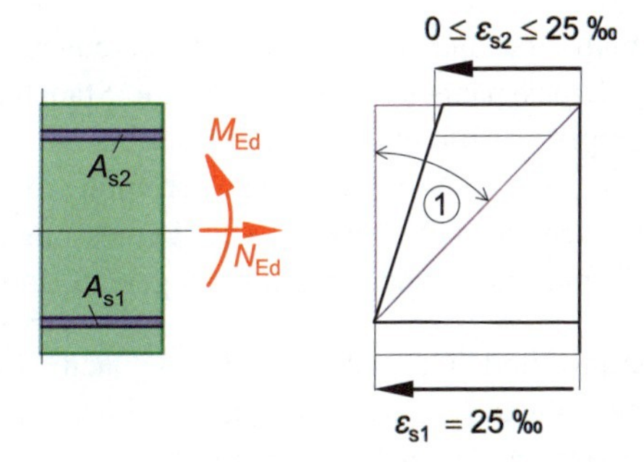

Abb. 7.6 Dehnungen im Bereich 1

Bereich 2 tritt bei reiner Biegung und bei Biegung mit Längskraft (Druck- oder Zugkraft) auf (**Abb. 7.7**). Die Nulllinie liegt innerhalb des Querschnitts. Die Biegezugbewehrung wird voll ausgenutzt, d. h., der Stahl versagt, weil er die Grenzdehnung erreicht. Der Betonquerschnitt wird i. Allg. nicht voll ausgenutzt (Stauchungen erreichen nicht ε_{cu2} (= 3,5 ‰ für Normalbeton). Sofern das Dehnungsverhältnis $\varepsilon_{c2} / \varepsilon_{s1}$ = –3,5 / 25,0 auftritt, versagen Beton und Betonstahl gleichzeitig.

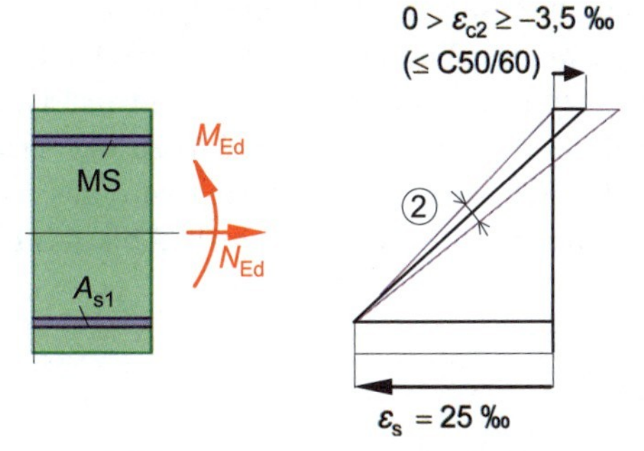

Abb. 7.7 Stauchungen und Dehnungen im Bereich 2

Die Bemessung erfolgt z. B mit einem dimensionslosen Bemessungsverfahren (→ Kap. 7.5.2) oder dem k_d-Verfahren. (→ Kap. 7.5.3).

Bereich 3

Bereich 3 tritt bei reiner Biegung und bei Biegung mit Längskraft (Druck) auf (**Abb. 7.8**). Die Tragkraft des Stahles ist größer als die Tragkraft des Betons; es versagt der Beton, weil seine Grenzstauchung ε_{cu2} (= –3,5 ‰ für Normalbeton) erreicht wird. Das Versagen kündigt sich wie in den Bereichen 1 und 2 durch breite Risse an, da der Stahl die Fließgrenze überschreitet (Bruch mit Vorankündigung). Die Bemessung erfolgt z. B. mit einem dimensionslosen Bemessungsverfahren oder dem k_d-Verfahren.

Bereich 4

Bereich 4 tritt bei Biegung mit einer Längsdruckkraft auf (**Abb. 7.9**). Er stellt den Übergang eines vorwiegend auf Biegung beanspruchten Querschnittes zu einem auf Druck beanspruchten Querschnitt dar. Der Beton versagt, bevor im Stahl die Fließgrenze erreicht wird, da die möglichen Dehnungen äußerst klein sind. Dieser Bereich führt zu einem stark bewehrten Querschnitt. Er wird daher bei der Bemessungspraxis durch Einlegen einer Druckbewehrung (→ Kap. 7.5.5) vermieden. Kleine Stahldehnungen in der Zugzone führen zum Bruch ohne Vorankündigung (die Biegezugbewehrung gerät nicht ins Fließen).

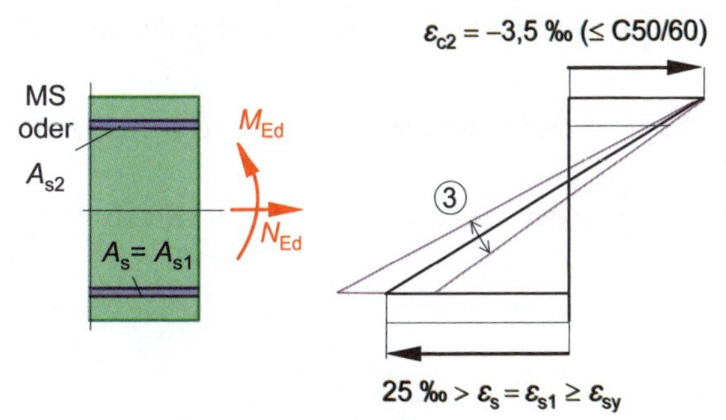

Abb. 7.8 Stauchungen und Dehnungen im Bereich 3

Bereich 5

Bereich 5 tritt bei einer Druckkraft mit geringer Ausmitte (z. B. bei Stützen, → Kap. 15) oder einer zentrischen Druckkraft auf. Er umfasst alle Lastkombinationen, die über den gesamten Querschnitt Stauchungen (**Abb. 7.10**) erzeugen, sodass nur Druckspannungen auftreten. Die Stauchung am weniger gedrückten Rand liegt zwischen $0 > \varepsilon_{c1} > \varepsilon_{c2}$. Alle Stauchungsverteilungen schneiden sich in dem Punkt C. Die Bemessung erfolgt z. B. mit Interaktionsdiagrammen gemäß Kap. 7.11.

Für profilierte Querschnitte gilt eine nach **Abb. 7.11** einzuhaltende Zusatzbedingung hinsichtlich des Punktes C, der nicht unter der Plattenmitte liegen darf. Hiermit soll ein sprödes Versagen der Druckzone insbesondere profilierter Querschnitte verhindert werden. Für normalfeste Betone bis C50/60 ist in diesem Fall die Betonstauchung in Plattenmitte auf $\varepsilon_{c2} = -2{,}0$ ‰ (→ **Tafel 2.6**) zu begrenzen. Die untere Grenze der Tragfähigkeit wird durch ein eingeschriebenes Rechteck gemäß **Abb. 7.11** festgelegt.

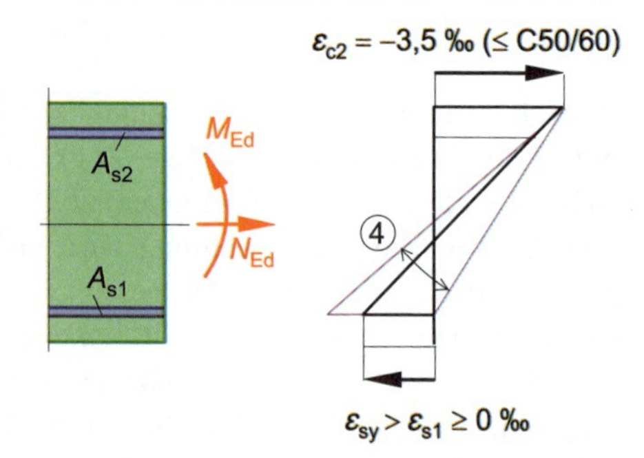

Abb. 7.9 Stauchungen und Dehnungen im Bereich 4

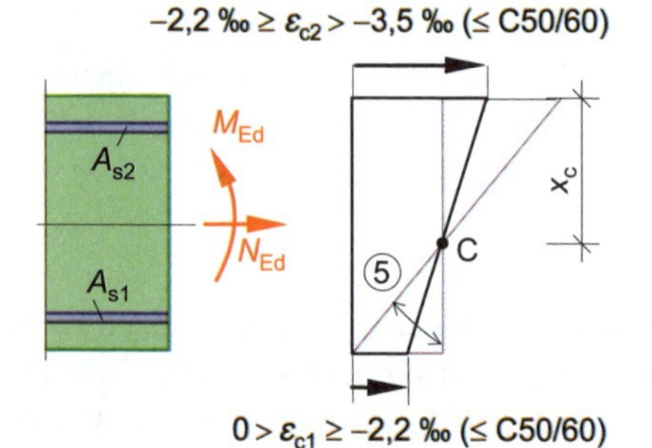

Abb. 7.10 Stauchungen im Bereich 5

7.4.3 Auswirkungen unterschiedlicher Grenzdehnungen

Zwischen verschiedenen internationalen Stahlbetonstandards (z. B. [DIN 1045 – 88], [DIN 1045-1 – 08] und EC 2-1-1 mit den Nationalen Anhängen) gelten z. T. unterschiedliche Grenzstauchungen bzw. Grenzdehnungen. Die Auswirkungen hieraus sollen im Folgenden betrachtet werden. Um die Betrachtung unabhängig von den Bauteilabmessungen zu ermöglichen, werden bezogene Werte (der Dimension 1) eingeführt. Sie sind auch in **Abb. 7.13** erläutert.

Bezogenes Moment (relative bending moment) $$\mu_{\text{Eds}} = \frac{M_{\text{Eds}}}{b \cdot d^2 \cdot f_{\text{cd}}} \qquad (7.21)$$

Bezogener innerer Hebelarm (lever arm factor) $$\zeta = \frac{z}{d} \qquad (7.22)$$

Bezogene Druckzonenhöhe (neutral axis depth factor) $$\xi = \frac{x}{d} \qquad (7.23)$$

$$x = \xi \cdot d \qquad (7.24)$$

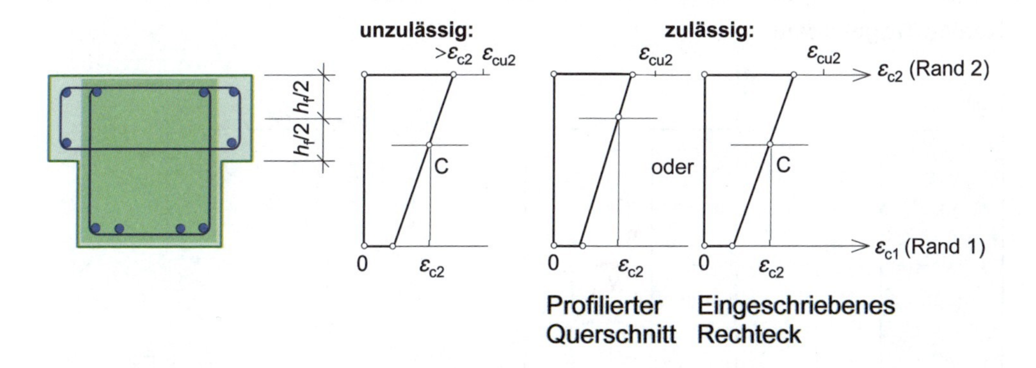

Abb. 7.11 Begrenzung der Stauchung profilierter Druckglieder über die Lage von Punkt C und den Querschnitt

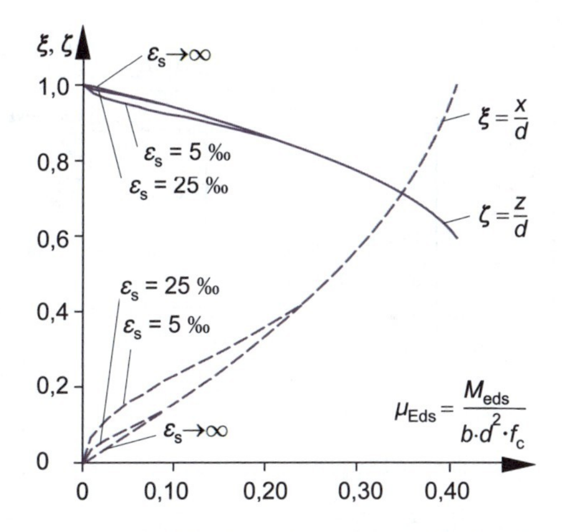

Abb. 7.12 Bezogener Hebelarm der inneren Kräfte ζ und bezogene Druckzonenhöhe ξ bei unterschiedlichen Grenzdehnungen des Betonstahles ε_S für einen Querschnitt mit rechteckiger Druckzone

Reales Tragelement

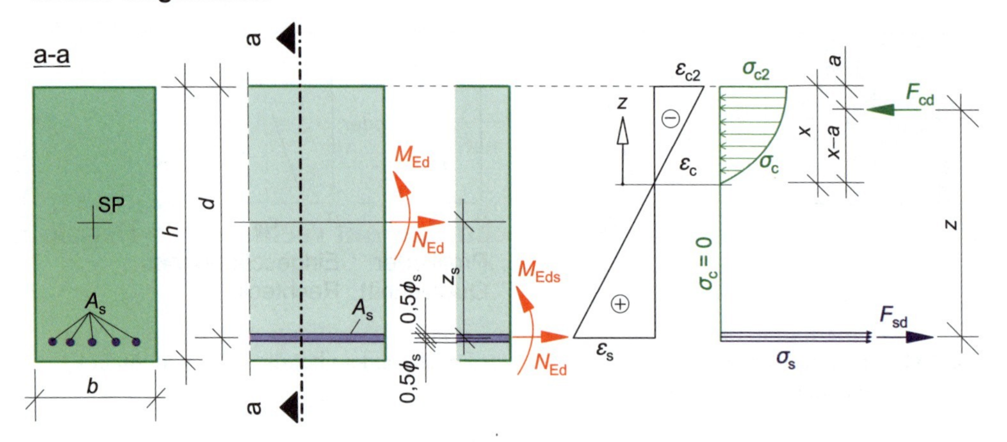

Normiertes Tragelement

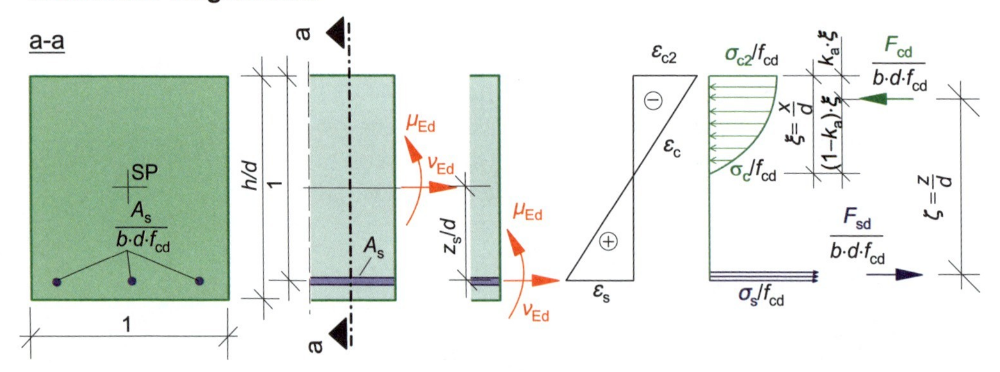

Abb. 7.13 Rechteckquerschnitt unter einachsiger Biegung

Aus einer Veränderung der zulässigen Grenzdehnungen entstehen nur geringe Auswirkungen auf das Bemessungsergebnis, den gesuchten Querschnitt der Biegezugbewehrung (**Abb. 7.12**). Der bezogene Hebelarm der inneren Kräfte ζ (**Abb. 7.13**), der umgekehrt proportional zur erforderlichen Biegezugbewehrung ist[19], unterscheidet sich nur bei geringer Beanspruchung μ_{Eds} je nach Grenzdehnung ε_s, bei höherer Beanspruchung ist er unabhängig von der Grenzdehnung.

Die bezogene Druckzonenhöhe ξ unterscheidet sich für geringere Beanspruchungen zwar stärker. Diese wird jedoch bei derartigen geringen Beanspruchungen nicht bemessungsrelevant.

Druckglieder weisen Stauchungen bzw. Dehnungen der Bereiche 4 und 5 (**Abb. 7.5**) auf. Kennzeichen von EC 2-1-1, Tabelle 3.1 ist hierbei, dass die Randstauchung ε_{cu2} im Bereich 5 für Hochleistungsbeton auf unterschiedliche Werte je nach Festigkeitsklasse zu begrenzen ist (vgl. **Tafel 2.6**). Dies führt zu unterschiedlichen Drehpunkten C (**Abb. 7.11**). Bemessungshilfsmittel werden daher (für die höherfesten Festigkeitsklassen) von der Druckfestigkeit abhängig. Die zu-

[19] Dies wird auf S. 148 über Gl. (7.57) deutlich werden.

lässige Erhöhung der Stauchung ε_{c2} bei Normalbeton auf 2,2 ‰ bei einer Druckraft mit Ausmitten $e_d/h \leq 0{,}1$ führt dazu, dass der Bewehrungsstahl B500 die Fließgrenze erreicht (vgl. Gl. (2.32)).

$$\sigma_{sd} = E_s \cdot \varepsilon_s = 200000 \cdot |(-0{,}0022)| = |-440| \frac{N}{mm^2} > 434{,}7 \frac{N}{mm^2} = f_{yd} \quad (7.25)$$

7.5 Biegebemessung von Querschnitten mit rechteckiger Druckzone für einachsige Biegung

7.5.1 Grundlegende Zusammenhänge für die Erstellung von Bemessungshilfen

Die innerhalb eines Stahlbetonquerschnittes zugelassenen Stauchungen und Dehnungen wurden in **Abb. 7.5** dargestellt. Verzerrungen und Spannungen werden über die Werkstoffgesetze für Beton (**Abb. 2.6**) und Betonstahl (**Abb. 2.15**) gekoppelt. Sofern ein beliebiges Dehnungsverhältnis gewählt wird, sind somit die Spannungen bekannt, und die bei diesem Verzerrungszustand aufnehmbaren inneren Schnittgrößen (= Bauteilwiderstand) können durch Integration der Spannungen bestimmt werden. Die allgemeine Situation ist für einen Rechteckquerschnitt mit realen Abmessungen und zusätzlich für einen normierten Querschnitt der Breite und der statischen Höhe 1 in **Abb. 7.13** dargestellt.

Die grundlegenden Beziehungen hierzu werden im Folgenden entwickelt, wobei jeweils links die Gleichungen für einen realen Querschnitt stehen, an dem die einzelnen Schritte anschaulich nachvollzogen werden können. Rechts daneben stehen die äquivalenten Gleichungen für einen normierten Querschnitt beliebiger Betonfestigkeitsklasse. Diese Gleichungen sind allgemeingültig (für einen Querschnitt mit rechteckiger Druckzone).

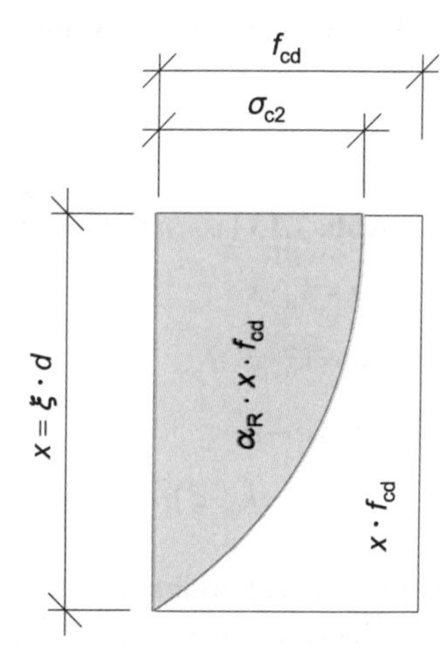

Abb. 7.14 Völligkeitsbeiwert für Beton α_R

Die innere Betondruckkraft F_{cd} wird bestimmt, indem die Betondruckspannungen σ_{cd} über die Höhe der Druckzone integriert werden. Der Beiwert α_R kennzeichnet geometrisch einen Völligkeitsbeiwert ($\alpha_R < 1$). Er beschreibt, wie groß die Spannungsfläche (= Druckkraft) bei dem gewählten Verzerrungsverhältnis im Vergleich zu einer rechteckigen Spannungsfläche mit der Maximalordinate f_{cd} ist (**Abb. 7.14**).

$$F_{cd} = \int_0^x \sigma_{cd} \cdot b \cdot dz \quad (7.26)$$

$$F_{cd} = \alpha_R \cdot b \cdot x \cdot f_{cd} \quad (7.27)$$

Wenn in Gl. (7.27) die bezogene Höhe der Druckzone nach Gl. (7.23) eingeführt wird, erhält man:

$$F_{cd} = \alpha_R \cdot b \cdot \xi \cdot d \cdot f_{cd} \quad (7.28) \qquad \frac{F_{cd}}{b \cdot d \cdot f_{cd}} = \xi \cdot \alpha_R \quad (7.29)$$

Der Bauteilwiderstand ergibt sich aus der Identitätsbedingung für das Biegemoment um einen beliebigen Punkt (z. B. um den Schwerpunkt der Bewehrung):

$$M_{Rds} \equiv F_{cd} \cdot z \quad (7.30)$$

$$M_{Eds} \overset{!}{=} M_{Rds}$$

$$M_{Eds} = F_{cd} \cdot z \quad (7.31) \qquad \frac{M_{Eds}}{b \cdot d^2 \cdot f_{cd}} = \frac{F_{cd}}{b \cdot d \cdot f_{cd}} \cdot \frac{z}{d} \quad (7.32)$$

Die linke Seite von Gl. (7.32) stellt das bezogene Moment in Höhe der Schwerachse der gesuchten Bewehrung dar, wie es mit Gl. (7.21) definiert wurde.

$$\mu_{Eds} = \frac{F_{cd}}{b \cdot d \cdot f_{cd}} \cdot \frac{z}{d} \quad (7.33)$$

Aus **Abb. 7.13** lassen sich für den inneren Hebelarm die nachfolgenden Beziehungen finden:

$$a = k_a \cdot x \quad (7.34) \text{ mit Gl. (7.23)}$$

$$a = k_a \cdot \xi \cdot d \quad (7.35)$$

$$z = d - a \quad (7.36) \text{ mit Gl. (7.34)}$$

$$z = (1 - k_a \cdot \xi) \cdot d = \zeta \cdot d \quad (7.37)$$

Mit Gl. (7.37) ergibt sich hieraus unter Verwendung von Gl. (7.28) bzw. in allgemeiner Form aus Gl. (7.32) analog zu Gl. (7.37):

$$M_{Eds} = \alpha_R \cdot b \cdot \xi \cdot d \cdot f_{cd} \cdot (1 - k_a \cdot \xi) \cdot d \qquad \mu_{Eds} = \frac{\alpha_R \cdot b \cdot \xi \cdot d \cdot f_{cd}}{b \cdot d \cdot f_{cd}} \cdot \frac{(1 - k_a \cdot \xi) \cdot d}{d}$$

$$M_{Eds} = \alpha_R \cdot \xi \cdot (1 - k_a \cdot \xi) \cdot b \cdot d^2 \cdot f_{cd} \quad (7.38) \qquad \mu_{Eds} = \alpha_R \cdot \xi \cdot \zeta \quad (7.39)$$

Aus den Gln. ist deutlich ersichtlich, dass das (bezogene) Moment bestimmt werden kann, denn ξ, ζ, und α_R sind bei einem vorgegebenen Verzerrungsverhältnis bekannt. Weiterhin ergibt sich aus der Identitätsbedingung für die Längskräfte (**Abb. 7.13**):

$$N_{Rd} \equiv F_{sd} - F_{cd} \quad (7.40)$$

$$N_{Ed} \overset{!}{=} N_{Rd}$$

$$F_{sd} = F_{cd} + N_{Ed} \quad (7.41) \qquad \frac{F_{sd}}{b \cdot d \cdot f_{cd}} = \frac{F_{cd}}{b \cdot d \cdot f_{cd}} + \frac{N_{Ed}}{b \cdot d \cdot f_{cd}} \quad (7.42)$$

Der zweite Summand in Gl. (7.42) wird als bezogene Längskraft ν_{Ed} definiert

$$\nu_{Ed} = \frac{N_{Ed}}{b \cdot d \cdot f_{cd}} \tag{7.43}$$

$$\frac{F_{sd}}{b \cdot d \cdot f_{cd}} = \frac{F_{cd}}{b \cdot d \cdot f_{cd}} + \nu_{Ed}$$

Mit Gl. (7.41) erhält man unter Verwendung von Gl. (7.31):

$$F_{sd} = \frac{M_{Eds}}{z} + N_{Ed} \tag{7.44}$$

$$\frac{F_{sd}}{b \cdot d \cdot f_{cd}} = \xi \cdot \alpha_R + \nu_{Ed} \tag{7.45}$$

Gl. (7.45) kann unter Verwendung von Gl. (7.39) auch geschrieben werden:

$$\frac{F_{sd}}{b \cdot d \cdot f_{cd}} = \frac{\mu_{Eds}}{\zeta} + \nu_{Ed}$$

$$F_{sd} = \sigma_{sd} \cdot A_s \tag{7.46}$$

$$A_s = \frac{1}{\sigma_{sd}} \cdot \left(\frac{M_{Eds}}{z} + N_{Ed} \right) \tag{7.47}$$

$$\frac{A_s}{b \cdot d \cdot f_{cd}} = \frac{1}{\sigma_{sd}} \cdot \left(\frac{\mu_{Eds}}{\zeta} + \nu_{Ed} \right) \tag{7.48}$$

Aus den Gln. (7.47) und (7.48) ist ersichtlich, dass die Bewehrung bestimmt werden kann, denn σ_{sd} und z hängen nur vom gewählten Verzerrungsverhältnis ab. Da die Gln. (7.39) und (7.48) vollkommen unabhängig von den Bauteilabmessungen und der Betonfestigkeitsklasse sind, wurde damit ein Weg beschrieben, der allgemeingültig ist. Wenn diese Gln. für alle zulässigen Verzerrungsverhältnisse ausgewertet werden, ergeben sich jeweils das aufnehmbare Biegemoment und die zugehörige erforderliche Bewehrung. Auf diese Weise können die in den folgenden Abschnitten dargestellten grafischen oder numerischen Bemessungshilfsmittel entwickelt werden. Für die numerischen Bemessungshilfsmittel wird jeweils ein dimensionsechtes und ein dimensionsgebundenes Verfahren vorgestellt. Dimensionsgebundene Verfahren haben den Nachteil, dass innerhalb der Gleichungen festgelegte Dimensionen verwendet werden müssen, sodass sie für Computeranwendungen schlecht geeignet sind. Sie haben jedoch den Vorteil, dass die Tabellenwerte so gestaffelt sind, dass auf Interpolationen verzichtet werden kann und sind damit für Handrechnungen besser geeignet und eine gute Grundlage für Vorbemessungen (→ Kap. 7.8).

Beispiel 7.1: Biegebemessung eines Rechteckquerschnitts (für ein positives Moment) mit einem dimensionslosen Verfahren

Gegeben:
- Verhältnis der Randverzerrungen $\varepsilon_{c2}/\varepsilon_{s1} = -2{,}0/25$ ‰
- Werkstoffgesetz für Beton: Parabel-Rechteck-Diagramm
- Werkstoffgesetz für Betonstahl: bilinear ohne Ausnutzung des Verfestigungsbereiches
- Rechteckquerschnitt $b/h/d$ = 25/75/66,6 cm
- Baustoffe C30/37 (Ortbeton); B500
- $N_{Ed} = 0$

Gesucht:
- Höhe der Betondruckzone
- Hebelarm der inneren Kräfte
- Bezogenes Moment M_{Eds}
- Erforderliche Biegezugbewehrung

Lösung:

$\gamma_S = 1{,}15$

(2.33): Grundkombination

Für $\varepsilon_{s1} = 25$ ‰ hat die Stahlspannung die Fließgrenze erreicht.

$$f_{yd} = \frac{500}{1{,}15} = 435 \text{ N/mm}^2$$

(2.36): $f_{yd} = \dfrac{f_{yk}}{\gamma_S}$

$\gamma_C = 1{,}50$

(2.18): Grundkombination und Ortbeton

$$f_{cd} = \frac{0{,}85 \cdot 30}{1{,}50} = 17 \text{ N/mm}^2$$

(2.17): $f_{cd} = \dfrac{\alpha_{cc} \cdot f_{ck}}{\gamma_C}$

$$\alpha_R = \frac{2}{3}$$ [20]

Für $\varepsilon_{c2} = -2{,}0$ ‰ ist die Parabel gerade voll entwickelt. Hierfür ist der Völligkeitsbeiwert bekannt.

$$x = \frac{2}{2+25} \cdot 66{,}6 = 4{,}93 \text{ cm}$$

$x = \dfrac{|\varepsilon_{c2}|}{|\varepsilon_{c2}| + \varepsilon_s} \cdot d$ (Strahlensatz)

$$\xi = \frac{4{,}93}{66{,}6} = \underline{\underline{0{,}074}}$$ [20]

(7.23): $\xi = \dfrac{x}{d}$

$$k_a = \frac{3}{8}$$ [20]

Für $\varepsilon_{c2} = -2{,}0$ ‰ ist die Parabel gerade voll entwickelt. Hierfür ist der Schwerpunkt bekannt, in dem die Kraft F_{cd} angreift.

$$z = \left(1 - \frac{3}{8} \cdot 0{,}074\right) \cdot 66{,}6 = 64{,}8 \text{ cm}$$

(7.37): $z = (1 - k_a \cdot \xi) \cdot d$

$$\zeta = \frac{64{,}8}{66{,}6} = \underline{\underline{0{,}972}}$$ [20]

(7.22): $\zeta = \dfrac{z}{d}$

[20] Die Richtigkeit des Ergebnisses kann mit dem allgemeinen Bemessungsdiagramm (**Abb. 7.15**) überprüft werden.

$\mu_{Eds} = \frac{2}{3} \cdot 0{,}074 \cdot 0{,}972 = \underline{\underline{0{,}048}}$ [20]

(7.39): $\mu_{Eds} = \alpha_R \cdot \xi \cdot \zeta$

$F_{cd} = 0{,}25 \cdot 0{,}0493 \cdot \frac{2}{3} \cdot 17 = 0{,}140 \text{ MN}$

(7.27): $F_{cd} = \alpha_R \cdot b \cdot x \cdot f_{cd}$

$M_{Eds} = 0{,}074 \cdot \left(1 - \frac{3}{8} \cdot 0{,}074\right) \cdot 0{,}25 \cdot 0{,}666^2 \cdot \frac{2}{3} \cdot 17 = \underline{\underline{0{,}0904 \text{ MNm}}}$

(7.38): $M_{Eds} = \xi \cdot (1 - k_a \cdot \xi) \cdot b \cdot d^2 \cdot \alpha_R \cdot f_{cd}$

$A_s = \frac{1}{435} \cdot \left(\frac{0{,}0904}{0{,}648} + 0\right) = 3{,}21 \cdot 10^{-4} \text{ m}^2 = \underline{\underline{3{,}21 \text{ cm}^2}}$

(7.47): $A_s = \frac{1}{\sigma_{sd}} \cdot \left(\frac{M_{Eds}}{z} + N_{Ed}\right)$

7.5.2 Bemessung mit einem dimensionslosen Verfahren [21]

Auf Basis der zuvor gezeigten Ableitung wird die in **Tafel 7.2** wiedergegebene Bemessungstabelle berechnet. Als Werkstoffgesetz für den Beton wird das Parabel-Rechteck-Diagramm nach **Abb. 2.6** verwendet. Die Formänderungskennwerte ε_{c2} und ε_{cu2} sind nur für normalfeste Betonfestigkeitsklassen bis C50/60 identisch. Hinsichtlich des Werkstoffgesetzes für den Stahl bestehen zwei Möglichkeiten: Der Verfestigungsbereich kann ausgenutzt werden (**Tafel 7.1**, **Tafel 7.2**) oder, wie in **Abb. 2.15** angedeutet, vernachlässigt werden. Der mechanische Bewehrungsgrad ω unterscheidet sich bei großen Stahldehnungen (25 ‰) um das Verhältnis $f_{tk,cal} / f_{yk} = 525/500 = 1{,}05$.

Bemessungstabellen werden für die praktische Bauteilbemessung folgendermaßen benutzt: Es ist zunächst (siehe **Tafel 7.1** oder **Tafel 7.2**) das nach Gl. (7.21) ermittelte bezogene Moment zu suchen.

Da im Regelfall ein Wert ermittelt wird, der zwischen zwei vertafelten Zeilen liegt, ist der ungünstigere (= untere Zeile) zu wählen, falls nicht interpoliert wird. Aus dieser Zeile werden die gesuchten Größen ω [22], ζ und ξ abgelesen.

Tafel 7.1: $\omega = \frac{A_s \cdot \sigma_{sd} - N_{Ed}}{b \cdot d \cdot f_{cd}}$ (7.49) $A_s = \frac{\omega \cdot b \cdot d \cdot f_{cd} + N_{Ed}}{\sigma_{sd}}$ (7.50)

Tafel 7.2: $\omega = \frac{A_s \cdot f_{yd}}{b \cdot d \cdot f_{cd}} - \frac{N_{Ed}}{\sigma_{sd}}$ (7.51) $A_s = \frac{\omega \cdot b \cdot d \cdot f_{cd}}{f_{yd}} + \frac{N_{Ed}}{\sigma_{sd}}$ (7.52)

Weitere Möglichkeit, z. B. **Tafel 7.6**: $\omega = \frac{A_s \cdot f_{yd} - N_{Ed}}{b \cdot d \cdot f_{cd}}$ (7.53) $A_s = \frac{\omega \cdot b \cdot d \cdot f_{cd} + N_{Ed}}{f_{yd}}$ (7.54)

---

[21] Eine andere übliche Bezeichnungsweise ist „dimensionsechtes Verfahren".

[22] Insbesondere beim ω-Wert ist zu beachten, wie die Gl. formuliert wurde (→ Gln (7.49), (7.51) und (7.53)).

Tafel 7.1 **Bemessungstabelle mit dimensionslosen Beiwerten** (für B500 und Betonfestigkeitsklassen ≤ C50/60 sowie C100/115 mit Ausnutzen des Verfestigungsbereiches)

		C12/15 bis C50/60					C100/115				
	μ_{Eds}	ω	ζ	ξ	σ_{sd} MPa	$-\varepsilon_{c2}/\varepsilon_{s1}$ ‰	ω	ζ	ξ	σ_{sd} MPa	$-\varepsilon_{c2}/\varepsilon_{s1}$ ‰
Bereich 2	0,01	0,0101	0,990	0,030	457	0,77/25,00	0,0101	0,987	0,039	457	1,02/25,00
	0,02	0,0203	0,985	0,044	457	1,15/25,00	0,0204	0,981	0,056	457	1,48/25,00
	0,03	0,0306	0,980	0,055	457	1,46/2500	0,0307	0,976	0,069	457	1,85/25,00
	0,04	0,0410	0,976	0,066	457	1,76/25,00	0,0412	0,972	0,081	457	2,19/25,00
	0,05	0,0515	0,971	0,076	457	2,06/25,00	0,0517	0,968	0,091	457	2,50/25,00
	0,06	0,0621	0,967	0,086	457	2,37/25,00	0,0624	0,962	0,107	453	2,60/21,72
	0,07	0,0728	0,962	0,097	457	2,68/25,00	0,0732	0,956	0,126	450	2,60/18,11
	0,08	0,0836	0,957	0,107	457	3,01/25,00	0,0843	0,949	0,145	447	2,60/15,39
	0,09	0,0946	0,951	0,118	457	3,35/25,00	0,0955	0,942	0,164	445	2,60/13,28
Bereich 3	0,10	0,1058	0,946	0,131	455	3,50/23,29	0,1069	0,935	0,183	444	2,60/11,59
	0,11	0,1170	0,940	0,145	452	3,50/20,71	0,1185	0,928	0,203	442	2,60/10,20
	0,12	0,1285	0,934	0,159	450	3,50/18,55	0,1303	0,921	0,223	441	2,60/9,04
	0,13	0,1401	0,928	0,173	448	3,50/16,73	0,1422	0,914	0,244	440	2,60/8,06
	0,14	0,1519	0,922	0,188	447	3,50/15,16	0,1544	0,907	0,265	440	2,60/7,22
	0,15	0,1638	0,916	0,202	446	3,50/13,80	0,1668	0,899	0,286	439	2,60/6,49
	0,16	0,1759	0,910	0,217	445	3,50/12,61	0,1795	0,891	0,308	438	2,60/5,85
	0,17	0,1882	0,903	0,233	444	3,50/11,56	0,1924	0,884	0,330	438	2,60/5,28
	0,18	0,2007	0,897	0,248	443	3,50/10,62	0,2056	0,876	0,352	437	2,60/4,78
	0,19	0,2134	0,890	0,264	442	3,50/9,78	0,2190	0,867	0,375	437	2,60/4,32
	0,20	0,2263	0,884	0,280	441	3,50/9,02	0,2328	0,859	0,399	436	2,60/3,92
	0,21	0,2395	0,877	0,296	441	3,50/8,33	0,2469	0,851	0,423	436	2,60/3,54
	0,22	0,2529	0,870	0,312	440	3,50/7,71	0,2613	0,842	0,448	435	2,60/3,20
	0,23	0,2665	0,863	0,329	440	3,50/7,13	0,2761	0,833	0,473	435	2,60/2,89
	0,24	0,2804	0,856	0,346	439	3,50/6,61	0,2914	0,824	0,499	435	2,60/2,61
	0,25	0,2946	0,849	0,364	439	3,50/6,12	0,3070	0,814	0,526	435	2,60/2,34
	0,26	0,3091	0,841	0,382	438	3,50/5,67	0,3232	0,804	0,554	419	2,60/2,09
	0,27	0,3239	0,834	0,400	438	3,50/5,25	0,3399	0,794	0,583	372	2,60/1,86
	0,28	0,3391	0,826	0,419	437	3,50/4,86	0,3572	0,784	0,612	329	2,60/1,65
	0,29	0,3546	0,818	0,438	437	3,50/4,49	0,3752	0,773	0,643	289	2,60/1,44
	0,30	0,3706	0,810	0,458	437	3,50/4,15	0,3939	0,762	0,675	250	2,60/1,25
	0,31	0,3869	0,801	0,478	436	3,50/3,82	0,4134	0,750	0,709	214	2,60/1,07
	0,32	0,4038	0,793	0,499	436	3,50/3,52	0,4339	0,737	0,744	179	2,60/0,90
	0,33	0,4211	0,784	0,520	436	3,50/3,23	0,4556	0,724	0,781	146	2,60/0,73
	0,34	0,4391	0,774	0,542	436	3,50/2,95	0,4786	0,710	0,820	114	2,60/0,57
	0,35	0,4576	0,765	0,565	435	3,50/2,69	0,5032	0,696	0,863	83	2,60/0,41
	0,36	0,4768	0,755	0,589	435	3,50/2,44					
	0,37	0,4968	0,745	0,614	435	3,50/2,20					
Ber. 4	0,38	0,5177	0,734	0,640	394	3,50/1,97					
	0,39	0,5396	0,723	0,667	350	3,50/1,75					
	0,40	0,5627	0,711	0,695	307	3,50/1,54					

Tafel 7.2 Dimensionsgebundene und dimensionslose Bemessungstabellen
(für B500 und Betonfestigkeitsklassen ≤ C50/60 mit Ausnutzen des Verfestigungsbereiches nach [Krings – 01])

	Dimensionslose Beiwerte			Bis C50/60					Dimensionsbehaftete Beiwerte		
	μ_{Eds}	ω bzw. ω_1	ω_2	ξ	ζ	δ	$\varepsilon_{c2}/\varepsilon_{s1}$ in ‰	σ_{s1} in N/mm²	k_{dc}	k_{s1}	k_{s2}
ohne Druckbewehrung	0,02	0,019		0,044	0,98	0,700	1,15 / 25,00	457	22,36	2,22	
	0,04	0,039		0,066	0,98	0,700	1,76 / 25,00	457	15,81	2,24	
	0,06	0,059		0,086	0,97	0,700	2,37 / 25,00	457	12,91	2,27	
	0,08	0,080		0,107	0,96	0,706	3,01 / 25,00	457	11,18	2,29	
	0,10	0,101		0,131	0,95	0,718	3,50 / 23,30	455	10,00	2,32	
	0,12	0,124		0,159	0,93	0,731	3,50 / 18,55	450	9,13	2,38	
	0,14	0,148	0	0,188	0,92	0,750	3,50 / 15,16	447	8,45	2,43	0
	0,16	0,172		0,217	0,91	0,770	3,50 / 12,61	445	7,91	2,47	
	0,18	0,197		0,248	0,90	0,793	3,50 / 10,62	443	7,45	2,52	
	0,20	0,223		0,280	0,88	0,817	3,50 / 9,02	441	7,07	2,56	
	0,22	0,250		0,313	0,87	0,845	3,50 / 7,70	440	6,74	2,61	
	0,24	0,278		0,347	0,86	0,877	3,50 / 6,60	439	6,45	2,66	
	0,26	0,307		0,382	0,84	0,914	3,50 / 5,67	438	6,20	2,71	
	0,28	0,337		0,419	0,83	0,958	3,50 / 4,85	437	5,98	2,77	
	0,296	0,363	0	0,45	0,81	1	3,50 / 4,278	437	5,81	2,82	0
mit Druckbewehrung	0,30	0,367	0,004						5,77	2,81	0,03
	0,32	0,387	0,025						5,59	2,78	0,18
	0,34	0,408	0,045						5,42	2,76	0,31
	0,36	0,428	0,066						5,27	2,74	0,42
	0,38	0,449	0,086						5,13	2,72	0,52
	0,40	0,469	0,107						5,00	2,70	0,62
	0,42	0,490	0,128						4,88	2,68	0,70
	0,44	0,510	0,148						4,77	2,67	0,78
	0,46	0,531	0,169						4,66	2,65	0,84
	0,48	0,551	0,190	0,45	0,81	1	3,50 / 4,278	437	4,56	2,64	0,91
	0,50	0,572	0,210						4,47	2,63	0,97
	0,52	0,592	0,231						4,39	2,62	1,02
	0,54	0,613	0,251						4,30	2,61	1,07
	0,56	0,633	0,272						4,23	2,60	1,12
	0,58	0,654	0,293						4,15	2,59	1,16
	0,60	0,674	0,313						4,08	2,59	1,20
	0,62	0,695	0,334						4,02	2,58	1,24
	0,64	0,716	0,355						3,95	2,57	1,27
	0,66	0,736	0,375						3,89	2,57	1,31
	0,68	0,757	0,396						3,83	2,56	1,34
	0,70	0,777	0,416	0,45	0,81	1	3,50 / 4,278	437	3,78	2,55	1,37

Mit dem Ergebnis nach Gl. (7.50) (bzw. (7.52) und (7.54)) werden aus **Tafel 4.1** der Durchmesser und die Stabanzahl gewählt, sodass Gl. (7.55) erfüllt ist.

$$A_{s,vorh} \geq A_{s,erf} \tag{7.55}$$

In **Tafel 7.2** ist im rechten Teil die Bemessungstabelle für das dimensionsgebundene Verfahren (→ Kap. 7.5.3) wiedergegeben. Über die für beide Verfahren geltenden Dehnungsverhältnisse in der Tabellenmitte ist deutlich die gegenseitige Zuordnung zu erkennen. Der untere Teil von **Tafel 7.2** (mit Druckbewehrung) wird in Kap. 7.5.5 erläutert.

Beispiel 7.2: Biegebemessung eines Rechteckquerschnittes mit einem dimensionslosen Verfahren (Biegung und Längszugkraft)

Gegeben:
- Außenbauteil
- Rechteckquerschnitt b/h = 25/75 cm
- Schnittgrößen M_{Ed} = 565 kNm; N_{Ed} = 200 kN
- Baustoffe C30/37 (Ortbeton); B500

Gesucht:
- Erforderliche Biegezugbewehrung
- Verhältnis der Randverzerrungen
- Höhe der Betondruckzone
- Hebelarm der inneren Kräfte

Lösung:

Umweltklasse für Bewehrungskorrosion: XC4	**Tafel 2.1**: für Außenbauteil
Umweltklasse für Betonangriff: XF1	
XC4: C25/30 XF1: C25/30 < C30/37	**Tafel 2.3**: Gewählte Festigkeitsklasse des Betons darf nicht unter der Mindestfestigkeitsklasse liegen.
$c_{min} = 25$ mm	**Tafel 3.1**: Umweltklasse XC4
$\Delta c_{dev} = 15$ mm	Vorhaltemaß für Umweltklasse XC4
$c_{nom} = 25 + 15 = 40$ mm	(3.1): $c_{nom} = c_{min} + \Delta c_{dev}$
	Es wird angenommen, dass eine 2-lagige Bewehrung erforderlich ist.
est $d = 75 - 7{,}5 = 67{,}5$ cm	(7.8): est $d = h - (4 \text{ bis } 10)$
$z_s = 67{,}5 - \frac{75}{2} = 30$ cm	(7.7): $z_s = d - \frac{h}{2}$
$M_{Eds} = 565 - 200 \cdot 0{,}30 = 505$ kNm	(7.5): $M_{Eds} = \lvert M_{Ed} \rvert - N_{Ed} \cdot z_s$
$\gamma_C = 1{,}50$	(2.18): Grundkombination und Ortbeton
$f_{cd} = \frac{0{,}85 \cdot 30}{1{,}50} = 17$ N/mm²	(2.17): $f_{cd} = \frac{\alpha_{cc} \cdot f_{ck}}{\gamma_C}$
$\mu_{Eds} = \frac{0{,}505}{0{,}25 \cdot 0{,}675^2 \cdot 17} = 0{,}26$	(7.21): $\mu_{Eds} = \frac{M_{Eds}}{b \cdot d^2 \cdot f_{cd}}$
$\varepsilon_{c2} / \varepsilon_s = -3{,}50 / 5{,}67$ ‰	**Tafel 7.1**

$\omega = 0,3091$; $\zeta = 0,841$; $\xi = 0,382$; $\sigma_{sd} = 438$ N/mm²

$x = 0,382 \cdot 67,5 = \underline{\underline{25,8 \text{ cm}}}$ — (7.24): $x = \xi \cdot d$

$z = 0,841 \cdot 67,5 = \underline{\underline{56,8 \text{ cm}}}$ — (7.37): $z = \zeta \cdot d$

$$A_s = \frac{0,3091 \cdot 0,25 \cdot 0,675 \cdot 17 + 0,200}{438} \cdot 10^4 = \underline{\underline{24,8 \text{ cm}^2}}$$

(7.50): $A_s = \dfrac{\omega \cdot b \cdot d \cdot f_{cd} + N_{Ed}}{\sigma_{sd}}$

gew: 2 ∅28 + 3 ∅25 mit

1. Lage 2 ∅28 + 1 ∅25; 2. Lage 2 ∅25

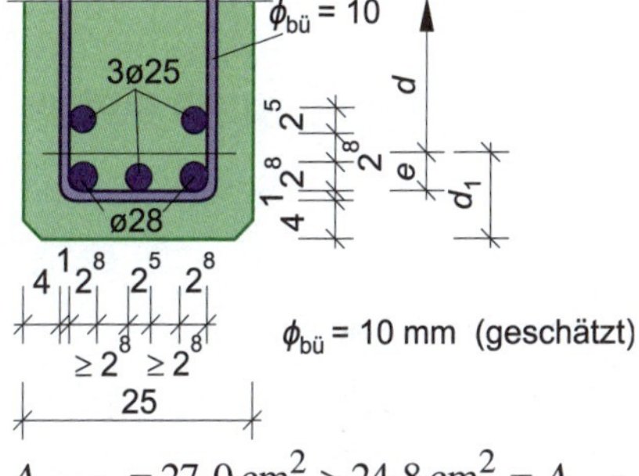

Bewehrungswahl unter Berücksichtigung des Mindestmaßes der lichten Stababstände nach Gl. (4.1), des Bügeldurchmessers $\phi_{bü}$ und der Betondeckung

$A_{s,vorh} = 27,0 \text{ cm}^2 > 24,8 \text{ cm}^2 = A_{s,erf}$ — (7.55): $A_{s,vorh} \geq A_{s,erf}$

max $\phi = \varnothing\, 28 \Rightarrow n = 3$ — **Tafel 4.1**: Größte Anzahl von Stäben in einer Lage für max ϕ

$$e = \frac{2 \cdot 6,16 \cdot \frac{2,8}{2} + 4,91 \cdot \frac{2,5}{2} + 2 \cdot 4,91 \cdot \left(2 \cdot 2,8 + \frac{2,5}{2}\right)}{2 \cdot 6,16 + 3 \cdot 4,91}$$

$= 3,4$ cm

(7.10): $e = \dfrac{\sum_i A_{si} \cdot e_i}{\sum_i A_{si}}$

$d = 75 - 4,0 - 1,0 - 3,4 = 66,6 \text{ cm} < 67,5 \text{ cm} = \text{est } d$ — (7.9): $d = h - c_v - \phi_{bü} - e$

$$A_{s,erf} \approx 24,8 \cdot \frac{67,5}{66,6} = 25,1 \text{ cm}^2$$

(7.14): $A_{s,erf} \approx A_s \cdot \dfrac{d_{alt}}{d_{neu}}$

$A_{s,vorh} = 27,0 \text{cm}^2 > 25,1 \text{cm}^2 = A_{s,erf}$ — (7.55): $A_{s,vorh} \geq A_{s,erf}$

(Fortsetzung mit Beispiel 7.15)

Beispiel 7.3: Biegebemessung eines Rechteckquerschnittes mit einem dimensionslosen Verfahren (Biegung und Längsdruckkraft)

Gegeben:
- Außenbauteil
- Rechteckquerschnitt b/h = 25/75 cm
- Schnittgrößen M_{Ed} = 400 kNm; N_{Ed} = −200 kN
- Baustoffe C30/37 (Ortbeton); B500

Gesucht:
- Erforderliche Biegezugbewehrung
- Verhältnis der Randverzerrungen
- Höhe der Betondruckzone
- Hebelarm der inneren Kräfte

Lösung:

est $d = 68{,}5$ cm	analog zu Beispiel 7.2
$z_s = 68{,}5 - \frac{75}{2} = 31{,}0$ cm	(7.7): $z_s = d - \frac{h}{2}$
Die Längskraft ist vorzeichenbehaftet einzusetzen: $M_{Eds} = 400 + 200 \cdot 0{,}31 = 462$ kNm	(7.5): $M_{Eds} = \lvert M_{Ed} \rvert - N_{Ed} \cdot z_s$
$\mu_{Eds} = \frac{0{,}462}{0{,}25 \cdot 0{,}685^2 \cdot 17} = 0{,}232$	(7.21): $\mu_{Eds} = \frac{M_{Eds}}{b \cdot d^2 \cdot f_{cd}}$
$\varepsilon_{c2} / \varepsilon_s = -3{,}50/6{,}61$ ‰; $\zeta = 0{,}856$; $\xi = 0{,}346$; $\omega = 0{,}2804$; $\sigma_{sd} = 439$ N/mm²	**Tafel 7.1**:
$x = 0{,}346 \cdot 68{,}5 = \underline{\underline{23{,}7 \text{ cm}}}$	(7.24): $x = \xi \cdot d$
$z = 0{,}856 \cdot 68{,}5 = \underline{\underline{58{,}6 \text{ cm}}}$	(7.37): $z = \zeta \cdot d$
$A_s = \frac{0{,}2804 \cdot 0{,}25 \cdot 0{,}685 \cdot 17 - 0{,}200}{439} \cdot 10^4 = \underline{\underline{14{,}0 \text{ cm}^2}}$	(7.50): $A_s = \frac{\omega \cdot b \cdot d \cdot f_{cd} + N_{Ed}}{\sigma_{sd}}$
gew: 3 ∅25	**Tafel 4.1**:
$A_{s,vorh} = 14{,}7 \text{ cm}^2 > 14{,}0 \text{ cm}^2 = A_{s,erf}$	(7.55): $A_{s,vorh} \geq A_{s,erf}$
$\phi = \varnothing 25 \Rightarrow n = 3$	**Tafel 4.1**: Größte Anzahl von Stäben in einer Lage für max ϕ
$e = \frac{2{,}5}{2} = 1{,}3$ cm	(7.11): $e = \frac{\phi}{2}$
$d = 75 - 4{,}0 - 1{,}0 - 1{,}3 = 68{,}7 \text{ cm} \approx 68{,}5 \text{ cm} = \text{est } d$	(7.9): $d = h - c_v - \phi_{bü} - e$ (Fortsetzung mit Beispiel 7.15)

Beispiel 7.4: Biegebemessung eines Rechteckquerschnittes mit einem dimensionslosen Verfahren (negatives Moment)

Gegeben:
- Außenbauteil
- Rechteckquerschnitt b/h = 25/75 cm
- Schnittgrößen $M_{Ed} = -565$ kNm; $N_{Ed} = 200$ kN
- Baustoffe C30/37 (Ortbeton); B500

Gesucht: Erforderliche Biegezugbewehrung

Lösung:

Die Aufgabe ist bis auf die negativen Vorzeichen der Biegemomente identisch mit Beispiel 7.2. Es zeigt an, dass die Zugzone oben liegt. Demzufolge ist die Biegezugbewehrung oben einzulegen. Der Lösungsweg ist derselbe wie bei Beispiel 7.2. Um eine Rüttelgasse zu ermöglichen, wird eine andere Bewehrungsanordnung gewählt.

gew: 4 ∅28 mit 1. Lage 2 ∅28; 2. Lage 2 ∅28

$A_{s,vorh} = 24,6\,\text{cm}^2 \approx 25,1\,\text{cm}^2 = A_{s,erf}$

Tafel 4.1
(7.55): $A_{s,vorh} \geq A_{s,erf}$

Eine geringfügige Unterschreitung des erforderlichen Bewehrungsquerschnittes bis zu 3 % ist tolerierbar, da alle Rechenergebnisse mit Rundungsfehlern behaftet sind und 3 % als Rechenungenauigkeit angesehen werden.

Beispiel 7.5: Biegebemessung eines Wasserbehälters (Fortsetzung von Beispiel 6.1)

Gegeben:
- Außenbauteil (Wand auf Behälterseite mit Abdichtung)
- Baustoffe C30/37 (Ortbeton); B500

Gesucht:
- Erforderliche Biegezugbewehrung

Lösung:

Umweltklasse für Bewehrungskorrosion: XC4
Umweltklasse für Betonangriff: XF1
XC4: C25/30
XF1: C25/30 < C30/37

Tafel 2.1: Außenbauteil

Tafel 2.3: Gewählte Festigkeitsklasse des Betons darf nicht unter der Mindestfestigkeitsklasse liegen.

$c_{min} = 25$ mm — **Tafel 3.1**: Umweltklasse XC4

$\Delta c_{dev} = 15$ mm — Vorhaltemaß für Umweltklasse XC4

$c_{nom} = 25 + 15 = 40$ mm — (3.1): $c_{nom} = c_{min} + \Delta c_{dev}$

est $d = 20 - 4,5 = 15,5$ cm — (7.8): est $d = h - (4 \text{ bis } 10)$

$z_s = 15,5 - \frac{20}{2} = 5,5$ cm — (7.7): $z_s = d - \frac{h}{2}$

$M_{Eds} = 35,1 + 12,5 \cdot 0,055 = 35,8$ kNm — (7.5): $M_{Eds} = |M_{Ed}| - N_{Ed} \cdot z_s$

$\mu_{\mathrm{Eds}} = \dfrac{0{,}0358}{1{,}0 \cdot 0{,}155^2 \cdot 17} = 0{,}0877$ — (7.21): $\mu_{\mathrm{Eds}} = \dfrac{M_{\mathrm{Eds}}}{b \cdot d^2 \cdot f_{\mathrm{cd}}}$

$\omega = 0{,}088$; $\sigma_{\mathrm{sd}} \approx 457$ N/mm² — **Tafel 7.2**: interpoliert

$A_s = \left(\dfrac{0{,}088 \cdot 1{,}0 \cdot 0{,}155 \cdot 17}{435} - \dfrac{0{,}0125}{457} \right) \cdot 10^4 = \underline{\underline{5{,}06 \text{ cm}^2}}$ — (7.52): $A_s = \dfrac{\omega \cdot b \cdot d \cdot f_{\mathrm{cd}}}{f_{\mathrm{yd}}} + \dfrac{N_{\mathrm{Ed}}}{\sigma_{\mathrm{sd}}}$

gew: 10 ∅10 (d. h. ∅10-10) — **Tafel 4.1**

$A_{\mathrm{s,vorh}} = 7{,}85 \text{cm}^2 > 5{,}06 \text{cm}^2 = A_{\mathrm{s,erf}}$ [23] — (7.55): $A_{\mathrm{s,vorh}} \geq A_{\mathrm{s,erf}}$

(Fortsetzung mit Beispiel 7.14)

Eine neue Bedeutung für den mechanischen Bewehrungsgrad lässt sich durch folgende Überlegung gewinnen. Da Gl. (7.48) ganz allgemein für Querschnitte mit rechteckiger Druckzone gilt, kann die rechte Seite dieser Gleichung derjenigen von Gl. (7.54) gleichgesetzt werden.

$$\frac{1}{\sigma_{\mathrm{sd}}} \cdot \left(\frac{\mu_{\mathrm{Eds}}}{\zeta} + \nu_{\mathrm{Ed}} \right) \cdot b \cdot d \cdot f_{\mathrm{cd}} = \frac{\omega \cdot b \cdot d \cdot f_{\mathrm{cd}} + N_{\mathrm{Ed}}}{f_{\mathrm{yd}}} \tag{7.56}$$

Unter der Voraussetzung, dass die Spannung im Betonstahl die Fließgrenze erreicht, erhält man unter Verwendung von Gl. (7.43):

$$\omega = \frac{\mu_{\mathrm{Eds}}}{\zeta} \tag{7.57}$$

Der mechanische Bewehrungsgrad (mechanical reinforcement ratio) ist somit gleich dem bezogenen Moment, dividiert durch den bezogenen Hebelarm der inneren Kräfte. Mit Gl. (7.39) lässt sich leicht zeigen, dass der mechanische Bewehrungsgrad nur von den Randverzerrungen abhängt.

$$\omega = \alpha_R \cdot \xi \tag{7.58}$$

Die Ermittlung des erforderlichen Querschnitts der Biegezugbewehrung ist bei Neubauten wichtig. Bei bestehenden Tragwerken ergibt sich des Öfteren eine andere Fragestellung. Im Zuge einer geänderten Nutzung und/oder einer Überprüfung der rechnerischen Standsicherheit soll geklärt werden, welche Schnittgrößen bei der vorhandenen Bewehrung und den tatsächlichen Baustoffgüten (oftmals ist die tatsächliche Betonfestigkeitsklasse höher als die seinerzeit beim Bau vorgesehene) aufnehmbar sind. Aufgrund des so ermittelten Bauteilwiderstands kann dann über evtl. erforderliche Verstärkungsmaßnahmen entschieden werden. Zur Lösung dieses Falles können die vorhandenen Gleichungen umgestellt und dann durch eine Iteration gelöst werden. Hierzu ermittelt man zunächst mit Gl. (7.51) den mechanischen Bewehrungsgrad und kann dann aus **Tafel 7.1** das bezogene (aufnehmbare) Biegemoment μ_{Eds} ablesen. Um das Biegemoment ermitteln zu können, werden Gl. (7.21) und (7.5) umgestellt.

$$M_{\mathrm{Eds}} = \mu_{\mathrm{Eds}} \cdot b \cdot d^2 \cdot f_{\mathrm{cd}} \tag{7.59}$$

$$M_{\mathrm{Rd}} = M_{\mathrm{Eds}} + N_{\mathrm{Ed}} \cdot z_{\mathrm{s}} \tag{7.60}$$

[23] Die sehr reichliche Wahl der Bewehrung hat die Ursache in einem späteren Nachweis.

Beispiel 7.6: Ermittlung des aufnehmbaren Biegemomentes bei vorgegebener Bewehrung

Gegeben:
- Außenbauteil
- Rechteckquerschnitt b/h = 25/75 cm
- Biegezugbewehrung A_s = 14,7 cm² (3 ∅25)
- Längskraft N_{Ed} = –200 kN
- Baustoffe C30/37 (Ortbeton); B500

Gesucht: Bauteilwiderstand M_{Rd}

Lösung:

Einlagige Bewehrung:	
$e = \frac{2,5}{2} = 1,3\text{ cm}$	(7.11): $e = \frac{\phi}{2}$
$d = 75 - 4,0 - 1,0 - 1,3 = 68,7\text{ cm}$	(7.9): $d = h - c_v - \phi_{bü} - e$
$z_s = 68,7 - \frac{75}{2} = 31,2\text{ cm}$	(7.7): $z_s = d - \frac{h}{2}$
$\omega = \frac{14,7 \cdot 10^{-4} \cdot 439 + 0,200}{0,25 \cdot 0,687 \cdot 17} = 0,2895$	(7.49): $\omega = \frac{A_s \cdot \sigma_{sd} - N_{Ed}}{b \cdot d \cdot f_{cd}}$ [24]
$\mu_{Eds} = 0,2464$ [25]	**Tafel 7.1**: interpoliert
$M_{Eds} = 0,2464 \cdot 0,25 \cdot 0,687^2 \cdot 17 = 0,494\text{ MNm}$	(7.59): $M_{Eds} = \mu_{Eds} \cdot b \cdot d^2 \cdot f_{cd}$
$M_{Rd} = 494 - 200 \cdot 0,312 = \underline{\underline{432\text{ kNm}}}$	(7.60): $M_{Rd} = M_{Eds} + N_{Ed} \cdot z_s$

7.5.3 Bemessung mit einem dimensionsgebundenen Verfahren

Ein anderes Hilfsmittel zur numerischen Bestimmung der Biegezugbewehrung sind dimensionsgebundene Tafeln. Es gibt dimensionsgebundene k_{dc}-Beiwerte, die für alle Betonfestigkeitsklassen gelten (**Tafel 7.2** rechter Teil) und von der Festigkeitsklasse abhängige Werte (k_d-Beiwerte siehe **Tafel 7.3**). Die entsprechende Gleichung zur Berechnung des Tafeleingangswertes k_d (bzw. k_{dc}) ist an die dahinter angegebenen Dimensionen gebunden. Dies gilt auch für den Beiwert k_s zur Bestimmung des Stahlquerschnittes.

(**Tafel 7.2**): $$k_{dc} = \frac{d}{\sqrt{\frac{|M_{Eds}|}{b}}} \cdot \sqrt{f_{cd}} \qquad \left\{ \frac{\text{cm}}{\sqrt{\frac{\text{kNm}}{\text{m}}}} \cdot \sqrt{\text{N/mm}^2} \right\} \tag{7.61}$$

$$A_s = \frac{|M_{Eds}|}{d} k_{s1} + 10 \frac{N_{Ed}}{\sigma_{sd}} \qquad \left\{ \text{cm}^2 = \frac{\text{kNm}}{\text{cm}} \cdot 1 + 1 \cdot \frac{\text{kN}}{\frac{\text{N}}{\text{mm}^2}} \right\} \tag{7.62}$$

---

[24] Die Stahlspannung ist zunächst zu schätzen.

[25] Der auf der „sicheren Seite" liegende Wert ohne Interpolation ist in diesem Fall der kleinere μ-Wert, da dieser zum kleineren Biegemoment führt.

(Tafel 7.3): $$k_{\mathrm{d}} = \frac{d}{\sqrt{\frac{|M_{\mathrm{Eds}}|}{b}}} \qquad \left\{\frac{\mathrm{cm}}{\sqrt{\frac{\mathrm{kNm}}{\mathrm{m}}}}\right\} \qquad (7.63)$$

$$A_{\mathrm{s}} = \frac{|M_{\mathrm{Eds}}|}{d} k_{\mathrm{s}} + 10\frac{N_{\mathrm{Ed}}}{f_{\mathrm{yd}}} \qquad \left\{\mathrm{cm}^2 = \frac{\mathrm{kNm}}{\mathrm{cm}} \cdot 1 + 1 \cdot \frac{\mathrm{kN}}{\frac{\mathrm{N}}{\mathrm{mm}^2}}\right\} \qquad (7.64)$$

Tafel 7.3 Bemessungstabelle mit dimensionsbehafteten Beiwerten für Betonstahl B500 ohne Ausnutzen des Verfestigungsbereiches

k_{d} für Betonfestigkeitsklasse C									k_{s}	ζ	ξ	$-\varepsilon_{c2}/\varepsilon_{s1}$ in ‰
12/15	16/20	20/25	25/30	30/37	35/45	40/50	45/55	50/60				
14,4	12,4	11,1	9,95	9,99	8,41	7,87	7,42	7,04	2,32	0,99	0,025	0,64/25,00
7,90	6,84	6,12	5,47	5,00	4,63	4,33	4,08	3,87	2,34	0,98	0,048	1,26/25,00
5,87	5,08	4,55	4,07	3,71	3,44	3,22	3,03	2,88	2,36	0,98	0,069	1,84/25,00
4,94	4,27	3,82	3,42	3,12	2,89	2,70	2,55	2,42	2,38	0,97	0,087	2,38/25,00
4,38	3,80	3,40	3,04	2,77	2,57	2,40	2,26	2,15	2,40	0,96	0,104	2,89/25,00
4,00	3,47	3,10	2,78	2,53	2,35	2,20	2,07	1,96	2,42	0,95	0,120	3,40/25,00
3,63	3,14	2,81	2,51	2,29	2,12	1,99	1,87	1,78	2,45	0,94	0,147	3,50/20,29
3,35	2,90	2,60	2,32	2,12	1,96	1,84	1,73	1,64	2,48	0,93	0,174	3,50/16,56
3,14	2,72	2,43	2,18	1,99	1,84	1,72	1,62	1,64	2,51	0,92	0,201	3,50/13,90
2,97	2,57	2,30	2,06	1,88	1,74	1,63	1,53	1,46	2,54	0,91	0,227	3,50/11,91
2,85	2,47	2,21	1,97	1,80	1,67	1,56	1,47	1,40	2,57	0,90	0,250	3,50/10,52
2,72	2,36	2,11	1,89	1,72	1,59	1,49	1,41	1,33	2,60	0,89	0,277	3,50/ 9,12
2,62	2,27	2,03	1,82	1,66	1,54	1,44	1,36	1,29	2,63	0,88	0,302	3,50/ 8,10
2,54	2,20	1,97	1,76	1,61	1,49	1,39	1,31	1,24	2,66	0,87	0,325	3,50/ 7,26
2,47	2,14	1,91	1,71	1,56	1,44	1,35	1,27	1,21	2,69	0,85	0,350	3,50/ 6,50
2,41	2,08	1,86	1,67	1,52	1,41	1,32	1,24	1,18	2,72	0,85	0,371	3,50/ 5,93
2,35	2,03	1,82	1,63	1,49	1,38	1,29	1,21	1,15	2,75	0,84	0,393	3,50/ 5,40
2,28	1,98	1,77	1,58	1,44	1,34	1,25	1,18	1,12	2,79	0,82	0,422	3,50/ 4,79
2,23	1,93	1,73	1,54	1,41	1,30	1,22	1,15	1,09	2,83	0,81	0,450	3,50/ 4,27
2,18	1,89	1,69	1,51	1,38	1,28	1,19	1,13	1,07	2,87	0,80	0,477	3,50/ 3,83
2,14	1,85	1,65	1,48	1,35	1,25	1,17	1,10	1,05	2,91	0,79	0,504	3,50/ 3,44
2,10	1,82	1,62	1,45	1,33	1,23	1,15	1,08	1,02	2,95	0,78	0,530	3,50/ 3,11
2,06	1,79	1,60	1,43	1,30	1,21	1,13	1,07	1,01	2,99	0,77	0,555	3,50/ 2,81
2,03	1,75	1,57	1,40	1,28	1,19	1,11	1,05	0,99	3,04	0,76	0,585	3,50/ 2,48
1,99	1,72	1,54	1,38	1,26	1,17	1,09	1,03	0,98	3,09	0,74	0,617	3,50/ 2,17

Beispiel 7.7: Biegebemessung eines Rechteckquerschnittes mit einem dimensionsgebundenen Verfahren (vgl. mit Beispiel 7.2)

Gegeben:
- Außenbauteil
- Rechteckquerschnitt b/h = 25/75 cm
- Schnittgrößen M_{Ed} = 565 kNm; N_{Ed} = 200 kN
- Baustoffe C30/37 (Ortbeton); B500

Gesucht:
- Erforderliche Biegezugbewehrung
- Verhältnis der Randverzerrungen
- Höhe der Betondruckzone
- Hebelarm der inneren Kräfte

Lösung:

$z_s = 67,5 - \frac{75}{2} = 30\text{ cm}$	(7.7): $z_s = d - \frac{h}{2}$ (→ Beispiel 7.2)
$M_{Eds} = 565 - 200 \cdot 0,30 = 505\text{ kNm}$	(7.5): $M_{Eds} = \lvert M_{Ed}\rvert - N_{Ed} \cdot z_s$
$f_{yd} = \frac{500}{1,15} = 435\text{ N/mm}^2$	(2.36): $f_{yd} = \frac{f_{yk}}{\gamma_s}$
$k_d = \frac{67,5}{\sqrt{\frac{505}{0,25}}} = 1,50$	(7.63): $k_d = \frac{d}{\sqrt{\frac{\lvert M_{Eds}\rvert}{b}}}$ $\left\{\frac{\text{cm}}{\sqrt{\frac{\text{kNm}}{\text{m}}}}\right\}$
$k_d = 1,49$: $k_s = 2,75;\quad \zeta = 0,84;\quad \xi = 0,393;\quad \varepsilon_{c2}/\varepsilon_s = \underline{\underline{-3,5/5,40}}$	**Tafel 7.3**: Der nächstkleinere vertafelte Wert von k_d ist zu verwenden; C30/37.
$x = 0,393 \cdot 67,5 = \underline{\underline{26,5\text{ cm}}}$	(7.24): $x = \xi \cdot d$
$z = 0,84 \cdot 67,5 = \underline{\underline{56,7\text{ cm}}}$	(7.37): $z = \zeta \cdot d$
$A_s = \frac{505}{67,5} \cdot 2,75 + 10\frac{200}{435} = \underline{\underline{25,2\text{ cm}^2}}$	(7.64): $A_s = \frac{\lvert M_{Eds}\rvert}{d} k_s + 10\frac{N_{Ed}}{f_{yd}}$ $\left\{\text{cm}^2 = \frac{\text{kNm}}{\text{cm}} \cdot 1 + 1 \cdot \frac{\text{kN}}{\frac{\text{N}}{\text{mm}^2}}\right\}$
gew: 2 ∅28 + 3 ∅25 mit 1. Lage 2 ∅28 + 1 ∅25; 2. Lage 2 ∅25	**Tafel 4.1**
$A_{s,vorh} = 27,0\text{cm}^2 > 25,2\text{cm}^2 = A_{s,erf}$	(7.55): $A_{s,vorh} \geq A_{s,erf}$
max ϕ= ∅28 ⇒ $n = 3$	**Tafel 4.1**: unterschiedliche ∅ ⇒ max ϕ
$e = \frac{2 \cdot 6,16 \cdot \frac{2,8}{2} + 4,91 \cdot \frac{2,5}{2} + 2 \cdot 4,91 \cdot \left(2 \cdot 2,8 + \frac{2,5}{2}\right)}{2 \cdot 6,16 + 3 \cdot 4,91}$ $= 3,4\text{ cm}$	(7.10): $e = \frac{\sum_i A_{si} \cdot e_i}{\sum_i A_{si}}$
Bewehrungsanordnung siehe Skizze in Beispiel 7.2	S. 148
$d = 75 - 4,0 - 1,0 - 3,4 = 66,6\text{ cm} \approx 67,5\text{ cm} = \text{est } d$	(7.9): $d = h - c_v - \phi_{bü} - e$

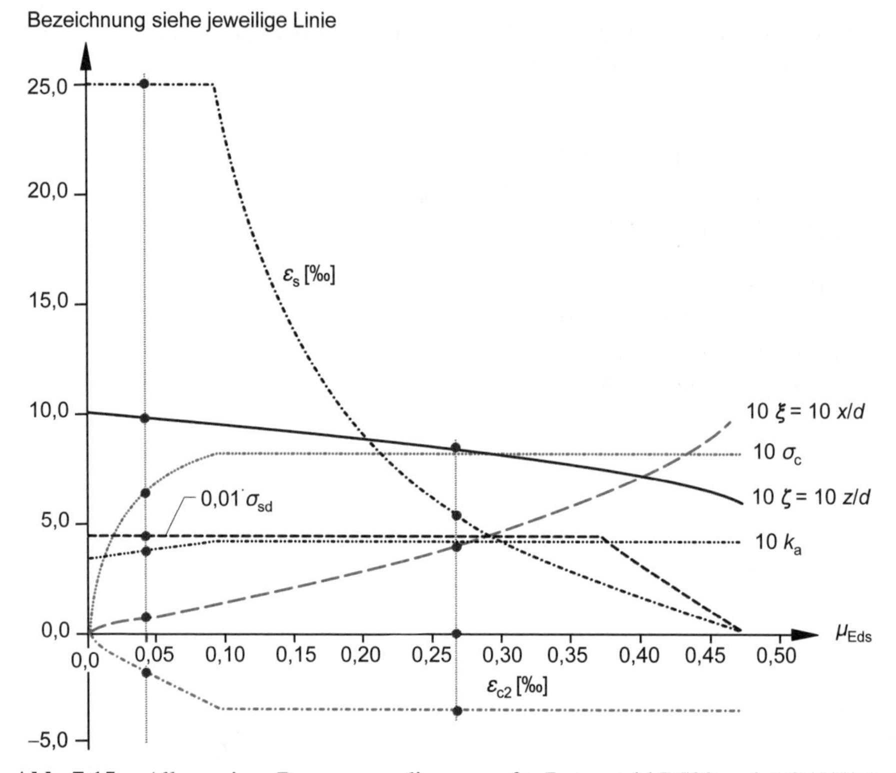

Abb. 7.15 Allgemeines Bemessungsdiagramm für Betonstahl B500 und ≤ C50/60 (mit Eintragung der Ergebnisse von Beispiel 7.1 und Beispiel 7.8)

Im Folgenden soll gezeigt werden, dass der Wert k_d nur von den Randverzerrungen abhängt. Hierzu wird Gl. (7.38) in Gl. (7.63) eingesetzt.

$$k_d = \frac{d}{\sqrt{\dfrac{\xi \cdot (1-k_a \cdot \xi) \cdot b \cdot d^2 \cdot \alpha_c \cdot f_{cd}}{b}}} = \frac{1}{\sqrt{\xi \cdot (1-k_a \cdot \xi) \cdot \alpha_c \cdot f_{cd}}} \tag{7.65}$$

Ein Vergleich der Gln. (7.47) und (7.64) zeigt, wenn man beachtet, dass 10 ein Maßstabsfaktor (dimensionsgebundene Gleichungen) ist:

$$A_s = \frac{1}{\sigma_{sd}} \cdot \left(\frac{M_{Eds}}{z} + N_{Ed} \right) = \frac{|M_{Eds}|}{d} k_s + 10 \cdot \frac{N_{Ed}}{f_{yd}}$$

$$k_s = \frac{d}{\sigma_{sd} \cdot z} = \frac{1}{\sigma_{sd} \cdot \zeta} \tag{7.66}$$

Aus Gl. (7.66) ist abzulesen, dass k_s nur von den Randverzerrungen abhängt, während aus Gl. (7.65) abzulesen ist, dass k_d zusätzlich von der Betonfestigkeitsklasse abhängt. Dies ist auch aus **Tafel 7.3** zu entnehmen.

7.5.4 Bemessung mit einem grafischen Verfahren

Als Beispiel für ein grafisches Bemessungsverfahren ist in **Abb. 7.15** das allgemeine Bemessungsdiagramm dargestellt. Als Eingangswert in das Diagramm dient (im Regelfall der Bemessung) das bezogene Moment μ_{Eds} nach Gl. (7.21). Aus dem Diagramm kann dann der bezogene Hebelarm der inneren Kräfte ζ abgelesen werden. Unter Verwendung von Gl. (7.37) lässt sich ein z bestimmen. Die gesuchte Bewehrung wird dann nach Gl. (7.47) berechnet. Das allgemeine Bemessungsdiagramm liefert neben dem Beiwert ξ auch den Beiwert k_a für den Angriffspunkt der inneren Druckkraft F_{cd}.

Beispiel 7.8: Biegebemessung eines Rechteckquerschnittes mit einem grafischen Verfahren[26]

Gegeben:
- Außenbauteil
- Rechteckquerschnitt b/h = 25/75 cm
- Schnittgrößen M_{Ed} = 565 kNm; N_{Ed} = 200 kN
- Baustoffe C30/37 (Ortbeton); B500

Gesucht:
- Erforderliche Biegezugbewehrung
- Verhältnis der Randverzerrungen
- Höhe der Betondruckzone
- Hebelarm der inneren Kräfte

Lösung:

est $d = 66{,}6$ cm	Ermitteln der Betondeckung und der statischen Höhe wie in Beispiel 7.2
$z_s = 66{,}6 - \frac{75}{2} = 29{,}1$ cm	(7.7): $z_s = d - \frac{h}{2}$
$M_{Eds} = 565 - 200 \cdot 0{,}291 = 507$ kNm	(7.5): $M_{Eds} = \lvert M_{Ed} \rvert - N_{Ed} \cdot z_s$
$\gamma_C = 1{,}50$	(2.18): Grundkombination und Ortbeton
$f_{cd} = \frac{0{,}85 \cdot 30}{1{,}50} = 17$ N/mm^2	(2.17): $f_{cd} = \frac{\alpha_{cc} \cdot f_{ck}}{\gamma_C}$
$\mu_{Eds} = \frac{0{,}507}{0{,}25 \cdot 0{,}666^2 \cdot 17} = 0{,}268$	(7.21): $\mu_{Eds} = \frac{M_{Eds}}{b \cdot d^2 \cdot f_{cd}}$
$\varepsilon_{c2} / \varepsilon_s = \underline{\underline{-3{,}5/5{,}6}}$; $\xi = 0{,}38$; $\zeta = 0{,}84$;	**Abb. 7.15**
$\sigma_{sd} = 439$ N/mm^2	
$x = 0{,}38 \cdot 66{,}6 = \underline{\underline{25{,}3 \text{ cm}}}$	(7.24): $x = \xi \cdot d$
$z = 0{,}84 \cdot 66{,}6 = \underline{\underline{55{,}9 \text{ cm}}}$	(7.37): $z = \zeta \cdot d$
$\gamma_S = 1{,}15$	(2.33): Grundkombination

[26] Die Aufgabenstellung ist identisch mit Beispiel 7.2.

$\varepsilon_s = 5{,}6 > 2{,}17 \quad \Rightarrow \quad \sigma_{sd} = f_{yd} = \dfrac{500}{1{,}15} = 435 \text{ N/mm}^2$	(2.36): $f_{yd} = \dfrac{f_{yk}}{\gamma_S}$
$A_s = \dfrac{1}{435} \cdot \left(\dfrac{507}{0{,}559} + 200 \right) \cdot 10 = \underline{\underline{25{,}4 \text{ cm}^2}}$	(7.47): $A_s = \dfrac{1}{\sigma_{sd}} \cdot \left(\dfrac{M_{Eds}}{z} + N_{Ed} \right)$
gew: 2 ∅28 + 3 ∅25 mit 1. Lage 2 ∅28 + 1 ∅25; 2. Lage 2 ∅25	**Tafel 4.1**
$A_{s,vorh} = 27{,}0 \text{cm}^2 > 25{,}4 \text{cm}^2 = A_{s,erf}$	(7.55): $A_{s,vorh} \geq A_{s,erf}$

7.5.5 Bemessung mit Druckbewehrung

Mit zunehmender Höhe der Druckzone und abnehmender Stahldehnung nimmt der Stahlverbrauch schneller zu als das aufnehmbare Moment. Dies hat folgende Gründe:

- Das Spannungs-Dehnungs-Diagramm des Betons ist nichtlinear (Parabel-Rechteck-Diagramm **Abb. 2.6**).
- Der Hebelarm der inneren Kräfte verringert sich, wie man an dem Wert ζ in **Tafel 7.1** erkennen kann (**Abb. 7.16**).
- Bei Stahldehnungen $\varepsilon_{s1} < 25$ ‰ wird die Stahlzugfestigkeit des Verfestigungsbereiches nicht mehr ausgenutzt und insbesondere bei $\varepsilon_{s1} < 2{,}17$ ‰ wird die Fließgrenze im Betonstahl nicht mehr erreicht.

Aus dem letztgenannten Grund wendet man die Dehnungsverhältnisse des Bereiches 4 nicht an und bezeichnet das bei einem Dehnungsverhältnis $\varepsilon_{c2}/\varepsilon_{yd} = -3{,}50/2{,}17$ ‰ aufnehmbare Moment mit Tragmoment. Die zugehörige maximal zulässige bezogene Höhe der Druckzone ξ_{lim} lässt sich einfach bestimmen zu:

$$\xi_{lim} = \frac{\varepsilon_{cu2}}{\varepsilon_{cu2} - \varepsilon_{sy}} \tag{7.67}$$

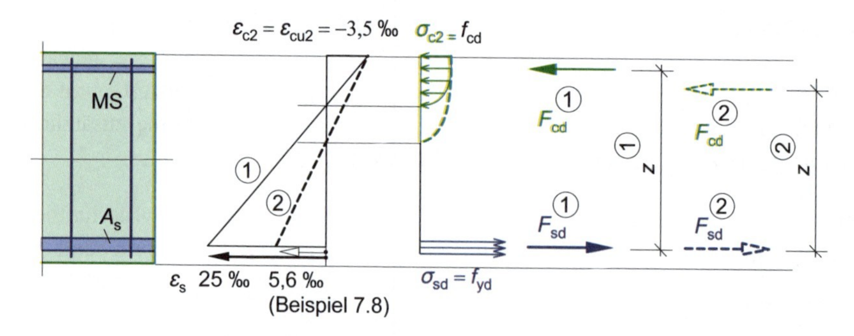

Abb. 7.16 Abhängigkeit des Hebelarmes der inneren Kräfte z vom Verhältnis der Randdehnungen

Tafel 7.4 Grenzwerte der bezogenen Höhe der Druckzone ξ_{lim}
(siehe EC 2-1-1, 5.4 und 5.6.2)

Methode der Schnittgrößenermittlung		ξ_{lim} für	
		≤ C50/60	≥ C55/67
Elastizitätstheorie		0,45	0,35
Plastizitätstheorie	Platten, 2achsig	0,25	0,15
	andere Bauteile	0,45	0,35

Da für alle Betonfestigkeitsklassen ≤ C50/60 die maximale Randstauchung ε_{cu2} identisch ist, ergibt sich für diese $\xi_{lim} = 0{,}617$.

Die Höhe der Druckzone wird weiterhin begrenzt, um ein Versagen des Stahlbetonquerschnittes ohne Vorankündigung zu vermeiden (Sicherstellen der Duktilität). In **Abb. 2.4** wurde gezeigt, dass Beton mit zunehmender Festigkeit spröder wird. Daher ist die maximale bezogene Höhe der Druckzone ξ_{lim} abhängig von der Betonfestigkeit. Da die Rotationsfähigkeit des Betons je nach Art der Schnittgrößenermittlung in unterschiedlicher Weise benötigt wird, fließt auch diese in ξ_{lim} ein (**Tafel 7.4**).

$$\xi \leq \xi_{lim} \tag{7.68}$$

Wenn ξ_{lim} bekannt ist, kann auch das zugehörige bezogene Moment lim μ_{Eds} bestimmt werden. Die folgenden Angaben gelten für die Ermittlung von Schnittgrößen nach der Elastizitätstheorie:

$$\leq \text{C50/60:} \quad \lim \mu_{Eds} = 0{,}296 \qquad (\rightarrow \textbf{Tafel 7.2}) \tag{7.69}$$

Sofern nun die vorhandenen Beanspruchungen (Biegemomente) zu einer Überschreitung des Grenzwertes ξ_{lim} führen würden, stehen folgende Möglichkeiten zur Verfügung:

- Änderung der Bauteilabmessungen
- Erhöhung der Betonfestigkeitsklasse
- Einlegen einer „Druckbewehrung“, einer rechnerisch mitwirkenden Bewehrung in der Druckzone. Hierzu wird das Verzerrungsverhältnis mit dem Grenzwert ξ_{lim} gewählt. Der Bauteilwiderstand reicht dann jedoch noch nicht aus. Die Differenz ΔM_{Eds} zu den vorhandenen Beanspruchungen wird durch die Druckbewehrung und eine zusätzliche Bewehrung in der Zugzone abgedeckt (**Abb. 7.17**).

Eine Druckbewehrung (compression reinforcement) ist nur dann sinnvoll und wirtschaftlich, wenn bei vielen Trägern gleicher Abmessungen, aber unterschiedlicher Beanspruchung bei *einem* (besonders hoch belasteten) Bauteil ξ_{lim} überschritten wird. Für dieses Tragelement müsste dann bei geänderten Abmessungen die Schalung umgebaut werden oder örtlich ein anderer Beton eingebaut werden. Daher wird besser in diesem *einen* Bauteil eine Druckbewehrung angeordnet. Sofern schon im Regelfall ξ_{lim} überschritten wird, ist eine Veränderung der Bauteilabmessungen oder der Betonfestigkeitsklasse wirtschaftlicher.

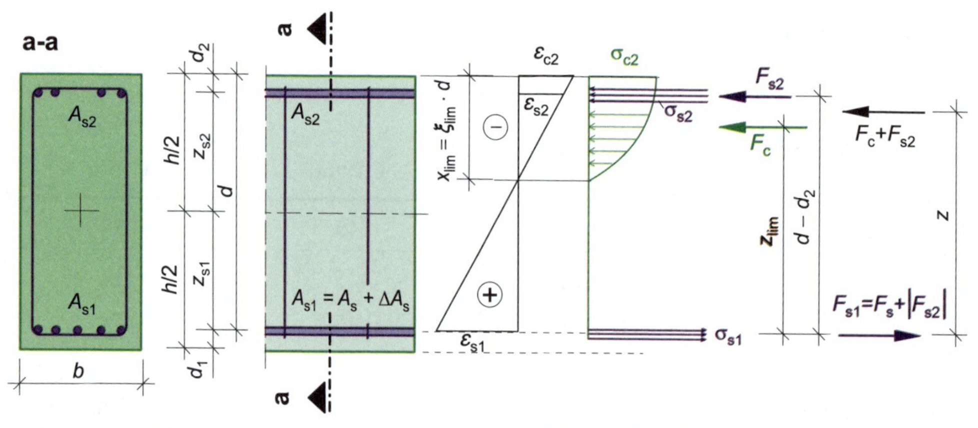

Abb. 7.17 Dehnungen, Spannungen und innere Kräfte bei Anordnung einer Druckbewehrung

Durch die Druckbewehrung vergrößert sich die aufnehmbare innere Druckkraft, da der Betonstahl aufgrund seines gegenüber Beton größeren Elastizitätsmoduls bei derselben Dehnung erheblich größere Spannungen aufnehmen kann. Außerdem vergrößert sich der Hebelarm der inneren Kräfte durch die Druckbewehrung (**Abb. 7.17**). Eine Druckbewehrung ist so anzuordnen, dass Rüttelgassen zum Einbringen des Betons verbleiben. Außerdem muss die Druckbewehrung gegen Ausknicken durch geschlossene Bügel gesichert werden.

Die Bemessung erfolgt durch Erweiterung der bereits bekannten Gln. (7.5), (7.47).

$$\lim M_{\mathrm{Ed}} = \lim M_{\mathrm{Eds}} + N_{\mathrm{Ed}} \cdot z_{\mathrm{s1}} \tag{7.70}$$

$$\Delta M_{\mathrm{Eds}} = M_{\mathrm{Eds}} - \lim M_{\mathrm{Eds}} \tag{7.71}$$

$$A_{\mathrm{s1}} = \frac{1}{\sigma_{\mathrm{s1}}} \cdot \left(\frac{\lim M_{\mathrm{Eds}}}{z} + \frac{\Delta M_{\mathrm{Eds}}}{d - d_2} + N_{\mathrm{Ed}} \right) \tag{7.72}$$

Das Grenztragmoment $\lim M_{\mathrm{Eds}}$ kann z. B. mit den in **Tafel 7.1** und **Tafel 7.3** angegebenen Hilfsmitteln durch Umstellen der Gln. (7.21) bzw. (7.63) ermittelt werden.

Dimensionsechtes Verfahren: $$\lim M_{\mathrm{Eds}} = \lim \mu_{\mathrm{Eds}} \cdot b \cdot d^2 \cdot f_{\mathrm{cd}} \tag{7.73}$$

Dimensionsgebundenes Verfahren: $$\lim M_{\mathrm{Eds}} = b \cdot \left(\frac{d}{\lim k_{\mathrm{d}}} \right)^2 \quad \left\{ \mathrm{kNm} = \mathrm{m} \left(\frac{\mathrm{cm}}{1} \right)^2 \right\} \tag{7.74}$$

Das Grenztragmoment (carrying moment capacity) kann mit Hilfe von Gl. (7.39) bestimmt werden. Es beträgt für Betonfestigkeitsklassen $\leq$ C50/60 $\lim \mu_{\mathrm{Eds}} = 0{,}296$. Die Größe der Druckbewehrung beträgt:

$$A_{\mathrm{s2}} = \frac{1}{\sigma_{\mathrm{s2}}} \cdot \frac{\Delta M_{\mathrm{Eds}}}{d - d_2} \tag{7.75}$$

$$d_2 = c_{\mathrm{v}} + \phi_{\mathrm{bü}} + \frac{\phi_2}{2} \tag{7.76}$$

Die Lage der Druckbewehrung und damit d_2 ist zunächst zu schätzen. Weiterhin wird bei der Bemessung der Druckbewehrung zunächst angenommen, dass die Stauchung in Höhe der Bewehrung ausreicht, um die Fließgrenze des Betonstahles zu erreichen. Diese Annahme ist am Ende der Bemessung zu überprüfen.

$$\varepsilon_{s2} = \left(\left|\varepsilon_{c2}\right| + \varepsilon_{s1}\right) \cdot \frac{d - d_2}{d} - \varepsilon_{s1} \overset{?}{>} \varepsilon_{yd} \tag{7.77}$$

Beispiel 7.9: Biegebemessung mit Druckbewehrung

Gegeben:
- Außenbauteil
- Rechteckquerschnitt b/h = 25/75 cm
- Schnittgrößen M_{Ed} = 600 kNm; N_{Ed} = –200 kN
- Baustoffe C30/37 (Ortbeton); B500

Gesucht: Erforderliche Bewehrung

Lösung:

est $d = 67{,}0$ cm	Ermitteln der Betondeckung und der statischen Höhe wie in Beispiel 7.2
$z_s = 67{,}0 - \frac{75}{2} = 29{,}5$ cm	(7.7): $z_s = d - \frac{h}{2}$
$M_{Eds} = 600 + 200 \cdot 0{,}295 = 659$ kNm	(7.5): $M_{Eds} = \left\|M_{Ed}\right\| - N_{Ed} \cdot z_s$
$\mu_{Eds} = \frac{0{,}659}{0{,}25 \cdot 0{,}67^2 \cdot 17} = 0{,}345$	(7.21): $\mu_{Eds} = \frac{M_{Eds}}{b \cdot d^2 \cdot f_{cd}}$
$\xi = 0{,}565$	**Tafel 7.1**:
$\xi_{lim} = 0{,}45$	**Tafel 7.4** für C30/37
$\xi = 0{,}565 > 0{,}45 = \xi_{lim} \Rightarrow$ Druckbewehrung erforderlich	(7.68): $\xi \leq \xi_{lim}$
$\lim \mu_{Eds} = 0{,}296$	(7.69) für C30/37
	(7.73):
$\lim M_{Eds} = 0{,}296 \cdot 0{,}25 \cdot 0{,}67^2 \cdot 17 \cdot 10^3 = 565$ kNm	$\lim M_{Eds} = \lim \mu_{Eds} \cdot b \cdot d^2 \cdot f_{cd}$
$\Delta M_{Eds} = 659 - 565 = 94$ kNm	(7.71): $\Delta M_{Eds} = M_{Eds} - \lim M_{Eds}$
$d_2 = 40 + 10 + \frac{16}{2} = 58$ mm	(7.76): $d_2 = c_v + \phi_{bü} + \frac{\phi_2}{2}$
$\zeta = 0{,}813$; $\varepsilon_{s1} = 4{,}29$ ‰	**Tafel 7.1**: für $\xi_{lim} = 0{,}45$
$z = 0{,}813 \cdot 0{,}67 = 0{,}545$ m	(7.37): $z = \zeta \cdot d$
	(7.72):
$A_{s1} = \frac{1}{435} \cdot \left(\frac{565}{0{,}545} + \frac{94}{0{,}67 - 0{,}058} - 200\right) \cdot 10 = \underline{\underline{22{,}8\ \text{cm}^2}}$	$A_{s1} = \frac{1}{f_{yd}} \left(\frac{\lim M_{Eds}}{z} + \frac{\Delta M_{Eds}}{d - d_2} + N_{Ed}\right)$
gew: 5 ∅25 mit 1. Lage 3 ∅25; 2. Lage 2 ∅25	**Tafel 4.1**
$A_{s,vorh} = 24{,}5\text{cm}^2 > 22{,}8\text{cm}^2 = A_{s,erf}$	(7.55): $A_{s,vorh} \geq A_{s,erf}$
max $\phi = ∅25 \Rightarrow n = 3$	**Tafel 4.1**

$$e = \frac{3 \cdot 4{,}91 \cdot \frac{2{,}5}{2} + 2 \cdot 4{,}91 \cdot \left(2 \cdot 2{,}5 + \frac{2{,}5}{2}\right)}{5 \cdot 4{,}91}$$

$$= 3{,}3\ \text{cm}$$

(7.10): $e = \frac{\sum_i A_{si} \cdot e_i}{\sum_i A_{si}}$

$$d = 75 - 4{,}0 - 1{,}0 - 3{,}3 = 66{,}7\ \text{cm} \approx 67{,}0\ \text{cm} = \text{est}\,d$$

(7.9): $d = h - c_v - \phi_{bü} - e$

$$A_{s2} = \frac{1}{435} \cdot \frac{94}{0{,}667 - 0{,}058} \cdot 10 = \underline{\underline{3{,}5\ \text{cm}^2}}$$

(7.75): $A_{s2} = \frac{1}{\sigma_{s2}} \cdot \frac{\Delta M_{Eds}}{d - d_2}$

gew: 2 ∅16 mit vorh $A_{s,vorh} = 4{,}0\ \text{cm}^2$

Tafel 4.1

$$A_{s,vorh} = 4{,}0\text{cm}^2 > 3{,}5\text{cm}^2 = A_{s,erf}$$

(7.55): $A_{s,vorh} \geq A_{s,erf}$

(7.77):

$$\varepsilon_{s2} = \left(|-3{,}50| + 4{,}29\right) \cdot \frac{667 - 58}{667} - 4{,}29 = 2{,}85 > 2{,}17 = \varepsilon_{yd}$$

$\varepsilon_{s2} = \left(|\varepsilon_{c2}| + \varepsilon_{s1}\right) \cdot \frac{d - d_2}{d} - \varepsilon_{s1} \overset{?}{>} \varepsilon_{yd}$

Die Fließgrenze wird erreicht.

Das vorangehende gezeigte Verfahren ist anschaulich und zeigt deutlich den Anteil der Druckbewehrung an der gesamten Bewehrung. Für praktische Fälle kann der durch die Gln. (7.70) bis (7.75) zusätzliche Rechengang auch direkt in Bemessungshilfsmittel integriert werden. Dies ist in **Tafel 7.2** (unterer Teil) geschehen. Die Zug- und die Druckbewehrung lassen sich mit folgenden Gln. bestimmen.

Dimensionslos **Tafel 7.2** (linker Teil):

$$A_{s1} = \frac{\omega_1 \cdot \rho_1 \cdot b \cdot d \cdot f_{cd}}{f_{yd}} + \frac{N_{Ed}}{\sigma_{s1}} \quad (7.78)$$

$$A_{s2} = \frac{\omega_2 \cdot \rho_2 \cdot b \cdot d \cdot f_{cd}}{f_{yd}} \quad (7.80)$$

Dimensionsgebunden **Tafel 7.2** (rechter Teil):

$$A_{s1} = \frac{|M_{Eds}|}{d} \cdot k_{s1} \cdot \rho_1 + 10 \frac{N_{Ed}}{\sigma_{s1}} \quad (7.79)$$

$$A_{s2} = \frac{|M_{Eds}|}{d} \cdot k_{s2} \cdot \rho_2 \quad (7.81)$$

Hierbei sind die Hilfsfaktoren ρ_i **Tafel 7.5** zu entnehmen. Die Dezimale des Faktors ρ_1 kennzeichnet die Erhöhung der Biegezugbewehrung infolge der Druckbewehrung. In **Tafel 7.2** wird auch für die Druckbewehrung der Verfestigungsbereich ausgenutzt. Daher ist die Stahlspannung in jedem Fall abhängig vom bezogenen Randabstand. Dies berücksichtigt der Faktor ρ_2.

Tafel 7.5 Hilfsfaktoren für Gln. (7.78) bis (7.81)

	Dimensionslos	Dimensions-gebunden	Bezogener Randabstand der Druckbewehrung d_2/d							
	ω_1-Wert in **Tafel 7.2**	k_{s1}-Wert in **Tafel 7.2**	0,03	0,05	0,07	0,09	0,11	0,13	0,15	0,17
ρ_1	≤ 0,363	≤ 2,82	1,000	1,000	1,000	1,000	1,000	1,000	1,000	1,000
	0,469	2,70	1,000	1,005	1,010	1,015	1,020	1,026	1,032	1,038
	0,572	2,63	1,000	1,008	1,016	1,024	1,033	1,042	1,052	1,062
	0,674	2,59	1,000	1,010	1,020	1,030	1,042	1,053	1,065	1,078
	0,777	2,55	1,000	1,011	1,023	1,035	1,048	1,061	1,075	1,090
ρ_2			1,000	1,021	1,043	1,066	1,090	1,115	1,141	1,169

Bei der geschilderten Vorgehensweise bleibt unberücksichtigt, dass der durch die Druckbewehrung (Gl. (7.75) und (7.81)) ersetzte Beton von der Tragwirkung abzuziehen ist. Dieser Fehler ist für normalfeste Betone vernachlässigbar. Für Hochleistungsbetone und sehr hohe Bewehrungsgrade wird in [DAfStb Heft 525 – 03] ein Korrekturverfahren angegeben.

7.6 Biegebemessung von Plattenbalken

7.6.1 Begriff

Im Stahlbetonbau werden i. Allg. Unterzüge und Deckenplatten (slab floors) zusammen betoniert. Sie sind monolithisch miteinander verbunden, es entsteht ein T-förmiger Querschnitt. Bei einer Belastung erfahren Platte und Balken am Anschnitt die gleiche Verformung. Bei positivem Biegemoment und oben liegender Platte liegt diese in der Druckzone. Da Platte und Balken monolithisch verbunden sind, beteiligt sich auch die Platte am Lastabtrag. Hierin besteht für den Stahlbetonbau die ideale Trägerform mit einem großen Betonquerschnitt in der Druckzone und einem kleinen (ohnehin auf Biegung nicht mitwirkenden) in der Zugzone. Die Zugzone reicht jedoch zur Unterbringung der Biegezugbewehrung aus. Einen derartigen Balken nennt man Plattenbalken (T-beam)[27] (**Abb. 7.18**). Im Grenzzustand des Versagens reicht die Betondruckzone daher aus (Druckbewehrung ist nicht erforderlich), und der Betonstahl versagt; der Balken befindet sich im Bereich 2, d. h. $0 \leq \varepsilon_{c2} < -3{,}50$ ‰ und $\varepsilon_s = \varepsilon_{s1} = 25$ ‰.

Weiterhin verringert sich die Druckzonenhöhe gegenüber einem Querschnitt geringerer Breite. Hierdurch wächst der Hebelarm der inneren Kräfte, sodass die erforderliche Biegezugbewehrung geringer als bei einem Querschnitt kleinerer Breite ausfällt.

In **Abb. 7.18** ist der Dehnungsverlauf über einen Plattenbalkenquerschnitt aufgetragen. Es ist ersichtlich, dass die

– Nulllinie in der Platte: $x \leq h_f$ *oder* (7.82)

– Nulllinie im Steg: $x > h_f$ (7.83)

verlaufen kann. Es ist auch zu erkennen, dass im erstgenannten Fall kein Unterschied zum Rechteckquerschnitt vorliegt. Den Zusammenhang zwischen Verzerrungen und Spannungen liefert **Abb. 7.5**. Im Unterschied zum Rechteckquerschnitt wirken die Betondruckspannungen (rechnerisch) jedoch nicht auf die Plattenbreite $b = b_f$, sondern auf die mitwirkende Plattenbreite b_{eff}.

[27] Der Begriff Plattenbalken wird in diesem Buch ausschließlich aufgrund der äußeren Kontur benutzt. Im Hinblick auf die Biegebemessung liegt ein Plattenbalken nur vor, wenn die Nulllinie im Steg liegt. Um beide Sachverhalte zu unterscheiden, wird dieser Fall mit einem „rechnerischen Plattenbalken" bezeichnet. Ein rechnerischer Plattenbalken ist nicht ausschließlich an die Querschnittsform (und die Nulllinie) gebunden, auch ein Kastenquerschnitt oder I-förmiger Querschnitt können rechnerisch Plattenbalken sein.

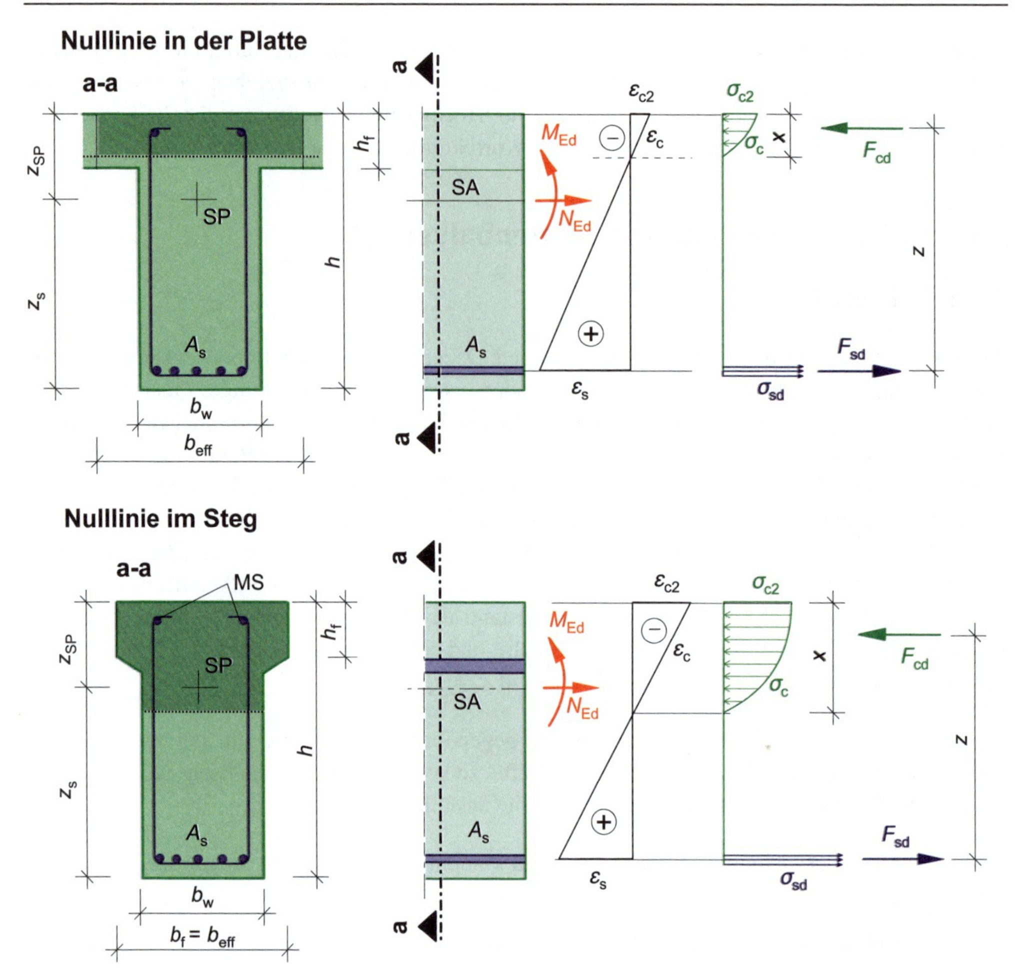

Abb. 7.18 Verzerrungen und Spannungen im Plattenbalken

7.6.2 Mitwirkende Plattenbreite

Aufgrund der schubfesten Verbindung zwischen Gurt und Steg wirken die Gurtplatten im stegnahen Bereich in vollem Umfang, mit zunehmender Entfernung vom Steg jedoch immer weniger mit. Rechnerisch kann dieses Tragverhalten mit der Elastizitätstheorie einer Scheibe erfasst werden. Da die Scheibentheorie für die alltägliche Praxis zu aufwändig ist, erfolgt die Berechnung mit einem Näherungsverfahren, das mit der „mitwirkenden (Platten-) Breite" arbeitet.

Betrachtet man den Druckspannungsverlauf in einem Plattenbalken, so liegt das Maximum im Steg. Mit zunehmender Entfernung vom Steg verringern sich die Spannungen (**Abb. 7.19**). Bei sehr breiten Platten kann die Druckspannung in den vom Steg weit entfernten Plattenbereichen auch Null sein; hier beteiligt sich die Platte dann nicht mehr am Tragverhalten.

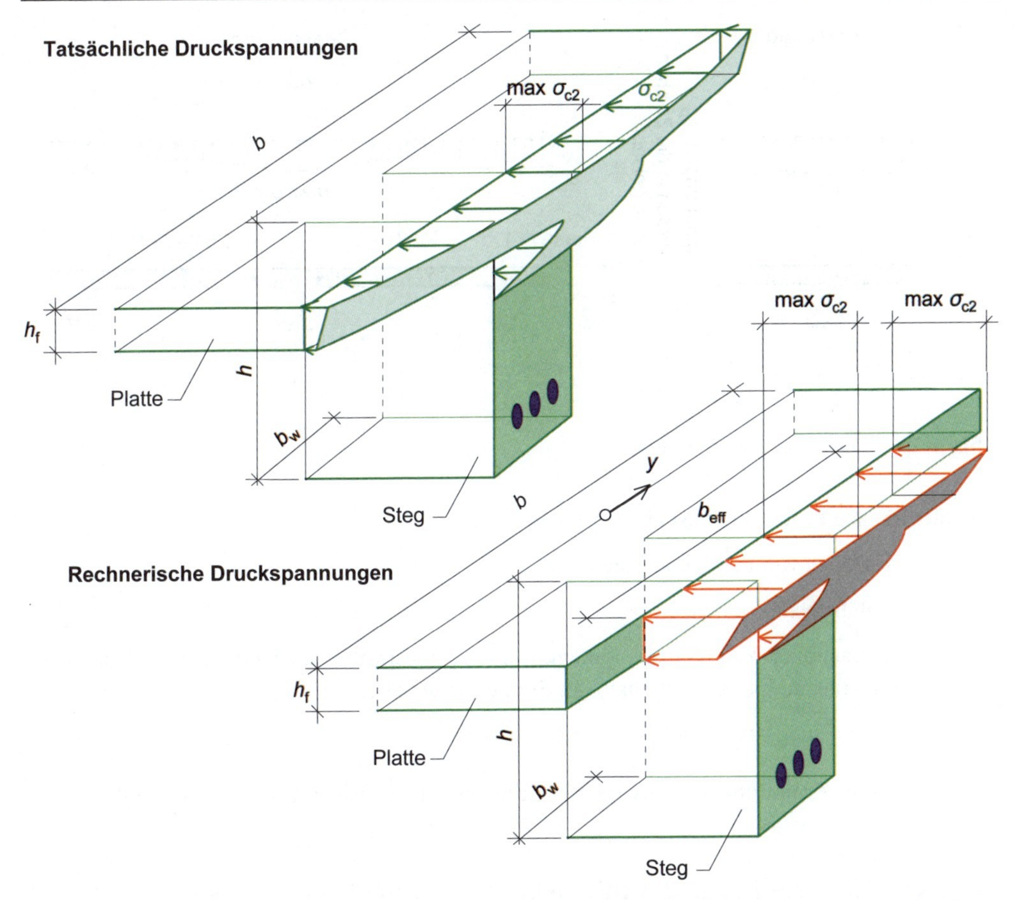

Abb. 7.19 Verteilung der tatsächlichen und der rechnerischen Betondruckspannungen im Plattenbalken

Die mitwirkende Plattenbreite b_{eff} ist diejenige Breite, die sich unter der Annahme einer rechteckigen Spannungsverteilung mit derselben maximalen Randspannung max σ_{c2} wie bei der tatsächlichen Spannungsverteilung ergibt, wenn in beiden Fällen die innere Betondruckkraft F_{cd} gleich sein soll. Die Dehnungsverteilung und damit auch die Nulllinienlage bleiben bei der Näherung unverändert. Für die Lage der Nulllinie im Steg (wie in **Abb. 7.19**) lautet die Bestimmungsgleichung bei Symmetrie zu y = 0 (Koordinate z → **Abb. 7.13**):

$$\int_{y=0}^{\frac{b_w}{2}} \int_{z=0}^{x} \sigma_c(y,z)\,dz\,dy + \int_{y=\frac{b_w}{2}}^{\infty} \int_{z=x-h_f}^{x} \sigma_c(y,z)\,dz\,dy \overset{!}{=} \frac{b_w}{2}\int_{0}^{x} \sigma_c(0,z)\,dz + \frac{b_{eff}-b_w}{2}\int_{x-h_f}^{x} \sigma_c(0,z)\,dz$$

Bei vorgegebener Geometrie h_f/d und Nulllinienlage ξ kann hieraus b_{eff} bestimmt werden. Dieser Sachverhalt ist in **Abb. 7.20** nochmals für eine Platte mit mehreren Stegen, einem mehrstegigen Plattenbalken, dargestellt. Die hierbei zu Grunde zu legende Breite b zählt jeweils von Feldmitte in Platte i bis Feldmitte in Platte i+1.

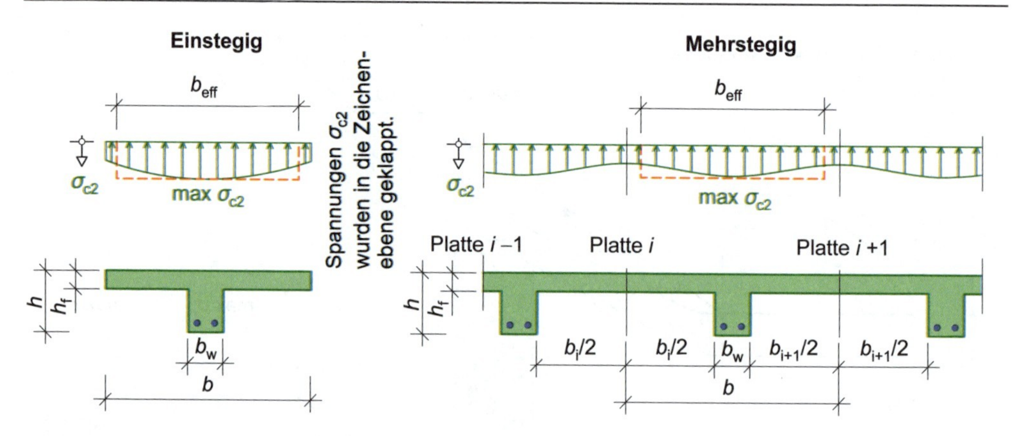

Abb. 7.20 Die mitwirkende Plattenbreite

Die mitwirkende Plattenbreite ist abhängig von

- den Höhen von Platte und Steg h_f/h
- der Balkenstützweite l_{eff}
- den Lagerungsbedingungen (gelenkig oder eingespannt), da hiervon der Abstand der Momentennullpunkte innerhalb der Stützweite abhängt
- der Belastungsart (Gleichlast oder Einzellast).

Die rechnerische Ermittlung der mitwirkenden Plattenbreite wurde in Kap. 5.2.3 gezeigt.

Beispiel 7.10: Ermittlung der mitwirkenden Plattenbreite

Gegeben: Deckenplatte mit Unterzug gemäß Skizze

Gesucht: Mitwirkende Plattenbreiten

Lösung:

Feld 1:

$$a_1 = \min\,(0{,}72/2;0{,}30/2) = \frac{0{,}30}{2} = 0{,}15\text{ m}$$

(5.2): $a_i = \min\,(h/2;t/2)$

$$a_2 = \frac{0{,}30}{2} = 0{,}15\text{ m}$$

(5.6): $a_i = \dfrac{t}{2}$

$$l_{eff} = 6{,}21 + 0{,}15 + 0{,}15 = 6{,}51\text{ m} = l_1$$

(5.1): $l_{eff} = l_n + a_1 + a_2$

$$l_0 = 0{,}85 \cdot 6{,}51 = 5{,}53\text{ m}$$

(5.9): $l_0 = 0{,}85 \cdot l_1$

$$b_{eff,1} = 0{,}2 \cdot \frac{6{,}01}{2} + 0{,}1 \cdot 5{,}53$$

$$= 1{,}154\text{ m} > \begin{cases} \underline{1{,}106\text{ m}} = 0{,}2 \cdot 5{,}53 \\ 3{,}00\text{ m} = \dfrac{6{,}01}{2} \end{cases}$$

(5.8):

$$b_{eff,i} = 0{,}2\,b_i + 0{,}1\,l_0 \le \min\begin{cases} 0{,}2\,l_0 \\ b_i \end{cases}$$

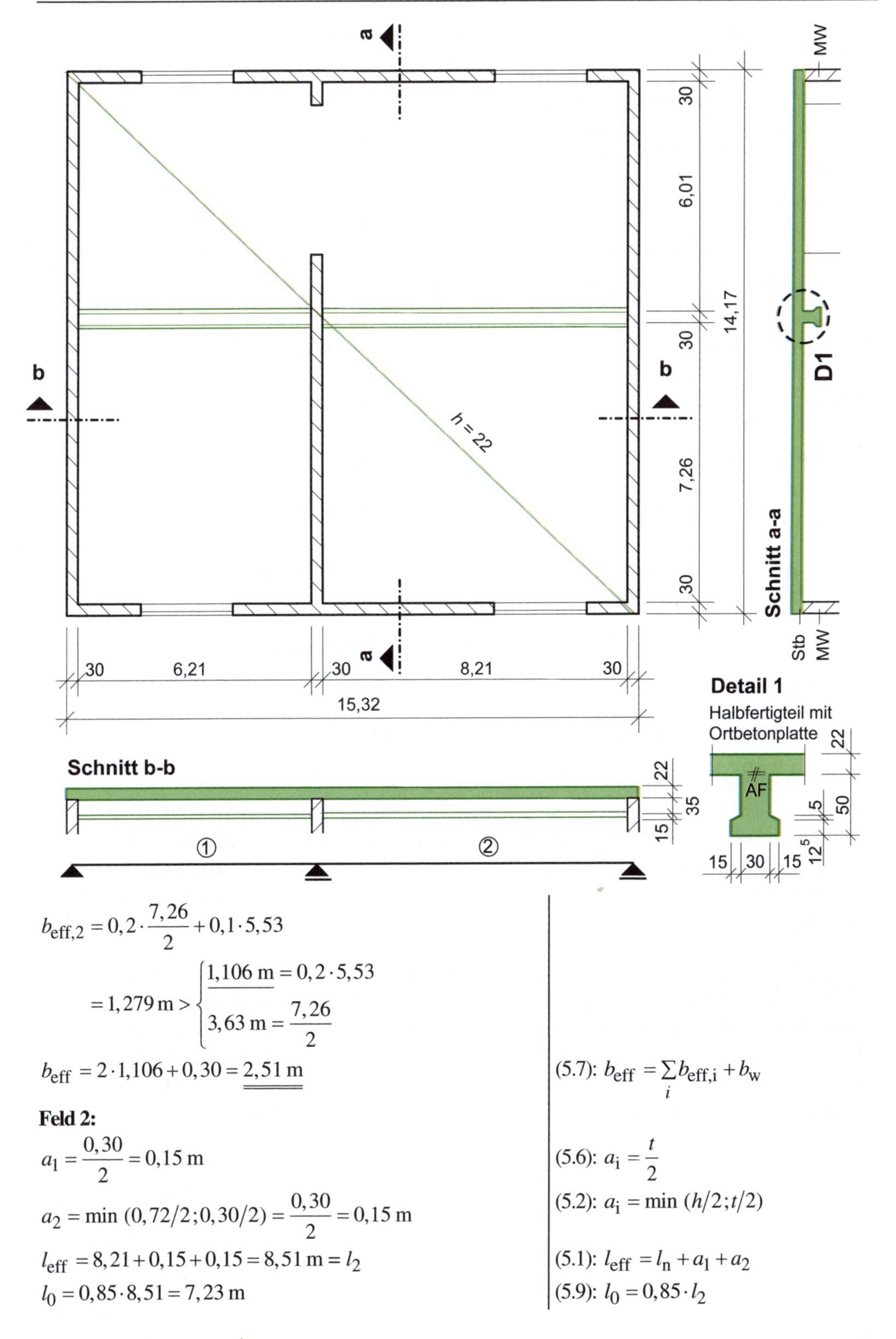

$$b_{\text{eff},2} = 0,2 \cdot \frac{7,26}{2} + 0,1 \cdot 5,53$$

$$= 1,279\,\text{m} > \begin{cases} 1,106\,\text{m} = 0,2 \cdot 5,53 \\ 3,63\,\text{m} = \dfrac{7,26}{2} \end{cases}$$

$$b_{\text{eff}} = 2 \cdot 1,106 + 0,30 = \underline{\underline{2,51\,\text{m}}}$$

(5.7): $b_{\text{eff}} = \sum_i b_{\text{eff,i}} + b_{\text{w}}$

Feld 2:

$$a_1 = \frac{0,30}{2} = 0,15\,\text{m}$$

(5.6): $a_{\text{i}} = \dfrac{t}{2}$

$$a_2 = \min\,(0,72/2; 0,30/2) = \frac{0,30}{2} = 0,15\,\text{m}$$

(5.2): $a_{\text{i}} = \min\,(h/2; t/2)$

$$l_{\text{eff}} = 8,21 + 0,15 + 0,15 = 8,51\,\text{m} = l_2$$

(5.1): $l_{\text{eff}} = l_{\text{n}} + a_1 + a_2$

$$l_0 = 0,85 \cdot 8,51 = 7,23\,\text{m}$$

(5.9): $l_0 = 0,85 \cdot l_2$

$$b_{\text{eff},1} = 0{,}2 \cdot \frac{6{,}01}{2} + 0{,}1 \cdot 7{,}23$$

$$= \underline{1{,}324\,\text{m}} < \begin{cases} 1{,}446\,\text{m} = 0{,}2 \cdot 7{,}23 \\ 3{,}00\,\text{m} = \dfrac{6{,}01}{2} \end{cases}$$

$$b_{\text{eff},2} = 0{,}2 \cdot \frac{7{,}26}{2} + 0{,}1 \cdot 7{,}23$$

$$= 1{,}449\,\text{m} > \begin{cases} \underline{1{,}446\,\text{m}} = 0{,}2 \cdot 7{,}23 \\ 3{,}63\,\text{m} = \dfrac{7{,}26}{2} \end{cases}$$

$$b_{\text{eff}} = 1{,}324 + 1{,}446 + 0{,}30 = \underline{\underline{3{,}07\,\text{m}}}$$

(5.8):

$$b_{\text{eff,i}} = 0{,}2\,b_{\text{i}} + 0{,}1\,l_0 \le \min \begin{cases} 0{,}2\,l_0 \\ b_{\text{i}} \end{cases}$$

(5.7): $b_{\text{eff}} = \sum_i b_{\text{eff,i}} + b_{\text{w}}$

Stütze:

$$l_0 = 0{,}15 \cdot (6{,}51 + 8{,}51) = 2{,}25\,\text{m}$$

$$b_{\text{eff},1} = b_{\text{eff},2} = 0{,}2 \cdot 0{,}15 + 0{,}1 \cdot 2{,}25$$

$$= 0{,}255\,\text{m} > \begin{cases} 0{,}45\,\text{m} = 0{,}2 \cdot 2{,}25 \\ \underline{0{,}15\,\text{m}} \end{cases}$$

$$b_{\text{eff}} = 2 \cdot 0{,}15 + 0{,}30 = \underline{\underline{0{,}60\,\text{m}}}$$

(5.11): $l_0 = 0{,}15 \cdot (l_1 + l_2)$

(5.8):

$$b_{\text{eff,i}} = 0{,}2\,b_{\text{i}} + 0{,}1\,l_0 \le \min \begin{cases} 0{,}2\,l_0 \\ b_{\text{i}} \end{cases}$$

(5.7): $b_{\text{eff}} = \sum_i b_{\text{eff,i}} + b_{\text{w}}$

Beispiel wird mit Beispiel 7.11 fortgesetzt.

7.6.3 Bemessung bei rechteckiger Druckzone

Bei der Biegebemessung von Rechteckquerschnitten ist nur eine rechteckige Betondruckzone erforderlich. Die Querschnittsform im Zugbereich ist für die Biegebemessung beliebig, da die Zugfestigkeit des Betons rechnerisch Null ist. Sofern die Nulllinie in der Platte liegt, unterscheidet sich die Biegebemessung des Plattenbalkens daher nicht von derjenigen des Rechteckquerschnittes. Es ist nur anstatt der Breite b die mitwirkende Plattenbreite b_{eff} und für z_{s} Gl. (7.6) zu verwenden.

Vor der Bemessung ist die Lage der Nulllinie noch unbekannt. Deshalb wird zunächst angenommen, die Nulllinie verlaufe in der Platte, und diese Annahme wird nach der Bemessung überprüft. Wird die Annahme bestätigt, ist die Bemessung in Ordnung. Da selbst bei voll ausgenutzter Druckzone ($\varepsilon_{\text{c2}} = -3{,}50$ ‰) bei einer Stahldehnung $\varepsilon_{\text{s}} = 25$ ‰ die Druckzone nur ca. 10 % der Gesamthöhe des Trägers beträgt, ist dieser Fall die Regel. War ausnahmsweise die Annahme falsch, ist die Bemessung für eine Nulllinie im Steg zu wiederholen.

Beispiel 7.11: Biegebemessung eines Plattenbalkens (Nulllinie in der Platte)

Gegeben:
- Hochbaudecke im Inneren eines Wohngebäudes gemäß Skizze von Beispiel 7.10 (s. S. 166)
- Baustoffgüten C20/25; B500

Gesucht:
- Lastannahmen
- Schnittgrößen des Unterzuges mit einem linearen Verfahren
- Biegebemessung im Feld 1 mit dimensionsgebundenem, im Feld 2 mit dimensionsechtem Verfahren

Lösung:

Lastannahmen:

Kunststoffbelag 1,0 cm	$0{,}15 \cdot 1{,}0 =$	0,15 kN/m²	EC 1-1-1/NA, Tab. NA.A.18
Anhydritestrich 5,0 cm	$0{,}22 \cdot 5 =$	1,10 kN/m²	EC 1-1-1/NA, Tab. NA.A.18
Konstruktionsbeton	$25 \cdot 0{,}22 =$	5,50 kN/m²	EC 1-1-1, Tab. A.1
Gipsdeckenputz 1,5 cm		0,18 kN/m²	EC 1-1-1/NA, Tab. NA.A.17
		6,93 kN/m²	
Eigenlast der Decke	$g_k =$	7,00 kN/m²	
Verkehrslast der Decke	$q_k =$	1,50 kN/m²	EC 1-1-1/NA, Tab. 6.1DE

zur Ermittlung der Lasteinflussfläche für den Unterzug → Teil 2, Kap. 6

Eigenlast für den Unterzug:

Decke $7{,}00 \cdot \left[0{,}30 + 0{,}6 \cdot (6{,}01 + 7{,}26)\right] = 57{,}8$ kN/m

Unterzug $25 \cdot (0{,}50 \cdot 0{,}30 + 2 \cdot 0{,}10 \cdot 0{,}15) = 4{,}5$ kN/m

$g_k = 62{,}3$ kN/m

Einwirkung aus Verkehr für den Unterzug:

$$q_k = 1{,}5 \cdot \left[0{,}30 + 0{,}6 \cdot (6{,}01 + 7{,}26)\right] = 12{,}4 \text{ kN/m}$$

Auf eine mögliche Abminderung nach EC 1-1-1/NA, Gl. 6.1a DE wird verzichtet.

Geometrische Werte:

Feld 1: $l_1 = 6{,}51$ m; $b_{eff,1} = 2{,}51$ m — vgl. Beispiel 7.10

Feld 2: $l_2 = 8{,}51$ m; $b_{eff,2} = 3{,}07$ m

Stütze: $b_{eff,St} = 0{,}60$ m

Beanspruchungen:

$$\frac{l_1}{l_2} = \frac{6{,}51}{8{,}51} = \frac{1}{1{,}31} \approx \frac{1}{1{,}30}$$

Die Schnittgrößen werden mit [Schneider/Albert – 14] S. 4.17 (Abschnitt 4 - Baustatik Kap. 1.4.3) ermittelt.

Beanspruchung		LF G	LF Q	Superposition zu Extremalschnittgrößen
max M_1	kNm	140	52	$1{,}35 \cdot 140 + 1{,}50 \cdot 52 = 267$
max M_2	kNm	351	82	$1{,}35 \cdot 351 + 1{,}50 \cdot 82 = 597$
min M_B	kNm	–459	–91	$1{,}35 \cdot (-459) + 1{,}50 \cdot (-91) = -756$
max V_A	kN	132	36	$1{,}35 \cdot 132 + 1{,}50 \cdot 36 = 232$
min V_{Bli}	kN	–273	–54	$1{,}35 \cdot (-273) + 1{,}50 \cdot (-54) = -450$
max V_{Br}	kN	318	63	$1{,}35 \cdot 318 + 1{,}50 \cdot 63 = 524$
min V_C	kN	–209	–45	$1{,}35 \cdot (-209) + 1{,}50 \cdot (-45) = -350$

(6.11): $E_d = \sum_i \gamma_{G,i} \cdot E_{Gk,i} \oplus 1{,}50 \cdot E_{Qk,unf}$

Nachweis für Biegung

Feld 1:

$M_{Eds} = |267| - 0 = 267$ kNm — (7.5): $M_{Eds} = |M_{Ed}| - N_{Ed} \cdot z_s$

est $d = 72 - 4{,}5 = 67{,}5$ cm — (7.8): est $d = h - (4$ bis $10)$

$\gamma_C = 1{,}50$ — (2.18): Grundkombination und Ortbeton

$f_{cd} = \dfrac{0{,}85 \cdot 20}{1{,}50} = 11{,}3$ N/mm^2 — (2.17): $f_{cd} = \dfrac{\alpha_{cc} \cdot f_{ck}}{\gamma_C}$

$k_{dc} = \dfrac{67{,}5}{\sqrt{\dfrac{|267|}{2{,}51}}} \cdot \sqrt{11{,}3} = 22{,}0$ — (7.61): $k_{dc} = \dfrac{d}{\sqrt{\dfrac{|M_{Eds}|}{b}}} \cdot \sqrt{f_{cd}}$

$k_{s1} \approx 2{,}22$; $\zeta = 0{,}98$; $\xi \approx 0{,}044$; $\sigma_{sd} = 457$ N/mm^2 — **Tafel 7.2**

$x = 0{,}044 \cdot 67{,}5 = 3$ cm < 22 cm $= h_f$ — (7.23): $\xi = \dfrac{x}{d}$

→ rechnerischer Rechteckquerschnitt

$A_{s1} = \dfrac{|267|}{67{,}5} \cdot 2{,}22 \cdot 1{,}0 + 10 \dfrac{0}{457} = 8{,}8$ cm^2 — (7.78): $A_{s1} = \dfrac{|M_{Eds}|}{d} \cdot k_{s1} \cdot \rho_1 + 10 \dfrac{N_{Ed}}{\sigma_{s1}}$

gew: 5 ∅16 mit — **Tafel 4.1**

$A_{s,vorh} = 10{,}1$ cm^2 $> 8{,}8$ cm^2 $= A_{s,erf}$ — (7.55): $A_{s,vorh} \geq A_{s,erf}$

max $\phi = ∅16 \Rightarrow n = 11$ (für $b = 50$ cm) — **Tafel 4.1**: größte Anzahl von Stäben in einer Lage für max ϕ

$d = 72 - 2{,}5 - 1{,}0 - 0{,}8 = 67{,}7$ cm $\approx 67{,}5$ cm = est d — (7.9): $d = h - c_v - \phi_{bü} - e$

$z = 0{,}98 \cdot 0{,}675 = 0{,}662$ m — (7.37): $z = \zeta \cdot d$

$f_{ctm} = 2{,}2$ N/mm^2 — **Tafel 2.5**: C20/25

$W \approx 0{,}039$ m^3 — z. B. [Schneider/Albert – 14], Tafel 2.1.2, S. 4.28

$A_{s,min} = \dfrac{2{,}2 \cdot 0{,}039}{0{,}662 \cdot 500} \cdot 10^4 = 2{,}59$ cm^2 $< 10{,}1$ cm^2 — (7.90): $A_{s,min} = \dfrac{f_{ctm} \cdot W}{z \cdot f_{yk}}$

Feld 2:

$M_{Eds} = |597| - 0 = 597$ kNm — (7.5): $M_{Eds} = |M_{Ed}| - N_{Ed} \cdot z_s$

$$\mu_{\text{Eds}} = \frac{0{,}597}{3{,}07 \cdot 0{,}675^2 \cdot 11{,}3} = 0{,}038$$

(7.21): $\mu_{\text{Eds}} = \dfrac{M_{\text{Eds}}}{b \cdot d^2 \cdot f_{\text{cd}}}$

$\omega_1 \approx 0{,}039$; $\xi \approx 0{,}066$; $\zeta = 0{,}98$; $\sigma_s = 457\ \text{N/mm}^2$

Tafel 7.2:

$x = 0{,}066 \cdot 67{,}5 = 4{,}5\ \text{cm} < 22\ \text{cm} = h_f$

(7.24): $x = \xi \cdot d$

$$A_{s1} = \left(\frac{0{,}039 \cdot 1{,}0 \cdot 3{,}07 \cdot 0{,}675 \cdot 11{,}3}{435} + 0 \right) \cdot 10^4 = 21{,}0\ \text{cm}^2$$

(7.79): $A_{s1} = \dfrac{\omega_1 \cdot \rho_1 \cdot b \cdot d \cdot f_{\text{cd}}}{f_{\text{yd}}} + \dfrac{N_{\text{Ed}}}{\sigma_{s1}}$

gew: $5\,\varnothing 16 + 4\,\varnothing 20$ mit

Tafel 4.1

$A_{s,\text{vorh}} = 22{,}7\ \text{cm}^2 > 21{,}0\ \text{cm}^2 = A_{s,\text{erf}} > A_{s,\min}$

(7.55): $A_{s,\text{vorh}} \geq A_{s,\text{erf}}$

max $\phi = \varnothing 20 \Rightarrow n = 10$ (für $b = 50$ cm)

Tafel 4.1: größte Anzahl von Stäben in einer Lage für max ϕ

Die Bemessung über der Stütze erfolgt in Beispiel 7.13.

Fortsetzung mit Beispiel 7.13

7.6.4 Bemessung bei gegliederter Druckzone

Eine gegliederte Druckzone liegt vor, wenn die Nulllinie im Steg liegt. Dann befinden sich die gesamte Platte und ein Teil des Steges im Druckbereich (**Abb. 7.18**). Es liegt auch rechnerisch ein Plattenbalken vor. Für die Bemessung ist zunächst zu unterscheiden, ob die Plattenbreite sehr viel größer als die Stegbreite ist. Wenn die Plattenbreite sehr viel größer ist, liegt ein stark profilierter Plattenbalken[28], andernfalls ein schwach profilierter (**Abb. 7.21**) vor.

– Stark profilierter Plattenbalken: $\dfrac{b_{\text{eff}}}{b_w} \geq 5{,}0$ (7.84)

– Schwach profilierter Plattenbalken: $\dfrac{b_{\text{eff}}}{b_w} < 5{,}0$ (7.85)

Stark profilierter Plattenbalken

Der stark profilierte Plattenbalken mit Nulllinie im Steg tritt im üblichen Hochbau relativ selten auf, da dieser Fall nur bei sehr dünnen Platten wahrscheinlich ist. Bei einem stark profilierten Plattenbalken ist der Plattenanteil der weitaus überwiegende, da

- die Plattenfläche sehr viel größer als die gestauchte Teilfläche des Steges ist
- die Randstauchungen in der Platte und damit die Spannungen größer als diejenigen im Steg sind
- der Hebelarm des inneren Betondruckkraftanteils der Platte größer als derjenige des Steges ist.

„Auf der sicheren Seite" liegend, kann daher der Steganteil vernachlässigt werden. Dann liegt ein Querschnitt vor, bei dem nur noch die gesamte Platte Druckspannungen unterworfen ist (**Abb. 7.21**).

[28] Andere gebräuchliche Bezeichnungen: schlanker Plattenbalken (= stark profilierter Plattenbalken) bzw. gedrungener Plattenbalken (= schwach profilierter Plattenbalken).

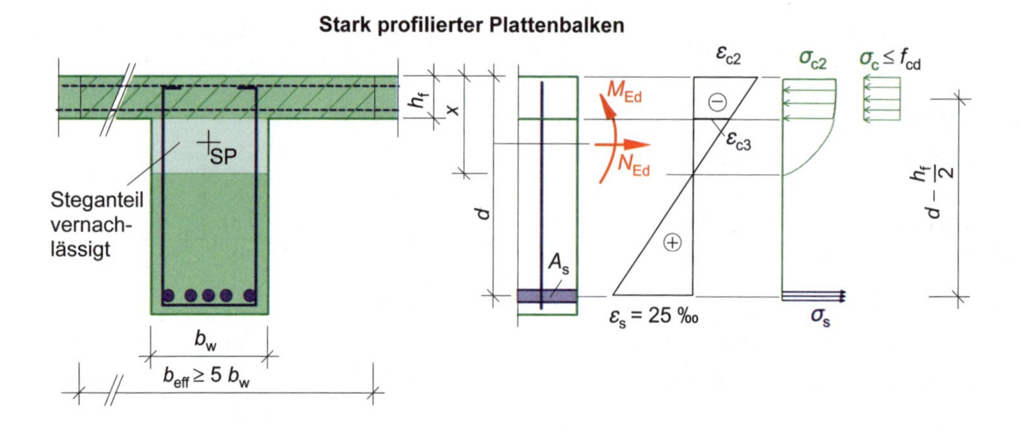

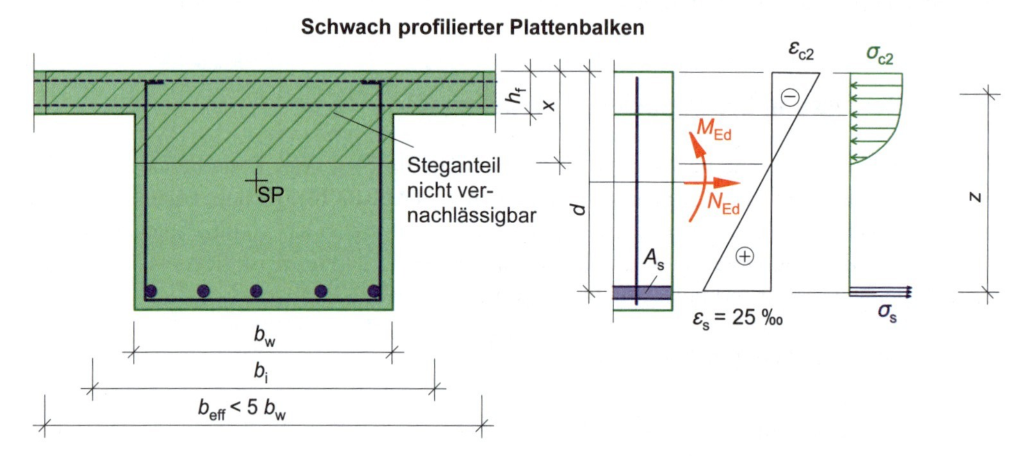

Abb. 7.21 Idealisierungen beim stark und beim schwach profilierten Plattenbalken

Näherungsweise kann davon ausgegangen werden, dass die resultierende Biegedruckkraft in Plattenmitte auftritt (dies ist immer dann genau, wenn $\varepsilon_{c3} \geq 2{,}00$ ‰ ist). Weiterhin ist bei stark profilierten Plattenbalken die Stahlspannung ausgenutzt, d. h. $f_{yd} \leq \sigma_{sd} \leq f_{tk,cal}/\gamma_S$, näherungsweise $\sigma_{sd} = f_{yd}$. Die erforderliche Biegezugbewehrung erhält man aus Gl. (7.47):

$$A_s = \frac{1}{\sigma_{sd}} \cdot \left(\frac{M_{Eds}}{z} + N_{Ed} \right) = \frac{1}{\sigma_{sd}} \cdot \left(\frac{M_{Eds}}{d - \frac{h_f}{2}} + N_{Ed} \right) \tag{7.86}$$

Die Druckzone wird im Regelfall ausreichend groß sein. Sofern hieran Zweifel bestehen, kann der Nachweis über einen Spannungsnachweis erfolgen.

$$\sigma_c = \frac{M_{Eds}}{A_{cf} \cdot z} = \frac{M_{Eds}}{b_{eff} \cdot h_f \cdot \left(d - \frac{h_f}{2} \right)} \leq f_{cd} \tag{7.87}$$

Eine genauere Biegebemessung an einem derartigen Plattenbalken lässt sich durchführen, indem eine Bemessungstabelle für Plattenbalken (**Tafel 7.6**) verwendet wird.

Tafel 7.6 Bemessungstabelle mit dimensionslosen ω-Beiwerten für schwach profilierte Plattenbalken (B500; ≤ C50/50) ohne Ausnutzen des Verfestigungsbereiches (Die grau schraffierten ω-Werte zeigen eine Nulllinie in der Platte = rechnerischen Rechteckquerschnitt an. Unterhalb der gestrichelten Linie ist $\xi > \xi_{\text{lim}} = 0{,}45$ vgl. **Tafel 7.4**.)

	Rechteck	$\frac{h_f}{d} = 0{,}05$			$\frac{h_f}{d} = 0{,}10$			$\frac{h_f}{d} = 0{,}20$		
		$\frac{b_{\text{eff}}}{b_w}$			$\frac{b_{\text{eff}}}{b_w}$			$\frac{b_{\text{eff}}}{b_w}$		
μ_{Eds}	1	2	3	5	2	3	5	2	3	5
0,01	0,0101	0,0101	0,0101	0,0101	0,0101	0,0101	0,0101	0,0101	0,0101	0,0101
0,02	0,0203	0,0203	0,0203	0,0203	0,0203	0,0203	0,0203	0,0203	0,0203	0,0203
0,03	0,0306	0,0306	0,0306	0,0306	0,0306	0,0306	0,0306	0,0306	0,0306	0,0306
0,04	0,0410	0,0410	0,0410	0,0409	0,0410	0,0410	0,0410	0,0410	0,0410	0,0410
0,05	0,0514	0,0514	0,0514	0,0514	0,0515	0,0515	0,0515	0,0515	0,0515	0,0515
0,06	0,0621	0,0621	0,0622	0,0624	0,0621	0,0621	0,0621	0,0621	0,0621	0,0621
0,07	0,0728	0,0731	0,0735	0,0742	0,0728	0,0728	0,0728	0,0728	0,0728	0,0728
0,08	0,0836	0,0844	0,0852	0,0871	0,0836	0,0836	0,0836	0,0836	0,0836	0,0836
0,09	0,0946	0,0961	0,0976	0,1014	0,0946	0,0946	0,0946	0,0946	0,0946	0,0946
0,10	0,1057	0,1082	0,1107		0,1058	0,1058	0,1059	0,1057	0,1057	0,1057
0,11	0,1170	0,1206	0,1246		0,1173	0,1175	0,1179	0,1170	0,1170	0,1170
0,12	0,1285	0,1336	0,1396		0,1292	0,1298	0,1311	0,1285	0,1285	0,1285
0,13	0,1401	0,1470			0,1415	0,1427	0,1459	0,1401	0,1401	0,1401
0,14	0,1519	0,1611			0,1542	0,1565		0,1519	0,1519	0,1519
0,15	0,1638	0,1757			0,1674	0,1712		0,1638	0,1638	0,1638
0,16	0,1759	0,1912			0,1812			0,1759	0,1758	0,1758
0,17	0,1881				0,1955			0,1881	0,1881	0,1880
0,18	0,2007				0,2106			0,2007	0,2007	0,2006
0,19	0,2134				0,2266			0,2137	0,2139	0,2141
0,20	0,2263							0,2272	0,2278	0,2290
0,21	0,2395							0,2413	0,2427	
0,22	0,2529							0,2560	0,2589	
0,23	0,2665							0,2715		
0,24	0,2804							0,2879		

Beispiel 7.12: Biegebemessung eines stark profilierten Plattenbalkens (Nulllinie im Steg)

Gegeben:
- Platte mit Unterzug lt. Skizze [29]
- Beanspruchungen $M_{Ed} = 700$ kNm; $N_{Ed} = 100$ kN
- C30/37 (Ortbeton)
- B500

Gesucht: Erforderliche Bewehrung

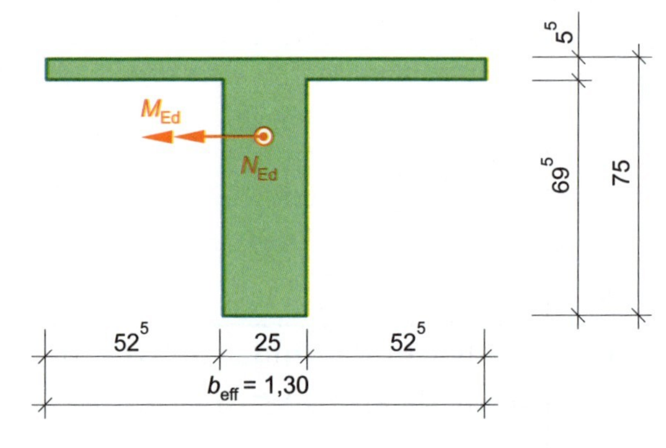

Lösung:

est $d = 66{,}6$ cm

Aufgrund ähnlicher Verhältnisse wie in Beispiel 7.2 wird der dort ermittelte Wert übernommen.

$$z_{SP} = \frac{(1{,}30-0{,}25)\cdot 0{,}055^2 + 0{,}25\cdot 0{,}75^2}{2\left[(1{,}30-0{,}25)\cdot 0{,}055 + 0{,}25\cdot 0{,}75\right]} = 0{,}293 \text{ m}$$

$$z_{SP} = \frac{(b_{eff}-b_w)\cdot h_f^2 + b_w\cdot h^2}{2\left[(b_{eff}-b_w)\cdot h_f + b_w\cdot h\right]}$$

(z. B. [Schneider/Albert – 14], Tafel 2.1.2, S. 4.28)

$z_s = 0{,}666 - 0{,}293 = 0{,}373$ m — (7.6): $z_s = d - z_{SP}$

$M_{Eds} = 700 - 100\cdot 0{,}373 = 663$ kNm — (7.5): $M_{Eds} = |M_{Ed}| - N_{Ed}\cdot z_s$

$\gamma_C = 1{,}50$ — (2.18): Grundkombination und Ortbeton

$$f_{cd} = \frac{0{,}85\cdot 30}{1{,}50} = 17 \text{ N/mm}^2$$ — (2.17): $f_{cd} = \frac{\alpha_{cc}\cdot f_{ck}}{\gamma_C}$

$$\mu_{Eds} = \frac{0{,}663}{1{,}30\cdot 0{,}666^2\cdot 17} = 0{,}068$$ — (7.21): $\mu_{Eds} = \frac{M_{Eds}}{b\cdot d^2\cdot f_{cd}}$

$\xi = 0{,}10$ — **Abb. 7.15**

$x = 0{,}10\cdot 66{,}6 = 6{,}7$ cm — (7.24): $x = \xi\cdot d$

$x = 6{,}7 \text{ cm} > 5{,}5 \text{ cm} > h_f \Rightarrow$ Nulllinie im Steg — (7.83): $x > h_f$

$\frac{b_{eff}}{b_w} = \frac{1{,}30}{0{,}25} = 5{,}2 > 5{,}0 \Rightarrow$ stark profilierter Plattenbalken — (7.84): $\frac{b_{eff}}{b_w} \geq 5{,}0$

$$A_s = \frac{1}{435}\cdot\left(\frac{663}{0{,}666-\frac{0{,}055}{2}} + 100\right)\cdot 10 = \underline{\underline{26{,}2 \text{ cm}^2}}$$ — (7.86): $A_s = \frac{1}{\sigma_{sd}}\cdot\left(\frac{M_{Eds}}{d-\frac{h_f}{2}} + N_{Ed}\right)$

gew: 2 Ø28 + 3 Ø25 mit 1. Lage 2 Ø28 + Ø25; 2. Lage 2 Ø25 — **Tafel 4.1**

$A_{s,vorh} = 27{,}1 \text{cm}^2 > 26{,}2 \text{cm}^2 = A_{s,erf}$ — (7.55): $A_{s,vorh} \geq A_{s,erf}$

max $\phi = Ø28 \Rightarrow n = 3$ — **Tafel 4.1**: Maßgebend ist max ϕ

[29] Es handelt sich um ein Halbfertigteil mit später herzustellendem Aufbeton auf der Platte. Die Beanspruchungen sollen aus dem Betonierzustand des Aufbetons herrühren.

$$e = \frac{12{,}3 \cdot \frac{2{,}8}{2} + 4{,}91 \cdot \frac{2{,}5}{2} + 9{,}82 \cdot \left(2 \cdot 2{,}8 + \frac{2{,}5}{2}\right)}{12{,}3 + 3 \cdot 4{,}91} = 3{,}4 \text{ cm}$$

(7.10): $e = \frac{\sum_i A_{si} \cdot e_i}{\sum_i A_{si}}$

$$d = 75 - 4{,}0 - 1{,}0 - 3{,}4 = 66{,}6 \text{ cm} = \text{est}\, d$$

(7.9): $d = h - c_v - \phi_{bü} - e$

$$\sigma_c = \frac{663 \cdot 10^{-3}}{1{,}30 \cdot 0{,}055 \cdot \left(0{,}667 - \frac{0{,}055}{2}\right)} = 14{,}5 \text{ N/mm}^2 < 17 \text{ N/mm}^2 = f_{cd}$$

(7.87): $\sigma_c = \frac{M_{Eds}}{b_{eff} \cdot h_f \cdot \left(d - \frac{h_f}{2}\right)} \le f_{cd}$

Schwach profilierter Plattenbalken

Der schwach profilierte Plattenbalken mit Nulllinie im Steg tritt häufig im Fertigteilbau auf, z. B. bei I-Trägern für Hallenbinder.

Bei derartigen Querschnitten ist die Nulllinie im Steg üblich. Die zum Gleichgewicht erforderliche innere Betondruckkraft F_{cd} setzt sich aus einem Platten- und einem Steganteil zusammen (**Abb. 7.21**). Bei einem schwach profilierten Plattenbalken ist die mitwirkende Plattenbreite nicht wesentlich größer als die Stegbreite. Der Anteil des Steges an den Druckkräften kann daher nicht vernachlässigt werden, sofern eine wirtschaftliche Bemessung angestrebt wird. Damit ist für Bemessungstafeln der zusätzliche Parameter b_{eff}/b_w erforderlich. Der Wert $b_{eff}/b_w = 1$ kennzeichnet hierbei den Rechteckquerschnitt. Eine entsprechende Tafel ist in **Tafel 7.6** dargestellt, weitere bezogene Plattendicken sind z. B. in [Schneider/Albert – 14] zu finden. Die erforderliche Bewehrung erhält man mit dem abgelesenen ω-Wert:

$$\mu_{Eds} = \frac{M_{Eds}}{b_{eff} \cdot d^2 \cdot f_{cd}} \tag{7.88}$$

$$A_s = \frac{\omega \cdot b_{eff} \cdot d \cdot f_{cd} + N_{Ed}}{f_{yd}} \tag{7.89}$$

Bei Zwischenwerten ist entweder zu interpolieren oder der ungünstigere, d. h. nächst kleinere vertafelte Wert b_{eff}/b_w zu verwenden. Insbesondere bei Fertigteilbindern (T- oder I-Binder) haben die Platten keine konstante Dicke h_f, sondern verjüngen sich zum Rand. In diesen Fällen wird zweckmäßig die Plattendicke gemittelt. Der Fehler infolge dieser Näherung hat keine praxisrelevante Auswirkung auf den erforderlichen Stahlquerschnitt.

Als Zusatzbeschränkung muss beachtet werden, dass die Stauchung in der Plattenmittelfläche auf ε_{c2} zu begrenzen ist (**Abb. 7.11**). Für normalfeste Betone bis C50/60 gilt in diesem Fall $\varepsilon_{c2} = -2{,}0$ ‰ (→ **Tafel 2.6**). Diese Bedingung gemäß EC 2-1-1, 6.1, (5) ist in **Tafel 7.6** berücksichtigt.

Beispiel 7.13: Biegebemessung eines gedrungenen Plattenbalkens (Nulllinie im Steg) (Fortsetzung von Beispiel 7.11)

Gegeben: Aufgabenstellung und Ergebnisse von Beispiel 7.11

Gesucht: Biegebemessung über der Stütze

Lösung:

Stütze:

$M_{B,cal} = -756$ kNm

Lineare Schnittgrößenberechnung ohne Momentenumlagerung.

$V_{Bli,cal} = -450$ kN

$V_{Br,cal} = 524$ kN

$$\Delta M = (450 + 524) \cdot \frac{0,30}{8} = 36,5 \text{ kNm}$$

(7.16): $\Delta M = F_{Ed,sup} \cdot \frac{b_{sup}}{8}$

$$M_{Ed} = |-756| - |36,5| = 719,5 \text{ kNm}$$

(7.15): $M_{Ed} = |M_{el}| - |\Delta M|$

$$M_{Eds} = |719,5| - 0 = 719,5 \text{ kNm}$$

(7.5): $M_{Eds} = |M_{Ed}| - N_{Ed} \cdot z_s$

$$\frac{b_{eff}}{b_w} = \frac{0,60}{0,30} = 2,0 < 5,0 \text{ schwach profilierter Plattenbalken}$$

(7.85): $\frac{b_{eff}}{b_w} < 5,0$

$$\mu_{Eds} = \frac{0,7195}{0,60 \cdot 0,675^2 \cdot 11,3} = 0,233$$

(7.88): $\mu_{Eds} = \frac{M_{Eds}}{b_{eff} \cdot d^2 \cdot f_{cd}}$

$$h_f \approx \frac{12,5 + 17,5}{2} = 15 \text{ cm}$$

Die Platte ist gevoutet ($\rightarrow$ Querschnitt Beispiel 7.10).

$$\frac{h_f}{d} = \frac{15}{67,5} = 0,222 \approx 0,20$$

$\omega_1 = 0,2764$

Tafel 7.6: interpoliert

$$A_s = \frac{0,2764 \cdot 0,60 \cdot 0,675 \cdot 11,3 - 0}{435} \cdot 10^4 = \underline{\underline{29,1 \text{ cm}^2}}$$

(7.89): $A_s = \frac{\omega \cdot b_{eff} \cdot d \cdot f_{cd} + N_{Ed}}{f_{yd}}$

gew: $4\,\varnothing 25 + 4\,\varnothing 20$

Tafel 4.1

$A_{s,vorh} = 32,2 \text{ cm}^2 > 29,1 \text{ cm}^2 = A_{s,erf}$

(7.55): $A_{s,vorh} \geq A_{s,erf}$

Die Platte bietet ausreichend Platz, um die Stäbe einzulegen. Der Nachweis für die größte Anzahl in einer Lage kann entfallen.

Begrenzung der Druckzonenhöhe:

$\xi_{lim} = 0,45$

Tafel 7.4

In **Tafel 7.6** wurde unterhalb der gestrichelten Linie abgelesen, sodass die Begrenzung der Druckzonenhöhe mit $\xi > 0,45$ vorerst nicht eingehalten ist. Allerdings liegt man mit $h_f / d = 0,222$ und dem Ablesen in **Tafel 7.6** für $h_f / d = 0,20$ leicht auf der sicheren Seite.

Eine genaue Iteration der Dehnungsebene für den vorhanden Querschnitt und $M_{Eds} = 719{,}5$ kNm liefert:

Anwendung Parabel-Rechteck-Diagramm gemäß **Abb. 2.6**

$\varepsilon_{c2} / \varepsilon_s = -2{,}688\ ‰ / 3{,}507\ ‰$

Die Betonstauchung wurde in Plattenmitte gemäß EC 2-1-1, 6.1, (5) und **Abb. 7.11** auf −2,0 ‰ begrenzt

$\omega_{1,\text{exakt}} = 0{,}2722 < 0{,}2764 = \omega_1$

ω_1 gemäß **Tafel 7.6**, s. vorher

$\xi = 0{,}434 \le \xi_{\text{lim}} = 0{,}45$

Die zulässige Höhe der Druckzone ist mit der exakten Berechnung nicht überschritten.

(Fortsetzung mit Beispiel 8.5)

7.7 Grenzwerte der Biegebewehrung

7.7.1 Mindestbewehrung

Die Biegebemessung erfolgt unter idealisierenden Annahmen. Die hierbei entstehenden Fehler sollen durch die Mindestbewehrung abgedeckt werden. Die Mindestbewehrung hat im Einzelnen folgende Aufgaben ([Graubner/Kempf – 00]):

- Versagensvorankündigung durch Rissbildung; die erforderliche Mindestbewehrung kann unter der Annahme ermittelt werden, dass mindestens das Biegemoment beim Auftreten des ersten Risses aufgenommen werden muss. Durch Gleichsetzen von Gl. (1.26) und (1.27) und Auflösen nach A_s erhält man:

  $$A_{s,\min} = \frac{M_{cr}}{z \cdot f_{yk}} = \frac{f_{ctm} \cdot W}{z \cdot f_{yk}} \tag{7.90}$$

  Es bedeuten hierin:
  f_{ctm} mittlere Betonzugfestigkeit nach **Tafel 2.5**
  W Widerstandsmoment des ungerissenen Querschnitts
  z Hebelarm der inneren Kräfte (für Rechteckquerschnitte $z \approx 0{,}9\,d$)

- Aufnahme nicht quantifizierbarer Zwangeinwirkungen aus Temperatur, Schwinden usw.
- Aufnahme unberücksichtigter Zwangbeanspruchungen
- Vermeiden von hohen und breiten Sammelrissen in den Stegen
- Sicherstellen eines robusten Tragverhaltens.

Bei monolithischen Konstruktionen ist auch bei Einfeldträgern mit gelenkig angenommener Stützung eine konstruktive Einspannung zu berücksichtigen. Diese ist für ein Moment zu bemessen, das betragsmäßig mindestens 25 % des größten Feldmomentes ist.

Beispiel 7.14: Mindestbewehrung (Fortsetzung von Beispiel 7.5)

Gegeben:
- Rechteckquerschnitt b/h = 100/20 cm
- Baustoffe C30/37 (Ortbeton); B500

Gesucht: Mindestbewehrung

Lösung:

$f_{\text{ctm}} = 2{,}9 \text{ N/mm}^2$

Tafel 2.5: C30/37

$$W = \frac{1{,}00 \cdot 0{,}20^2}{6} = 0{,}00667 \text{ m}^3$$

$$W = \frac{b \cdot h^2}{6}$$

$z \approx 0{,}9 \cdot 0{,}155 = 0{,}14 \text{ m}$

(8.11): $z \approx 0{,}9\,d$ oder der aus der Biegebemessung bekannte Wert

$$A_{\text{s,min}} = \frac{2{,}9 \cdot 0{,}00667}{0{,}14 \cdot 500} \cdot 10^4 = 2{,}8 \text{ cm}^2 < \underline{\underline{5{,}06 \text{ cm}^2}}$$

(7.90): $A_{\text{s,min}} = \dfrac{f_{\text{ctm}} \cdot W}{z \cdot f_{\text{yk}}}$

Die Mindestbewehrung wird nicht maßgebend, die statisch erforderliche Bewehrung ist größer.

(Fortsetzung mit Beispiel 8.1)

Beispiel 7.15: Mindestbewehrung (Fortsetzung von Beispiel 7.2)

Gegeben:
- Rechteckquerschnitt b/h = 25/75 cm
- Baustoffe C30/37 (Ortbeton); B500

Gesucht: Mindestbewehrung

Lösung:

$f_{\text{ctm}} = 2{,}9 \text{ N/mm}^2$

Tafel 2.5: C30/37

$$W = \frac{0{,}25 \cdot 0{,}75^2}{6} = 0{,}0234 \text{ m}^3$$

$$W = \frac{b \cdot h^2}{6}$$

$z \approx 0{,}568 \text{ m}$

→ Biegebemessung Beispiel 7.2

$$A_{\text{s,min}} = \frac{2{,}9 \cdot 0{,}0234}{0{,}568 \cdot 500} \cdot 10^4 = 2{,}4 \text{ cm}^2 < \underline{\underline{24{,}8 \text{ cm}^2}}$$

(7.90): $A_{\text{s,min}} = \dfrac{f_{\text{ctm}} \cdot W}{z \cdot f_{\text{yk}}}$

Die Mindestbewehrung wird nicht maßgebend, die statisch erforderliche Bewehrung ist größer.

7.7.2 Höchstwert der Biegebewehrung

Der Höchstwert der Biegebewehrung eines Querschnitts ist ebenfalls begrenzt. Die Summe $A_{s,max}$ aus Biegezug- und Biegedruckbewehrung ist auch im Bereich von Übergreifungsstößen zu begrenzen.

$$A_{s,max} \leq 0{,}08 \cdot A_c \tag{7.91}$$

7.8 Vorbemessung

7.8.1 Rechteckquerschnitte

Ausgehend von der grundlegenden Beziehung Gl. (7.30) kann analog zur Herleitung in Kap. 7.5.1 mit dem Spannungsblock nach **Abb. 2.6** gearbeitet werden. Die Näherungen für die statische Höhe und die Höhe der Druckzone sind in **Abb. 7.22** eingetragen. Das maximale charakteristische Moment max M_k wird aus der Tragfähigkeit der Druckzone bestimmt.

$$M_{Rd} = F_{cd} \cdot z \approx b \cdot 0{,}8\,x \cdot f_{cd} \cdot z \approx \gamma_E \cdot \max M_k \tag{7.92}$$

$$b \cdot 0{,}8 \cdot 0{,}36\,h \cdot \frac{0{,}85 \cdot f_{ck}}{1{,}5} \cdot 0{,}72h \approx 1{,}4 \cdot \max M_k$$

$$\max M_k = 0{,}084 f_{ck} \cdot b \cdot h^2$$

$$\max M_k \approx 0{,}1\, f_{ck} \cdot b \cdot h^2 \quad \text{(dimensionsecht)} \tag{7.93}$$

Die erforderliche Bewehrung kann direkt aus Gl. (7.64) mit einem mittleren k_s-Wert (**Tafel 7.3**) abgeschätzt werden.

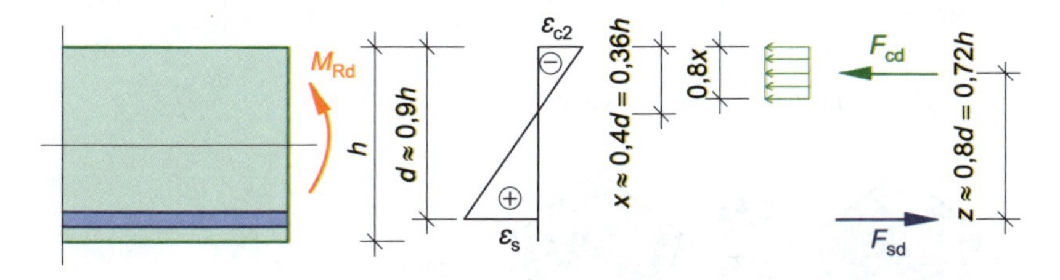

Abb. 7.22 Näherungen für die Vorbemessung von Rechteckquerschnitten

$$A_s = \frac{\gamma_E \cdot M_k}{d} \cdot k_s + \frac{\gamma_E \cdot N_k}{f_{yd}} \approx \frac{1{,}4 \cdot M_k}{0{,}9\,h} \cdot 2{,}6 + \frac{1{,}4 \cdot N_k}{435}$$

$$A_s \approx 4 \cdot \frac{M_k}{h} + \frac{N_k}{30} \quad \text{(dimensionsgebunden)} \quad \left[\text{cm}^2\right] = \frac{[\text{kNm}]}{[\text{cm}]} + \frac{[\text{kN}]}{[1]} \tag{7.94}$$

Beispiel 7.16: Vorbemessung eines Rechteckquerschnittes

Gegeben:
- Rechteckquerschnitt b/h = 25/75 cm
- Schnittgrößen $M_{\text{Ed}} = 400$ kNm; $N_{\text{Ed}} = 140$ kN
- Baustoffe C30/37; B500

Gesucht: Abschätzung der Biegezugbewehrung

Lösung:

$$A_s \approx 4 \cdot \frac{400}{75} + \frac{140}{30} = \underline{\underline{26\ \text{cm}^2}}$$

(7.94): $A_s \approx 4 \cdot \frac{M_k}{h} + \frac{N_k}{30}$

Zum Vergleich: Das Ergebnis in Beispiel 7.2 beträgt $A_s = 24{,}8\ \text{cm}^2$.

$$\max M_k \approx 0{,}1 \cdot 30 \cdot 0{,}25 \cdot 0{,}75^2 = 0{,}422\ \text{MNm} > 0{,}400\ \text{MNm}$$

(7.93): $\max M_k \approx 0{,}1\, f_{ck} \cdot b \cdot h^2$

7.8.2 Plattenbalken

Die Druckzone ist ausreichend groß. Eine Vorbemessung ist nur für die erforderliche Bewehrung sinnvoll. Eine Gleichung zur Vorbemessung erhält man aus Gl. (7.64):

$$A_s \approx \frac{1}{f_{yd}} \cdot \frac{\gamma_E \cdot M_k}{d - \frac{h_f}{2}} + \frac{\gamma_E \cdot N_k}{f_{yd}} \approx \frac{1}{435} \cdot \frac{1{,}4 \cdot M_k}{0{,}9\, h} \cdot 10^2 + \frac{1{,}4 \cdot N_k}{43{,}5}$$

$$A_s \approx 3{,}5 \cdot \frac{M_k}{h} + \frac{N_k}{30} \quad \text{(dimensionsecht)} \qquad \left[\text{cm}^2\right] = \frac{[\text{kNm}]}{[\text{cm}]} + \frac{[\text{kN}]}{[1]} \tag{7.95}$$

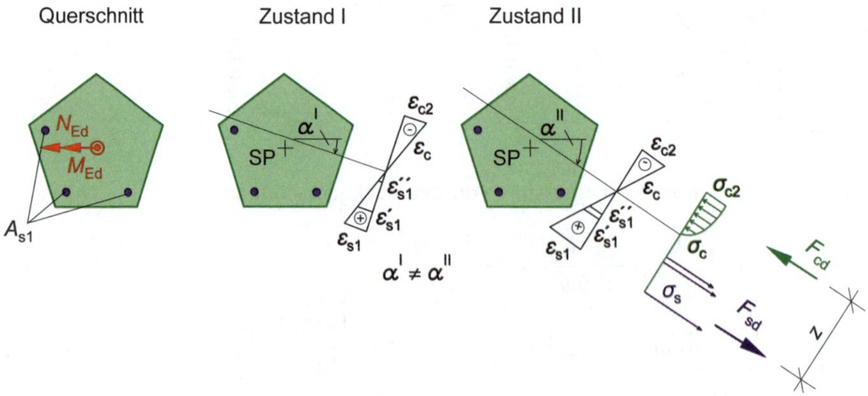

Abb. 7.23 Querschnitt mit Verzerrungszuständen bei einer beliebigen Form der Druckzone

7.9 Bemessung bei beliebiger Form der Druckzone

Bei einer beliebigen Form der Druckzone können übliche Bemessungshilfsmittel nicht bereitgestellt werden. Der innere Dehnungszustand ist nämlich nicht mehr allgemein bestimmbar, da die Lage *und die Richtung* der Nulllinie unbekannt sind. Die Lage der Nulllinie ändert sich beim Übergang von Zustand I in Zustand II. Weiterhin werden auch nicht mehr alle Bewehrungsstränge dieselbe Dehnung aufweisen (**Abb. 7.23**).

$$\varepsilon_{s1} > \varepsilon'_{s1} > \varepsilon''_{s1} \quad \Rightarrow \sigma_{s1} \geq \sigma'_{s1} \geq \sigma''_{s1}$$

Die Lösung kann nur schrittweise gefunden werden. Sinnvoll ist eine (iterative) numerische Bemessung, z. B. mit dem Spannungsblock.

Beispiel 7.17: Biegebemessung eines Querschnittes mit beliebiger Form der Druckzone

Gegeben:
- Regelmäßiges Fünfeck $b = 30$ cm
- Schnittgrößen $M_{Edy} = 70$ kNm; $N_{Ed} = 0$ kN
- Baustoffe C30/37; B500

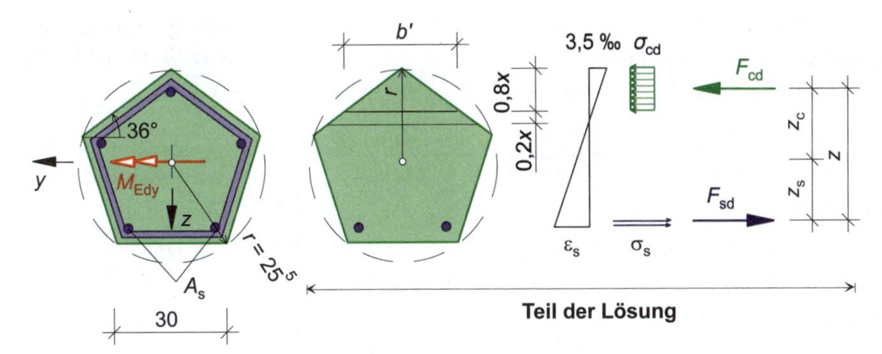

Gesucht: Ermittlung der Biegezugbewehrung, als praktikables Werkstoffgesetz soll der Spannungsblock verwendet werden.

Lösung:

Da der Querschnitt eine Symmetrieachse senkrecht zum Biegemoment M_{Edy} aufweist, muss die Richtung der Nulllinie waagerecht sein. Andernfalls ergäbe sich aus der Druckzone ein Moment M_{Edz}. Weiterhin soll zunächst bezüglich der Nulllinienlage angenommen werden, dass die Druckzone dreieckförmig ist. Diese Annahme ist zum Abschluss zu überprüfen. Die Bewehrungsermittlung kann hier analytisch erfolgen.

$d_1 = 50$ mm	Schätzwert nach Kap. 7.2
$z_s + d_1 = \frac{300}{2} \cdot \cot 36 = 206{,}5$ mm	$z_s + d_1 = \frac{b}{2} \cdot \cot 36$
$z_s = 206{,}5 - d_1 = 206{,}5 - 50 = 156{,}5$ mm	
$M_{Eds} = 70 - 0 \cdot 0{,}1565 = 70$ kNm	(7.5): $M_{Eds} = \lvert M_{Ed} \rvert - N_{Ed} \cdot z_s$

$f_{cd} = \frac{0{,}85 \cdot 30}{1{,}50} = 17 \text{ N/mm}^2$ — (2.17): $f_{cd} = \frac{\alpha_{cc} \cdot f_{ck}}{\gamma_C}$

$f_{ck} = 30 \text{ N/mm}^2 \leq 50 \text{ N/mm}^2 : \eta = 1{,}00$ — C30/37, η nach EC 2-1-1, 3.1.7 (3)

$\sigma_{cd} = 1{,}00 \cdot 17{,}0 \cdot 0{,}9 = 15{,}3 \text{ N/mm}^2$ — (2.16): $\sigma_{cd} = \eta \cdot f_{cd} \cdot 0{,}9$

Abminderung von $\eta \cdot f_{cd}$ um 10 %, da die Breite der Druckzone zum gedrückten Querschnittsrand hin abnimmt.

$b' = \frac{0{,}8x}{\tan 36} \cdot 2 = 2{,}202\ x$ — Eine dreieckige Druckzone wird zunächst angenommen.

$F_{cd} = \frac{1}{2} \cdot 0{,}8\ x \cdot b' \cdot f_{cd} = \frac{1}{2} \cdot 0{,}8\ x \cdot 2{,}202\ x \cdot 15{,}3 = 13{,}5\ x^2$ — (7.26): $F_{cd} = \int_0^x \sigma_{cd} \cdot b \cdot dz$

$z_c = 255 - 0{,}5\bar{3} \cdot x$ — $z_c = r - \frac{2}{3} \cdot 0{,}8\ x$

$z = 156{,}5 + 255 - 0{,}533 \cdot x = 411{,}5 - 0{,}533 \cdot x$ — $z = z_s + z_c$

$70 \cdot 10^6 = 13{,}5\ x^2 \cdot (411{,}5 - 0{,}533 \cdot x)$ — (7.31): $M_{Eds} = F_{cd} \cdot z$

$7{,}20\ x^3 - 5555\ x^2 + 70 \cdot 10^6 = 0$

Die Nullstellenbestimmung des Polynoms liefert als zutreffende Lösung: $x = 126$ mm

$x = 122 \text{ mm} < 176 \text{ mm} = 300 \cdot \sin 36$ — Überprüfung der Annahme zur Druckzone in der Skizze auf S. 181

$\Rightarrow$ die Druckzone ist dreieckförmig

$z = 411{,}5 - 0{,}533 \cdot 122 = 346 \text{ mm}$ — $z = z_s + z_c$

$A_s = \frac{1}{435} \cdot \left(\frac{70}{0{,}346} + 0 \right) \cdot 10 = \underline{\underline{4{,}65 \text{ cm}^2}}$ — (7.47): $A_s = \frac{1}{\sigma_{sd}} \cdot \left(\frac{M_{Eds}}{z} + N_{Ed} \right)$

gew: ∅20 in jeder Ecke — **Tafel 4.1**

$A_{s,vorh} = 6{,}28 \text{cm}^2 > 4{,}65 \text{cm}^2 = A_{s,erf}$ — (7.54): $A_{s,vorh} \geq A_{s,erf}$

d_1 wäre in Abhängigkeit von der erforderlichen Betondeckung noch zu überprüfen.

7.10 Bemessung vollständig gerissener Querschnitte

7.10.1 Grundlagen

Mit den vorangehend erläuterten Verfahren können Querschnitte für Schnittgrößen bemessen werden, die zu Dehnungen der Bereiche 2, 3 (oder 4) führen. Wenn jedoch neben (kleinen) Momenten große Längs*zug*kräfte wirken, tritt auch am oberen Rand eine Dehnung auf (**Abb. 7.5**). Dann liegt der Bereich 1 vor. Diese Situation liegt bei Zuggliedern vor, sofern

$$e_0 = \frac{|M_{Ed}|}{N_{Ed}} \tag{7.96}$$

$$e_0 \leq z_{s1} \tag{7.97}$$

Der Beton beteiligt sich im Bereich 1 nicht mehr an der Übertragung der Schnittgrößen; er dient nur noch dem Korrosionsschutz der Bewehrung. Die Schnittgrößen werden vollständig durch den eingelegten Betonstahl aufgenommen. Insofern ist generell überlegenswert, ob für ein so beanspruchtes Bauteil vorgespannter Beton oder ein anderer Werkstoff wie Stahl oder Holz nicht sinnvoller sind. Da sich der Beton nicht an der Lastabtragung beteiligt, ist die Querschnittsform des Bauteils beliebig. Das folgende Bemessungsverfahren gilt aufgrund des vollständig gerissenen Betonquerschnitts (unter Anpassung des Schwerpunktes) für alle Querschnittsformen.

7.10.2 Bemessung

Der Schwerpunktabstand der Bewehrung z_{s1} bezieht sich hierbei auf den stärker gedehnten Bewehrungsstrang, der Schwerpunktabstand z_{s2} bezieht sich auf den weniger stark gedehnten Strang. Für einen Rechteckquerschnitt lassen sich beide ermitteln mit

$$z_{s1} = \frac{h}{2} - d_1 \tag{7.98}$$

$$z_{s2} = \frac{h}{2} - d_2 \tag{7.99}$$

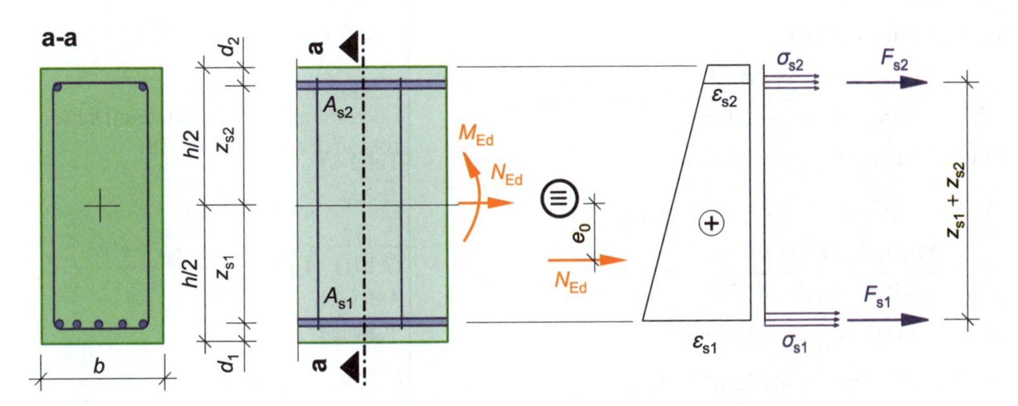

Abb. 7.24 Spannungen und Dehnungen bei überwiegenden Längszugkräften

Durch das Momentengleichgewicht um die obere und untere Bewehrungslage erhält man (vgl. **Abb. 7.24**) unter der Annahme, dass die Fließgrenze in beiden Bewehrungssträngen erreicht wird:

$$A_{s2} = \frac{N_{Ed}}{f_{yd}} \cdot \frac{z_{s1} - e}{z_{s1} + z_{s2}} \tag{7.100}$$

$$A_{s1} = \frac{N_{Ed}}{f_{yd}} \cdot \frac{z_{s2} + e}{z_{s1} + z_{s2}} \tag{7.101}$$

Beispiel 7.18: Bemessung eines vollständig gerissenen Querschnittes

Gegeben:
- Rechteckquerschnitt b/h = 25/75 cm
- Beanspruchungen M_{Ed} = 27,8 kNm; N_{Ed} = 278 kN
- Baustoff B500

Gesucht: Erforderliche Biegezugbewehrung

Lösung:

$d_1 = d_2 = 50\ \text{mm}$	zu überprüfender Schätzwert
$z_{s1} = \dfrac{0,75}{2} - 0,05 = 0,325\ \text{m}$	(7.98): $z_{s1} = \dfrac{h}{2} - d_1$
$z_{s2} = \dfrac{0,75}{2} - 0,05 = 0,325\ \text{m}$	(7.99): $z_{s2} = \dfrac{h}{2} - d_2$
$e_0 = \dfrac{\lvert 27,8 \rvert}{278} = 0,10\ \text{m}$	(7.96): $e_0 = \dfrac{\lvert M_{Ed} \rvert}{N_{Ed}}$
$e_0 = 0,10\ \text{m} < 0,325\ \text{m}$	(7.97): $e_0 \leq z_{s1}$
$A_{s2} = \dfrac{278 \cdot 10^3}{435} \cdot \dfrac{0,325 - 0,10}{0,325 + 0,325} = 221\ \text{mm}^2 = 2,21\ \text{cm}^2$	(7.100): $A_{s2} = \dfrac{N_{Ed}}{f_{yd}} \cdot \dfrac{z_{s1} - e}{z_{s1} + z_{s2}}$
gew: 2 ∅14 mit $A_{s,vorh} = 3,08\ \text{cm}^2$	**Tafel 4.1**
$A_{s,vorh} = 3,08\ \text{cm}^2 > 2,21\ \text{cm}^2 = A_{s,erf}$	(7.55): $A_{s,vorh} \geq A_{s,erf}$
$A_{s1} = \dfrac{278 \cdot 10^3}{435} \cdot \dfrac{0,325 + 0,10}{0,325 + 0,325} = 418\ \text{mm}^2 = 4,18\ \text{cm}^2$	(7.101): $A_{s1} = \dfrac{N_{Ed}}{f_{yd}} \cdot \dfrac{z_{s2} + e}{z_{s1} + z_{s2}}$
gew: 3 ∅14 mit $A_{s,vorh} = 4,62\ \text{cm}^2$	**Tafel 4.1**
$A_{s,vorh} = 4,62\ \text{cm}^2 > 4,18\ \text{cm}^2 = A_{s,erf}$	(7.55): $A_{s,vorh} \geq A_{s,erf}$

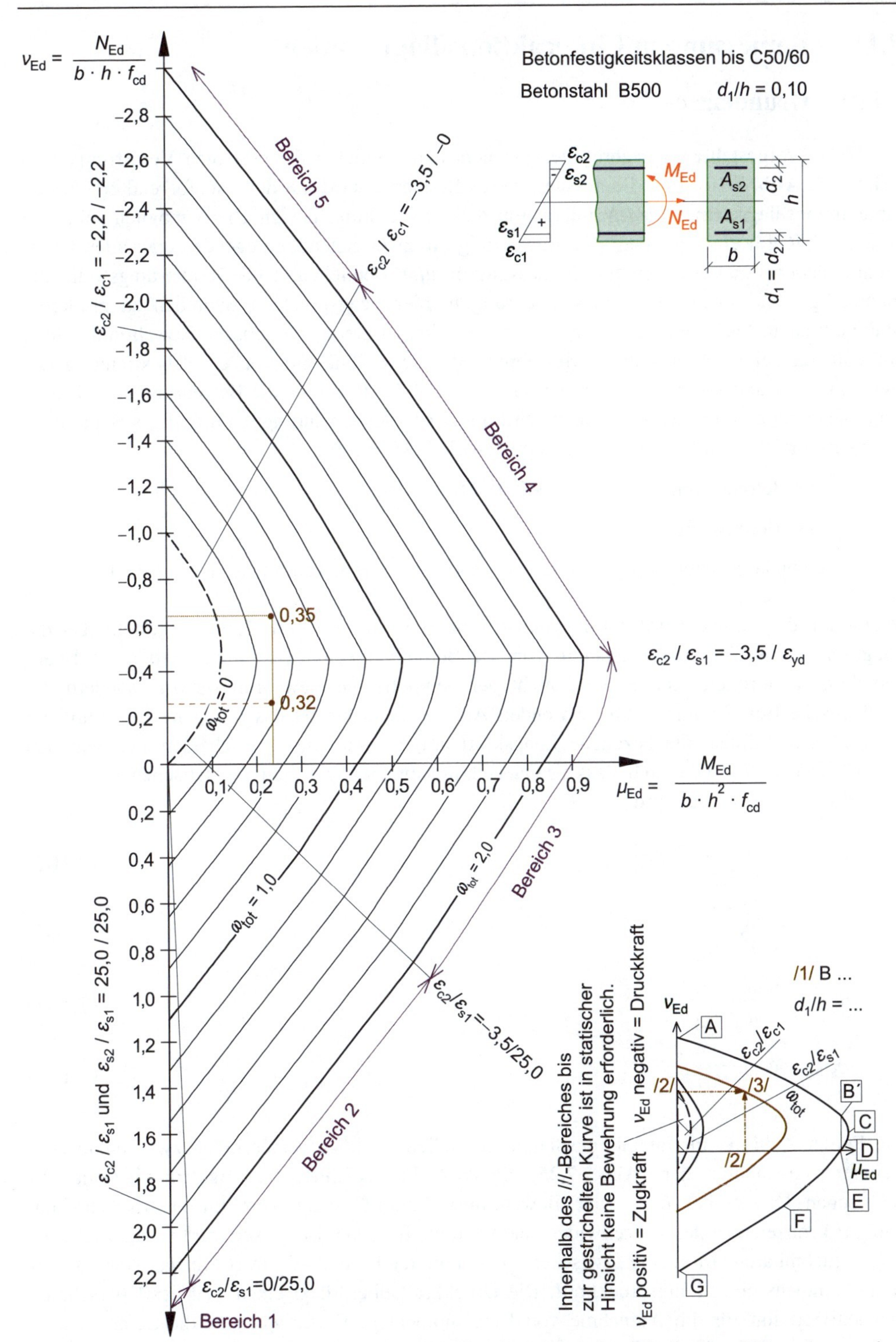

Abb. 7.25 Aufbau eines Interaktionsdiagrammes für einachsige Biegung und Vorgehensweise bei der Bemessung mit Ausnutzen des Verfestigungsbereiches

7.11 Bemessung mit Interaktionsdiagrammen

7.11.1 Grundlagen

Die bisher vorgestellten Verfahren decken nicht den Bereich 5 der erlaubten Verzerrungen ab (**Abb. 7.5**; **Abb. 7.10**). Eine Bemessung dieses Bereiches wird mit den nachfolgend erläuterten „Interaktionsdiagrammen" (*M-N* interaction diagram, column design chart) möglich sein. Sie gelten i. d. R. für eine symmetrische Bewehrung (an zwei gegenüberliegenden oder allen Querschnittsrändern) und erlauben eine Bemessung in *allen* Bereichen (1 bis 5); allerdings führt die planmäßige Anordnung von Druckbewehrung in biegebeanspruchten Bauteilen zu größerem Stahlverbrauch. Insbesondere bei vertikalen Bauteilen ist eine symmetrische Bewehrung jedoch sinnvoll, da bei einer einseitigen Bewehrung die Seite abhängig von der Blickrichtung des Betrachters ist und somit die Gefahr besteht, dass auf der Baustelle die Bewehrung am falschen Rand angeordnet wird. Darüber hinaus wird mit der Druckbewehrung ein duktileres Bauteilverhalten ermöglicht. Ein Interaktionsdiagramm (**Abb. 7.25**) gilt für

- alle Betonfestigkeitsklassen (bis C50/60)
- eine Betonstahlgüte
- einen konstanten bezogenen Randabstand der Längsbewehrung (z. B.: $d_1/h = 0{,}10$).

Interaktionsdiagramme wurden für symmetrische Bewehrung (**Abb. 7.26**) aufgestellt. Da die Diagramme (bis C50/60) unabhängig von der Betonfestigkeitsklasse sind, wurden die Beanspruchungen normiert, und es wird nicht der geometrische Bewehrungsgrad ρ, sondern der mechanische Bewehrungsgrad ω verwendet. Auf der Abszisse ist das bezogene Biegemoment und auf der Ordinate die bezogene Längskraft aufgetragen. Sie unterscheiden sich von den Gln. (7.33) und (7.43) dadurch, dass als Querschnittsabmessung anstatt der statischen Höhe d die Bauteilhöhe h verwendet wird.

$$\nu_{\text{Ed}} = \frac{N_{\text{Ed}}}{b \cdot h \cdot f_{\text{cd}}} \tag{7.102}$$

$$\mu_{\text{Ed}} = \frac{|M_{\text{Ed}}|}{b \cdot h^2 \cdot f_{\text{cd}}} \tag{7.103}$$

$$\omega_{\text{tot}} = \frac{A_{\text{s,tot}}}{b \cdot h} \cdot \frac{f_{\text{yd}}}{f_{\text{cd}}} \tag{7.104}$$

$$A_{\text{s,tot}} = \omega_{\text{tot}} \cdot \frac{b \cdot h}{f_{\text{yd}} / f_{\text{cd}}} \tag{7.105}$$

Die Punkte A bis G im Interaktionsdiagramm stellen wichtige Sonderfälle bzw. Punkte zum weiteren Verständnis dar (**Abb. 7.25**). Punkt A kennzeichnet den Bauteilwiderstand für zentrischen Druck (bei maximaler Bewehrung), Punkt G denjenigen für zentrischen Zug. Punkt E kennzeichnet den Bauteilwiderstand für reine Biegung. Bemerkenswert ist die Zunahme der aufnehmbaren Momente zwischen den Punkten E und C trotz (bzw. wegen) des Hinzukommens einer Längsdruckkraft. Die Druckkraft überdrückt einen Teil des Querschnitts und aktiviert ihn für die Aufnahme von Biegemomenten. Daher wachsen die aufnehmbaren Biegemomente bei Längskräften zwischen den Punkten E und B an. In diesem Bereich wirken

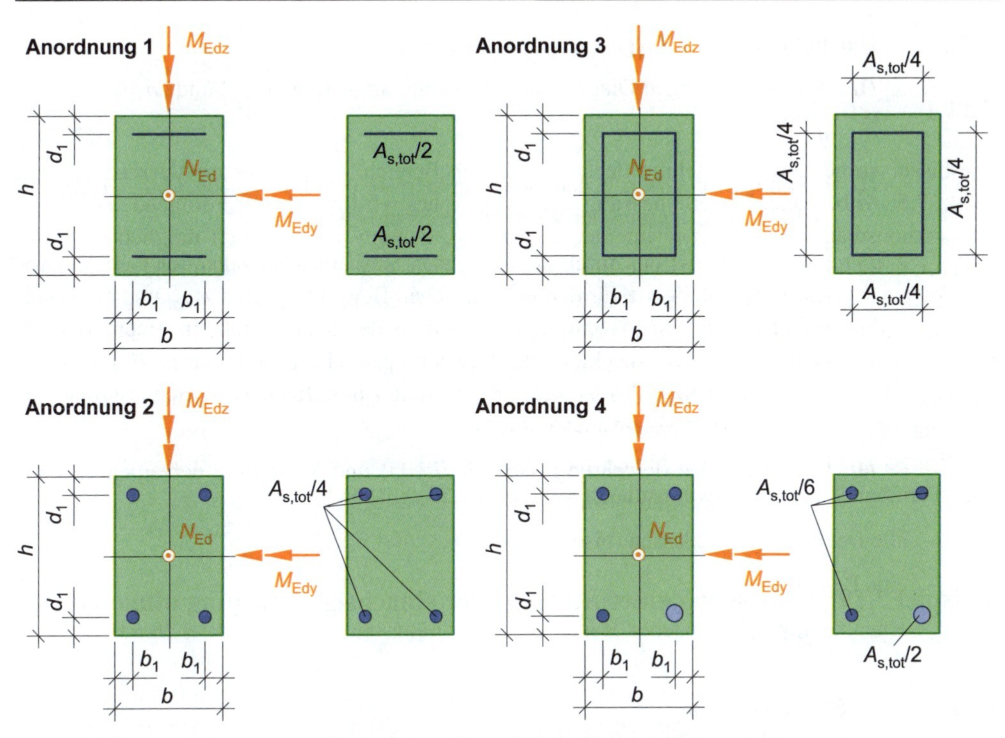

Abb. 7.26 Bewehrungsanordnungen von Interaktionsdiagrammen

somit Längskräfte günstig[30]. Dieser Effekt wird bei vorgespannten Tragwerken (Spannbeton) bewusst genutzt.

Der Knick im Punkt D wird dadurch begründet, dass die Bewehrung A_{s2} die Fließgrenze erreicht. Im Punkt F erreicht die Bewehrung A_{s1} die Zugfestigkeit. Dieser Punkt tritt nur bei Diagrammen auf, die ein Werkstoffgesetz für den Stahl verwenden, das den Verfestigungsbereich ausnutzt (Gl. (2.30) und **Abb. 2.15**).

7.11.2 Anwendung bei einachsiger Biegung

Die Interaktionsdiagramme werden folgendermaßen benutzt (**Abb. 7.25**):

- Gegeben:
  - Beanspruchungen M_{Ed}, N_{Ed}
  - Betonfestigkeitsklasse und Betonstahlgüte (im Rahmen eines Bauvorhabens)
- Gewählt: Abmessungen b, h
- Geschätzt: Randabstand der Bewehrung
- Gesucht:
  - Längsbewehrung $A_{s1} = A_{s2}$
  - Verhältnis der Randverzerrungen $\varepsilon_{c2}/\varepsilon_{c1}$ bzw. $\varepsilon_{c2}/\varepsilon_{s1}$

[30] In diesem Fall ist bei der Bestimmung der Bemessungsschnittgrößen der Teilsicherheitsbeiwert für günstige Einwirkung zu wählen. Sofern nicht vor der Bemessung zweifelsfrei erkennbar ist, ob die Längskraft günstig oder ungünstig wirkt, sind beide Fälle zu bemessen.

- Durchführung:

/1/ Wahl des richtigen Diagrammes nach den Parametern „B ...“ und „d_1/h = ...“

$$d_1 = d_2 = c_v + \phi_{bü} + e \qquad (7.106)$$

/2/ Bestimmen der bezogenen Schnittgrößen ν_{Ed} und μ_{Ed} nach Gln (7.102) und (7.103) und Eintragen der Werte in das Nomogramm

/3/ Im Schnittpunkt der durch die bezogenen Schnittgrößen gehenden Geraden Ablesen der Tafelwerte für den mechanischen Bewehrungsgrad ω_{tot} und die Randverzerrungen $\varepsilon_{c2}/\varepsilon_{c1}$ bzw. $\varepsilon_{c2}/\varepsilon_{s1}$. Sofern der Schnittpunkt in einem Bereich liegt, für den kein mechanischer Bewehrungsgrad ω_{tot} ablesbar ist (schraffierter Bereich in **Abb. 7.25**), ist keine Bewehrung zur Aufnahme der Schnittgrößen erforderlich (nur Mindestbewehrung).

/4/ Ermittlung der Bewehrung nach Gl (7.105) und Verteilung derselben entsprechend der Anordnung im Diagramm.

Beispiel 7.19: Bemessung einer Stütze unter einachsiger Biegung ohne Knickgefahr

Gegeben:
- Stütze im Freien
- Rechteckquerschnitt b/h = 25/75 cm
- Beanspruchungen M_{Gk} = 250 kNm; N_{Gk} = –800 kN
  M_{Q1k} = 150 kNm; N_{Q2k} = –600 kN
- Baustoffe C30/37 (Ortbeton); B500
- $A_{s1} = A_{s2}$

Gesucht: Ermittlung der Längsbewehrung

Lösung:

$c_{nom} = 40$ mm — vgl. Beispiel 7.2

$d_1 = d_2 = 40 + 8 + 30 = 78$ mm — (7.106): $d_1 = d_2 = c_v + \phi_{bü} + e$

$$\frac{d_1}{h} = \frac{0,078}{0,75} = 0,104 \approx 0,10$$

Wahl des richtigen Diagramms aufgrund der vorliegenden Parameter; aufgrund der Vorgaben hier: **Abb. 7.25**

Vor der Bemessung steht nicht zweifelsfrei fest, ob die Längskraft hier günstig oder ungünstig wirkt. Daher werden 2 Lastfälle unterschieden.

Lastfall 1: — Längskräfte wirken ungünstig.

$\gamma_G = 1,35$; $\gamma_Q = 1,50$ — **Tafel 6.5**:

$N_{Ed} = 1,35 \cdot (-800) + 1,50 \cdot (-600) = -1980$ kN

$M_{Ed} = 1,35 \cdot 250 + 1,50 \cdot 150 = 563$ kNm

(6.11): $E_d = \sum_i \gamma_{G,i} \cdot E_{Gk,i} \oplus 1,50 \cdot E_{Qk,unf}$

$$\nu_{Ed} = \frac{-1,98}{0,25 \cdot 0,75 \cdot 17} = -0,621$$

(7.102): $\nu_{Ed} = \dfrac{N_{Ed}}{b \cdot h \cdot f_{cd}}$

$$\mu_{Ed} = \frac{|0,563|}{0,25 \cdot 0,75^2 \cdot 17} = 0,236$$

$\omega_{tot} = 0,35;\ \varepsilon_{c2} / \varepsilon_{s1} = -3,5/1,0$

(7.103): $\mu_{Ed} = \frac{|M_{Ed}|}{b \cdot h^2 \cdot f_{cd}}$

Ablesung aus Interaktionsdiagramm (**Abb. 7.25**)

Lastfall 2:

Längskräfte wirken günstig.

Tafel 6.5

$\gamma_G = 1{,}35$ bzw. $\gamma_G = 1{,}00$; $\gamma_Q = 1{,}50$

$N_{Ed} = 1,0 \cdot (-800) = -800$ kN

$M_{Ed} = 1,35 \cdot 250 + 1,50 \cdot 150 = 563$ kNm

(6.11): $E_d = \sum_i \gamma_{G,i} \cdot E_{Gk,i} \oplus 1,50 \cdot E_{Qk,unf}$

$$\nu_{Ed} = \frac{-0,800}{0,25 \cdot 0,75 \cdot 17} = -0,251$$

(7.102): $\nu_{Ed} = \frac{N_{Ed}}{b \cdot h \cdot f_{cd}}$

$$\mu_{Ed} = \frac{|0,563|}{0,25 \cdot 0,75^2 \cdot 17} = 0,236$$

(7.103): $\mu_{Ed} = \frac{|M_{Ed}|}{b \cdot h^2 \cdot f_{cd}}$

$\omega_{tot} = 0,32 < 0,35$; Lastfall 1 maßgebend

Ablesung aus **Abb. 7.25**

$$A_{s,tot} = 0,35 \cdot \frac{25 \cdot 75}{435/17} = 25,6\ \text{cm}^2$$

(7.105): $A_{s,tot} = \omega_{tot} \frac{b \cdot h}{f_{yd} / f_{cd}}$

$$A_{s1} = A_{s2} = \frac{A_{s,tot}}{2} = \frac{25,6}{2} = 12,8\ \text{cm}^2$$

Verteilung entsprechend der Vorgabe

gew: 2 ⌀25 + 2 ⌀20 mit $A_{s,vorh} = 16,1\text{cm}^2$

1. Lage 2 ⌀25 ; 2. Lage 2 ⌀20

Tafel 4.1

$A_{s,vorh} = 16,1\ \text{cm}^2 > 12,8\ \text{cm}^2 = A_{s,erf}$

(7.55): $A_{s,vorh} \geq A_{s,erf}$

$$e = \frac{2 \cdot 4,91 \cdot \frac{2,5}{2} + 2 \cdot 3,14 \cdot \left(2 \cdot 2,5 + \frac{2,0}{2}\right)}{2 \cdot 4,91 + 2 \cdot 3,14} = 3,1\ \text{cm} \approx 3,0\ \text{cm}$$

(7.10): $e = \frac{\sum_i A_{si} \cdot e_i}{\sum_i A_{si}}$

7.11.3 Anwendung bei zweiachsiger Biegung

Die Tragfähigkeit eines bekannten Stahlbetonquerschnitts kann als Hüllfläche eines räumlichen Körpers dargestellt werden. Zur allgemeinen vollständigen Beschreibung der Tragfähigkeit reicht bei einem doppeltsymmetrischen Querschnitt ein Viertel des Körpers (**Abb. 7.27**). Sofern der Querschnitt zusätzliche Symmetrieachsen durch die Eckpunkte aufweist (insgesamt vier Symmetrieachsen), reicht ein Achtel des vollständigen Körpers zur Beschreibung. Wenn nun für den Querschnitt der Bewehrungsgrad variiert wird, erhält man diverse Hüllflächen. Diese Hüllflächen sind die Isokurven des mechanischen Bewehrungsgrades (ω-Linien). Sie liegen ineinander wie die Schalen einer Zwiebel. Diese anschauliche Darstellungsweise (**Abb. 7.27**) ist jedoch für eine quantitative Auswertung ungeeignet. Deshalb verwendet man Vertikal- bzw. Horizontalschnitte.

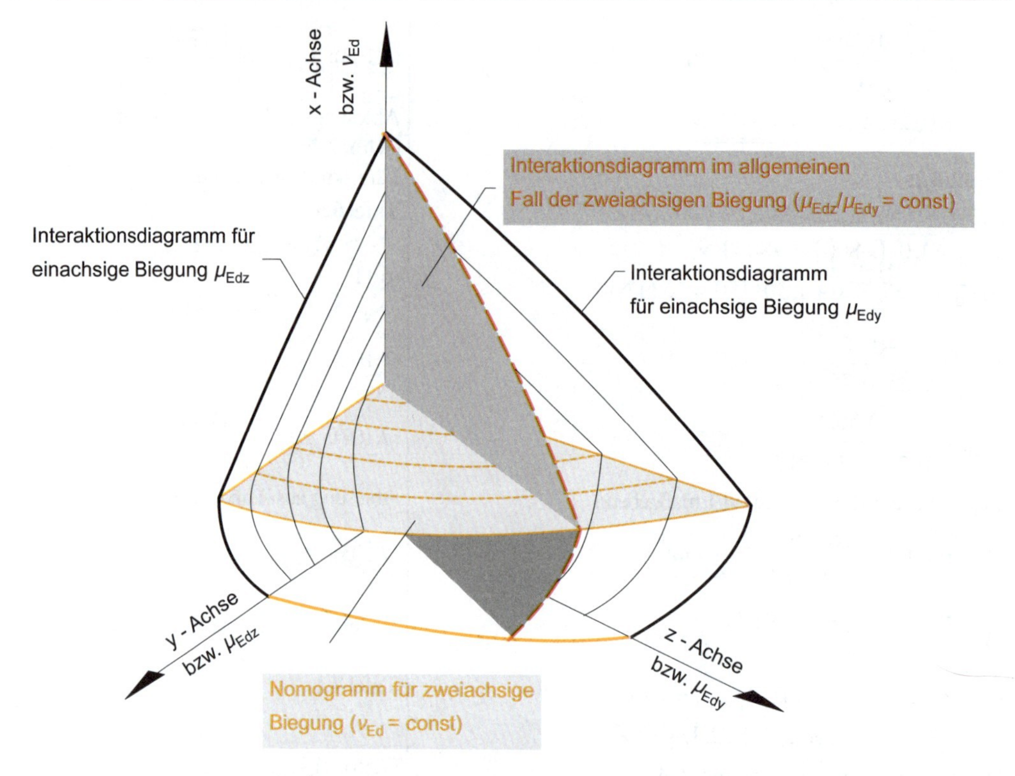

Abb. 7.27 Tragfähigkeit bei zweiachsiger Biegung

Wenn in diese Zwiebel Vertikalschnitte gelegt werden (wie beim Zerlegen einer Apfelsine), hat jeder Schnitt das Aussehen des Interaktionsdiagrammes in **Abb. 7.25** und gilt für ein ganz bestimmtes Momentenverhältnis M_{Edy}/M_{Edz}. Die Schnittflächen der x-y- bzw. x-z-Ebene stellen gerade die Interaktionsdiagramme für den Sonderfall der einachsigen Biegung dar. Legt man in den Körper dagegen Horizontalschnitte, kommt man zu Bemessungsnomogrammen, wie sie für zweiachsige Biegung verwendet werden (**Abb. 7.28**). Hierbei gilt jeder Oktand für einen Horizontalschnitt in einer bestimmten Höhe der x-Achse (ν_{Ed} = const.).

Die grundsätzlichen Schwierigkeiten, die beim Aufstellen der Nomogramme vorliegen, entsprechen denen der schiefen Biegung (→ Kap. 7.9). Hier soll nur die Anwendung gezeigt werden. Die Bemessungsnomogramme gelten für

- alle Betonfestigkeitsklassen bis C50/60
- das auf der Tabelle dargestellte Bewehrungsbild (z. B. **Abb. 7.28**: gleichmäßige Verteilung auf die vier Ränder)
- eine Betonstahlgüte (z. B. B500)
- einen konstanten bezogenen Randabstand der Längsbewehrung, gültig für beide Richtungen (z. B. **Abb. 7.28**: $d_1/h = b_1/b = 0{,}20$).

Die gewählte Bewehrungsanordnung beeinflusst den gesamten erforderlichen Bewehrungsquerschnitt. Als Kriterium kann über die bezogenen Schnittgrößen nach Gl. (7.107) und (7.108) die sinnvolle Bewehrung bestimmt werden.

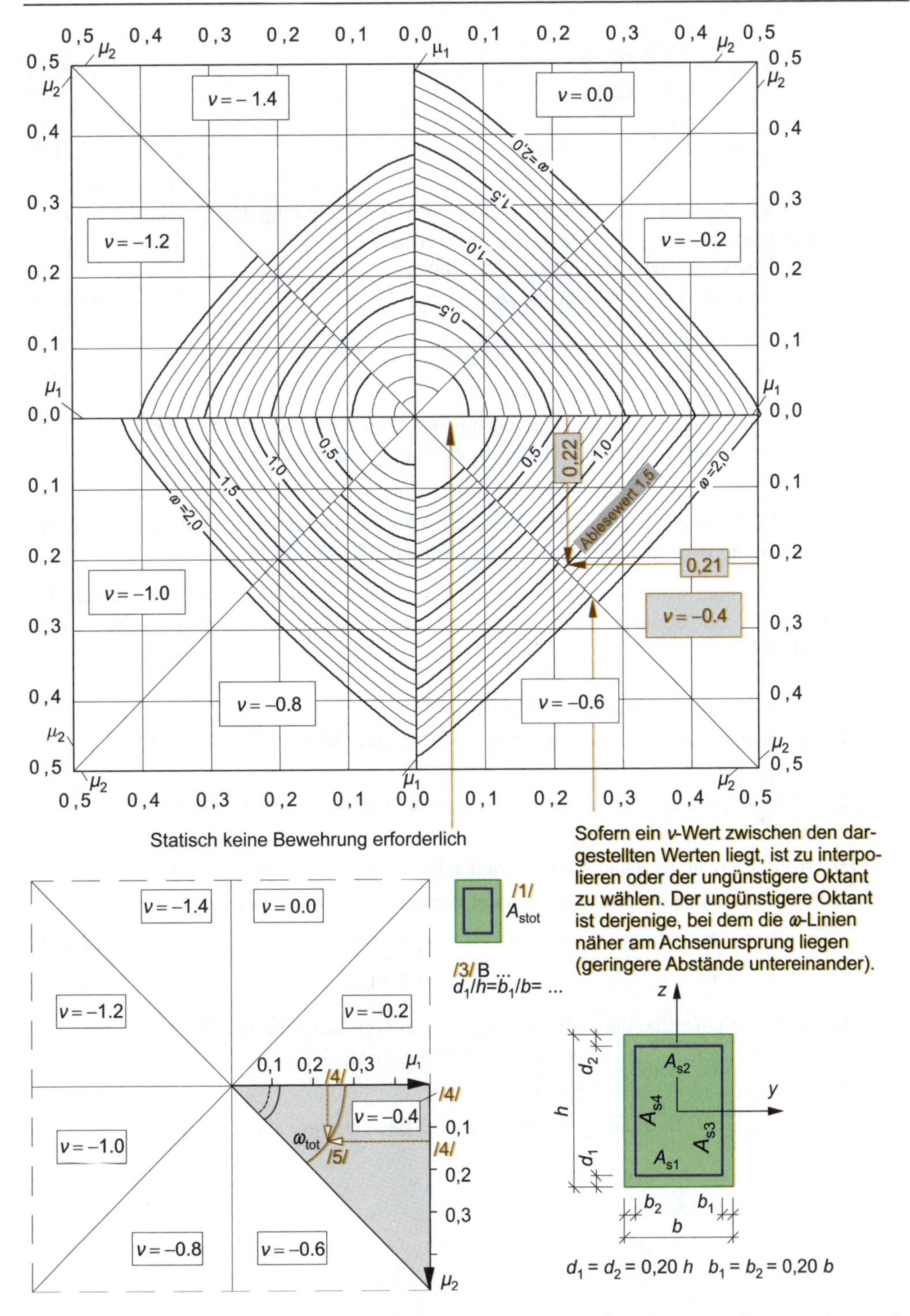

Abb. 7.28 Aufbau eines Interaktionsdiagrammes für zweiachsige Biegung und Vorgehensweise bei der Bemessung

$$\mu_{\text{Edy}} = \frac{|M_{\text{Edy}}|}{b \cdot h^2 \cdot f_{\text{cd}}} \tag{7.107}$$

$$\mu_{\text{Edz}} = \frac{|M_{\text{Edz}}|}{b^2 \cdot h \cdot f_{\text{cd}}} \tag{7.108}$$

- Bei überwiegender Beanspruchung um eine Achse Verteilung der Bewehrung auf zwei gegenüberliegende Seiten (Anordnung 1 in **Abb. 7.26**).

  Überwiegend einachsige Beanspruchung:

  $$\mu_{\text{Edy}} \gg \mu_{\text{Edz}} \text{ oder } \mu_{\text{Edy}} \ll \mu_{\text{Edz}} \tag{7.109}$$

  Gleichmäßige Beanspruchung um beide Achsen:

  $$\mu_{\text{Edy}} \approx \mu_{\text{Edz}} \tag{7.110}$$

- Bei gleichmäßiger (schwacher) Beanspruchung um beide Achsen und einem überdrückten Querschnitt Konzentration der Bewehrung in den Eckpunkten (Anordnung 2 in **Abb. 7.26**).
- Bei gleichmäßiger (starker) Beanspruchung um beide Achsen Verteilung der Bewehrung auf die vier Querschnittsränder (Anordnung 3 in **Abb. 7.26**).
- Wenn erwartet wird, dass die Nulllinie im Querschnitt liegt (Bereich 4), Anordnung des Großteils der Bewehrung in der am stärksten gedehnten Ecke (Anordnung 4 in **Abb. 7.26**).

Für die Bemessung wird wie folgt vorgegangen:

/1/ Bestimmung der bezogenen Schnittgrößen ν_{Ed} nach Gl. (7.102) und μ_{Ed} nach Gln. (7.107) und (7.108)

/2/ Wahl der zweckmäßigsten Bewehrungsanordnung aufgrund der Schnittgrößen und Abmessungen

/3/ Wahl des richtigen Diagramms nach den Parametern „B ...“ und „$d_1/h = ...$“

/4/ Wahl des Oktanden und Eintragen der Werte in das Nomogramm:

$$\text{wenn } \mu_{\text{Edy}} > \mu_{\text{Edz}}: \quad \mu_1 = \mu_{\text{Edy}}; \quad \mu_2 = \mu_{\text{Edz}} \tag{7.111}$$

$$\text{wenn } \mu_{\text{Edy}} < \mu_{\text{Edz}}: \quad \mu_1 = \mu_{\text{Edz}}; \quad \mu_2 = \mu_{\text{Edy}} \tag{7.112}$$

/5/ Im Schnittpunkt der durch die bezogenen Schnittgrößen gehenden Geraden Ablesen der Tafelwerte für den mechanischen Bewehrungsgrad ω_{tot}

/6/ Ermittlung der Bewehrung nach Gl. (7.105)

/7/ Verteilung der Bewehrung entsprechend der Bewehrungswahl.

Beispiel 7.20: Bemessung eines Bauteiles unter zweiachsiger Biegung

Gegeben:
- Bauteil im Inneren
- Rechteckquerschnitt b/h = 25/40 cm
- Schnittgrößen M_{Edy} = 200 kNm; M_{Edz} = 100 kNm; N_{Ed} = –900 kN
- Baustoffe C40/50; B500

Gesucht: Ermittlung der Längsbewehrung

Lösung:

$c_{nom} = 35 \text{ mm}$ — Ermittlung analog zu Beispiel 3.1

$d_1 = d_2 = 35 + 10 + \frac{28}{2} = 59 \text{ mm}$ — (7.106): $d_1 = d_2 = c_v + \phi_{bü} + e$

$\frac{d_1}{h} = \frac{0,059}{0,40} = 0,148$ und $\frac{b_1}{b} = \frac{0,059}{0,25} = 0,236$

d_1/h und b_1/b weichen voneinander ab. Die in jedem Fall sichere Bemessung müsste ein Nomogramm wählen, das den größeren Wert abdeckt, hier also einen Randabstand $d_1/h = b_1/b = 0{,}25$. Dieser Fall ist jedoch so ungünstig, dass er zu einer unwirtschaftlichen Bewehrungsmenge führt. Daher wird hier ein mittlerer Wert ($d_1/h = b_1/b = 0{,}2$) gewählt und für das Moment M_{Edz} eine Korrektur durchgeführt, indem das Moment näherungsweise entsprechend dem zu geringen Abstand der Bewehrung erhöht wird.

$\text{cal } M_{Edz} = 100 \cdot \frac{0,236}{0,20} = 118 \text{ kNm}$ — $\text{cal } M_{Edz} = M_{Edz} \cdot \frac{b_1/b}{(b_1/b)_{Nomogr}}$

$f_{cd} = \frac{0,85 \cdot 40}{1,50} = 22,7 \text{ N/mm}^2$ — (2.17): $f_{cd} = \frac{\alpha_{cc} \cdot f_{ck}}{\gamma_C}$

$\nu_{Ed} = \frac{-0,900}{0,25 \cdot 0,40 \cdot 22,7} = -0,40$ — (7.102): $\nu_{Ed} = \frac{N_{Ed}}{b \cdot h \cdot f_{cd}}$

$\mu_{Edy} = \frac{|0,200|}{0,25 \cdot 0,40^2 \cdot 22,7} = 0,22$ — (7.107): $\mu_{Edy} = \frac{|M_{Edy}|}{b \cdot h^2 \cdot f_{cd}}$

$\mu_{Edz} = \frac{|0,118|}{0,25^2 \cdot 0,40 \cdot 22,7} = 0,21$ — (7.108): $\mu_{Edz} = \frac{|M_{Edz}|}{b^2 \cdot h \cdot f_{cd}}$

$\mu_{Edy} = 0,22 \approx 0,21 = \mu_{Edz}$ — (7.110): $\mu_{Edy} \approx \mu_{Edz}$

Wahl von Anordnung 3 — **Abb. 7.26**

$\mu_{Edy} = 0,22 > 0,21 = \mu_{Edz}$ — (7.111): $\mu_{Edy} > \mu_{Edz}$

$\mu_1 = 0,22$ — (7.111): $\mu_1 = \mu_{Edy}$

$\mu_2 = 0,21$ — (7.111): $\mu_2 = \mu_{Edz}$

Die Eingangswerte ν_{Ed}, μ_1 und μ_2 werden in **Abb. 7.28** eingetragen.

Es liegt eine gleichmäßige Beanspruchung um beide Achsen vor ⇒ Anordnung 3 in **Abb. 7.26**; **Abb. 7.28** ist das passende Nomogramm.

$\omega_{tot} = 1{,}5$

Ablesung aus Nomogramm **Abb. 7.28**

$A_{s,tot} = 1{,}5 \cdot \dfrac{25 \cdot 40}{435/22{,}7} = \underline{\underline{78{,}3\ cm^2}}$

(7.105): $A_{s,tot} = \omega_{tot} \dfrac{b \cdot h}{f_{yd}/f_{cd}}$

$A_{s1} = A_{s2} = A_{s3} = A_{s4} = \dfrac{A_{s,tot}}{4} = \dfrac{78{,}3}{4} = 19{,}6\ cm^2$

Verteilung entsprechend der Vorgabe

gew: $4 \cdot (1\,\varnothing 32 + 2\,\varnothing 28)$ mit $A_{s,vorh} = 20{,}4\,cm^2$
jeweils als Stabbündel in den Ecken

Tafel 4.1

$A_{s,vorh} = 20{,}4\,cm^2 > 19{,}6\,cm^2 = A_{s,erf}$

(7.55): $A_{s,vorh} \geq A_{s,erf}$

8 Bemessung für Querkräfte

8.1 Allgemeine Grundlagen

Biegebeanspruchte Bauteile werden i. Allg. nicht nur durch Biegemomente und evtl. kleine Längskräfte beansprucht; sofern das Biegemoment veränderlich ist, wirken zusätzlich Querkräfte. Eine Biegebemessung allein reicht daher nicht aus. Zusätzlich muss nachgewiesen werden, dass auch die Querkräfte aufgenommen werden können. Aus der Statik ist zwar der Zusammenhang zwischen Biegemomenten und Querkräften bekannt

$$V(x) = \frac{\mathrm{d}\,M(x)}{\mathrm{d}\,x} \tag{8.1}$$

und damit auch klar, dass beide Einwirkungen voneinander nicht unabhängig sind. Für die praktische Bemessung im Stahlbetonbau reicht es jedoch aus, die Nachweise für beide Einwirkungen getrennt zu führen (für die Biegebemessung → Kap. 7).

Die Einteilung in die Beanspruchungen (Schnittgrößen) Biegemomente, Querkräfte und Längskräfte bzw. in die daraus resultierenden Längs- und Schubspannungen nach Gl. (7.2) bis (7.4) ist eine willkürliche Annahme, um ein Tragwerk berechenbar zu machen. Diese Annahme führt jedoch nur bei homogenen isotropen Materialien zu zutreffenden Ergebnissen. Im Stahlbeton gelten daher diese Beziehungen näherungsweise nur im ungerissenen Zustand I (→ Gl. (8.28)).

Für gerissene biegebeanspruchte Bauteile mit Nulllinie im Querschnitt wird ein anderes Bemessungsmodell benötigt (→ Kap. 7.1). Die Querkraftbemessung soll hierbei zwei Aufgaben erfüllen:

- Es muss durch die Bemessung sichergestellt werden, dass die nicht vom Beton aufnehmbaren Haupt*zug*spannungen σ_{I} durch eine zusätzliche Bewehrung, die Querkraftbewehrung, aufgenommen werden können. Diese Bewehrung besteht aus Bügeln und, sofern gewünscht, zusätzlich aus Schrägaufbiegungen (**Abb. 8.1**).
- Die Haupt*druck*spannungen σ_{II} werden vom Beton übertragen und dürfen die Betondruckfestigkeit nicht überschreiten. Sie sind daher durch einen Vergleich mit zulässigen Spannungen oder nach Integration mit Bauteilwiderständen in ihrer Größe zu begrenzen.

Bei der Bemessung wird unterschieden werden zwischen Bauteilen

- ohne Querkraftbewehrung (dies sind z. B. Platten) (→ Kap. 8.3) und
- mit Querkraftbewehrung (dies sind z. B. Balken) (→ Kap. 8.4).

Im Rahmen der Querkraftbemessung ist der Nachweis zu erbringen, dass die aufzunehmende Querkraft extr. V_{d} bzw. V_{Ed} (= Beanspruchung) nicht größer als der Bemessungswert der aufnehmbaren Querkraft V_{Rd} (= Bauteilwiderstand) ist.

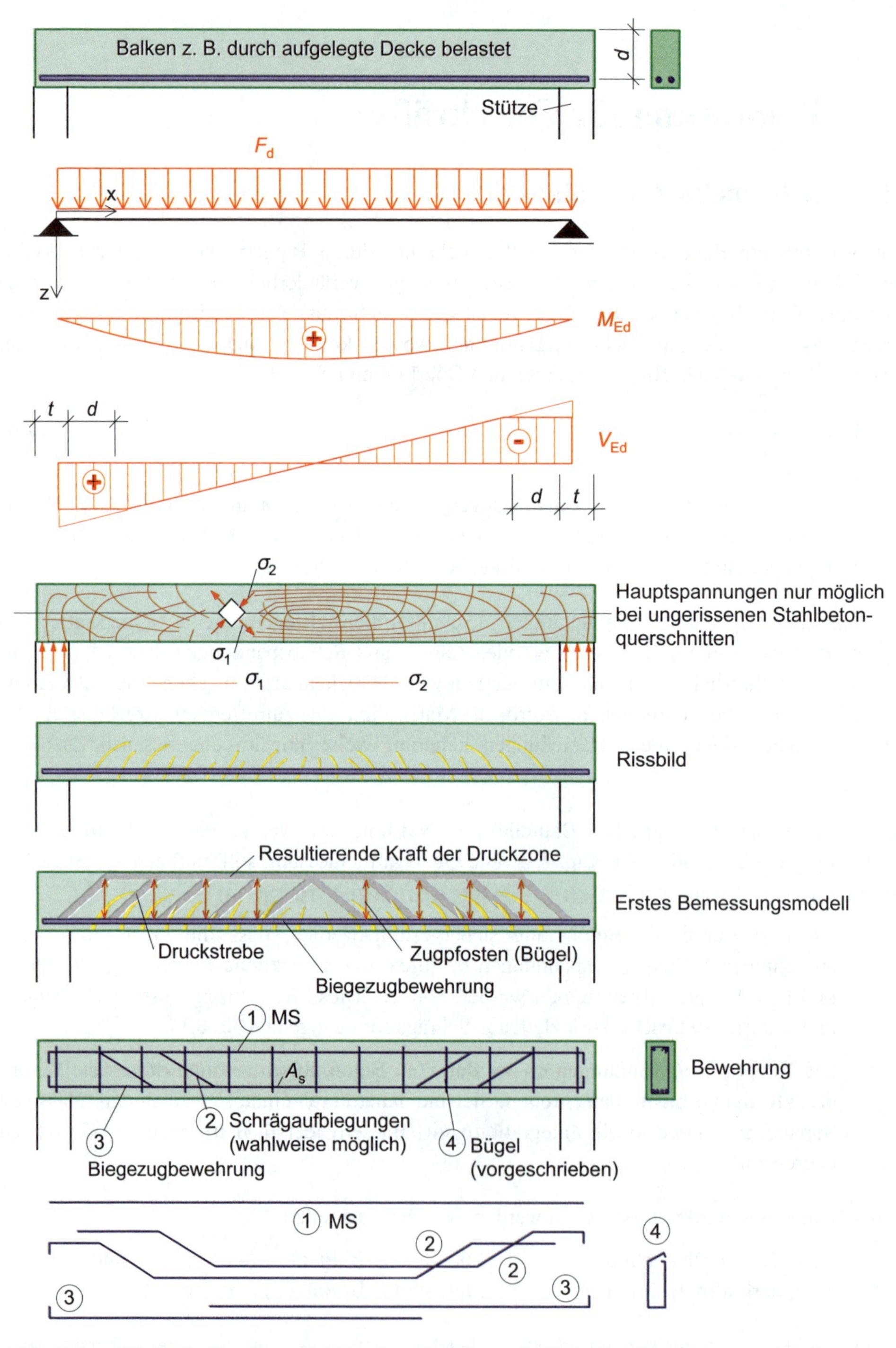

Abb. 8.1 Vollständige Bewehrung eines Stahlbetonbalkens für Biegemomente und Querkräfte

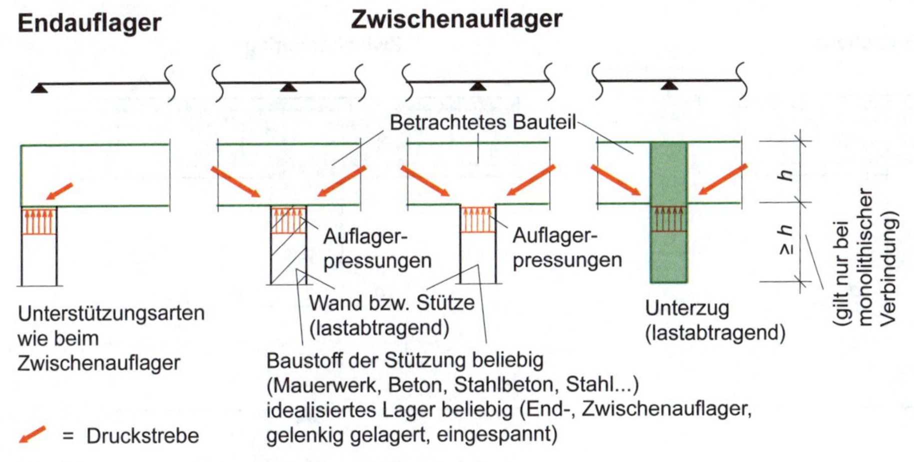

Abb. 8.2 Beispiele unmittelbarer (direkter) Lagerungen

Zugstrebe: $$V_{Ed} \leq \begin{cases} V_{Rd,c} \\ V_{Rd,s} \end{cases} \quad (8.2)$$

Druckstrebe: $$\text{extr}\, V_d \leq V_{Rd,max} \quad (8.3)$$

- $V_{Rd,c}$ ist der Bemessungswert der aufnehmbaren Querkraft (Bauteilwiderstand) von Bauteilen ohne Querkraftbewehrung (→ Kap. 8.3).
- $V_{Rd,max}$ ist der Bemessungswert der aufnehmbaren Querkraft (Bauteilwiderstand), der von den Betondruckstreben erreicht wird (→ Kap. 8.4.1).
- $V_{Rd,sy}$ ist der Bemessungswert der aufnehmbaren Querkraft (Bauteilwiderstand der Querkraftbewehrung, die zu ermitteln ist → Kap. 8.4.1).

8.2 Bemessungswert der einwirkenden Querkraft

8.2.1 Bauteile mit konstanter Bauteilhöhe

Für die Querkraftbemessung ist zunächst festzulegen, an welcher Stelle bzw. an welchen Stellen in Bauteillängsrichtung der Nachweis zu führen ist. Ähnlich der Biegebemessung, bei der über der Stütze nicht für das Extremalmoment (→ Kap. 7.3) bemessen wird, darf die Querkraftbemessung auch für einen geringeren Wert als die Extremalquerkraft durchgeführt werden. Daher ist zunächst der Bemessungswert der Querkraft (design shear force) zu bestimmen. Dieser ist von der Geometrie des Tragelementes und der Lagerungsart abhängig.

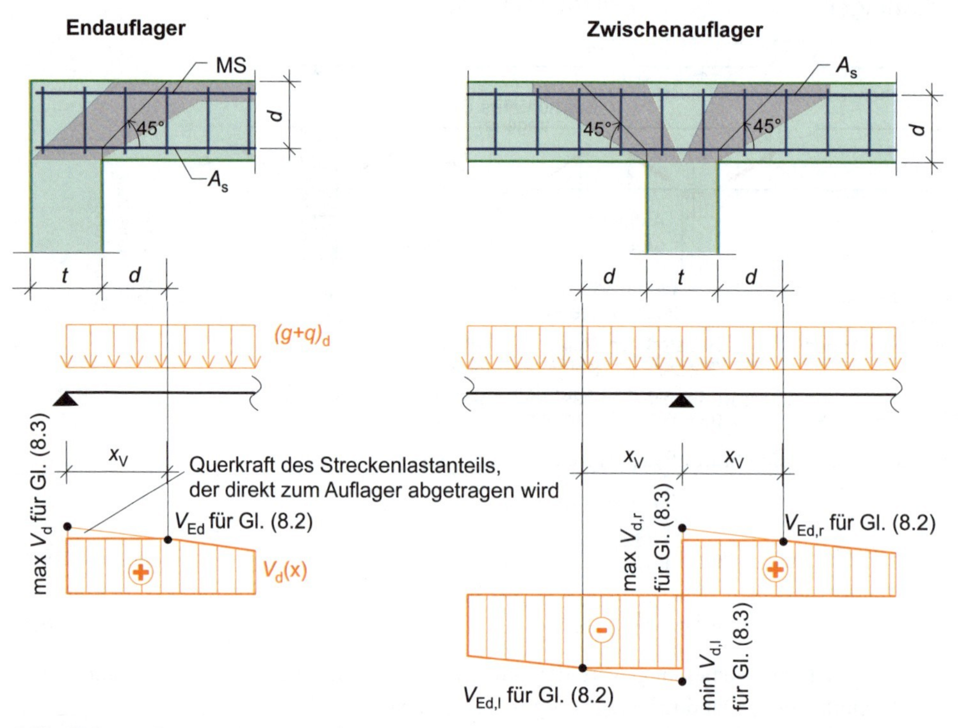

Abb. 8.3 Bemessungswert der einwirkenden Querkraft bei unmittelbarer Lagerung

Unmittelbare Lagerung (direct support): [31]

Ein Tragelement gilt als unmittelbar gelagert, wenn es auf dem (lastab-)tragenden Bauteil aufliegt, sodass die Auflagerkraft über Druckspannungen in das zu berechnende Bauteil eingetragen wird. Das lastabtragende Bauteil kann eine Stütze, eine Wand oder ein hoher Unterzug sein (**Abb. 8.2**). Die Lasteinleitung der Druckstreben über Druckspannungen wirkt sich auf die Querkraftbeanspruchung günstig aus, da sich die Druckstreben fächerförmig vom unteren Bauteilrand ausbilden. Nur die Druckstrebe wird mit der extremalen Querkraft beansprucht und ist mit Gl. (8.3) nachzuweisen. Alle Streckenlastanteile im Bereich der letzten Druckstrebe benötigen keine Zugstrebe (**Abb. 8.1**), um wieder nach oben gehängt zu werden.

Daher darf bei unmittelbarer Lagerung für den Bemessungswert der Querkraft V_{Ed} nach Gl. (8.2) derjenige im Abstand d vom Auflagerrand verwendet werden (**Abb. 8.3**), sofern das Bauteil im Wesentlichen durch Streckenlasten beansprucht wird (EC 2-1-1, 6.2.1(8)).

$$V_{Ed} = |\text{extr}\, V_d| - (g+q)_d \cdot x_V \tag{8.4}$$

[31] Hierfür ist auch der Ausdruck „direkte Lagerung“ gebräuchlich.

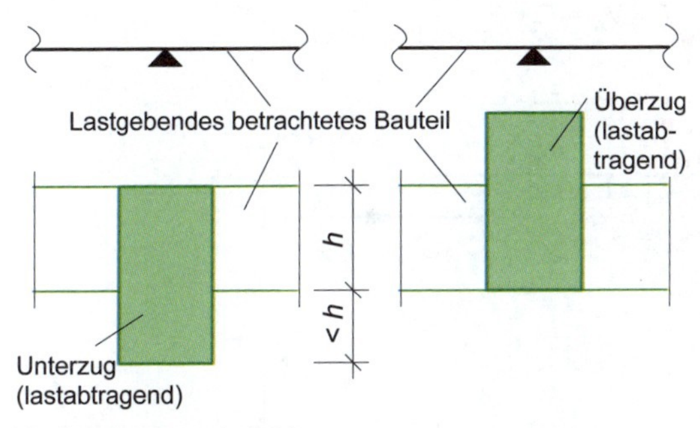

Abb. 8.4 Beispiele mittelbarer (indirekter) Lagerungen

- bei Endauflagern aus Mauerwerk, Beton, Stahl ohne Einspannung (dreiecksförmige Spannungsverteilung der Auflagerpressungen)

- und bei Zwischenauflagern und Endauflagern mit Einspannung und Endauflagern aus Stahlbetonbalken ohne rechnerische Einspannung (konstante Spannungsverteilung der Auflagerpressungen)

$$x_V = \frac{t}{2} + d \tag{8.5}$$

Bei unmittelbaren Lagerungen wirkt eine auflagernahe Einzellast zusätzlich günstig. Eine auflagernahe Einzellast liegt vor, sofern die Last in einem Abstand $a_v/d \leq 2{,}0$ von der Auflagervorderkante entfernt angreift, wobei a_v (vgl. EC 2-1-1, 6.2.3 (8)) der Abstand zwischen dieser Kante und der Einzellast ist (**Abb. 8.5**). Dieser Abstand entspricht dem flachest zulässigen Winkel $\theta_{2,\lim}$ einer Druckstrebe, die noch das Auflager erreicht.

$$\theta_{2,\lim} = \operatorname{acot}\frac{a_v}{d} = \operatorname{acot} 2{,}0 = 26{,}6° \tag{8.6}$$

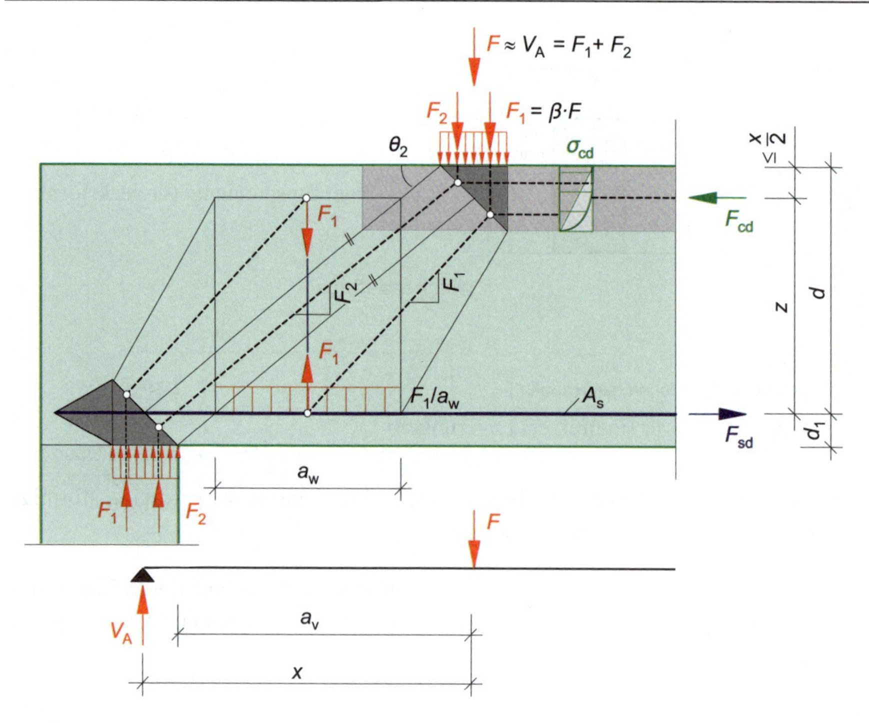

Abb. 8.5 Auflagernahe Einzellast

Im Fall einer *unmittelbaren* (direkten) Auflagerung kann sich bei auflagernahen Einzellasten ein Sprengwerk ausbilden. Der Teil F_2 der Einzellast wird über eine Druckstrebe direkt in das Auflager abgetragen (**Abb. 8.5**), sodass keine zusätzliche Querkraftbewehrung für diesen Lastanteil erforderlich wird. Der Nachweis für auflagernahe Einzellasten erfolgt, indem der Querkraftanteil der Einzellast auf der Einwirkungsseite (nur!) für die Ermittlung der Querkraftbewehrung mit einem Beiwert β abgemindert wird (EC 2-1-1, 6.2.3(8)). Die Druckstrebenbeanspruchung ist jedoch voll vorhanden.

$$\beta = \frac{a_\mathrm{v}}{2{,}0\,d} \tag{8.7}$$

Strenggenommen wird der Abstand a_v gemäß EC 2-1-1 von der Hinterkante Auflager bis zur Vorderkante der Lasteinleitungsfläche gemessen. Vereinfacht ist es jedoch ausreichend genau a_v bis zur Wirkungslinie der Einzellast F gemäß **Abb. 8.5** anzutragen.

Im Fall einer *mittelbaren* Auflagerung kann eine analoge Abminderung vorgenommen werden, wenn die einschränkenden Bedingungen nach [DAfStb Heft 600 – 12] beachtet werden.

Mittelbare Lagerung (indirect support): [32]

Ein Bauteil gilt als mittelbar (indirekt) gelagert, wenn es seitlich in das lastabtragende Bauteil einbindet, sodass die günstig wirkenden Druckspannungen nicht vorhanden sind (**Abb. 8.4**). Als maßgebende Querkraft ist deshalb diejenige am Auflagerrand zu verwenden (**Abb. 8.6**):

- bei Endauflagern aus Mauerwerk, Beton, Stahl ohne Einspannung (dreiecksförmige Spannungsverteilung der Auflagerpressungen)

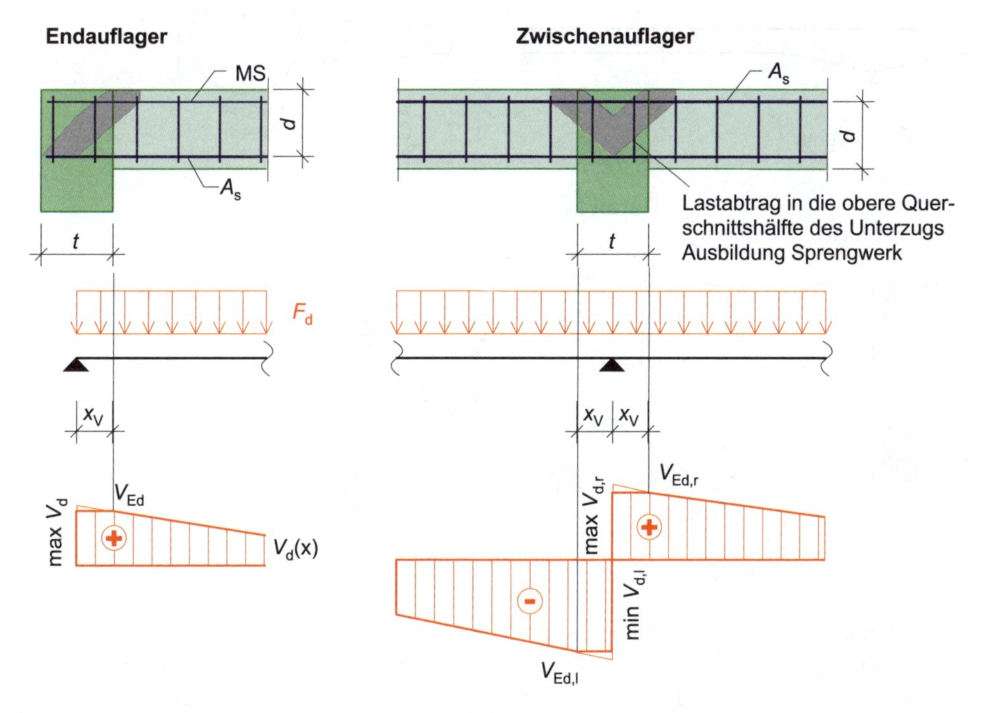

Abb. 8.6 Bemessungswert der Querkraft bei mittelbarer Lagerung

- bei Zwischenauflagern und Endauflagern mit Einspannung und Endauflagern aus Stahlbetonbalken ohne rechnerische Einspannung (konstante Spannungsverteilung der Auflagerpressungen)

$$x_V = \frac{t}{2} \tag{8.8}$$

Bei mittelbarer Lagerung ist eine zusätzliche Einhängebewehrung erforderlich (→ Kap 8.10).

[32] Hierfür ist auch der Ausdruck „indirekte Lagerung" gebräuchlich.

8.2.2 Bauteile mit variabler Bauteilhöhe

Sofern Bauteile nicht eine konstante Bauteilhöhe besitzen, ist die Ober- und/oder die Unterseite geneigt. Wenn die veränderliche Bauteilhöhe nicht über die gesamte Balkenlängsachse verläuft (**Abb. 8.7**), spricht man von Voute (haunch).

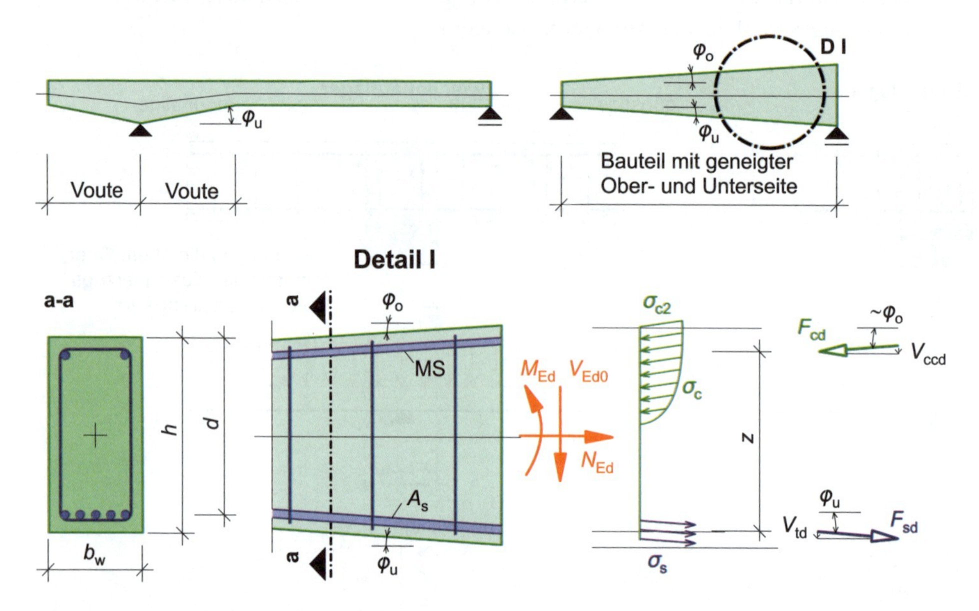

Abb. 8.7 Bauteile mit veränderlicher Bauteilhöhe

Aus den Randfasern des Querschnittes können keine Spannungen heraustreten. Die Betondruckspannungen müssen daher parallel zum gedrückten Rand verlaufen. Die Stahlspannungen haben die Richtung des Bewehrungsstabes. Wenn nun der Rand der Betondruckzone oder die Bewehrung nicht parallel zur Stabachse verläuft, entstehen Zusatzanteile zur rechnerischen Querkraft V_{Ed0} aus der geneigten inneren Druck- oder Zugkraft (**Abb. 8.7**). Je nach Geometrie und Belastungsrichtung erhöht oder vermindert sich dadurch die aus der Schnittgrößenermittlung bekannte Querkraft.

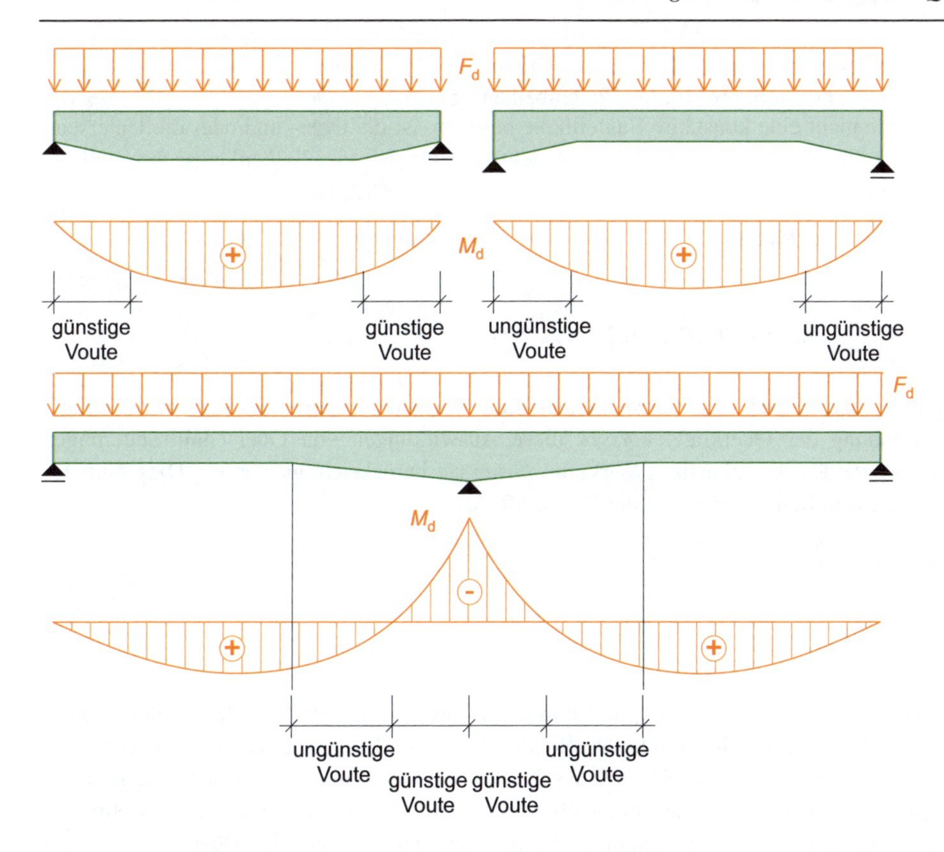

Abb. 8.8 Abhängigkeit von Schnittgrößenverlauf und Bauteilhöhe für die Beurteilung von Vouten

$$V_{ccd} = \frac{M_{Eds}}{z} \cdot \tan \varphi_o \tag{8.9}$$

$$V_{td} = \left(\frac{M_{Eds}}{z} + N_{Ed} \right) \cdot \tan \varphi_u \tag{8.10}$$

V_{ccd} Querkraftkomponente der Betondruckkraft F_{cd} (**Abb. 8.7**)

V_{td} Querkraftkomponente der Stahlzugkraft F_{sd} (**Abb. 8.7**)

z Hebelarm der inneren Kräfte für die Querkraftbemessung, genähert aus Gl. (7.37):

im Allgemeinen: $z \approx 0{,}9\, d$ (8.11)

Insbesondere bei Bauteilen mit sehr geringer Höhe der Druckzone, wie stark profilierten Plattenbalken oder Platten, muss sichergestellt werden, dass die oberen Knoten des (später erläuterten) Fachwerkmodells (**Abb. 8.12**) nicht in der Betondeckung liegen, sondern von der (noch zu bestimmenden) Querkraftbewehrung umfasst werden. Daher wird der Hebelarm der inneren Kräfte gegenüber Balken weiter beschränkt:

bei stark profilierten Plattenbalken: $z \approx \min \begin{cases} 0{,}9\,d \\ d - \dfrac{h_f}{2} \end{cases}$ (8.12)

bei Platten $z \leq \min \begin{cases} 0{,}9\,d \\ d - \max \begin{cases} 2\,c_{v,l} \\ c_{v,l} + 30 \end{cases} \end{cases}$ (8.13)

vgl. EC 2-1-1/NA, 6.2.3(1)

Die Gln. (8.9) und (8.10) sind vorzeichenbehaftet. Bei ungünstiger Wirkung (also betragsmäßiger Erhöhung der Querkraft) *müssen* diese Auswirkungen von Querschnittsänderungen berücksichtigt werden, bei günstiger Wirkung *dürfen* sie berücksichtigt werden. Dies führt für die Bemessung zum Bemessungswert der Querkraft V_{Ed}.

$$V_{Ed} = V_{Ed0} - (V_{ccd} + V_{td}) \tag{8.14}$$

$$V_{Ed} \approx V_{Ed0} - \left[\frac{|M_{Eds}|}{d} (\tan \varphi_o + \tan \varphi_u) + N_{Ed} \cdot \tan \varphi_u \right] \tag{8.15}$$

Der Winkel φ ist positiv, wenn $|M_{Eds}|$ und d mit fortschreitendem x (= fortschreitender Bauteillängsachse) gleichzeitig zunehmen oder abnehmen (**Abb. 8.8**). Bei einem Vorzeichenwechsel im Momentenverlauf ändert sich damit auch das Vorzeichen des Winkels. Aus den unterschiedlichen möglichen Kombinationen der Vorzeichen in Gl. (8.15) ergibt sich, dass die bewehrungserzeugende Querkraft V_{Ed} betragsmäßig kleiner oder größer als die Querkraft aus der Schnittgrößenermittlung sein kann. Man bezeichnet daher eine Voute auch als (**Abb. 8.8**)

– „günstige“ Voute bei $|V_{Ed}| < |V_{Ed0}|$ (8.16)

– „ungünstige“ Voute bei $|V_{Ed}| > |V_{Ed0}|$. (8.17)

Ferner ist aus Gl. (8.15) ersichtlich, dass im Gegensatz zu Bauteilen konstanter Höhe nicht sofort die größte Querkraft des Querkraftverlaufs die maßgebende und zu untersuchende Stelle ergibt, da auch Biegemoment, statische Höhe und Neigungswinkel den Bemessungswert der einwirkenden Querkraft beeinflussen. In der Regel sind daher mehrere Stellen innerhalb eines Querkraftbereiches gleichen Vorzeichens zu untersuchen, um die ungünstigste zu ermitteln. Die Zunahme der Bauteilhöhe sollte rechnerisch nur bis $\tan \varphi = 1/3$ angesetzt werden, weil die Druckspannungstrajektorien dieses Verhältnis nicht wesentlich überschreiten können. Sofern die Voute stärker geneigt ist, soll der in **Abb. 8.9** weiß ausgesparte Bereich sowohl bei der Biegebemessung als auch bei der Neigung von φ unberücksichtigt bleiben.

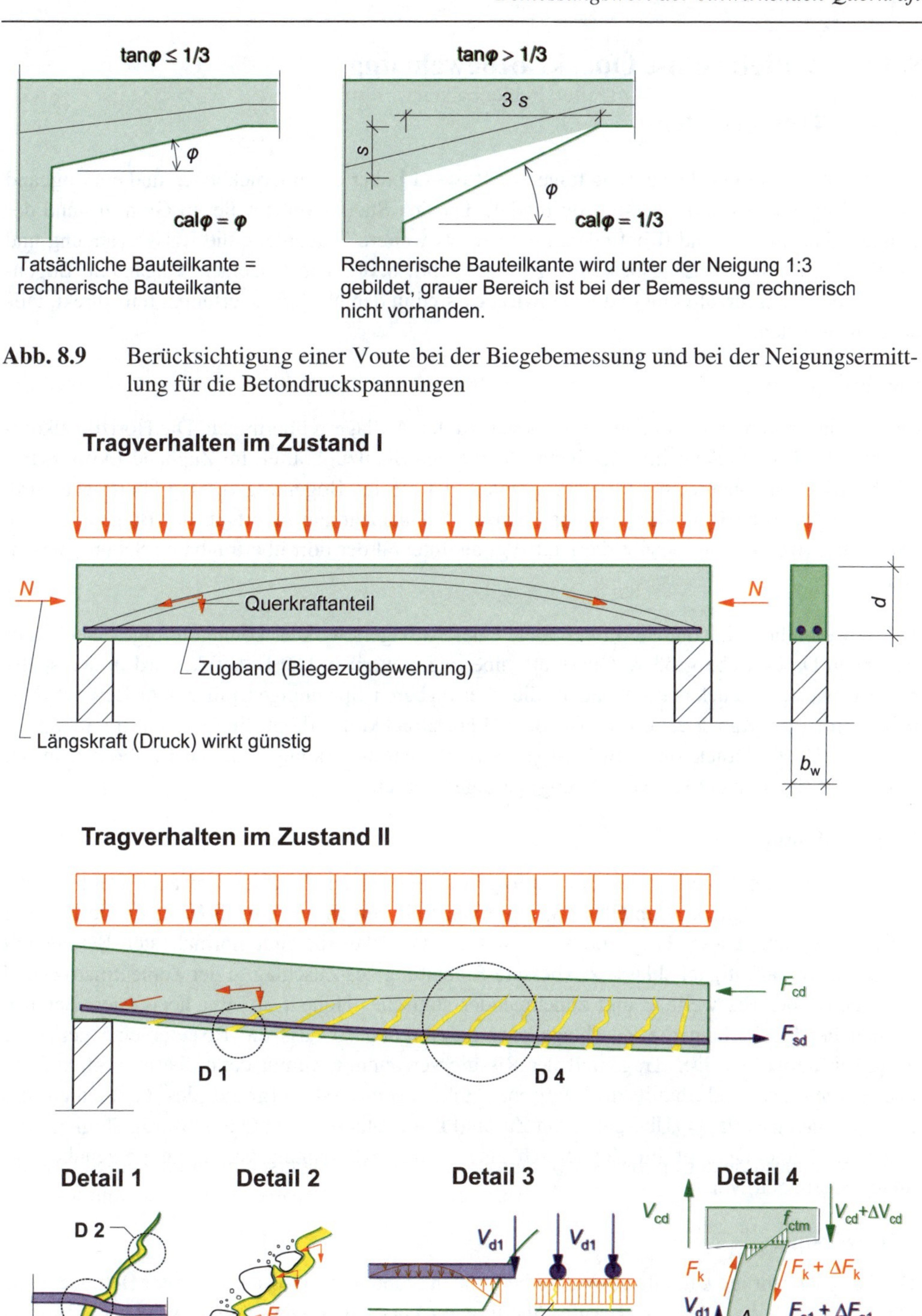

Abb. 8.9 Berücksichtigung einer Voute bei der Biegebemessung und bei der Neigungsermittlung für die Betondruckspannungen

Abb. 8.10 Tragverhalten von Bauteilen ohne Querkraftbewehrung

8.3 Bauteile ohne Querkraftbewehrung

8.3.1 Tragverhalten

Bauteile ohne Querkraftbewehrung tragen im Zustand I über einen Druckbogen und ein Zugband (Bogen-Zugband-Modell, arch-tie rod model). Da sich Stahlbetonbauteile im Grenzzustand der Tragfähigkeit im Zustand II befinden, kommen als weitere Traganteile die Rissverzahnung und die Dübelwirkung der Längsbewehrung hinzu (**Abb. 8.10**). Die einzelnen Traganteile Bogentragwirkung, Rissverzahnung und Dübelwirkung sind in den Nachweisverfahren teils direkt, teils implizit enthalten.

Bogentragwirkung

Einwirkungen werden über einen Druckbogen zu den Auflagern übertragen. Die Horizontalkomponente des Bogens steht im Gleichgewicht mit den Stahlzugkräften im Zugband (**Abb. 8.10**). Die Vertikalkomponente ist der Querkraftanteil, der infolge Bogentragwirkung übertragen wird. Alternativ kann die Bogentragwirkung auch als Schubspannung innerhalb der Biegedruckzone interpretiert werden; dies ergibt die Kraft V_{cd} als Integral der dort übertragbaren Schubspannungen.

Sofern wesentliche Lastanteile in der Nähe eines Auflagers wirken, können infolge einer steiler stehenden Druckstrebe größere Querkräfte übertragen werden. Dieser Effekt wird in den späteren Nachweisen berücksichtigt, indem die übertragbaren Spannungen mit einem Beiwert β erhöht werden (→ Kap. 8.2.1). Eine (mäßige) Längsdruckkraft erhöht die Querkrafttragfähigkeit, da hierdurch die Druckzone anwächst (bessere Bogentragwirkung) und die Rissbreiten in der Zugzone (Erhöhung der Rissverzahnung) geringer werden.

Rissverzahnung

Risse in Stahlbetonbauteilen verlaufen infolge herausragender Zuschläge gezackt. Damit ist die Übertragung von Querkraftanteilen V_{df} (Vertikalanteil von F_k in **Abb. 8.10**) über die Rissufer hinweg möglich. Diese Tragwirkung nimmt im Festigkeitsbereich normalfester Betone mit steigender Betonfestigkeitsklasse zu (bessere Einbettung des Zuschlag in der Zementmatrix) und mit wachsender Rissweite w und zunehmender statischer Höhe d ab. Bei hochfesten Betonen werden bei Rissbildung die Zuschlagkörner durchtrennt, so dass die Rissufer eine geringere Rauigkeit aufweisen. Der Traganteil der Rissuferverzahnung nimmt dann überproportional ab. Die Bauteilhöhe und damit die statische Höhe beeinflusst aufgrund des Gradienten des Längsspannungsverlaufs (Übergang von Zustand I in Zustand II) die Querkrafttragfähigkeit. Bei niedrigen Bauteilen liegt im Zugbereich eine völligere Spannungsverteilung (gegenüber der dreiecksförmigen) vor.

Dübelwirkung

Die Längsbewehrung kann insbesondere bei großen Stabdurchmessern und großer Betondeckung Querkraftanteile V_{dl} über die Rissufer übertragen (**Abb. 8.10**). Die Längsbewehrung ist hierbei quasi beidseitig voll in die Betonzähne eingespannt. Die Dübelwirkung fällt ab, wenn die durch die Einspannwirkung entstehenden Längsrisse in der Betondeckung aufgetreten sind und anwachsen.

8.3.2 Nachweisverfahren

Die Bemessung erfolgt für den Bauteilwiderstand $V_{Rd,c}$ entsprechend Gl. (8.2).

$$V_{Ed} \leq V_{Rd,c} \tag{8.18}$$

Der Bauteilwiderstand der Druckstrebe $V_{Rd,max}$ ist für nicht vorgespannte Bauteile i. d. R. eingehalten und muss bei diesen nicht entsprechend Gl. (8.3) nachgewiesen werden.

Der Bemessungswert der aufnehmbaren Querkraft ohne Querkraftbewehrung wird unterschiedlich ermittelt, je nach dem Zustand (gerissen oder ungerissen) des Stahlbetonbauteils. In Platten darf auf eine Querkraftbewehrung verzichtet werden, sofern die aufzunehmende Querkraft V_{Ed} die aufnehmbare Querkraft $V_{Rd,c}$ unterschreitet. Sofern die aufnehmbare Querkraft überschritten wird, ist auch bei Platten eine Querkraftbewehrung erforderlich. Für gerissene Bauteile gilt:

$$V_{Rd,c} = \left[C_{Rd,c} \cdot k \cdot \left(100 \rho_l \cdot f_{ck}\right)^{\frac{1}{3}} + k_1 \cdot \sigma_{cp} \right] \cdot b_w \cdot d \tag{8.19}$$

Darin bedeuten (vgl. EC 2-1-1/NA):

$C_{Rd,c}$ statistischer Anpassungsfaktor

$$C_{Rd,c} = \frac{0,15}{\gamma_c} \tag{8.20}$$

k Beiwert zur Berücksichtigung der Bauteilhöhe (erfasst den Maßstabseffekt, d. h. die höhere Tragfähigkeit dünnerer Bauteile unter sonst gleichen Bedingungen)

$$k = 1 + \sqrt{\frac{200}{d}} \begin{cases} \geq 1,0 \\ \leq 2,0 \end{cases} \qquad d \text{ in mm} \tag{8.21}$$

k_1 Beiwert zur Berücksichtigung einer Normalkraft / Vorspannung

$$k_1 = 0,12 \tag{8.22}$$

ρ_l geometrischer Bewehrungsgrad der Längsbewehrung (erfasst die Dübelwirkung der Bewehrung und die Zunahme der Druckzonenhöhe bei steigender Biegezugbewehrung)

$$\rho_l = \frac{A_{sl}}{b_w \cdot d} \leq 0,02 \tag{8.23}$$

Zur Längsbewehrung A_{sl} zählt hierbei jene Biegezugbewehrung, die im betrachteten Schnitt vorhanden ist und mindestens um das Maß d über diesen weitergeführt wird. Die Verankerungslänge darf erst jenseits vom Maß d beginnen. Der maximal anrechenbare geometrische Bewehrungsgrad wird auf 2 % begrenzt.

σ_{cp} Berücksichtigung des Einflusses der Längsspannungen (erfasst den Zuwachs von $V_{Rd,c}$ bei größerer Biegedruckzone)

$$\sigma_{cp} = \frac{N_{Ed}}{A_c} < 0,20 \cdot f_{cd} \tag{8.24}$$

Betonzugspannungen sind negativ einzusetzen, Betondruckspannungen positiv

Aus dem Ansatz nach Gl. (8.19) ist ersichtlich, dass die Rissreibungskraft direkt proportional der Betonfestigkeitsklasse ist, wobei der unterproportionale Anstieg durch den Exponenten $^1/_3$ erfasst wird. Die eckige Klammer in Gl. (8.19) kann auch als eine fiktive rechnerische Schubspannung gedeutet werden.

Bei sehr geringen Längsbewehrungsgraden resultieren aus Gl. (8.19) unrealistisch kleine Querkrafttragfähigkeiten, die beispielsweise bei üblichen Deckenplatten des allgemeinen Wohnungsbaus zu Querkraftbewehrung führen würde.

Aus diesem Grund wird in EC 2-1-1 eine Mindestquerkrafttragfähigkeit für $V_{Rd,c}$ angegeben.

$$V_{Rd,c} = (v_{min} + k_1 \cdot \sigma_{cp}) \cdot b_w \cdot d \tag{8.25}$$

mit (vgl. EC 2-1-1/NA):

$$v_{min} = \begin{cases} \dfrac{0,0525}{\gamma_c} \cdot k^{3/2} \cdot f_{ck}^{1/2} & \text{für d} \leq 600 \\ \dfrac{0,0375}{\gamma_c} \cdot k^{3/2} \cdot f_{ck}^{1/2} & \text{für d} > 800 \end{cases} \qquad d \text{ in mm} \tag{8.26}$$

Zwischenwerte für $600 < d \leq 800$ dürfen linear interpoliert werden.

Zum Nachweis der Betondruckstrebe bei Bauteilen ohne Querkraftbewehrung darf die einwirkende Querkraft V_{Ed} den Grenzwert $V_{Rd,max}$ gemäß Gl. (8.27) nicht überschreiten. Hierbei ist v ein Abminderungsbeiwert für die Betonfestigkeit infolge Schubrissen. Dieser Nachweis wird bei nicht vorgespannten Tragwerken i. d. R. nicht maßgebend.

$$V_{Rd,max} = 0,5 \cdot v \cdot f_{cd} \cdot b_w \cdot d \quad \text{mit } v = 0,675 \tag{8.27}$$

Ein *ungerissener Querschnitt* liegt vor, wenn die Betonzugspannung im Querschnitt im Grenzzustand der Tragfähigkeit stets $< f_{ctk;0,05}/\gamma_c$. In diesem Fall kann die Querkrafttragfähigkeit direkt aus den Gln. (7.3) und (7.4) bestimmt werden, wenn für die Hauptzugspannung $\sigma_I = f_{ctk;0,05}/\gamma_c$ gesetzt wird. Die Querkrafttragfähigkeit ergibt sich dann für nicht vorgespannte Bauteile gemäß Gl. (8.28).

$$V_{Rd,c} = \frac{I \cdot b_w}{S} \cdot \sqrt{f_{ctd}^2 + \alpha_1 \sigma_{cp} \cdot f_{ctd}} \tag{8.28}$$

$f_{ctk;0,05}$ unterer Quantilwert der Zugfestigkeit nach **Tafel 2.5**, bei höheren Betonfestigkeitsklassen jedoch immer $\leq 2{,}7$ N/mm²

α_1 $l_x/l_{pt2} \leq 1{,}0$ für Spannglieder im sofortigen Verbund, $=1{,}0$ für andere Vorspannungsarten

l_{pt2} oberer Grenzwert der Übertragungslänge des Spanngliedes, EC 2-1-1, Gl. 8.18

Beispiel 8.1: Querkraftbemessung einer Stahlbetonplatte

(Fortsetzung von Beispiel 7.14)

Gegeben: Tragwerk und Schnittgrößen siehe Beispiel 6.1

Gesucht: Querkraftbemessung an der Einspannstelle

Lösung:

Es liegt eine indirekte Lagerung vor.

$x_V = 0$ m

(8.4): $V_{Ed} = |\text{extr}\, V_d| - (g+q)_d \cdot x_V$

$V_{Ed} = |42{,}3| - (1{,}35 \cdot 25{,}0) \cdot 0 = 42{,}34$ kN

(8.21): $k = 1 + \sqrt{\frac{200}{d}} \begin{cases} \geq 1{,}0 \\ \leq 2{,}0 \end{cases}$

$k = 1 + \sqrt{\frac{200}{155}} = 2{,}14 > \underline{2{,}0}$

(8.23): $\rho_l = \frac{A_{sl}}{b_w \cdot d} \leq 0{,}02$

$\rho_l = \frac{7{,}85}{100 \cdot 15{,}5} = 0{,}0051 < 0{,}02$

(8.24): $\sigma_{cp} = \frac{N_{Ed}}{A_c}$

$\sigma_{cp} = \frac{-12{,}5 \cdot 10^{-3}}{1{,}0 \cdot 0{,}20} = -0{,}0625 \text{ MN/m}^2$

(8.19): $V_{Rd,c} = \left[C_{Rd,c} \cdot k \cdot (100 \rho_l \cdot f_{ck})^{\frac{1}{3}} + k_1 \cdot \sigma_{cp} \right] \cdot b_w \cdot d$

$V_{Rd,c} = \left[0{,}10 \cdot 2{,}0 \cdot (0{,}51 \cdot 30)^{\frac{1}{3}} + 0{,}12 \cdot 0{,}0625 \right] \cdot 1{,}0 \cdot 0{,}155$
$= 0{,}0781 \text{ MN} = 78{,}1 \text{ kN}$

Berechnung Mindestwert:

(8.25): $V_{Rd,c} \geq (v_{min} + k_1 \cdot \sigma_{cp}) \cdot b_w \cdot d$

(8.26), $d = 155 \text{ mm} \leq 600 \text{ mm}$

$v_{min} = \frac{0{,}0525}{\gamma_c} \cdot k^{3/2} \cdot f_{ck}^{1/2}$

$v_{min} = \frac{0{,}0525}{1{,}5} \cdot 2^{3/2} \cdot 30^{1/2} = 0{,}542$

(8.22): $k_1 = 0{,}12$

$V_{Rd,c} \geq (0{,}542 + 0{,}12 \cdot 0{,}0625) \cdot 1{,}0 \cdot 0{,}155 =$
$0{,}0852 \text{ MN} = 85{,}2 \text{ kN} > 78{,}1 \text{ kN}$

Mindestwert ist maßgebend.

(8.18): $V_{Ed} \leq V_{Rd,c}$

$V_{Ed} = 42{,}3 \text{ kN} < 85{,}2 \text{ kN} = V_{Rd,c}$

Der Nachweis der Druckstrebe gemäß Gl. (8.27) wird bei nicht vorgespannten Tragwerken i. d. R. nicht maßgebend. Dennoch wird der Nachweis hier exemplarisch geführt.

(8.27): $V_{\text{Rd,max}} = 0,5 \cdot v \cdot f_{\text{cd}} \cdot b_{\text{w}} \cdot d$

$V_{\text{Rd,max}} = 0,5 \cdot 0,675 \cdot 17,0 \cdot 1,00 \cdot 0,155 = 0,889 \text{ MN}$

$= 889 \text{ kN} > 42,3 \text{ kN} = V_{\text{Ed}}$

Erwartungsgemäß ist keine Querkraftbewehrung erforderlich.

(Fortsetzung mit Beispiel 11.1)

Beispiel 8.2: Biege- und Querkraftbemessung einer Stahlbetonplatte

Gegeben: Tragwerk lt. Skizze

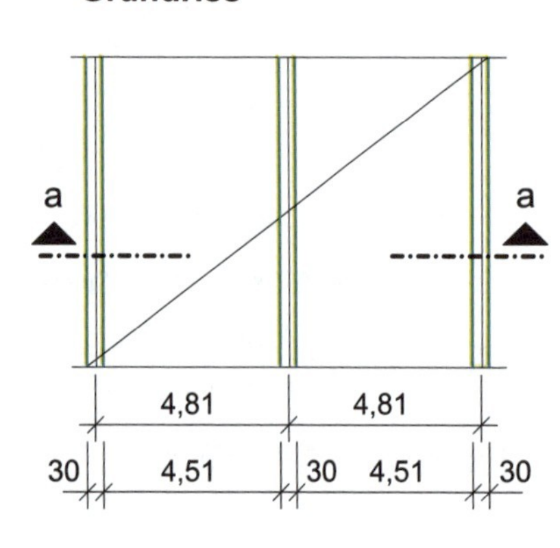

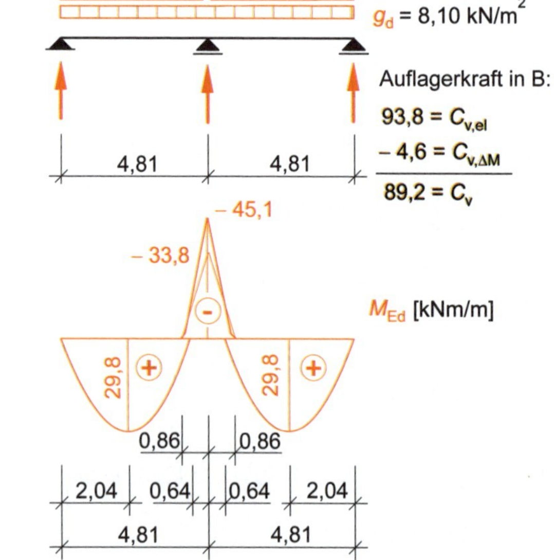

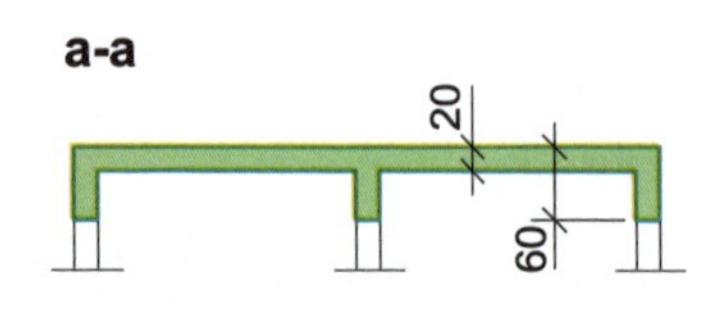

Baustoffe

Beton C30/37 — Trockene Umgebung (Expositionsklasse XC1)

Betonstahl B500B

Gesucht:
- Das Tragwerk soll stellvertretend an einem 1 m breiten Streifen berechnet werden.[33]
- Biegebemessung über der Stütze für ein um 25 % umgelagertes Stützmoment
- Querkraftbemessung über der Stütze

[33] Dies wird die später übliche Vorgehensweise bei Platten sein (→ Teil 2, Kap. 5).

Lösung:

Biegebemessung:

$\Delta M = 0,25 \cdot (-45,1) = -11,3 \text{ kNm}$

$M_{\text{cal}} = -45,1 - (-11,3) = -33,8 \text{ kNm}$ — (5.14): $M_{\text{cal}} = M_{\text{el}} - \Delta M$

Es liegt Fall 2 in **Abb. 7.4** vor

$\Delta M = \left|\dfrac{89,2}{2}\right| \cdot \dfrac{0,30}{2} = 6,7 \text{ kNm}$ — (7.17): $\Delta M = \min \begin{cases} \left|V_{\text{Ed,li}}\right| \cdot \dfrac{b_{\text{sup}}}{2} \\ \left|V_{\text{Ed,re}}\right| \cdot \dfrac{b_{\text{sup}}}{2} \end{cases}$

$M_{\text{Ed}} = |-33,8| - |6,7| = 27,1 \text{ kNm}$ — (7.15): $M_{\text{Ed}} = |M_{\text{el}}| - |\Delta M|$

$\min M_{\text{Ed}} = -(8,1 + 7,5) \cdot \dfrac{4,51^2}{12} = -26,4 \text{ kNm}$ — (5.19): $\min M_{\text{Ed}} \approx -F_{\text{d}} \cdot \dfrac{l_{\text{n}}^2}{12}$

$M_{\text{Ed}} = |-27,1| > |-26,4| \text{ kNm}$

$M_{\text{Eds}} = 27,1 - 0 \cdot 0,065 = 27,1 \text{ kNm}$ — (7.5): $M_{\text{Eds}} = |M_{\text{Ed}}| - N_{\text{Ed}} \cdot z_{\text{s}}$

$\gamma_{\text{s}} = 1,15$ — (2.33): Grundkombination

$f_{\text{yd}} = \dfrac{500}{1,15} = 435 \text{ N/mm}^2$ — (2.36): $f_{\text{yd}} = \dfrac{f_{\text{yk}}}{\gamma_{\text{s}}}$

$\gamma_{\text{c}} = 1,50$ — (2.18): Grundkombination und Ortbeton

$f_{\text{cd}} = \dfrac{0,85 \cdot 30}{1,50} = 17 \text{ N/mm}^2$ — (2.17): $f_{\text{cd}} = \dfrac{\alpha_{\text{cc}} \cdot f_{\text{ck}}}{\gamma_{\text{c}}}$

$\mu_{\text{Eds}} = \dfrac{0,0271}{1,0 \cdot 0,175^2 \cdot 17} = 0,052$ — (7.21): $\mu_{\text{Eds}} = \dfrac{M_{\text{Eds}}}{b \cdot d^2 \cdot f_{\text{cd}}}$

$\omega = 0,0536$; $\xi = 0,078$; $\zeta = 0,97$; $\sigma_{\text{sd}} = 457 \text{ N/mm}^2$ — **Tafel 7.1**

$A_{\text{s}} = \dfrac{0,0536 \cdot 1,0 \cdot 0,175 \cdot 17}{457} \cdot 10^4 = \underline{\underline{3,5 \text{ cm}^2}}$ — (7.50): $A_{\text{s}} = \dfrac{\omega \cdot b \cdot d \cdot f_{\text{cd}} + N_{\text{Ed}}}{\sigma_{\text{sd}}}$

gew: Ø8-12[5] — **Tafel 4.1**

$A_{\text{s,vorh}} = 0,503 \cdot \dfrac{100}{12,5} = 4,0 \text{ cm}^2 > 3,5 \text{ cm}^2 = A_{\text{s,erf}}$ — (7.55): $A_{\text{s,vorh}} \geq A_{\text{s,erf}}$

$f_{\text{ctm}} = 2,9 \text{ N/mm}^2$ — **Tafel 2.5**: C30/37

$W = \dfrac{1,0 \cdot 0,20^2}{6} = 0,0067 \text{ m}^3$ — $W = \dfrac{b \cdot h^2}{6}$

Rechteckquerschnitt:

$z = 0,97 \cdot 0,175 = 0,169 \text{ m}$ — (7.37): $z = \zeta \cdot d$

$A_{\text{s,min}} = \dfrac{2,9 \cdot 0,0067}{0,169 \cdot 500} \cdot 10^4 = 2,3 \text{ cm}^2 < 4,0 \text{ cm}^2$ — (7.90): $A_{\text{s,min}} = \dfrac{f_{\text{ctm}} \cdot W}{z \cdot f_{\text{yk}}}$

Die Mindestbewehrung wird nicht maßgebend, die statisch erforderliche Bewehrung ist größer.

Überprüfung der Zulässigkeit des Faktors δ zur Momentenumlagerung:

$\mu_{\text{Eds}} = \dfrac{0,0338}{1,0 \cdot 0,175^2 \cdot 17} = 0,065$ — (7.21): $\mu_{\text{Eds}} = \dfrac{M_{\text{Eds}}}{b \cdot d^2 \cdot f_{\text{cd}}}$

$\xi = 0{,}092$ — **Tafel 7.1**: interpolierter Wert

$\delta_{lim} = \max\begin{cases} 0{,}64 + 0{,}8 \cdot 0{,}092 = \underline{0{,}714} \\ 0{,}70 \end{cases}$ — (**Tafel 5.3**): $\delta_{lim} = \max\begin{cases} 0{,}64 + 0{,}8\,\xi \\ 0{,}7 \end{cases}$

$\delta = 0{,}75 > 0{,}714 = \delta_{lim}$ — (5.18): $\delta \geq \delta_{lim}$

Querkraftbemessung:

Es liegt eine direkte Lagerung vor.

$x_V = \dfrac{0{,}30}{2} + 0{,}175 = 0{,}325$ m — (8.5): $x_V = \dfrac{t}{2} + d$

$V_{Ed} = \left|\dfrac{89{,}2}{2}\right| - (8{,}1 + 7{,}5) \cdot 0{,}325 = 39{,}5$ kN — (8.4): $V_{Ed} = \left|\text{extr}\,V_d\right| - (g+q)_d \cdot x_V$

$k = 1 + \sqrt{\dfrac{200}{175}} = 2{,}07 > \underline{2{,}0}$ — (8.21): $k = 1 + \sqrt{\dfrac{200}{d}}\begin{cases} \geq 1{,}0 \\ \leq 2{,}0 \end{cases}$

$\rho_l = \dfrac{4{,}0}{100 \cdot 17{,}5} = 0{,}0023 < 0{,}02$ — (8.23): $\rho_l = \dfrac{A_{sl}}{b_w \cdot d} \leq 0{,}02$

$\sigma_{cd} = \dfrac{0}{100 \cdot 20} = 0$ — (8.24): $\sigma_{cd} = \dfrac{N_{Ed}}{A_c}$

$V_{Rd,c} = \left[0{,}10 \cdot 2{,}0\left(100 \cdot 0{,}0023 \cdot 30\right)^{\frac{1}{3}} + 0{,}12 \cdot 0\right]$
$\cdot 1{,}0 \cdot 0{,}175$
$= 0{,}0666 \text{ MN} = 66{,}6 \text{ kN}$

(8.19):
$V_{Rd,c} = \left[C_{Rd,c} \cdot k \cdot \left(100\rho_l \cdot f_{ck}\right)^{\frac{1}{3}} + k_1 \cdot \sigma_{cp}\right] \cdot b_w \cdot d$

Berechnung Mindestwert:

(8.25):
$V_{Rd,c} \geq (v_{min} + k_1 \cdot \sigma_{cp}) \cdot b_w \cdot d$

(8.26), $d = 175 \text{ mm} \leq 600 \text{ mm}$

$v_{min} = \dfrac{0{,}0525}{1{,}5} \cdot 2^{3/2} \cdot 30^{1/2} = 0{,}542$ — $v_{min} = \dfrac{0{,}0525}{\gamma_c} \cdot k^{3/2} \cdot f_{ck}^{1/2}$

$V_{Rd,c} \geq (0{,}542 + 0{,}12 \cdot 0) \cdot 1{,}0 \cdot 0{,}175 =$ — (8.22): $k_1 = 0{,}12$

$0{,}0949 \text{ MN} = 94{,}9 \text{ kN} > 66{,}6 \text{ kN}$

Mindestwert ist maßgebend.

$V_{Ed} = 39{,}4 \text{ kN} < 94{,}9 \text{ kN} = V_{Rd,c}$ — (8.18): $V_{Ed} \leq V_{Rd,c}$

Der Nachweis der Druckstrebe gemäß Gl. (8.27) wird nicht maßgebend.

Erwartungsgemäß ist keine Querkraftbewehrung erforderlich.

(Fortsetzung mit Beispiel 8.3)

8.3.3 Bemessungshilfsmittel

Da für Platten meistens keine Querkraftbewehrung erforderlich ist und auch keine Längskräfte auftreten ($\sigma_{cd} = 0$), kann Gl. (8.19) in ein einfach zu handhabendes Bemessungsdiagramm umgesetzt werden (**Abb. 8.11**). Hierzu wird Gl. (8.19) umgeformt:

$$v_{Rd,c} = \frac{V_{Rd,c}}{b_w \cdot d} = \underbrace{0{,}10\,\kappa \cdot \left(100\rho_l \cdot f_{ck}\right)^{\frac{1}{3}}}_{\text{Ablesewert}} \qquad (8.29)$$

Eingangswert auf der Abszisse ist der geometrische Bewehrungsgrad ρ_l der Längsbewehrung, das Ergebnis wird auf dem linken Abszissenteil abgelesen. Die Kurvenschar im rechten Diagrammteil kennzeichnet die runde Klammer in Gl. (8.29) einschließlich Exponent. Die Strahlenschar im linken Diagrammteil ist die Multiplikation mit k. Da viele Platten statische Höhen unter 20 cm aufweisen, ist dieser Beiwert Eins und das Ergebnis kann schon auf der Ordinate abgelesen werden (die Gerade für $d \leq 20$ cm verläuft unter 45°). Ergänzend muss jedoch geprüft werden, ob Gl. (8.25) einen höheren Querkraftwiderstand liefert.

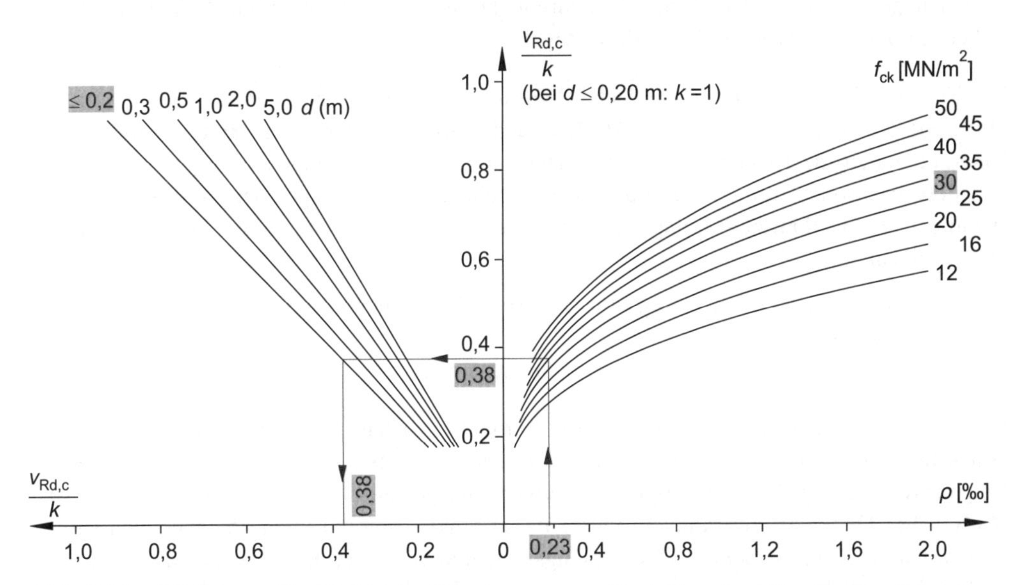

Abb. 8.11 Diagramm für die Querkraftbemessung von Bauteilen ohne Querkraftbewehrung ($\sigma_{cp} = 0$, ≤ C50/60)

Beispiel 8.3: Querkraftbemessung einer Stahlbetonplatte

(Fortsetzung von Beispiel 8.2)

Gegeben: – Bauteilhöhe, Querkraft und Bewehrungsgrad aus Beispiel 8.2

Gesucht: – Grafische Querkraftbemessung mit **Abb. 8.11**

Lösung:

$\rho_l = 0{,}0023 = 0{,}23\% \Rightarrow v_{Rd,c} = 0{,}38\ \text{MN/m}^2$	**Abb. 8.11**
$V_{Rd,c} = 0{,}38 \cdot 1{,}0 \cdot 0{,}175 = 0{,}0665\ \text{MN} = 66{,}6\ \text{kN}$	(8.29): $V_{Rd,c} = v_{Rd,c} \cdot b_w \cdot d$
Berechnung Mindestwert:	(8.25): $V_{Rd,c} \geq (v_{min} + k_1 \cdot \sigma_{cp}) \cdot b_w \cdot d$
$V_{Rd,c} \geq 94{,}9\ \text{kN}$	→ Beispiel 8.2
$V_{Ed} = 39{,}4\ \text{kN} < 94{,}9\ \text{kN} = V_{Rd,c}$	(8.18): $V_{Ed} \leq V_{Rd,c}$

8.4 Bauteile mit Querkraftbewehrung

8.4.1 Fachwerkmodell

Wenn dasselbe Prinzip wie beim Biegetragverhalten auch für die Querkraftübertragung angewandt wird, nämlich anstelle der durch die Rissbildung nicht mehr aufnehmbaren Zugspannungen eine Bewehrung anzuordnen, kann die Tragfähigkeit des Stahlbetonbauteiles erheblich gesteigert werden. Diese Bewehrung besteht aus schräg (Winkel α) oder vertikal stehenden Bewehrungselementen (i. d. R. Bügel).

Das Tragverhalten wird für die praktische Bemessung mit einem Fachwerkmodell (truss model) idealisiert (**Abb. 8.12**). Der Obergurt des Fachwerks wird durch den Beton gebildet, der Untergurt durch die Biegezugbewehrung. Die durch Druckspannungen beanspruchten Diagonalen des Fachwerks werden durch den Beton gebildet. Die Zugdiagonalen müssen durch eine anzuordnende Querkraftbewehrung hergestellt werden. Je nach Richtung der Bewehrungsstäbe bildet sich ein:

- Strebenfachwerk bei schräg (45° oder steiler) aufgebogenen Stäben oder schrägstehenden Bügeln
- Pfostenfachwerk bei vertikalen Bügeln (stirrups).

Das Fachwerkmodell besteht neben Obergurt (top chord) und Untergurt (bottom chord) aus Druckstreben (diagonal strut, Neigungswinkel θ) und Zugstreben (tie, Neigungswinkel α), deren Neigungswinkel (inclination angle) innerhalb festgelegter Grenzen veränderlich sind (**Abb. 8.12**). Dieses Fachwerkmodell wurde in der Sonderform mit unter 45° geneigten Druckstreben von MÖRSCH (1902) als Bemessungsverfahren verbreitet. Es wird auch als klassisches Fachwerkmodell bezeichnet. Tatsächlich liegen die Druckstrebenneigungen flacher. Dies berücksichtigt das weiterentwickelte Fachwerkmodell des EC 2-1-1.

Der Bemessungswert der aufnehmbaren Querkraft, der von den Betondruckstreben erreicht wird, kann direkt aus **Abb. 8.12** bestimmt werden:

$$V_{\mathrm{Rd,max}} = F_{\mathrm{cdw}} \cdot \sin\theta = \alpha_{\mathrm{cw}} \cdot b_{\mathrm{w}} \cdot v_1 \cdot f_{\mathrm{cd}} \cdot c' \cdot \sin\theta \qquad (8.30)$$

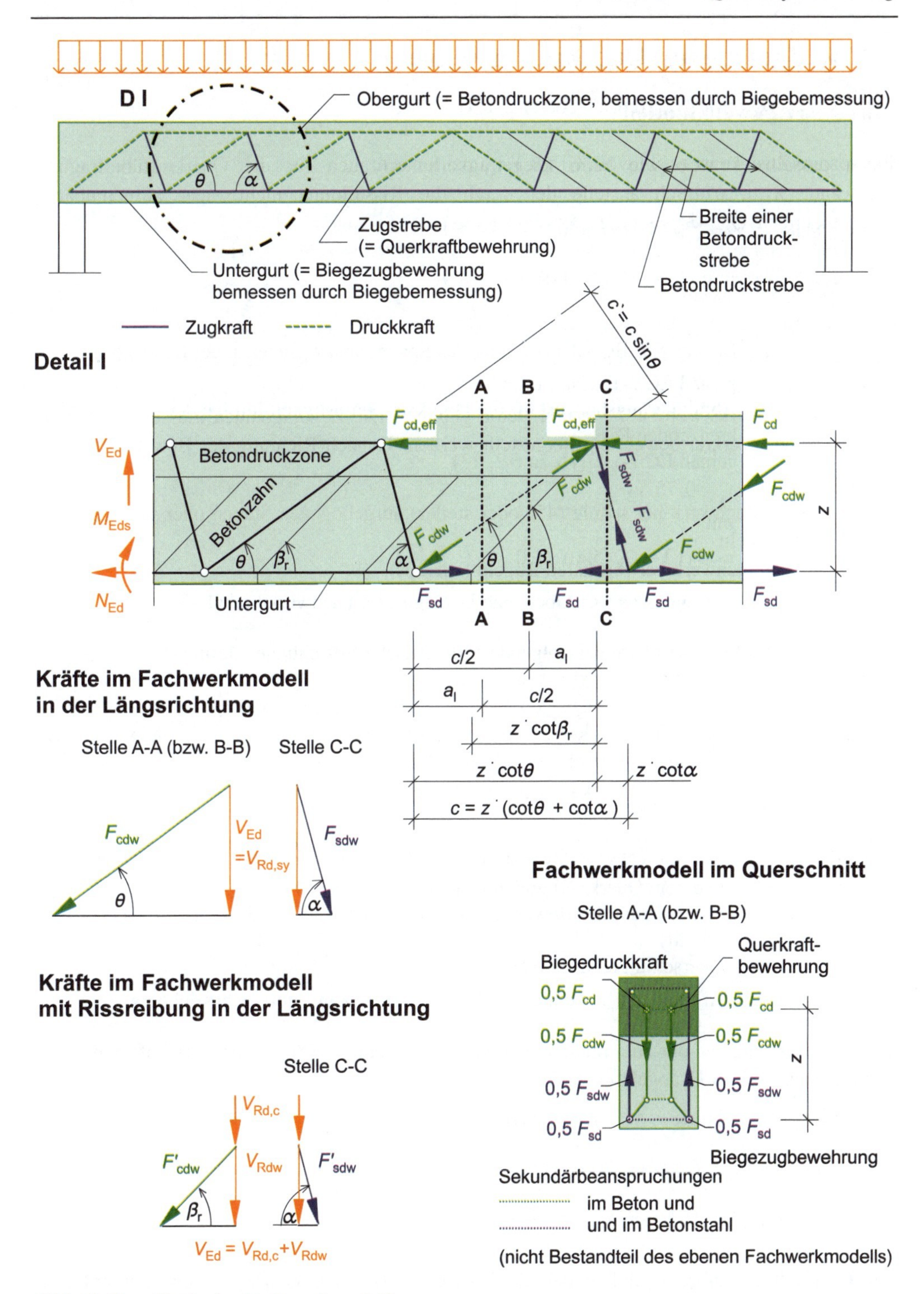

Abb. 8.12 Kräfte im Fachwerkmodell

$$V_{Rd,max} = F_{cdw} \cdot \sin\theta = \alpha_{cw} \cdot b_w \cdot v_1 \cdot f_{cd} \cdot c \cdot \sin^2\theta$$
$$= \alpha_{cw} \cdot b_w \cdot z \cdot v_1 \cdot f_{cd} \cdot (\cot\theta + \cot\alpha) \cdot \sin^2\theta \quad (8.31)$$

Für spätere Zwecke ist es sinnvoll, Gl. (8.31) umzuformen:

$$V_{Rd,max} = \alpha_{cw} \cdot b_w \cdot z \cdot v_1 \cdot f_{cd} \cdot (\cot\theta + \cot\alpha) \cdot \frac{\sin^2\theta}{\sin^2\theta + \cos^2\theta}$$

$$V_{Rd,max} = \alpha_{cw} \cdot b_w \cdot z \cdot v_1 \cdot f_{cd} \cdot \frac{(\cot\theta + \cot\alpha)}{1 + \cot^2\theta} \quad (8.32)$$

α_{cw} Beiwert zur Berücksichtigung des Spannungszustandes in der Druckzone gemäß EC 2-1-1/NA, α_{cw}=1,0

v_1 Abminderungsbeiwert für die Druckstrebenfestigkeit infolge der schiefwinklig kreuzenden Risse
gemäß EC 2-1-1/NA zu 6.2.3(3)

$$v_1 = 0{,}75 \cdot v_2$$
mit
$$v_2 = (1{,}1 - f_{ck}/500) \le 1{,}0 \quad (8.33)$$

z Abstand zwischen Ober- und Untergurt im Fachwerkmodell

Für die Querkraftbewehrung werden folgende geometrische Beziehungen definiert:

$$A_{sw} = n \cdot A_{s,\phi} \quad (8.34)$$

je Fachwerkfeld: $$a_{sw} = \frac{A_{sw}}{c} \quad (8.35)$$

allgemein: $$a_{sw} = \frac{A_{sw}}{s} \quad (8.36)$$

A_{sw} gesamte Querkraftbewehrung innerhalb eines Fachwerkfeldes oder allgemein in einem Querkraftbereich gleichen Vorzeichens

n Schnittigkeit des Bewehrungselementes (Anzahl der Schenkel im Querschnitt)

$A_{s,\phi}$ Querschnitt eines Stabes

s Abstand der Stäbe der Querkraftbewehrung in Bauteillängsrichtung

Der Bauteilwiderstand der zu ermittelnden Querkraftbewehrung (Zugstrebe oder –pfosten) kann ebenfalls aus **Abb. 8.12** abgelesen werden.

$$V_{Rd,s} = F_{sdw} \cdot \sin\alpha = A_{sw} \cdot f_{ywd} \cdot \sin\alpha$$

$$V_{Rd,s} = a_{sw} \cdot c \cdot f_{ywd} \cdot \sin\alpha \quad (8.37)$$

$$V_{Rd,s} = a_{sw} \cdot z \cdot f_{ywd} \cdot \sin\alpha \cdot (\cot\theta + \cot\alpha) \quad (8.38)$$

Aus Gl. (8.38) ist sofort ersichtlich, dass der Winkel der Druckstrebenneigung einen erheblichen Einfluss auf die erforderliche Querkraftbewehrung hat. Die Bewehrungsmenge sinkt mit flacheren Druckstrebenneigungen. Die Neigung der Druckstreben ist gemäß EC 2-1-1/NA nicht frei wählbar, sondern an die Neigung β_r der Schubrisse (**Abb. 8.12**) gekoppelt. Weiterhin wird explizit der Querkrafttraganteil des Betons $V_{Rd,c}$ berücksichtigt. Daher wird dieses Fachwerkmodell auch als „Fachwerkmodell mit Rissreibung" (**Abb. 8.10**) bezeichnet.

$$V_{Rd,s} = V_{Rd,cc} + V_{Rd,w} \tag{8.39}$$

$$V_{Rd,w} = a_{sw} \cdot z \cdot f_{ywd} \cdot \sin\alpha \cdot (\cot\beta_r + \cot\alpha) \tag{8.40}$$

EC 2-1-1/NA zu 6.2.3(2):

$$V_{Rd,cc} = c \cdot 0,48 \cdot f_{ck}^{1/3} \cdot \left(1 - 1,2 \cdot \frac{\sigma_{cd}}{f_{cd}}\right) \cdot b_w \cdot z \tag{8.41}$$

c EC 2-1-1/NA: c=0,50

$$V_{Rd,cc} = 0,24 \cdot f_{ck}^{1/3} \cdot \left(1 - 1,2 \cdot \frac{\sigma_{cd}}{f_{cd}}\right) \cdot b_w \cdot z \tag{8.42}$$

Während für die Bestimmung der Querkraftbewehrung der Betontraganteil $V_{Rd,cc}$ zu null gesetzt wird und sich damit wieder Gl. (8.38) ergibt, wird er bei der Druckstrebenneigung erfasst. Wenn der Ausdruck $a_{sw} \cdot z \cdot f_{ywd}$ mit Gl. (8.38) substituiert wird, erhält man:

$$V_{Rd,s} = V_{Rd,cc} + \frac{V_{Rd,s}}{\sin\alpha \cdot (\cot\theta + \cot\alpha)} \cdot \sin\alpha \cdot (\cot\beta_r + \cot\alpha) = V_{Ed}$$

$$V_{Ed} \cdot \left(1 - \frac{\cot\beta_r + \cot\alpha}{\cot\theta + \cot\alpha}\right) = V_{Rd,cc}$$

$$\cot\theta = \frac{\cot\beta_r + \cot\alpha}{1 - \frac{V_{Rd,cc}}{V_{Ed}}} - \cot\alpha \tag{8.43}$$

Die Druckstrebenneigung ist somit bestimmbar, wenn der Winkel der Schubrisse und der Winkel der Querkraftbewehrung bekannt sind. In EC 2-1-1/NA wird von einer Neigung der Schubrisse von 40° bei reiner Biegung ($\sigma_{cd} = 0$) und bei Biegung mit Längskraft von

$$\cot\beta_r = 1,2 + 1,4\,\frac{\sigma_{cd}}{f_{cd}}\text{, Vorzeichen beachten, Zugkraft negativ einsetzen!} \tag{8.44}$$

ausgegangen. Gl. (8.44) erhält man ausgehend von Gl. (7.4) für Hauptspannungen (Herleitung in [Reineck – 01]). Bei Längsdruckkräften ermittelt man somit steilere Winkel als 40°, bei Längszugkräften flachere. Mit Gl. (8.44) und mit Gl. (8.43) ergibt sich für lotrechte Querkraftbewehrung die in EC 2-1-1/NA, 6.3.3(2) niedergelegte Gleichung mit einer zusätzlichen unteren ($\cot\theta$ = 3,0 => θ = 18,4°) und oberen ($\cot\theta$ = 1,0 => θ = 45°) Schranke für den Winkel der Druckstrebenneigung. Hierdurch soll die Verträglichkeit der Dehnungen der Querkraftbewehrung, der Stauchungen der Druckstreben und der Dehnung der Längsbewehrung in den Untergurten gewährleistet werden.

$$1{,}0 \le \cot\theta \le \frac{1{,}2 + 1{,}4 \cdot \frac{\sigma_{cd}}{f_{cd}}}{1 - \frac{V_{Rd,cc}}{V_{Ed}}} \le 3{,}0 \text{, Druckspannung mit positivem Vorzeichen} \tag{8.45}$$

Die Extremwerte der Druckstrebenkräfte innerhalb des Fachwerkmodells sind hinsichtlich der Bemessung insofern interessant, wenn die folgenden Fragestellungen zu beantworten sind:

- Welche Querkraft kann bei vorgegebenem Querschnitt maximal übertragen werden?
- Wie groß ist die kleinstzulässige Querkraftbewehrung?

Diesen Fragen soll im folgenden Beispiel nachgegangen werden.

Beispiel 8.4: Extremwerte für die Strebenkräfte des Fachwerkmodells

Gesucht: Extremwerte der Strebenkräfte des Fachwerkmodells für $\alpha = 45°$ und $\alpha = 90°$, insbesondere

a) größter Querkrafttragwiderstand und zugehörige Querkraftbewehrung

b) kleinste Querkraftbewehrung und zugehöriger Querkrafttragwiderstand

Lösung:

Um allgemein gültige Aussagen zu erhalten, wird die Gl. (8.32) normiert und der Schubfluss υ_{Rd} eingeführt.

$$\upsilon_{Rd} = \frac{V_{Rd,max}}{\alpha_{cw} \cdot b_w \cdot z \cdot v_1 \cdot f_{cd}} \le \frac{(\cot\theta + \cot\alpha)}{1 + \cot^2\theta}$$

$$\upsilon_{Rd} = \frac{V_{Rd,max}}{\alpha_{cw} \cdot b_w \cdot z \cdot v_1 \cdot f_{cd}} \le \sin^2\theta \cdot (\cot\theta + \cot\alpha) \tag{8.46}$$

Für die spätere Extremwertbetrachtung wird Gl. (8.46) differenziert:

$$\frac{d\upsilon_{Rd}}{d\theta} = \cos^2\theta - \sin^2\theta + 2\sin\theta\cos\theta\cot\alpha \overset{!}{=} 0 \tag{8.47}$$

Wenn zusätzlich die zugehörige Querkraftbewehrung gesucht ist, können Gl. (8.32) und Gl. (8.38) gleichgesetzt werden.

$$V_{Rd,max} = \alpha_{cw} \cdot b_w \cdot z \cdot v_1 \cdot f_{cd} \cdot \frac{(\cot\theta + \cot\alpha)}{1 + \cot^2\theta} \le a_{sw} \cdot z \cdot f_{ywd} \cdot \sin\alpha \cdot (\cot\theta + \cot\alpha) = V_{Rd,s}$$

$$\frac{a_{sw} \cdot f_{ywd}}{\alpha_{cw} \cdot b_w \cdot z \cdot v_1 \cdot f_{cd}} \ge \frac{1}{\left(1 + \cot^2\theta\right) \cdot \sin\alpha}$$

Dieser Ausdruck ist der mechanische Bewehrungsgrad der Querkraftbewehrung ω_w:

$$\omega_w = \frac{a_{sw} \cdot f_{ywd}}{\alpha_{cw} \cdot b_w \cdot z \cdot v_1 \cdot f_{cd}} \geq \frac{\sin^2 \theta}{\sin \alpha} \tag{8.48}$$

Für die spätere Extremwertbetrachtung wird Gl. (8.48) differenziert:

$$\frac{d\,\omega_w}{d\,\theta} = \frac{2\cos\theta\sin\theta}{\sin\alpha} \tag{8.49}$$

Lösung a:

$\alpha = 90°$: $\cos^2\theta - \sin^2\theta + 2\sin\theta\cos\theta\cot 90 = 0$	(8.47): $\cos^2\theta - \sin^2\theta + 2\sin\theta\cos\theta\cot\alpha = 0$
$\cos^2\theta - \sin^2\theta = 0$	
$\theta = 45°$	
$\upsilon_{Rd} = \sin^2 45 \cdot (\cot 45 + \cot 90) = \underline{\underline{0,5}}$	(8.46): $\upsilon_{Rd} = \sin^2\theta \cdot (\cot\theta + \cot\alpha)$
$\omega_w = \frac{\sin^2 45}{\sin 90} = \underline{\underline{0,5}}$	(8.48): $\omega_w = \frac{\sin^2\theta}{\sin\alpha}$
$\alpha = 45°$: $\cos^2\theta - \sin^2\theta + 2\sin\theta\cos\theta\cot 45 = 0$	(8.47): $\cos^2\theta - \sin^2\theta + 2\sin\theta\cos\theta\cot\alpha = 0$
$\cos^2\theta - \sin^2\theta + 2\sin\theta\cos\theta = 0$	
$\theta = 67,5°$	
$\upsilon_{Rd} = \sin^2 67,5 \cdot (\cot 67,5 + \cot 45) = \underline{\underline{1,21}}$	(8.46): $\upsilon_{Rd} = \sin^2\theta \cdot (\cot\theta + \cot\alpha)$
$\omega_w = \frac{\sin^2 67,5}{\sin 45} = \underline{\underline{1,21}}$	(8.48): $\omega_w = \frac{\sin^2\theta}{\sin\alpha}$

Allgemeine Schlussfolgerungen (vgl. auch **Abb. 8.13**):

- Die Querkrafttragfähigkeit ist abhängig von der Neigung der Querkraftbewehrung. Die größte Querkrafttragfähigkeit ergibt sich bei $\alpha = 45°$ geneigter Bewehrung.
- Bei geneigter Querkraftbewehrung $\alpha < 90°$ steigt die Querkrafttragfähigkeit stark an. Geneigte Bügel können daher bei sehr hoher Beanspruchung sinnvoll sein.
- Bei Wahl des optimalen Druckstrebenneigungswinkels θ_{opt} besteht Proportionalität zwischen Querkraft und Querkraftbewehrung.

Lösung b:

$\alpha = 90°$: $\frac{d\,\omega_w}{d\,\theta} = \frac{2\cos\theta\sin\theta}{\sin 90} \overset{!}{=} 0$	(8.49): $\frac{d\,\omega_w}{d\,\theta} = \frac{2\cos\theta\sin\theta}{\sin\alpha}$

$\theta = 0°$ und $\theta = 90°$ erfüllen diese Gleichung, sind aber unzulässige Lösungen für ein Fachwerk. Die geringste Bewehrung ergibt sich somit für den kleinstmöglichen Winkel der Druckstrebe. Bei geringer Beanspruchung wird in Gl. (8.45) der absolute Grenzwert maßgebend:

$\cot\theta = 3,0: \theta = 18,4°$	(8.45): $0,58 \leq \cot\theta \leq 3,0$
$\upsilon_{Rd} = \sin^2 18,4 \cdot (\cot 18,4 + \cot 90) = \underline{\underline{0,30}}$	(8.46): $\upsilon_{Rd} = \sin^2\theta \cdot (\cot\theta + \cot\alpha)$

$\omega_w = \dfrac{\sin^2 18{,}4}{\sin 90} = \underline{\underline{0{,}10}}$	(8.48): $\omega_w = \dfrac{\sin^2\theta}{\sin\alpha}$
$\alpha = 45°$: $\upsilon_{Rd} = \sin^2 18{,}4 \cdot (\cot 18{,}4 + \cot 45) = \underline{\underline{0{,}40}}$	(8.46): $\upsilon_{Rd} = \sin^2\theta \cdot (\cot\theta + \cot\alpha)$
$\omega_w = \dfrac{\sin^2 18{,}4}{\sin 45} = \underline{\underline{0{,}14}}$	(8.48): $\omega_w = \dfrac{\sin^2\theta}{\sin\alpha}$

Die minimale Querkraftbewehrung (vgl. auch **Abb. 8.13**) ergibt sich bei Wahl des kleinstmöglichen Druckstrebenwinkels nach Gl. (8.45). Bei Wahl dieses Winkels kann jedoch die Mindestquerkraftbewehrung (→ S. 221) maßgebend werden.

Die normierte Darstellung nach **Abb. 8.13** ist der Ausgangspunkt für grafische Bemessungshilfsmittel (**Abb. 8.16**).

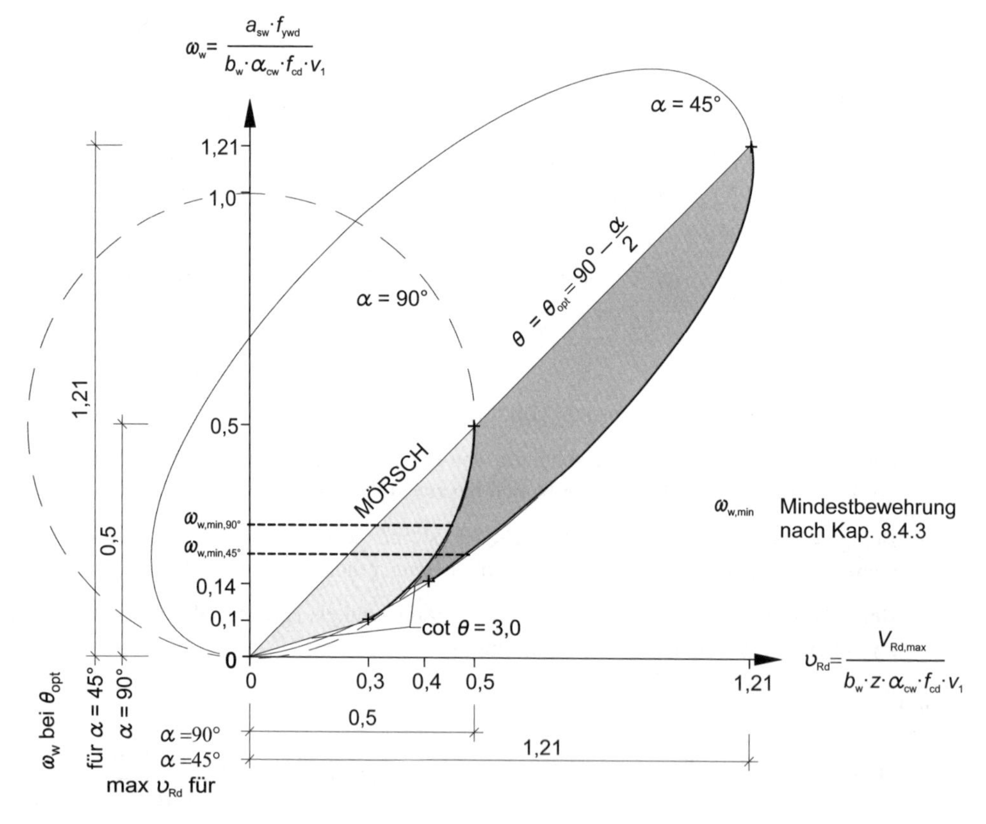

Abb. 8.13 Normierte Querkraft-/Bewehrungsdarstellung

8.4.2 Höchstabstände der Querkraftbewehrung

Aus dem Fachwerkmodell lässt sich folgende konstruktive Regel für die Querkraftbewehrung formulieren: Bei zu großem Abstand der Bügel (oder Schrägaufbiegungen) kann sich ein Querkraftriss über die gesamte Trägerhöhe ausbreiten, ohne dass er von einem Zugposten bzw. einer Zugstrebe (Stab der Querkraftbewehrung) gekreuzt wird (**Abb. 8.14**). Dies würde zur sofortigen Zerstörung des Bauteils durch vorzeitigen Schubbruch führen. Daher muss jeder unter 45° geneigte Schnitt durch mindestens einen, besser zwei Stäbe der Querkraftbewehrung gekreuzt werden. EC 2-1-1 fordert deshalb, dass maximale Bügelabstände und Abstände der Schrägaufbiegungen nicht überschritten werden (**Tafel 8.1**). Die Bügel und die aufgebogenen Stäbe sollen außerdem mit den schrägen Druckdiagonalen ein Widerlager bilden. Da bei zu großem Abstand in Querrichtung das Widerlager zu weich wird, ist der Bügelabstand nicht nur in Längsrichtung, sondern auch in Querrichtung begrenzt.

$$s \le \begin{cases} s_{l,\max} \\ s_{t,\max} \end{cases} \tag{8.50}$$

$s_{l,max}$=maximaler Bügelabstand in Bauteillängsrichtung
$s_{t,max}$=maximaler Bügelabstand in Bauteilquerrichtung

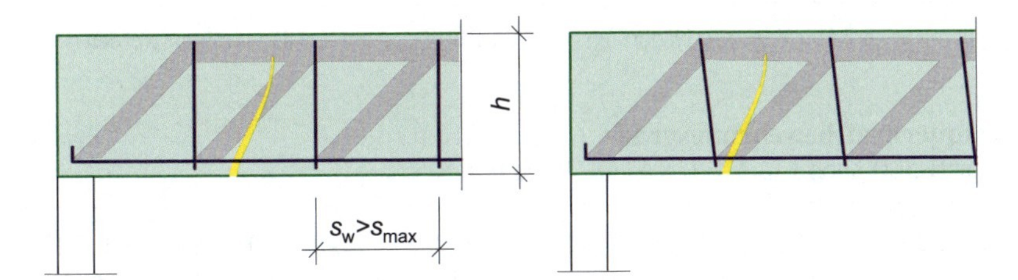

Abb. 8.14 Versagen des Fachwerks infolge von Rissen bis in den Obergurt bei zu großem Abstand der Querkraftbewehrung

Der Höchstabstand von Schrägstäben sollte folgenden Wert nicht überschreiten:

Bügel nach **Tafel 8.1**

Schrägaufbiegungen $s_{\max} = 0{,}5 \cdot h \cdot (1 + \cot \alpha)$ (8.51)

8.4.3 Mindestquerkraftbewehrung

Bei Auftreten eines Querkraftrisses müssen die nicht mehr aufnehmbaren Spannungen umgelagert werden, um einen Kollaps des Tragwerks zu verhindern. In Flächentragwerken (Platten) ist durch die große Abmessung senkrecht zur Längsachse die Umlagerungsfähigkeit gegeben, da die Querkraftrisse nicht die gesamte Platte durchsetzen. In Platten darf daher auf eine Mindestbewehrung verzichtet werden, sofern das Bauteil ohne Querkraftbewehrung ausgeführt werden darf (→ S. 206). In Balken ist diese Umlagerungsmöglichkeit nicht vorhanden und daher immer eine

Mindestquerkraftbewehrung erforderlich. Sie wird über den Bewehrungsgrad der Querkraftbewehrung festgelegt.

$$\rho_w = \frac{a_{sw}}{b_w \cdot \sin\alpha} \geq \rho_{w,min} \tag{8.52}$$

Tafel 8.1 Obere Grenzwerte der zulässigen Abstände in Längs- und Querrichtung für Bügelschenkel und Querkraftzulagen (nach EC 2-1-1/NA, Tabellen NA.9.1 und NA.9.2)

<table>
<tr><td rowspan="3">Querkraftausnutzung [a)]</td><td colspan="6">Höchstmaße s_{max} in mm</td></tr>
<tr><td colspan="3">Längsabstand, $s_{l,max}$</td><td colspan="3">Querabstand, $s_{t,max}$</td></tr>
<tr><td>bauteilbezogen</td><td>absolut
≤ C50/60</td><td>absolut
> C50/60</td><td>bauteilbezogen</td><td>absolut
≤ C50/60</td><td>absolut
> C50/60</td></tr>
<tr><td>$V_{Ed}/V_{Rd,max} \leq 0,30$</td><td>0,7 h</td><td>≤ 300</td><td rowspan="3">≤ 200</td><td rowspan="3">h</td><td>≤ 800</td><td>≤ 600</td></tr>
<tr><td>$0,30 < V_{Ed}/V_{Rd,max} \leq 0,60$</td><td>0,5 h</td><td>≤ 300</td><td>≤ 600</td><td>≤ 400</td></tr>
<tr><td>$V_{Ed}/V_{Rd,max} > 0,60$</td><td>0,25 h</td><td>≤ 200</td><td>≤ 600</td><td>≤ 400</td></tr>
</table>

a) V_{Ed} und $V_{Rd,max}$ nach Kap. 8.2 und Kap. 8.4. Näherungsweise darf $V_{Rd,max}$ mit $\theta = 40°$ ermittelt werden.

Tafel 8.2 Mindestquerkraftbewehrungsgrad
(in ‰ für B 500 nach EC 2-1-1/NA, Gl. 9.5aDE)

Beton	C12	C16	C20	C25	C30	C35	C40	C45	C50	C55	C60	C70	C80	C90	C100
$\rho_{w,min}$	0,51	0,61	0,70	0,83	0,93	1,02	1,12	1,21	1,31	1,34	1,41	1,47	1,54	1,60	1,66

Der Mindestquerkraftbewehrungsgrad $\rho_{w,min}$ ist wie folgt definiert:

$$\rho = 0,16 \cdot \frac{f_{ctm}}{f_{yk}} \quad \text{bzw. nach } \textbf{Tafel 8.2} \tag{8.53}$$

$$\rho_{w,min} = \begin{cases} 1,0\ \rho & \text{im Allgemeinen} \\ 1,6\ \rho & \text{bei gegliederten Querschnitten mit vorgespannten Gurten} \end{cases} \tag{8.54}$$

In Balken dürfen Schrägstäbe und Querkraftzulagen als Querkraftbewehrung nur gleichzeitig mit Bügeln verwendet werden, damit die horizontalen Umlenkkräfte zwischen verteilter Spannung in der Druckzone und konzentrierter Biegezugkraft aufgenommen werden können (**Abb. 8.15**). Bei einer Kombination der Querkraftbewehrung aus Bügeln und Schrägaufbiegungen sollen bei Balken mindestens 50 % der erforderlichen Querkraftbewehrung aus Bügeln bestehen.

$$\min a_{s,\text{bü}} = \beta_3 \cdot a_{sw} \tag{8.55}$$

β_3 gemäß EC 2-1-1/NA, 9.2.2(4):

$\beta_3 = 0{,}5$

8.4.4 Bemessung von Stegen

Entsprechend Gl. (8.2) und Gl. (8.3) muss der Nachweis für die Druck- und die Zugstrebe erfolgen. Die Druckstrebe wurde bereits mit Gl. (8.32) beschrieben, die Zugstrebe mit Gl. (8.38). Für die praktische Querkraftbemessung ist es jedoch besser, die letztgenannte Gl. nach a_{sw} aufzulösen. Dann erhält man durch Gleichsetzen mit Gl. (8.56):

$$V_{Ed} \leq V_{Rd,s} \tag{8.56}$$

$$a_{sw} = \frac{V_{Ed}}{z \cdot f_{ywd} \cdot \sin\alpha \cdot (\cot\theta + \cot\alpha)} \tag{8.57}$$

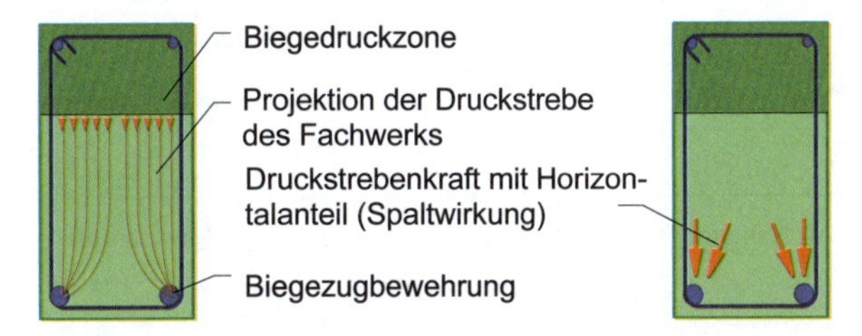

Abb. 8.15 Sekundärtragwirkung des horizontalen Bügelschenkels in der Zugzone zur Aufnahme der Spaltwirkung aus den Druckstreben des Fachwerks (vgl. **Abb. 8.12**)

Der vorhandene Bewehrungsquerschnitt der Querkraftbewehrung kann nach folgender Gl. bestimmt werden:

$$a_{sw,vorh} = n \cdot A_{s,\phi} \cdot \frac{l_B}{s_{w,l}} \tag{8.58}$$

l_B Bezugslänge, auf die die Schubbewehrung verteilt wird (z. B. 1,0 m)

Der Abstand von Ober- und Untergurt wurde durch Gl. (8.11) beschrieben. Bei sehr dünnen Bauteilen muss sichergestellt werden, dass die oberen Knoten des Fachwerkmodells von der Querkraftbewehrung umfasst werden und nicht darüber in der Betondeckung auf die Zugstrebe treffen. Daher ist der Abstand z mit folgender Gleichung zu begrenzen (EC 2-1-1/NA, NCI Zu 6.2.3 (1)):

$$z \leq 0{,}9\,d \leq d - \max\begin{cases} 2\,c_{v,l} \\ c_{v,l} + 30 \end{cases} \quad \text{in mm} \tag{8.59}$$

Beispiel 8.5: Querkraftbemessung eines Balkens (Fortsetzung von Beispiel 7.13)

Gegeben: Plattenbalken als Durchlaufträger gemäß Skizze des Beispiel 7.10 (S. 166)

Gesucht: Querkraftbemessung mit Bügeln im Feld 1 unter alleiniger Verwendung von Bügeln

Lösung:

Feld 1 Auflager A: (Direkte Lagerung)

$\text{extr}\, V_\text{d} = \max V_\text{A} = 232\ \text{kN}$

$x_\text{V} = \frac{0,30}{2} + 0,677 = 0,827\ \text{m}$ — (8.5): $x_\text{V} = \frac{t}{2} + d$ [34]

$V_\text{Ed} = 232 - (1,35 \cdot 62,3 + 1,50 \cdot 12,4) \cdot 0,827 = 147\ \text{kN}$ — (8.4): $V_\text{Ed} = |\text{extr}\, V_\text{d}| - F_\text{d} \cdot x_\text{V}$

$\sigma_\text{cd} = \frac{0}{A_\text{c}} = 0$ — (8.24): $\sigma_\text{cd} = \frac{N_\text{Ed}}{A_\text{c}}$

Rechteckquerschnitt:

$z \approx 0,9 \cdot 0,677 = 0,609\ \text{m}$ — (8.11): $z \approx 0,9\, d$

$V_\text{Rd,cc} = 0,5 \cdot 0,48 \cdot 1,0 \cdot 20^{1/3} \cdot \left(1 - 1,2 \frac{0}{11,3}\right) \cdot 0,30 \cdot 0,609$

$= 0,119\ \text{MN}$

(8.42): $V_\text{Rd,cc} = c \cdot 0,48 \cdot f_\text{ck}^{1/3} \cdot \left(1 - 1,2 \cdot \frac{\sigma_\text{cd}}{f_\text{cd}}\right) \cdot b_\text{w} \cdot z$

$\cot\theta = \frac{1,2 - 0}{1 - \frac{0,119}{0,147}} = 6,3 > \underline{3,0}$

(8.45): $1,0 \le \cot\theta \le \frac{1,2 + 1,4 \cdot \frac{\sigma_\text{cd}}{f_\text{cd}}}{1 - \frac{V_\text{Rd,cc}}{V_\text{Ed}}} \le 3,0$

gew: $\theta = 20°$ $\quad (\cot\theta = 2,75)$

$\alpha_\text{cw} = 1,0$

$\nu_1 = 0,75 \cdot \nu_2$

$\nu_2 = 1,1 - \frac{20}{500} \le \underline{1,0}$

(8.33): $\nu_1 = 0,75 \cdot \nu_2$ mit $\nu_2 = (1,1 - f_\text{ck}/500) \le 1,0$

$V_\text{Rd,max} = 0,75 \cdot 11,3 \cdot 0,30 \cdot 0,609 \cdot \frac{(\cot 20 + \cot 90)}{1 + \cot^2 20}$

$= 0,498\ \text{MN}$

(8.32): $V_\text{Rd,max} = \alpha_\text{cw} \cdot b_\text{w} \cdot z \cdot \nu_1 \cdot f_\text{cd} \cdot \frac{(\cot\theta + \cot\alpha)}{1 + \cot^2\theta}$

$\text{extr}\, V_\text{d} = 232\ \text{kN} < 498\ \text{kN} = V_\text{Rd,max}$ — (8.3): $\text{extr}\, V_\text{d} \le V_\text{Rd,max}$

[34] Strenggenommen ist die tatsächliche statische Höhe zu verwenden. Aufgrund der geringen Abweichungen darf auch die bei der Biegebemessung geschätzte statische Höhe benutzt werden.

(8.57): $a_{sw} = \dfrac{V_{Ed}}{z \cdot f_{ywd} \cdot \sin\alpha \cdot (\cot\theta + \cot\alpha)}$

$$a_{sw} = \frac{147}{0,609 \cdot 435 \cdot \sin 90 \cdot (\cot 20 + \cot 90)} \cdot 10 = 2,0\ \text{cm}^2/\text{m}$$

gew: Bü ∅10-30 2-schnittig

$$a_{sw,vorh} = 2 \cdot 0,79 \cdot \frac{100}{30} = 5,27\ \text{cm}^2/\text{m}$$

(8.58): $a_{sw,vorh} = n \cdot A_{s,\phi} \cdot \dfrac{l_B}{s_w}$

$a_{s,vorh} = 5,27\,\text{cm}^2/\text{m} > 2,0\,\text{cm}^2/\text{m} = a_{s,erf}$ (7.55): $A_{s,vorh} \geq A_{s,erf}$

$0,30 < \dfrac{V_{Ed}}{V_{Rd,max}} = \dfrac{232}{498} = 0,466 < 0,60$ $\quad 0,3 < \dfrac{V_{Ed}}{V_{Rd,max}} \leq 0,60$

$s_{l,max} = 0,5 \cdot 720 = 360\ \text{mm} > \underline{300\ \text{mm}}$ **Tafel 8.1**: $s_{l,max} = 0,5 \cdot h \leq 300\ \text{mm}$

$s_w = 30\ \text{cm} = s_{max}$ (8.50): $s_w \leq s_{max}$

$\rho = 0,0007$ **Tafel 8.2**: C20

$\rho_{w,min} = 1,0 \cdot 0,0007 = 0,0007$ (8.54): $\rho_{w,min} = 1,0\ \rho$

$\rho_w = \dfrac{5,27 \cdot 10^{-2}}{30 \cdot \sin 90} = 0,0018 > 0,0007 = \rho_{w,min}$ (8.52): $\rho_w = \dfrac{a_{sw}}{b_w \cdot \sin\alpha} \geq \rho_{w,min}$

$a_{s,bü} = 1,0 \cdot a_{sw} > \min a_{s,bü}$ (8.55): $\min a_{s,bü} = 0,5 \cdot a_{sw}$

Feld 1 Auflager B:

Direkte Lagerung
vgl. Beispiel 7.13

$\text{extr}\ V_d = V_{Bli,cal} = -450\ \text{kN}$

$x_V = \dfrac{0,30}{2} + 0,675 = 0,825\ \text{m}$ (8.5): $x_V = \dfrac{t}{2} + d$

$V_{Ed} = 450 - (1,35 \cdot 62,3 + 1,50 \cdot 12,4) \cdot 0,825 = 365\ \text{kN}$ (8.4): $V_{Ed} = |\text{extr}\ V_d| - F_d \cdot x_V$

$z \approx 0,9 \cdot 0,675 = 0,607\ \text{m}$[35] (8.11): $z \approx 0,9\ d$

(8.42): $V_{Rd,cc} = 0,24 \cdot f_{ck}^{1/3} \cdot \left(1 - 1,2 \cdot \dfrac{\sigma_{cd}}{f_{cd}}\right) \cdot b_w \cdot z$

$$V_{Rd,cc} = 0,24 \cdot 1,0 \cdot 20^{1/3} \cdot \left(1 + 1,2 \cdot \frac{0}{11,3}\right) \cdot 0,30 \cdot 0,607 = 0,119\ \text{MN}$$

(8.45): $1,0 \leq \cot\theta \leq \dfrac{1,2 + 1,4 \cdot \frac{\sigma_{cd}}{f_{cd}}}{1 - \frac{V_{Rd,cc}}{V_{Ed}}} \leq 3,0$

$$1,0 < \cot\theta = \frac{1,2 + 0}{1 - \frac{0,119}{0,365}} = 1,78 < 3,0$$

gew: $\theta = 29,3°\ (\cot\theta = 1,78)$

(8.32): $V_{Rd,max} = \alpha_{cw} \cdot b_w \cdot z \cdot v_1 \cdot f_{cd} \cdot \dfrac{(\cot\theta + \cot\alpha)}{1 + \cot^2\theta}$

$$V_{Rd,max} = 0,75 \cdot 11,3 \cdot 0,30 \cdot 0,607 \cdot \frac{(\cot 29,3 + \cot 90)}{1 + \cot^2 29,3} = 0,659\ \text{MN}$$

$\text{extr}\ V_d = 450\ \text{kN} < 659\ \text{kN} = V_{Rd,max}$ (8.3): $\text{extr}\ V_d \leq V_{Rd,max}$

[35] Die statische Höhe verändert sich gegenüber dem linken Balkenteil nur um 2 mm. Daher könnte alternativ auf eine neue Berechnung von $V_{Rd,c}$ verzichtet werden.

$$a_{sw} = \frac{365}{0{,}607 \cdot 435 \cdot \sin 90(\cot 29{,}3 + \cot 90)} \cdot 10 = 7{,}8\ \text{cm}^2/\text{m}$$

(8.57): $a_{sw} = \dfrac{V_{Ed}}{z \cdot f_{ywd} \cdot \sin\alpha \cdot (\cot\theta + \cot\alpha)}$

gew: Bü ∅10-17[5] 2-schnittig

$$a_{sw,vorh} = 2 \cdot 0{,}79 \cdot \frac{100}{17{,}5} = 9{,}0\ \text{cm}^2/\text{m}$$

(8.58): $a_{sw,vorh} = n \cdot A_{s,\phi} \cdot \dfrac{l_B}{s_w}$

$$a_{s,vorh} = 9{,}0\text{cm}^2/\text{m} > 7{,}5\text{cm}^2/\text{m} = a_{s,erf}$$

(7.55): $A_{s,vorh} \geq A_{s,erf}$

$$\frac{V_{Ed}}{V_{Rd,max}} = \frac{450}{659} = 0{,}68 > 0{,}60$$

$\dfrac{V_{Ed}}{V_{Rd,max}} > 0{,}60$

$$s_{l,max} = 0{,}25 \cdot 720 = 180\ \text{mm} < 200\ \text{mm}$$

Tafel 8.1: $s_{max} = 0{,}25 \cdot h \leq 200$ mm

$$s_{w,l} = 17{,}5\ \text{cm} < 18\ \text{cm} = s_{max}$$

(8.50): $s_{w,l} \leq s_{max}$

$$\rho_w = \frac{9{,}0 \cdot 10^{-2}}{30 \cdot \sin 90} = 0{,}0030 > 0{,}0007 = \rho_{w,min}$$

(8.52): $\rho_w = \dfrac{a_{sw}}{b_w \cdot \sin\alpha} \geq \rho_{w,min}$ [36]

(Fortsetzung mit Beispiel 8.6)

8.4.5 Bemessungshilfsmittel

Verwendet man anstatt der in den vorangegangen Abschnitten dargelegten Gleichungen eine normierte Schreibweise, können Bemessungshilfsmittel in tabellarischer oder grafischer Form ([Mainz – 03]) aufgestellt werden. Ausgehend von **Abb. 8.13** ist in **Abb. 8.16** ein Querkraft-Bemessungsdiagramm in allgemeiner Form dargestellt. Der mechanische Bewehrungsgrad der Querkraftbewehrung ω_w wird über der dimensionslosen Querkraft (= Schubfluss υ_{Rd}) abgelesen. Der Bauteilwiderstand wird durch die Mindestbewehrung (Linie A), die Tragfähigkeit der Querkraftbewehrung (Linie B) oder der Druckstrebe (Linie C) bestimmt. Der Bauteilwiderstand der Zugstrebe nach Gl. (8.39) lautet in normierter Schreibweise:

$$\upsilon_{Rd,s} = \upsilon_{Rd,cc} + \upsilon_{Rd,w} = \frac{V_{Rd,cc}}{\alpha_{cw} \cdot \nu_1 \cdot f_{cd} \cdot z \cdot b_w} + \frac{V_{Rd,sy}}{\alpha_{cw} \cdot \nu_1 \cdot f_{cd} \cdot z \cdot b_w} \tag{8.60}$$

$$\upsilon_{Rd,s} = \upsilon_{Rd,cc} + \omega_w \cdot \cot\beta_r \tag{8.61}$$

[36] Die Mindestbewehrung wurde bereits für Auflager A mit geringerer Bügelbewehrung nachgewiesen, der Nachweis könnte daher entfallen.

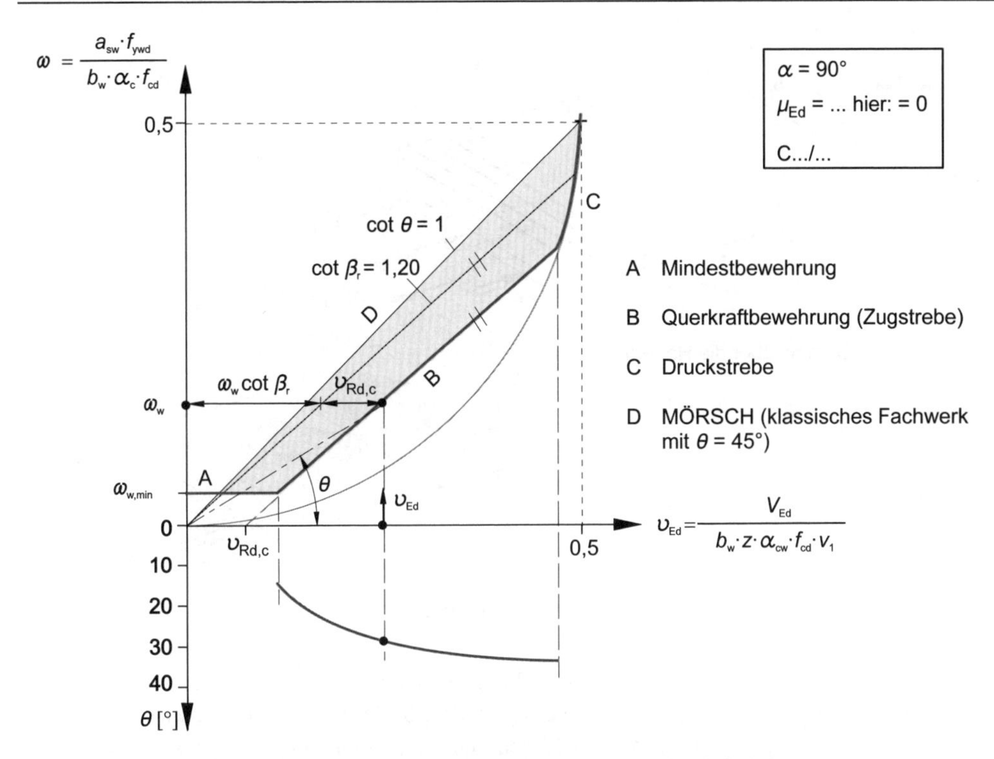

Abb. 8.16 Prinzipielles Querkraft-Bemessungsdiagramm nach EC 2-1-1

Man erkennt in **Abb. 8.16** den Anteil aus Rissreibung $\upsilon_{Rd,cc}$ als konstanten Wert sowie den Bewehrungsanteil $\upsilon_{Rd,w}$ als Geradengleichung durch den Ursprung, der bei fehlenden Längskräften die Steigung 40° (cot β_r = 1,2) aufweist. Die Neigung der Druckstreben θ steigt mit zunehmender Beanspruchung. Die Tragfähigkeit der Druckstrebe wird mit Gl. (8.32) in normierter Schreibweise gewonnen. Alle Linien (A, B, C) sind von der Betonfestigkeitsklasse abhängig.

8.5 Sicherung der Gurte von Plattenbalken

8.5.1 Fachwerkmodell im Gurt

Bei der Biegebemessung wurde die Mitwirkung der Platte von Plattenbalken berücksichtigt. Dies bedeutet, dass bei veränderlichen Biegemomenten Anteile der Biegedruckkraft F_{cd} (**Abb. 7.19**) in die Platte ausgelagert werden. Da auch diese Teile der Biegedruckkraft mit Teilen der Biegezugkraft in der Zugzone im Gleichgewicht stehen müssen, wird klar, dass der Anschnitt des Gurtes zum Steg durch Schubspannungen beansprucht wird. Auch für gezogene Plattenteile mit einer teilweise ausgelagerten Biegezugbewehrung führt eine analoge Betrachtung zu Schubspannungen im Gurtanschnitt. Bei Plattenbalken muss somit hinsichtlich der Querkraftbemessung für den Gurtanschnitt ein zusätzlicher Nachweis erbracht werden.

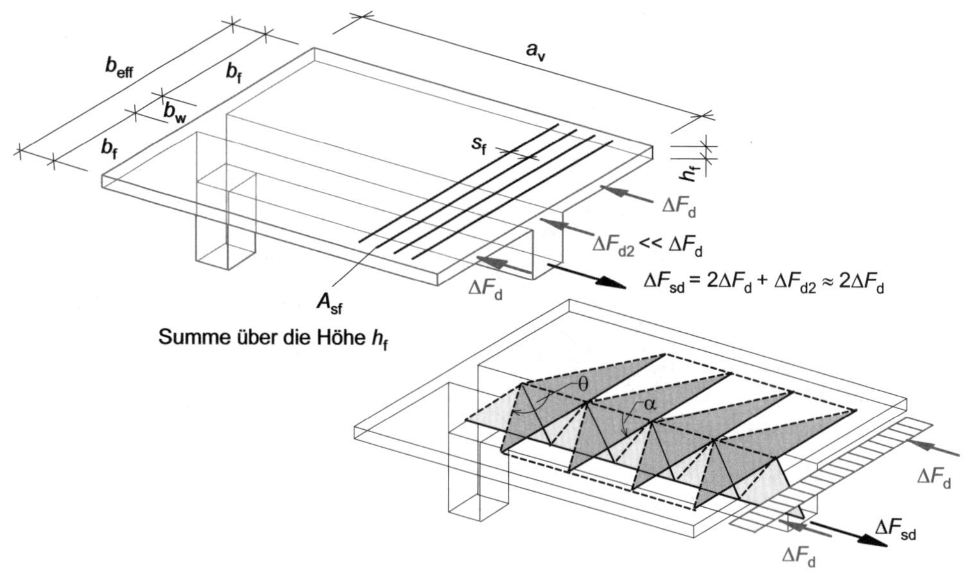

Abb. 8.17 Fachwerkanalogie in der Platte eines Plattenbalkens

Als Modell für die Erfassung dieser Beanspruchungen kann wieder das Fachwerkmodell dienen, das nun horizontal in der Plattenmittelfläche liegt (**Abb. 8.17**). Das Zusammenwirken zwischen Steg- und Plattenfachwerk wird in **Abb. 8.17** deutlich: Es entsteht ein räumliches Fachwerk, das für die Bemessung in zwei Ebenen geteilt wird, eine senkrechte für die Stege (→ Kap. 8.4.4) und eine horizontale für die Platte (→ Kap. 8.5.2). Der Nachweis der Verbindung beider Fachwerke wird im Anschnitt der Platte zum Steg geführt. Er erfolgt analog zur Bemessung im Steg durch Vergleich der einwirkenden Querkraft mit der Druckstrebentragfähigkeit und der Tragfähigkeit der Querkraftbewehrung. Zunächst soll die einwirkende Kraft bestimmt werden:

Druckgurte

Der Anteil der Biegedruckkraft im Gurt ΔF_d kann aus der folgenden Beziehung ermittelt werden (**Abb. 8.18**). Beachtet man ferner, dass in Plattenbalken eine Druckbewehrung nicht sinnvoll ist und nimmt an, dass die Betonspannungen näherungsweise konstant sind, vereinfacht sich die Beziehung.

$$\Delta F_{d,tot} = \frac{|\Delta M_{Ed}|}{z} \tag{8.62}$$

$$\Delta F_d \approx \frac{A_{cf}}{A_{cc}} \cdot \Delta F_{d,tot} \tag{8.63}$$

$\Delta F_{d,tot}$	Veränderung der Biegedruckkraft (bei Zuggurten der Biegezugkraft) zwischen zwei Punkten in Längsrichtung, deren Abstand a_v beträgt
ΔM_{Ed}	Momentendifferenz zwischen zwei Punkten im Abstand a_v
A_{cf}	Fläche eines Gurtteils (Fläche zwischen Anschnitt und Ende der mitwirkenden Breite) (2. Index: flange)
A_{cc}	Gesamte Fläche der Biegedruckzone (2. Index: compression zone)

Zuggurte

Beanspruchungen im Zuggurt treten nur auf, sofern ein Teil der Biegezugbewehrung, bezeichnet mit A_{sf}, aus dem Stegbereich ausgelagert wird (**Abb. 8.18**). Der Anteil der Biegezugkraft im Gurt ΔF_d ergibt sich aus dem Anteil der ausgelagerten Biegezugbewehrung.

$$\Delta F_d \approx \frac{A_{sf}}{A_{s1}} \cdot \Delta F_{d,tot} \tag{8.64}$$

A_{sf} Fläche der in einen Gurt ausgelagerten Biegezugbewehrung

A_{s1} Gesamte Biegezugbewehrung

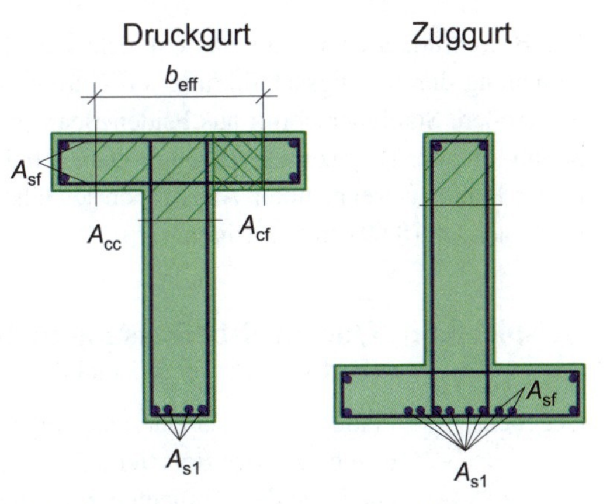

Abb. 8.18 Bestimmung der anteiligen Gurtkräfte für Druck- bzw. Zuggurt

8.5.2 Bemessung von Gurten

Der Nachweis wird nach Gl. (8.56) geführt. Die einwirkende Längsschubkraft V_{Ed} wird ermittelt aus

$$V_{Ed} = \Delta F_d \tag{8.65}$$

Die abschnittsweise Betrachtung der Schubkraft über die Länge a_v unterstellt eine konstante Schubkraft in diesem Abschnitt. Das trifft exakt nur für eine konstante Querkraft bzw. für einen linear veränderlichen Momentenverlauf zu. Um keine zu großen Abweichungen bei üblicherweise vorhandenen parabelförmigen Momenten zu erhalten, wurde die Abschnittslänge Δx auf den halben Wert zwischen Nullpunkt und Maximum der Parabel festgelegt (EC 2-1-1, 6.2.4(3)). Bei nennenswerten Einzellasten sollten die jeweiligen Abschnittslängen nicht über Querkraftsprünge hinausgehen.

Der Nachweis der Querkrafttragfähigkeit darf wie in Kap. 8.4.4 geführt werden. Dabei ist anstatt $b_w = h_f$ und $z = \Delta x$ zu setzen. Der Winkel der Druckstrebenneigung darf mit den vorgenannten Änderungen nach Gl. (8.45) bestimmt werden. Vereinfachend dürfen jedoch folgende Winkel der Druckstrebe im Gurtfachwerk benutzt werden:

Druckgurt: $\cot\theta = 1{,}2 \qquad \theta \approx 40°$ (8.66)

Zuggurt: $\cot\theta = 1{,}0 \qquad \theta \approx 45°$ (8.67)

Die Tragfähigkeit der Druckstrebe ergibt sich nach Gl. (8.32), die der Zugstrebe nach Gl. (8.57).

Druckstrebe: $$V_{Rd,max} = \alpha_{cw} \cdot h_f \cdot \Delta x \cdot \nu_1 \cdot f_{cd} \cdot \frac{(\cot\theta + \cot\alpha)}{1+\cot^2\theta} \tag{8.68}$$

Zugstrebe: $$a_{sf} = \frac{V_{Ed}}{\Delta x \cdot f_{ywd} \cdot \sin\alpha \cdot (\cot\theta + \cot\alpha)} \tag{8.69}$$

Die Bewehrung a_{sf} wird üblich senkrecht zum Steg verlegt ($\alpha = 90°$). Bei kombinierter Beanspruchung durch Längsschubkräfte am Gurtanschnitt und durch Querbiegung der Platte ist nur der größere Stahlquerschnitt aus beiden Beanspruchungen anzuordnen (keine Superposition der Schub- und der Biegezugbewehrung). Dabei sind Druck- und Zugzone (infolge der Querbiegung in der Platte) getrennt unter Ansatz von jeweils der Hälfte der erforderlichen Querkraftbewehrung nach Gl. (8.69) zu betrachten.

Beispiel 8.6: Querkraftbemessung in der Platte eines Plattenbalkens

(Fortsetzung von Beispiel 8.5)

Gegeben:
- Plattenbalken als Durchlaufträger gemäß Skizze in Beispiel 7.10
- Ergebnisse des Beispiel 8.5
- Die Lage der Momentennullpunkte wird näherungsweise abgeschätzt für Feldmomente $l_0 = 0{,}85 \cdot l_{eff}$, für Stützmomente $l_0 = 0{,}15 \cdot (l_{eff,1} + l_{eff,2})$.
- Biegebemessung (lt. Beispiel 7.11) im Feld 2: 5 ∅16+4 ∅20 ($A_{s,vorh} = 22{,}7$ cm^2)
- Statische Höhe $d = 0{,}675$ m

Gesucht: Nachweis der Gurte im Feld 2[37]

Lösung:

Feld 2 (positives Moment):

hier: $x_{Mmax} = \dfrac{350}{1{,}35 \cdot 62{,}3 + 1{,}50 \cdot 12{,}4} = 3{,}41$ m

$\Delta x \approx \dfrac{3{,}41}{2} = 1{,}70$ m

$\Delta M_{Ed} = 350 \cdot 1{,}70 - (1{,}35 \cdot 62{,}3 + 1{,}50 \cdot 12{,}4) \cdot \dfrac{1{,}70^2}{2}$

$= 447$ kNm

$\zeta = 0{,}98$; $\xi = 0{,}066$

$z = 0{,}98 \cdot 0{,}675 = 0{,}662$ m

$x = 0{,}066 \cdot 67{,}5 = 4{,}5$ cm

Druckgurt (oben):

$\Delta F_{d,tot} = \dfrac{447}{0{,}662} = 675$ kN

$b_{eff,2} = 1{,}446 \text{ m} > b_{eff,1}$

$b_{eff} = 3{,}07$ m

$A_{cf} = 1{,}446 \cdot 0{,}045 = 0{,}0651$ m^2

Abstand zwischen Momentenmaximum und Momentennullpunkt

$x_{Mmax} = \dfrac{F_{sup}}{q} = \dfrac{V_C}{g_d + q_d}$

$\Delta x \approx \dfrac{x_{Mmax}}{2}$

hier:

$M_{Ed} = V_C \cdot \Delta x - (g_d + q_d) \cdot \dfrac{\Delta x^2}{2}$

→ Beispiel 7.11

(7.37): $z = \zeta \cdot d$

(7.24): $x = \xi \cdot d$

Aufgrund des I-Querschnitts treten gleichzeitig Druck- und Zuggurt auf.

(8.62): $\Delta F_{d,tot} = \dfrac{|\Delta M_{Ed}|}{z}$

Nachweis für ungünstigere Seite (→ Beispiel 7.10)

hier: $A_{cf} = b_{eff,i} \cdot x$

[37] Der Nachweis müsste bei einer vollständigen Bemessung ebenfalls im Feld 1 und über der Innenstütze geführt werden.

$A_{cc} = 3,07 \cdot 0,045 = 0,138 \text{ m}^2$	hier: $A_{cc} = b_{eff} \cdot x$
$\Delta F_d = \dfrac{0,0651}{0,138} \cdot 675 = 318 \text{ kN}$	(8.63): $\Delta F_d \approx \dfrac{A_{cf}}{A_{cc}} \cdot \Delta F_{d,tot}$
$V_{Ed} = 318 \text{ kN}$	(8.65): $V_{Ed} = \Delta F_d$
$\cot\theta = 1,2$	(8.66): $\cot\theta = 1,2$
$V_{Rd,max} = 1,0 \cdot 0,22 \cdot 1,70 \cdot 0,75 \cdot 11,3 \cdot \dfrac{(1,2+\cot 90)}{1+1,2^2}$ $= 1,56 \text{ MN}$	(8.68): $V_{Rd,max} =$ $\alpha_{cw} \cdot h_f \cdot \Delta x \cdot v_1 \cdot f_{cd} \cdot \dfrac{(\cot\theta + \cot\alpha)}{1+\cot^2\theta}$
$V_{Ed} = 318 \text{ kN} < 1560 \text{ kN} = V_{Rd,max}$	(8.56): $V_{Ed} \leq V_{Rd,s}$
$a_{sf} = \dfrac{318 \cdot 10}{1,70 \cdot 435 \cdot \sin 90 \cdot (1,2 + \cot 90)} = 3,6 \text{ cm}^2/\text{m}$	(8.69): $a_{sf} = \dfrac{V_{Ed}}{\Delta x \cdot f_{yd} \cdot \sin\alpha \cdot (\cot\theta + \cot\alpha)}$

Es ist zu überprüfen, ob die über den Unterzug durchlaufende Deckenbewehrung größer als die zuvor berechnete ist, ansonsten ist sie entsprechend zu vergrößern. Hier soll eine Bewehrung Ø6-15 jeweils oben und unten vorliegen (sinnvoll mit Betonstahlmatten R377A → Teil 2, Kap. 1).

$a_{sw,vorh} = 2 \cdot 0,283 \cdot \dfrac{100}{15} = 3,77 \text{ cm}^2/\text{m}$	(8.58): $a_{sw,vorh} = n \cdot A_{s,\phi} \cdot \dfrac{l_B}{s_w}$
$a_{s,vorh} = 3,77 \text{cm}^2/\text{m} > 3,6 \text{cm}^2/\text{m} = a_{s,erf}$	(7.55): $A_{s,vorh} \geq A_{s,erf}$
$\dfrac{318}{1560} = 0,204 < 0,30$	$V_{Ed} / V_{Rd,max} \leq 0,30$
$s_{max} = 0,7 \cdot 720 = 504 \text{ mm} > \underline{300 \text{ mm}}$	**Tafel 8.1**: $s_{max} = 0,7 \cdot h \leq 300 \text{ mm}$
$s_w = 15 \text{ cm} < 30 \text{ cm} = s_{max}$	(8.50): $s_w \leq s_{max}$
$\rho = 0,0007$	**Tafel 8.2**: C20
$\rho_{w,min} = 1,0 \cdot 0,0007 = 0,0007$	(8.54): $\rho_{w,min} = 1,0\ \rho$
$\rho_w = \dfrac{3,77 \cdot 10^{-2}}{22 \cdot \sin 90} = 0,0017 > 0,0007 = \rho_{w,min}$	(8.52): $\rho_w = \dfrac{a_{sw}}{b_w \cdot \sin\alpha} \geq \rho_{w,min}$
Zuggurt (unten):	Von der Biegezugbewehrung 5 Ø16 + 4 Ø20 (→ Beispiel 7.11) liegen 5 Stäbe im Steg und 2·2 Stäbe Ø16 in den Flanschen.
$\Delta F_d \approx \dfrac{2 \cdot 2,0}{22,7} \cdot 675 = 119 \text{ kN}$	(8.64): $\Delta F_d \approx \dfrac{A_{sf}}{A_{s1}} \cdot \Delta F_{d,tot}$
$V_{Ed} = 119 \text{ kN}$	(8.65): $V_{Ed} = \Delta F_d$
$\cot\theta = 1,0$	(8.67): $\cot\theta = 1,0$
$V_{Rd,max} = 1,0 \cdot 0,15 \cdot 1,70 \cdot 0,75 \cdot 11,3 \cdot \dfrac{(1,0+\cot 90)}{1+1,0^2}$ $= 1,08 \text{ MN}$	(8.68): $V_{Rd,max} =$ $\alpha_{cw} \cdot h_f \cdot \Delta x \cdot v_1 \cdot f_{cd} \cdot \dfrac{(\cot\theta + \cot\alpha)}{1+\cot^2\theta}$
$V_{Ed} = 119 \text{ kN} < 1080 \text{ kN} = V_{Rd,max}$	(8.56): $V_{Ed} \leq V_{Rd,sy}$

$$a_{sf} = \frac{119 \cdot 10}{1,70 \cdot 435 \cdot \sin 90 \cdot (1,0 + \cot 90)} = 1,61 \text{ cm}^2/\text{m}$$

(8.69): $a_{sf} = \frac{V_{Ed}}{a_v \cdot f_{yd} \cdot \sin\alpha \cdot (\cot\theta + \cot\alpha)}$

gew: Bü ∅6-25 2-schnittig

$$a_{sw,vorh} = 2 \cdot 0,283 \cdot \frac{100}{25} = 2,26 \text{ cm}^2/\text{m}$$

(8.58): $a_{sw,vorh} = n \cdot A_{s,\phi} \cdot \frac{l_B}{s_w}$

$$a_{s,vorh} = 2,26 \text{cm}^2/\text{m} > 1,61 \text{cm}^2/\text{m} = a_{s,erf}$$

(7.55): $A_{s,vorh} \geq A_{s,erf}$

$$\frac{119}{1080} = 0,11 < 0,30$$

$V_{Ed} / V_{Rd,max} \leq 0,30$

$$s_{max} = 0,7 \cdot 720 = 504 \text{ mm} > \underline{300 \text{ mm}}$$

Tafel 8.1: $s_{max} = 0,7 \cdot h \leq 300$ mm

$$s_{w,l} = 25 \text{ cm} < 30 \text{ cm} = s_{max}$$

(8.50): $s_{w,l} \leq s_{max}$

$$\rho = 0,0007$$

Tafel 8.2: C20

$$\rho_{w,min} = 1,0 \cdot 0,0007 = 0,0007$$

(8.54): $\rho_{w,min} = 1,0\ \rho$

$$\rho_w = \frac{2,26 \cdot 10^{-2}}{22 \cdot \sin 90} = 0,0010 > 0,0007 = \rho_{w,min}$$

(8.52): $\rho_w = \frac{a_{sw}}{b_w \cdot \sin\alpha} \geq \rho_{w,min}$

(Fortsetzung mit Beispiel 8.9)

8.6 Öffnungen in Balken

8.6.1 Kleine Öffnungen

Öffnungen in den Balkenstegen werden im Hochbau bei kreuzenden Installationen benötigt. Bei Rohren werden sie rund ausgebildet (gleichzeitig die statisch günstigere Form), bei (Leitungs- und Lüftungs-) Kanälen rechteckig. Hinsichtlich der Bemessung sind kleine von großen Öffnungen zu unterscheiden. Eine kleine Öffnung liegt dann vor, wenn die direkte Ausbildung der Druckstreben des Fachwerkmodells noch möglich ist (**Abb. 8.19**).

Da ein Fachwerkmodell weiterhin möglich ist, verändert sich die Bemessung nicht grundsätzlich gegenüber derjenigen in Kap. 8.4.1. Gegenüber **Abb. 8.12** vermindert sich jedoch die Fläche der Druckstrebe durch die Öffnungsgeometrie und damit der Bauteilwiderstand. Sofern möglich, sollten die Öffnungen daher nicht an Stellen der extremalen Querkraft angeordnet werden.

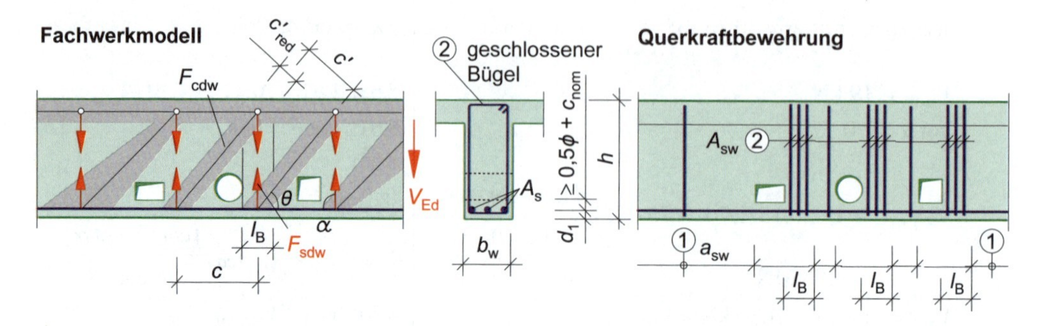

Abb. 8.19 Adaptiertes Fachwerkmodell für kleine Öffnungen mit Bewehrungsführung

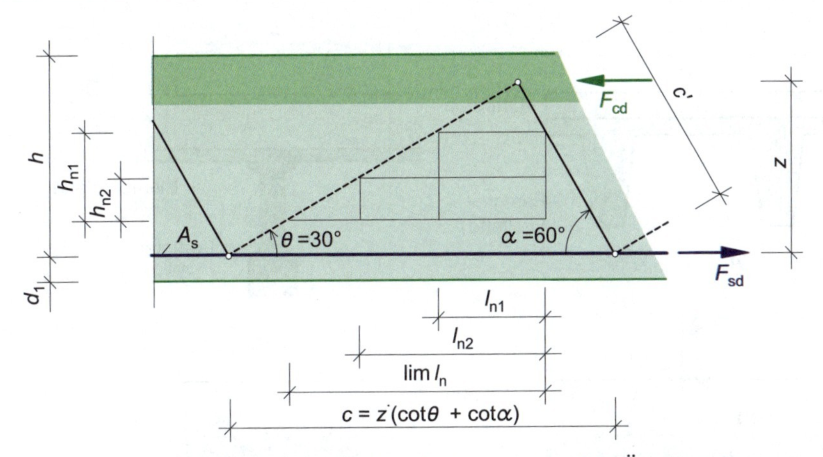

Abb. 8.20 Grenzabmessung zwischen kleinen und großen Öffnungen

Sofern nur eine kleine Öffnung vorhanden ist, kann auf die nachfolgend gezeigte Bemessung des Störbereichs ganz verzichtet werden, wenn die Öffnung nicht im Auflagerbereich liegt. Die vor und hinter der Öffnung zur Verfügung stehenden Stegbereiche können die Druckstrebentragfähigkeit weiterhin gewährleisten. Die im Bereich der Öffnung nicht möglichen (ein bis zwei) Bügel werden neben die Öffnung (in Gegenrichtung zum Momentennullpunkt) verschoben und dort konzentriert angeordnet.

Bei mehreren Öffnungen hintereinander kann eine Zusatzbemessung für die Druck- und Zugstreben erfolgen. Die Druckstrebentragfähigkeit wird folgendermaßen gegenüber Gl. (8.30) reduziert:

$$V_{\mathrm{Rd,max,red}} = F_{\mathrm{cdw}} \cdot \sin\theta = \alpha_{\mathrm{cw}} \cdot b_{\mathrm{w}} \cdot c'_{\mathrm{red}} \cdot \nu_1 \cdot f_{\mathrm{cd}} \cdot \sin\theta \tag{8.70}$$

$$V_{\mathrm{Rd,max,red}} \approx V_{\mathrm{Rd,max}} \cdot \frac{c'_{\mathrm{red}}}{c'} \tag{8.71}$$

Bei einer praktischen Bemessung ist die erforderliche Länge l_{B} für die konzentriert einzubauenden Zusatzbügel Pos. 2 (**Abb. 8.19**) zunächst zu schätzen, dann ergibt sich die Druckstrebenhöhe c'_{red} rein geometrisch.

Die Grundbewehrung der Querkraftbemessung (Pos. 1 in **Abb. 8.19**) wird außerhalb der Öffnungen und zwischen den Öffnungen außerhalb der eigentlichen Druckstrebe angeordnet. Für die Zusatzbewehrung sollte auf die Abminderung des Fachwerkmodells mit Rissreibung verzichtet werden. Die erforderliche Bewehrung ist dann für die volle Querkraft zu bemessen.

$$A_{\mathrm{s}} = \frac{V_{\mathrm{Ed}}}{f_{\mathrm{ywd}} \sin\alpha} \tag{8.72}$$

8.6.2 Große Öffnungen

Bei großen Öffnungen kann sich kein Fachwerkmodell mit direkten Druckstreben zwischen Ober- und Untergurt mehr ausbilden. Die maximal mögliche Öffnungsgröße kann direkt aus dem Fachwerkmodell ermittelt werden (**Abb. 8.20**).

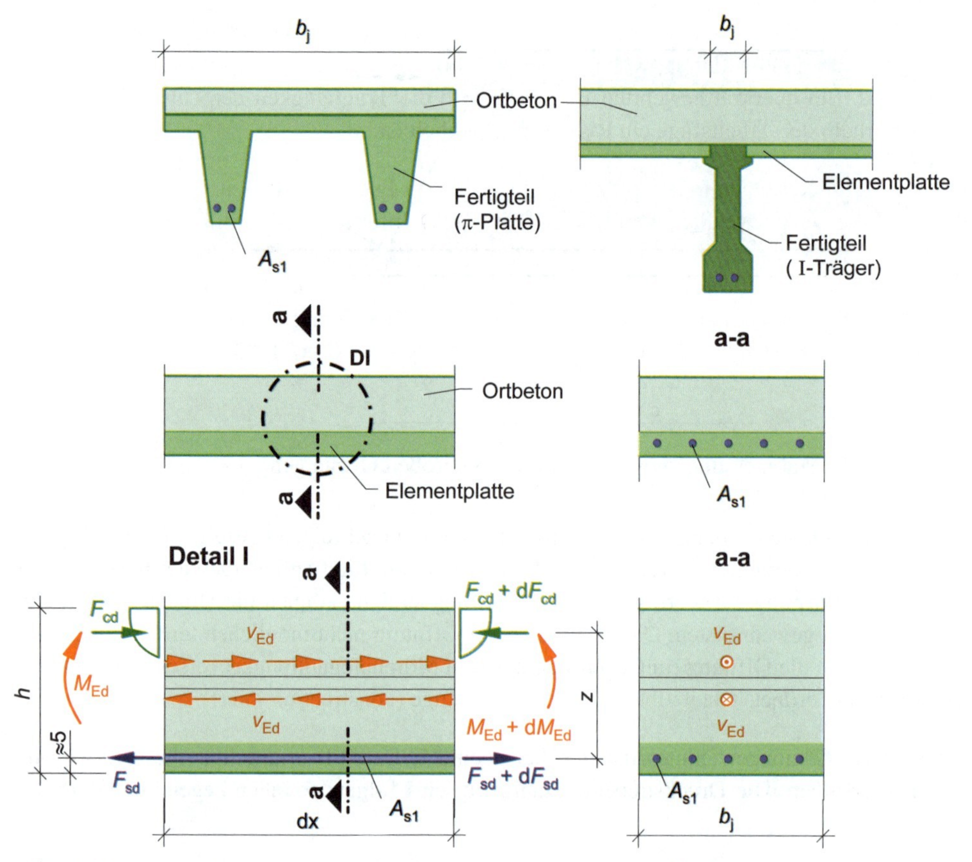

Abb. 8.21 Kontaktfugen (joint) bei Ortbetonergänzungen und Kraftanteile

$$\lim l_n = \frac{z - h_n - d_1}{z} \cdot c = \left(z - h_n - d_1\right) \cdot \left(\cot\theta + \cot\alpha\right)$$

$$\lim l_n \approx \left(0{,}9^2 \cdot h - h_n - 0{,}1\,h\right) \cdot \left(\cot 30 + \cot 60\right) \approx 1{,}5\,h - 2{,}3\,h_n \qquad (8.73)$$

Bei großen Öffnungen bildet sich in beiden Riegeln jeweils ein Fachwerk, das die Kräfte überträgt. Die Modellierung dieser Kräfte ist mit einem „Stabwerkmodell" (→ Teil 2, Kap. 14) möglich. Das Stabwerkmodell für große Aussparungen wird von [Schlaich/Schäfer – 01] und [Ehmann – 02] beschrieben.

8.7 Schubkräfte in Arbeitsfugen

8.7.1 Anwendungsbereiche

Bauteile können aus arbeitstechnischen Gründen (z. B. Betonierfugen) geteilt werden. Die hierdurch entstehende Arbeitsfuge (construction joint) kann senkrecht (allgemein: geneigt) oder parallel zur Systemachse geführt werden.

Für den Fall, dass Fugen senkrecht zur Systemachse vorliegen, ist der Nachweis entsprechend Kap. 8.3 bzw. 8.4 durchzuführen, wobei ergänzende Regelungen des [DAfStb Heft 600 – 12] zu beachten sind. Bei querkraftbewehrten Bauteilen wird die Tragfähigkeit der Zugstrebe vermindert, da innerhalb der Arbeitsfuge ein Riss wahrscheinlich ist.

Die weiteren Erläuterungen in diesem Abschnitt gelten für Fugen parallel zur Systemachse. Dies ist insbesondere bei Verwendung von Fertigteilen oder Halbfertigteilen (z. B. Elementplatten) erforderlich (**Abb. 8.21**), die durch Ortbeton verbunden oder ergänzt werden. Als Folge entsteht eine Kontaktfuge, über die Schubspannungen bzw. als Integral Schubkräfte zu übertragen sind. Für derartige Arbeitsfugen sind hinsichtlich der Querkraftbemessung zusätzliche Nachweise zu den in Kap 8.3 bis Kap. 8.5 erläuterten erforderlich. Der Nachweis erfolgt über:

$$v_{\mathrm{Ed}} \leq v_{\mathrm{Rdj}} \qquad (8.74)$$

8.7.2 Einwirkende Schubkraft

In der Arbeitsfuge wirkt die Schubkraft v_{Ed}:

$$v_{\mathrm{Ed}} = \tau_{\mathrm{Ed}} \cdot b_{\mathrm{j}} \qquad (8.75)$$

τ_{Ed} Bemessungsspannung in der Arbeitsfuge
b_{j} Bauteilbreite in der Arbeitsfuge (construction joint)

Sie kann durch Gleichgewicht am Element (**Abb. 8.21**, Detail I) ermittelt werden, wobei zunächst angenommen wird, dass die freigeschnittenen Schubkräfte v_{Ed} in der Zugzone liegen.

$$\sum H = 0: \qquad F_{\mathrm{cd}} + v_{\mathrm{Ed}} \cdot dx - \left(F_{\mathrm{cd}} + \mathrm{d}\,F_{\mathrm{cd}}\right) = 0$$

$$v_{\mathrm{Ed}} \cdot dx = \mathrm{d}\,F_{\mathrm{cd}} \qquad (8.76)$$

Die Identitätsbedingung zwischen inneren und äußeren Schnittgrößen liefert für den rechten und den linken Rand:

$$\begin{array}{r} M_{\mathrm{Ed}} = F_{\mathrm{cd}} \cdot z \\ M_{\mathrm{Ed}} + \mathrm{d}\,M_{\mathrm{Ed}} = \left(F_{\mathrm{cd}} + \mathrm{d}\,F_{\mathrm{cd}}\right) \cdot z \\ \hline \mathrm{d}\,M_{\mathrm{Ed}} = \mathrm{d}\,F_{\mathrm{cd}} \cdot z \end{array}$$

Sofern hier Gl. (8.76) eingesetzt wird und weiterhin beachtet wird, dass die 1. Ableitung des Momentes die Querkraft ist, ergibt sich:

$$\frac{\mathrm{d}\,M_{\mathrm{Ed}}}{dx} = V_{\mathrm{Ed}} = v_{\mathrm{Ed}} \cdot z$$

$$v_{\mathrm{Ed}} = \frac{V_{\mathrm{Ed}}}{z} \qquad (8.77)$$

Wenn der Rundschnitt im Bereich der Druckzone geführt wird, kann bei linearer Betondruckspannungsverteilung die anteilige Schubkraft aus dem Strahlensatz bestimmt werden.

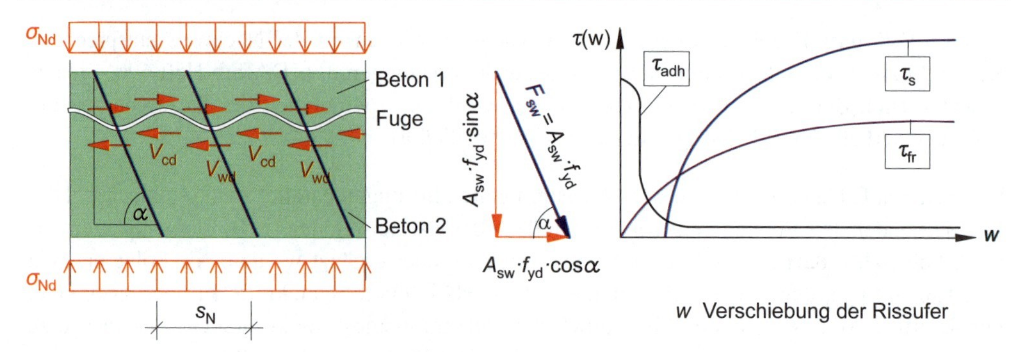

Abb. 8.22 Kontaktfugen bei Ortbetonergänzungen und Kraftanteile

$$\frac{v_{\text{Edj}}}{F_{\text{cdj}}} = \frac{v_{\text{Ed}}}{F_{\text{cd}}}$$

$$v_{\text{Edj}} = \frac{F_{\text{cdj}}}{F_{\text{cd}}} \cdot v_{\text{Ed}} = \frac{F_{\text{cdj}}}{F_{\text{cd}}} \cdot \frac{V_{\text{Ed}}}{z} \tag{8.78}$$

F_{cdj} anteilige Biegedruckkraft in der Kontaktfuge

Der Bauteilwiderstand besteht aus einem Betontraganteil und einem Bewehrungsanteil (**Abb. 8.22**). Der Betontraganteil setzt sich aus einem Kornverzahnungsanteil (Index adh) und einem Reibanteil infolge einer Normalkraft in der Rissfläche (Index fr) zusammen. Nach der Modellvorstellung besteht der Schubwiderstand bei Anordnung einer die Fuge kreuzenden Bewehrung zusätzlich aus dem Bewehrungsanteil (Index s)

$$\tau(w) = \tau_{\text{adh}}(w) + \tau_{\text{fr}}(w) + \tau_{\text{s}}(w) \tag{8.79}$$

w Verschiebung der Rissufer

Tafel 8.3 Beiwerte zur Oberflächenbeschaffenheit (EC 2-1-1, 6.2.5)

Oberflächenbeschaffenheit		c	μ	v
Verzahnt:	$h_2 \leq 10d$; Verankerungslänge; Ortbeton; Fertigteil; α; V_{Ed}; $d \geq 10$ mm; $\leq 30°$; $h_1 \leq 10d$ EC 2-1-1/NA: $0{,}8 < h_1/h_2 \leq 1{,}25$ Alternative zur oben gezeigten Fugenausbildung: $d_g \geq 16$mm und Gesteinskörnung mittels Hochdruckwasserstrahlen mindestens 6 mm freilegen	0,50	0,9	0,70
Rau:	muss ein noch festzustellendes Rauigkeitskriterium erfüllen; z. B. nach Verdichten mit Rechen aufgerauht	0,40 a)	0,7	0,50

Glatt:	nach dem Verdichten ohne weitere Behandlung oder abgezogen oder im Extruderverfahren hergestellt	0,20 a)	0,6	0,20
Sehr glatt:	gegen eine Stahl- oder Holzschalung betoniert	0	0,5	0 b)

a) Wenn die Fuge senkrecht auf Zug beansprucht ist, gilt bei glatten oder rauen Fugen $c = 0$.

b) Für sehr glatte Fugen darf v_{Rdi} nach Gl. (8.83) und Gl. (8.84) den Wert $v_{Rdi,max} = 0{,}1 \cdot f_{cd}$ nicht überschreiten.

Nebenbetrachtung:

Gl. (8.75) und Gl. (8.77) gelten nicht nur in Arbeitsfugen, sondern allgemein in der Zugzone von Stahlbetonbalken. Sie können gleichgesetzt werden. Wenn anstatt b_j die kleinste Breite der Zugzone b_w eingesetzt wird, dann ergibt sich:

$$\tau_{Ed} = \frac{V_{Ed}}{b_w \cdot z} \tag{8.80}$$

Diese Gleichung gibt den Bemessungswert der Schubspannung infolge Querkraft an und diente in früheren Normen (z. B: [DIN 1045 – 88]) als Nachweisgleichung der Querkraftbemessung.

8.7.3 Bauteilwiderstand in Kontaktfugen

In EC 2-1-1 wird bei den Formeln zur Ermittlung der Fugentragfähigkeit keine Unterscheidung zwischen unbewehrten und bewehrten Fugen vorgenommen.

Die Bemessungsgleichung zur Ermittlung der Fugentragfähigkeit lautet:

$$v_{Edi} \leq v_{Rdi} \tag{8.81}$$

$$v_{Edi} = \beta \cdot V_{Ed} / (z \cdot b_i) \tag{8.82}$$

β Verhältniswert Normalkraft in der Betonergänzung / Gesamtnormalkraft in der Druckzone

b_i Breite der Fugenkontaktfläche

$$v_{Rdi} = v_{Rdi,c} + v_{Rdi,s} \leq v_{Rdi,max} \tag{8.83}$$

$$v_{Rdi} = (c \cdot f_{ctd} + \mu \cdot \sigma_n) + \rho \cdot f_{yd} \cdot (1{,}2 \cdot \mu \cdot \sin\alpha + \cos\alpha) \leq 0{,}5 \cdot \nu \cdot f_{cd} \tag{8.84}$$

μ Reibbeiwert nach **Tafel 8.3**

c Rauigkeitsbeiwert nach **Tafel 8.3**

σ_n Spannung infolge einer äußeren Kraft senkrecht zur Fugenfläche (Druckspannung negativ); $|\sigma_n| \leq 0{,}6\ f_{cd}$

ρ $\rho = A_s/A_i$

A_s = Querschnittsfläche der die Fuge kreuzenden Bewehrung mit ausreichender Verankerung auf beiden Seiten der Fuge

A_i = Fläche der Fuge, über die Schub übertragen wird

f_{ctd} Bemessungswert der Betonzugfestigkeit in den Betonierabschnitten, der kleinere Wert ist maßgebend.

$$f_{ctd} = \alpha_{ct} \cdot \frac{f_{ctk;0,05}}{\gamma_c}$$

Beispiel 8.7: Querkraftbemessung einer Elementplatte

(Fortsetzung von Beispiel 8.2)

Gegeben:
- Tragwerk lt. Skizze auf S. 210
- Platte besteht in den unteren 5 cm aus einem Halbfertigteil (C40/50).

Gesucht: Nachweis der Arbeitsfuge zwischen Fertigteil und Ortbeton (C30/37).

Lösung:

Innenstütze:
$x = 0,078 \cdot 17,5 = 1,4 \text{ cm} < 5 \text{ cm}$

Maximal beanspruchter Bereich
(7.24): $x = \xi \cdot d$

Nulllinie liegt noch im Halbfertigteil. => $\beta = 1,0$

Negatives Biegemoment!

$$\beta = \frac{F_{cdi}}{F_{cd}}$$

$b_i = 1,00$ m (flächiges Bauteil)

$z \approx 0,9 \cdot 0,175 = 0,158$ m

(8.11): $z \approx 0,9\, d$

$$v_{Ed\,i} = 1,0 \cdot \frac{0,0395}{0,158 \cdot 1,0} = 0,250 \text{ MN/m}^2$$

(8.78): $v_{Edi} = \beta \cdot \dfrac{V_{Ed}}{z \cdot b_i}$

$c = 0,4\,;\ \mu = 0,7\,; \nu = 0,5$

Tafel 8.3:
Oberfläche der Elementplatten: rau

Maßgebend ist die geringere Betonfestigkeitsklasse, also die des Ortbetons (C30/37):

$$f_{ctd} = 0,85 \cdot \frac{2,0}{1,5} = 1,13 \text{ MN/m}^2$$

$$f_{ctd} = \alpha_{ct} \cdot \frac{f_{ctk;0,05}}{\gamma_c}$$

$v_{Rdi} = 0,40 \cdot 1,13 + 0,70 \cdot 0 + 0 = \underline{0,452}$ MN/m²
$\leq 0,5 \cdot 0,5 \cdot 17,0 = 4,25$ MN/m²

(8.84):
$v_{Rdi} = (c \cdot f_{ctd} + \mu \cdot \sigma_n) +$
$\rho \cdot f_{yd} \cdot (1,2 \cdot \mu \cdot \sin\alpha + \cos\alpha)$
$\leq 0,5 \cdot \nu \cdot f_{cd}$

$v_{Ed} = 0,250 \text{ MN/m}^2 < 0,452 \text{MN/m}^2 = v_{Rdi,}$

(8.74): $v_{Ed} \leq v_{Rdi}$

Eine Verbundbewehrung ist in statischer Hinsicht nicht erforderlich.

8.8 Querkraftdeckung

8.8.1 Allgemeines

Querkraftverläufe haben ihr für die Bemessung maßgebendes Maximum in der Nähe der Auflager. Wenn die Querkraftbewehrung für diese extremale Querkraft bemessen und in gleichbleibender Größe in das gesamte Bauteil eingelegt wird, so ist in den weniger beanspruchten Bereichen zu viel Bewehrung vorhanden. Mit der Zielvorgabe einer möglichst einfachen Ausführbarkeit ist dies die übliche Methode.

Sofern die Bemessung für Querkräfte nicht nur an der Stelle der maßgebenden Querkraft (eines Querkraftbereichs gleichen Vorzeichens) durchgeführt wird, sondern zusätzlich in weiteren gewählten Schnitten entlang der Bauteillängsrichtung, erhält man einen Verlauf für die erforderliche Bewehrung. Sie kann somit in Bauteillängsrichtung gestaffelt werden. Diesen Vorgang nennt man „Querkraftdeckung“. Der Stahlbedarf sinkt.

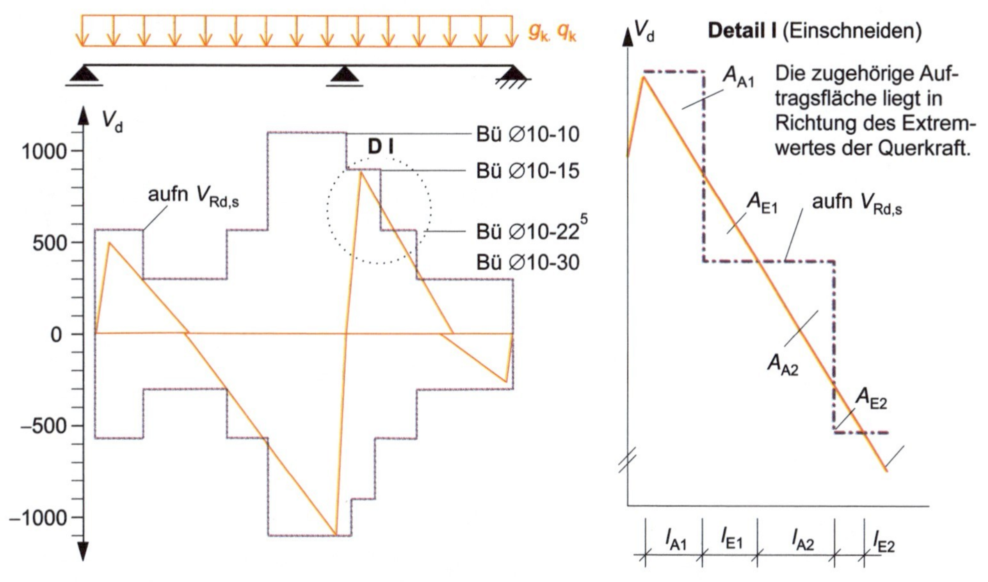

Abb. 8.23 Querkraftdeckung und Einschneiden in die Querkraftlinie

8.8.2 Querkraftbewehrung aus senkrecht stehender Bewehrung

Die Querkraftdeckung erfolgt in zwei Schritten:

1. Zunächst wird an der Stelle der maßgebenden Querkraft die maximal erforderliche Querkraftbewehrung bestimmt (Querkraftbemessung → Kap. 8.4.4).
2. Dann wird eine (beliebige) kleinere Querkraftbewehrung gewählt (die Bügel werden z. B. in größerem Abstand angeordnet). Die durch diese Querkraftbewehrung aufnehmbare Querkraft wird mit Gl. (8.38) ermittelt. Diese Bewehrung wird an allen Stellen $V_{Ed} \leq V_{Rd,sy}$ angeordnet (**Abb. 8.23**).

Statisch unbestimmte Tragwerke haben die Möglichkeit, Schnittgrößen umzulagern. Dies gilt auch für Fachwerke. Die Druckstrebenneigungen passen sich so an, dass vorhandene Querkraftbewehrung genutzt wird. Daher darf in kleinen Bereichen die erforderliche Bewehrung unterschritten werden, wenn dafür an anderer Stelle zu viel Bewehrung vorhanden ist. Dieser Vorgang wird mit „Einschneiden“ bezeichnet (**Abb. 8.23**); er führt zu einer besonders wirtschaftlichen Bewehrung. Das Einschneiden ist möglich, sofern zwei Bedingungen erfüllt werden:

- Ein Querkraftgleichgewicht muss möglich sein, d. h., die zum Kraftausgleich zur Verfügung stehende Auftragsfläche A_A muss innerhalb der zulässigen Einschnittslänge mindestens so groß sein wie die Einschnittsfläche A_E.

$$A_A \geq A_E \tag{8.85}$$

- Die Einschnittslänge l_E und die Auftragslänge l_A sind begrenzt, damit sich ein Fachwerk nach der Fachwerkanalogie ausbilden kann.

$$\left.\begin{matrix} l_E \\ l_A \end{matrix}\right\} \leq 0{,}5 \cdot d \tag{8.86}$$

Beispiel 8.8: Querkraftdeckung unter Benutzung des Einschneidens

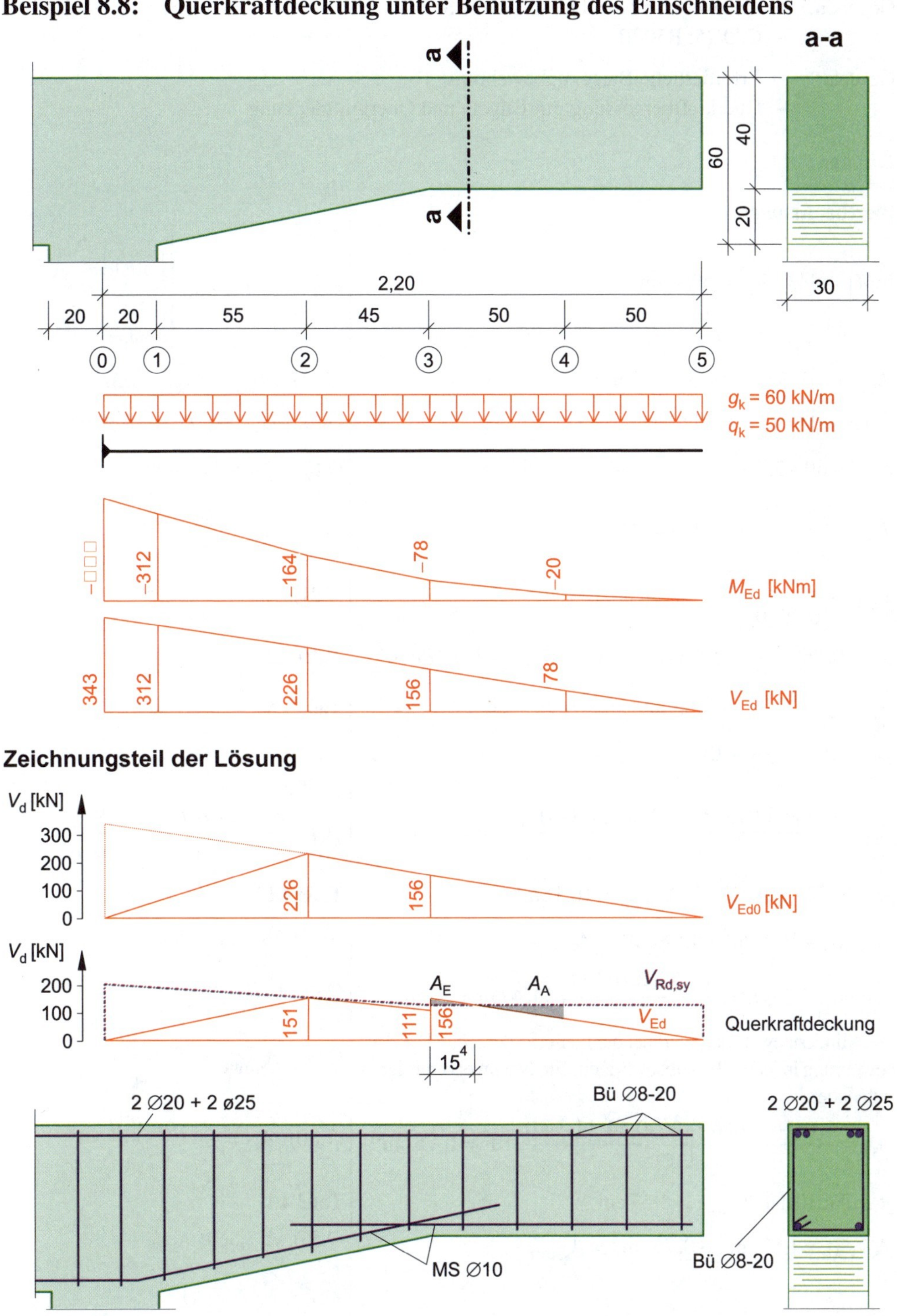

Gegeben: – Tragwerk im Hochbau lt. Skizze S. 241
– C20/25; B500B

Gesucht: – Erforderliche Biegezugbewehrung
– Querkraftbemessung mit Bügeln und Querkraftdeckung

Lösung:

Biegebemessung:

$$|\Delta M| = |343| \cdot \frac{0,4}{2} = 69 \text{ kNm}$$

(7.17): $\Delta M = \min \begin{cases} |V_{\text{Ed,li}}| \cdot \dfrac{b_{\text{sup}}}{2} \\ |V_{\text{Ed,re}}| \cdot \dfrac{b_{\text{sup}}}{2} \end{cases}$

$$|M_{\text{Ed}}| = |378| - |69| = 309 \text{ kNm} \{\approx 312 \text{ kNm}\}$$

(7.15): $M_{\text{Ed}} = |M_{\text{el}}| - |\Delta M|$

$$M_{\text{Eds}} = |309| - 0 = 309 \text{ kNm}$$

(7.5): $M_{\text{Eds}} = |M_{\text{Ed}}| - N_{\text{Ed}} \cdot z_{\text{s}}$

$$\text{est}\, d = 60 - 3,5 - 1,0 - \frac{2,5}{2} = 54,2 \text{ cm} \approx 54 \text{ cm}$$

(7.8): est $d = h - (4 \text{ bis } 10)$

$$f_{\text{cd}} = \frac{0,85 \cdot 20}{1,5} = 11,3 \text{ N/mm}^2$$

(2.17): $f_{\text{cd}} = \dfrac{\alpha_{\text{cc}} \cdot f_{\text{ck}}}{\gamma_{\text{c}}}$

$$\mu_{\text{Eds}} = \frac{0,309}{0,30 \cdot 0,54^2 \cdot 11,3} = 0,312$$

(7.21): $\mu_{\text{Eds}} = \dfrac{M_{\text{Eds}}}{b \cdot d^2 \cdot f_{\text{cd}}}$

$$\omega_1 = 0,369;\ \omega_2 = 0,0166;\ \zeta = 0,81;\ \sigma_{\text{sd}} = 437 \text{ N/mm}^2$$

Tafel 7.2

$$\frac{d_2}{d} = \frac{5}{54} = 0,093 \approx 0,09 \text{ und } \omega_1 = 0,369 < 0,469:$$

Tafel 7.6

$$\rho_1 = 1,015 \quad \rho_2 = 1,066$$

$$A_{\text{s1}} = \frac{0,369 \cdot 1,015 \cdot 0,30 \cdot 0,54 \cdot 11,3 + 0}{435} \cdot 10^4 = 15,8 \text{ cm}^2$$

(7.78): $A_{\text{s1}} = \dfrac{\omega_1 \cdot \rho_1 \cdot b \cdot d \cdot f_{\text{cd}}}{f_{\text{yd}}} + \dfrac{N_{\text{Ed}}}{\sigma_{\text{s1}}}$

gew: $2\varnothing 25 + 2\varnothing 20$ mit $A_{\text{s,vorh}} = 16,1 \text{ cm}^2$

Tafel 4.1

$$A_{\text{s1,vorh}} = 16,1 \text{ cm}^2 > 15,8 \text{ cm}^2 = A_{\text{s1,erf}}$$

(7.55): $A_{\text{s,vorh}} \geq A_{\text{s,erf}}$

$$d = 60 - 3,5 - 1,0 - \frac{(2,5 + 2,0)/2}{2} = 54,4 \text{ cm} \approx 54 \text{ cm}$$

(7.9): $d = h - c_{\text{v,l}} - \phi_{\text{bü}} - e$

Die Mindestbewehrung wird bei der hier erforderlichen Druckbewehrung in jedem Fall überschritten. Ein Nachweis erübrigt sich daher.

(7.90): $A_{\text{s,min}} = \dfrac{f_{\text{ctm}} \cdot W}{z \cdot f_{\text{yk}}}$

$$A_{\text{s2}} = \frac{0,0166 \cdot 1,066 \cdot 0,30 \cdot 0,54 \cdot 11,3 + 0}{435} \cdot 10^4 = 0,75 \text{ cm}^2$$

(7.80): $A_{\text{s2}} = \dfrac{\omega_2 \cdot \rho_2 \cdot b \cdot d \cdot f_{\text{cd}}}{f_{\text{yd}}}$

gew: $2\varnothing 10$ mit $A_{\text{s,vorh}} = 1,57 \text{ cm}^2$

Tafel 4.1

$$A_{\text{s2,vorh}} = 1,57 \text{ cm}^2 > 0,75 \text{ cm}^2 = A_{\text{s2,erf}}$$

(7.55): $A_{\text{s,vorh}} \geq A_{\text{s,erf}}$

Querkraftbemessung und -deckung:

$\tan \varphi_u = \frac{0,2}{1,0} = 0,2$

$x_V = \frac{0,40}{2} + 0,544 = 0,744\,\text{m} \approx 0,75\,\text{m}$ (8.5): $x_V = \frac{t}{2} + d$

Diese Stelle entspricht Stelle 2. Eine alleinige Untersuchung der Stelle mit der maßgebenden Querkraft reicht aufgrund der Voute nicht aus. Zusätzlich wird der Beginn der Voute untersucht.

	Stelle	2	3 links	3 rechts	
x	[m]	0,75	1,2	1,2	
h/d	[mm]	490 / 435	400 / 345	400 / 345	$d \approx h - 55$ in mm
z	[mm]	390	310	310	(8.11): $z \approx 0,9\,d$
$V_{Ed} = V_{Ed0}$	[kN]	226	156	156	
M_{Eds}	[kNm]	164	78	78	(7.5): $M_{Eds} = \lvert M_{Ed} \rvert - N_{Ed} \cdot z_s$
$\lvert M_{Eds} \rvert / d$	[kN]	377	226		(8.15): mit $N_{Ed} = 0$ und $\varphi_o = 0$
V_{Ed}	[kN]	151	111		$V_{Ed} \approx V_{Ed0} - \left(\frac{\lvert M_{Eds} \rvert}{d} \tan \varphi_u \right)$
				156	$V_{Ed} = V_{Ed0}$
$V_{Rd,cc}$	[kN]	76,1	60,5	60,5	(8.42): $V_{Rd,cc} = 0,24 \cdot f_{ck}^{1/3} \cdot \left(1 - 1,2 \cdot \frac{\sigma_{cd}}{f_{cd}} \right) \cdot b_w \cdot z$
$\cot\theta$	[-]	2,42	2,63	1,96	(8.45):
θ	[°]	22,5	20,8	27,0	$1,0 \leq \cot\theta \leq \frac{1,2 + 1,4 \cdot \frac{\sigma_{cd}}{f_{cd}}}{1 - \frac{V_{Rd,cc}}{V_{Ed}}} \leq 3,0$
$V_{Rd,max}$	[kN]	402	320	320	(8.32): $V_{Rd,max} = \alpha_{cw} \cdot b_w \cdot z \cdot v_1 \cdot f_{cd} \cdot \frac{(\cot\theta + \cot\alpha)}{1 + \cot^2\theta}$
gew: Bü ∅8 - 20 2-schnittig					
$V_{Rd,s}$	[kN]	166	132	132	(8.38): $V_{Rd,s} = a_{sw} \cdot z \cdot f_{ywd} \cdot \sin\alpha \cdot (\cot\theta + \cot\alpha)$
$V_{Ed} \leq V_{Rd,s}$	[kN]	151 < 166	111 < 132	156 > 132	(8.56): $V_{Ed} \leq V_{Rd,s}$
extr $V_d \leq V_{Rd,max}$	[kN]	343 < 402			(8.3): extr $V_d \leq V_{Rd,max}$

Im Bereich von Stelle 3 rechts soll eingeschnitten werden. $l_E = 0{,}154\ \text{m} < 0{,}173\ \text{m} = 0{,}5 \cdot 0{,}345 = 0{,}5 \cdot d$	(8.86): $\left.\begin{matrix} l_E \\ l_A \end{matrix}\right\} \leq 0{,}5 \cdot d$
Dies ist anschaulich aus der Querkraftdeckungslinie erkennbar.	(8.85): $A_A \geq A_E$ (→ S. 242)
Mindestbewehrung:	maßgebend ist Stelle 3 rechts (s. o.)
$0{,}3 < \frac{156}{320} = 0{,}49 < 0{,}6$	**Tafel 8.1**: $0{,}30 < \frac{V_{Ed}}{V_{Rd,max}} < 0{,}60$
$\max s_{w,l} = 0{,}5 \cdot 400 = \underline{200\ \text{mm}} < 300\ \text{mm}$	**Tafel 8.1**: $0{,}5 \cdot h \leq 300\ \text{mm}$
$s_{w,l} = 200\ \text{mm} = s_{max}$	(8.50): $s_{w,l} \leq s_{max}$
$a_{sw,vorh} = 2 \cdot 0{,}50 \cdot \frac{100}{20} = 5{,}0\ \text{cm}^2/\text{m}$	(8.58): $a_{sw,vorh} = n \cdot A_{s,\phi} \cdot \frac{l_B}{s_w}$
$\rho = 0{,}0007$	**Tafel 8.2**
$\rho_w = \frac{5{,}0 \cdot 10^{-2}}{30 \cdot \sin 90°} = 0{,}0017 > 0{,}0007$	(8.52): $\rho_w = \frac{a_{sw}}{b_w \cdot \sin\alpha} \geq \rho_{w,min}$
	(Fortsetzung mit Beispiel 10.1)

8.8.3 Querkraftbewehrung aus senkrecht und schräg stehender Bewehrung

Die senkrechte Bewehrung besteht i. d. R. aus Bügeln. Die schräg stehende Bewehrung kann aus Bügeln oder Schrägaufbiegungen bestehen. Unter Schrägaufbiegungen versteht man Bewehrungsstäbe, die man ungefähr in Richtung der Hauptzugspannungen aufbiegt, nachdem sie als Biegezugbewehrung nicht mehr benötigt werden. Schrägaufbiegungen sind nur sinnvoll, wenn gleichzeitig eine Zugkraftdeckung durchgeführt wird (→ Kap. 10). Aufgrund des hohen Arbeitsaufwandes sowohl bei der Tragwerksplanung als auch beim Biegen und Verlegen der Bewehrung (viele Positionsnummern) sind Schrägaufbiegungen bei üblichen Ortbetonbauteilen nicht wirtschaftlich. Nur bei der automatisierten Fertigung von gleichartigen Bauteilen in hoher Stückzahl ist der Einsatz von Schrägaufbiegungen heute sinnvoll.

Die schräg stehende Bewehrung wird i. Allg. in einem Winkel von 45° zur Balkenlängsachse angeordnet, bei hohen Bauteilen unter 60°. Die Querkraftdeckung kann auch durch Bügel mit Schrägaufbiegungen sichergestellt (**Abb. 8.24**) werden. Der auf die Längeneinheit bezogene Stahlquerschnitt a_{sw} setzt sich somit aus einem Anteil $a_{sw,st}$ der Bügel (stirrup) und einem Anteil $a_{sw,s}$ der Schrägstäbe (slant) zusammen. Hierbei wird ein Sockelbetrag der Querkraft durch Bügel abgedeckt (bestimmt nach Gl. (8.38)). Den Basiswert für die Bügel wählt man z. B. aus den zulässigen Höchstabständen für dieselben. Die diesen Sockelbetrag übersteigenden Bereiche werden danach mit Schrägaufbiegungen abgedeckt. Die entsprechenden Bemessungsformeln ergeben sich, indem die Querkraft über die Länge l integriert wird. Die erforderliche Schrägbewehrung lässt sich hieraus mit Gl. (8.36) und (8.55) gewinnen.

$$V_{Ed,s} = \frac{1}{l} \int_{(l)} \left(V_{Ed} - V_{Rd,s,st}\right) dx$$

$$A_{sw,s} = \frac{\int_{(l)} \frac{V_{Ed} - V_{Rd,s,st}}{z} dx}{f_{ywd} \cdot \sin\alpha \cdot (\cot\theta + \cot\alpha)} \quad (8.87)$$

Die Schrägaufbiegungen sind dem Verlauf der nicht abgedeckten Querkräfte entsprechend zu verteilen. Ein aufgebogener Stab liegt dann richtig, wenn er im Schwerpunkt der von ihm zu übertragenden Querkraft liegt. Die ungefähre Beachtung dieser Angabe reicht in vielen Fällen zur Lagebestimmung aus. Eine genaue, maßstäbliche zeichnerische Konstruktionsmethode unter Berücksichtigung der genauen Schwerpunktlage zeigt **Abb. 8.24**.

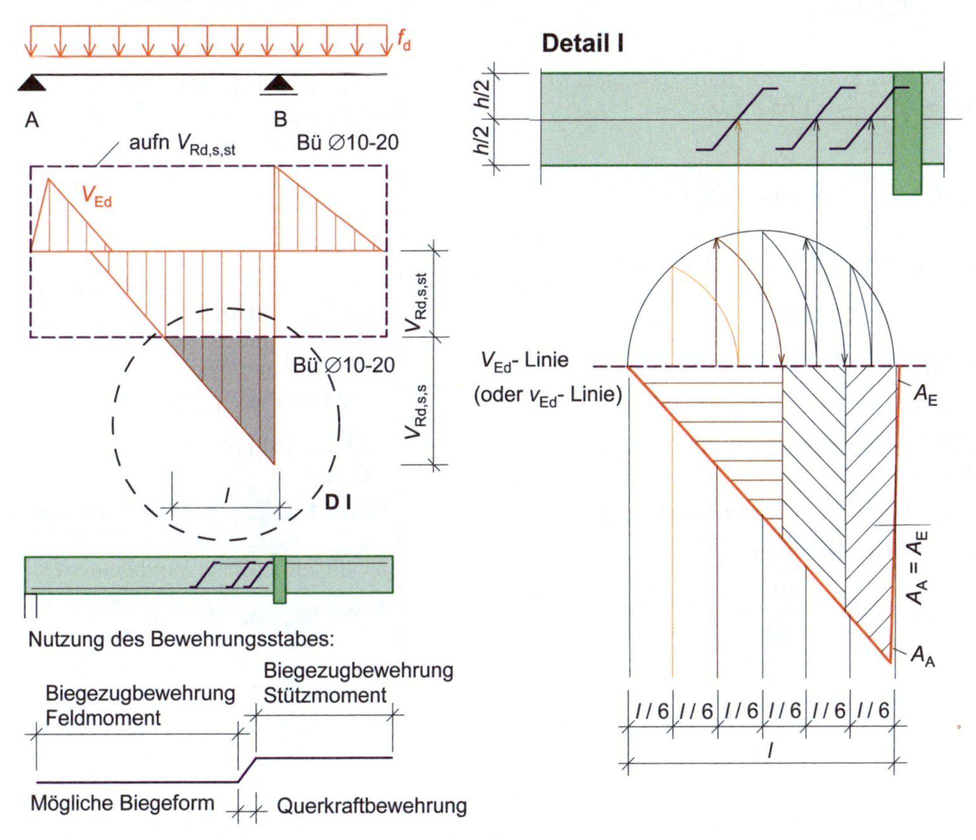

Abb. 8.24 Querkraftdeckung mit Bügeln und Schrägaufbiegungen

Beispiel 8.9: Querkraftdeckung mit Bügeln und Schrägaufbiegungen

(Fortsetzung von Beispiel 8.6)

Gegeben: Plattenbalken als Durchlaufträger gemäß Skizze des Beispiel 7.10

Gesucht: Querkraftbemessung im Feld 2 mit Bügeln und Schrägaufbiegungen

Lösung:

Feld 2 Auflager B: — direkte Lagerung

$\text{extr } V_d = V_{Bre,cal} = 524 \text{ kN}$ — vgl. Beispiel 7.11

$x_V = \frac{0,30}{2} + 0,675 = 0,825 \text{ m}$ — (8.5): $x_V = \frac{t}{2} + d$

$V_{Ed} = 524 - (1{,}35 \cdot 62{,}3 + 1{,}50 \cdot 12{,}4) \cdot 0{,}825 = 439 \text{ kN}$ — (8.4): $V_{Ed} = |\text{extr}\,V_d| - F_d \cdot x_V$

$z \approx 0{,}9 \cdot 0{,}675 = 0{,}607 \text{ m}$ — (8.11): $z \approx 0{,}9\,d$

$$V_{Rd,cc} = 0{,}24 \cdot 1{,}0 \cdot 20^{1/3} \cdot \left(1 + 1{,}2 \frac{0}{11{,}3}\right) \cdot 0{,}30 \cdot 0{,}607 = 0{,}119 \text{ MN}$$

(8.42): $V_{Rd,cc} = 0{,}24 \cdot f_{ck}^{1/3} \cdot \left(1 - 1{,}2 \cdot \frac{\sigma_{cd}}{f_{cd}}\right) \cdot b_w \cdot z$

$$\cot\theta = \frac{1{,}2 + 0}{1 - \frac{0{,}119}{0{,}439}} = 1{,}65 < 3{,}0$$

(8.45): $1{,}0 \le \cot\theta \le \dfrac{1{,}2 + 1{,}4 \cdot \frac{\sigma_{cd}}{f_{cd}}}{1 - \frac{V_{Rd,cc}}{V_{Ed}}} \le 3{,}0$

gew: $\theta = 35°$ $(\cot\theta = 1{,}43)$[38]

$$V_{Rd,max} = 1{,}0 \cdot 0{,}30 \cdot 0{,}607 \cdot 0{,}75 \cdot 11{,}3 \cdot \frac{(\cot 35° + \cot 90°)}{1 + \cot^2 35°} = 0{,}725 \text{ MN}$$

(8.32): $V_{Rd,max} = \alpha_{cw} \cdot b_w \cdot z \cdot v_1 \cdot f_{cd} \cdot \dfrac{(\cot\theta + \cot\alpha)}{1 + \cot^2\theta}$

extr $V_d = 524 \text{ kN} < 725 \text{ kN} = V_{Rd,max}$ — (8.3): extr $V_d \le V_{Rd,max}$

Grundbewehrung: Bü ∅10-20 2-schnittig — wie in Feld 1 rechter Teil

$$\frac{V_{Ed}}{V_{Rd,max}} = \frac{524}{725} = 0{,}72 > 0{,}60$$

$\dfrac{V_{Ed}}{V_{Rd,max}} > 0{,}60$

$s_{l,max} = 0{,}25 \cdot 720 = 180 \text{ mm} < 200 \text{ mm}$ — **Tafel 8.1**: $s_{max} = 0{,}25 \cdot h \le 200 \text{ mm}$

$s_{l,w} = 20 \text{ cm} \approx 18 \text{ cm} = s_{max}$[39] — (8.50): $s_{l,w} \le s_{max}$

$$a_{sw,vorh} = 2 \cdot 0{,}79 \cdot \frac{100}{20} = 7{,}9 \text{ cm}^2/\text{m}$$

(8.58): $a_{sw,vorh} = n \cdot A_{s,\phi} \cdot \dfrac{l_B}{s_w}$

[38] Alternative: Es wäre auch möglich gewesen, $\theta = 31{,}2°$ ($\cot\theta = 1{,}65$) zu wählen. Aufgrund der etwas geringeren Querkrafttragfähigkeit $V_{Rd,max}$ führt dies jedoch zu einem Bügelabstand $s_{w,max} = 0{,}169$ m. Die Grundbewehrung reicht dann aus, um die gesamte Querkraft abzudecken.

[39] Die geringfügige Unterschreitung wird hier toleriert, da zusätzlich Schrägaufbiegungen vorhanden sein werden.

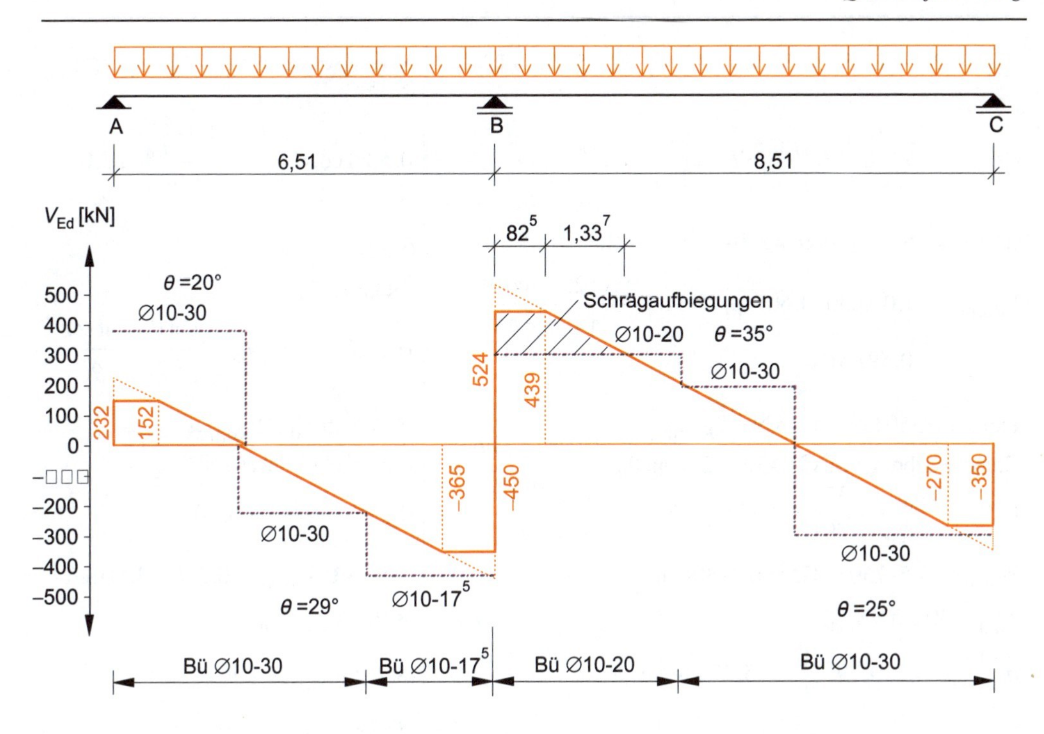

$V_{Rd,s,st} = 7{,}9 \cdot 0{,}607 \cdot 435 \cdot \sin 90° \cdot (\cot 35° + \cot 90°) \cdot 10^{-1}$
$= 298 \text{ kN}$

(8.38): $V_{Rd,s} = a_{sw} \cdot z \cdot f_{ywd} \cdot \sin\alpha \cdot (\cot\theta + \cot\alpha)$

(8.87): Aufbiegung mit 60°

$$A_{sw,s} = \frac{\int\limits_{(l)} \frac{V_{Ed} - V_{Rd,s,st}}{z} dx}{f_{yd} \cdot \sin\alpha \cdot (\cot\theta + \cot\alpha)}$$

$$A_{sw,s} = \frac{(439-298) \cdot 0{,}825 + 0{,}5 \cdot (439-298) \cdot 1{,}337}{0{,}607 \cdot 435 \cdot \sin 60° \cdot (\cot 35° + \cot 60°)} \cdot 10$$

$= 4{,}6 \text{ cm}^2$

gew.: 2 Ø20

$A_{s,vorh} = 6{,}28 \text{cm}^2 > 4{,}6 \text{cm}^2 = A_{s,erf}$ — (7.55): $A_{s,vorh} \geq A_{s,erf}$

$s_{max} = 0{,}5 \cdot 0{,}72 \cdot (1 + \cot 60°) = 0{,}568 \text{ m}$ — (8.51): $s_{max} = 0{,}5 \cdot h \cdot (1 + \cot\alpha)$

$s_{vorh} \approx \frac{0{,}825}{2} + \frac{1{,}337}{3} = 0{,}858 \text{ m} > 0{,}592 \text{ m}$

⇒ Aus konstruktiven Gründen ist eine dritte Schrägaufbiegung erforderlich.

Die Einhaltung dieser Bedingung ist anschaulich aus der Querkraftdeckungslinie ersichtlich, da $V_{Rd,sy,st} > 0{,}5 \cdot V_{Ed}$ ist.

(8.55): $\min a_{s,st} = 0{,}5 \cdot a_{sw}$

Feld 2 Auflager C:

$\text{extr } V_d = \max V_C = -350 \text{ kN}$

→ Beispiel 7.11; Umgelagertes Stützmoment in B beeinflusst nicht max V_C.

$x_V = \frac{0{,}30}{2} + 0{,}675 = 0{,}825 \text{ m}$ — (8.5): $x_V = \frac{t}{2} + d$

$V_{Ed} = 350 - (1{,}35 \cdot 62{,}3 + 1{,}50 \cdot 12{,}4) \cdot 0{,}825 = 265 \text{ kN}$ — (8.4): $V_{Ed} = |\text{extr } V_d| - F_d \cdot x_V$

$$\cot\theta = \frac{1{,}2-0}{1-\frac{0{,}119}{0{,}265}} = 2{,}18 < 3{,}0$$

gew: $\theta = 25°$ $\quad (\cot\theta = 2{,}14)$

$$V_{\text{Rd,max}} = 1{,}0 \cdot 0{,}30 \cdot 0{,}607 \cdot 0{,}75 \cdot 11{,}3 \cdot \frac{(\cot 25° + \cot 90°)}{1+\cot^2 25°}$$

$$= 0{,}591 \text{ MN}$$

[40]

extr $V_{\text{d}} = 350 \text{ kN} < 591 \text{ kN} = V_{\text{Rd,max}}$

Grundbewehrung: Bü ∅10-30 2-schnittig

$$0{,}3 < \frac{V_{\text{Ed}}}{V_{\text{Rd,max}}} = \frac{350}{591} = 0{,}592 < 0{,}60$$

$s_{\text{l,max}} = 0{,}5 \cdot 750 = 375 \text{ mm} > \underline{300 \text{ mm}}$

$s_{\text{w,l}} = 30 \text{ cm} = s_{\max}$

$$a_{\text{sw,vorh}} = 2 \cdot 0{,}79 \cdot \frac{100}{30} = 5{,}27 \text{ cm}^2/\text{m}$$

$$V_{\text{Rd,s,st}} = 5{,}27 \cdot 0{,}607 \cdot 435 \cdot \sin 90° \cdot (\cot 25° + \cot 90°) \cdot 10^{-1}$$

$$= 298 \text{ kN}$$

$V_{\text{Ed}} = 265 \text{ kN} < 298 \text{ kN} = V_{\text{Rd,s}}$

(8.45):

$$0{,}58 \le \cot\theta = \frac{1{,}2-1{,}4 \cdot \frac{\sigma_{\text{cd}}}{f_{\text{cd}}}}{1-\frac{V_{\text{Rd,c}}}{V_{\text{Ed}}}} \le 3{,}0$$

(8.32):

$V_{\text{Rd,max}} =$

$$\alpha_{\text{cw}} \cdot b_{\text{w}} \cdot z \cdot \nu_1 \cdot f_{\text{cd}} \cdot \frac{(\cot\theta + \cot\alpha)}{1+\cot^2\theta}$$

(8.3): extr $V_{\text{d}} \le V_{\text{Rd,max}}$

wie in Feld 1 linker Teil

$$0{,}3 < \frac{V_{\text{Ed}}}{V_{\text{Rd,max}}} \le 0{,}60$$

Tafel 8.1: $s_{\text{l,max}} = 0{,}5 \cdot h \le 300 \text{ mm}$

(8.50): $s_{\text{w,l}} \le s_{\max}$

(8.58): $a_{\text{sw,vorh}} = n \cdot A_{\text{s},\phi} \dfrac{l_{\text{B}}}{s_{\text{w}}}$

(8.38):

$V_{\text{Rd,s}} =$

$a_{\text{sw}} \cdot z \cdot f_{\text{ywd}} \cdot \sin\alpha \cdot (\cot\theta + \cot\alpha)$

(8.56): $V_{\text{Ed}} \le V_{\text{Rd,s}}$

(Fortsetzung mit Beispiel 13.2)

[40] Aufgrund des Nachweises in Auflager B wäre ohne Rechnung deutlich, dass $V_{\text{Rd,max}}$ nicht überschritten wird.

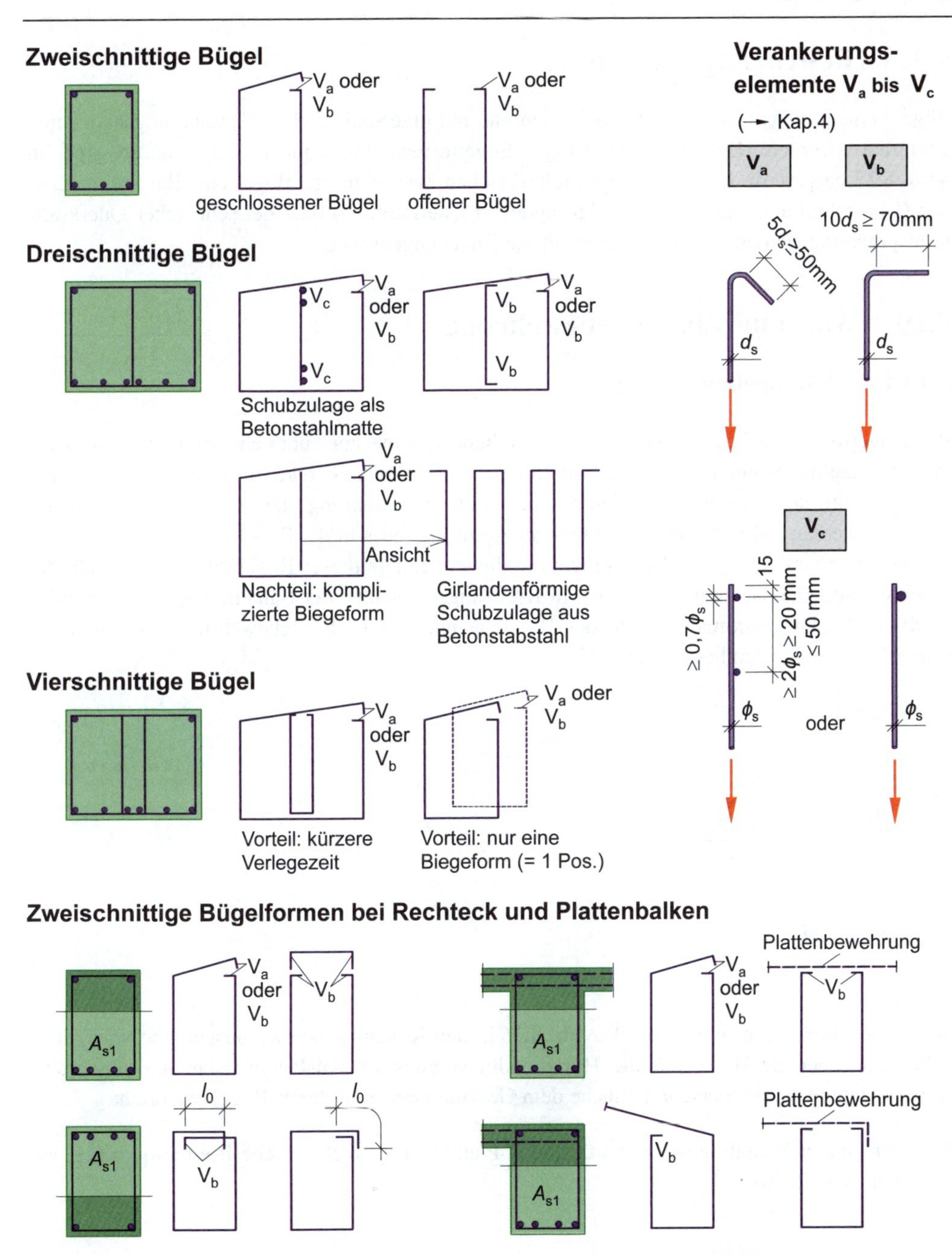

Abb. 8.25 Übliche Bügelformen und Verankerungselemente

8.9 Bewehrungsformen

Bügel können in verschiedenen Biegeformen und mit unterschiedlichen Verankerungselementen ausgeführt werden. Einige zweckmäßige Bügelformen für übliche Querschnitte sind in **Abb. 8.25** dargestellt. In den meisten Fällen reichen zweischnittige Bügel aus. Bei breiten Balken (Überschreitung des zulässigen Abstandes in Querrichtung) oder bei sehr hoher Querkraftbeanspruchung werden drei- und vierschnittige Bügel angeordnet.

8.10 Auf- und Einhängebewehrung

8.10.1 Einhängebewehrung

Bei Trägerrosten wird die Auflagerkraft der Nebenträger meistens über eine mittelbare Stützung in den Hauptträger eingeleitet, stellt für diesen somit eine Last dar. In diesem Fall muss die Auflagerkraft des Nebenträgers durch eine Einhängebewehrung (suspension reinforcement) gesichert werden (**Abb. 8.26**). Die Einhängebewehrung muss in der Regel aus Bügeln bestehen, die die Hauptbewehrung des Nebenträgers umfassen. Einige dieser Bügel dürfen außerhalb des unmittelbaren Durchdringungsbereichs im Kreuzungsbereich beider Bauteile angeordnet werden (**Abb. 8.26**). Die maximale Größe der Bereiche und der Einhängebewehrung lässt sich mit folgenden Gleichungen bestimmen:

Bügel: $$A_{s,st} = \frac{C_{NT}}{f_{ywd}} \tag{8.88}$$

$$a_{HT} = \min \begin{cases} \dfrac{h_{HT}}{3} \\ \dfrac{h_{HT} - b_{NT}}{2} \end{cases} \tag{8.89}$$

$$a_{NT} = \min \begin{cases} \dfrac{h_{NT}}{3} \\ \dfrac{h_{NT} - b_{HT}}{2} \end{cases} \tag{8.90}$$

Wenn die Einhängebewehrung nach **Abb. 8.26** in den Kreuzungsbereich ausgelagert wird, dann sollte eine über die Höhe verteilte Horizontalbewehrung im Auslagerungsbereich angeordnet werden, deren Gesamtquerschnittsfläche dem Gesamtquerschnitt dieser Bügel entspricht.

Bei sehr breiten Hauptträgern oder stützenden Platten ist als rechnerische Breite $b_{HT} = h_{NT}$ anzusetzen (**Abb. 8.26**).

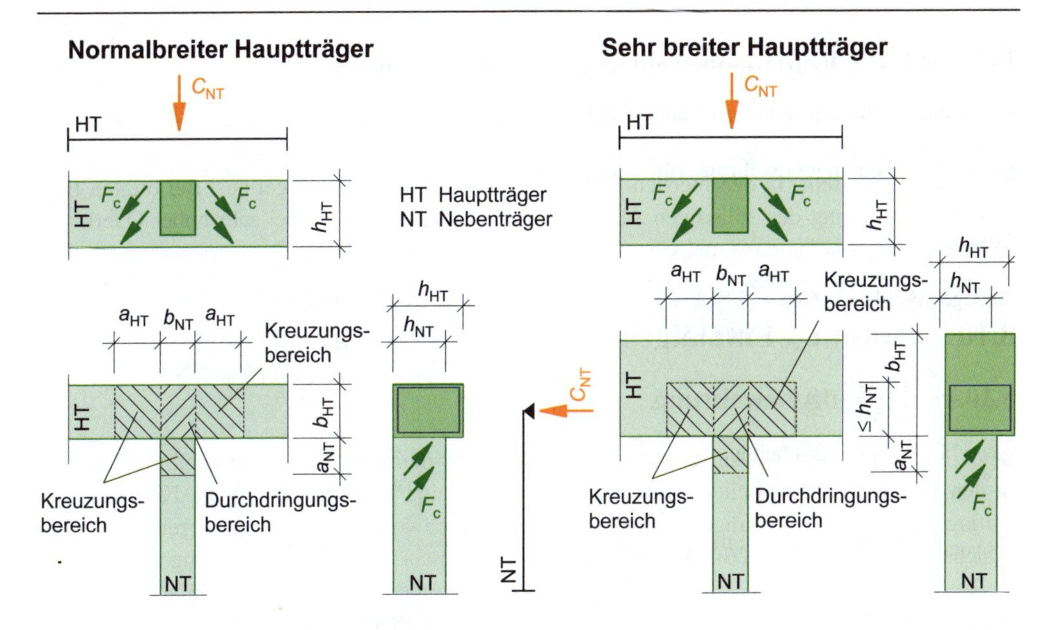

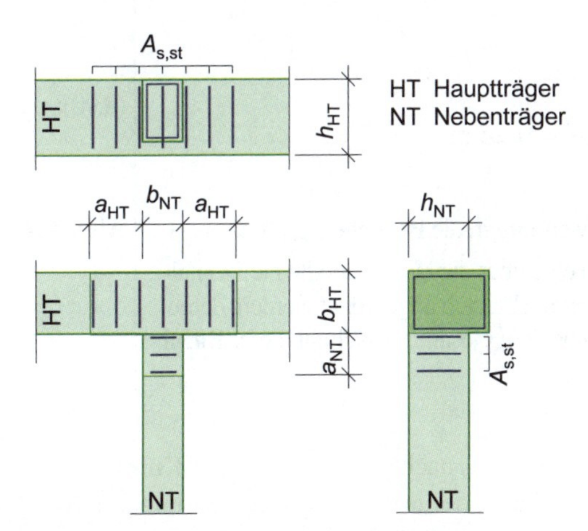

Abb. 8.26 Anordnung der Einhängebewehrung im Kreuzungsbereich von Haupt- und Nebenträgern

8.10.2 Aufhängebewehrung

Sofern an einem Bauteil Lasten unten angreifen (z. B. bei einem Überzug oder bei einer unter einer Decke befindlichen Kranbahn), sind diese mittels einer Aufhängebewehrung (hanger reinforcement) hochzuhängen. Die Aufhängebewehrung ist für die volle hochzuhängende Last zu bemessen.

$$a_{s,st} = \frac{F_d}{f_{ywd}} \tag{8.91}$$

Beispiel 8.10: Einhängebewehrung eines Nebenträgers

Gegeben: Schnittgrößen von Beispiel 5.3

Gesucht: Einhängebewehrung für Auflager B

Lösung:

Auflager B links: $C_{V2} = 590$ kN — → Beispiel 5.3

Auflager B rechts: $C_{V2} = 494$ kN — → Beispiel 5.3

$$A_{s,st} = \frac{590+494}{435} \cdot 10 = 24{,}9 \text{ cm}^2$$

(8.88): $A_{s,st} = \dfrac{C_{NT}}{f_{yd}}$

gew.: 11 Bü ∅12 2-schnittig

$$A_{sw} = 2 \cdot 11 \cdot 1{,}13 = 24{,}9 \text{ cm}^2$$

(8.34): $A_{sw} = n \cdot A_{s,\phi}$

$$A_{s,\text{vorh}} = 24{,}9 \text{ cm}^2 \geq 24{,}9 \text{ cm}^2 = A_{s,\text{erf}}$$

(7.55): $A_{s,\text{vorh}} \geq A_{s,\text{erf}}$

$$a_{HT} = \min \begin{cases} \frac{0{,}90}{3} = 0{,}30 \text{ m} \\ \frac{0{,}90-0{,}30}{2} = 0{,}30 \text{ m} \end{cases}$$

(8.89): $a_{HT} = \min \begin{cases} \frac{h_{HT}}{3} \\ \frac{h_{HT}-b_{NT}}{2} \end{cases}$

$$a_{NT} = \min \begin{cases} \frac{0{,}75}{3} = 0{,}25 \text{ m} \\ \frac{0{,}75-0{,}25}{2} = 0{,}25 \text{ m} \end{cases}$$

(8.90): $a_{NT} = \min \begin{cases} \frac{h_{NT}}{3} \\ \frac{h_{NT}-b_{HT}}{2} \end{cases}$

Wenn die Einhängebewehrung in die Bereiche a_{HT} und a_{NT} ausgelagert wird, sollte eine über die Höhe verteilte Horizontalbewehrung im Auslagerungsbereich angeordnet werden, deren Gesamtquerschnittsfläche dem Gesamtquerschnitt dieser Bügel entspricht.

Abb. 8.26

9 Bemessung für Torsionsmomente

9.1 Allgemeine Grundlagen

Ein Bauteilquerschnitt erleidet unter Torsionsmomenten Schubverformungen und evtl. auch Längsverformungen. Wenn nur Schubverformungen entstehen, handelt es sich um St. Venantsche Torsion, bei Schub- und Längsverformungen um Wölbkrafttorsion. Letztere ist insbesondere bei dünnwandigen Querschnitten wichtig. Im Unterschied zu I-Profilen des Stahlbaus sind Stahlbetonquerschnitte des üblichen Hochbaus (Rechteckquerschnitt und Plattenbalken) weniger durch Wölbkrafttorsion (warping torsion) beansprucht. Infolge der Rissbildung in Stahlbetonquerschnitten wird die Wölbkrafttorsion zudem so stark abgebaut, dass sie (im Hochbau) i. d. R. vernachlässigt werden kann. Im Folgenden werden daher nur die Auswirkungen der St. Venantschen Torsion betrachtet, wenn „Torsion" behandelt wird.

Bei Stahlbetontragwerken muss nur dann die Aufnahme von Torsionsmomenten nachgewiesen werden, wenn ohne Wirkung der Torsionsmomente kein Gleichgewicht möglich ist (Gleichgewichtstorsion). Wenn Torsionsmomente lediglich aus Verträglichkeitsbedingungen (Verträglichkeitstorsion) entstehen, werden sie im Hochbau konstruktiv ohne Nachweis durch eine geeignete Bewehrungsführung abgedeckt (**Abb. 9.1**). Dies ist möglich, da die Torsionssteifigkeit infolge der Rissbildung in Stahlbetonbauteilen noch wesentlich stärker als die Biegesteifigkeit abnimmt.

Sofern eine Bemessung für die Torsionsmomente erforderlich ist, wird diese im Stahlbetonbau getrennt von der Biegebemessung geführt. Bei gleichzeitigem Auftreten von Querkräften und Torsionsmomenten wird eine kombinierte Bemessung für diese beiden Beanspruchungen durchgeführt.

Eine unbeabsichtigte Einspannung von Decken im Hochbau in die Unterzüge wird i. Allg. rechnerisch nicht berücksichtigt. Die Unterzüge werden als starre Linienkipplager angesetzt. Durch diese Annahme treten in den Unterzügen (rechnerisch) keine Torsionsmomente auf. Diese Vereinfachung ist berechtigt, da die Torsionssteifigkeit durch Rissbildung (Zustand II) sehr viel stärker abnimmt als die Biegesteifigkeit. Konstruktiv sind in diesem Fall die Regelungen von EC 2-1-1, 7.3 und 9.2.3 einzuhalten.

Die Bemessung für Torsionsmomente muss wie die Bemessung für Querkräfte folgende Aufgaben erfüllen:

- Es muss durch die Bemessung sichergestellt werden, dass die Hauptzugspannungen σ_{I} durch eine zusätzliche Bewehrung aufgenommen werden können. Diese Bewehrung besteht aus Bügeln und Längsstäben (**Abb. 9.6**).
- Die Hauptdruckspannungen σ_{II} werden vom Beton übertragen und dürfen die Betondruckfestigkeit nicht überschreiten. Sie sind daher durch einen Vergleich mit zulässigen Spannungen oder nach Integration mit Bauteilwiderständen in ihrer Größe zu begrenzen.

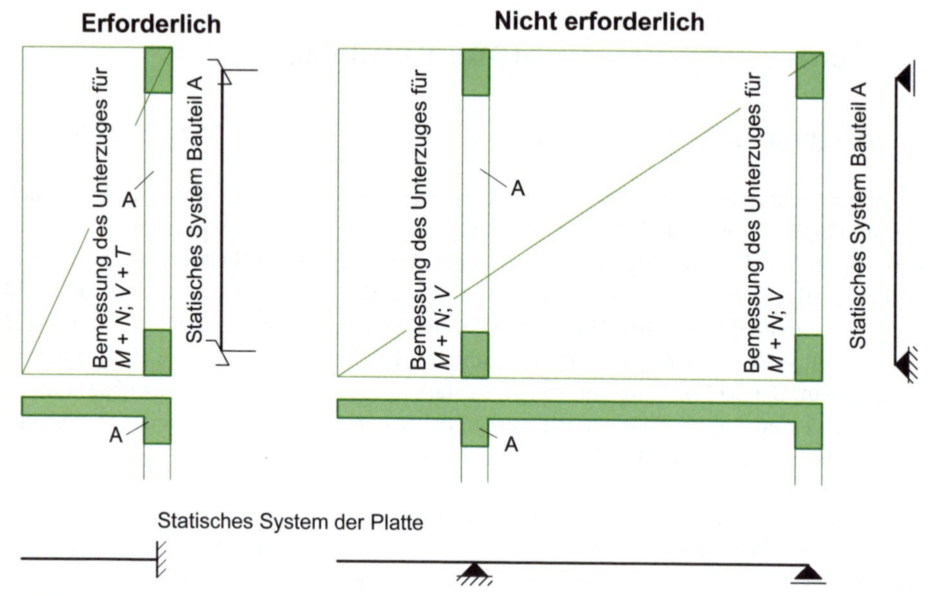

Abb. 9.1 Erfordernis der Aufnahme von Torsionsmomenten im Stahlbetonbau am Beispiel von Bauteil A

Entsprechend dem allgemeinen Bemessungsformat werden die einwirkenden Torsionsmomente T_{Ed} den aufnehmbaren Torsionsmomenten $T_{Rd,max}$ und $T_{Rd,s}$ gegenübergestellt.

Zugstrebe: $T_{Ed} \leq T_{Rd,s}$ (9.1)

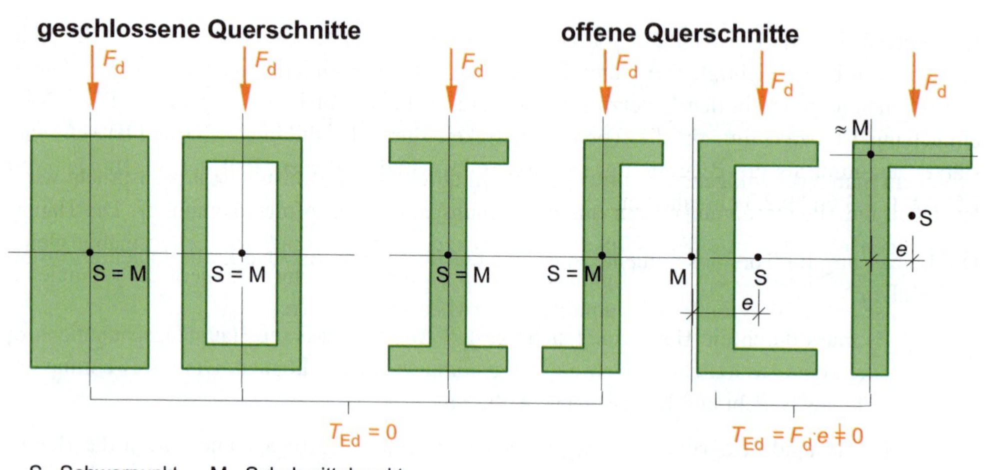

Abb. 9.2 Lage des Schubmittelpunktes bei unterschiedlichen Querschnittsformen

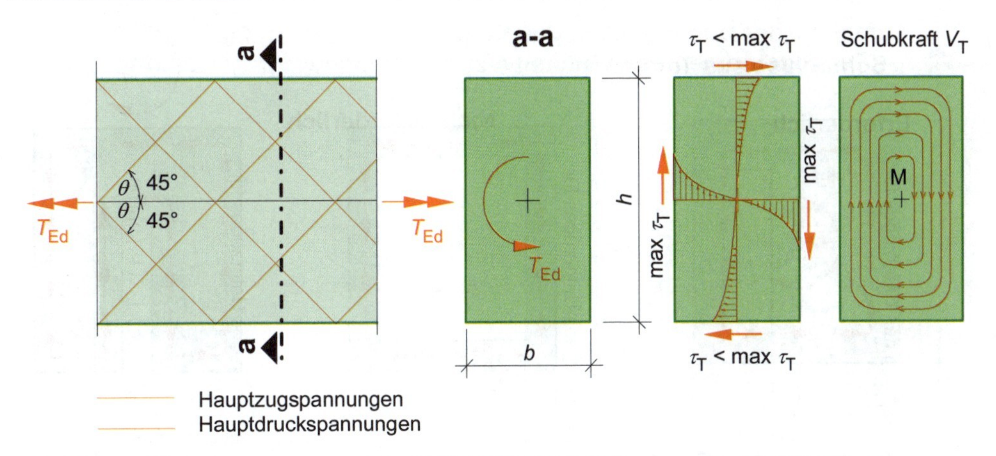

Abb. 9.3 Hauptspannungen und St. VENANTsche Schubspannungen infolge Torsion

Druckstrebe: $T_{Ed} \leq T_{Rd,max}$ (9.2)

- T_{Ed} ist der Bemessungswert des Torsionsmomentes.
- $T_{Rd,s}$ ist der Bemessungswert des durch die Bewehrung aufnehmbaren Torsionsmomentes, die zu ermitteln ist.
- $T_{Rd,max}$ ist der Bemessungswert des aufnehmbaren Torsionsmomentes, das von den Betondruckstreben erreicht wird.

9.2 Querschnittswerte für Torsion

9.2.1 Schubmittelpunkt

Das Torsionsmoment T ergibt sich aus dem Kräftepaar der resultierenden äußeren Last und der Querkraft. Ein Querschnitt bleibt somit nur dann torsionsfrei, wenn die Wirkungslinie der äußeren Last durch den Schubmittelpunkt geht. Bei vielen der im Stahlbetonbau gebräuchlichen Querschnitte fallen Schubmittelpunkt und Schwerpunkt zusammen (**Abb. 9.2**).

Wenn ein Stab aus homogenem isotropen Material durch ein Torsionsmoment beansprucht wird, entstehen die Hauptspannungen nur aus den Schubspannungen infolge Torsion τ_T. Die Hauptspannungen verlaufen in einem Winkel von ± 45° zur Stabachse und sind betragsmäßig gleich groß. Der Maximalwert der Schubspannungen tritt an den Querschnittsrändern der schmaleren Hauptachse auf (**Abb. 9.3**). Der Schubmittelpunkt M ist spannungsfrei.

9.2.2 Geschlossene Querschnitte

Geschlossene Profile sind für die Übertragung von Torsionsmomenten besser geeignet als offene, da die Schubkraft einen größeren Hebelarm z hat (**Abb. 9.4**). Bei einem gleich großen Torsionsmoment treten deshalb bei einem offenen Querschnitt wesentlich höhere Beanspruchungen aus Torsion auf.

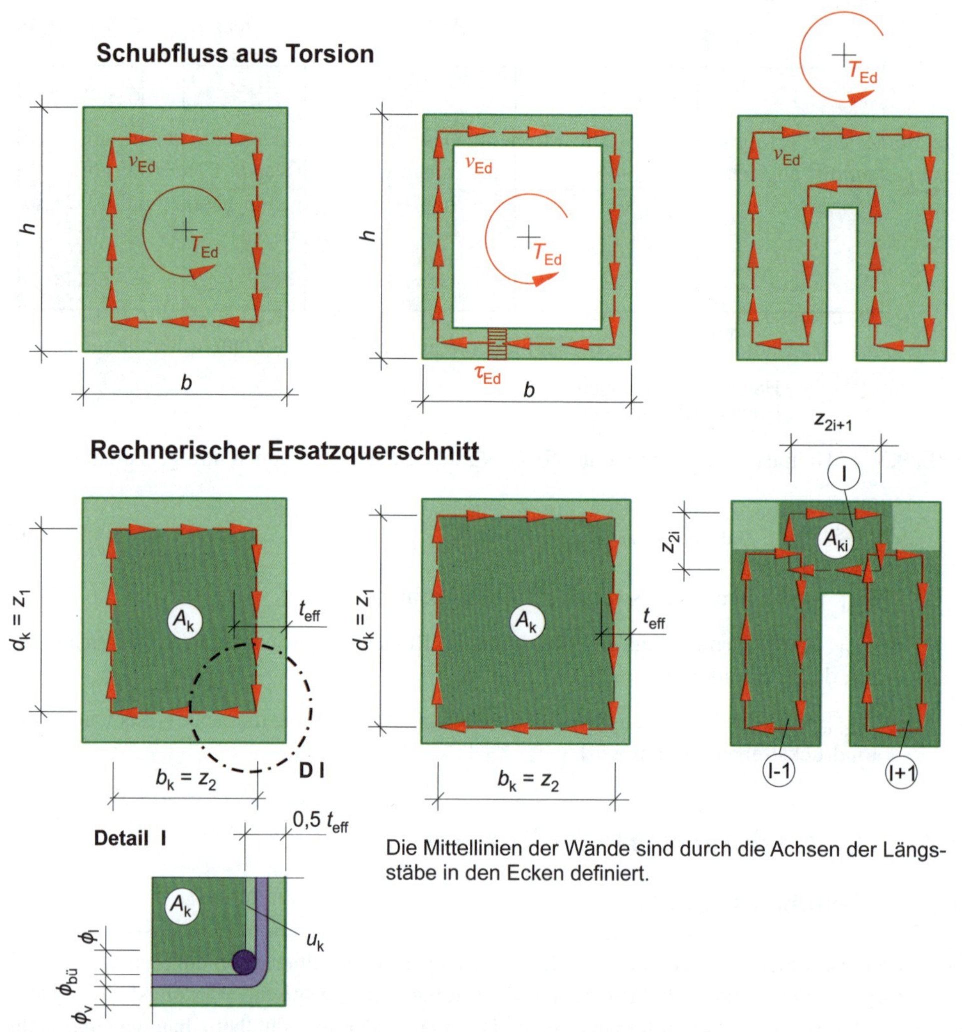

Abb. 9.4 Schubkräfte bei geschlossenen und offenen Querschnitten

Bei einem Vollquerschnitt wirkt der Schubfluss in einem Stahlbetonbauteil wie in einem gedachten Hohlquerschnitt (→ Kap. 9.3.2). Aus der 1. BREDTschen Formel ermittelt man die über den Umfang des gedachten Hohlkastens konstante Schubkraft $V_{Ed,i}$.

$$v_{Ed} = \frac{T_{Ed}}{2\,A_k} \tag{9.3}$$

$$v_{Ed} = \tau_{Ed} \cdot t_{eff} \tag{9.4}$$

τ_{Ed} Bemessungswert der Schubspannung aus Torsion
v_{Ed} Bemessungswert des Schubflusses aus Torsion
A_k Ersatzfläche, die von der Mittellinie eines dünnwandigen Hohlquerschnittes umschlossen wird (Kernquerschnitt) (**Abb. 9.4**)

$$V_{\mathrm{Ed,T}} = v_{\mathrm{Ed}} \cdot z_{\mathrm{i}} \tag{9.5}$$

$V_{\mathrm{Ed,T}}$ Schubkraft aus Torsion in der Wandseite *i*

Die Bemessung erfolgt für das größte Moment. Das Torsionsmoment wird dabei auf den Gesamtquerschnitt angesetzt. Aufgrund des Bemessungsmodells (→ Kap 9.3.2) erfolgt die Bemessung für einen (gedachten) Hohlquerschnitt. Hierbei müssen folgende geometrische Parameter bekannt sein:

- Wanddicke t_{eff} des (gedachten) Hohlkastens. Gemäß EC 2-1-1/NA zu 6.3.2(1) ist Wanddicke der doppelte Abstand zwischen den Achsen der Längsstäbe in den Ecken und der Bauteiloberfläche, bei Hohlquerschnitten jedoch nicht mehr als die tatsächliche Wanddicke:

$$t_{\mathrm{eff}} = 2\left(c_{\mathrm{v,l}} + \phi_{\mathrm{bü}} + \frac{\phi_{\mathrm{l}}}{2}\right) \tag{9.6}$$

- die Kernquerschnittsfläche A_{k}; für Rechteckquerschnitte gilt:

$$A_{\mathrm{k}} = b_{\mathrm{k}} \cdot h_{\mathrm{k}} \tag{9.7}$$

$$b_{\mathrm{k}} = b - t_{\mathrm{eff}} \tag{9.8}$$

$$d_{\mathrm{k}} = h - t_{\mathrm{eff}} \tag{9.9}$$

$$u_{\mathrm{k}} = 2 \cdot (b_{\mathrm{k}} + d_{\mathrm{k}}) \tag{9.10}$$

9.2.3 Offene Querschnitte

Zur Bemessung wird der Querschnitt in mehrere Teilquerschnitte zerlegt, die (bei üblichen Querschnitten) ihrerseits Rechtecke sind. Es wird angenommen, dass sich in jedem Teilrechteck eine eigene Schubkraft ausbildet (**Abb. 9.4**). Dabei verteilt sich das Gesamttorsionsmoment T_{Ed} auf die einzelnen Rechtecke im Verhältnis ihrer Steifigkeiten des ungerissenen Querschnittes und daher wegen des identischen Schubmoduls (wegen identischer Betonfestigkeitsklasse) im Verhältnis ihrer Torsionsflächenmomente $I_{\mathrm{T,i}}$. Für jeden Teilquerschnitt wird das anteilige Torsionsmoment bestimmt.

$$I_{\mathrm{T,i}} = \alpha \cdot b_{\mathrm{i}}^3 \cdot h_{\mathrm{i}} \tag{9.11}$$

α Beiwert nach **Tafel 9.1**

$$W_{\mathrm{T}} = \beta \cdot h \cdot b^2 \tag{9.12}$$

β Beiwert nach **Tafel 9.1**

$$T_{\mathrm{Ed,i}} = T_{\mathrm{Ed}} \cdot \frac{I_{\mathrm{T,i}}}{\sum_i I_{\mathrm{T,i}}} \tag{9.13}$$

Tafel 9.1 Beiwerte für das Torsionsflächenmoment 2. Grades

h_i/b_i	1,00	1,25	1,50	2,00	3,00	4,00	6,00	10,0	∞
α	0,140	0,171	0,196	0,229	0,263	0,281	0,299	0,313	0,333
β	0,208	0,221	0,231	0,246	0,267	0,282	0,299	0,313	0,333

9.3 Bemessung bei alleiniger Wirkung von Torsionsmomenten

9.3.1 Isotropes Material

Die Differentialgleichung für den auf Torsion beanspruchten Stab liefert die auf die Längeneinheit bezogene Verdrillung des Stabes ϑ und die Schubspannung aus Torsion τ_T. Das Torsionsflächenmoment 2. Grades I_T und das Torsionsflächenmoment 1. Grades W_T können üblichen Tafelwerken (z. B. [Schneider/Albert – 14]) entnommen werden.

$$\vartheta = \frac{T_{Ed}}{G_{cm} \cdot I_T} \tag{9.14}$$

$$\tau_T = \frac{T_{Ed}}{W_T} \tag{9.15}$$

Stahlbetontragwerke tragen jedoch (rechnerisch) erst im gerissenen Zustand. Das Bauteil ist dann nicht mehr isotrop. Vorgenannte Berechnungsansätze werden daher nicht weiter verfolgt.

9.3.2 Räumliches Fachwerkmodell

Es wurde bereits ausgeführt, dass im Stahlbetonbau auch Vollquerschnitte wie Hohlquerschnitte behandelt werden. Dies ist darin begründet, dass der innere Bereich keine wesentlichen Anteile zur Torsionstragfähigkeit liefert. Dies stimmt auch nach Rissbildung im äußeren Bereich des Stahlbetonbauteiles. Ein Vernachlässigen des inneren Bereichs im Bemessungsmodell verändert die Bemessungsergebnisse gegenüber dem „wahren" Tragverhalten kaum.

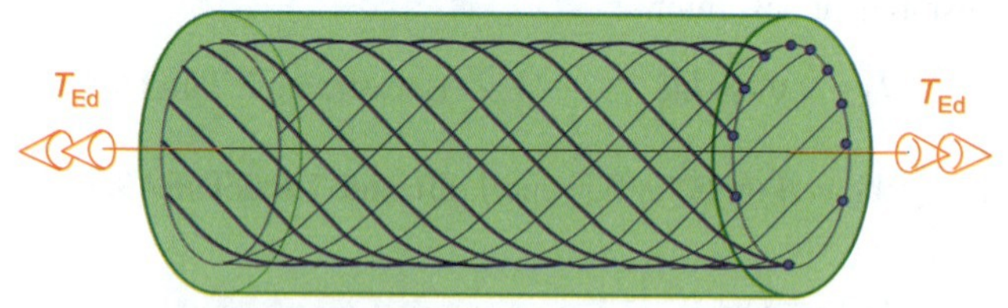

Abb. 9.5 Den Hauptzugspannungen angepasste wendelförmige Bewehrung

Im Zustand II lässt sich das Tragverhalten analog zur Querkraftbemessung durch ein Fachwerkmodell beschreiben. Bei Torsionsbeanspruchung handelt es sich um ein räumliches Fachwerk. Die Betondruckstreben laufen entlang *aller* Bauteilseiten. Für die Zugstreben bietet sich (theoretisch) eine hierzu senkrecht verlaufende Wendelbewehrung (**Abb. 9.5**) an. Sie ist jedoch aus folgenden Gründen wenig praktikabel:

– Die Wendelbewehrung ist bei Rechteckquerschnitten sehr schwer herstellbar.

- Der Drehsinn der Wendel muss mit dem Drehsinn des Momentes (d. h. der Hauptzugspannungen) übereinstimmen. Auf der Baustelle besteht jedoch die Gefahr eines verkehrten Einbaus. Dann wäre die Bewehrung wirkungslos.

Daher zerlegt man die Kraft in Richtung der Hauptzugspannungen nochmals und verwendet ein orthogonales Netz aus Bügeln und Längsstäben (**Abb. 9.6**). Zur Bemessung von Torsionsmomenten steht so ein ähnliches Fachwerkmodell zur Verfügung wie bei der Bemessung von Querkräften. Das Vorzeichen der Torsionsmomente ist damit ohne Auswirkung.

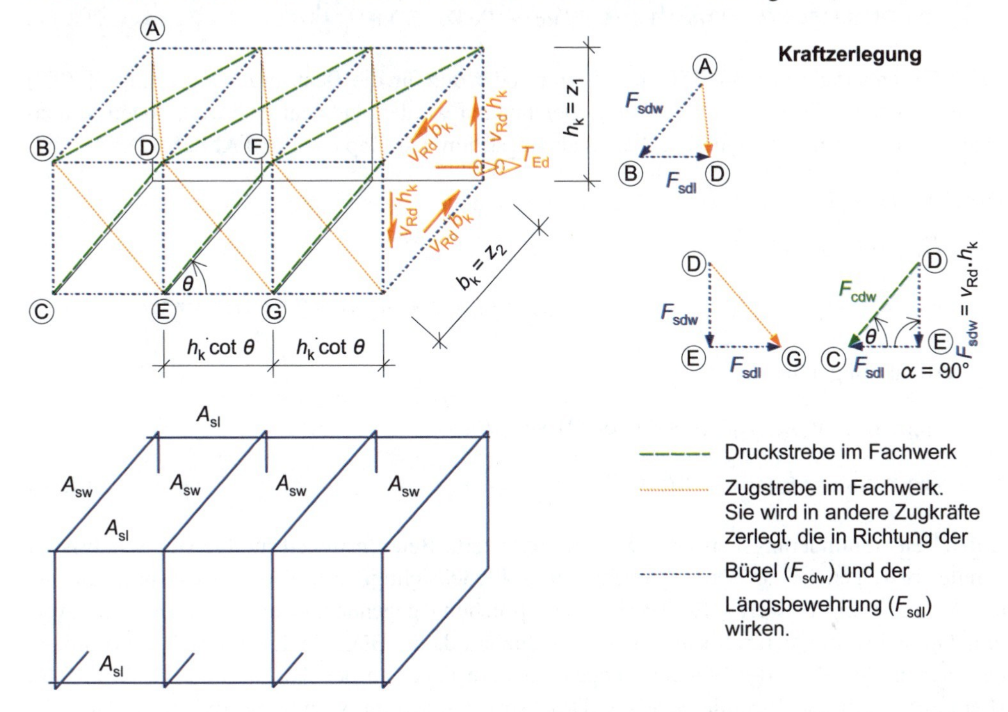

Abb. 9.6 Räumliches Fachwerkmodell für Torsion und die Aufteilung der Zugkräfte auf die Bewehrung

$$T_{Ed} = \max|T_d| \tag{9.16}$$

Die Fachwerkmodelle für Querkraft und Torsionsmomente unterscheiden sich jedoch in folgenden Punkten:

- Das Fachwerk für Torsion ist ein räumliches, das Fachwerk für Querkräfte ein ebenes Fachwerk. Bei Torsionsbeanspruchung werden somit auch die horizontalen Bügelschenkel benötigt, und die Bügel müssen daher geschlossen sein.
- Beim Fachwerk für Querkraft sind die Zugkräfte parallel zur Querkraft auf beiden Seiten des Bauteiles gleichgerichtet (beide Schenkel des 2-schnittigen Bügels ansetzbar), beim Fachwerk für Torsion sind die Zugkräfte auf beiden Seiten entgegengerichtet (nur ein Schenkel des 2-schnittigen Bügels ansetzbar, → **Abb. 9.4**).

- Bei geschlossenenen Vollquerschnitten trägt im Wesentlichen die äußere Schale (**Abb. 9.3**). Die Bemessung erfolgt daher wie für Hohlquerschnitte.
- Die Neigung der Druckstreben bei Querkraftbeanspruchung hängt von der Größe derselben ab. Die Neigung der Druckstreben bei Torsion ist nahezu belastungsunabhängig $\theta = 45°$.

Aus **Abb. 9.6** kann direkt der Widerstand gegen Torsionsmomente abgelesen werden:

$$T_{Rd} = (v_{Rd} \cdot h_k) \cdot b_k + (v_{Rd} \cdot b_k) \cdot h_k = v_{Rd} \cdot 2 \cdot b_k \cdot h_k = v_{Rd} \cdot 2 \cdot A_k \qquad (9.17)$$

Diese Gl. entspricht der BREDTschen Formel oder der für die Beanspruchungen mit Gl. (9.3) aufgeschriebenen Form. Die Bemessungsgleichungen werden aus dem Fachwerkmodell in analoger Weise zu denen der Querkraftbemessung bestimmt (→ Kap 8.4.1 und **Abb. 8.12**).

Druckstrebe

$$F_{sdw} = F_{cdw} \cdot \sin\theta$$

$$v_{Rd} \cdot h_k = \alpha_{cw} \cdot v \cdot f_{cd} \cdot t_{eff} \cdot c' \cdot \sin\theta = \alpha_{cw} \cdot v \cdot f_{cd} \cdot t_{eff} \cdot h_k \cdot (\cot\theta + \cot\alpha) \cdot \sin^2\theta$$

Für vertikale Bügel gilt damit:

$$v_{Rd} = \alpha_{cw} \cdot v \cdot f_{cd} \cdot t_{eff} \cdot (\cot\theta + \cot 90) \cdot \sin^2\theta$$

$$v_{Rd} = \alpha_{cw} \cdot v \cdot f_{cd} \cdot t_{eff} \cdot \sin\theta \cos\theta \qquad (9.18)$$

Durch den Abminderungsbeiwert v wird die reduzierte Betonfestigkeit infolge von Schubrissen parallel bzw. geneigt zur Druckstrebenrichtung berücksichtigt. Bei Torsionsbeanspruchung ist der Abminderungsbeiwert v für Torsionsbeanspruchung gegenüber dem Abminderungsbeiwert v_1 in Gl. (8.33) für Querkraftbeanspruchung reduziert, da die Bügel in dem (gedachten) Hohlkasten nicht in der Mitte der Wandung liegen, sondern näher an der Außenseite (vgl. **Abb. 9.6**). Hierdurch greift die Resultierende der Druckstrebe nicht im Wandschwerpunkt an, und die Spannungsverteilung über die Wanddicke ist nicht konstant. Die Tragfähigkeit wird gegenüber einer in Gl. (9.18) angesetzten konstanten Spannungsverteilung reduziert. Nach EC 2-1-1/NA, 6.2.2(6) und 6.3.2(4) gilt für v folgender Zusammenhang:

$$v = \begin{cases} 0{,}525 & \text{Allgemein für Torsionsbeanspruchungen} \\ 0{,}75 & \text{Torsion bei Hohlkasten mit beidseitiger Bewehrung} \end{cases} \qquad (9.19)$$

Wenn Gl. (9.18) in (9.17) eingesetzt wird, erhält man eine Aussage über das durch die Tragfähigkeit der Druckstrebe aufnehmbare Torsionsmoment $T_{Rd,max}$.

$$T_{Rd,max} = \alpha_{cw} \cdot v \cdot f_{cd} \cdot 2 \cdot A_k \cdot t_{eff} \cdot \sin\theta \cdot \cos\theta \qquad (9.20)$$

Pfostenzugkraft

$$F_{sdw} = v_{Rd} \cdot h_k = a_{sw} \cdot c \cdot f_{ywd} = a_{sw} \cdot h_k \cdot \cot\theta \cdot f_{ywd}$$

$$v_{Rd} = a_{sw} \cdot f_{ywd} \cdot \cot\theta \qquad \text{mit Gl. (9.17)}$$

$$T_{Rd,sy} = a_{sw} \cdot f_{ywd} \cdot 2 \cdot A_k \cdot \cot\theta \qquad (9.21)$$

Gurtzugkraft

$$F_{sl} = \frac{F_{sdw}}{\tan\theta} = \frac{v_{Rd} \cdot h_k}{\tan\theta} = A'_{sl} \cdot f_{yd}$$

$$v_{Rd} = \frac{A'_{sl}}{h_k} \cdot f_{yd} \cdot \tan\theta \qquad (9.22)$$

A'_{sl}/h_k ist hierbei die auf die Höhe der Seitenwandung bezogene Gurtlängsbewehrung. Sofern die Gesamtbewehrung mit dem Gesamtumfang des Kernquerschnittes u_k verglichen wird, ergibt sich:

$$a_{sl} = \frac{A'_{sl}}{h_k} = \frac{A_{sl}}{u_k} \quad \text{und damit} \qquad (9.23)$$

$$v_{Rd} = a_{sl} \cdot f_{yd} \cdot \tan\theta \qquad \text{mit Gl. (9.17)}$$

$$T_{Rd,sy} = a_{sl} \cdot f_{yd} \cdot 2 \cdot A_k \cdot \tan\theta \qquad (9.24)$$

9.3.3 Bemessung

Der Nachweis erfolgt nach Gl. (9.1) und Gl. (9.2), wobei die Tragfähigkeit der Druckstrebe durch Gl. (9.20) gegeben ist. Die Gln. (9.21) und (9.24) für die Pfosten und die Gurtzugkraft werden zweckmäßigerweise nach der gesuchten Bewehrung aufgelöst. Man erhält dann mit Gl. (9.1):

$$\text{Torsionsbügelbewehrung:} \quad a_{sw} = \frac{T_{Ed}}{2 \cdot A_k \cdot f_{ywd}} \cdot \tan\theta \qquad (9.25)$$

$$\text{Torsionslängsbewehrung:} \quad a_{sl} = \frac{T_{Ed}}{2 \cdot A_k \cdot f_{yd}} \cdot \cot\theta \qquad (9.26)$$

Der Winkel der Druckstreben beträgt $\theta = 45°$. Die Zugkräfte der Torsionslängsbewehrung überlagern sich jeweils mit den Biegedruck- bzw. Biegezugkräften im Querschnitt (bei gleichzeitiger Wirkung eines Biege- und eines Torsionsmomentes). Die Torsionslängsbewehrung muss zur Biegezugbewehrung addiert werden. Im Druckgurt darf sie entsprechend den vorhandenen Druckkräften abgemindert werden. Hierbei ist zu beachten, dass die Biegedruckkraft an der Stelle des (betragsmäßig) minimalen Biegemomentes zu ermitteln ist.

9.3.4 Bewehrungsführung

Bei größeren Bauteilabmessungen (b_k bzw. $h_k > 35$ cm) werden die Längsstäbe nicht nur in den Ecken konzentriert, sondern gleichmäßig über den Querschnitt verteilt (**Abb. 9.7**).

$$s_l \le 0{,}35\,\text{m} \,(\text{EC 2-1-1, 9.2.3(4)}) \qquad (9.27)$$

Die Bügel sind bei Torsion geschlossen auszubilden (lediglich bei 4-schnittigen Bügeln darf der innere Bügel offen sein). Die Bügelschenkel sind kraftschlüssig zu schließen. Die Bügelabstände dürfen zusätzlich zu den Bestimmungen bei Querkraft folgenden Wert nicht überschreiten:

$$s_w \leq \frac{u_k}{8} \text{ (EC 2-1-1, 9.2.3(3))} \tag{9.28}$$

Die für Balken vorgeschriebene Mindestschubbewehrung (**Tafel 8.2**) ist sowohl für die Torsionslängs- als auch für die -bügelbewehrung einzuhalten.

$$\rho_w = \frac{a_{sw}}{t_{eff}} \geq \rho_{w,min} \tag{9.29}$$

$$\rho_l = \frac{a_{sl}}{t_{eff}} \geq \rho_{w,min} \tag{9.30}$$

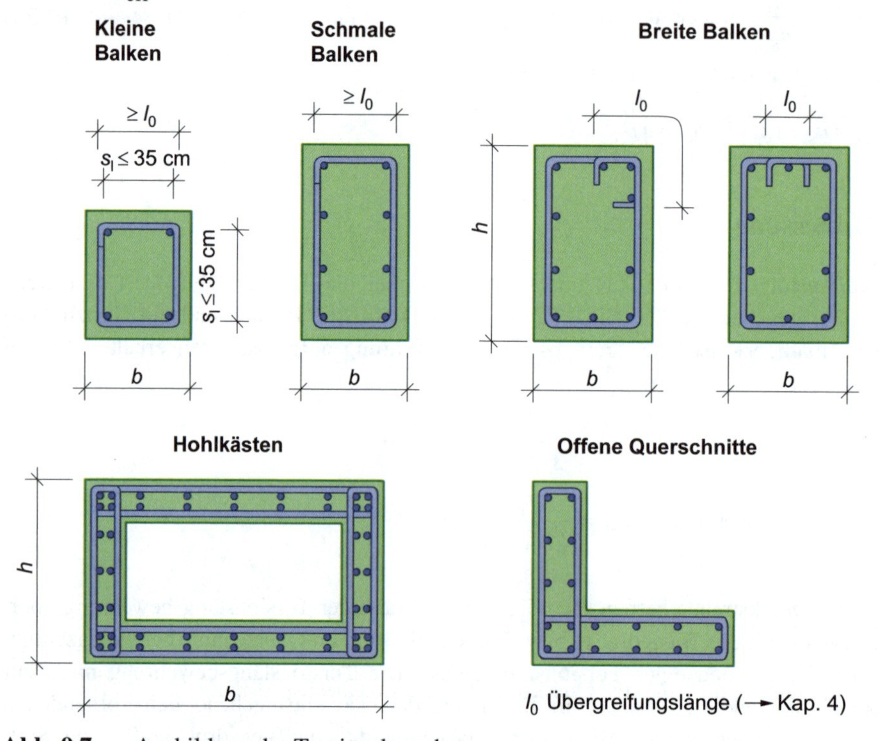

Abb. 9.7 Ausbildung der Torsionsbewehrung

9.4 Bemessung bei kombinierter Wirkung von Querkräften und Torsionsmomenten

9.4.1 Geringe Beanspruchung ohne Nachweis

Sofern ein näherungsweise rechteckiger Vollquerschnitt vorliegt und nur geringe Einwirkungen aus Querkräften und Torsionsmomenten vorliegen, ist keine Querkraft- und Torsionsbewehrung erforderlich. Wenn angenommen wird, dass die Schubspannung aus Torsion (Gl. (9.15)) kleiner als diejenige aus Querkraft (Gl. (8.80)) ist, erhält man:

$$\tau_V = \frac{V_{Ed}}{b_w \cdot z} \geq \tau_T = \frac{T_{Ed}}{W_T} \tag{9.31}$$

Für Rechteckquerschnitte kann mit **Tafel 9.1** für den ungünstigsten Fall $h_i/b_i = 1$ formuliert werden:

$$\frac{V_{Ed}}{b_w \cdot z} \approx \frac{V_{Ed}}{b_w \cdot 0{,}94 \cdot h} \geq \frac{T_{Ed}}{0{,}208 \cdot b_w^2 \cdot h} \approx \frac{T_{Ed}}{0{,}208 \cdot b_w^2 \cdot h} \tag{9.32}$$

$$T_{Ed} \leq \frac{b_w}{4{,}5} \cdot V_{Ed} \qquad b_w \text{ in m} \tag{9.33}$$

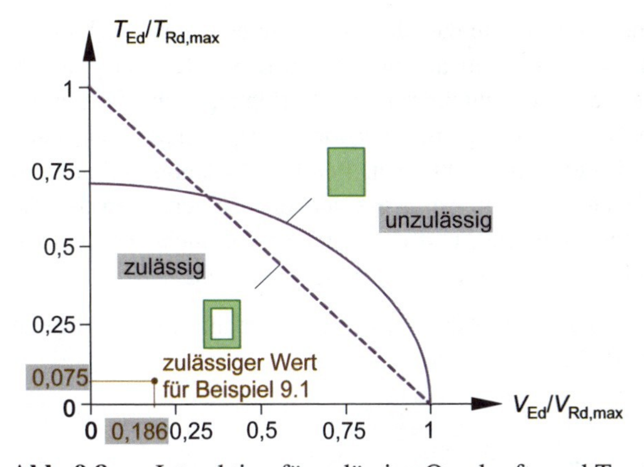

Abb. 9.8 Interaktion für zulässige Querkraft- und Torsionsbeanspruchung

Dies entspricht EC 2-1-1/NA zu 6.3.2(5). Das Bauteil soll weiterhin im Zustand I bleiben, damit die Zugstreben aus Torsion vom Beton aufgenommen werden können. Dies führt mit Gl. (9.33) direkt zu:

$$V_{Ed} \cdot \left(1 + \frac{4{,}5 \cdot T_{Ed}}{b_w \cdot V_{Ed}}\right) \leq V_{Rd,c} \tag{9.34}$$

Sofern Gl. (9.33) und Gl. (9.34) eingehalten werden, ist nur die Mindestbügelbewehrung gemäß **Tafel 8.2** in den Bauteilquerschnitt einzulegen.

9.4.2 Nachweisverfahren bei höherer Beanspruchung

Die Bemessung bei einer kombinierten Beanspruchung erfolgt durch Überlagerung des Fachwerkmodells nach **Abb. 8.12** und **Abb. 9.6**.

- Bemessung der Druck- und Zugstreben für alleinige Querkraftbeanspruchung; bei der Tragfähigkeit für die Druckstrebe ist der Abminderungsbeiwert $\alpha_{c,red}$ entsprechend Gl. (9.19) zu bestimmen.
- Bemessung der Druck- und Zugstreben für alleinige Torsionsbeanspruchung, wobei hinsichtlich des Winkels der Druckstrebenneigung für den Torsionsnachweis ergänzende Regelungen zu beachten sind.
- Zusätzliche Interaktion für Querkraft- und Torsionsbeanspruchung. Für den Nachweis der Druckstrebe muss je nach Querschnitt eine der folgenden Interaktionsgleichungen (**Abb. 9.8**) erfüllt werden.

Kompaktquerschnitte und offene Querschnitte
$$\left(\frac{T_{Ed}}{T_{Rd,max}}\right)^2 + \left(\frac{V_{Ed}}{V_{Rd,max}}\right)^2 \leq 1 \qquad (9.35)$$

Hohlkastenquerschnitte — wie Gl. (9.35) mit ν=0,75 EC 2-1-1/NA, 6.3.2(4) (9.36)

Für Vollquerschnitte und offene Querschnitte darf die günstigere geometrische Interpolation verwendet werden, da die Torsionsmomente nur die äußere Schale beanspruchen, während für die Querkräfte die gesamte Bauteilbreite zur Verfügung steht. Sofern der Bauteilwiderstand im äußeren Bereich infolge der Torsionsbeanspruchung ausgenutzt wird, kann das Bauteilinnere die Querkraft abtragen. Für Hohlkastenquerschnitte ist diese günstige Lastverteilung nicht möglich, da sich beide Beanspruchungen auf die dünnen Wandungsquerschnitte konzentrieren und eine Umlagerung nicht möglich ist. Hier ist daher die ungünstigere lineare Interaktionsgleichung zu verwenden.

- Die erforderliche Bewehrung wird aus der Addition der für getrennte Beanspruchung ermittelten Bewehrungsanteile erhalten.

$$A_{sl} = A_{sl,M} + A_{sl,T} \qquad (9.37)$$

$$a_{sw} = a_{sw,V} + a_{sw,T} \qquad (9.38)$$

$A_{sl,M}$ Biegezugbewehrung nach Kap. 7
$A_{sl,T}$ bzw. $a_{sw,T}$ Längs- bzw. Bügelbewehrung nach Kap. 9.3.3
$a_{sw,V}$ Bügelbewehrung nach Kap. 8.4

Vereinfachtes Verfahren

Für den Druckstrebenwinkel θ bestehen zwei Möglichkeiten der rechnerischen Behandlung. Beim vereinfachten Verfahren werden für den Querkraft- und den Torsionsnachweis zwei verschiedene Winkel angesetzt, für Querkräfte entsprechend Gl. (8.45), für Torsionsmomente $\theta = 45°$.

Kombinierte Bemessung

Bei einer kombinierten Bemessung (genaueres Verfahren) wird ein einheitlicher Winkel der Druckstreben für den Querkraft- und für den Torsionsmomentennachweis ermittelt. Hierzu wird die Schubkraft in einer Wand des Nachweisquerschnittes mit der Ersatzwanddicke t_{eff} bestimmt (vgl. Gln. (9.3) und (9.5)).

$$V_{Ed,T+V} = V_{Ed,T} + V_{Ed,V} = \frac{T_{Ed} \cdot z}{2\,A_k} + V_{Ed} \cdot \frac{t_{eff}}{b_w} \qquad (9.39)$$

Mit dieser Schubkraft wird der Winkel θ nach Gl. (8.45) berechnet und sowohl für den Querkraft- als auch den Torsionsmomentennachweis verwendet. Der hierzu erforderliche Querkrafttraganteil des Betons wird nach Gl. (8.42) ermittelt, wobei anstatt der Bauteilbreite b_w die Ersatzwanddicke t_{eff} zu verwenden ist.

Beispiel 9.1: Bemessung für Querkräfte und Torsionsmomente mit dem vereinfachten Verfahren

Gegeben:
- Kragarm mit Abmessungen und Einwirkungen lt. Skizze
- Bauteil befindet sich im Inneren eines Gebäudes.
- Baustoffe C35/45; B500

Gesucht: Bemessung des Bauteiles auf Biegung, Querkraft und Torsion mit dem vereinfachten Verfahren

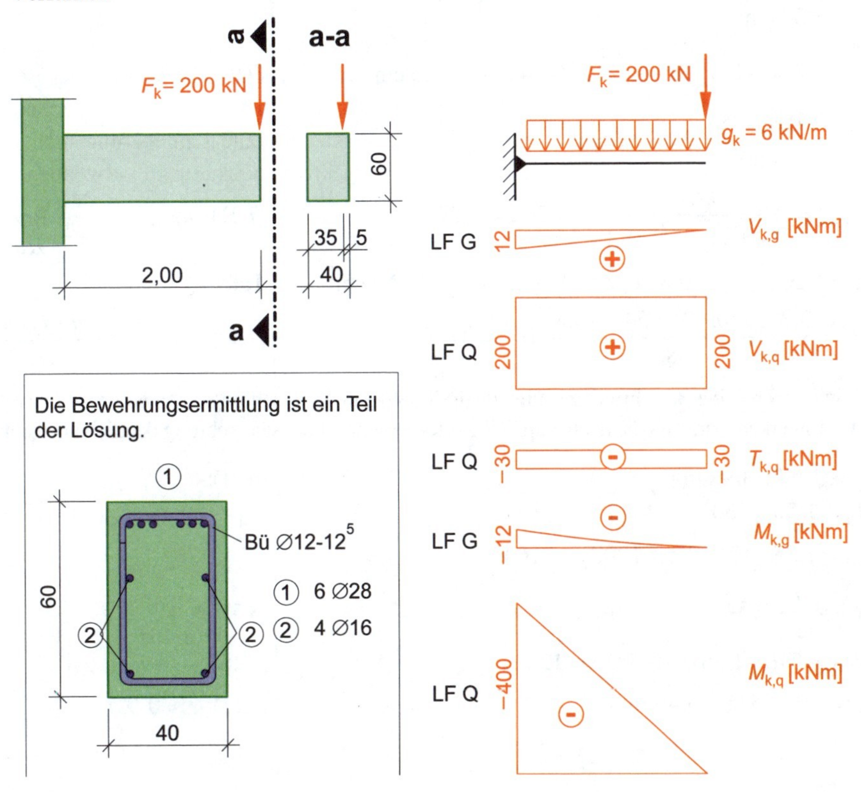

Lösung:

Biegebemessung:

(6.11): $E_d = \sum_i \gamma_{G,i} \cdot E_{Gk,i} \oplus 1{,}50 \cdot E_{Qk,unf}$

$\min M_{Ed} = 1{,}35 \cdot (-12) + 1{,}50 \cdot (-400) = -616 \text{ kNm}$

(7.5): $M_{Eds} = |M_{Ed}| - N_{Ed} \cdot z_s$

$M_{Eds} = |-616| - 0 = 616 \text{ kNm}$

Umweltklasse für Bewehrungskorrosion: XC1

Tafel 2.1: für Innenbauteil

XC1: C16/20 < C30/37

Tafel 2.3: Gewählte Festigkeitsklasse des Betons darf nicht unter der Mindestfestigkeitsklasse liegen.

$c_{min,dur} = 10 \text{ mm}$

Tafel 3.1: Umweltklasse XC1

Es wird erwartet, dass Längsstäbe maßgebend werden.

Schätzwert: $c_{min,b} = 28 \text{ mm}$

(3.3): $c_{min,b} \geq \phi_l$

$c_{min} = \max \begin{cases} 10 \\ \underline{28} \end{cases}$

(3.2): $c_{min} = \max \begin{cases} c_{min,XC1} \\ c_{min,b} \end{cases}$

$\Delta c_{dev} = 10 \text{ mm}$

Vorhaltemaß für Umweltklasse XC1

Vorhaltemaß falls Verbundbedingung maßgebend

$c_{nom} = (28 - 12) + 10 = 26 \text{ mm}$

(3.1): $c_{nom} = c_{min} + \Delta c_{dev}$

$c_{v,l} = 30 \text{ mm}$

$\text{est } d = 60 - 3{,}0 - 1{,}2 - \frac{2{,}8}{2} = 54{,}4 \text{ cm} \approx 54{,}5 \text{ cm}$

(7.9): $d = h - c_v - \phi_{bü} - e$

$f_{cd} = \frac{0{,}85 \cdot 35}{1{,}50} = 19{,}8 \text{ N/mm}^2$

(2.17): $f_{cd} = \frac{\alpha_{cc} \cdot f_{ck}}{\gamma_c}$

$\mu_{Eds} = \frac{0{,}616}{0{,}40 \cdot 0{,}545^2 \cdot 19{,}8} = 0{,}262 \approx 0{,}27$

(7.21): $\mu_{Eds} = \frac{M_{Eds}}{b \cdot d^2 \cdot f_{cd}}$

$\omega = 0{,}3239;\ \zeta = 0{,}834;\ \xi = 0{,}400;\ \sigma_s = 438 \text{ N/mm}^2$

Tafel 7.1

$A_s = \frac{0{,}3239 \cdot 0{,}40 \cdot 0{,}545 \cdot 19{,}8}{438} \cdot 10^4 = \underline{\underline{31{,}9 \text{ cm}^2}}$

(7.50): $A_s = \frac{\omega \cdot b \cdot d \cdot f_{cd} + N_{Ed}}{\sigma_{sd}}$

Es wird noch keine Bewehrung gewählt, da die Torsionslängsbewehrung zu addieren ist. Ohne Nachweis ist sofort erkennbar, dass die nach Kap. 7.7.1 erforderliche Mindestbewehrung deutlich überschritten wird.

Querkraftbemessung:

(6.11): $E_d = \sum_i \gamma_{G,i} \cdot E_{Gk,i} \oplus 1{,}50 \cdot E_{Qk,unf}$

$T_d = 1{,}50 \cdot (-30) = -45 \text{ kNm}$

$V_d = 1{,}35 \cdot (12) + 1{,}50 \cdot (200) = 316 \text{ kN}$

$x_V = \frac{0}{2} + 0{,}545 = 0{,}545 \text{ m}$

(8.5): $x_V = \frac{t}{2} + d$

$V_{Ed} = 316 - 1{,}35 \cdot 6 \cdot 0{,}545 = 312 \text{ kN}$

(8.4): $V_{Ed} = |\text{extr } V_d| - F_d \cdot x_V$

$z \approx 0{,}9 \cdot 0{,}545 = 0{,}49 \text{ m}$

(8.11): $z \approx 0{,}9\, d$

$\sigma_{cd} = \frac{0}{A_c} = 0$

(8.24): $\sigma_{cd} = \frac{N_{Ed}}{A_c}$

$V_{Rd,cc} = 0,24 \cdot 1,0 \cdot 35^{1/3} \cdot \left(1 + 1,2 \cdot \frac{0}{11,3}\right) \cdot 0,40 \cdot 0,49$

$= 0,154 \text{ MN}$

(8.42):
$V_{Rd,cc} =$

$0,24 \cdot f_{ck}^{1/3} \cdot \left(1 - 1,2 \cdot \frac{\sigma_{cd}}{f_{cd}}\right) \cdot b_w \cdot z$

$\cot\theta = \frac{1,2 - 0}{1 - \frac{0,154}{0,312}} = 2,36 < 3,0$

(8.45):

$1,0 \le \cot\theta \le \frac{1,2 + 1,4 \cdot \frac{\sigma_{cd}}{f_{cd}}}{1 - \frac{V_{Rd,cc}}{V_{Ed}}} \le 3,0$

gew: $\theta = 23° \; (\cot\theta = 2,36)$

$\nu_1 = 0,75$

$\nu_1 = 0,75 \cdot \nu_2$

(8.33): mit

$\nu_2 = (1,1 - f_{ck}/500) \le 1,0$

$V_{Rd,max} = 1,0 \cdot 0,75 \cdot 19,8 \cdot 0,40 \cdot 0,49 \cdot \frac{(\cot 23° + \cot 90°)}{1 + \cot^2 23°}$

$= 1,046 \text{ MN}$

(8.32):
$V_{Rd,max} =$

$\alpha_{cw} \cdot b_w \cdot z \cdot \nu_1 \cdot f_{cd} \cdot \frac{(\cot\theta + \cot\alpha)}{1 + \cot^2\theta}$

$V_{Ed} = 316 \text{ kN} < 1046 \text{ kN} = V_{Rd,max}$

(8.3): extr $V_d \le V_{Rd,max}$

$a_{sw} = \frac{312 \cdot 10}{0,49 \cdot 435 \cdot \sin 90° \cdot (\cot 23° + \cot 90°)} = 6,2 \text{ cm}^2/\text{m}$

(8.57):
$a_{sw} = \frac{V_{Ed}}{z \cdot f_{ywd} \cdot \sin\alpha \cdot (\cot\theta + \cot\alpha)}$

$\rho = 0,00102$

Tafel 8.2: C35

$\rho_{w,min} = 1,0 \cdot 0,00102 = 0,00102$

(8.54): $\rho_{w,min} = 1,0 \; \rho$

$\rho_w = \frac{6,2 \cdot 10^{-2}}{40 \cdot \sin 90} = 0,0016 > 0,00102 = \rho_{w,min}$

(8.52): $\rho_w = \frac{a_{sw}}{b_w \cdot \sin\alpha} \ge \rho_{w,min}$

Torsionsbemessung:

$T_{Ed} = \max|-45| = 45 \text{ kNm}$

(9.16): $T_{Ed} = \max|T_d|$

$T_{Ed} = 45 \text{ kNm} > 27,7 \text{ kNm} = \frac{0,4}{4,5} \cdot 312$

(9.33): $T_{Ed} \le \frac{b_w}{4,5} \cdot V_{Ed}$

Der Nachweis der Torsionsmomente ist zu führen.

$t_{eff} = 2 \cdot \left(30 + 12 + \frac{28}{2}\right) = 112 \text{ mm}$

(9.6): $t_{eff} = 2 \cdot \left(c_{v,l} + \phi_{bü} + \frac{\phi_l}{2}\right)$

$b_k = 0,40 - 0,112 = 0,288 \text{ m}$

(9.8): $b_k = b - t_{eff}$

$d_k = 0,60 - 0,112 = 0,488 \text{ m}$

(9.9): $d_k = h - t_{eff}$

$A_k = 0,288 \cdot 0,488 = 0,141 \text{ m}^2$

(9.7): $A_k = b_k \cdot h_k$

(9.20): $T_{Rd,max} = \alpha_{cw} \cdot \nu \cdot f_{cd} \cdot 2 \cdot A_k \cdot t_{eff} \cdot \sin\theta \cdot \cos\theta$

$$T_{Rd,max} = 0{,}525 \cdot 19{,}8 \cdot 2 \cdot 0{,}141 \cdot 0{,}112 \cdot \sin 45° \cdot \cos 45°$$
$$= 0{,}164 \text{ MN} = 164 \text{ kN}$$

(9.2): $T_{Ed} \leq T_{Rd,max}$

$$T_{Ed} = 45 \text{ kNm} < 164 \text{ kNm} = T_{Rd,max}$$

(9.25): $a_{sw} = \dfrac{T_{Ed}}{2 \cdot A_k \cdot f_{ywd}} \cdot \tan\theta$

$$a_{sw} = \frac{45 \cdot 10}{2 \cdot 0{,}141 \cdot 435} \cdot \tan 45° = 3{,}67 \text{ cm}^2/\text{m}$$

(9.26): $a_{sl} = \dfrac{T_{Ed}}{2 \cdot A_k \cdot f_{yd}} \cdot \cot\theta$

$$a_{sl} = \frac{45 \cdot 10}{2 \cdot 0{,}141 \cdot 435} \cdot \cot 45° = 3{,}67 \text{ cm}^2/\text{m}$$

Querkraft- und Torsionsbemessung:

(9.35): $\left(\dfrac{T_{Ed}}{T_{Rd,max}}\right)^2 + \left(\dfrac{V_{Ed}}{V_{Rd,max}}\right)^2 \leq 1$

$$\left(\frac{45}{164}\right)^2 + \left(\frac{316}{1046}\right)^2 = 0{,}075 + 0{,}091 = 0{,}17 < 1{,}0$$

alternativ grafisch — **Abb. 9.8**

Bewehrungsanordnung Bügel:

(9.38): $a_{sw} = a_{sw,V} + a_{sw,T}$

$$a_{sw} = \frac{6{,}2}{2} + 3{,}67 = 6{,}77 \text{ cm}^2/\text{m}$$

gew : Bü ∅12-12^5 2-schnittig

Die infolge Querkräfte erforderliche Querkraftbewehrung wurde pro Seite umgerechnet.

(8.58): $a_{sw,vorh} = n \cdot A_{s,\phi} \cdot \dfrac{l_B}{s_w}$

$$a_{sw,vorh} = 1 \cdot 1{,}13 \cdot \frac{100}{12{,}5} = 9{,}04 \text{ cm}^2/\text{m}$$

(7.55): $A_{s,vorh} \geq A_{s,erf}$

$$a_{s,vorh} = 9{,}04 \text{ cm}^2/\text{m} > 6{,}77 \text{ cm}^2/\text{m} = a_{s,erf}$$

$0{,}3 < \dfrac{V_{Ed}}{V_{Rd,max}} \leq 0{,}60$

$$0{,}30 < \frac{V_{Ed}}{V_{Rd,max}} = \frac{316}{732} = 0{,}43 < 0{,}60$$

Tafel 8.1: $s_{max} = 0{,}5 \cdot h \leq 300$ mm

$$s_{max} = 0{,}5 \cdot 600 = 300 \text{ mm}$$

(8.50): $s_w \leq s_{max}$

$$s_w = 30 \text{ cm} = s_{max}$$

(9.10): $u_k = 2 \cdot (b_k + d_k)$

$$u_k = 2 \cdot (0{,}288 + 0{,}488) = 1{,}55 \text{ m}$$

(9.28): $s_w \leq \dfrac{u_k}{8}$

$$s_w = 0{,}15 \text{ m} < 0{,}194 \text{ m} = \frac{1{,}55}{8}$$

Bewehrungsanordnung Längsbewehrung:

$A_{sl} = a_{sl} \cdot b_k$

unten: $A_{sl} = 3{,}67 \cdot 0{,}288 = 1{,}06 \text{ cm}^2$

gew : 2 · ½∅16 mit $A_{s,vorh} = 2{,}0 \text{ cm}^2$

Tafel 4.1: Der Eckstab wird jeweils zur Hälfte einer der beiden Seiten zugeordnet.

Anordnung je 1 Stab in den Ecken

Abstand der Längsstäbe → S. 265

(7.55): $A_{s,vorh} \geq A_{s,erf}$

$$A_{sl,vorh} = 2{,}0 \text{ cm}^2 > 1{,}06 \text{ cm}^2 = A_{sl}$$

$A_{sl} = a_{sl} \cdot d_k$

seitlich: $A_{sl} = 3{,}67 \cdot 0{,}488 = 1{,}79 \text{ cm}^2$

gew : $1 + 2 \cdot ½ \varnothing 16$ mit $A_{s,vorh} = 4,0 \text{ cm}^2$

Tafel 4.1: Der Eckstab wird jeweils zur Hälfte einer der beiden Seiten zugeordnet. Der obere (halbe) Eckstab wird in die Biegezugbewehrung integriert.

$A_{sl,vorh} = 4,0 \text{ cm}^2 > 1,79 \text{ cm}^2 = A_{sl}$ — (7.55): $A_{s,vorh} \geq A_{s,erf}$

$$s_l = \frac{1}{2} \cdot \left(60 - 2 \cdot 3,0 - 2 \cdot 1,2 - \frac{1,6 + 2,8}{2} \right) = 24,7 \text{ cm}$$

$s_l = 0,247 \text{ m} < 0,35 \text{ m}$ — (9.27): $s_l \leq 0,35 \text{m}$

oben: $A_{sl,M} = 31,9 \text{ cm}^2$ — Biegemoment:

$A_{sl,T} = 3,67 \cdot 0,288 = 1,06 \text{ cm}^2$ — Torsionslängsbewehrung Oberseite

$A_{sl,T} = 2 \cdot \frac{1,06}{4} = 0,53 \text{ cm}^2$ — Anteilige seitliche Torsionslängsbewehrung für die Eckstäbe

$A_{sl} = 31,9 + 1,06 + 0,53 = 33,5 \text{ cm}^2$ — (9.37): $A_{sl} = A_{sl,M} + A_{sl,T}$

gew : $6 \varnothing 28$ mit $A_{s,vorh} = 37,0 \text{ cm}^2$

Tafel 4.1: Auf eine Rüttelgasse oben muss nicht geachtet werden, da das Fertigteil wie eine Stütze mit 4-seitiger Schalung betoniert wird.

$A_{sl,vorh} = 37,0 \text{ cm}^2 > 33,5 \text{ cm}^2 = A_{sl}$ — (7.55): $A_{s,vorh} \geq A_{s,erf}$

Beispiel 9.2: Bemessung bei kombinierter Wirkung von Querkräften und Torsionsmomenten

Gegeben:
- Kragarm mit Abmessungen und Einwirkungen lt. Skizze auf S. 265
- Bauteil befindet sich im Inneren eines Gebäudes.
- Biegezugbewehrung $A_{s,l} = 30,7 \text{ cm}^2$
- Baustoffe C35/45; B 500

Gesucht: Bemessung des Bauteiles auf Querkraft und Torsion für kombinierte Bemessung

Lösung:

Biegebemessung: — siehe Beispiel 9.1

$$A_s = \frac{0,3239 \cdot 0,40 \cdot 0,545 \cdot 19,8}{438} \cdot 10^4 = \underline{\underline{31,9 \text{ cm}^2}}$$

(7.50): $A_s = \frac{\omega \cdot b \cdot d \cdot f_{cd} + N_{Ed}}{\sigma_{sd}}$

Querkraftbemessung:

$V_{Ed} = 316 - 1,35 \cdot 6 \cdot 0,545 = 312 \text{ kN}$ — siehe Beispiel 9.1

$T_{Ed} = \max|-45| = 45 \text{ kNm}$ — siehe Beispiel 9.1

$T_{Ed} = 45 \text{ kNm} > 27,7 \text{ kNm} = \frac{0,4}{4,5} \cdot 312$ — (9.33): $T_{Ed} \leq \frac{b_w}{4,5} \cdot V_{Ed}$

Der Nachweis der Torsionsmomente ist zu führen.

$z \approx 0,9 \cdot 0,545 = 0,49 \text{ m}$ — (8.11): $z \approx 0,9\, d$

$t_{eff} = 2 \cdot \left(30 + 12 + \frac{28}{2}\right) = 112 \text{ mm}$	(9.6): $t_{eff} = 2 \cdot \left(c_{v,l} + \phi_{bü} + \frac{\phi_l}{2}\right)$
$b_k = 0{,}40 - 0{,}112 = 0{,}288 \text{ m}$	(9.8): $b_k = b - t_{eff}$
$d_k = 0{,}60 - 0{,}112 = 0{,}488 \text{ m}$	(9.9): $d_k = h - t_{eff}$
$A_k = 0{,}288 \cdot 0{,}488 = 0{,}141 \text{ m}^2$	(9.7): $A_k = b_k \cdot h_k$
$V_{Ed,T+V} = \frac{45 \cdot 0{,}49}{2 \cdot 0{,}141} + 312 \cdot \frac{0{,}112}{0{,}40} = 166 \text{ kN}$	(9.39): $V_{Ed,T+V} = \frac{T_{Ed} \cdot z}{2\,A_k} + V_{Ed} \cdot \frac{t_{eff}}{b_w}$
$\sigma_{cd} = \frac{0}{A_c} = 0$	(8.24): $\sigma_{cd} = \frac{N_{Ed}}{A_c}$
$V_{Rd,cc} = 0{,}24 \cdot 1{,}0 \cdot 35^{1/3} \cdot \left(1 + 1{,}2 \cdot \frac{0}{11{,}3}\right) \cdot 0{,}112 \cdot 0{,}49$ $= 0{,}0431 \text{ MN}$	(8.42): $V_{Rd,cc} =$ $0{,}24 \cdot f_{ck}^{1/3} \cdot \left(1 - 1{,}2 \cdot \frac{\sigma_{cd}}{f_{cd}}\right) \cdot b_w \cdot z$
	(8.45): Bei Querkraft plus Torsion ist V_{Ed} durch $V_{Ed,T+V}$ zu ersetzen.
$\cot\theta = \frac{1{,}2 - 0}{1 - \frac{0{,}0431}{0{,}166}} = 1{,}62 < 3{,}0$	$1{,}0 \le \cot\theta \le \frac{1{,}2 + 1{,}4 \cdot \frac{\sigma_{cd}}{f_{cd}}}{1 - \frac{V_{Rd,cc}}{V_{Ed}}} \le 3{,}0$
gew: $\theta = 31{,}7°$ $(\cot\theta = 1{,}62)$	
$v_1 = 0{,}75$	$v_1 = 0{,}75 \cdot v_2$ (8.33): mit $v_2 = (1{,}1 - f_{ck}/500) \le 1{,}0$
$\alpha_{cw} = 1{,}0$	
$V_{Rd,max} = 1{,}0 \cdot 0{,}40 \cdot 0{,}49 \cdot 0{,}75 \cdot 19{,}8 \cdot \frac{(\cot 31{,}7° + \cot 90°)}{1 + \cot^2 31{,}7°}$ $= 1{,}301 \text{ MN}$	(8.32): $V_{Rd,max} =$ $\alpha_{cw} \cdot b_w \cdot z \cdot v_1 \cdot f_{cd} \cdot \frac{(\cot\theta + \cot\alpha)}{1 + \cot^2\theta}$
$V_{Ed} = 316 \text{ kN} < 1301 \text{ kN} = V_{Rd,max}$	(8.3): extr $V_d \le V_{Rd,max}$
$a_{sw} = \frac{312 \cdot 10}{0{,}49 \cdot 435 \cdot \sin 90° \cdot (\cot 31{,}7° + \cot 90°)} = 9{,}0 \text{ cm}^2/\text{m}$	(8.57): $a_{sw} = \frac{V_{Ed}}{z \cdot f_{ywd} \cdot \sin\alpha \cdot (\cot\theta + \cot\alpha)}$
$\rho = 0{,}00102$	**Tafel 8.2**: C35
$\rho_{w,min} = 1{,}0 \cdot 0{,}00102 = 0{,}00102$	(8.54): $\rho_{w,min} = 1{,}0\ \rho$
$\rho_w = \frac{9{,}0 \cdot 10^{-2}}{40 \cdot \sin 90} = 0{,}0023 > 0{,}00102 = \rho_{w,min}$	(8.52): $\rho_w = \frac{a_{sw}}{b_w \cdot \sin\alpha} \ge \rho_{w,min}$
Torsionsbemessung:	
$T_{Rd,max} = 1{,}0 \cdot 0{,}525 \cdot 19{,}8 \cdot 2 \cdot 0{,}141 \cdot 0{,}112$ $\cdot \sin 31{,}7° \cos 31{,}7°$ $= 0{,}147 \text{ MN} = 147 \text{ kN}$	(9.20): $T_{Rd,max} =$ $\alpha_{cw} \cdot v \cdot f_{cd} \cdot 2 \cdot A_k \cdot t_{eff} \cdot \sin\theta \cdot \cos\theta$

$T_{Ed} = 45 \text{ kNm} < 147 \text{ kNm} = T_{Rd,max}$ — (9.2): $T_{Ed} \le T_{Rd,max}$

$a_{sw} = \dfrac{45 \cdot 10}{2 \cdot 0,141 \cdot 435} \cdot \tan 31,7° = 2,27 \text{ cm}^2/\text{m}$ — (9.25): $a_{sw} = \dfrac{T_{Ed}}{2 \cdot A_k \cdot f_{ywd}} \cdot \tan\theta$

$a_{sl} = \dfrac{45 \cdot 10}{2 \cdot 0,141 \cdot 435} \cdot \cot 31,7° = 5,94 \text{ cm}^2/\text{m}$ — (9.26): $a_{sl} = \dfrac{T_{Ed}}{2 \cdot A_k \cdot f_{yd}} \cdot \cot\theta$

Querkraft- und Torsionsbemessung: — (9.35):

$\left(\dfrac{45}{147}\right)^2 + \left(\dfrac{316}{1301}\right)^2 = 0,15 < 1,0$ — $\left(\dfrac{T_{Ed}}{T_{Rd,max}}\right)^2 + \left(\dfrac{V_{Ed}}{V_{Rd,max}}\right)^2 \le 1$

Bewehrungsanordnung Bügel:

$a_{sw} = \dfrac{9,0}{2} + 2,27 = 6,77 \text{ cm}^2/\text{m}$ — (9.38): $a_{sw} = a_{sw,V} + a_{sw,T}$

gew : Bü ∅12-12⁵ 2-schnittig — Umrechnung pro Seite

$a_{sw,vorh} = 1 \cdot 1,13 \cdot \dfrac{100}{12,5} = 9,04 \text{ cm}^2/\text{m}$ — (8.58): $a_{sw,vorh} = n \cdot A_{s,\phi} \cdot \dfrac{l_B}{s_w}$

$a_{s,vorh} = 9,04 \text{cm}^2/\text{m} > 6,77 \text{cm}^2/\text{m} = a_{s,erf}$ — (7.55): $A_{s,vorh} \ge A_{s,erf}$

$0,30 < \dfrac{V_{Ed}}{V_{Rd,max}} = \dfrac{316}{911} = 0,35 < 0,60$ — $0,3 < \dfrac{V_{Ed}}{V_{Rd,max}} \le 0,60$

$s_{max} = 0,5 \cdot 600 = 300 \text{ mm}$ — **Tafel 8.1**: $s_{max} = 0,5 \cdot h \le 300 \text{ mm}$

$s_{w,l} = 30 \text{ cm} = s_{max}$ — (8.50): $s_{w,l} \le s_{max}$

$u_k = 2 \cdot (0,288 + 0,488) = 1,55 \text{ m}$ — (9.10): $u_k = 2 \cdot (b_k + d_k)$

$s_{w,l} = 0,15 \text{ m} < 0,194 \text{ m} = \dfrac{1,55}{8}$ — (9.28): $s_{w,l} \le \dfrac{u_k}{8}$

Bewehrungsanordnung Längsbewehrung:

unten: $A_{sl} = 5,94 \cdot 0,288 = 1,71 \text{ cm}^2$ — $A_{sl} = a_{sl} \cdot b_k$

gew : 2 · ½∅16 mit $A_{s,vorh} = 2,0 \text{ cm}^2$ — **Tafel 4.1**: Der Eckstab wird jeweils zur Hälfte einer der beiden Seiten zugeordnet.

Anordnung je 1 Stab in den Ecken — Abstand der Längsstäbe → S. 265

$A_{sl,vorh} = 2,0 \text{ cm}^2 > 1,71 \text{ cm}^2 = A_{sl}$ — (7.55): $A_{s,vorh} \ge A_{s,erf}$

seitlich: $A_{sl} = 5,94 \cdot 0,488 = 2,90 \text{ cm}^2$ — $A_{sl} = a_{sl} \cdot d_k$

gew : 1 + 2 · ½∅16 mit $A_{s,vorh} = 4,0 \text{ cm}^2$ — **Tafel 4.1**: Der Eckstab wird jeweils zur Hälfte einer der beiden Seiten zugeordnet. Der obere (halbe) Eckstab wird in die Biegezugbewehrung integriert.

$A_{sl,vorh} = 4,0 \text{ cm}^2 > 2,90 \text{ cm}^2 = A_{sl}$ — (7.55): $A_{s,vorh} \ge A_{s,erf}$

$s_l = \frac{1}{2} \cdot \left(60 - 2 \cdot 3,0 - 2 \cdot 1,2 - \dfrac{1,6 + 2,8}{2}\right) = 24,7 \text{ cm}$

$s_l = 0,247 \text{ m} < 0,35 \text{ m}$ — (9.27): $s_l \le 0,35 \text{m}$

oben: $A_{sl,M} = 31,9\ \text{cm}^2$	Biegemoment
$A_{sl,T} = 5,94 \cdot 0,288 = 1,71\ \text{cm}^2$	Torsionslängsbewehrung Oberseite
$A_{sl,T} = 2 \cdot \dfrac{2,90}{4} = 1,45\ \text{cm}^2$	Anteilige seitliche Torsionslängsbewehrung für die Eckstäbe
$A_{sl} = 31,9 + 1,71 + 1,45 = 35,1\ \text{cm}^2$	(9.37): $A_{sl} = A_{sl,M} + A_{sl,T}$
gew : 6 ∅28 mit $A_{s,vorh} = 37,0\ \text{cm}^2$	**Tafel 4.1**: Auf eine Rüttelgasse oben muss nicht geachtet werden, da das Fertigteil wie eine Stütze mit 4-seitiger Schalung betoniert wird.
$A_{sl,vorh} = 37,0\ \text{cm}^2 > 35,1\ \text{cm}^2 = A_{sl}$	(7.55): $A_{s,vorh} \geq A_{s,erf}$

10 Zugkraftdeckung

10.1 Grundlagen

Das Stahlbetonbauteil wurde für Biegemomente und Längskräfte an der Stelle der maximalen Beanspruchung bemessen. Hierfür wurde die Bewehrung bestimmt. Diese Maximalbeanspruchung tritt an nur einer Stelle auf (z. B. beim Einfeldträger unter Gleichlast in Feldmitte). An anderen Stellen reicht daher eine geringere Biegezugbewehrung aus. Die Bestimmung dieser geringeren Bewehrung bzw. die Staffelung der Biegezugbewehrung in Balkenlängsrichtung ist die Zugkraftdeckung (curtailment of bars).

Um diesen Nachweis ordnungsgemäß führen zu können, ist zunächst die Frage zu klären, ob durch die im Stahlbetonbau durchgeführte Trennung der Nachweise für Biegung (→ Kap. 7) und für Querkraft (→ Kap. 8) Widersprüche entstehen.

Hierzu wird ein Einfeldträger mit einer Einzellast in Feldmitte betrachtet (**Abb. 10.1**). Es soll die Biegezugkraft in der unteren Bewehrung in einem beliebigen Fachwerkfeld ermittelt werden. Das Biegemoment ergibt sich für das gewählte System mit Einzellast

$$M_{\mathrm{Ed}}(x) = V_{\mathrm{Ed}} \cdot x \tag{10.1}$$

Mit Gl. (7.44) erhält man die Biegezugkraft für den hier vorliegenden Sonderfall der reinen Biegung:

$$F_{\mathrm{sd}}(x) = \frac{M_{\mathrm{Ed}}(x)}{z} = \frac{V_{\mathrm{Ed}} \cdot x}{z}$$

Damit ergibt sich im Untergurt in der Mitte des i-ten Fachwerkfeldes unter Beachtung von **Abb. 8.12**:

$$F_{\mathrm{sd}}^{\mathrm{Biegung}}(x) = \frac{M_{\mathrm{Ed}}(x)}{z} = \frac{V_{\mathrm{Ed}} \cdot \left(i - \frac{1}{2}\right) \cdot c}{z}$$

$$F_{\mathrm{sd}}^{\mathrm{Biegung}}(x) = \frac{V_{\mathrm{Ed}} \cdot \left(i - \frac{1}{2}\right) \cdot z \cdot (\cot\theta + \cot\alpha)}{z} = V_{\mathrm{Ed}} \cdot \left(i - \frac{1}{2}\right) \cdot (\cot\theta + \cot\alpha) \tag{10.2}$$

Bei Betrachtung des Fachwerkmodells erhält man als Kraft im Untergurt für das gesamte Fachwerkfeld durch Gleichgewicht um den oberen Knoten im i-ten Fachwerkfeld:

$$F_{\mathrm{sd}}^{\mathrm{Fachwerk}}(x) = \frac{V_{\mathrm{Ed}} \cdot \left[(i-1) \cdot c + \cot\theta \cdot z\right]}{z} = V_{\mathrm{Ed}} \cdot \left[i \cdot \cot\theta + (i-1) \cdot \cot\alpha\right] \tag{10.3}$$

Durch Vergleich von Gl. (10.2) und (10.3) ist ersichtlich, dass die beiden Modelle einen Widerspruch liefern, der zu einer Differenzkraft ΔF_{sd} führt.

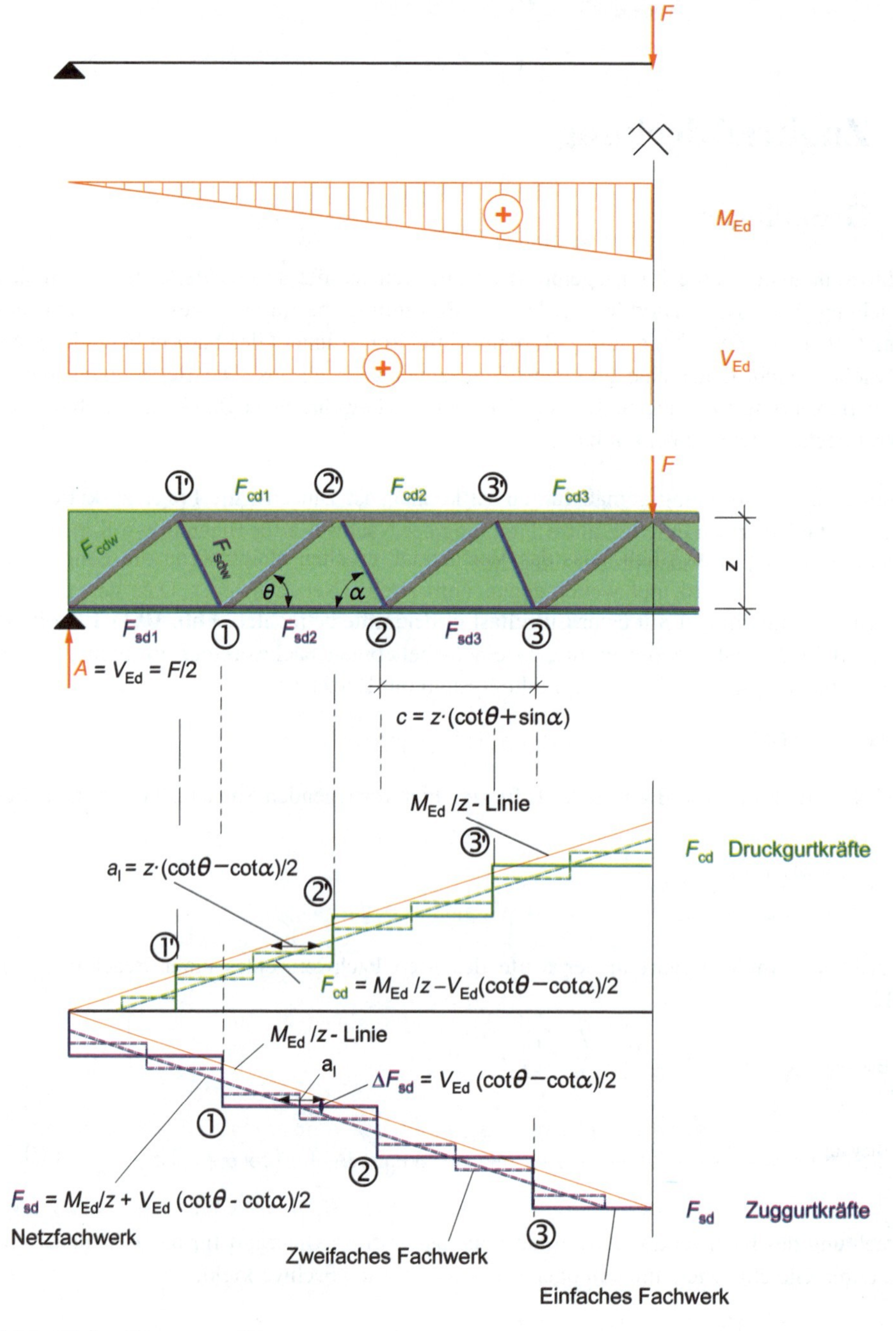

Abb. 10.1 Versatzmaß[41]

[41] Für den Begriff Versatzmaß existiert kein allgemein gebräuchlicher englischsprachiger Begriff. Es werden verwendet: horizontal displacement of the tensile force envelope line, extension, tension differential, offset.

$$\Delta F_{\text{sd}} = F_{\text{sd}}^{\text{Biegung}}(x) - F_{\text{sd}}^{\text{Fachwerk}}(x)$$

$$= V_{\text{Ed}} \cdot \left[i \cdot \cot\theta + (i-1) \cdot \cot\alpha \right] - V_{\text{Ed}} \cdot \left(i - \frac{1}{2} \right) \cdot (\cot\theta + \cot\alpha)$$

$$\Delta F_{\text{sd}} = \frac{V_{\text{Ed}}}{2} \cdot (\cot\theta - \cot\alpha) \qquad (10.4)$$

Es handelt sich also bei den beiden Funktionen für F_{si} um zwei parallele Geraden, die um das Maß ΔF_{sd} verschoben sind. Der Anstieg beider Geraden beträgt $\frac{V_{\text{Ed}}}{z}$. Der horizontale Abstand der beiden Geraden ist aus der Beziehung $\tan\alpha = \frac{V_{\text{Ed}}}{z} = \frac{\Delta F_{\text{sd}}}{s}$ ermittelbar. Hieraus erhält man:

$$s = \frac{\Delta F_{\text{sd}}}{V_{\text{Ed}}} \cdot z = \frac{\frac{V_{\text{Ed}}}{2} \cdot (\cot\theta - \cot\alpha)}{V_{\text{Ed}}} \cdot z = \frac{1}{2} \cdot (\cot\theta - \cot\alpha) \cdot z$$

$$a_1 = s = \frac{1}{2} \cdot (\cot\theta - \cot\alpha) \cdot z \qquad (10.5)$$

Aus **Abb. 10.1** ist auch ersichtlich, dass das Versatzmaß erhalten bleibt, wenn die Länge des Fachwerkfeldes halbiert wird und weiter gegen Null strebt (Netzfachwerk). Das Versatzmaß vergrößert die Biegezugkraft und verringert die Biegedruckkraft (Herleitung in analoger Weise). Diese Vergrößerung der Biegezugkraft ist bei der Zugkraftdeckung zu beachten.

10.2 Durchführung der Zugkraftdeckung

Der Nachweis der Zugkraftdeckung ist *kein obligatorischer Nachweis*. Sofern die Bewehrung ungestaffelt von Auflager zu Auflager geführt wird, muss er nicht geführt werden. Eine Staffelung der Bewehrung bedeutet

- erhöhten Aufwand bei der Tragwerksplanung (bei der Rechnung und bei der Erstellung des Bewehrungsplanes infolge vieler unterschiedlicher Bewehrungsstränge = unterschiedliche Positionsnummern)
- längere Verlegezeiten auf der Baustelle infolge der größeren Positionsanzahl
- geringeren Stahlverbrauch.

Aufgrund des hohen Lohnniveaus in Mitteleuropa ist lohn- und nicht materialsparendes Bauen wirtschaftlich, eine Zugkraftdeckung ist daher nur in Ausnahmefällen sinnvoll, z. B.:

- Fertigteilbau mit sehr großer Stückzahl des Bauteils (z. B. in Kombination mit einer Querkraftdeckung)
- Balken mit großer Stützweite (wobei diese häufig als vorgespannte Konstruktionen ausgebildet werden).

Die Zugkraftlinie (envelope of the acting tensile force) wird aus Gl. (7.44) bestimmt. Der Hebelarm der inneren Kräfte z darf näherungsweise aus der Querkraftbemessung übernommen werden.

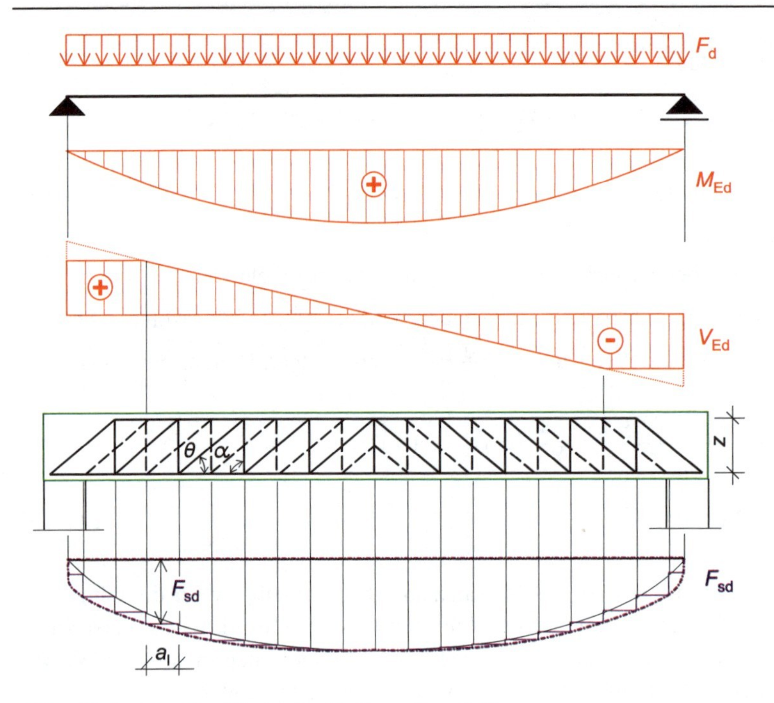

Abb. 10.2 Zugkraftlinie des Fachwerkmodells

Das Versatzmaß nach Gl. (10.5) wird immer zu den Momentennullpunkten hin an die Zugkraftlinie angefügt. Die Fläche der zu deckenden Zugkraftlinie ist somit immer größer als diejenige der unverschobenen Zugkraftlinie. Sofern die Bewehrung bei Plattenbalken im Gurt außerhalb des Steges liegt, so ist a_l um den Abstand x des Stabes vom Steg zu erhöhen.

Zeichnet man um die zu deckende Zugkraftlinie die von der Bewehrung aufnehmbaren Zugkräfte, so entsteht die Zugkraftdeckungslinie (tie rod covering line). Sie darf an keiner Stelle in die zu deckende Zugkraftlinie einschneiden. Ein Bewehrungsstab darf also erst dann (rechnerisch) enden, wenn die Zugkraftdeckungslinie mindestens um das Maß der aufnehmbaren Stahlzugkraft dieses Stabes ΔF_{sd} über der zu deckenden Zugkraftlinie liegt.

$$\Delta F_{sd} = A_{s,\phi} \cdot f_{yd} \tag{10.6}$$

$$F_{sd,aufn} = A_{s,vorh} \cdot f_{yd} \text{ [42]} \tag{10.7}$$

Der Sprung in der Zugkraftdeckungslinie kennzeichnet das rechnerische Ende E des Bewehrungsstranges. Das tatsächliche Ende erhält man, indem die Stablänge um die Verankerungslänge $l_{b,net}$ (→ Kap. 4.3) verlängert wird.

[42] Sofern bei der Biegebemessung der Verfestigungsbereich ausgenutzt wurde (z. B. durch Verwendung von **Tafel 7.1** und **Tafel 7.2**), ist an der Stelle des Maximalmomentes strenggenommen σ_{sd} zu verwenden. Andernfalls kann die Zugkraftdeckungslinie an der Stelle des Maximalmomentes geringfügig in die Zugkraftlinie einschneiden.

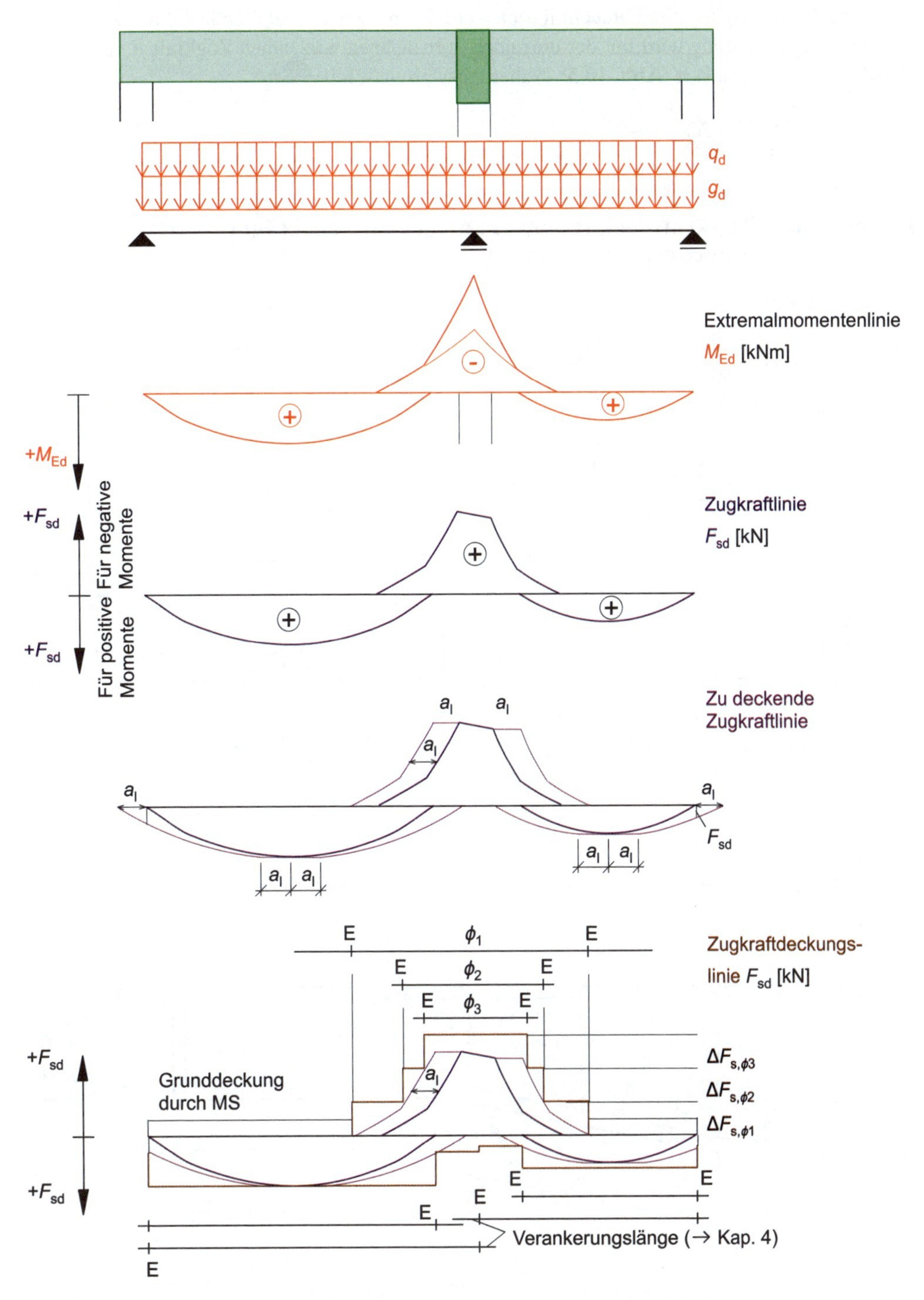

Abb. 10.3 Konstruktion der Zugkraftdeckungslinie aus der Zugkraftlinie

Die zu deckende Zugkraftlinie braucht nur bis zum theoretischen Bauteilende geführt zu werden. Die Biegezugbewehrung wird mit der dort noch vorhandenen wirksamen Zugkraft F_{sdR} entsprechend Gl. (4.15) verankert (**Abb. 10.3**). Näherungsweise gilt mit $z \approx d$:

$$F_{sd} \approx \frac{V_{Ed} \cdot a_l}{d} + N_{Ed} \geq \frac{V_{Ed}}{2} \tag{10.8}$$

Beispiel 10.1: Zugkraftdeckung an einem gevouteten Träger

(Fortsetzung von Beispiel 8.8)

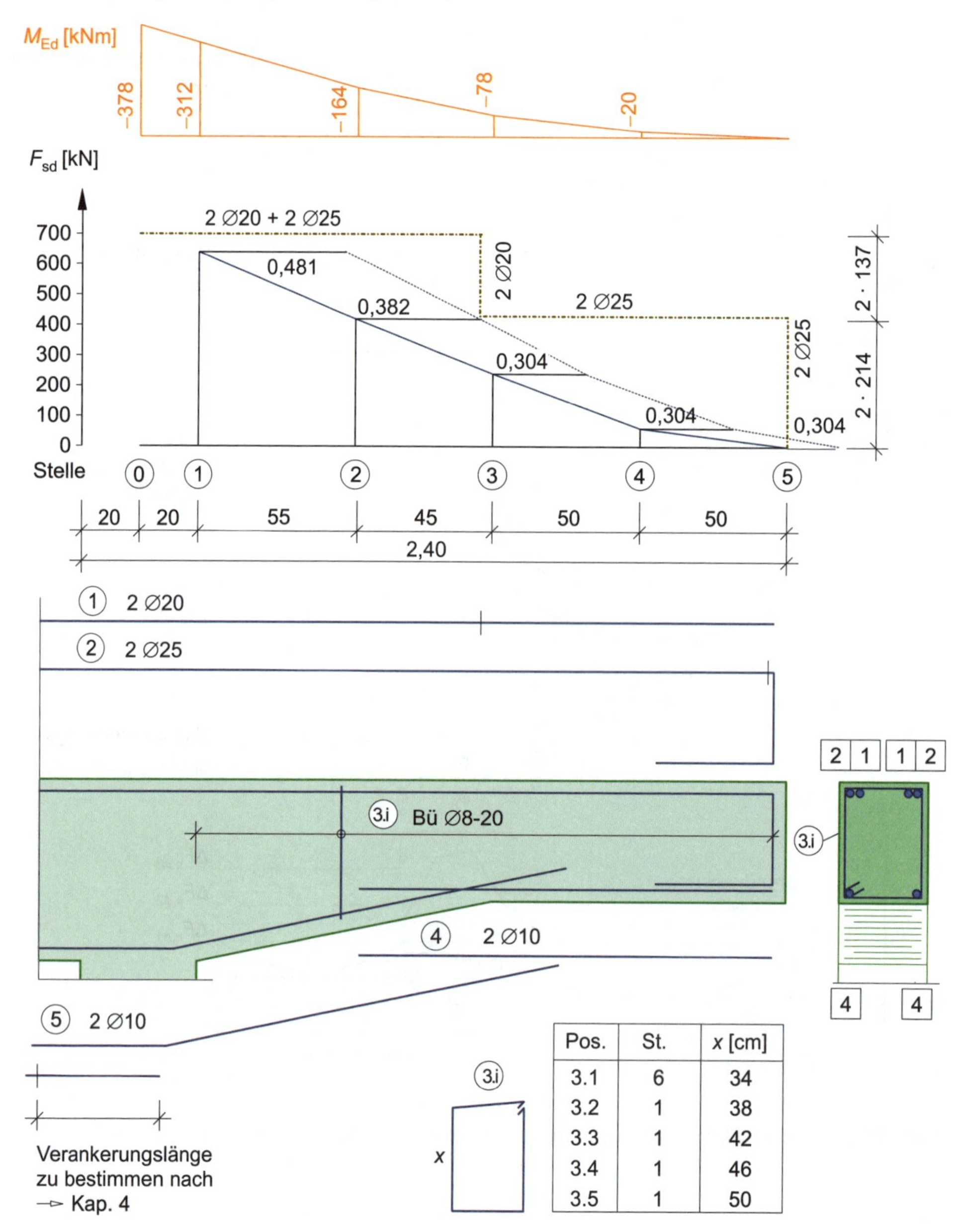

Pos.	St.	x [cm]
3.1	6	34
3.2	1	38
3.3	1	42
3.4	1	46
3.5	1	50

Gegeben: – Balken im Hochbau lt. Beispiel 8.8
– Brandschutzanforderungen bestehen nicht.

Gesucht: Zugkraftdeckungslinie

Lösung:

	Stelle	1	2	3	4	
x	m	0,20	0,75	1,2	1,7	
$\|M_{Eds}\|$	kNm	312	164	78	20	→ Beispiel 8.8
h	m	0,60	0,49	0,40	0,40	
d	m	0,545	0,435	0,345	0,345	$d \approx h - 0{,}055$ m
z	m	0,49	0,39	0,31	0,31	(8.11): $z \approx 0{,}9\,d$
F_{sd}	kN	637	421	252	65	(7.44): $F_{sd} = \frac{M_{Eds}}{z} + N_{Ed}$
a_l	m	0,481	0,382	0,304	0,304	(10.5): $a_l = s = \frac{1}{2} \cdot (\cot\theta - \cot\alpha) \cdot z$

am Auflager: 2 ∅20 + 2 ∅25 mit $A_{s,vorh} = 16{,}1$ cm² | → Beispiel 8.8

$F_{sd,aufn} = 16{,}1 \cdot 435 \cdot 10^{-1} = 700$ kN | (10.7): $F_{sd,aufn} = A_{s,vorh} \cdot f_{yd}$

∅20: $\Delta F_{sd} = 3{,}14 \cdot 435 \cdot 10^{-1} = 137$ kN | (10.6): $\Delta F_{sd} = A_{s,\phi} \cdot f_{yd}$

∅25: $\Delta F_{sd} = 4{,}91 \cdot 435 \cdot 10^{-1} = 214$ kN

11 Begrenzung der Spannungen

11.1 Erfordernis

Im Grenzzustand der Tragfähigkeit verhält sich Stahlbeton nichtlinear. Diesem Umstand wurde sowohl bei der Bemessung als auch bei der Ermittlung der Schnittgrößen (→ Kap. 5.4) Rechnung getragen. Unter Gebrauchsbedingungen verhält sich Stahlbeton jedoch weitgehend elastisch. Daher ist zusätzlich zur Biegebemessung (→ Kap. 7) nachzuweisen, dass das Bauteil im Grenzzustand der Gebrauchstauglichkeit keine unzulässigen Schädigungen erleidet (z. B. Risse parallel zu Bewehrungsstäben). Bei zu hohen Spannungen im Beton bzw. im Stahl besteht zudem die Gefahr, dass die Dauerhaftigkeit (durability) nachteilig beeinflusst wird. Daher müssen geeignete Maßnahmen getroffen werden, um zu große Spannungen zu verhindern. Dies ist auf zwei Arten möglich:

- durch zusätzliche Spannungsnachweise (checking of stresses, → Kap. 11.2)
- durch die Einhaltung bestimmter in EC 2-1-1 gegebener Empfehlungen bei der Nachweisführung. Dann kann ein gesonderter Nachweis zur Begrenzung der Spannungen entfallen (→ Kap. 11.3).

Der Regelfall ist bei nicht vorgespannten Bauteilen des Hochbaus die zweitgenannte Methode, da bei dieser nicht gesondert Schnittgrößen für den Gebrauchszustand ermittelt werden müssen und sich somit der Arbeitsaufwand des Tragwerkplaners vermindert.

11.2 Nachweis der Spannungsbegrenzung

11.2.1 Voraussetzungen

Der Nachweis soll zeigen, dass die Spannungen unter den Einwirkungen des Gebrauchszustandes keine unzulässig hohen Werte annehmen. Als Werkstoffverhalten sowohl für den Beton als auch den Betonstahl wird daher ein *linear-elastisches Materialverhalten für die Schnittgrößenermittlung und die Bemessung* (d. h. diesen Nachweis) angesetzt.

Beton: $\sigma_c = E_{cm} \cdot \varepsilon_c$ *oder* (2.10)

$$\sigma_c = E_{c,eff} \cdot \varepsilon_c \tag{11.1}$$

$E_{c,eff}$ wirksamer Elastizitätsmodul des Betons unter Beachtung der Auswirkungen aus Kriechen mit der Endkriechzahl φ_c nach EC 2-1-1, 3.1.4 (→ Kap. 2.3.6)

$$E_{c,eff} = \frac{E_{cm}}{1+\varphi_c} \tag{11.2}$$

Betonstahl: $\sigma_s = E_s \cdot \varepsilon_s$ (2.30)

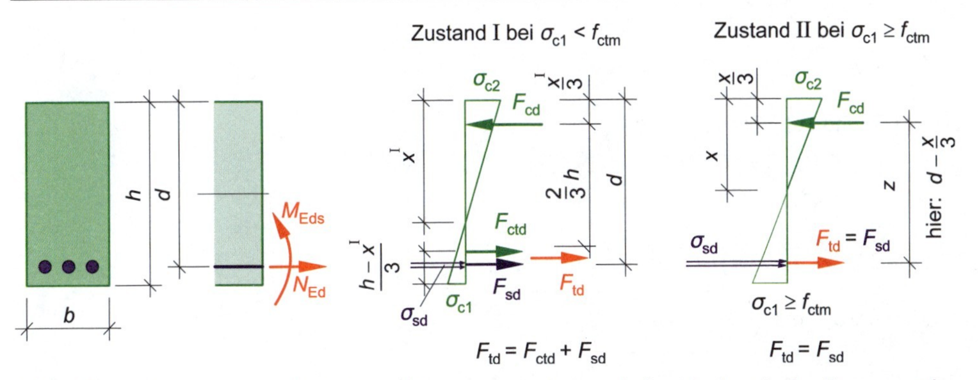

Abb. 11.1 Spannungsverläufe in Stahlbetonquerschnitten beim Nachweis der Spannungsbegrenzung

Der Querschnitt kann sich im Zustand I oder II befinden, je nachdem, ob der Mittelwert der Betonzugfestigkeit f_{ctm} unter- oder überschritten wird (**Abb. 11.1**).

$$\sigma_{c1} = \frac{N_{Ed,rare}}{A_c} + \frac{M_{Ed,rare}}{W_c} \begin{cases} < f_{ctm} \Rightarrow \text{Zustand I} \\ \geq f_{ctm} \Rightarrow \text{Zustand II} \end{cases} \tag{11.3}$$

11.2.2 Spannungsbegrenzungen im Beton

Der Nachweis ist ein normaler Spannungsnachweis für die Randspannung der Druckzone σ_{c2} in der Form:

$$\sigma_{c2} \leq \sigma_{c,lim} \tag{11.4}$$

Die vorhandene Betonspannung kann für Querschnitte im Zustand I mit den Gleichungen der Elastizitätstheorie bestimmt werden. Im Zustand II kann die Randspannung bei Rechteckquerschnitten direkt ermittelt werden (**Abb. 11.1**):

$$\text{Rechteck: } z = d - \frac{x}{3} \tag{1.33}$$

$$M_{Eds} = \frac{1}{2} \sigma_{c2} \cdot b \cdot x \cdot z \tag{11.5}$$

$$\sigma_{c2} = \frac{2 M_{Eds}}{b \cdot x \cdot z} \tag{11.6}$$

In Gl. (11.6) ist die Druckzonenhöhe x noch unbekannt. Sie wird nachfolgend für reine Biegung abgeleitet (**Abb. 11.1**).

$$F_{sd} = A_s \cdot \sigma_{sd} = \frac{1}{2} x \cdot b \cdot \sigma_{c2} = F_{cd}$$

$$A_s \cdot \varepsilon_s \cdot E_s = \frac{1}{2} \cdot x \cdot b \cdot \varepsilon_c \cdot E_{cm} = \frac{1}{2} \cdot x \cdot b \cdot \frac{\varepsilon_s \cdot x}{(d-x)} \cdot E_{cm} = \frac{1}{2} \cdot b \cdot d \frac{\varepsilon_s \cdot x^2}{(d-x) \cdot d} \cdot E_{cm}$$

$$2 \cdot \frac{A_s}{b \cdot d} \cdot \frac{E_s}{E_{cm}} = \frac{x^2}{(d-x) \cdot d}$$

$$\rho = \frac{A_s}{b \cdot d} \tag{11.7}$$

Mit Gl. (1.3) und (11.7) erhält man:

$$2 \cdot \rho \cdot \alpha_e = \frac{x^2}{(d-x) \cdot d}$$

$$x^2 - 2 \cdot \rho \cdot \alpha_e \cdot (d-x) \cdot d = x^2 + 2 \cdot \rho \cdot \alpha_e \cdot d \cdot x - 2 \cdot \rho \cdot \alpha_e \cdot d^2 = 0$$

$$x = -\rho \cdot \alpha_e \cdot d + \sqrt{(\rho \cdot \alpha_e \cdot d)^2 + 2 \cdot \rho \cdot \alpha_e \cdot d^2}$$

$$x = \rho \cdot \alpha_e \cdot d \cdot \left[-1 + \sqrt{1 + \frac{2}{\rho \cdot \alpha_e}} \right] \quad \text{(Sonderfall reine Biegung)} \tag{11.8}$$

Sofern eine Druckbewehrung vorhanden ist, ergibt die Ableitung für einen Rechteckquerschnitt:

$$x = -\frac{\alpha_e \cdot (A_{s1} + A_{s2})}{b} + \sqrt{\left[\frac{\alpha_e \cdot (A_{s1} + A_{s2})}{b} \right]^2 + \frac{2 \cdot \alpha_e}{b} \cdot (A_{s1} \cdot d + A_{s2} \cdot d_2)} \tag{11.9}$$

Die Gln. (11.8) und (11.9) gelten streng nur für reine Biegung, bei kleinen Längskräften gelten sie näherungsweise. Für den allgemeinen Fall Biegung mit Längskraft führt ein analoger Ansatz zu einer kubischen Gleichung. Eine Lösung ist dann iterativ oder mit Diagrammen (**Abb. 11.2**) ([Avak/Glaser – 05]) möglich. Die Spannungen im Beton sind zu begrenzen für die quasi-ständige und die seltene Lastkombination.

Charakteristische Lastkombination (≙ seltene Lastkombination)

Wenn unter kurzzeitig wirkenden Lasten die Druckspannungen den Wert $|\sigma_c| \sim 0{,}60 f_{cm}$ überschreiten, können sich im Beton Längsrisse infolge Überschreitens der Querzugfestigkeit bilden. Diese Risse führen zu einer Beeinträchtigung der Dauerhaftigkeit insbesondere bei Chlorideinwirkung. Daher ist in der Umweltklasse XD, XF oder XS (→ Kap. 2.1) die zulässige Spannung zusätzlich auf folgenden Wert zu begrenzen, wenn keine besonderen Maßnahmen (Erhöhung der Betondeckung in der Druckzone oder Umschnüren der Druckzone durch Bügelbewehrung entsprechend den Regeln für Druckglieder) getroffen werden:

$$\sigma_{c,\lim} = k_1 \cdot f_{ck} = 0{,}60 \cdot f_{ck} \tag{11.10}$$

mit $k_1 = 0{,}60$ (EC 2-1-1/NA, 7.2(2))

Quasi-ständige Lastkombination

Wenn unter dauerhaft wirkenden Lasten die Druckspannungen den Wert $|\sigma_c| > 0{,}4 f_{cm}$ überschreiten, bilden sich im Beton Mikrorisse. Diese führen zu einem starken Anstieg der Kriechverformungen. Wenn die mittlere Betondruckfestigkeit f_{cm} auf den charakteristischen Wert umgerechnet wird, erhält man die zulässige Spannung.

$$\sigma_{c,\lim} = k_2 \cdot f_{ck} = 0{,}45 \cdot f_{ck} \tag{11.11}$$

mit $k_2 = 0{,}45$ (EC 2-1-1/NA, 7.2(2))

Für biegebeanspruchte Stahlbetonbauteile sollte dieser Nachweis geführt werden, falls die vorhandene Biegeschlankheit mehr als 85 % der zulässigen Werte überschreitet (→ Kap. 13.3).

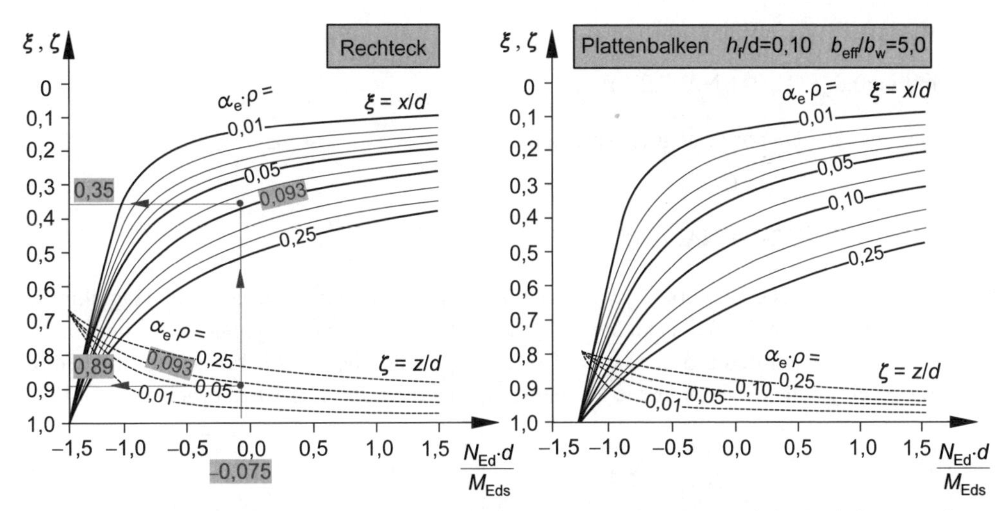

Abb. 11.2 Nomogramm zur Ermittlung der Höhe der Druckzone x und des Hebelarmes z im Gebrauchszustand für Plattenbalken (alle geometrischen Randbedingungen → [Schneider/Albert – 14])

11.2.3 Spannungsbegrenzungen im Betonstahl

Der Betonstahl soll ausschließlich elastische Formänderungen erfahren. Der Nachweis ist ein normaler Spannungsnachweis in der Form

$$\sigma_s \leq \sigma_{s,lim} \tag{11.12}$$

$$\sigma_s = \frac{M_{Eds}}{A_s \cdot z} + \frac{N_{Ed}}{A_s} \tag{11.13}$$

Für Stahlbetonbauteile im Zustand I erübrigt sich der Nachweis, da die Stahlspannung immer eingehalten wird. Im Zustand II kann die vorhandene Spannung für Rechteckquerschnitte aus **Abb. 11.1** direkt ermittelt werden, da $z = d - x/3$ ist:

$$M_{Eds} + N_{Ed} \cdot \left(d - \frac{x}{3}\right) = \sigma_s \cdot A_s \cdot \left(d - \frac{x}{3}\right) \tag{11.14}$$

Näherungsweise kann für beliebige Querschnitte unter überwiegender Biegung gesetzt werden:

$$\sigma_s = \frac{M_{Eds}}{A_s \cdot z} \approx \frac{M_{Ed}}{A_s \cdot 0{,}8 \cdot d} \tag{11.15}$$

Für eine genauere Berechnung oder Plattenbalken kann **Abb. 11.2** verwendet werden.

Es ist zu verhindern, dass der Betonstahl im Gebrauchszustand in den Fließbereich gerät. Diese Anforderung wird unter der Voraussetzung erfüllt, dass die Betonstahlspannungen für die *charakteristische Lastkombination* einen der folgenden Grenzwerte einhalten:

Im Allgemeinen

$$\sigma_{s,lim} = k_3 \cdot f_{yk} = 0,8 \cdot f_{yk} \tag{11.16}$$

mit k_3=0,8 (EC 2-1-1/NA, 7.2(5))

bei *ausschließlicher* Zwangbeanspruchung

$$\sigma_{s,lim} = k_4 \cdot f_{yk} = 1,0 \cdot f_{yk} \tag{11.17}$$

mit k_4=1,0 (EC 2-1-1/NA, 7.2(5))

Da die charakteristische Einwirkungskombination auch für den Grenzzustand der Tragfähigkeit zu verwenden ist, kann die Stahlspannung abgeschätzt werden, wenn diejenige der Grundkombination durch einen mittleren Sicherheitsbeiwert γ_E = 1,4 dividiert wird. Im Bereich der Stützmomente ist eine evtl. vorgenommene Momentenumlagerung (Gl. (5.15)) zu beachten.

$$\text{Feld:} \quad \sigma_s \approx \frac{f_{yd}}{\gamma_E} \cdot \frac{A_{s,erf}}{A_{s,vorh}} \approx \frac{f_{yd}}{1,4} \tag{11.18}$$

$$\text{Stütze:} \quad \sigma_s \approx \frac{1}{\delta} \cdot \frac{f_{yd}}{\gamma_E} \cdot \frac{A_{s,erf}}{A_{s,vorh}} \approx \frac{f_{yd}}{1,4 \cdot \delta} \tag{11.19}$$

Aus Gl. (11.18) ist ersichtlich, dass Feldmomente in der Regel nicht maßgebend werden. Aus Gl. (11.19) ist ersichtlich, dass Gl. (11.16) erst bei einer größeren Momentenumlagerung als ca. 15 % maßgebend wird.

Beispiel 11.1: Nachweis der Spannungsbegrenzung

Gegeben: Tragwerk lt. Beispiel 6.1

Gesucht: Nachweis der Spannungsbegrenzung

Lösung:

Der Spannungsnachweis im Beton ist für die quasi-ständige Lastkombination zu führen. Hinsichtlich des Kombinationsbeiwertes muss mit ψ_2 = 1,0 gerechnet werden (Flüssigkeitsdruck mit begrenzter Füllhöhe, **Tafel 6.5**, Anmerkung e).

Nachweis der Betonspannungen:

$$M_{Qk} = -25 \cdot \frac{2,5^2}{6} = -26,0 \text{ kNm/m}$$

$$N_{Gk} = -25 \cdot 1,0 \cdot 0,20 \cdot 2,5 = -12,5 \text{ kN/m}$$

$$M_{Ed} = 0 + 1,0 \cdot (-26,0) = -26,0 \text{ kNm/m}$$

$$N_{Ed} = -12,5 + 0 = -12,5 \text{ kN/m}$$

(z. B. [Schneider/Albert – 14], S. 4.12)

$$M_k = -F_k \cdot \frac{l_{eff}^2}{6}$$

(6.25):

$$E_{d,perm} = \sum_i E_{Gk,i} \oplus \sum_j \psi_{2,j} \cdot E_{Qk,j}$$

$f_{ct,eff} = f_{ctm} = 2,9\ \text{N/mm}^2$ — **Tafel 2.5**: C30/37

$M_{cr} = 2,9 \cdot \frac{1,0 \cdot 0,20^2}{6} \cdot 10^3 = 19,3\ \text{kNm/m} < 26,0\ \text{kNm/m}$ — (1.23): $M = \sigma_c \cdot W$

$E_s = 200\,000\ \text{N/mm}^2$ — **Abb. 2.15**

$E_{cm} = 33000\ \text{N/mm}^2$ — **Tafel 2.5**: C30/37

$\varphi_c(\infty, 15) = 2,0$ — Berechnung in Beispiel 2.2

$E_{c,eff} = \frac{33000}{1+2,0} = 11000\ \text{N/mm}^2$ — (11.2): $E_{c,eff} = \frac{E_{cm}}{1+\varphi}$

$\alpha_e = \frac{200\,000}{11000} = 18,2$ — (1.3): $\alpha_e = \frac{E_s}{E_c}$

$\rho = 0,0051$ — vgl. Beispiel 8.1

$x = 0,0051 \cdot 18,2 \cdot 155 \cdot \left[-1 + \sqrt{1 + \frac{2}{0,0051 \cdot 18,2}}\right]$

$= 53,9\ \text{mm}$ — (11.8): $x = \rho \cdot \alpha_e \cdot d \cdot \left[-1 + \sqrt{1 + \frac{2}{\rho \cdot \alpha_e}}\right]$

$M_{Eds} = 26,0 - (-12,5) \cdot \left(0,155 - \frac{0,20}{2}\right) = 26,7\ \text{kNm}$ — (7.5): $M_{Eds} = M_{Ed} - N_{Ed} \cdot z_s$

$z = 0,155 - \frac{0,0539}{3} = 0,137\ \text{m}$ — (1.33): $z = d - \frac{x}{3}$

$\sigma_{c2} = \frac{2 \cdot 26,7 \cdot 10^{-3}}{1,0 \cdot 0,0539 \cdot 0,137} = 7,23\ \text{N/mm}^2$ — (11.6): $\sigma_{c2} = \frac{2 M_{Eds}}{b \cdot x \cdot z}$

$\sigma_{c,lim} = 0,45 \cdot 30 = 13,5\ \text{N/mm}^2$ — (11.11): $\sigma_{c,lim} = 0,45 f_{ck}$

$\sigma_c = 7,23\text{N/mm}^2 < 13,5\ \text{N/mm}^2 = \sigma_{c,lim}$ — (11.4): $\sigma_{c2} \le \sigma_{c,lim}$

Nachweis der Stahlspannungen:

Die Gln. (11.18) und (11.19) können hier nicht verwendet werden, da der Teilsicherheitsbeiwert für die Verkehrslast nicht $\gamma_Q = 1,5$ ist. Der Nachweis ist für die seltene Lastkombination zu führen. In diesem Fall ist dies identisch mit der quasi-ständigen Lastkombination.

$A_{s,vorh} = 0,785 \cdot \frac{100}{10} = 7,85\ \text{cm}^2$ — vgl. Beispiel 7.5

$\sigma_s \approx \frac{26,7 \cdot 10^3}{785 \cdot 0,137} + \frac{-12,5 \cdot 10^3}{785} = 232\ \text{N/mm}^2$ — (11.13): $\sigma_s = \frac{M_{Eds}}{A_s \cdot z} + \frac{N_{Ed}}{A_s}$

$\sigma_{s,lim} = 0,8 \cdot 500 = 400\ \text{N/mm}^2$ — (11.16): $\sigma_{s,lim} \le 0,8 f_{yk}$

$\sigma_s = 267\ \text{N/mm}^2 < 400\ \text{N/mm}^2 = \sigma_{s,lim}$ — (11.12): $\sigma_s \le \sigma_{s,lim}$

(Fortsetzung mit Beispiel 11.2)

Beispiel 11.2: Nachweis der Spannungsbegrenzung mit Diagrammen

Gegeben: Tragwerk lt. Beispiel 6.1

Gesucht: Nachweis der Spannungsbegrenzung

Lösung:

$M_{\text{Ed}} = 0 + 1{,}0 \cdot (-26{,}0) = -26{,}0 \text{ kNm/m}$ → Beispiel 11.1

$N_{\text{Ed}} = -12{,}5 + 0 = -12{,}5 \text{ kN/m}$

$M_{\text{Eds}} = 26{,}0 - (-12{,}5) \cdot \left(0{,}155 - \frac{0{,}20}{2}\right) = 26{,}7 \text{ kNm}$

Nachweis der Betonspannungen:

$\alpha_{\text{e}} = \frac{200000}{11000} = 18{,}2$ (1.3): $\alpha_{\text{e}} = \frac{E_{\text{s}}}{E_{\text{c}}}$

$\rho = 0{,}0051$ vgl. Beispiel 8.1

$\alpha_{\text{e}} \cdot \rho = 18{,}2 \cdot 0{,}0051 = 0{,}093$ Eingangswert **Abb. 11.2**

$\frac{N_{\text{Ed}} \cdot d}{M_{\text{Ed}}} = \frac{-0{,}0125 \cdot 0{,}155}{0{,}026} = -0{,}075$ Eingangswert **Abb. 11.2**

$\xi = 0{,}35$ **;** $\zeta = 0{,}89$ Ablesewerte **Abb. 11.2**

$x = 0{,}35 \cdot 0{,}155 = 0{,}054 \text{ m}$ (7.23): $\xi = \frac{x}{d}$

$z = 0{,}89 \cdot 0{,}155 = 0{,}138 \text{ m}$ (7.37): $z = \zeta \cdot d$

$\sigma_{\text{c2}} = \frac{2 \cdot 26{,}7 \cdot 10^{-3}}{1{,}0 \cdot 0{,}054 \cdot 0{,}138} = 7{,}17 \text{ N/mm}^2$ (11.6): $\sigma_{\text{c2}} = \frac{2 M_{\text{Eds}}}{b \cdot x \cdot z}$

$\sigma_{\text{c,lim}} = 0{,}45 \cdot 30 = 13{,}5 \text{ N/mm}^2$ (11.11): $\sigma_{\text{c,lim}} = 0{,}45 f_{\text{ck}}$

$\sigma_{\text{c}} = 7{,}17 \text{ N/mm}^2 < 13{,}5 \text{ N/mm}^2 = \sigma_{\text{c,lim}}$ (11.4): $\sigma_{\text{c2}} \leq \sigma_{\text{c,lim}}$

Nachweis der Stahlspannungen:

$A_{\text{s,vorh}} = 0{,}785 \cdot \frac{100}{10} = 7{,}85 \text{ cm}^2$ vgl. Beispiel 7.5

$\sigma_{\text{s}} \approx \frac{26{,}7 \cdot 10^3}{785 \cdot 0{,}138} + \frac{-12{,}5 \cdot 10^3}{785} = 231 \text{ N/mm}^2$ (11.13): $\sigma_{\text{s}} = \frac{M_{\text{Eds}}}{A_{\text{s}} \cdot z} + \frac{N_{\text{Ed}}}{A_{\text{s}}}$

$\sigma_{\text{s,lim}} = 0{,}8 \cdot 500 = 400 \text{ N/mm}^2$ (11.16): $\sigma_{\text{s,lim}} \leq 0{,}8 f_{\text{yk}}$

$\sigma_{\text{s}} = 231 \text{ N/mm}^2 < 400 \text{ N/mm}^2 = \sigma_{\text{s,lim}}$ (11.12): $\sigma_{\text{s}} \leq \sigma_{\text{s,lim}}$

(Fortsetzung mit Beispiel 12.1)

11.3 Entfall des Nachweises

Der Nachweis zur Begrenzung der Spannungen ist erfüllt, wenn für einen üblichen nicht vorgespannten Hochbau die nachfolgenden Bedingungen in **Tafel 11.1** eingehalten werden.

Tafel 11.1 Bedingungen für Entfall des Nachweises der Spannungsbegrenzung
nach EC 2-1-1/NA, 7.1

	EC 2-1-1, Abschnitte
Schnittgrößenumlagerung im Grenzzustand der Tragfähigkeit ≤ 15 %	5.5, 6
Bauliche Durchbildung für einzelne Bauteile	9

12 Beschränkung der Rissbreite

12.1 Allgemeines

In Kap. 1.3 wurde gezeigt, dass im Stahlbeton in diskreten Abständen Risse auftreten und dazwischen ungerissene Bereiche vorliegen. Risse sind für die Entfaltung der Tragwirkung des Stahlbetons notwendig und daher nicht unbedingt ein Mangel. Die Beschränkung der Rissbreite (crack control) ist jedoch ein wichtiges Kriterium für die Dauerhaftigkeit eines Stahlbetontragwerkes. Sie bedeutet also nicht die Verhinderung von Rissen, sondern die Begrenzung der vorhandenen Rissbreiten auf unschädliche Werte.

Ohne Berücksichtigung der aggressiven Umweltbedingungen, allein aus der Bauart heraus, ist die Beschränkung der Rissbreite heute wichtiger als früher, da Betonstähle mit höheren zulässigen Spannungen (B500 gegenüber B420) verwendet werden, damit die Dehnungen zunehmen und auch die Umlagerungsfähigkeit des Betons hinsichtlich elastisch ermittelter Schnittgrößen zunehmend ausgenutzt wird.

Unter der Rissbreite w (crack width) versteht man die Breite eines Risses an der Bauteiloberfläche (**Abb. 12.1**). Mit zunehmender Entfernung von der Oberfläche nimmt die Rissbreite i. Allg. stark ab; sie hängt ihrerseits neben der Beanspruchung auch von der Betondeckung ab (**Abb. 12.1**). Die zulässige Größe der Rissbreite hängt ab von

- den Umweltbedingungen (→ Kap. 2.1)
- der Funktion des Bauteils (z. B. WU-Beton → Kap. 2.3.7)
- der Korrosionsempfindlichkeit der Bewehrung (für rostfreien Bewehrungsstahl gelten andere zulässige Rissbreiten als für Betonstahl gemäß DIN 488-1).

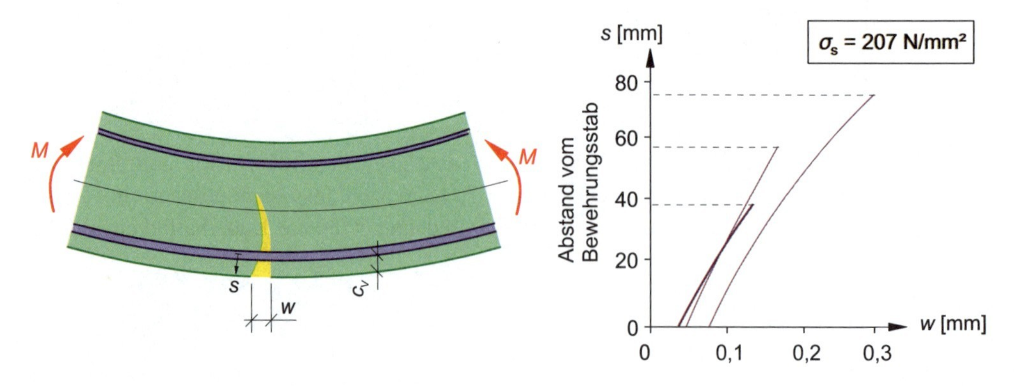

Abb. 12.1 Abnahme der Rissbreite von der Außenfläche zur Bewehrung hin unter Biegebeanspruchung in Abhängigkeit von Stahlspannung σ_S und Betondeckung c_V (in Anlehnung an [DBV – 06/1])

Tafel 12.1 Rissarten und deren Kennzeichen

Rissart	Rissrichtung	Merkmale
Oberflächige Netzrisse	Beliebig	Können an der Oberfläche von Platten oder Scheiben auftreten. Die Risstiefe ist gering. Meistens liegt keine bevorzugte Richtung vor.
Längsrisse	Parallel zur oberen Bewehrung	Können an nichtgeschalten Oberflächen über der oben liegenden Bewehrung auftreten; Ursache meistens Setzen des Frischbetons (bei zu hohem *w/z*-Wert); unter der Bewehrung entsteht ein zunächst wassergefüllter Porenraum.
Verbundrisse	Parallel zur Bewehrung	Treten bei zu großen Verbundspannungen zwischen Beton und Betonstahl auf; Risstiefe bis zum Bewehrungsstab.
Biegerisse	Annähernd senkrecht zur Biegezugbewehrung	Treten bei biegebeanspruchten Bauteilen in der Zugzone auf; Risstiefe bis in den Bereich der neutralen Faser; größte Risstiefe im Bereich der Maximalmomente.
Trennrisse	Senkrecht zur Längsbewehrung	Treten bei Zug mit kleiner Ausmitte oder zentrischem Zug auf; gehen durch den gesamten Querschnitt und sind daher besonders ungünstig.
Schubrisse	Zur Stabachse geneigt (ca. 45°)	Treten bei querkraftbeanspruchten Bauteilen auf (die i. Allg. auch biegebeansprucht sind); breite Druckzone und schmale Stege begünstigen Schubrisse.

Als grobe Angabe für die Rissbreite bei nicht vorgespannten Stahlbetonkonstruktionen, bis zu der die Bewehrung vor Korrosion geschützt ist, gilt:

Innenbauteile — X0, XC1 — $w_k \leq 0{,}40\,\text{mm}$ (12.1)

Außenbauteile — XC2 – XC4, XD1, XD2, XD3, XS1, XS2, XS3 — $w_k \leq 0{,}30\,\text{mm}$ (12.2)

WU-Bauteile — → Kap. 12.2.3

Bei Innenbauteilen kann aufgrund der fehlenden Feuchtigkeit keine Korrosion auftreten. Die Rissbreite ist hier aus ästhetischen Gesichtspunkten zu begrenzen. Insgesamt gesehen sind Dicke und Qualität der Betondeckung von weit größerer Bedeutung für die Dauerhaftigkeit als die Rissbreite.

Beim Vorliegen der Expositionsklasse XD3 können zusätzliche besondere Maßnahmen für den Korrosionsschutz erforderlich werden.

12.2 Grundlagen der Rissentwicklung

12.2.1 Rissarten und Rissursachen

In **Tafel 12.2** sind unterschiedliche Rissarten aufgeführt. Während Risse längs der Bewehrung und oberflächige Netzrisse durch die Bauausführung beeinflusst werden, sind Biegerisse, Trennrisse, Schubrisse und Verbundrisse maßgeblich durch die Konstruktion beeinflusst.

Der Nachweis der Beschränkung der Rissbreite wirkt sich auf Biege- und Trennrisse aus. Schubrisse werden durch die Querkraftbemessung begrenzt; Verbundrisse werden durch Wahl ausreichender Verankerungslängen (→ Kap. 4.3.2) und eine ausreichende Betondeckung verhindert (damit ein mehrdimensionaler Spannungszustand wie in **Abb. 4.1** möglich ist). Längsrisse verlaufen längs des Bewehrungsstabes und können zur Korrosion längs des gesamten Stabes führen. Sie wirken sich auf die Dauerhaftigkeit daher nachteiliger als Querrisse aus.

Einen Überblick über die Entstehung und Ursachen von Rissen gibt **Tafel 12.1**. Hierbei sind jedoch nur die Hauptursachen für das Entstehen von Rissen aufgeführt, i. d. R. haben Risse jedoch mehrere Ursachen. Neben den in **Tafel 12.2** angegebenen Ursachen können auch weitere Gründe für eine Rissentwicklung vorliegen:

- Falsche *Modellbildung* (unzweckmäßige Wahl des statischen Systems)
- Unvollständige oder falsche *Lastannahmen*
- Falsche *Lage der Bewehrung*
- Schlechte *Bewehrungsführung* (zu große Stabdurchmesser und/oder Stababstände)
- Zu kurze *Verankerungslängen*
- Zu große *Verformungen* von Schalung und Gerüsten
- Unterschreitung des Mindestmaßes der *Betondeckung*
- Unzureichende *Betontechnologie* (insbesondere im Hinblick auf die Hydratationswärme)
- Unzureichende oder fehlende *Nachbehandlung*
- *Chemische Reaktionen* (Alkalireaktion und Sulfattreiben)

Tafel 12.2 Übersicht über Rissursachen, Merkmale, Zeitpunkte und Beeinflussung der Rissbildung [DBV – 06/1]

Rissursache	Rissbildung		
	Merkmale	**Zeitpunkt**	**Beeinflussung**
Setzen des Frischbetons	Längsrisse über der oberen Bewehrung; Rissbreite bis einige mm; Risstiefe i. Allg. gering, bis zu einigen cm	Innerhalb der ersten Stunden nach dem Betonieren; solange der Beton plastisch verformbar ist.	Betonzusammensetzung (*w*/*z*-Wert, Sieblinie), Verarbeitung des Betons, Nachverdichtung
Schrumpfen	Oberflächenrisse, vor allem bei flächigen Bauteilen ohne ausgeprägte Richtung; Rissbreiten bis über 1 mm; Risstiefe gering	Wie bei „Setzen des Frischbetons"	Vorkehrungen gegen raschen Feuchtigkeitsverlust
Abfließen der Hydratationswärme	Oberflächenrisse, Trennrisse, Biegerisse; Risstiefe u. U. über 1 mm	Innerhalb der ersten Tage nach dem Betonieren	Betonzusammensetzung, Zementart, -festigkeitsklasse; Nachbehandlung, Bewehrungsmenge und -anordnung, Betonierabschnitte (Fugen), evtl. Kühlung des Frischbetons
Schwinden	Wie „Schrumpfen"	Einige Wochen bis Monate nach dem Betonieren	Betonzusammensetzung, Begrenzung der Betonzugfestigkeit, Fugen, Vakuumbehandlung
Äußere Temperatureinwirkungen	Biege- und Trennrisse, Rissbreite u. U. über 1 mm, u. U. auch Oberflächenrisse	Jederzeit während der gesamten Nutzungsdauer des Bauwerkes, wenn Temperaturänderungen auftreten	Bewehrung, Maßnahmen zur Begrenzung der Betonzugfestigkeit, Fugen
Setzungen	Biege- und Trennrisse, Rissbreite u. U. über 1 mm	Jederzeit bei Änderung der Auflagerbedingungen	Statisches System
Eigenspannungszustände	Je nach Ursache unterschiedlich	Jederzeit bei Auftreten der rissverursachenden Dehnungen	Zweckmäßige Wahl und Anordnung der Bewehrung
Äußere Lasten	Biege-, Trenn- oder Schubrisse	Jederzeit während der Nutzungsdauer	Wie „Eigenspannungen"
Frost	Vorwiegend Längsrisse und/oder Absprengungen im Bereich wassergefüllter Hohlräume	Jederzeit bei Frost	Vermeidung wassergefüllter Hohlräume
Korrosion der Bewehrung	Risse entlang der Bewehrung und an Bauteilecken, Absprengungen	Nach mehreren Jahren	Dicke und Qualität der Betondeckung

12.2.2 Bauteile mit erhöhter Wahrscheinlichkeit einer Rissbildung

Bestimmte Bauteile können aufgrund ihrer Lage im Bauwerk, aufgrund des gewählten Bauablaufs oder der gewählten Abmessungen rissanfällig sein. Sofern mehrere Rissursachen gleichzeitig (**Tafel 12.2**) zutreffen, ist die Wahrscheinlichkeit besonders groß, dass Risse auftreten.

Einige Beispiele für erhöhte Rissanfälligkeit sind:

- **Arbeitsfugen**
  Man unterscheidet Bewegungsfugen und Arbeitsfugen. Im Unterschied zu Bewegungsfugen sind Arbeitsfugen nur aufgrund des Herstellungsablaufes erforderlich. An Arbeitsfugen können Risse nur schwer vermieden werden, da zwischen dem älteren und dem jüngeren Beton nur eine geringe Zugfestigkeit vorhanden ist. Da Betonierabschnitt II an den bereits erhärteten Betonierabschnitt I betoniert wird, fließt die Hydratationswärme im Randbereich aus dem Betonierabschnitt II ab. Nach Abschluss der Erhärtung sinkt die Hydratationstemperatur auf die Umgebungstemperatur ab. An der Arbeitsfuge wird die Verkürzung des Betons durch den Anschluss an das ältere Bauteil behindert, es entstehen hieraus Zwangbeanspruchungen und es kommt zur Rissbildung (**Abb. 12.2**). Das Abfließen der Hydratationswärme führt bei dicken Bauteilen zu Rissen, besonders wenn es mit rascher Abkühlung infolge kalter Umgebungsluft überlagert wird. Eine wirksame Gegenmaßnahme ist die Wahl eines langsam erhärtenden Zementes mit geringer Wärmetönung.

  Sofern Abschnitt II wesentlich später als Betonierabschnitt I hergestellt wird, können Zusatzbeanspruchungen aus Schwinden entstehen.

- **Massige Bauteile**
  Je dicker Bauteile sind, umso größer werden die Beanspruchungen aus Eigenspannungen und Zwang.

- **Bauteile unterschiedlicher Abmessungen**
  Ein dünneres Bauteil schwindet schneller und ändert seine Temperatur schneller als ein dickeres Bauteil. Durch die Verformungsbehinderung zwischen beiden Bauteilen entstehen Zwangsbeanspruchungen, die zu Trennrissen im dünneren Bauteil führen können.

- **Einspringende Ecken**
  An einspringenden Ecken und Querschnittsprüngen (z. B. Aussparungen) weicht der Spannungsverlauf von der klassischen Biegetheorie ab. Dies ist Ursache für Risse, die durch eine sachgemäß konstruierte Bewehrung in ihrer Rissbreite begrenzt werden können.

- **Konzentrierte Kräfte**
  Im Einleitungsbereich konzentrierter großer Kräfte entsteht ein räumlicher Spannungszustand, der zu Rissen führen kann. Die Rissbreite wird durch eine zweckmäßig angeordnete Bewehrung begrenzt.

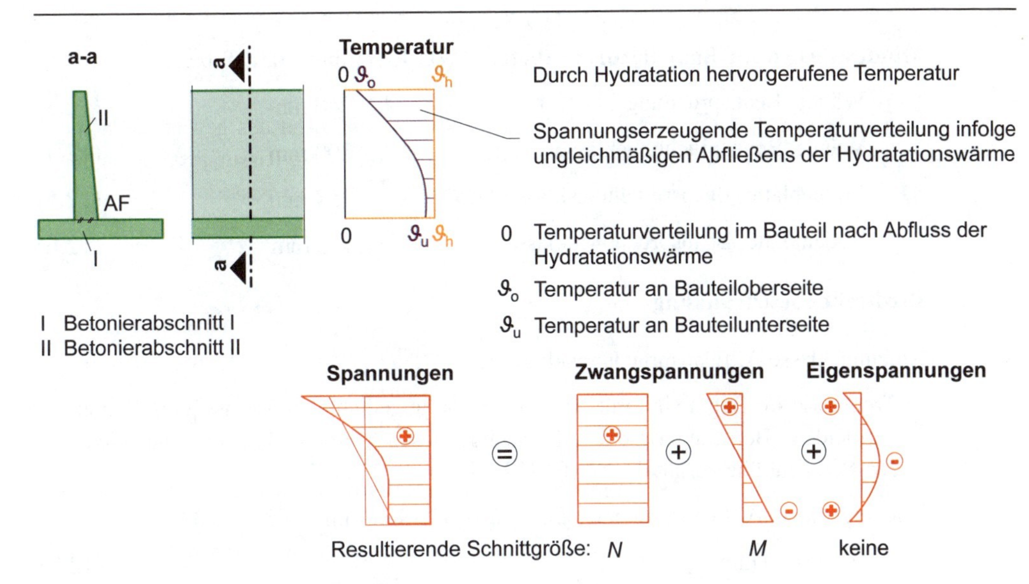

Abb. 12.2 Spannungen infolge Abfließens der Hydratationswärme (nach [Springenschmid – 84])

12.2.3 WU-Bauteile

In [WU-Richtlinie – 03] werden Anforderungen an die Gebrauchstauglichkeit von wasserundurchlässigen Bauwerken aus Beton geregelt. Nachfolgend werden wichtige Definitionen dieser Richtlinie zusammengestellt. Es handelt sich hierbei nur um eine kurze Zusammenstellung. Zur Anwendung ist die genaue Durcharbeitung von [WU-Richtlinie – 03] unabdingbar.

- **Nutzungsklase A**

  Für Bauwerke oder Bauteile der Nutzungsklasse A ist ein Feuchtetransport in flüssiger Form nicht zulässig ([WU-Richtlinie – 03], 5.3).

- **Nutzungsklase B**

  Für Bauwerke oder Bauteile der Nutzungsklasse B sind Feuchtstellen auf der Bauteiloberfläche zulässig. Feuchtstellen sind gemäß Definition feuchtebedingte Dunkelfärbungen, gegebenenfalls auch die Bildung von Wasserperlen an diesen Stellen, nicht jedoch Wasserdurchtritte, die mit auf der Bauteiloberfläche angesammelten Wassermengen verbunden sind ([WU-Richtlinie – 03], 5.3).

- **Beanspruchungsklasse 1**

  Bauwerke oder Bauteile, die durch drückendes und nichtdrückendes Wasser sowie zeitweise aufstauendes Sickerwasser belastet werden, sind in die Beanspruchungsklasse 1 einzustufen ([WU-Richtlinie – 03], 5.2).

- **Beanspruchungsklasse 2**

  Bauwerke oder Bauteile, die durch Bodenfeuchte oder nicht aufstauendes Sickerwasser belastet werden, sind in die Beanspruchungsklasse 2 einzustufen ([WU-Richtlinie – 03], 5.2).

- **Mindestdicken für Bauteile aus Ortbeton** ([WU-Richtlinie – 03], Tabelle 1)

Wände, Beanspruchungsklasse 1	$h \geq 240$ mm	(12.3)
Wände, Beanspruchungsklasse 2	$h \geq 200$ mm	(12.4)
Bodenplatte, Beanspruchungsklasse 1	$h \geq 250$ mm	(12.5)
Bodenplatte, Beanspruchungsklasse 2	$h \geq 150$ mm	(12.6)

- **Rissbreitenbeschränkung**

Nutzungsklasse A, Beanspruchungsklasse 1:

Trennrisse im Beton sind mit Ausnahme von abgedichteten Sollrissquerschnitten zu vermeiden. Bei Biegerissen kann nachgewiesen werden, dass eine ausreichende Druckzonenhöhe vorhanden ist ([WU-Richtlinie – 03], 8.5.3).

Nutzungsklasse A, Beanspruchungsklasse 2 ([WU-Richtlinie – 03], 8.5.3):

$$w_k \leq 0{,}20 \text{ mm} \tag{12.7}$$

Nutzungsklasse B, Beanspruchungsklasse 1:

Bei Einhaltung der Werte nach den Gln. (12.8) bis (12.10) kann davon ausgegangen werden, dass der anfängliche Wasserdurchtritt mit der Zeit durch Selbstheilung der Risse stark reduziert wird. Feuchtstellen an der Bauteiloberfläche können jedoch auch zum späteren Zeitpunkt nicht mit absoluter Sicherheit ausgeschlossen werden. Hierbei bezeichnet h_w die Druckhöhe des Wassers und h_b die Bauteildicke ([WU-Richtlinie – 03], 8.5.4).

$h_w / h_b \leq 10$	$w_k \leq 0{,}20$ mm	(12.8)
$10 < h_w / h_b \leq 15$	$w_k \leq 0{,}15$ mm	(12.9)
$15 < h_w / h_b \leq 25$	$w_k \leq 0{,}10$ mm	(12.10)

Nutzungsklasse B, Beanspruchungsklasse 2 ([WU-Richtlinie – 03], 8.5.4):

$$w_k \leq 0{,}20 \text{ mm} \tag{12.11}$$

- **Einwirkungskombination**

Für die Nachweise zur Begrenzung der Rissbreite ist von der häufigen Einwirkungskombination auszugehen ([WU-Richtlinie – 03], 8.5.1).

12.3 Grundlagen der Rissbreitenberechnung

12.3.1 Eintragungslänge und Rissabstand

Das Tragverhalten von Stahlbetonbauteilen wurde in Kap. 1.3 beschrieben. Aufbauend hierauf können auch die erforderlichen Gleichungen zur Berechnung der Rissbreite formuliert werden. Vereinfachend wird davon ausgegangen, dass die Bauteile nicht vorgespannt werden.[43] Es wird hierbei zwischen der Erstriss- und der abgeschlossenen Rissbildung unterschieden.

Erstrissbildung

Die Erstrissbildung ist dadurch gekennzeichnet, dass sich die Einleitungslängen l_t voll ausbilden können und zwischen diesen ebene Dehnungszustände mit $\varepsilon_s = \varepsilon_c$ verbleiben (**Abb. 1.7**). Die mittlere Rissbreite erhält man daher direkt aus dem Integral der Dehnungsunterschiede von Beton und Betonstahl über den Störungsbereich

$$w_m = \int_{-l_t}^{l_t} \left(\varepsilon_s - \varepsilon_c\right) dx = 2\, l_t \cdot \left(\varepsilon_{sm} - \varepsilon_{cm}\right) \tag{12.12}$$

Bei Vernachlässigung der gegenüber der mittleren Stahldehnung ε_{sm} deutlich kleineren Betondehnung ε_{cm} erhält man:

$$w_m \approx 2\, l_t \cdot \varepsilon_{sm}$$

Am Ende der Eintragungslänge liegt eine ungerissene ungestörte Situation vor. Daher gelten dort Gln. (1.12) und (1.14). Längs der Eintragungslänge l_t wird zwischen der Oberfläche des Betonstahls und dem Beton über Verbundspannungen τ_{sm} eine Kraft F_c in den Beton eingeleitet.

$$F_c = \tau_{sm} \cdot u_s \cdot l_t = \tau_{sm} \cdot \pi \cdot \phi \cdot l_t \tag{12.13}$$

u_s Umfang des Betonstahles

Weiterhin gilt:

$$\Delta F_s = \Delta\sigma_s \cdot A_s = \Delta\sigma_s \cdot \pi \cdot \frac{\phi^2}{4}$$

$$F_c = \Delta F_s$$

$$\tau_{sm} \cdot \pi \cdot \phi \cdot l_t = \Delta\sigma_s \cdot \pi \cdot \frac{\phi^2}{4}$$

$$l_t = \frac{\Delta\sigma_s}{\tau_{sm}} \cdot \frac{\phi}{4} \qquad \text{analog zu Gl. (4.7)} \tag{12.14}$$

Wenn für den Spannungssprung $\Delta\sigma_s$ Gl. (1.18) verwendet wird:

$$l_t = \frac{f_{ct}}{\rho \cdot \tau_{sm}} \cdot \frac{\phi}{4} \tag{12.15}$$

[43] Das Berechnungsverfahren lässt sich auf Spannbeton erweitern (vgl. [König/Tue – 96], [Avak/Glaser – 05]).

Abgeschlossene Rissbildung

Im Zustand der abgeschlossenen Rissbildung liegt an keiner Stelle mehr ein ebener Dehnungszustand vor (**Abb. 1.8**). Die mittlere Rissbreite erhält man wiederum direkt aus dem Integral der Dehnungsunterschiede von Beton und Betonstahl über den Störungsbereich

$$w_{\mathrm{m}} = \int_{-s_{\mathrm{cr}}/2}^{s_{\mathrm{r}}/2} (\varepsilon_{\mathrm{s}} - \varepsilon_{\mathrm{c}})\,dx = s_{\mathrm{r}} \cdot (\varepsilon_{\mathrm{sm}} - \varepsilon_{\mathrm{cm}}) \tag{12.16}$$

$$w_{\mathrm{m}} \approx s_{\mathrm{cr}} \cdot \varepsilon_{\mathrm{sm}}$$

Der Rissabstand s_{r} kann durch eine Extremwertbetrachtung eingegrenzt werden. Bei abgeschlossener Rissbildung entstehen keine weiteren Risse. Der Rissabstand kann daher höchstens gleich der doppelten Eintragungslänge sein, andernfalls würde die Zugfestigkeit des Betons erreicht und ein Riss entstünde. Der kleinste Rissabstand ergibt sich aus der Überlegung, dass bei Erstrissbildung erst am Ende der Eintragungslänge l_{t} ein weiterer Riss entstehen kann. In diesem Fall ist der Rissabstand gleich der Eintragungslänge.

$$s_{\mathrm{r,max}} = 2\,l_{\mathrm{t}} \tag{12.17}$$

$$s_{\mathrm{r,min}} = l_{\mathrm{t}} \tag{12.18}$$

$$s_{\mathrm{rm}} \approx \frac{s_{\mathrm{r,max}} + s_{\mathrm{r,min}}}{2} = 1{,}5\,l_{\mathrm{t}} \tag{12.19}$$

Die größte mittlere Rissbreite tritt beim Rissabstand $s_{\mathrm{r,max}}$ ein und führt durch Einsetzen von Gl. (12.17) in Gl. (12.16) erneut auf Gl. (12.12). Bei der Berechnung der Rissbreite muss somit nicht zwischen Erstriss- und abgeschlossener Rissbildung unterschieden werden.

12.3.2 Zugversteifung

Die für die Gln. (12.12) bzw. (12.16) benötigte mittlere Stahldehnung wurde schon mit Gl. (1.19) formuliert. Der Abzugsterm kennzeichnet hierbei die Mitwirkung des Betons zwischen den Rissen (Zugversteifung). Die Gl. wird noch umgeformt in

$$\varepsilon_{\mathrm{sm}} = \varepsilon_{\mathrm{s,max}} - k_{\mathrm{t}} \cdot \frac{\Delta\sigma_{\mathrm{s}}}{E_{\mathrm{s}}} = \frac{\sigma_{\mathrm{s}}}{E_{\mathrm{s}}} - k_{\mathrm{t}} \cdot \frac{\Delta\sigma_{\mathrm{s}}}{E_{\mathrm{s}}} = \left(1 - k_{\mathrm{t}} \cdot \frac{\Delta\sigma_{\mathrm{s}}}{\sigma_{\mathrm{s}}}\right) \cdot \frac{\sigma_{\mathrm{s}}}{E_{\mathrm{s}}} \tag{12.20}$$

Die Betondehnung weist denselben Kurvenverlauf, somit auch denselben Völligkeitsbeiwert k_{t} auf.

$$\varepsilon_{\mathrm{cm}} = k_{\mathrm{t}} \cdot \frac{\sigma_{\mathrm{c}}}{E_{\mathrm{c}}} \tag{12.21}$$

12.3.3 Grundgleichung der Rissbreite

In Gl. (12.12) werden die mittleren Rissbreiten beschrieben. Für die Nachweise zu Rissbreitenbeschränkung ist von einer charakteristischen Rissbreite w_k (Rechenwert der Rissbreite) auszugehen. Beide werden über den Streubeiwert β gekoppelt.

$$w_k = \beta \cdot w_m$$

$$w_k = \beta \cdot s_{rm} \cdot (\varepsilon_{sm} - \varepsilon_{cm}) \qquad (12.22)$$

Dies ist die Grundgleichung der Rissbreite. Mit Gl. (12.20) ergibt sich, wenn die Betondehnung vernachlässigt wird:

$$w_k = \beta \cdot s_{rm} \cdot \left[\left(1 - k_t \cdot \frac{\Delta\sigma_s}{\sigma_s} \right) \cdot \frac{\sigma_s}{E_s} - k_t \cdot \frac{\sigma_c}{E_c} \right] \qquad (12.23)$$

Ausgehend von dieser Gl. werden mit weiteren Randbedingungen in EC 2-1-1 (→ Kap. 12.4.1) die Rissbreiten berechnet.

12.3.4 Wirksame Zugzone

Die Rissbreiten werden für die abgeschlossene Rissbildung nachgewiesen. Hierzu ist die Kenntnis der Kräfte erforderlich, die im Bereich der Eintragungslängen zwischen Betonstahl und Beton übertragen werden. Es ist die „wirksame Zugzone“[44] zu bestimmen. Bei der Erstrissbildung entstehen zunächst Einzelrisse (Primärrisse), wenn die Beanspruchung die Zugfestigkeit des Betons erreicht.

$$\sigma_{c,cr} = \frac{N_{cr}}{A} + \frac{M_{cr}}{W} = f_{ct} \qquad (12.24)$$

Da längs der Eintragungslänge die Zugspannungen auch im Beton im Bereich der Bewehrung konzentriert (und nicht über den Querschnitt verteilt) sind, reicht eine geringere Biegezugkraft, um den nächsten Riss (Sekundärriss) zu erzeugen.

[44] Andere Bezeichnung: effektive Zugzone.

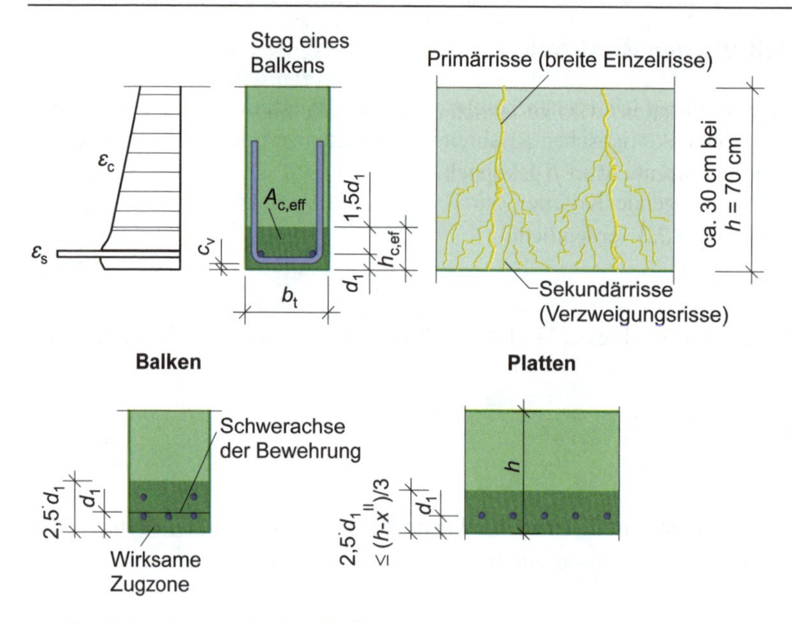

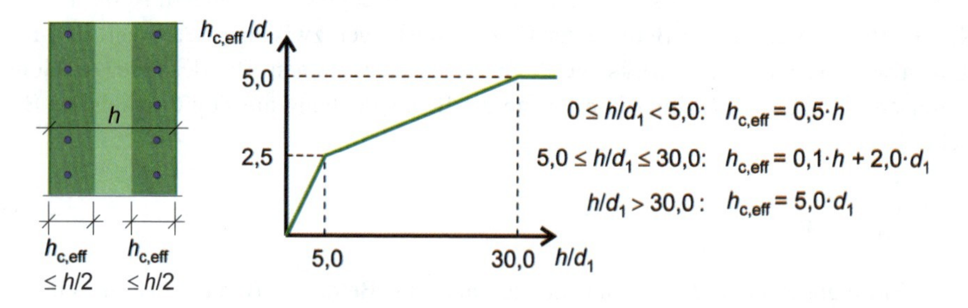

Abb. 12.3 Wirkungsbereich der Bewehrung für Nachweise der Rissbreiten

Die Sekundärrisse münden in die Primärrisse (**Abb. 12.3**). Aufgrund der Völligkeit der Betonzugspannungen um die Biegezugbewehrung ist es (insbesondere bei großen Bauteilabmessungen) gerechtfertigt, anstatt der Betonzugzone A_{ct} die wirksame Zugzone $A_{c,eff}$ (effective tensile area) zu verwenden, in der die Bewehrung wirksam ist.

$$A_{c,eff} = b_t \cdot h_{c,eff} \text{ [45]} \tag{12.25}$$

$$\rho_{eff} = \frac{A_s}{A_{c,eff}} \tag{12.26}$$

[45] In EC 2-1-1 ist mit „b" die Breite der Zugzone gemeint. Zur Verdeutlichung wird hier und nachfolgend der Index „t" verwendet.

Diese Fläche ist eine Ersatzfläche für einen zentrisch gezogenen Stab[46]. Als untere Grenze der effektiven Höhe wurde von Schießl in [Bertram/Bunke – 89] der Wert 2,5 · d_1 vorgeschlagen. Für geringe Bauteilhöhen (z. B. bei Platten) wird zusätzlich eine Schranke hinsichtlich der Druckzonenhöhe eingeführt.

In EC 2-1-1/NA werden nachfolgende Kriterien zur Ermittlung der effektiven Höhe $h_{c,eff}$ genannt. Dies ist ebenfalls in **Abb. 12.3** verdeutlicht.

$$h_{c,eff} = \min \begin{cases} 2{,}5 \cdot (h-d) \\ \dfrac{h - x^{II}}{3} \\ \dfrac{h}{2} \end{cases} \tag{12.27}$$

Hierbei ist x^{II} die Druckzonenhöhe im Zustand II. Wenn die Bewehrung nicht innerhalb des Grenzbereiches (h – x^{II})/3 liegt, sollte dieser auf (h – x^{I})/2 mit x^{I} der Druckzonenhöhe im Zustand I vergrößert werden.

Die untere Grenze von 2,5 · d_1 für die wirksame Zugzone $h_{c,eff}$ gilt nur für eine konzentrierte Bewehrungsanordnung und dünne Bauteile mit $h/d_1 \leq 5$ bei zentrischer Zugbeanspruchung und $h/d_1 \leq 10$ bei Biegung.

Bei dickeren Bauteilen kann die wirksame Zugzone $h_{c,eff}$ bis 5,0 · d_1 anwachsen (**Abb. 12.3**) und wird wie folgt berechnet:

Für Zug gilt:

$$\begin{aligned} 0 \leq h/d_1 < 5{,}0: &\quad h_{c,eff} = 0{,}5 \cdot h \\ 5{,}0 \leq h/d_1 < 30{,}0: &\quad h_{c,eff} = 0{,}1 \cdot h + 2{,}0 \cdot d_1 \\ h/d_1 \geq 30{,}0: &\quad h_{c,eff} = 5{,}0 \cdot d_1 \end{aligned} \tag{12.28}$$

Für Biegung gilt:

$$\begin{aligned} 0 \leq h/d_1 < 10{,}0: &\quad h_{c,eff} = 0{,}25 \cdot h \\ 10{,}0 \leq h/d_1 < 60{,}0: &\quad h_{c,eff} = 0{,}05 \cdot h + 2{,}0 \cdot d_1 \\ h/d_1 > 60: &\quad h_{c,eff} = 5{,}0 \cdot d_1 \end{aligned} \tag{12.29}$$

[46] Bei der Ableitung der Grundgleichung der Rissbreiten (Gl. (12.22)) wurde ebenfalls vom zentrisch gezogenen Stab ausgegangen (vgl. **Abb. 1.7**).

12.3.5 Schnittgrößen aus Zwang und Lasten

Für den Nachweis der Rissbreitenbeschränkung ist wesentlich, ob die Beanspruchungen aus Lasten oder aus Zwang herrühren. Wenn die Ursache Zwängungen sind, werden die Beanspruchungen durch die Rissbildung vermindert. Hierfür wird im allgemeinen Fall eine Mindestbewehrung ausreichend sein. Wenn dagegen die Ursache Lasten sind, ist die Größe der Lasten für die Schnittgrößen und damit die Rissbreiten wesentlich. Für (nicht vorgespannte) Stahlbetonbauteile ist dem Nachweis die quasi-ständige Lastkombination zu Grunde zu legen, sofern der Bauherr nicht ein höheres Lastniveau fordert.

12.3.6 Mindestbewehrung

Auf eine Mindestbewehrung darf gemäß EC 2-1-1/NA, NDP Zu 7.3.2 (4) nur dann verzichtet werden, wenn in Bauteilen mit Vorspannung mit Verbund unter der seltenen Einwirkungskombination und unter den maßgebenden charakteristischen Werten der Vorspannung Betondruckspannungen am Querschnittsrand auftreten, die dem Betrag nach größer als 1,0 N/mm² sind.

Für Stahlbetonbauteile ohne Vorspannung muss in der Regel in oberflächennahen Bereichen der Zugzone eine Mindestbewehrung vorgesehen werden, da eine Rissbildung infolge nicht berücksichtigter Zwangseinwirkung oder Eigenspannungen nicht auszuschließen ist. Die Mindestbewehrung ist gemäß EC 2-1-1, 7.3.2 (2) mit einem angemessenen Anteil, aber auch derart über die Zugzone zu verteilen, dass die Bildung breiter Sammelrisse vermieden wird. Sofern diese Zwangsbeanspruchungen durch konstruktive Maßnahmen verhindert werden, kann auf die Mindestbewehrung verzichtet werden.

Wenn auf die Mindestbewehrung nicht verzichtet werden kann, muss sie so groß sein, dass die unmittelbar vor der Rissbildung entstehenden Rissschnittgrößen N_{cr} und M_{cr} im Zustand II aufgenommen werden können. Die Rissschnittgrößen sind diejenigen Beanspruchungen, bei denen die Betonrandspannung im Bauteil gleich der wirksamen Betonzugfestigkeit $f_{ct,eff}$ ist. Zur Bestimmung des Spannungsgradienten bei einer Kombination aus Normalspannung und Biegespannung wird die seltene Einwirkungskombination herangezogen.

Gemäß EC 2-1-1, NCI Zu 7.3.2 (2), darf die Zwangsschnittgröße vermindert werden, wenn diese die Rissschnittgröße nicht erreicht. In diesen Fällen darf die Mindestbewehrung durch eine Bemessung des Querschnitts für die nachgewiesene Zwangsschnittgröße unter Berücksichtigung der Anforderungen an die Rissbreitenbegrenzung ermittelt werden. Hierbei ist zu beachten, dass die Betonzugfestigkeit und damit die Zwangsbeanspruchung sehr stark streuende Größen sind. Außerdem kann sich die zutreffende Ermittlung der Zwangseinwirkungen sehr schwierig gestalten. Eventuell sollte versucht werden, die Zwangsbeanspruchung durch betontechnologische Maßnahmen zu reduzieren.

Für die Betonzugfestigkeit $f_{ct,eff}$ gilt:

$$f_{ct,eff} = k_{zt} \cdot f_{ctm} \tag{12.30}$$

– Zwangschnittgröße aus abfließender Hydratationswärme ($3 \leq t \leq 5$ d): $k_{zt} = 0{,}5$ (12.31)

– Zwangschnittgröße bei einem Betonalter $t \geq 28$ d: $k_{zt} = 1{,}0$ (12.32)

Falls für die Ermittlung der Zwangsschnittgrößen aus abfließender Hydratationswärme in Gl. (12.30) die Annahme k_{zt} = 0,5 getroffen wird, ist dies durch Hinweis in der Baubeschreibung und auf den Ausführungsplänen dem Bauausführenden rechtzeitig mitzuteilen, damit bei der Festlegung des Betons eine entsprechende Anforderung aufgenommen werden kann.

Die tatsächliche Betonfestigkeit kann gegenüber der geplanten Festigkeitsklasse größer ausfallen. Dies ist zu berücksichtigen, wenn der Zeitpunkt der Rissbildung nicht mit Sicherheit innerhalb von 28 Tagen nach dem Betonieren liegt. Mit dieser „Überfestigkeit" der Druckfestigkeit ist zwangsläufig auch eine größere Zugfestigkeit verbunden. Um die hieraus möglichen Streuungen der Zugfestigkeit abzudecken, sollte min $f_{ct,eff}$ = 3,0 N/mm^2 (für Normalbeton) als Mindestwert in Gl. (12.33) eingesetzt werden.

Die erforderliche Mindestbewehrung zur Begrenzung der Rissbreite darf nach Gl. (12.33) ermittelt werden.

$$A_{s,min} = k_c \cdot k \cdot \frac{f_{ct,eff}}{\sigma_s} \cdot A_{ct} \tag{12.33}$$

Der Beiwert k_c ist ein Beiwert zur Berücksichtigung des Einflusses der Spannungsverteilung innerhalb der Zugzone A_{ct} vor der Erstrissbildung sowie der Änderung des inneren Hebelarmes beim Übergang in den Zustand II. Er darf für Rechteckquerschnitte, Stege von Plattenbalken und Hohlkästen nach Gl. (12.34) berechnet werden. σ_c ist hierbei die Betonspannung in Höhe der Schwerachse (Druckspannungen positiv).

$$k_c = 0{,}4 \cdot \left(1 - \frac{\sigma_c}{k_1 \cdot h/h^* \cdot f_{ct,eff}}\right) \leq 1{,}0 \tag{12.34}$$

$$\text{mit:} \quad k_1 = \begin{cases} 1{,}5 & \text{für Längsdruckkraft} \\ 2/3 \cdot h^*/h & \text{für Längszugkraft} \end{cases} \tag{12.35}$$

$$h^* = \begin{cases} h & \text{für } h < 1{,}0 \text{ m} \\ 1 \text{ m} & \text{für } h \geq 1{,}0 \text{ m} \end{cases} \tag{12.36}$$

$$\sigma_c = \frac{N_{Ed}}{A_c} \tag{12.37}$$

Der Beiwert k_c kann aus der Rissbedingung für Rechteckquerschnitte mit Gl. (12.33) einfach bestimmt werden.

Zentrischer Zwang: $k \cdot f_{ct,eff} = \frac{N_{cr}}{A_c} = \frac{A_{s,min} \cdot \sigma_s}{b \cdot h} = \frac{k_c \cdot k \cdot \frac{f_{ct,eff}}{\sigma_s} \cdot A_{ct} \cdot \sigma_s}{b \cdot h}$

$$k_c = \frac{b \cdot h}{A_{ct}} = \frac{b \cdot h}{b \cdot h} = 1 \qquad \rightarrow \text{Gl. (12.34)}$$

Reiner Biegezwang: $k \cdot f_{ct,eff} = \frac{M_{cr}}{W_c} = \frac{A_{s,min} \cdot \sigma_s \cdot z}{(b \cdot h)^2/6} = \frac{k_c \cdot k \cdot \frac{f_{ct,eff}}{\sigma_s} \cdot A_{ct} \cdot \sigma_s \cdot z}{(b \cdot h)^2/6}$

$$k_c = \frac{b \cdot h^2}{6} \cdot \frac{1}{A_{ct} \cdot z} \approx \frac{b \cdot h^2}{6} \cdot \frac{1}{(b \cdot h)/2 \cdot 0{,}85\,h} = \frac{1}{2{,}55} \approx 0{,}4$$

$\rightarrow$ Gl. (12.34)

Der Beiwert k in Gl. (12.33) berücksichtigt nichtlinear über den Querschnitt verteilte Eigenspannungen, die nicht an anderer Stelle im Nachweis erfasst werden:

Es gilt (EC 2-1-1/NA zu 7.3.2(2)):

- allgemein bei Zugspannungen aus Zwang im Bauteil $k = 1{,}0 \cdot 0{,}8 = 0{,}8$ (12.38)
- bei Rechteckquerschnitten mit $h \leq 30$ cm $k = 1{,}0 \cdot 0{,}8 = 0{,}8$ (12.39)
- bei Rechteckquerschnitten mit $h \geq 80$ cm $k = 0{,}65 \cdot 0{,}8 = 0{,}52$ (12.40)
  Hierbei ist h die kleinere Bauteilabmessung; Zwischenwerte sind zu interpolieren; bei profilierten Querschnitten sind die einzelnen Teile getrennt als Rechtecke zu betrachten.
- bei Zwang, der durch andere Bauteile hervorgerufen wird $k = 1{,}0$ (12.41)

In Gl. (12.33) bezeichnet A_{ct} die Fläche der Zugzone im Zustand I unmittelbar vor der Rissbildung und σ_s die Spannung des Betonstahles im Zustand II in Abhängigkeit vom verwendeten Durchmesser. Die Betonstahlspannung σ_s darf in Abhängigkeit vom Grenzdurchmesser ϕ_s^* und Rissbreite w_k **Tafel 12.3** entnommen werden.

Alternativ zu **Tafel 12.3** kann σ_s in Abhängigkeit von Rissbreite und des Grenzdurchmesser auch direkt berechnet werden ($\rightarrow$ Kap. 12.4.2):

$$\sigma_s = \sqrt{\frac{6 \cdot w_k \cdot E_s \cdot f_{ct,0}}{\phi_s^*}} = \sqrt{w_k \cdot \frac{3{,}48 \cdot 10^6}{\phi_s^*}} \text{ [N/mm²]} \qquad (12.42)$$

Für die Herleitung des Grenzdurchmessers wurde die Zugfestigkeit des Betons mit $f_{ct,0} = 2{,}9$ N/mm^2 angesetzt. Der Nachweis der Rissbreite erfolgt durch die Begrenzung des Stabdurchmessers:

$$\phi_s = \phi_s^* \cdot k_c \cdot k \cdot \frac{h_{cr}}{4 \cdot (h-d)} \cdot \frac{f_{ct,eff}}{f_{ct,0}} \geq \phi_s^* \cdot \frac{f_{ct,eff}}{f_{ct,0}} \qquad (12.43)$$

h_{cr} Höhe der Zugzone im Querschnitt unmittelbar vor Erstrissbildung. Bei zentrischen Zwang gilt $0{,}5 \cdot h_{cr}$

Bei dickeren Bauteilen unter zentrischer Zwangsbeanspruchung darf die Mindestbewehrung je Querschnittseite unter Berücksichtigung einer wirksame Zugzone $h_{c,eff}$ berechnet werden (**Abb. 12.3** und Gl. (12.28)). Allerdings muss sichergestellt sein, dass die Bewehrung, unter Ansatz der Spannungsverteilung vor der Erstrissbildung, innerhalb der Zugzone A_{ct} nicht zu fließen beginnt. Hieraus ergibt sich nachfolgende Bewehrung je Querschnittseite:

$$A_{s,min} = f_{ct,eff} \cdot \frac{A_{c,eff}}{\sigma_s} \geq k \cdot f_{ct,eff} \cdot \frac{A_{ct}}{f_{yk}} \qquad (12.44)$$

Mit der Anwendung von Gl. (12.44) lässt sich bei dickeren Bauteilen (z. B. Widerlagerwände von Brückenwiderlagern) eventuell die Mindestbewehrung reduzieren. Grundsätzlich muss nicht mehr Mindestbewehrung eingelegt werden, wie sich aus Gl. (12.33) in Verbindung mit Gl. (12.43) ergibt.

Tafel 12.3 Grenzdurchmesser ϕ_s^* der Betonstahlbewehrung (EC 2-1-1/NA, Tabelle 7.2DE)

Stahlspannung σ_s in N/mm²	**Grenzdurchmesser** ϕ_s^* in mm in Abhängigkeit von w_k		
	$w_k = 0{,}4$	$w_k = 0{,}3$	$w_k = 0{,}2$
160	54	41	27
200	35	26	17
240	24	18	12
280	18	13	9
320	14	10	7
360	11	8	5
400	9	7	4
450	7	5	3

Werden langsam erhärtende Betone verwendet (i. d. R. bei dickeren Bauteilen), darf die Mindestbewehrung mit einem Faktor 0,85 verringert werden (EC 2-1-1/NA, NCI Zu 7.3.2, NA.6). Die Rahmenbedingungen der Anwendungsvoraussetzungen für die Bewehrungsverringerung sind dann in den Ausführungsunterlagen festzulegen. Langsam erhärtende Betone verlängern die Nachbehandlungs- und Ausschalfristen. Bei den Nachweis von Bauzuständen muss ggf. dann eine entsprechende geringere Festigkeitsklasse angesetzt werden.

Bei der Ermittlung der Mindestbewehrung wird eine langfristige Lasteinwirkung durch Abminderung der Verbundsteifigkeit auf ca. 70 % und somit der Völligkeitsbeiwert $k_t = 0{,}4$ in den Gln. (12.20) und (12.21) berücksichtigt (Dauerstandseffekt).

Bei kurzzeitiger Lasteinwirkung könnte gemäß EC 2-1-1 mit $k_t = 0{,}6$ gerechnet werden, was eine Verminderung der Stahldehnung ε_{sm} nach Gl. (12.20) und eine geringere Mindestbewehrung zur Folge hätte.

Der Zwang aus abfließender Hydratationswärme sollte nicht als kurzzeitige Lasteinwirkung behandelt werden, da der Zwangsabbau infolge Kriechens deutlich langsamer als der Abfall der Verbundsteifigkeit infolge des Verbundkriechens erfolgt. Die Einstufung einer Einwirkung in die Kategorie kurzzeitig sollte nur in begründeten Ausnahmefällen erfolgen und könnte z. B. bei Anpralllasten toleriert werden.

Beispiel 12.1: Beschränkung der Rissbreite bei Zwangschnittgrößen

Gegeben: – Behälterwand mit Innenabdichtung von Beispiel 6.1
– Baustoffgüten C30/37; B500

Gesucht: Mindestbewehrung der Wand in horizontaler Richtung

Lösung:

Die Wand weist in horizontaler Richtung keine Lasten auf, sie wird nur aus Zwang infolge Abfließens der Hydratationswärme beansprucht. Es ist nämlich davon auszugehen, dass die Bodenplatte schon vor der Wand erstellt wurde und beim Betonieren der Wand bereits erhärtet ist. Es wird die Mindestbewehrung bestimmt, um die Zwangsschnittgrößen aus abfließender Hydratationswärme aufnehmen zu können.

Zwang aus abfließender Hydratationswärme: $k_{zt} = 0,5$ — (12.31)

$f_{ctm} = 2,9$ N/mm² — **Tafel 2.5**: C30/37

$f_{ct,eff} = 0,5 \cdot 2,9 = 1,45$ N/mm² — (12.30): $f_{ct,eff} = k_{zt} \cdot f_{ctm}$

Umgebungsklasse XC4; XF3 — **Tafel 2.1**: Außenbauteil mit direkter Beregnung, offener Wasserbehälter

$c_{min} = 25$ mm — **Tafel 3.1**: Umgebungsklasse XC4; XF3

Die Verbundbedingung wird nicht maßgebend, da die horizontale Bewehrung in der 2. Lage liegt.

$\Delta c_{dev} = 15$ mm — Vorhaltemaß für XC4

$c_{nom} = 25 + 15 = 40$ mm — (3.1): $c_{nom} = c_{min} + \Delta c_{dev}$

Horizontale Bewehrung: — horizontal $\phi_t = 10$ mm und vertikal $\phi_l = 10$ mm

$$d_1 = 40 + 10 + \frac{10}{2} = 55 \text{ mm}$$ — $d_1 = h - d = c_v + \phi_l + \frac{\phi_t}{2}$

$$h_{c,ef} = 2,5 \cdot 55 = 137,5 \text{ mm} > \underline{100 \text{ mm}} = \frac{200}{2}$$ — (12.27): $h_{c,ef} = 2,5\, d_1 \leq \frac{h}{2}$

$A_{ct} = 1,0 \cdot 0,2 / 2 = 0,10$ m²

Es wird die erforderliche Bewehrung für die Hälfte der Zugzone berechnet (Wandhälfte).

Erläuterung zu (12.33): A_{ct} ist die Fläche der Zugzone im Zustand I, vor der Erstrissbildung (hier: zentrische Zugbeanspruchung).

$\sigma_c = f_{ct,eff}$ — Bei Rissbildung

$$k_1 = \frac{2}{3}$$ — (12.35): zentrischer Zwang

$$k_1 = \begin{cases} 1,5 & \text{für Längsdruckkraft} \\ 2/3 \cdot h^*/h & \text{für Längszugkraft} \end{cases}$$

$$k_c = 0,4 \cdot \left(1 + \frac{3}{2}\right) = 1$$ (Zugspannungen negativ) — (12.34): $$k_c = 0,4 \cdot \left(1 - \frac{\sigma_c}{k_1 \cdot h/h^* \cdot f_{ct,eff}}\right) \leq 1,0$$

$k = 0,8$ — (12.39), da $h = 20$ cm < 30 cm

Der verwendete ∅10 (ϕ_s = 10 mm) ist auf den Grenzdurchmesser ϕ_s^* umzurechnen:

(12.43): $\phi_s = \phi_s^* \cdot k_c \cdot k \cdot \frac{h_{cr}}{4 \cdot (h-d)} \cdot \frac{f_{ct,eff}}{f_{ct,0}} \geq \phi_s^* \cdot \frac{f_{ct,eff}}{f_{ct,0}}$

$h_{cr} = 0,2/2 = 0,10 \text{ m} = 100 \text{ mm}$

Zentrischer Zwang: $h_{cr} \rightarrow 0,5 \cdot h_{cr}$

$$\phi^* \leq 10 \cdot \frac{1}{1 \cdot 0,8} \cdot \frac{4 \cdot 55}{100} \cdot \frac{2,9}{1,45} = 55,0 \text{ mm}$$

$$\leq 10 \cdot \frac{2,9}{1,45} = \underline{20,0 \text{ mm}}$$

$w_k \leq 0,30 \text{ mm}$

(12.2): XC4 (Außenbauteil, aufgrund Innenabdichtung keine WU-Anforderungen)

$$\sigma_s = \sqrt{0,30 \cdot \frac{3,48 \cdot 10^6}{20,0}} = 228,5 \text{ N/mm}^2$$

(12.42): $\sigma_s = \sqrt{w_k \cdot \frac{3,48 \cdot 10^6}{\phi_s^*}}$

$$A_{s,min} = 1,0 \cdot 0,8 \cdot \frac{1,45}{228,5} \cdot 0,10 \cdot 10^4 = 5,1 \text{ cm}^2$$

(je Wandseite/m)

(12.33): $A_{s,min} = k_c \cdot k \cdot \frac{f_{ct,eff}}{\sigma_s} \cdot A_{ct}$

gew: ∅10-15 beidseitig

Tafel 4.1

$$A_{s,vorh} = 0,785 \cdot \frac{100}{15} = 5,2 \text{ cm}^2 > 5,1 \text{ cm}^2 = A_{s,min}$$

(7.55): $A_{s,vorh} \geq A_{s,erf}$

Aus Wasserdruck wird in Vertikalrichtung eine Biegezugbewehrung erforderlich. Aufgrund der Querdehnzahl des Betons sind damit in horizontaler Richtung 20 % (→ Teil 2, Kap. 5) erforderlich.

Querbewehrung:

$A_{s,quer} \approx 0,20 \cdot 5,06 = 1,0 \text{ cm}^2 \leq A_{s,vorh} = 5,2 \text{ cm}^2$

Beispiel 7.5

(Fortsetzung mit Beispiel 12.2)

Beispiel 12.2: Mindestbewehrung zur Rissbreitenbeschränkung

Gegeben:
- Behälterwand mit Innenabdichtung von Beispiel 6.1
- Biegebemessung (Grenzzustand der Tragfähigkeit) ergab ∅10-10 (Beispiel 7.5)

Gesucht: Mindestbewehrung der Wand in vertikaler Richtung

Lösung:

Für Stahlbetonbauteile muss in oberflächennahen Bereichen eine Mindestbewehrung vorgesehen werden, da eine Rissbildung infolge nicht berücksichtigter Zwangseinwirkung oder Eigenspannungen nicht auszuschließen ist. Die Mindestbewehrung muss so groß sein, dass die unmittelbar vor der Rissbildung entstehenden Rissschnittgrößen N_{cr} und M_{cr} im Zustand II aufgenommen werden können. Die Rissschnittgrößen sind diejenigen Beanspruchungen, bei denen die Betonrandspannung im Bauteil gleich der wirksamen Betonzugfestigkeit $f_{ct,eff}$ ist. Die seltene Kombination gibt Aufschluss über die Rissbildung und den vor der Rissbildung anzusetzenden Spannungsverlauf im Querschnitt.

$M_{Qk} = -25 \cdot \frac{2,5^2}{6} = -26,0$ kNm/m

$N_{Gk} \approx 0$

Eigengewichtsanteil der Wand auf der sicheren Seite liegend vernachlässigt

$M_{Ed} = -26,0$ kNm/m

$N_{Ed} \approx 0$

$M_k = -q_k \cdot \frac{l_{eff}^2}{6}$

(z. B. [Schneider/Albert – 14], S. 4.12)

(6.19)

$E_{d,rare} = \sum_i E_{Gk,i} \oplus E_{Qk,1}$

Durch Vernachlässigung der Normalkraft N_{Ed} ergibt sich ein reiner Biegespannungszustand mit $f_{ct,eff}$ als maximale Zugspannung.

$f_{ctm} = 2,9$ N/mm² — **Tafel 2.5**: C30/37

Zwangsschnittgröße bei einem Betonalter $t \geq 28$ d: $k_{zt} = 1,0$ — (12.32)

$f_{ct,eff} = 1,0 \cdot 2,9 = 2,9 \text{ N/mm}^2 \leq \underline{3,0} \text{ N/mm}^2$ — (12.30): $f_{ct,eff} = k_{zt} \cdot f_{ctm}$

$M_{cr} = 3,0 \cdot \frac{1,0 \cdot 0,20^2}{6} \cdot 10^3 = 20,0$ kNm/m — (1.26): $M_{cr} = f_{ct,eff} \cdot W$

$N_{cr} \approx 0$ — reiner Biegezwang

Umgebungsklasse XC4; XF3 — **Tafel 2.1**: Außenbauteil mit direkter Beregnung, offener Wasserbehälter

Tafel 3.1: Umgebungsklasse XC4; XF3

$c_{min} = 25$ mm

$\Delta c_{dev} = 15$ mm — Vorhaltemaß für XC4

$c_{nom} = 25 + 15 = 40$ mm — (3.1): $c_{nom} = c_{min} + \Delta c_{dev}$

$d_1 = 40 + \frac{10}{2} = 45$ mm — $d_1 = c_V - \frac{\phi}{2}$

$N_{cr} = 0 \Rightarrow \sigma_c = 0$ reiner Biegezwang — (12.37): $\sigma_c = \frac{N_{Ed}}{A_c}$

(12.34):

$k_c = 0,4 \cdot (1 + 0) = 0,4$ — $k_c = 0,4 \cdot \left(1 - \frac{\sigma_c}{k_1 \cdot h/h^* \cdot f_{ct,eff}}\right) \leq 1,0$

$k = 0,8$ — (12.39), da $h = 20 \text{ cm} < 30 \text{ cm}$

Umrechnung des verwendeten ∅10 auf den Grenzdurchmesser: — (12.43):

$h_{cr} = 0,2/2 = 0,10 \text{ m} = 100$ mm (Biegezwang)

$$\phi^* = \min\begin{cases} 10 \cdot \frac{1}{0,4 \cdot 0,8} \cdot \frac{4 \cdot 45}{100} \cdot \frac{2,9}{3,0} = 54,4 \text{ mm} \\ 10 \cdot \frac{2,9}{3,0} = \underline{9,7 \text{ mm}} \end{cases}$$

$$\phi = \phi^* \cdot k_c \cdot k \cdot \frac{h_{cr}}{4 \cdot (h - d)} \cdot \frac{f_{ct,eff}}{f_{ct,0}} \geq \phi^* \cdot \frac{f_{ct,eff}}{f_{ct,0}}$$

$w_k \leq 0,30$ mm — (12.2): XC4 (Außenbauteil, aufgrund Innenabdichtung keine WU-Anforderungen)

$\sigma_s = \sqrt{0,30 \cdot \frac{3,48 \cdot 10^6}{9,7}} = 328$ N/mm² — (12.42): $\sigma_s = \sqrt{w_k \cdot \frac{3,48 \cdot 10^6}{\phi_s^*}}$

$A_{ct} = 1,0 \cdot \frac{0,20}{2} = 0,10 \text{ m}^2$ — $A_{ct} = b \cdot \frac{h}{2}$

$$A_{s,min} = 0,4 \cdot 0,8 \cdot \frac{3,0}{328} \cdot 0,10 \cdot 10^4 = 2,9\ \text{cm}^2$$

gew: ∅10-10 beidseitig

$$A_{s,vorh} = 0,785 \cdot \frac{100}{10} = 7,85\ \text{cm}^2 > 2,9\ \text{cm}^2 = A_{s,min}$$

(12.33): $A_{s,min} = k_c \cdot k \cdot \frac{f_{ct,eff}}{\sigma_s} \cdot A_{ct}$

Tafel 4.1

(7.55): $A_{s,vorh} \geq A_{s,erf}$

(Fortsetzung mit Beispiel 12.3)

12.4 Nachweismöglichkeiten

12.4.1 Berechnung der Rissbreite

Die Rissbreite kann aufbauend auf den Überlegungen in Kap. 12.3 „berechnet" (besser: abgeschätzt) werden. Hierzu sind für Gl. (12.12) bzw. (12.16) der Rissabstand und die mittleren Dehnungen bei nicht vorgespannten Stahlbetonbauteilen für die quasi-ständige Lastkombination zu bestimmen.

Am Ende der Eintragungslänge l_t kann höchstens die Risskraft erreicht sein, damit erhält man durch Umstellen von Gl. (12.13):

$$l_t = \frac{F_{cr}}{\tau_{sm} \cdot \pi \cdot d_s} \tag{12.45}$$

Eine obere Abschätzung des Rissabstandes wurde mit Gl. (12.17) gegeben. Wenn hierin die Bedingungen für die Erstrissbildung (Gl. (12.45)) und für die abgeschlossene Rissbildung (Gl. (12.15)) eingeführt werden, ergibt sich:

$$s_{r,max} = 2\, l_t = 2 \cdot \frac{f_{ct,eff}}{\rho_{p,eff} \cdot \tau_{sm}} \cdot \frac{\phi}{4} \leq 2 \cdot \frac{F_{cr}}{\tau_{sm} \cdot \pi \cdot \phi}$$

$$s_{r,max} = \frac{f_{ct,eff}}{\rho_{p,eff} \cdot \tau_{sm}} \cdot \frac{\phi}{2} \leq 2 \cdot \frac{\sigma_s \cdot A_s}{\tau_{sm} \cdot (4 \cdot A_s)/\phi} \tag{12.46}$$

Als mittlere Verbundspannung wird in EC 2-1-1/NA zu 7.3.4(3) unabhängig vom Zustand der Rissbildung ein konstanter Wert $\tau_{sm} = 1,8\, f_{ct,eff}$ angesetzt. Dies wird in Gl. (12.46) eingesetzt und damit die Bestimmungsgleichung für den Rissabstand gefunden.

$$s_{r,max} = \frac{f_{ct,eff}}{\rho_{p,eff} \cdot 1,8 \cdot f_{ct,eff}} \cdot \frac{\phi}{2} \leq \frac{\sigma_s}{0,9 \cdot f_{ct,eff} \cdot 4/\phi}$$

$$s_{r,max} = \frac{\phi}{3,6 \cdot \rho_{p,eff}} \leq \frac{\sigma_s \cdot \phi}{3,6 \cdot f_{ct,eff}} \tag{12.47}$$

Gl. (12.47) entspricht EC 2-1-1/NA zu 7.3.4(3).

Der effektive Bewehrungsgrad in der effektiven Zugzone aus Betonstahl und Spannstahl wird mit $\rho_{p,eff}$ bezeichnet. Da der Spannstahl eine niedrigere Verbundfestigkeit als der Betonstahl besitzt, muss der Spannstahlanteil abgemindert werden (EC 2-1-1, Tabelle 6.2 und EC 2-1-1, 7.3.2 (3)).

Nun müssen die Dehnungen betrachtet werden. Die mittlere Dehnungsdifferenz kann direkt aus Gl. (12.20) und Gl. (12.21) entnommen werden, wenn wiederum angenommen wird, dass maximal die Risskraft (bzw. Risszugspannung) erreicht werden kann.

$$\varepsilon_{sm} - \varepsilon_{cm} = \left(1 - k_t \cdot \frac{\Delta\sigma_s}{\sigma_s}\right) \cdot \frac{\sigma_s}{E_s} - k_t \cdot \frac{f_{ct,eff}}{E_c}$$

Zur Beschreibung der Spannungsänderung im Betonstahl wird Gl. (1.18) verwendet.

$$\varepsilon_{sm} - \varepsilon_{cm} = \left(1 - k_t \cdot \frac{f_{ct,eff}}{\rho_{p,eff} \cdot \sigma_s}\right) \cdot \frac{\sigma_s}{E_s} - k_t \cdot \frac{f_{ct,eff}}{E_c}$$

$$= \left(\sigma_s - k_t \cdot \frac{f_{ct,eff}}{\rho_{p,eff}}\right) \cdot \frac{1}{E_s} - k_t \cdot \frac{f_{ct,eff}}{E_s / \alpha_e}$$

$$\varepsilon_{sm} - \varepsilon_{cm} = \frac{\sigma_s - k_t \cdot \frac{f_{ct,eff}}{\rho_{eff}} - k_t \cdot \alpha_e \cdot f_{ct,eff}}{E_s} = \frac{\sigma_s - k_t \cdot \frac{f_{ct,eff}}{\rho_{p,eff}} \cdot \left(1 + \alpha_e \cdot \rho_{p,eff}\right)}{E_s} \tag{12.48}$$

Wenn in Gl. (12.48) für den Zustand der Erstrissbildung die einschränkende Bedingung $F \leq F_{cr}$ gesetzt wird, erhält man mit Gl. (1.17):

$$\varepsilon_{sm} - \varepsilon_{cm} \geq \frac{\sigma_{s,cr} - \beta_t \cdot \sigma_{s,cr}}{E_s} = \left(1 - k_t\right) \cdot \frac{\sigma_{s,cr}}{E_s} \tag{12.49}$$

Für den Völligkeitsbeiwert gilt gemäß EC 2-1-1/NA, 7.3.4, (2) für eine langfristige Lasteinwirkung $k_t = 0{,}4$. Damit ergibt sich aus Gl. (12.48) die in EC 2-1-1 angegebene Gl. (7.9) für die abgeschlossene Rissbildung:

$$\varepsilon_{sm} - \varepsilon_{cm} = \frac{\sigma_s - 0{,}4 \cdot \frac{f_{ct,eff}}{\rho_{p,eff}} \cdot \left(1 + \alpha_e \cdot \rho_{p,eff}\right)}{E_s} \geq 0{,}6 \cdot \frac{\sigma_s}{E_s} \tag{12.50}$$

$$w_k = s_{r,max} \cdot \left(\varepsilon_{sm} - \varepsilon_{cm}\right) \tag{12.51}$$

Mit Gl. (12.47), (12.50) und (12.51) ist somit die Rissbreite bestimmbar. Hierbei ist $f_{ct,eff}$ gemäß Gl. (12.30) bei Lastbeanspruchung ohne den Mindestwert von 3,0 N/mm^2 anzusetzen.

Auch die Mindestbewehrung für Zwangsbeanspruchung nach Kap. 12.3.6 lässt sich mit den zuvor genannten Gleichungen berechnen. Hierzu sind die Rissschnittgrößen aus Zwangsbeanspruchung auf der Einwirkungsseite in Analogie zu den Lastschnittgrößen zu berücksichtigen.

Eine Kombination aus Last- und Zwangsbeanspruchung ist nach EC 2-1-1, 7.3.4 nur dann zu berücksichtigen, wenn die Zwangsdehnung im Zustand II mehr als 0,8 ‰ beträgt. Für gewöhnliche Zwangsbeanspruchungen infolge Schwinden und Temperaturunterschieden aus abfließender Hydratationswärme oder Witterungseinflüssen ist keine Überlagerung von Zwang- und Lastschnittgrößen erforderlich. Die Rissbreite dann für den größeren Wert der Spannung aus Zwangs- oder Lastbeanspruchung zu ermitteln.

Die zulässige Rissbreite ergibt sich aus den Gleichungen (12.1) und (12.2) und ist ebenfalls in EC 2-1-1, Tabelle 7.1DE dargestellt.

Beispiel 12.3: Berechnung der Rissbreite bei Lastschnittgrößen

Gegeben:
- Behälterwand ohne Innenabdichtung von Beispiel 6.1
- Biegebemessung (Grenzzustand der Tragfähigkeit) ergab ∅10-10.

Gesucht: Nachweis der Rissbreite für ein WU-Bauteil gemäß [WU-Richtlinie – 03]

Lösung:

Der Nachweis ist für die häufige Lastkombination (→ Kap. 12.2.3) zu führen. In diesem Fall ist dies der bis oben gefüllte Behälter. Hinsichtlich des Kombinationsbeiwertes muss mit $\psi_1 = 1{,}0$ gerechnet werden (Flüssigkeitsdruck mit begrenzter Füllhöhe, **Tafel 6.5**, Anmerkung e)).

Um dem Leser den Vergleich zu Beispiel 12.1 und Beispiel 12.2 zu ermöglichen, wird hier trotz unzureichender Mindestdicke weiterhin mit einem 200 mm dicken Bauteil gerechnet.	(12.3): Mindestbauteildicke WU-Bauteil: Wände, Beanspruchungsklasse 1 $h \geq 240$ mm
$M_{Qk} = -25 \cdot \frac{2{,}5^2}{6} = -26{,}0$ kNm/m	$M_k = -F_k \cdot \frac{l_{eff}^2}{6}$
$N_{Gk} \approx 0$	(z. B. [Schneider/Albert – 14], S. 4.12)
Eigengewichtsanteil der Wand auf der sichereren Seite liegend vernachlässigt	
$M_{Ed} = 0 + 1{,}0 \cdot (-26{,}0) = -26{,}0$ kNm/m	(6.21):
$N_{Ed} \approx 0$	$E_{d,frequ} = \sum_i E_{Gk,i} \oplus \psi_{1,1} \cdot E_{Qk,1}$
$f_{ctm} = 2{,}9$ N/mm^2	**Tafel 2.5**: C30/37
Zwangsschnittgröße bei einem Betonalter $t \geq 28$ d: $k_{zt} = 1{,}0$	(12.32)
$f_{ct,eff} = 1{,}0 \cdot 2{,}9 = 2{,}9$ N/mm^2	(12.30): $f_{ct,eff} = k_{zt} \cdot f_{ctm}$ (ohne Mindestwert von 3,0 N/mm
$f_{ct,eff} = f_{ctm} = 2{,}9$ N/mm^2	**Tafel 2.5**: C30/37
$M_{cr} = 2{,}9 \cdot \frac{1{,}0 \cdot 0{,}20^2}{6} \cdot 10^3 = 19{,}3 \text{ kNm/m} < 26{,}0 \text{ kNm/m}$	(1.26): $M_{cr} = f_{ct,eff} \cdot W$
→ Zustand II	
$E_s = 200\,000$ N/mm^2	**Abb. 2.15**
$E_{cm} = 33000$ N/mm^2	**Tafel 2.5**: C30/37
$\alpha_e = \frac{200\,000}{33000} = 6{,}06$	(1.3): $\alpha_e = \frac{E_s}{E_c}$
$\rho = \frac{7{,}85}{100 \cdot 15{,}5} = 0{,}0051$	(11.7): $\rho = \frac{A_s}{b \cdot d}$
$x = 0{,}0051 \cdot 6{,}06 \cdot 155 \left[-1 + \sqrt{1 + \frac{2}{0{,}0051 \cdot 6{,}06}} \right] = 34{,}0 \text{ mm}$	$x = \rho \cdot \alpha_e \cdot d \cdot \left[-1 + \sqrt{1 + \frac{2}{\rho \cdot \alpha_e}} \right]$

$$h_{c,eff} = \min \begin{cases} 2{,}5 \cdot 45 = 113 \text{ mm} \\ \dfrac{200 - 34{,}0}{3} = \underline{55 \text{ mm}} \\ \dfrac{200}{2} = 100 \text{ mm} \end{cases}$$

(12.27):

$$h_{c,eff} = \min \begin{cases} 2{,}5 \cdot (h - d) \\ \dfrac{h - x^{II}}{3} \\ \dfrac{h}{2} \end{cases}$$

$$M_{Eds} = 26{,}0 - 0 \cdot \left(0{,}155 - \frac{0{,}20}{2}\right) = 26{,}0 \text{ kNm}$$

(7.5): $M_{Eds} = M_{Ed} - N_{Ed} \cdot z_s$

$$\sigma_s = \frac{26{,}0 \cdot 10^6}{785 \cdot \left(155 - \frac{55}{3}\right)} + 0 = 242 \text{ N/mm}^2$$

(11.13), (11.14):

$$\sigma_s = \frac{M_{Eds}}{A_s \cdot \left(d - \frac{x}{3}\right)} + \frac{N_{Ed}}{A_s}$$

$$A_{c,eff} = 1{,}0 \cdot 0{,}055 = 0{,}055 \text{ m}^2$$

(12.25): $A_{c,eff} = b_t \cdot h_{c,eff}$

$$\rho_{p,eff} = \frac{7{,}85}{0{,}055 \cdot 10^4} = 0{,}0143$$

(12.26): $\rho_{p,eff} = \dfrac{A_s}{A_{c,eff}}$

$$s_{r,max} = \frac{10}{3{,}6 \cdot 0{,}0143} = \underline{194 \text{ mm}} < 232 \text{ mm} = \frac{242 \cdot 10}{3{,}6 \cdot 2{,}9}$$

(12.47):

$$s_{r,max} = \frac{\phi}{3{,}6 \cdot \rho_{p,eff}} \le \frac{\sigma_s \cdot \phi}{3{,}6 \cdot f_{ct,eff}}$$

$$\varepsilon_{sm} - \varepsilon_{cm} = \frac{242 - 0{,}4 \cdot \frac{2{,}9}{0{,}0143} \cdot (1 + 6{,}06 \cdot 0{,}0143)}{200000}$$
$$= \underline{0{,}769 \cdot 10^{-3}} \ge 0{,}726 \cdot 10^{-3} = 0{,}6 \cdot \frac{242}{200000}$$

(12.50):

$$\varepsilon_{sm} - \varepsilon_{cm} = \frac{\sigma_s - 0{,}4 \cdot \frac{f_{ct,eff}}{\rho_{p,eff}} \cdot \left(1 + \alpha_e \cdot \rho_{p,eff}\right)}{E_s} \ge 0{,}6 \cdot \frac{\sigma_s}{E_s}$$

$w_k = 194 \cdot 0{,}769 \cdot 10^{-3} = 0{,}149$ mm

(12.51): $w_k = s_{r,max} \cdot (\varepsilon_{sm} - \varepsilon_{cm})$

Nutzungsklasse B, Beanspruchungsklasse 1

Kap. 12.2.3

$10 < 2{,}50 / 0{,}20 = 12{,}5 \le 15 \rightarrow w_k \le 0{,}15$ mm

(12.9)

$10 < h_w / h_b \le 15 \rightarrow w_k \le 0{,}15$ mm

$w_k = 0{,}149 \text{ mm} \le 0{,}15$ mm

12.4.2 Beschränkung der Rissbildung ohne direkte Berechnung

Die Berechnung der Rissbreite nach Gl. (12.51) ist für praktische Fälle sehr aufwändig. Daher wird diese Gleichung umgeformt und allgemein ausgewertet. Dies führt auf die Nachweise „Begrenzen des Stahldurchmessers“ und „Begrenzen des zulässigen Stababstandes“.

Gemäß EC 2-1-1/NA, NCI Zu 7.3.3 (1) sind bei biegebeanspruchten Stahlbeton- oder Spannbetondecken im üblichen Hochbau ohne wesentliche Zugnormalkraft in der Expositionsklasse XC1 und bei einer Gesamthöhe von nicht mehr als 200 mm und bei Einhaltung der Konstruktionsregeln für Vollplatten gemäß EC 2-1-1, 9.3 (→ Teil 2) keine speziellen Maßnahmen zur Begrenzung der Rissbreiten erforderlich.

Begrenzen des Stahldurchmessers

Wenn die Gln. (12.47) und (12.50) in Gl. (12.51) eingesetzt werden, wobei die Bedingung für die Erstrissbildung zunächst vernachlässigt wird, ergibt sich:

$$w_k = \frac{\phi}{3,6 \cdot \rho_{p,eff}} \cdot \frac{\sigma_s - 0,4 \cdot \frac{f_{ct,eff}}{\rho_{p,eff}} \cdot \left(1 + \alpha_e \cdot \rho_{p,eff}\right)}{E_s} \tag{12.52}$$

$$\Rightarrow \phi = \frac{3,6 \cdot \rho_{p,eff} \cdot E_s \cdot w_k}{\sigma_s - 0,4 \cdot \frac{f_{ct,eff}}{\rho_{p,eff}} \cdot \left(1 + \alpha_e \cdot \rho_{p,eff}\right)} \tag{12.53}$$

Für die Begrenzung der Erstrissbildung muss verhindert werden, dass die Stahlspannung die Fließgrenze erreicht. Hierfür kann Gl. (1.17) verwendet werden.

$$\phi = \frac{3,6 \cdot \frac{f_{ct,eff}}{\sigma_s} \cdot \left(1 + \alpha_e \cdot \rho_{p,eff}\right) \cdot E_s \cdot w_k}{\sigma_s - 0,4 \cdot \sigma_s \cdot \left(1 + \alpha_e \cdot \rho_{p,eff}\right)^2} \approx \frac{3,6 \cdot \frac{f_{ct,eff}}{\sigma_s} \cdot E_s \cdot w_k}{\sigma_s - 0,4 \cdot \sigma_s}$$

$$\phi = \frac{6,0 \cdot f_{ct,eff} \cdot E_s \cdot w_k}{\sigma_s^2} \tag{12.54}$$

Wenn diese Gleichung für eine Zugfestigkeit $f_{ct,eff} = 2,9$ N/mm² ausgewertet wird, erhält man die Grenzdurchmesser aus **Tafel 12.3**. Diese gelten ohne Korrektur als ungünstigster Grenzfall nur für die Erstrissbildung. Die Stahlspannung σ_s ist nach Gl. (12.33) unmittelbar nach der Erstrissbildung zu bestimmen.

Mit Korrektur für die abgeschlossene Rissbildung kann die Begrenzung des Stabdurchmessers für Zwangsbeanspruchung gemäß Gl. (12.43) erfolgen (→Kap. 12.3.6).

Für Lastbeanspruchung kann der Stabdurchmesser nach Gl. (12.56) begrenzt werden.

$$\phi_s = \phi_s^* \cdot \frac{\sigma_s \cdot A_s}{4 \cdot (h-d) \cdot b \cdot f_{ct,0}} \geq \phi_s^* \cdot \frac{f_{ct,eff}}{f_{ct,0}} \tag{12.55}$$

Begrenzen des zulässigen Stababstands

Bei einlagiger Bewehrung in Flächentragwerken darf der Nachweis bei überwiegender Lastbeanspruchung alternativ zur Begrenzung des Stabdurchmessers über eine Begrenzung des Stababstandes nach **Tafel 12.4** erfolgen.

Für die Herleitung der entsprechenden Gleichungen wird wiederum auf Gl. (12.52) zurückgegriffen und $\alpha_e \cdot \rho_{eff} \approx 0$ gesetzt. Der effektive Bewehrungsgrad kann durch die zu einem Bewehrungsstab gehörige anteilige Betonfläche (wirksame Höhe $h_{c,eff}$ und Stababstand s) entsprechend Gl. (12.26) ausgedrückt werden.

$$\rho_{p,eff} = \frac{A_s}{A_{c,eff}} = \frac{\pi \cdot \phi^2}{4 \cdot s \cdot h_{c,ef}} \tag{12.56}$$

$$w_k = \frac{\phi}{3{,}6 \cdot \frac{\pi \cdot \phi^2}{4 \cdot s \cdot h_{c,eff}}} \cdot \frac{\sigma_s - 0{,}4 \cdot \frac{4 \cdot s \cdot h_{c,eff} \cdot f_{ct,eff}}{\pi \cdot \phi^2}}{E_s} = \frac{4 \cdot s \cdot h_{c,eff}}{3{,}6 \cdot \pi \cdot \phi} \cdot \frac{\sigma_s - 0{,}4 \cdot \frac{4 \cdot s \cdot h_{c,eff} \cdot f_{ct,eff}}{\pi \cdot \phi^2}}{E_s}$$

Mit $h_{c,eff} = 2{,}5\ d_1$ aus (12.27) ergibt sich:

$$w_k = \frac{10 \cdot s \cdot d_1}{3{,}6 \cdot \pi \cdot \phi} \cdot \frac{\sigma_s - 0{,}4 \cdot \frac{f_{ct,eff}}{\phi} \cdot \frac{10 \cdot s \cdot d_1}{\pi \cdot \phi}}{E_s} = \frac{\sigma_s}{3{,}6 \cdot E_s} \cdot \left(\frac{10 \cdot s \cdot d_1}{\pi \cdot \phi} \right) - \frac{0{,}4 \cdot f_{ct,eff}}{3{,}6 \cdot E_s \cdot \phi} \cdot \left(\frac{10 \cdot s \cdot d_1}{\pi \cdot \phi} \right)^2$$

Diese Gleichung ist quadratisch hinsichtlich des eingeklammerten Terms. Wenn man weiterhin ϕ durch den Grenzdurchmesser nach Gl. (12.54) substituiert, erhält man bei einlagiger Bewehrung für $d_1 = 40$ mm:

$$s = \frac{3{,}6 \cdot \pi \cdot f_{ct,eff} \cdot E_s^2}{d_1 \cdot \sigma_s^3} \cdot w_k^2 \qquad (12.57)$$

Dies ist die gesuchte Gleichung für den Stababstand, die in **Tafel 12.4** ausgewertet ist.

Tafel 12.4 Höchstwert des Stababstandes *s* von Betonstahlbewehrung
(nach EC 2-1-1, Tab. 7.3N für Lastbeanspruchung bei einlagiger Bewehrung in Flächentragwerken)

Stahlspannung σ_s in N/mm²	**Höchstwerte der Stababstände *s*** in mm in Abhängigkeit von w_k		
	$w_k = 0{,}4$	$w_k = 0{,}3$	$w_k = 0{,}2$
160	300	300	200
200	300	250	150
240	250	200	100
280	200	150	50
320	150	100	-
360	100	50	-

13 Begrenzung der Verformungen

13.1 Allgemeines

Verformungen können ihre Ursache in Biegemomenten (Regelfall), Querkraftbeanspruchung (Schubverformung), Verdrehungen, Langzeiteinwirkungen (Kriechen und Schwinden) oder dynamischen Einwirkungen haben. Im Rahmen dieses Abschnittes wird insbesondere die erstgenannte Ursache betrachtet. Es ist zu unterscheiden zwischen (**Abb. 13.1**)

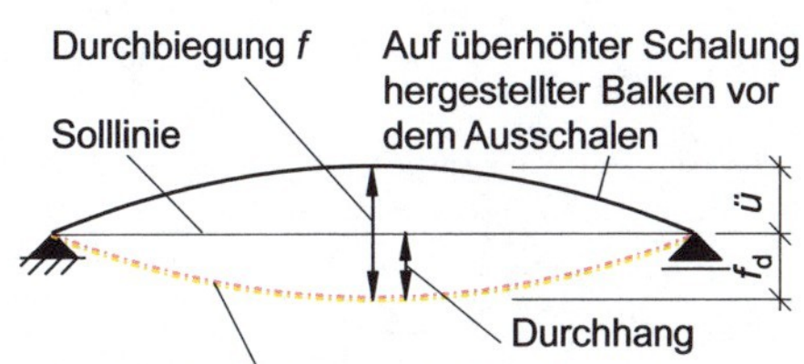

Abb. 13.1 Unterscheidung zwischen Durchhang und Durchbiegung

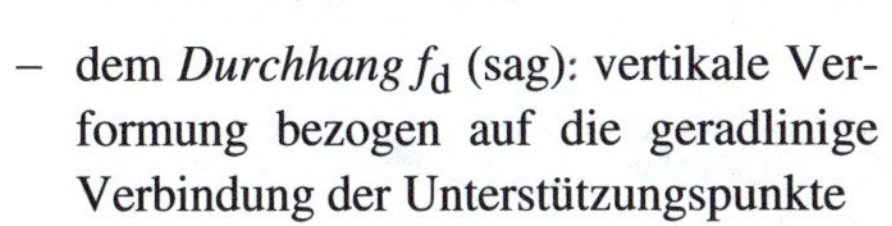

- dem *Durchhang* f_d (sag): vertikale Verformung bezogen auf die geradlinige Verbindung der Unterstützungspunkte
- der *Durchbiegung* f (deflection): vertikale Verformung gemessen vom Ursprungszustand der (überhöhten) Systemlinie.

$$f = f_d + ü \tag{13.1}$$

Leichte Trennwand

Wand
Risse im Mauerwerk
überhöhte Schalung
Durchbiegung der Decke ohne Durchhang

Schaden

Die Decke verformt sich. Da die Wand eine sehr viel größere Steifigkeit als die Decke hat, kann sie sich nicht verformen. Je nach Konstruktion entstehen Risse in der Wand oder am Anschluss Wand/Decke.

Flachdach

gepl. Gefälle
gepl. Gefälle
Schalung ohne Überhöhung
Durchhang der Decke

Die Decke verformt sich so stark, dass das Gefälle nach außen nicht mehr vorhanden ist und sich das Regenwasser in Dachmitte sammelt. Bei Frosteinwirkung entstehen Schäden an der Dachabdichtung. Außerdem bewirkt die zusätzliche Wasserlast neue Verformungen.

Abb. 13.2 Beispiele für Schäden, die infolge einer zu großen Durchbiegung entstanden sind

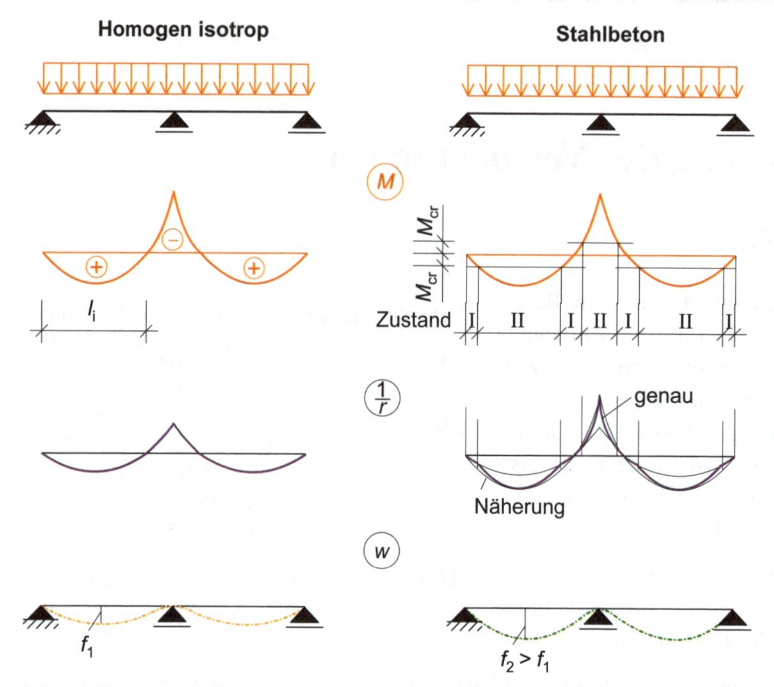

Abb. 13.3 Durchbiegungen bei homogenem isotropen Material und Stahlbeton

Diese Verformungen können sowohl auf die Systemlinie als auch das tatsächliche Bauteil bezogen sein. Im Fall der statischen Berechnung wird von der Systemlinie ausgegangen und keine Unterscheidung zwischen Durchhang und Durchbiegung vorgenommen.

Die Verformungen eines Bauteiles müssen beschränkt werden, um seine Gebrauchstauglichkeit und Dauerhaftigkeit sicherzustellen. Infolge zu großer Verformungen eines Bauteiles kann es in seiner Funktionsfähigkeit eingeschränkt sein (**Abb. 13.2**). Sofern die Verformung nicht beschränkt wird, könnte in extremen Fällen sogar die Standsicherheit gefährdet sein (z. B., weil ein gelenkig angenommenes Auflager infolge zu großer Verdrehung versagt). Besonders bei Platten ist der Nachweis zur Beschränkung des Durchhangs und der Durchbiegung häufig maßgebend für die Bestimmung der Bauteilhöhe.

$$f_{\mathrm{d}} \leq f_{\mathrm{d,zul}} \tag{13.2}$$

$$f \leq f_{\mathrm{zul}} \tag{13.3}$$

Für den üblichen Hochbau ist eine ausreichende Gebrauchstauglichkeit vorhanden, wenn der Durchhang f_{d} und die Durchbiegung f unter der quasi-ständigen Einwirkungskombination die folgenden Grenzwerte nicht übersteigt.

- Allgemeiner Fall $$f_{\mathrm{d,zul}} = \frac{l_{\mathrm{eff}}}{250} \tag{13.4}$$
- Bauteile, bei denen übermäßige Verformungen zu Folgeschäden führen können (z. B., leichte Trennwände stehen auf dem Bauteil, Verformungsbedingung gilt für den Zeitraum nach dem Einbau) $$f_{\mathrm{zul}} = \frac{l_{\mathrm{eff}}}{500} \tag{13.5}$$

Die Ermittlung des zulässigen Durchhangs bei anderen Systemen als dem Einfeldträger ist in **Abb. 13.4** dargestellt. Überhöhungen dürfen in der Regel $ü = l_{eff}/250$ nicht überschreiten.

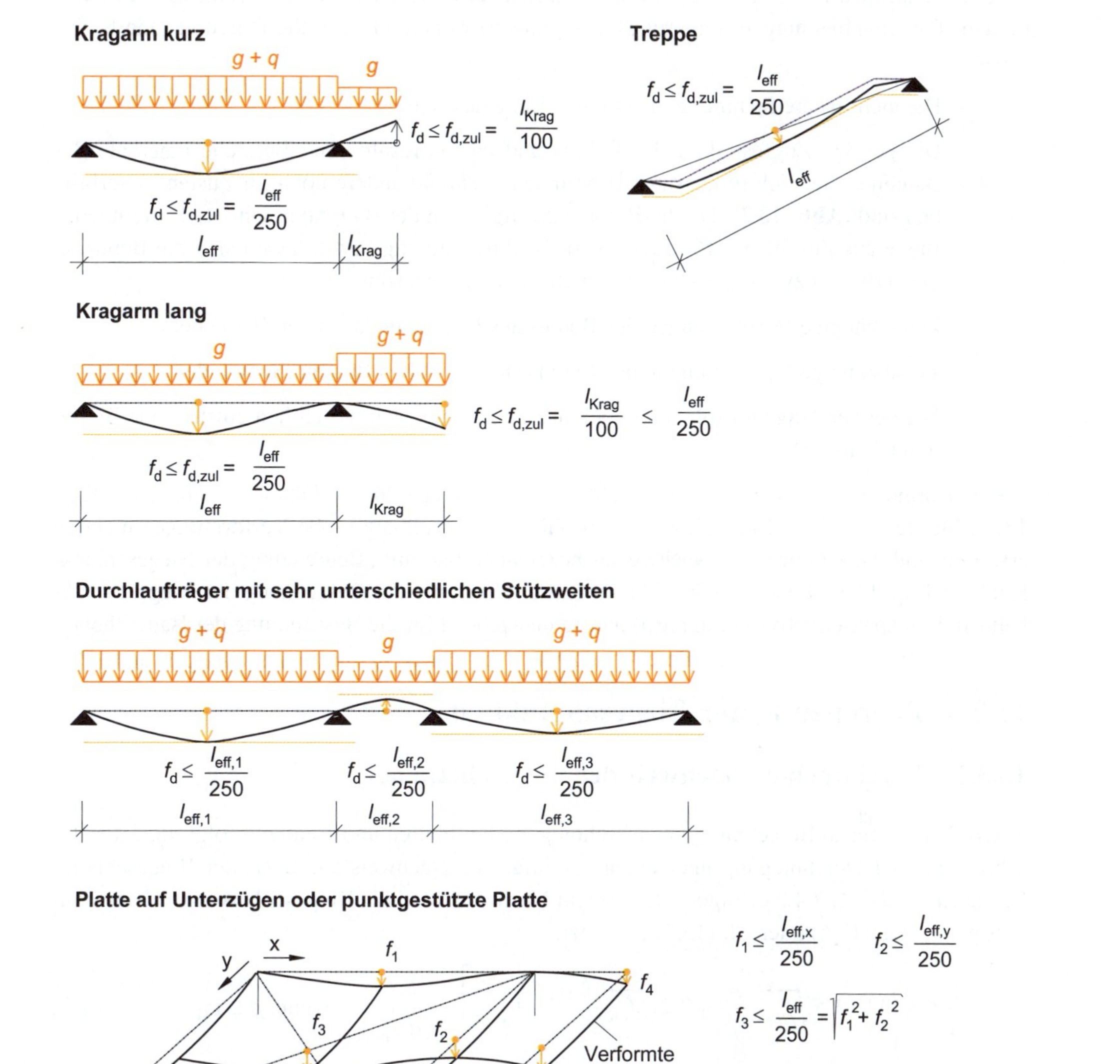

Abb. 13.4 Zulässiger Durchhang unterschiedlicher statischer Systeme

13.2 Verformungen von Stahlbetonbauteilen

Die Berechnung der Verformungen (calculation of deformations) ist im Vergleich zu einem homogenen isotropen Material (wie Stahl) wesentlich schwieriger, da neben geometrischen Parametern (Bauteilabmessungen, Lagerungsbedingungen) weitere Größen die Durchbiegung beeinflussen:

- Die nichtlineare Spannungs-Dehnungs-Linie des Betons
- Die geringe Zugfestigkeit des Betons und daraus resultierend Bereiche innerhalb des Bauteiles, die sich im Zustand II befinden, während andere noch im Zustand I verblieben sind (**Abb. 13.3**). Da die Betonzugfestigkeit in der Baupraxis sehr stark streut (Einflüsse aus Zuschlagstoffen, *w/z*-Wert, Nachbehandlung usw.), lassen sich die Bereiche, die gerissen bzw. ungerissen sind, nicht genau abschätzen.
- Zeitabhängige Verformungen des Betons aus Langzeitbelastungen (Kriechen)
- Zeitabhängige Verformungen des Betons aus Umwelteinflüssen (Schwinden)
- Die bei der Tragwerksplanung noch nicht bekannte, sich tatsächlich einstellende Betondruckfestigkeit

Die Verformungen werden daher im Stahlbetonbau nur in seltenen Fällen berechnet (→ Kap. 13.4). Meistens wird die Bauteilhöhe so gewählt, dass unzulässig große Verformungen nicht zu erwarten sind. Diese Form des Nachweises bezeichnet man mit „Begrenzung der Biegeschlankheit“ (→ Kap. 13.3). Besonders bei Platten ist der Nachweis der Begrenzung der Biegeschlankheit (limit of span-effective depth ratio) häufig maßgebend für die Bestimmung der Bauteilhöhe.

13.3 Begrenzung der Biegeschlankheit

13.3.1 Vereinfachter Nachweis der Biegeschlankheit

Sofern keine genaue Berechnung der Durchbiegung bei Platten und Balken erfolgt, darf die Beschränkung der Durchbiegung über einen vereinfachten Nachweis auf Basis der Biegeschlankheit nach EC 2-1-1, 7.4.2 erfolgen. Bei diesem Nachweis wird die Biegeschlankheit l/d des Bauteils gemäß Gl. (13.6) oder Gl. (13.7) begrenzt.

$$\frac{l}{d} \le K\left[11 + 1{,}5\sqrt{f_{ck}} \cdot \frac{\rho_0}{\rho} + 3{,}2\sqrt{f_{ck}} \cdot \left(\frac{\rho_0}{\rho} - 1\right)^{3/2}\right] \le \left(\frac{l}{d}\right)_{max} \quad \text{wenn } \rho \le \rho_0 \tag{13.6}$$

$$\frac{l}{d} \le K\left[11 + 1{,}5\sqrt{f_{ck}} \cdot \frac{\rho_0}{\rho - \rho'} + \frac{1}{12}\sqrt{f_{ck}} \cdot \left(\frac{\rho'}{\rho_0}\right)^{1/2}\right] \le \left(\frac{l}{d}\right)_{max} \quad \text{wenn } \rho > \rho_0 \tag{13.7}$$

l/d	Grenzwert der Biegeschlankheit (Verhältnis von Stützweite zu Nutzhöhe)
K	Beiwert zur Berücksichtigung des statischen Systems gemäß **Tafel 13.1**
f_{ck}	Charakteristische Druckfestigkeit in N/mm²
ρ_0	Referenzbewehrungsgrad, $10^{-3} \cdot \sqrt{f_{ck}}$

ρ Erforderlicher Zugbewehrungsgrad in Feldmitte (bei Kragträgern am Einspannquerschnitt), $\rho = A_{s1} / (b \cdot d)$

ρ' Erforderlicher Druckbewehrungsgrad in Feldmitte (bei Kragträgern am Einspannquerschnitt), $\rho' = A_{s2} / (b \cdot d)$

$$\left(\frac{l}{d}\right)_{max} \leq \begin{cases} K \cdot 35 & \text{allgemein} \\ K^2 \cdot 150/l & \text{verformungsempfindliche Ausbauelemente} \end{cases}$$

Die nach Gl. (13.6) oder Gl. (13.7) ermittelte Biegeschlankheit ist unter den nachfolgend aufgeführten Bedingungen zu korrigieren:

- Gl. (13.6) und Gl. (13.7) gelten für Stahlspannungen im Grenzzustand der Gebrauchstauglichkeit (quasi-ständigen Einwirkungskombination) von 310 N/mm². Werden andere Spannungsniveaus verwendet, sind in der Regel die nach Gleichung (13.6) oder Gl. (13.7) ermittelten Werte mit $310 / \sigma_s$ zu multiplizieren. Im Allgemeinen gilt für $f_{yk} = 500$ N/mm², $A_{s,prof}$ der Querschnittsfläche der vorhandenen Zugbewehrung und $A_{s,req}$ der Querschnittsfläche der erforderlichen Zugbewehrung auf der sicheren Seite liegend:

$$310 / \sigma_s = A_{s,prof} / A_{s,req} \quad (13.8)$$

- Bei gegliederten Querschnitten (z. B. Plattenbalken), bei denen das Verhältnis von Gurtbreite zu Stegbreite den Wert 3 übersteigt ($b_{eff} / b_w > 3$), sind in der Regel die Werte von l / d nach Gl. (13.6) oder Gl. (13.7) mit 0,8 zu multiplizieren.
- Bei Balken und Platten (außer Flachdecken) mit Stützweiten über 7 m, die leichte Trennwände tragen, die durch übermäßige Durchbiegung beschädigt werden könnten, sind in der Regel die Werte l / d nach Gleichung Gl. (13.6) oder Gl. (13.7) mit dem Faktor $7 / l_{eff}$ (l_{eff} in [m]) zu multiplizieren.
- Bei Flachdecken mit Stützweiten über 8,5 m, die leichte Trennwände tragen, die durch übermäßige Durchbiegung beschädigt werden könnten, sind in der Regel die Werte l / d nach Gleichung Gl. (13.6) oder Gl. (13.7) mit dem Faktor $8{,}5 / l_{eff}$ (l_{eff} in [m]) zu multiplizieren.

Die Beiwerte K gelten für durchlaufende mit annähernd gleichen Steifigkeiten benachbarter Felder, d. h. sofern die Stützweiten der einzelnen Felder nicht zu stark voneinander abweichen:

$$0{,}8 \leq \frac{l_{eff,1}}{l_{eff,2}} \leq 1{,}25 \quad (13.9)$$

Ist diese Bedingung nicht mehr eingehalten, darf mit $K = l_{eff} / l_0$ gerechnet werden, wobei l_0 dem Abstand der Momentennullpunkte in der quasi-ständigen Einwirkungskombination entspricht.

Tafel 13.1 Beiwerte K zur Berücksichtigung des statischen Systems

Zeile	Statisches System: Einfeldträger	Durchlaufträger	Randgestützte Platte	Punktgest. Platte	K
1	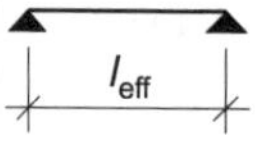 l_{eff}		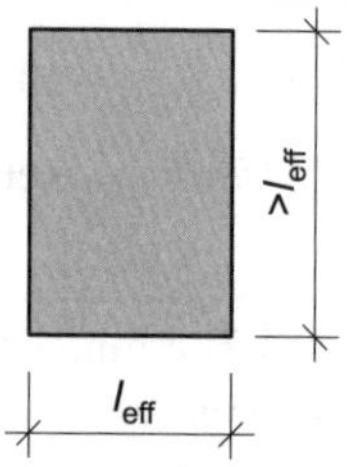 l_{eff}; $>l_{eff}$		1,00
2	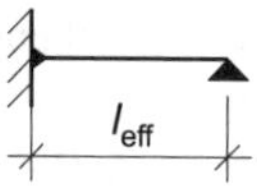 l_{eff}	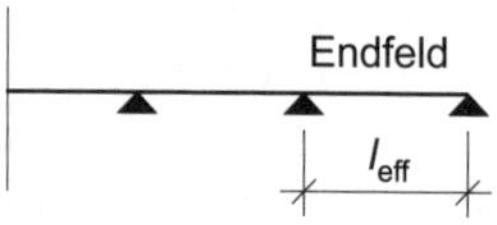 Endfeld l_{eff}	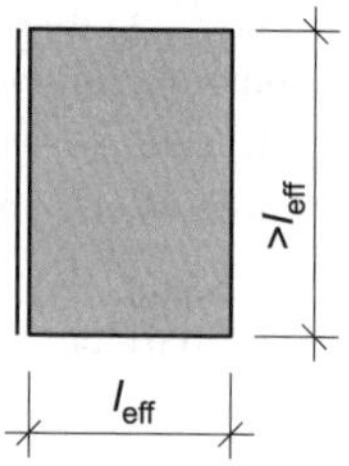 l_{eff}; $>l_{eff}$		1,30
3	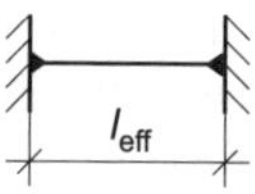 l_{eff}	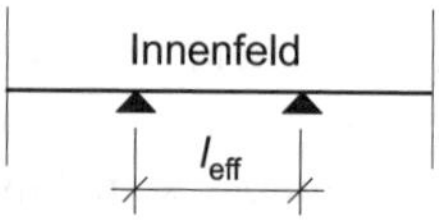 Innenfeld l_{eff}	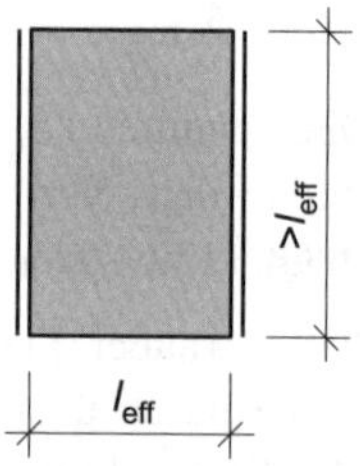 l_{eff}; $>l_{eff}$		1,50
4	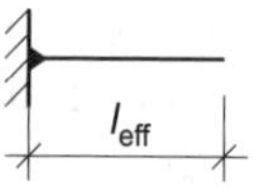 l_{eff}		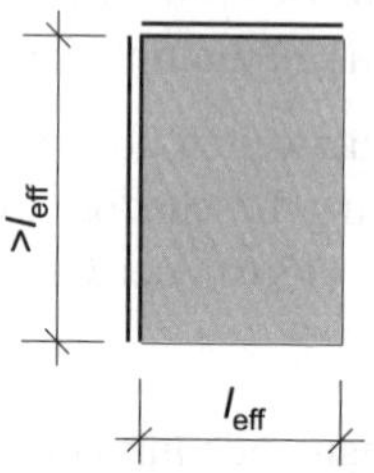 l_{eff}; $>l_{eff}$	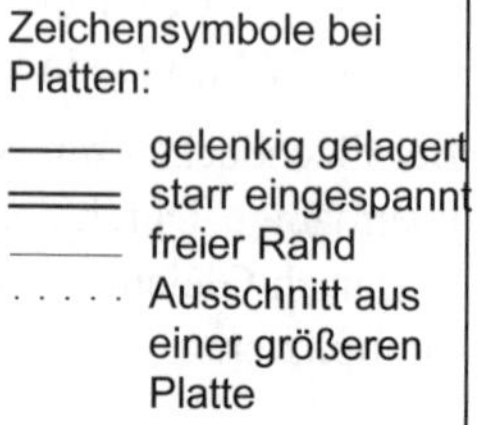	0,4
5				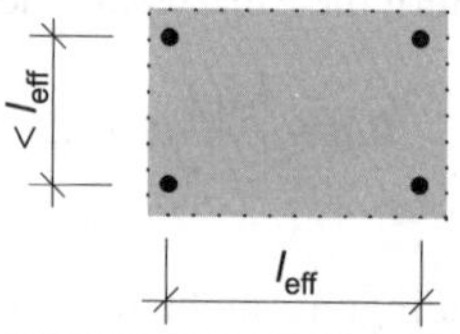 l_{eff}; $<l_{eff}$	1,2

Zeichensymbole bei Platten:
- gelenkig gelagert
- starr eingespannt
- freier Rand
- Ausschnitt aus einer größeren Platte

Beispiel 13.1: Begrenzung der Biegeschlankheit nach EC 2-1-1

Gegeben:
- Durchlaufträger in der Betongüte C30/37 laut Skizze
- Auf dem Durchlaufträger stehen leichte verformungsempfindliche Trennwände.
- Erforderliche Zugbewehrung (B500) in Feldmitte der Felder 1 bis 3 laut Skizze
- In Feldmitte ist keine Druckbewehrung erforderlich.

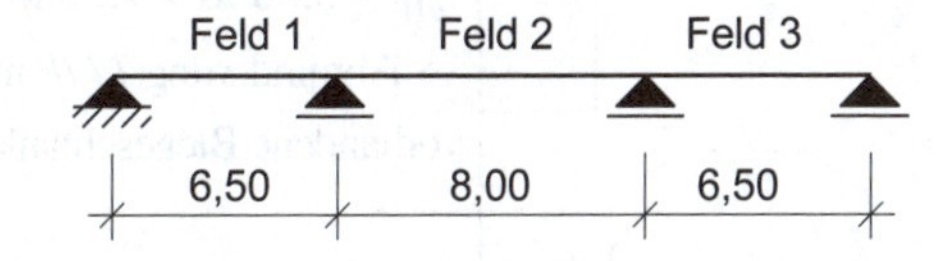

Gesucht: Nachweis zur Begrenzung der Biegeschlankheit

Lösung:

Feld 1 und Feld 3 sind gleich. Feld 1 ist zwar kürzer als Feld 2, aber ein Endfeld; daher kann nicht ohne Berechnung vorhergesagt werden, ob Feld 1 oder Feld 2 maßgebend wird. Weiterhin liegen unterschiedliche Zugbewehrungsgrade vor.

$0,8 < \frac{8,0}{6,5} = 1,23 < 1,25$ → **Tafel 13.1** ist anwendbar

(13.9): $0,8 \le \frac{l_{\text{eff},1}}{l_{\text{eff},2}} \le 1,25$

Feld 1:

$K = 1,3$ — **Tafel 13.1** Z. 2, da Endfeld

$\rho = 10,4/(25 \cdot 45) \cdot 100 = 0,924\%$ — (13.6), (13.7): $\rho = A_{s1}/(b \cdot d)$

$\rho_0 = 10^{-3} \cdot \sqrt{30} \cdot 100 = 0,548\%$ — $\rho_0 = 10^{-3} \cdot \sqrt{f_{ck}}$

$0,924\% > 0,548\% \rightarrow (13.7)$ — $\rho > \rho_0 \rightarrow (13.7)$

$\rho' = 0$ — Keine erforderliche Druckbewehrung in Feldmitte → $\rho' = 0$

$$\frac{l}{d} \le 1,3\left[11 + 1,5\sqrt{30} \cdot \frac{0,548}{0,924}\right] = 20,6$$

$$\frac{l}{d} \le K\left[11 + 1,5\sqrt{f_{ck}} \cdot \frac{\rho_0}{\rho}\right]$$

$\frac{l}{d} = \frac{6,50}{0,45} = 14,4 \le 20,6$ — vorhandene Biegeschlankheit

$\frac{l}{d} = 14,4 \le 1,3^2 \cdot 150/6,50 = 39$

leichte Trennwände (verformungsempfindliche Ausbauelemente):

$$\frac{l}{d} \le \left(\frac{l}{d}\right)_{\max} = K^2 \cdot 150/l$$

Nachweis Feld 1 ist erbracht.

Feld 2:

$K = 1,5$ — **Tafel 13.1** Z. 3, da Innenfeld

$\rho = 10,0/(25 \cdot 45) \cdot 100 = 0,889\%$ — (13.6), (13.7): $\rho = A_{s1}/(b \cdot d)$

$\rho_0 = 10^{-3} \cdot \sqrt{30} \cdot 100 = 0{,}548\%$ — $\rho_0 = 10^{-3} \cdot \sqrt{f_{ck}}$

$0{,}889\% > 0{,}548\% \rightarrow$ (13.7) — $\rho > \rho_0 \rightarrow$ (13.7)

$\rho' = 0$ — Keine erforderliche Druckbewehrung in Feldmitte $\rightarrow \rho' = 0$

$$\frac{l}{d} \le 1{,}5\left[11 + 1{,}5\sqrt{30} \cdot \frac{0{,}548}{0{,}889}\right] = 24{,}1$$

$\frac{l}{d} \le K\left[11 + 1{,}5\sqrt{f_{ck}} \cdot \frac{\rho_0}{\rho}\right]$

$$\frac{l}{d} \le 24{,}1 \cdot \frac{7}{8{,}00} = 21{,}1$$

$l_{eff} = 8{,}00 \text{ m} > 7{,}00 \text{ m}$

$\rightarrow$ Abminderung l/d mit $7/l_{eff}$

$$\frac{l}{d} = \frac{8{,}00}{0{,}45} = 17{,}8 \le 21{,}1$$

vorhandene Biegeschlankheit

$$\frac{l}{d} = 17{,}8 \le 1{,}5^2 \cdot 150/8{,}00 = 42{,}2$$

leichte Trennwände (verformungsempfindliche Ausbauelemente):

$\frac{l}{d} \le \left(\frac{l}{d}\right)_{max} = K^2 \cdot 150/l$

(nicht maßgebend)

Nachweis Feld 2 ist erbracht.

Beispiel 13.2: Begrenzung der Biegeschlankheit nach EC 2-1-1

Gegeben:
- Beispiel laut Skizze von Beispiel 7.10
- Erforderliche Biegezugbewehrung nach Beispiel 7.11
- Keine verformungsempfindlichen Ausbauelemente

Gesucht: Nachweis zur Begrenzung der Biegeschlankheit

Lösung:

$\frac{6{,}51}{8{,}51} = 0{,}77 \approx 0{,}8 \quad \rightarrow$ **Tafel 13.1** anwendbar — (13.9): $0{,}8 \le \frac{l_{eff,1}}{l_{eff,2}} \le 1{,}25$

Feld 1:

$b_{eff} = 2{,}51 \text{ m} \quad d = 67{,}5 \text{ cm} \quad A_{s1,erf} = 8{,}8 \text{ cm}^2$ — Beispiel 7.10 und 7.11:

$\rho = 8{,}8/(251 \cdot 67{,}5) \cdot 100 = 0{,}052\%$ — (13.6), (13.7): $\rho = A_{s1}/(b_{eff} \cdot d)$

Beispiel 7.11: $x < h_f$

Feld 2:

$b_{eff} = 3{,}07 \text{ m} \quad d = 67{,}5 \text{ cm} \quad A_{s1,erf} = 21{,}0 \text{ cm}^2$ — Beispiel 7.10 und 7.11:

$\rho = 21{,}0/(307 \cdot 67{,}5) \cdot 100 = 0{,}101\%$ — (13.6), (13.7): $\rho = A_{s1}/(b_{eff} \cdot d)$

Beispiel 7.11: $x < h_f$

Bei dem vorliegenden Zweifeldträger ist sofort ersichtlich, dass Feld 2 aufgrund der höheren Stützweite und des höheren erforderlichen Zugbewehrungsgrades maßgebend wird.

$K = 1{,}3$ — **Tafel 13.1** Z. 2, da Endfeld

$\rho_0 = 10^{-3} \cdot \sqrt{20} \cdot 100 = 0{,}447\%$ — $\rho_0 = 10^{-3} \cdot \sqrt{f_{ck}}$

$0{,}101\% \leq 0{,}447\% \rightarrow (13.6)$

$$\frac{l}{d} \leq 1{,}3 \left[11 + 1{,}5\sqrt{20} \cdot \frac{0{,}447}{0{,}101} + 3{,}2\sqrt{20} \cdot \left(\frac{0{,}447}{0{,}101} - 1 \right)^{3/2} \right] = 171$$

$$\frac{l}{d} \leq 171 \cdot 0{,}8 = 137$$

$$\frac{l}{d} = \frac{8{,}51}{0{,}675} = 12{,}6 \leq 137$$

$$\frac{l}{d} = 12{,}6 \leq 1{,}3 \cdot 35 = 45{,}5$$

Nachweis ist erbracht.

$\rho \leq \rho_0 \rightarrow (13.6)$

$$\frac{l}{d} \leq K \left[11 + 1{,}5\sqrt{f_{ck}} \cdot \frac{\rho_0}{\rho} + 3{,}2\sqrt{f_{ck}} \cdot \left(\frac{\rho_0}{\rho} - 1 \right)^{3/2} \right]$$

$b_{eff} / b_w = 3{,}07/0{,}30 = 10{,}2 > 3$

$\rightarrow$ Abminderung mit 0,8

vorhandene Biegeschlankheit $\rightarrow$ Beispiel 7.11

allgemein:

$$\frac{l}{d} \leq \left(\frac{l}{d} \right)_{max} = K \cdot 35$$

(wird maßgebend)

(Fortsetzung mit Beispiel 14.1)

13.3.2 Vordimensionierung von Bauteildicken

Zur Vordimensionierung von Bauteildicken eignet sich das Verfahren nach [Krüger/Mertzsch – 03], bei dem der Bewehrungsgrad im Vorfeld nicht bekannt sein muss. Der Nachweis der Biegeschlankheit erfolgt nach Gl. (13.10). Die ideelle Stützweite wird hierbei für Plattentragwerke und Balken unterschiedlich ermittelt.

$$\lambda_b = \frac{l_i}{d} \cdot k_c \leq \lambda_{b,zul} \qquad (13.10)$$

l_i Ideelle Stützweite nach **Tafel 13.2** für Balken und [Krüger/Mertzsch – 01] für Platten[47]

$$l_i = \alpha_i \cdot l_{eff} \qquad (13.11)$$

k_c Beiwert zur Berücksichtigung der Betonfestigkeitsklasse auf die Referenzfestigkeit C20/25

$$k_c = \left(\frac{20}{f_{ck}} \right)^{\frac{1}{6}} \qquad (13.12)$$

$\lambda_{b,zul}$ Zulässige Biegeschlankheit nach **Tafel 13.3**

[47] auch in [Schneider/Albert– 14], Abschnitt 5 - Stahlbetonbau Kap. 4.2.3 zu finden

Tafel 13.2 Beiwerte α_i zur Berechnung der ideellen Stützweite nach [Krüger/Mertzsch – 03]

Statisches System	α_i
Frei drehbar gelagerter Einfeldträger	1,00
Endfeld eines Durchlaufträgers	0,80
Mittelfeld eines Balkens	0,70
Kragträger	2,50

Tafel 13.3 Zulässige Biegeschlankheiten nach [Krüger/Mertzsch – 03]

l_i [a)]	$f_{d,zul} = \frac{l_{eff}}{250}$		$f_{d,zul} = \frac{l_{eff}}{500}$	
	$\lambda_{b,zul}$ für Balken	$\lambda_{b,zul}$ für Platten	$\lambda_{b,zul}$ für Balken	$\lambda_{b,zul}$ für Platten
≤ 4,0 m	28	29	16	23
6,0 m	26	26	15	19
8,0 m	23	23	14	16
10,0 m	21	21	13	14
12,0 m	19	19	13	13

a) Zwischenwerte dürfen linear interpoliert werden.

Beispiel 13.3: Begrenzung der Biegeschlankheit nach KRÜGER/MERTZSCH

Gegeben:
- Durchlaufträger laut Skizze in Beispiel 13.1
- C30/37

Gesucht: Nachweis zur Begrenzung der Biegeschlankheit nach KRÜGER/MERTZSCH

Lösung:

Feld 2:

maßgebend → Beispiel **13.1**

$$k_c = \left(\frac{20}{30}\right)^{\frac{1}{6}} = 0,935$$

(13.12): $k_c = \left(\frac{20}{f_{ck}}\right)^{\frac{1}{6}}$

$\alpha_i = 0,7$

Tafel 13.2

$l_i = 0,7 \cdot 8,00 = 5,60 \text{ m}$

(13.11): $l_i = \alpha_i \cdot l_{eff}$

$\lambda_{b,zul} = 15$

Tafel 13.3: Balken, $l_i < 6,00$ m, $f_{d,zul} = \frac{l_{eff}}{500}$

$$\frac{l_i}{d} = \frac{5,60}{0,45} \cdot 0,935 = 11,6 < 15$$

(13.10): $\lambda_b = \frac{l_i}{d} \cdot k_c \le \lambda_{b,zul}$

Nachweis ist erbracht.

13.4 Direkte Berechnung der Verformungen

13.4.1 Grundlagen der Berechnung

Die Durchbiegung muss nur dann berechnet werden, wenn

- sich der Nachweis zur Begrenzung der Biegeschlankheit nicht führen lässt;
- die Durchbiegungen wirklichkeitsnäher ermittelt werden sollen (um z. B. die Schalung zu überhöhen) oder Zweifel bestehen, dass die Begrenzung der Biegeschlankheit ausreicht.

Das gewählte Berechnungsverfahren muss das tatsächliche Bauwerksverhalten mit einer Genauigkeit wiedergeben, die dem Berechnungszweck entspricht. Eine rechnerisch ermittelte Durchbiegung kann immer nur ein Hinweis auf die zu erwartende Größenordnung sein; es ist keinesfalls zu erwarten, dass sich genau der Rechenwert einstellt (→ Kap. 13.4.3).

Aus der Differentialgleichung der Biegelinie kann durch zweimalige Integration die Durchbiegung ermittelt werden:

$$-w''(x) = \frac{1}{r} = \frac{M(x)}{E \cdot I(x)} \tag{13.13}$$

$$w(x) = \iint\limits_{l_{\text{Bauteil}}} \frac{M(x)}{E \cdot I(x)} dx \tag{13.14}$$

Eine geschlossene Integration ist möglich bei linear-elastischen Baustoffen. Bei einem Stahlbetonbauteil ändert sich die Steifigkeit jedoch abschnittsweise infolge Rissbildung (**Abb. 13.3**). Das Momenten-Krümmungs-Diagramm ist daher nichtlinear (**Abb. 1.9**), wobei große Unterschiede in der Krümmung und damit auch in der Durchbiegung für Zustand I bzw. Zustand II bestehen.

Die Durchbiegung wird daher zweckmäßig mit dem Prinzip der virtuellen Arbeiten für die Stelle der maximalen Verformung bestimmt. Für die Krümmung wird eine Näherungslinie (vgl. **Abb. 13.3**) verwendet. Ihre Eigenschaft ist es, die Extremalwerte der Krümmung mit einer zum Momentenverlauf affinen Linie zu verbinden. Durch diese Annahme werden Handrechnungen mit noch vertretbarem Aufwand möglich. Sofern höchste Genauigkeiten angestrebt werden, muss numerisch über die gerissenen und ungerissenen Bereiche integriert werden. In diesem Fall ist möglichst ein DV-Programm zu nutzen.

$$f = \int\limits_{l_{\text{eff}}} \frac{M(x) \cdot M^{\text{v}}(x)}{E \cdot I(x)} dx = \int\limits_{l_{\text{eff}}} M^{\text{v}}(x) \cdot \frac{1}{r}(x) dx \tag{13.15}$$

Tafel 13.4 Beiwerte *k* für Einfeldträger
(weitere Momentenverteilungsbeiwerte → [Kordina – 92], Tabelle 11.1)

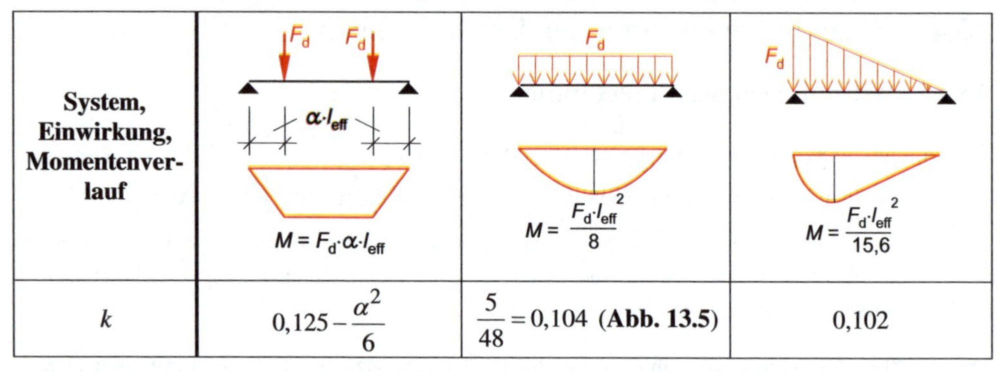

System, Einwirkung, Momentenverlauf	$M = F_d \cdot \alpha \cdot l_{eff}$	$M = \frac{F_d \cdot l_{eff}^2}{8}$	$M = \frac{F_d \cdot l_{eff}^2}{15{,}6}$
k	$0{,}125 - \frac{\alpha^2}{6}$	$\frac{5}{48} = 0{,}104$ (**Abb. 13.5**)	0,102

Hierbei wird für eine Handrechnung angenommen, dass der Verlauf der Krümmung affin zu dem des Momentes ist. Für Handrechnungen ist es weiterhin nicht erforderlich, das Integral in Gl. (13.15) zu lösen, da in [Grasser – 79] für viele Fälle Koeffizienten k zur Beschreibung der Momentenverteilung angegeben werden (**Tafel 13.4**). Gl. (13.15) ergibt dann:

$$f = k \cdot l_{eff}^2 \cdot \frac{1}{r_{tot}} \qquad (13.16)$$

Unterer Rechenwert der Durchbiegung

Die geringste Durchbiegung erhält man, wenn die Berechnung für einen vollständig ungerissenen Querschnitt durchgeführt wird (Zustand I). Diese Durchbiegung wird mit unterem Rechenwert der Durchbiegung f_I bezeichnet.

Oberer Rechenwert der Durchbiegung

Die größte Durchbiegung erhält man, wenn die Berechnung für einen vollständig gerissenen Querschnitt durchgeführt wird (reiner Zustand II). Diese Durchbiegung bezeichnen wir mit oberem Rechenwert der Durchbiegung f_{II}.

Wahrscheinlicher Wert der Durchbiegung

Nimmt man an, dass Teilbereiche des Querschnittes ungerissen, andere, höher beanspruchte gerissen sind, wobei die Momenten-Krümmungs-Beziehung bis zum 1. Riss nach Zustand I und dann teilweise gerissen verläuft, erhält man den wahrscheinlichen Wert der Durchbiegung f. Er liegt zwischen dem unteren und dem oberen Rechenwert und kann aus fol-

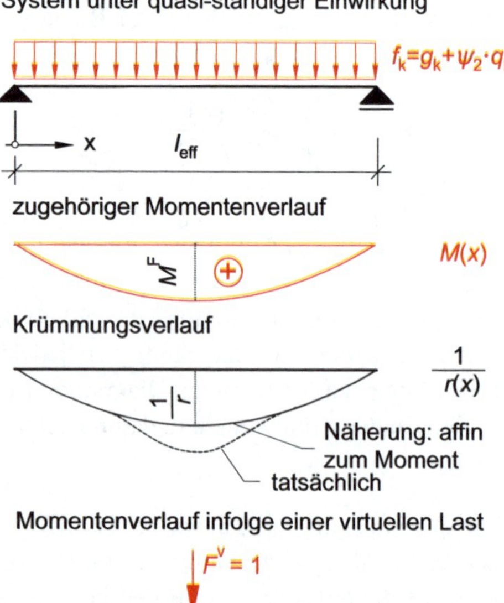

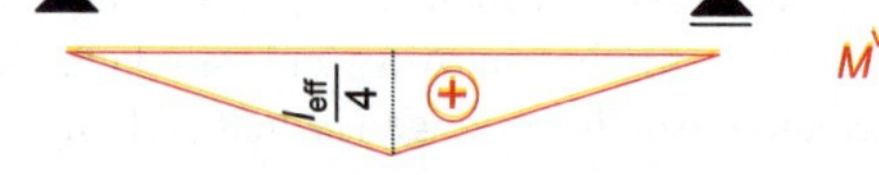

zugehörige Biegelinie

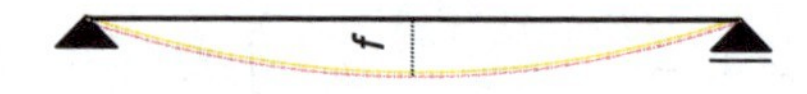

Überlagerung Parabel und Dreieck:

$$f = \frac{5}{12} \cdot \frac{1}{r} \cdot \frac{l_{eff}}{4} \cdot l_{eff} = \frac{5}{48} \cdot l_{eff}^2 \cdot \frac{1}{r}$$

$= k$

Abb. 13.5 Ermittlung des Beiwerts *k*

gender Beziehung gewonnen werden:

$$\alpha = \zeta \cdot \alpha_{II} + (1-\zeta) \cdot \alpha_I \qquad (13.17)$$

Die Werte α_I bzw. α_{II} kennzeichnen allgemeine Verformungsbeiwerte (z. B. f_I oder f_{II}). Dies kann eine Dehnung, Krümmung, Durchbiegung oder Verdrehung sein. ζ ist der Verteilungsbeiwert zwischen Zustand I und Zustand II und liegt zwischen $0 \le \zeta < 1$. Bei ungerissenen Querschnitten (Moment aus häufigen Lasten kleiner als das Rissmoment) ist $\zeta = 0$. Um eine wahrscheinliche Durchbiegung zu ermitteln, wird als Einwirkung die quasi-ständige Einwirkungskombination der Schnittgrößenermittlung zu Grunde gelegt.

13.4.2 Durchführung der Berechnung

In Kap. 1.3.3 wurde bereits gezeigt, wie es möglich ist, die Biegesteifigkeiten $E \cdot I(x)$ im Zustand I und Zustand II zu bestimmen. Wenn es gelingt, den Verteilungsbeiwert ζ nach Gl. (13.17) zu ermitteln, kann eine mittlere Biegesteifigkeit (oder die Krümmung) bestimmt werden. Dann ist es möglich, mit Gl. (13.15) die Durchbiegung für ein beliebiges statisches System zu berechnen.

Die Gesamtkrümmung infolge der Einwirkungen und plastischen Verformungen des Betons an der Stelle des Maximalmomentes erhält man aus:

$$\frac{1}{r_{tot}} = \frac{1}{r_m} + \frac{1}{r_{cs,m}} \qquad (13.18)$$

$1/r_m$ Krümmung infolge Lasten unter Berücksichtigung des Kriechens an der Stelle des Maximalmomentes

$1/r_{cs,m}$ Krümmung infolge Schwindens

Krümmung infolge Lasten

Die Krümmung infolge Lasten kann aus der Gl. (13.17) gewonnen werden.

$$\frac{1}{r_m} = \zeta \cdot \frac{1}{r_{II}} + (1-\zeta) \cdot \frac{1}{r_I} \qquad (13.19)$$

$$\zeta = 1 - \beta \cdot \left(\frac{\sigma_{s,cr}}{\sigma_s}\right)^2 \qquad (13.20)$$

$\sigma_{s,cr}$ Stahlspannung bei Auftreten des 1. Risses

β Beiwert zur Berücksichtigung der Belastungsdauer auf die mittlere Dehnung

- einzelne kurzzeitige Belastung $\beta = 1{,}0$ (13.21)
- andauernde Last oder häufige Lastwechsel $\beta = 0{,}5$ (13.22)

Da das Rissmoment über Gl. (1.27) bestimmt und die Stahlspannung nach Gl. (1.34) für das maßgebende Moment berechnet werden kann, ist ζ bestimmbar. In Gl. (1.34) geht die Höhe der Druckzone x ein. Sie ist mit Gl. (11.8) zu bestimmen.

In EC 2-1-1 ist nicht explizit ausgesagt, für welche Lastkombination das maßgebende Moment zu bestimmen ist, um die gerissenen Bereiche des Bauteils festlegen zu können. Gemäß EC 2-1-1, 7.1 (2) sind bei der Ermittlung von Spannungen und Verformungen in der Regel von ungerissenen Querschnitten auszugehen, wenn die Biegezugspannung die zentrische Betonzugfestigkeit f_{ctm} nicht überschreitet. In [DIN FB 102 – 09] wurde bei den Nachweisen der Gebrauchstauglichkeit angeführt, dass der gerissene Zustand angenommen werden kann, wenn die im ungerissenen Zustand berechneten Zugspannungen unter der seltenen Lastkombination den Wert f_{ctm} überschreiten. Eine identische Aussage findet man in [DAfStb Heft 600 – 12] als Erläuterung zu EC 2-1-1, 7.4.3 (2).

Demnach sind die gerissenen Bereiche für die seltene Einwirkungskombination zu bestimmen, die Bestimmung der Durchbiegung und des Durchhangs aber mit der quasi-ständigen Einwirkungskombination.

Zur einfacheren Umsetzung in der Praxis ist es nach Auffassung der Autoren ausreichend, die komplette Berechnung mit der quasi-ständigen Kombination durchzuführen. Dies trifft insbesondere zu, wenn das Biegemoment in der quasi-ständigen Kombination wesentlich größer als das Rissmoment M_{cr} ist. Ein größeres Augenmerk sollte vielmehr auf die Belastungsgeschichte in Bezug auf Kriechen und Rissbildung gelegt werden.

Das Kriechen des Betons unter Lasteinwirkung wird erfasst, indem der Elastizitätsmodul des Betons auf den wirksamen Elastizitätsmodul $E_{c,eff}$ entsprechend Gl. (11.2) vermindert wird.

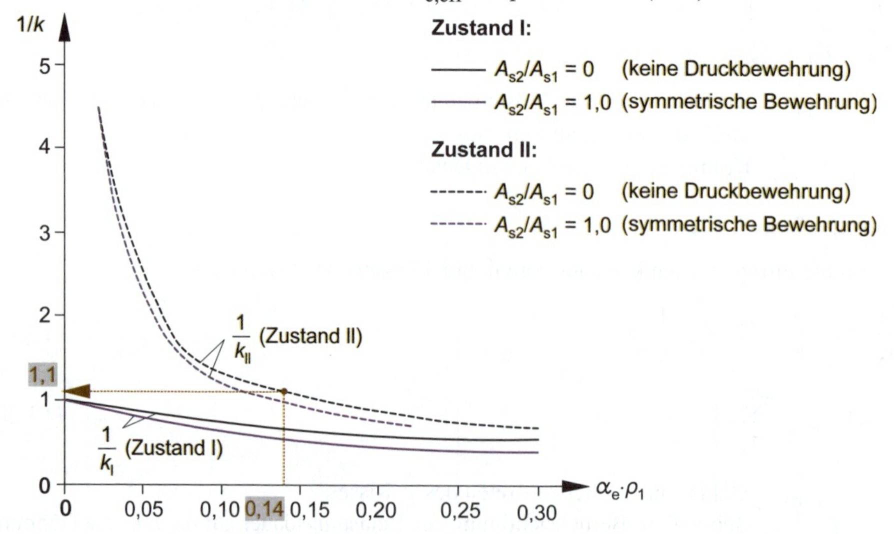

Abb. 13.6 Steifigkeitsbeiwerte ([Kordina – 92], Bild 11.3)

Krümmung infolge Schwinden:

Die Krümmung infolge Schwinden kann aus folgender Gl. abgeschätzt werden:

$$\frac{1}{r_{cs}} = \varepsilon_{cs,\infty} \cdot \alpha_e \cdot \frac{S}{I} \tag{13.23}$$

$\varepsilon_{cs,\infty}$ Schwinddehnung nach Gl. (2.23)

$$S_{\mathrm{I}} = A_{\mathrm{s}} \cdot z_{\mathrm{s}} \tag{13.24}$$

$$S_{\mathrm{II}} = A_{\mathrm{s}} \cdot (d - x) \tag{13.25}$$

S statisches Moment im Zustand I bzw. II

$$I_{\mathrm{II}} = k_{\mathrm{II}} \cdot I \tag{13.26}$$

$1/k_{\mathrm{II}}$ Steifigkeitsbeiwert für Zustand II (**Abb. 13.6**)
I Flächenmoment 2. Grades für Zustand I bzw. II (→ Kap. 1.3.3)

Damit kann die Durchbiegung mit Hilfe von Gl. (13.16) bestimmt werden. Nach Abzug der Überhöhung (Gl. (13.1)) wird der Durchhang nachgewiesen.

Beispiel 13.4: Ermittlung der Durchbiegung

Gegeben:
- Decke unter einem Verkaufsraum (Warenhaus) lt. Skizze. Die Decke wird aus Fertigteilen mit einer Breite *b/h/d* = 1,00/0,20/0,17 m hergestellt.
- Biegebemessung ergibt A_{s} = 8,4 cm², gew: 10 ∅12 mit $A_{\mathrm{s,vorh}}$ = 11,3 cm²
- Baustoffgüten C30/37; B500
- $\varepsilon_{\mathrm{cs},\infty} = 0,46$ ‰
- $\varphi(\infty, t_0) = 2,4$
- Auf der Decke befinden sich keine verformungsempfindlichen Ausbauelemente.

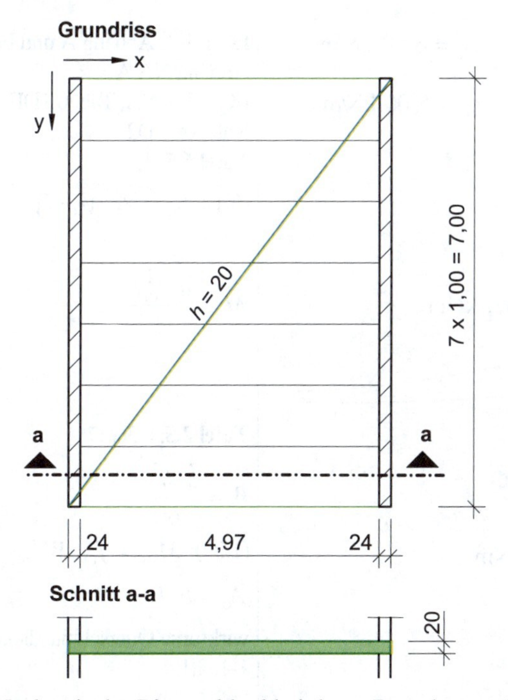

Gesucht: Nachweis der Biegeschlankheit bzw. Berechnung der Durchbiegung

Lösung:

Begrenzung der Biegeschlankheit:

$a_1 = a_2 = \frac{0,20}{2} = 0,10 \text{ m}$ — (5.2): $a_i = \min(h/2; t/2)$

$l_{eff} = 4,97 + 0,10 + 0,10 = 5,17 \text{ m}$ — (5.1): $l_{eff} = l_n + a_1 + a_2$

$K = 1,0$ — **Tafel 13.1** Z. 1

$\rho = 8,4/(100 \cdot 17) \cdot 100 = 0,494\%$ — (13.6), (13.7): $\rho = A_{s1}/(b \cdot d)$

$\rho_0 = 10^{-3} \cdot \sqrt{30} \cdot 100 = 0,548\%$ — $\rho_0 = 10^{-3} \cdot \sqrt{f_{ck}}$

$0,494\% \leq 0,548\% \rightarrow (13.6)$ — $\rho \leq \rho_0 \rightarrow (13.6)$

$$\frac{l}{d} \leq 1,0 \left[\begin{array}{l} 11 + 1,5\sqrt{30} \cdot \frac{0,548}{0,494} + \\ 3,2\sqrt{30} \cdot \left(\frac{0,548}{0,494} - 1 \right)^{3/2} \end{array} \right] = 20,7$$

$$\frac{l}{d} \leq K \left[\begin{array}{l} 11 + 1,5\sqrt{f_{ck}} \cdot \frac{\rho_0}{\rho} + \\ 3,2\sqrt{f_{ck}} \cdot \left(\frac{\rho_0}{\rho} - 1 \right)^{3/2} \end{array} \right]$$

$\frac{l}{d} \leq 20,7 \cdot \frac{11,3}{8,4} = 27,8$ — (13.8): $310/\sigma_s = A_{s,prof}/A_{s,req}$ → Erhöhung l/d mit $A_{s,prof}/A_{s,req}$

$\frac{l}{d} = \frac{5,17}{0,17} = 30,4 > 27,8$ — vorhandene Biegeschlankheit

→ Nachweis nicht erbracht.

Einwirkungen und Schnittgrößen:

Eigenlast der Decke inkl. Ausbaulast $g_k = 6,50$ kN/m — EC 1-1-1, Anhang A und EC 1-1-1/NA, Anhang NA.A

Verkehrslast der Decke $q_k = 5,00$ kN/m — EC 1-1-1/NA, Tab. 6.1DE, Kategorie D2

Kategorie D: $\psi_2 = 0,6$ — **Tafel 6.5**

$g_d = 1,0 \cdot 1,0 \cdot 6,5 = 6,5 \text{ kN/m}$ — (6.4): $E_d = \gamma_F \cdot \psi_i \cdot F_k$

$q_d = 1,0 \cdot 0,6 \cdot 5,0 = 3,0 \text{ kN/m}$

$M_{Ed,perm} = \frac{(6,5 + 3,0) \cdot 5,17^2}{8} = 31,7 \text{ kNm}$ — $M = \frac{q \cdot l_{eff}^2}{8}$

Durchbiegungen:

$f_{ctm} = 2,9 \text{ N/mm}^2$ — **Tafel 2.5**: C30/37

$W^I = \frac{1,0 \cdot 0,2^2}{6} = 0,00667 \text{ m}^3$ — $W = \frac{b \cdot h^2}{6}$

$M_{cr} = 2,9 \cdot 0,00667 \cdot 10^3 = 19,3 \text{ kNm}$ — (1.26): $M_{cr} = f_{ct} \cdot W$

$A_c = 100 \cdot 20 = 2000 \text{ cm}^2$ — $A_c = b \cdot h$

$h_0 = 2 \cdot \frac{2000}{2 \cdot 100} = 20 \text{cm}$ — wirksame Querschnittsdicke nach EC 2-1-1, 3.1.4: $h_0 = 2 \cdot \frac{A_c}{u}$

$\varphi(\infty, t_0) = 2,4$

Kriechzahl nach EC 2-1-1, 3.1.4 für C30/37, $h_0 = 20$ cm, Belastungsbeginn $t_0 = 28$ d und Zement CEM der Klasse N[48]

$E_{cm} = 33000 \text{ N/mm}^2$

Tafel 2.5: C30/37

$E_{c,eff} = \dfrac{33000}{1+2,4} = 9710 \text{ N/mm}^2$

(11.2): $E_{c,eff} = \dfrac{E_{cm}}{1+\varphi}$

$\alpha_e = \dfrac{200\,000}{9710} = 20,6$

(1.3): $\alpha_e = \dfrac{E_s}{E_c}$

$\rho = \dfrac{11,3}{100 \cdot 17} = 0,0066 = 0,66\ \%$

(11.7): $\rho = \dfrac{A_s}{b \cdot d}$

(11.8):

$x = 0,0066 \cdot 20,6 \cdot 17 \cdot \left[-1 + \sqrt{1 + \dfrac{2}{0,0066 \cdot 20,6}} \right] = 6,8 \text{ cm}$

$x = \rho \cdot \alpha_e \cdot d \cdot \left[-1 + \sqrt{1 + \dfrac{2}{\rho \cdot \alpha_e}} \right]$

$\sigma_{s,cr} = \dfrac{19,3 \cdot 10^{-3}}{11,30 \cdot 10^{-4} \cdot \left(0,17 - \frac{0,068}{3}\right)} = 116 \text{ N/mm}^2$

(1.34): $\sigma_s = \dfrac{M}{A_s \cdot \left(d - \frac{x}{3}\right)}$

$\sigma_s = \dfrac{31,7 \cdot 10^{-3}}{11,3 \cdot 10^{-4} \cdot \left(0,17 - \frac{0,068}{3}\right)} = 190 \text{ N/mm}^2$

(1.34): $\sigma_s = \dfrac{M}{A_s \cdot \left(d - \frac{x}{3}\right)}$

$M_{Ed,perm} = 31,7 \text{ kNm} >> 19,7 \text{ kNm} = M_{cr}$

$M_{Ed,perm} >> M_{cr}$

→ Es ist ausreichend genau, die gerissenen Bereiche mit der quasi-ständigen Kombination festzulegen.

$\beta = 0,5$

(13.22): Dauerlast

$\zeta = 1 - 0,5 \cdot \left(\dfrac{116}{190}\right)^2 = 0,81$

(13.20): $\zeta = 1 - \beta \cdot \left(\dfrac{\sigma_{s,cr}}{\sigma_s}\right)^2$

$\varepsilon_s = \dfrac{190}{200\,000} = 0,95 \cdot 10^{-3}$

(2.28): $\sigma_s = E_s \cdot \varepsilon_s$

$I^I = \dfrac{1,0 \cdot 0,20^3}{12} = 0,667 \cdot 10^{-3} \text{ m}^4$

$I = \dfrac{b \cdot h^3}{12}$

$\dfrac{1}{r_I} = \dfrac{31,7 \cdot 10^6}{9710 \cdot 0,667 \cdot 10^9} = 4,89 \cdot 10^{-6} \quad 1/\text{mm}$

(13.13): $\dfrac{1}{r} = \dfrac{M(x)}{E \cdot I(x)}$

$\dfrac{1}{r_{II}} = \dfrac{0,95 \cdot 10^{-3}}{170 - 68} = 9,31 \cdot 10^{-6} \quad 1/\text{mm}$

(1.31): $\dfrac{1}{r} = \dfrac{\varepsilon_s}{d - x}$

$\dfrac{1}{r_m} = 0,81 \cdot 9,31 \cdot 10^{-6} + (1 - 0,81) \cdot 4,89 \cdot 10^{-6}$

$= 8,47 \cdot 10^{-6} \quad 1/\text{mm}$

(13.19): $\dfrac{1}{r_m} = \zeta \cdot \dfrac{1}{r_{II}} + (1 - \zeta) \cdot \dfrac{1}{r_I}$

[48] Berechnungsformeln und Diagramme zur Ermittlung der Kriechzahl sind u. a. in [Schneider/Albert – 14] (Abschnitt 5 - Stahlbetonbau Kap. 3.7) enthalten.

$$S_{\text{I}} = 1130 \cdot \left(170 - \frac{200}{2}\right) = 79{,}1 \cdot 10^3 \text{ mm}^3$$ (13.24): $S_{\text{I}} = A_{\text{s}} \cdot z_{\text{s}}$

$$S_{\text{II}} = 1130 \cdot (170 - 68) = 115 \cdot 10^3 \text{ mm}^3$$ (13.25): $S_{\text{II}} = A_{\text{s}} \cdot (d - x)$

$$\rho_2 = \frac{11{,}3}{100 \cdot 17} = 0{,}0066 = 0{,}66\ \%$$ $\rho_2 = \frac{A_{\text{s1}}}{b \cdot d}$ (für **Abb. 13.6**)

$$A_{\text{s2}} / A_{\text{s1}} = 0$$

$$\alpha_{\text{e}} \cdot \rho = 20{,}6 \cdot 0{,}0066 = 0{,}14 \qquad 1/k_{\text{II}} \approx 1{,}1$$ **Abb. 13.6**:

$$I = \frac{1{,}0 \cdot 0{,}17^3}{12} = 0{,}409 \cdot 10^{-3} \text{ m}^4$$ $I = \frac{b \cdot d^3}{12}$

$$I_{\text{II}} = \frac{1}{1{,}1} \cdot 0{,}409 \cdot 10^{-3} = 0{,}372 \cdot 10^{-3} \text{ m}^4$$ (13.26): $I_{\text{II}} = k_{\text{II}} \cdot I$

$$\varepsilon_{\text{cs},\infty} = 0{,}46\ \text{‰}$$ Gesamtschwinddehnung zum Zeitpunkt $t = \infty$ nach EC 2-1-1, 3.1.4 für C30/37, $h_0 = 20$ cm und Zement CEM der Klasse N[49]

$$\frac{1}{r_{\text{cs,I}}} = 460 \cdot 10^{-6} \cdot 20{,}6 \cdot \frac{79{,}1 \cdot 10^3}{0{,}667 \cdot 10^9} = 1{,}12 \cdot 10^{-6} \text{ 1/mm}$$ (13.23): $\frac{1}{r_{\text{cs}}} = \varepsilon_{\text{cs},\infty} \cdot \alpha_{\text{e}} \cdot \frac{S}{I}$

$$\frac{1}{r_{\text{cs,II}}} = 460 \cdot 10^{-6} \cdot 20{,}6 \cdot \frac{115 \cdot 10^3}{0{,}372 \cdot 10^9} = 2{,}93 \cdot 10^{-6} \text{ 1/mm}$$ (13.23): $\frac{1}{r_{\text{cs}}} = \varepsilon_{\text{cs},\infty} \cdot \alpha_{\text{e}} \cdot \frac{S}{I}$

$$\frac{1}{r_{\text{cs,m}}} = 0{,}81 \cdot 2{,}93 \cdot 10^{-6} + (1 - 0{,}81) \cdot 1{,}12 \cdot 10^{-6}$$ (13.19): $\frac{1}{r_{\text{m}}} = \zeta \cdot \frac{1}{r_{\text{II}}} + (1 - \zeta) \cdot \frac{1}{r_{\text{I}}}$

$$= 2{,}59 \cdot 10^{-6} \quad 1/\text{mm}$$

$$\frac{1}{r_{\text{tot}}} = 8{,}47 \cdot 10^{-6} + 2{,}59 \cdot 10^{-6} = 1{,}11 \cdot 10^{-5} \quad 1/\text{mm}$$ (13.18): $\frac{1}{r_{\text{tot}}} = \frac{1}{r_{\text{m}}} + \frac{1}{r_{\text{cs,m}}}$

$$k = 0{,}104$$ **Tafel 13.4**: Einfeldträger mit Gleichlast

$$f = 0{,}104 \cdot 5{,}17^2 \cdot 10^6 \cdot 1{,}11 \cdot 10^{-5} = 30{,}9 \text{ mm}$$ (13.16): $f = k \cdot l_{\text{eff}}^2 \cdot \frac{1}{r_{\text{tot}}}$

$$f_{\text{d,zul}} = \frac{5170}{250} = 20{,}7 \text{ mm}$$ (13.4): $f_{\text{d,zul}} = \frac{l_{\text{eff}}}{250}$

$$ü = 15 \text{ mm} \le \frac{l_{\text{eff}}}{250} = \frac{5170}{250} = 20{,}7 \text{ mm}$$ Schalung wird um ü = 15 mm überhöht ($ü \le l_{\text{eff}} / 250$)

$$f_{\text{d}} = 30{,}9 - 15 = 15{,}9 \text{ mm}$$ (13.1): $f = f_{\text{d}} + ü$

$$f_{\text{d}} = 15{,}9 \text{ mm} < 20{,}7 \text{ mm} = f_{\text{d,zul}}$$ (13.2): $f_{\text{d}} \le f_{\text{d,zul}}$

[49] Berechnungsformeln und Diagramme zur Ermittlung der Gesamtschwinddehnung sind u. a. in [Schneider/Albert 14] (Abschnitt 5 - Stahlbetonbau Kap. 3.7) enthalten.

13.4.3 Genauigkeit der Berechnung

Beispiel 13.4 zeigt, das bereits für den besonders einfachen Fall des Einfeldträgers unter Gleichlast ein erheblicher Rechenaufwand anfällt. Gleichzeitig wird das Ergebnis immer noch nicht die sich tatsächlich ergebende Durchbiegung vorhersagen. Folgende Einflussfaktoren können zum Zeitpunkt der Planung nicht vorhergesagt werden:

- Der Belastungszeitpunkt für das Bauteil (sowohl weitere Eigenlasten als auch Verkehrslasten) ist unbekannt. Da die Kriechzahl hiervon stark abhängt (**Abb. 2.9**), ist die Durchbiegung zu einem späteren Betrachtungszeitpunkt nur noch abschätzbar.
- Aufgrund der unbekannten zukünftigen Witterungsbedingungen beeinflusst die Verformung aus dem Schwindmaß die Durchbiegung ebenfalls stark.
- Die Betonzugfestigkeit schwankt, damit auch die Bereiche eines Balkens, die im Zustand I verbleiben und die in den Zustand II übergehen. Kennzahl hierfür ist ζ in Gl. (13.19). Da sich die Krümmungen im Zustand I und II stark unterscheiden (vgl. Beispiel 13.4), schwankt auch die Durchbiegung sehr stark in Abhängigkeit von ζ.

14 Nachweis gegen Ermüdung

14.1 Grundlagen

14.1.1 Wöhlerlinie

Sofern Lasteinwirkungen in vielfacher Wiederholung[50] zwischen (teilweiser) Ent- und Wiederbelastung auftreten, wird das Baustoffgefüge geschädigt und die Festigkeit sinkt ab. Diese Eigenschaft wird mit (Material-)„Ermüdung" umschrieben. Die Zahl der Ent- und Wiederbelastungen ist die Lastspielzahl. Die erste grundlegende Beziehung zwischen Lastspielzahl und Festigkeit wurde von WÖHLER mit der heute nach ihm benannten „Wöhlerlinie" formuliert (**Abb. 14.1**). Sie wird experimentell ermittelt, indem das Bauteil mit einer vorgegebenen konstanten (= einstufigen) Spannungsamplitude σ_a und Mittelspannung σ_m so vielen Lastspielen unterworfen wird, bis der Bruch eintritt. Die erreichte Lastspielzahl und die zweifache Spannungsamplitude werden grafisch aufgetragen (**Abb. 14.1**). Kennzeichen der Kurve ist die von Wöhler unterstellte untere Asymptote, die bei $N^* \geq 10^6$ Lastspielen erreicht wird und die Dauerfestigkeit kennzeichnet. Spätere Untersuchungen haben ergeben, dass bei den Baustoffen Beton und Stahl keine untere Asymptote auftritt. Auch sehr kleine Spannungsamplituden schädigen das Baustoffgefüge.

Die Wöhlerlinie kann einfach oder doppelt logarithmisch aufgetragen werden. Für metallische Werkstoffe hat BASQUIN den Exponentialansatz nach Gl. (14.1) formuliert. In der doppelt logarithmischen Darstellung lässt sich die Funktion sehr gut als polygonale Linie annähern (Gl. (14.2) und **Abb. 14.1**).

$$\Delta\sigma^{m} \cdot N = \text{const} \tag{14.1}$$

$$\log \Delta\sigma_{Rsk} = \log \Delta\sigma_{Rsk}\left(N^*\right) + \frac{1}{m} \cdot \log \frac{N^*}{N} \tag{14.2}$$

Dabei sind:

$\Delta\sigma_{Rsk}\left(N^*\right)$	Spannungsamplitude für N^* Lastzyklen nach **Abb. 14.1** mit den Parametern nach **Tafel 14.1**
m	Steigung der Wöhlerlinie mit den Parametern N^*, k_1 bzw. k_2 nach **Tafel 14.1**

Bauwerke, die oftmaligen Lastwechseln mit großer Verkehrslastordinate unterworfen werden, müssen gegen Ermüdung nachgewiesen werden. Sie werden als Bauwerke *unter nicht vorwiegend ruhenden Lasten* bezeichnet. Im Bereich des Hochbaus können dies z. B. Türme, Kranbahnen oder Industriegebäude mit Maschinen sein, die Schwingungen in die Baukonstruktion einleiten. Bei anderen nicht vorgespannten Bauwerken des Hochbaus darf der Nachweis entfallen (→ Kap. 14.2).

[50] Im Rahmen dieses Abschnittes werden ausschließlich vielfache Lastwechsel betrachtet, die zu relativ geringen Spannungsamplituden führen. Kurzzeitige Lastwechsel mit hoher Spannungsamplitude, wie z. B. bei Erdbeben, sind nicht Gegenstand der Ausführungen.

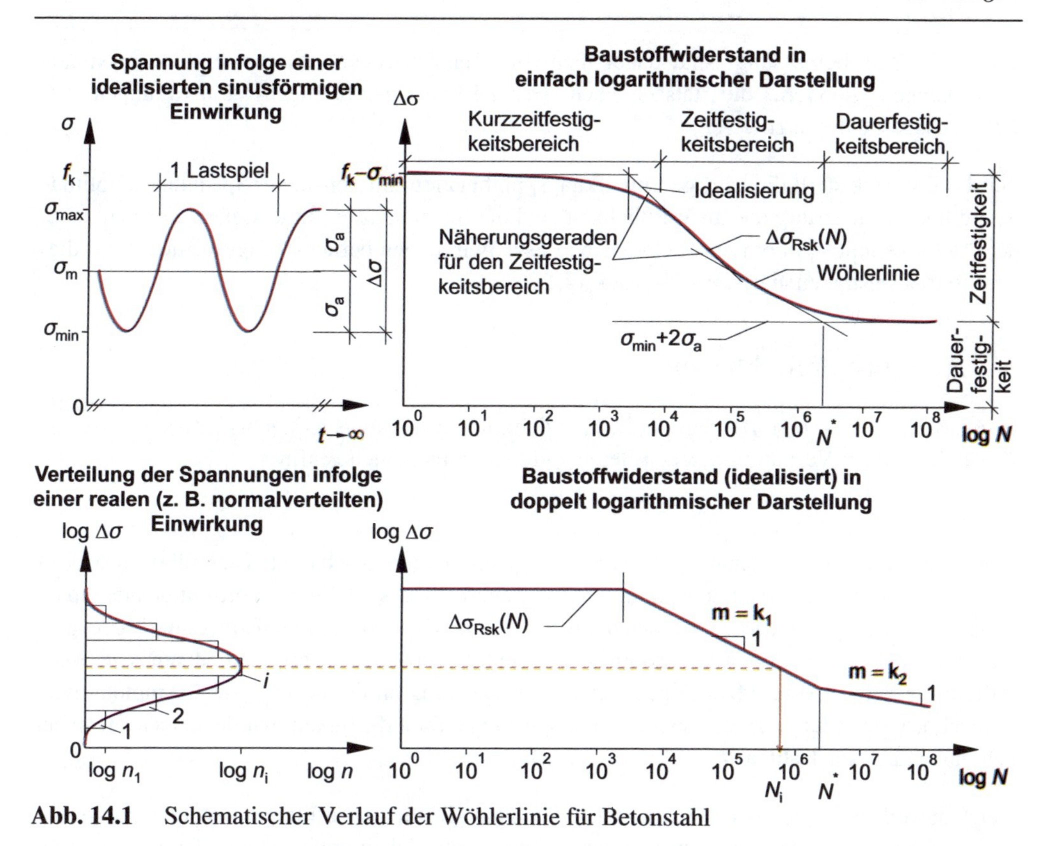

Abb. 14.1 Schematischer Verlauf der Wöhlerlinie für Betonstahl

Tafel 14.1 Wöhlerlinie für Betonstahl (mit Parametern nach EC 2-1-1/NA, Tabelle NA.6.3)

$\log \Delta\sigma_{Rsk} = \log \Delta\sigma_{Rsk}(N^*) + \frac{1}{m} \log \frac{N^*}{N}$ ($m = k_1$, $m = k_2$, N^*, log N)	N^*	Spannungsexponent m		$\Delta\sigma_{Rsk}$ [N/mm²] bei N^* Zyklen
		k_1	k_2	
Gerade und gebogene Stäbe [a]	10^6	5	9 [c]	175
Geschweißte Stäbe einschließlich Heft- und Stumpfstoßverbindungen, Betonstahlmatten [b]	10^6	4	5	85

[a] Für $D < 25\ \phi$ ist $\Delta\sigma_{Rsk}$ mit dem Reduktionsfaktor $\xi_1 = 0{,}35 + 0{,}026\ D/\phi$ zu multiplizieren.
Für Stäbe $\phi > 28$ mm ist $\Delta\sigma_{Rsk} = 145$ N/mm² (gilt nur für hochduktile Stähle). Dabei ist D der Biegerollendurchmesser, ϕ der Stabdurchmesser.

[b] Sofern nicht andere Wöhlerlinien durch allgemeine bauaufsichtliche Zulassung oder Zustimmung im Einzelfall festgelegt werden.

[c] In korrosiven Umgebungsbedingungen (XC2, XC3, XC4, XS, XD) sind weitere Überlegungen zur Wöhlerlinie anzustellen. Wenn keine genaueren Erkenntnisse vorliegen, ist für k_2 ein reduzierter Wert $5 \leq k_2 < 9$ zu setzen.

Da die Standsicherheit von der Ermüdung beeinträchtigt wird, handelt es sich um einen Nachweis im Grenzzustand der Tragfähigkeit. Allerdings liegt die Ursache der Ermüdung in den Gebrauchslasten. Im Unterschied zu den anderen Nachweisen im Grenzzustand der Tragfähigkeit (z. B. Biegebemessung) sind daher nicht mit Teilsicherheitsbeiwerten erhöhte maximale Einwirkungen, sondern die tatsächlichen (rechnerisch die häufigen) Einwirkungen des Gebrauchszustandes anzusetzen.

Für das Bauwerk stellt die häufige Einwirkungskombination mit konstanter Spannungsamplitude eine grobe Idealisierung dar. In Wirklichkeit sind die Spannungsamplituden nicht konstant, sondern stetig verteilt.[51] Sofern unterschiedliche Lasteinwirkungen berücksichtigt werden, führt dies zum Betriebsfestigkeitsnachweis (→ Kap. 14.1.3).

14.1.2 Baustoff Stahlbeton

Es müssen beide Werkstoffe getrennt hinsichtlich ihres Ermüdungsverhaltens betrachtet werden. Zusätzlich hat der Verbund zwischen Beton und Bewehrung einen Einfluss.

Beton

Beton wird unter Druckspannungen $\sigma_c > 0{,}45\, f_{cd}$ im Gefüge geschädigt. Dies führt zu Mikrorissen und später zu Spannungsumlagerungen innerhalb des Gefüges. Fortschreitende Spannungsumlagerungen bewirken Formänderungen in der Druckzone. Der Ermüdungsbruch geht daher mit großen Rotationen in der Druckzone einher, würde sich somit ankündigen. Die Wöhlerlinie für Beton (**Abb. 14.2**) zeigt zwar eine Annäherung an die horizontale Asymptote unter Schwellbeanspruchung; eine lastspielzahlunabhängige Dauerfestigkeit wurde jedoch auch bei sehr hohen Lastspielzahlen $N = 10^9$ nicht erreicht.

Bei Tragwerken der Praxis ist die maximale Spannung im Beton (infolge der anderen zu führenden Nachweise) allerdings so weit von der Bemessungsfestigkeit entfernt, dass der Nachweis für den Beton meistens nicht maßgebend wird.

Der Teilsicherheitsbeiwert für Beton im Rahmen des Ermüdungsnachweises beträgt:

$$\gamma_{C,fat} = 1{,}50 \tag{14.3}$$

Betonstahl

Der Betonstahl ist maßgebend für die Ermüdungsfestigkeit eines Stahlbetonbauteils. Der Ermüdungsbruch von Stahl ist ein Sprödbruch ohne Vorankündigung. Er ist weitaus gefährlicher als der Ermüdungsbruch des Betons. An Stellen lokaler Spannungskonzentration im Betonstahl können zunächst Mikrorisse entstehen, die mit zunehmender Lastspielzahl wachsen und dann plötzlich in ein instabiles Risswachstum übergehen (Sprödbruch). Für Betonstahl (und Spannstahl) ist entsprechend EC 2-1-1/NA, Tabelle NA.6.3 von einer stetig sinkenden Dauerfestigkeit auszugehen ($m = k_2 > 0$ in **Tafel 14.1**).

[51] Bei einer Brücke werden sie z. B. aus der Superposition von unterschiedlich schweren Fahrzeugen und weiteren Lastfällen resultieren, wie unterschiedliche Bauwerkstemperaturen über den Tag an dem unterstellten statisch unbestimmten System. Die tatsächlichen Einwirkungen führen zu einer stetigen Kurve der Spannungsamplituden.

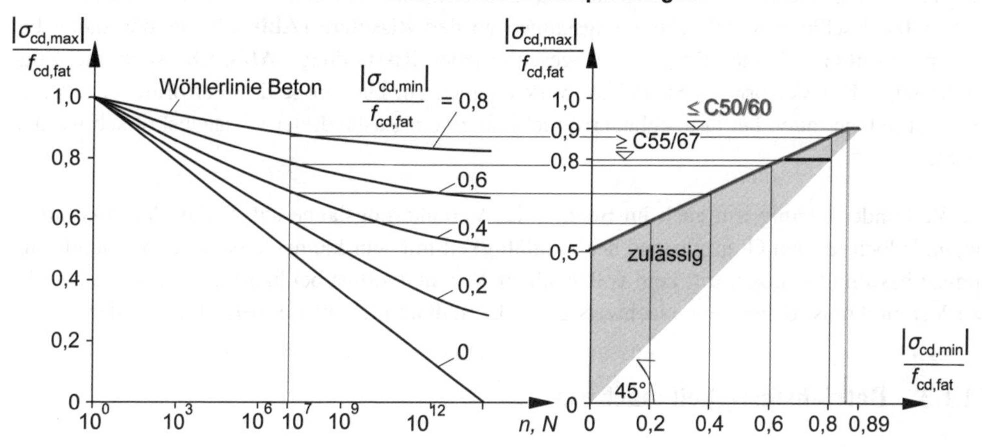

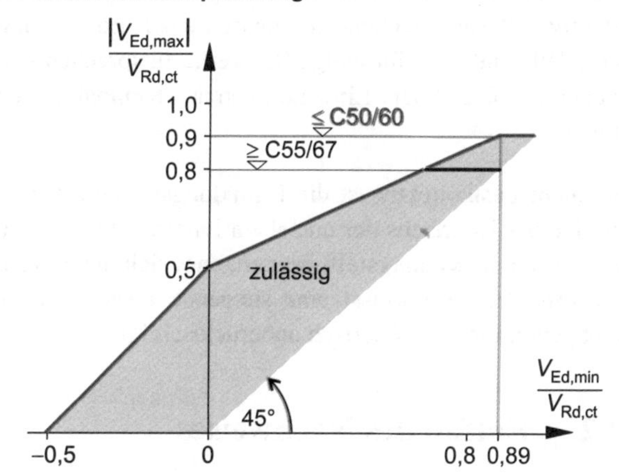

Abb. 14.2 Wöhlerlinie des druckbeanspruchten Betons und Spannungsgrenzen beim vereinfachten Nachweis

Bei Stahlbetontragwerken kann die Biegezug- oder die Querkraftbewehrung versagen. Der Teilsicherheitsbeiwert für Betonstahl im Rahmen des Ermüdungsnachweises beträgt:

$$\gamma_{S,fat} = 1{,}15 \tag{14.4}$$

Zur Bemessung der Querkraftbewehrung ist die Druckstrebenneigung gemäß Gl. (14.5) zu ermitteln.

$$\tan\theta_{fat} = \sqrt{\tan\theta} \leq 1 \tag{14.5}$$

θ Neigung der Betondruckstrebe im Grenzzustand der Tragfähigkeit

Der Verbund zwischen Bewehrungselement und umgebendem Beton wird mit zunehmender Lastspielzahl schlechter. Die Einleitungslängen an den Rissufern (**Abb. 1.7**) werden daher bei der Erstrissbildung länger (bzw. bei abgeschlossener Rissbildung (**Abb. 1.8**) sinkt die Zugversteifung). Die Verformungen im Tragwerk nehmen zu. Die Größe des Verformungszuwachses führt jedoch (auch bei Druckgliedern) nicht zu einem Zustand, der versagenskritisch werden könnte.

Die Verbundermüdung tritt auch im Bereich der Verankerungslänge auf. Da die Verankerungslängen jedoch für den Grenzzustand der Tragfähigkeit mit sehr kleinen zulässigen Verbundspannungen bestimmt wurden, tritt kein vollständiger Verbundverlust bei häufigen Lastwechseln ein. Der Verbund muss daher beim Nachweis gegen Ermüdung nicht weiter betrachtet werden.

14.1.3 Betriebsfestigkeitsnachweis

Während die Schnittgrößen für andere Nachweise mit einer bestimmten Einwirkungsgröße ermittelt werden, liegt dem Betriebsfestigkeitsnachweis ein *Lastkollektiv* zu Grunde. Dieses Lastkollektiv soll vereinfachend die tatsächlichen Einwirkungen abbilden. Es ist das „Ermüdungslastmodell" und kann für einige Bauwerke entsprechenden Normen entnommen werden, z. B. für Brücken in EC 2-2. Die Einwirkungen aus Kranbahnen und Maschinen sind in DIN EN 1991-3 geregelt.

Bei einem Lastkollektiv ist die Ermüdungsfestigkeit streng genommen von der zeitlichen Reihenfolge des Eintretens der einzelnen Lasten abhängig.[52] Um einen erträglichen Rechenaufwand zu erreichen, muss unterstellt werden, dass sich die einzelnen Lasten nicht gegenseitig beeinflussen. Außerdem beeinflusst eine steigende Lastordinate die Ermüdung nichtlinear. Auch dies bleibt gegenwärtig rechnerisch unberücksichtigt.

14.2 Entfall des Nachweises

Der Nachweis gegen Ermüdung braucht für viele Stahlbetontragwerke, insbesondere im Bereich des Hochbaus, nicht geführt zu werden (EC 2-1-1/NA, 6.8.1). Im Brückenbau sind Hinweise für den Entfall des Ermüdungsnachweises in EC 2-2/NA, NDP Zu 6.8.1 (102) gegeben:

- Tragwerke des üblichen Hochbaus (Ausnahmen sind Gebäude mit dynamisch erregten Maschinen auf den Decken)
- Geh- und Radwegbrücken
- Überschüttete Bogen- und Rahmentragwerke (mit einer Erdüberdeckung von mindestens 1,0 m bei Straßen- und 1,5 m bei Eisenbahnbrücken)
- Gründungen
- Pfeiler und Stützen, die mit dem Überbau von Brücken nicht biegesteif verbunden sind

[52] Große Einwirkungen kleiner Anzahl *vor* kleinen Einwirkungen großer Anzahl lassen ein Bauteil stärker ermüden als große Einwirkungen kleiner Anzahl *nach* kleinen Einwirkungen großer Anzahl (man denke an den Steifigkeitsabfall infolge unterschiedlicher Rissbildungen).

- Widerlager, die mit dem Überbau nicht biegesteif verbunden sind (außer den Platten und Wänden von Hohlwiderlagern mit einer Überschüttung von weniger als 1,0 m)
- Stützwände, die nicht im Einwirkungsbereich von Eisenbahnverkehrslasten liegen
- Beton unter Druckbeanspruchung bei Straßenbrücken, sofern die Betondruckspannungen unter der seltenen Einwirkungskombination und dem Mittelwert der Vorspannung auf $0{,}6\,f_{ck}$ beschränkt sind
- Beton- und Spannstahl ohne Schweißverbindungen oder Kopplungen bei Überbauten, für die unter der häufigen Kombination Dekompression nachgewiesen wird.

14.3 Vereinfachter Nachweis

14.3.1 Möglichkeiten der Nachweisführung

Der EC 2 bietet je nach Erfordernis mehrere Möglichkeiten, den Nachweis gegen Ermüdung (fatigue verification) zu führen. Der Aufwand steigt hierbei von Stufe 1 zur Stufe 3 stark an. Die Stufe 3 wird im Hochbau trotz ihres Aufwandes immer dann sinnvoll sein, wenn die Bauteilabmessungen bereits unveränderbar festliegen (z. B. beim Bauen im Bestand).

- Stufe 1: Vereinfachter Nachweis durch *Begrenzung der Spannungen* bzw. Spannungsschwingbreiten
- Stufe 2: Genauerer Nachweis als *vereinfachter Betriebsfestigkeitsnachweis über schädigungsäquivalente Schwingbreiten* (→ Kap. 14.5)
- Stufe 3: Genauer Nachweis als *expliziter Betriebsfestigkeitsnachweis* (→ Kap. 14.4)

Der vereinfachte Nachweis ist ein Spannungsnachweis und basiert zum einen auf linearem Werkstoffverhalten, zum anderen auf der Voraussetzung, dass die Spannungsamplituden (**Abb. 14.1**) konstant sind. Da dies in der Praxis nicht der Fall ist, muss mit der ungünstigsten (größten) Spannungsamplitude gerechnet werden. Dies kann zu Ergebnissen führen, die insgesamt für die Bemessung maßgebend werden und damit unwirtschaftlich sind. In diesem Fall empfiehlt sich ein genauerer Nachweis.

14.3.2 Nachweis für Beton

Der vereinfachte Nachweis ist mit der häufigen Lastkombination zu erbringen. Der Spannungsnachweis kann bei Kenntnis des Ermüdungsbeiwertes μ geführt werden.

$$\sigma_{c,freq} \leq \sigma_{c,lim} \tag{14.6}$$

$$\sigma_{c,lim} = \sigma_{stat} + \mu \cdot \sigma_{dyn} \leq \text{zul}\ \sigma_{stat} \tag{14.7}$$

$$\mu = \frac{f_k - \sigma_m}{\sigma_a} \tag{14.8}$$

In EC 2-1-1 wird Gl. (14.7) in normierter Form geschrieben. Für Beton unter Druckspannungen ist für jede Querschnittsfaser nachfolgende Gl. einzuhalten (**Abb. 14.2**, rechtes oberes Diagramm):

$$\frac{|\sigma_{\text{cd,max}}|}{f_{\text{cd,fat}}} \leq 0{,}5 + 0{,}45 \cdot \frac{|\sigma_{\text{cd,min}}|}{f_{\text{cd,fat}}} \leq \begin{cases} 0{,}9 & \text{bis C50/60} \\ 0{,}8 & \text{ab C55/67} \end{cases} \tag{14.9}$$

$|\sigma_{\text{cd,max}}|$ maximale Betondruckspannung unter häufiger Einwirkungskombination

$|\sigma_{\text{cd,min}}|$ minimale Betondruckspannung (bei Zugspannungen: $|\sigma_{\text{cd,min}}| = 0$)

Für den Bemessungswert der Betondruckfestigkeit bei Ermüdungsbeanspruchung werden die Nacherhärtung von Beton über die 28-Tage-Festigkeit hinaus und der Zeitpunkt der Erstbelastung t_0 berücksichtigt.

$$f_{\text{cd,fat}} = \beta_{\text{cc}}(t_0) \cdot \left[1 - \frac{f_{\text{ck}}}{250}\right] \cdot f_{\text{cd}} \tag{14.10}$$

$$\beta_{\text{cc}}(t_0) = e^{s\left(1-\sqrt{\frac{28}{t_0}}\right)} \tag{14.11}$$

$\beta_{\text{cc}}(t_0)$ Erhärtungsfunktion des Betons

s ein vom verwendeten Zementtyp abhängiger Beiwert
= 0,20 für Zement CEM 42,5 R, CEM 52,5 N, CEM 52,5 R (Klasse R)
= 0,25 für Zement CEM 32,5 R, CEM 42,5 N (Klasse N)
= 0,38 für Zement CEM 32,5 N (Klasse S)
= 0,20 für alle Zemente bei Betonen ≥ C55/67

Gl. (14.9) gilt auch für die Druckstreben von querkraftbeanspruchten Bauteilen mit Querkraftbewehrung. In diesem Fall ist die Betondruckfestigkeit nach Gl. (14.10) mit ν_1 nach Gl. (8.33) abzumindern.

Bei Bauteilen unter Querkraftbeanspruchung, die rechnerisch keine Querkraftbewehrung benötigen, sind folgende Bedingungen einzuhalten (**Abb. 14.2**, unteres Diagramm):

– für $\dfrac{V_{\text{Ed,min}}}{V_{\text{Ed,max}}} \geq 0$:

$$\left|\frac{V_{\text{Ed,max}}}{V_{\text{Rd,c}}}\right| \leq 0{,}5 + 0{,}45 \cdot \left|\frac{V_{\text{Ed,min}}}{V_{\text{Rd,c}}}\right| \leq \begin{cases} 0{,}9 & \text{bis C50/60} \\ 0{,}8 & \text{ab C55/67} \end{cases} \tag{14.12}$$

$V_{\text{Ed,max}}$ ($V_{\text{Ed,min}}$) Bemessungswert der maximalen (minimalen) Querkraft unter der häufigen Einwirkungskombination jeweils im selben Querschnitt

$V_{\text{Rd,c}}$ Bemessungswert der ohne Querkraftbewehrung aufnehmbaren Querkraft nach Gl. (8.19)

– für $\frac{V_{Ed,min}}{V_{Ed,max}} < 0$:

$$\left|\frac{V_{Ed,max}}{V_{Rd,c}}\right| \leq 0,5 - \left|\frac{V_{Ed,min}}{V_{Rd,c}}\right| \tag{14.13}$$

14.3.3 Nachweis für Betonstahl

Der vereinfachte Nachweis ist für die häufige Lastkombination zu führen.

$$\Delta\sigma_{s,freq} \leq \Delta\sigma_{s,lim} \tag{14.14}$$

Nachfolgende Bedingungen gelten für jegliche Art von Bewehrung. Für ungeschweißte Bewehrungsstähle unter Zugbeanspruchung darf ein ausreichender Ermüdungswiderstand angenommen werden, wenn unter der häufigen Einwirkungskombination die Spannungsschwingbreite

$$\Delta\sigma_{s,lim} \leq 70 \text{ N/mm}^2 \tag{14.15}$$

nicht überschreitet. Für geschweißte Betonstähle muss zusätzlich der Querschnitt im Bereich der Schweißstellen unter der häufigen Einwirkungskombination vollständig überdrückt sein.

$$\sigma_c \leq 0 \text{ N/mm}^2 \tag{14.16}$$

Beispiel 14.1: Vereinfachter Nachweis der Ermüdung

Gegeben: – Beispiel laut Skizze von Beispiel 7.10
– Belastung mit Verkehrslasten 1 Jahr nach Erstellung

Gesucht: Nachweis der Ermüdung im Feld 1[53]

Lösung:

Der Nachweis ist für die häufige Kombination zu führen.

(6.24):
$E_{d,frequ} = \sum_i E_{Gk,i} \oplus \psi_{1,Q} \cdot E_{Q,unf}$

$\psi_1 = 0,5$

Tafel 6.4: Wohn- und Aufenthaltsräume

$M_{1,max} = 140 + 0,5 \cdot 52 = 166$ kNm

vgl. Beispiel 7.11

$M_B = 0,5 \cdot \left(-0,119 \cdot 12,4 \cdot 6,51^2\right) = -31$ kNm

[Schneider/Albert – 14], S. 4.17
häufiger Verkehr in Feld 2

$M_{1,min} \approx 140 + 0,45 \cdot (-31) = 126$ kNm

Maßgebende Stelle liegt bei $x/l_{eff} \approx 0,45$.

[53] Für ein Wohngebäude ist gemäß Kap. 14.2 kein Ermüdungsnachweis zu führen, er soll hier übungshalber demonstriert werden.

$$\alpha_e = \frac{E_s}{E_c} = \frac{200000}{30000} = 6{,}7 \approx 10$$

(1.3): $\alpha_e = \frac{E_s}{E_c}$

Um Langzeiteinflüsse zu erfassen (Kriechen des Betons), darf in der Regel für alle Betongüten mit $\alpha_e = 10$ gerechnet werden.

$A_{s,vorh} = 10{,}1\ \text{cm}^2$

vgl. Beispiel 7.11

$A_c \approx 251 \cdot 67{,}5 = 1{,}69 \cdot 10^4\ \text{cm}^2$

Gl. (11.8) gilt für einen Rechteckquerschnitt. Da hier die Nulllinie in der oberen Platte liegt, wird ein Ersatzrechteck verwendet.

$$\rho = \frac{10{,}1}{16900} = 0{,}0006$$

(11.7): $\rho = \frac{A_s}{b \cdot d}$

$$x \approx 0{,}0006 \cdot 10 \cdot 675 \cdot \left[-1 + \sqrt{1 + \frac{2}{0{,}0006 \cdot 10}}\right]$$

$$= 70{,}0\ \text{mm} < 220\ \text{mm} = h_f$$

(11.8): $x = \rho \cdot \alpha_e \cdot d \cdot \left[-1 + \sqrt{1 + \frac{2}{\rho \cdot \alpha_e}}\right]$

$$\left|\sigma_{cd,max}\right| = \frac{2 \cdot 166 \cdot 10^{-3}}{2{,}51 \cdot 0{,}070 \cdot \left(0{,}675 - \frac{0{,}070}{3}\right)} = 2{,}9\ \text{N/mm}^2$$

(11.6): $\sigma_{c2} = \frac{2 M_{Eds}}{b \cdot x \cdot \left(d - \frac{x}{3}\right)}$

$$\left|\sigma_{cd,min}\right| = \frac{2 \cdot 126 \cdot 10^{-3}}{2{,}51 \cdot 0{,}070 \cdot \left(0{,}675 - \frac{0{,}070}{3}\right)} = 2{,}2\ \text{N/mm}^2$$

$$\beta_{cc}(t_0) = e^{0{,}2\left(1 - \sqrt{\frac{28}{365}}\right)} = 1{,}16$$

(14.11): $\beta_{cc}(t_0) = e^{s\left(1 - \sqrt{\frac{28}{t_0}}\right)}$

Zement CEM 42,5 R (Klasse R) → s = 0,2

(14.10):

$$f_{cd,fat} = 1{,}16 \cdot \left[1 - \frac{20}{250}\right] \cdot 11{,}3 = 12{,}1\ \text{N/mm}^2$$

$f_{cd,fat} = \beta_{cc}(t_0) \cdot \left[1 - \frac{f_{ck}}{250}\right] \cdot f_{cd}$

$$\frac{2{,}9}{12{,}1} = \underline{0{,}24} < 0{,}5 + 0{,}45 \cdot \frac{2{,}2}{12{,}1} = \underline{0{,}58} < 0{,}9$$

(14.9): $\frac{\left|\sigma_{cd,max}\right|}{f_{cd,fat}} \leq 0{,}5 + 0{,}45 \cdot \frac{\left|\sigma_{cd,min}\right|}{f_{cd,fat}} \leq 0{,}9$

$$\frac{\sigma_{c,freq}}{f_{cd,fat}} = 0{,}24 < 0{,}58 = \frac{\sigma_{c,lim}}{f_{cd,fat}}$$

(14.6): $\sigma_{c,freq} \leq \sigma_{c,lim}$

$$z = 0{,}675 - \frac{0{,}070}{3} = 0{,}652\ \text{m}$$

(1.33): $z \approx d - \frac{x}{3}$

$$\Delta\sigma_s = \frac{(166 - 126) \cdot 10^{-3}}{10{,}1 \cdot 10^{-4} \cdot 0{,}652} = 60{,}8\ \text{N/mm}^2$$

(1.34): $\sigma_s = \frac{M}{A_s \cdot z}$

$\Delta\sigma_{s,lim} \leq 70\ \text{N/mm}^2$

(14.15): $\Delta\sigma_{s,lim} \leq 70\ \text{N/mm}^2$

$\Delta\sigma_s = 60{,}8\ \text{N/mm}^2 < 70\ \text{N/mm}^2$

(14.14): $\Delta\sigma_{s,freq} \leq \Delta\sigma_{s,lim}$

14.4 Genauer Betriebsfestigkeitsnachweis

14.4.1 Lineare Schadensakkumulation

Hierbei werden die Lastzyklen mit unterschiedlichen Spannungsamplituden in einzelne Beanspruchungskollektive gesplittet. Die Spannungsamplituden werden mit realitätsnahen Lastmodellen ermittelt. Für jede Belastungsstufe, d. h. für jedes Beanspruchungskollektiv, wird das Ermüdungsverhalten aus den Wöhlerkurven berechnet und der zugehörige Schädigungsfaktor D_i für diese Belastungsstufe bestimmt (**Abb. 14.3**).

$$D_i = \frac{n(\Delta\sigma_i)}{N(\Delta\sigma_i)} = \frac{n_i}{N_i} \tag{14.17}$$

i	Lastkollektiv
n_i	Anzahl der einwirkenden Lastzyklen innerhalb eines Kollektivs i
N_i	Anzahl der ertragbaren Lastzyklen innerhalb eines Kollektivs i

Die Spannungsamplituden sind hierbei in der häufigen Einwirkungskombination mit Überlagerung der maßgebenden zyklischen Ermüdungsbelastung Q_{fat} nach Gl. (14.18) zu ermitteln.

$$E_{d,fat} = E\left\{\sum_i G_{k,i} + P_k \oplus \psi_{1,1} \cdot Q_{k,1} \oplus \sum_{j \geq 2} \psi_{2,j} \cdot Q_{k,j} \oplus Q_{fat}\right\} \tag{14.18}$$

Anschließend werden die einzelnen Schädigungsfaktoren akkumuliert. Das Ergebnis ist eine Schädigungssumme. PALMGREN und MINER haben die Hypothese aufgestellt, dass das Bauteil standsicher ist, solange die Grenzschädigung $D_{Ed} = 1$ nicht erreicht wird. Sie führen dabei eine *lineare* Akkumulation (Addition) durch. So erhält man die PALMGREN-MINER-Regel:

$$D_{Ed} = \sum_i D_i = \sum_i \frac{n_i}{N_i} \leq 1{,}0 \tag{14.19}$$

Da entsprechend dieser Regel *jede* (auch eine sehr kleine) Spannungsänderung zu einer Bauteilschädigung führt, widerspricht diese Gesetzmäßigkeit der von WÖHLER formulierten Dauerfestigkeit. Auch wenn die tatsächliche Schädigungssumme eine *nichtlineare* Akkumulation von Schädigungsfaktoren ist, liefert die PALMGREN-MINER-Regel zutreffendere Ergebnisse als sie sich bei einem Spannungsnachweis (→ Kap. 14.3) ergeben. Sie wird nachfolgend für Betonstahl gezeigt. Für Beton erübrigt sich im Allgemeinen ein genauer Nachweis, da er nicht bemessungsbestimmend ist.

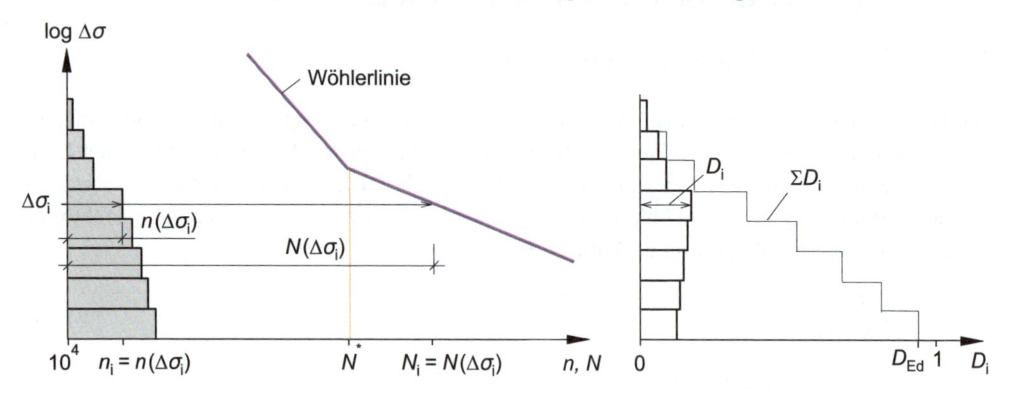

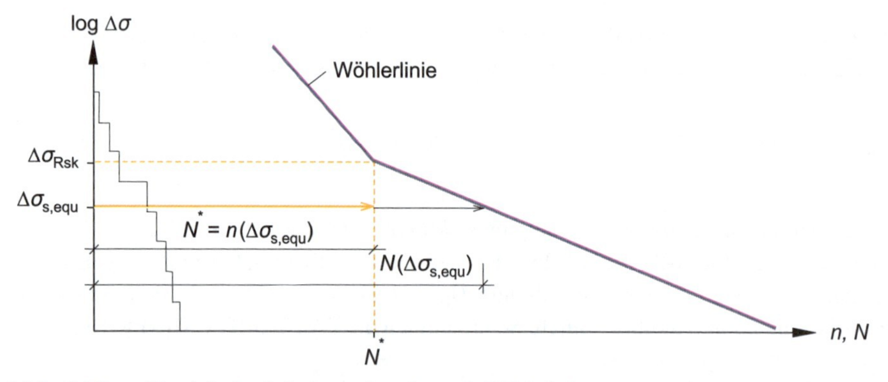

Abb. 14.3 Betriebsfestigkeitsnachweis nach EC 2-1-1

14.4.2 Nachweis für Betonstahl

Die Anzahl der ertragbaren Lastzyklen kann mit Gl. (14.1) und den Vorgaben in EC 2-1-1/NA (**Tafel 14.1**) direkt ermittelt werden:

$$N_\mathrm{j} = \frac{N^*}{\left(\dfrac{\Delta\sigma(n_\mathrm{j})}{\Delta\sigma_\mathrm{Rsk}(N^*)}\right)^\mathrm{m}} \tag{14.20}$$

Im Rahmen des Nachweises nach EC 2-1-1 sind folgende Teilsicherheitsbeiwerte zu verwenden:

$\gamma_\mathrm{F,fat}$ Teilsicherheitsbeiwert für die Einwirkungen beim Ermüdungsnachweis

$$\gamma_\mathrm{F,fat} = 1{,}0 \tag{14.21}$$

Zur Bestimmung des Exponenten *m* muss geprüft werden, ob die Spannungsschwankung in den Zeitfestigkeits- oder Dauerfestigkeitsast der Wöhlerlinie in **Tafel 14.1** führt:

$$\gamma_{F,fat} \cdot \Delta\sigma_s \overset{?}{\leq} \frac{\Delta\sigma_{Rsk}(N^*)}{\gamma_{S,fat}} \Rightarrow \begin{array}{l} ja: m = k_2 \\ nein: m = k_1 \end{array} \tag{14.22}$$

Damit kann dann Gl. (14.17) ausgewertet werden.

Beispiel 14.2: Betriebsfestigkeitsnachweis (für Betonstahl)

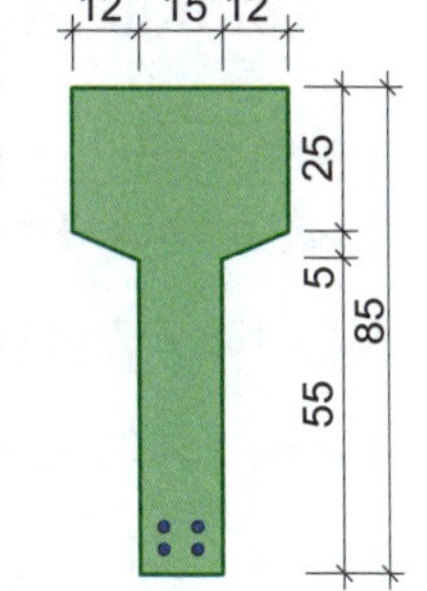

Ein Kranbahnträger in einem Stahlwerk ist gegen Ermüdung zu bemessen. Laut Angabe des Bauherrn fährt der Kran alle 60 Sekunden mit „voller" Nutzlast über den Träger, dazwischen leer zurück. Das Stahlwerk wird für eine Nutzungsdauer von 20 Jahren ausgelegt.

Gegeben:
- Abmessungen laut Skizze
- M_{gk} = 37 kNm (Betonfertigteil);
  M_{qk1} = 144 kNm (Kran mit Nutzlast)[54]
  M_{qk2} = 15 kNm (Kran ohne Nutzlast)
- Baustoffe C40/50, B500
- Bauteilalter bei Betriebsbeginn 1 Jahr

Gesucht: Nachweis der Ermüdung (nur für Biegung) für den Betonstahl

Lösung:

Biegebemessung:

$M_{max} = 1{,}35 \cdot 37 + 1{,}50 \cdot 144 = 266$ kNm

$M_{min} = 1{,}35 \cdot 37 + 1{,}50 \cdot 15 = 72{,}5$ kNm

(6.12): $\max E_d = 1{,}35 \cdot E_{Gk} \oplus 1{,}50 \cdot E_{Qk,unf}$

$$f_{cd} = \frac{0{,}85 \cdot 40}{1{,}50} = 22{,}7 \text{ N/mm}^2$$

(2.17): $f_{cd} = \frac{\alpha_{cc} \cdot f_{ck}}{\gamma_C}$

$$\mu_{Eds} = \frac{0{,}266}{0{,}40 \cdot 0{,}78^2 \cdot 22{,}7} = 0{,}0482$$

(7.21): $\mu_{Eds} = \frac{M_{Eds}}{b \cdot d^2 \cdot f_{cd}}$

$\omega = 0{,}0496$; $\zeta \approx 0{,}971$; $\xi \approx 0{,}075$; $\sigma_{sd} = 457$ N/mm²

Tafel 7.1:

$x = 0{,}075 \cdot 78{,}0 = 5{,}9 \text{ cm} < 25 \text{ cm} = h_f$

(7.24): $x = \xi \cdot d$

$$A_s = \frac{0{,}0496 \cdot 0{,}40 \cdot 0{,}78 \cdot 22{,}7}{457} \cdot 10^4 = \underline{\underline{7{,}7 \text{ cm}^2}}$$

(7.50): $A_s = \frac{\omega \cdot b \cdot d \cdot f_{cd} + N_{Ed}}{\sigma_{sd}}$

gew: 2 ∅28 + 2 ∅20

Tafel 4.1

$A_{s,vorh} = 18{,}6 \text{cm}^2 > 7{,}7 \text{cm}^2 = A_{s,erf}$ [55]

(7.55): $A_{s,vorh} \geq A_{s,erf}$

---

[54] Die Schnittgrößen der zyklischen Beanspruchung Q_{fat} sind mit Lasten entsprechend DIN EN 1991-3 zu bestimmen. Um den Aufwand für die Ermittlung der Schnittgrößen in Grenzen zu halten, wird dies im Rahmen des Beispiels vernachlässigt.

[55] Die Bewehrung wird sehr reichlich gewählt, da eine hohe Ermüdungsbeanspruchung vorliegt. Sie erfordert eine große Biegezugbewehrung, damit der Nachweis erfolgreich geführt werden kann.

Nachweis gegen Ermüdung (Betonstahl):

$$\alpha_e = \frac{E_s}{E_c} = \frac{200000}{35000} = 5{,}7 \approx 10$$

Um Langzeiteinflüsse zu erfassen, darf in der Regel für alle Betongüten mit $\alpha_e = 10$ gerechnet werden.

$$\rho = \frac{18{,}6}{15 \cdot 78 + 2 \cdot 12{,}5 \cdot 27{,}5} = 0{,}0100$$

(1.6): $\rho = \frac{A_s}{A_c}$

$$x = 0{,}0100 \cdot 10 \cdot 780 \cdot \left[-1 + \sqrt{1 + \frac{2}{0{,}0100 \cdot 10}}\right] = 279 \text{ mm}$$

(11.8): $x = \rho \cdot \alpha_e \cdot d \cdot \left[-1 + \sqrt{1 + \frac{2}{\rho \cdot \alpha_e}}\right]$

Hier: $\psi_{1,Q} = 1{,}0$

$M_{max} = 37 + 144 = 181$ kNm

(6.24): $E_{d,frequ} = \sum_i E_{Gk,i} \oplus \psi_{1,Q} \cdot E_{Q,unf}$

$\Delta M = 181 - 37 = 144$ kNm

$\Delta M = M_{max} - M_g$

$$z = 780 - \frac{279}{3} = 687 \text{ mm} = 0{,}69 \text{ m}$$

(1.33): $z = d - \frac{x}{3}$

$$\Delta\sigma_s = \frac{144}{18{,}6 \cdot 0{,}69} \cdot 10 = 112 \text{ N/mm}^2$$

(1.34): $\sigma_s = \frac{M}{A_s \cdot z}$

$\Delta\sigma_{s,lim} \leq 70$ N/mm²

(14.15): $\Delta\sigma_{s,lim} \leq 70$ N/mm²

$\Delta\sigma_s = 112 \text{ N/mm}^2 > 70 \text{ N/mm}^2$

(14.14): $\Delta\sigma_{s,freq} \leq \Delta\sigma_{s,lim}$

Nachweis nach Stufe 1 ist nicht erbracht.

→ Nachweis nach Stufe 2 erforderlich.

→ Kap. 14.5.1

Für den Kranbahnträger liegen keine Betriebslastfaktoren λ_s zur Bestimmung der schädigungsäquivalenten Schwingbreite $\Delta\sigma_{s,equ}$ vor. Berechnung mit $\lambda_s = 1$ ist im Industriebau nicht ohne weiteres zulässig.

Kap. 14.5.1, Erläuterung zu Gl. (14.30)

→ Nachweis nach Stufe 3 erforderlich.

Wie viele Lastwechsel soll Bauteil ertragen (jeweils voller und leerer Kran, $n_1 = n_2$)?

$$n = 20 \text{ a} \cdot 365 \text{ d} \cdot 24 \text{ h} \cdot 60 \text{ LW/h} = 1{,}05 \cdot 10^7 \text{ LW}$$

Lastfall voller Kran:

(14.18): $E_{d,fat} = \sum_i E_{Gk,i} \oplus E_{Q,fat}$

$$\sigma_{s,max} = \frac{M_{max}}{A_s \cdot z} = \frac{181}{18{,}6 \cdot 0{,}69} \cdot 10 = 141 \text{ N/mm}^2$$

(1.34): $\sigma_s = \frac{M}{A_s \cdot z}$

$$\sigma_{s,min} = \frac{M_{min}}{A_s \cdot z} = \frac{37}{18{,}6 \cdot 0{,}69} \cdot 10 = 29 \text{ N/mm}^2$$

$\Delta\sigma_s = 141 - 29 = 112$ N/mm²

$\Delta\sigma_s = \sigma_{s,max} - \sigma_{s,min}$

$\gamma_{F,fat} = 1{,}0$ (14.21)

$\gamma_{S,fat} = 1{,}15$ (14.4)

$$\Delta\sigma_s(N) = 1{,}0 \cdot 1{,}15 \cdot 112 = 128{,}8 \text{ N/mm}^2$$

(14.22):

$$\gamma_{F,fat} \cdot \Delta\sigma_s \overset{?}{\leq} \frac{\Delta\sigma_{Rsk}(N^*)}{\gamma_{S,fat}}$$

$$\Delta\sigma_{Rsk}\left(N^*\right) = 175 \text{ N/mm}^2$$

Tafel 14.1

$$\Delta\sigma_{Rsk}(N) = 128{,}8 \text{ N/mm}^2 < 175 \text{ N/mm}^2$$

$$m = k_2 = 9 \text{ und } N^* = 10^6$$

Tafel 14.1

$$N_1 = \frac{10^6}{\left(\frac{128{,}8}{175}\right)^9} = 1{,}58 \cdot 10^7$$

(14.20): $N_j = \dfrac{N^*}{\left(\dfrac{\Delta\sigma(n_j)}{\Delta\sigma_{Rsk}\left(N^*\right)}\right)^m}$

Lastfall leerer Kran:

$$M_{max} = 37 + 15 = 52 \text{ kNm}$$

(14.18):

$$E_{d,fat} = \sum_i E_{Gk,i} \oplus E_{Q,fat}$$

$$\sigma_{s,max} = \frac{M_{max}}{A_s \cdot z} = \frac{52}{18{,}6 \cdot 0{,}69} \cdot 10 = 41 \text{ N/mm}^2$$

(1.34): $\sigma_s = \dfrac{M}{A_s \cdot z}$

$$\Delta\sigma_s = 41 - 29 = 12 \text{ N/mm}^2$$

$$\Delta\sigma_s = \sigma_{s,max} - \sigma_{s,min}$$

(14.22):

$$\gamma_{F,fat} \cdot \Delta\sigma_s \overset{?}{\leq} \frac{\Delta\sigma_{Rsk}(N^*)}{\gamma_{S,fat}}$$

$$\Delta\sigma_s(N) = 1{,}0 \cdot 1{,}15 \cdot 12 = 13{,}8 \text{ N/mm}^2$$

$$N_2 = \frac{10^6}{\left(\frac{13{,}8}{175}\right)^9} = 8{,}48 \cdot 10^{15}$$

(14.20): $N_j = \dfrac{N^*}{\left(\dfrac{\Delta\sigma(n_j)}{\Delta\sigma_{Rsk}\left(N^*\right)}\right)^m}$

$$D_{Ed} = \frac{1{,}05 \cdot 10^7}{1{,}58 \cdot 10^7} + \frac{1{,}05 \cdot 10^7}{8{,}48 \cdot 10^{15}} = 0{,}665 + \sim 0 = \underline{0{,}665} \leq 1{,}0$$

(14.19): $D_{Ed} = \sum_i \dfrac{n_i}{N_i} \leq 1{,}0$

Betriebsfestigkeitsnachweis ist erfüllt!

Zusatzbetrachtung:

Berechnung Betriebslastfaktor λ_s

→ Kap. 14.5.1

(14.23) bis (14.29):

$$\Delta\sigma_{s,equ} = \frac{175}{1{,}0 \cdot 1{,}15} \cdot \sqrt[9]{0{,}665} = 145{,}4 \text{N/mm}^2$$

$$\Delta\sigma_{s,equ} = \frac{\Delta\sigma_{Rsk}\left(N^*\right)}{\gamma_{F,fat} \cdot \gamma_{S,fat}} \cdot \sqrt[k_2]{D_{Ed}}$$

$$\lambda_s = \frac{145{,}4}{112} = 1{,}30$$

$$\lambda_s = \frac{\Delta\sigma_{s,equ}}{\Delta\sigma_s}$$

(Fortsetzung mit Beispiel 14.3)

14.5 Vereinfachter Betriebsfestigkeitsnachweis

14.5.1 Nachweis für Betonstahl

Sofern die Ermüdungssicherheit mit dem vereinfachten Nachweis nicht nachgewiesen werden konnte, kann ein „genauerer Nachweis" in Form eines vereinfachten Betriebsfestigkeitsnachweises geführt werden. Hierbei wird das komplizierte Belastungskollektiv des genaueren Betriebsfestigkeitsnachweises in ein schädigungsgleiches Einstufen-Ersatzkollektiv überführt. Dieses bezeichnet man als schädigungsäquivalente Schwingbreite $\Delta\sigma_{s,equ}$.

Als schädigungsäquivalente Schwingbreite wird somit diejenige Spannungsschwankung definiert, die bei konstanten Spannungsschwankungen mit N^* Lastzyklen zu der gleichen Versagensart führt wie eine wirklichkeitsnahe Belastung während der gesamten Nutzungsdauer (**Abb. 14.3**). Aus dieser Bedingung kann mit Gl. (14.19) formuliert werden:

$$\frac{n\left(\Delta\sigma_{s,equ}\right)}{N\left(\Delta\sigma_{s,equ}\right)} \overset{!}{=} D_{Ed} = \sum_{i} \frac{n_i}{N_i} \leq 1{,}0 \tag{14.23}$$

Substituiert man $n\left(\Delta\sigma_{s,equ}\right) = N^*$ (vgl. **Abb. 14.3**), erhält man:

$$\frac{N^*}{N\left(\Delta\sigma_{s,equ}\right)} \leq 1{,}0 \tag{14.24}$$

Der Ausdruck $N(\Delta\sigma_{s,equ})$ kann mit Gl. (14.20) substituiert werden.

$$N\left(\Delta\sigma_{s,equ}\right) = \frac{N^*}{\left(\dfrac{\Delta\sigma_{s,equ}}{\Delta\sigma_{Rsk}\left(N^*\right)}\right)^m} = \frac{N^* \cdot \Delta\sigma_{Rsk}^m\left(N^*\right)}{\Delta\sigma_{s,equ}^m} \tag{14.25}$$

Dies eingesetzt in Gl. (14.24) ergibt:

$$\frac{N^* \cdot \Delta\sigma_{s,equ}^m}{N^* \cdot \Delta\sigma_{Rsk}^m\left(N^*\right)} \leq 1{,}0 \tag{14.26}$$

Umgeformt und die m-te Wurzel gezogen ergibt sich:

$$\Delta\sigma_{s,equ} \leq \Delta\sigma_{Rsk}\left(N^*\right) \tag{14.27}$$

Ein Vergleich von Gl. (14.23) mit Gl. (14.27) zeigt deutlich, dass der Betriebsfestigkeitsnachweis formal in einen einfachen Spannungsnachweis überführt wurde. In Gl. (14.27) sind nun noch die Teilsicherheitsbeiwerte einzuführen. Für Beton- und Spannstahl gilt der Nachweis als erbracht, wenn die folgende Bedingung erfüllt ist:

$$\gamma_{\text{F,fat}} \cdot \Delta\sigma_{\text{s,equ}} \leq \frac{\Delta\sigma_{\text{Rsk}}\left(N^*\right)}{\gamma_{\text{S,fat}}} \tag{14.28}$$

Die schädigungsäquivalente Schwingbreite $\Delta\sigma_{\text{s,equ}}$ kann aus der bekannten Spannungsschwankung $\Delta\sigma_{\text{s}}$ bestimmt werden, wenn die Betriebslastfaktoren λ_{s} durch Vorgabe einer allgemeinen Vorschrift bekannt sind. Die Spannungsschwankung $\Delta\sigma_{\text{s}}$ ist analog zum genauen Betriebsfestigkeitsnachweis (→ Kap. 14.4.1) in der häufigen Einwirkungskombination mit Überlagerung der maßgebenden zyklischen Ermüdungsbelastung Q_{fat} nach Gl. (14.18) zu ermitteln.

$$\Delta\sigma_{\text{s,equ}} = \lambda_{\text{s}} \cdot \Delta\sigma_{\text{s}} \tag{14.29}$$

Für Hochbauten gibt EC 2-1-1 [56]

$$\lambda_{\text{s}} = 1 \tag{14.30}$$

vor, damit darf näherungsweise $\Delta\sigma_{\text{s,equ}} = \Delta\sigma_{\text{s,max}}$ angenommen werden. Diese Vereinfachung hat zur Folge, dass die Ermüdungssicherheit nur dann gegeben ist, wenn $\Delta\sigma_{\text{s,max}}$ höchstens in der Anzahl N^* während der Lebensdauer auftritt und zusätzlich keine anderen Spannungszyklen auf das Bauteil einwirken.

Für Straßen- und Eisenbahnbrücken können die Betriebslastfaktoren nach EC 2-2/NA, Anhang NA.NN ermittelt werden.

Beispiel 14.3: Vereinfachter Betriebsfestigkeitsnachweis (für Betonstahl)

(Fortsetzung von Beispiel 14.2)

Gegeben:
- Abmessungen und Ergebnisse von Beispiel 14.2
- $\lambda_{\text{s}} = 1{,}30$

Gesucht: Nachweis gegen Ermüdung für den Betonstahl (nur für Biegung)

Lösung:

Betriebslastfaktoren λ_{s}	Zur Durchführung des vereinfachten Betriebsfestigkeitsnachweises müssen die Betriebslastfaktoren λ_{s} bekannt sein. Normengestützte Berechnungsmethoden liegen derzeit für den Anwendungsbereich des EC 2 nicht vor. Die für Hochbauten geltende Vereinfachung $\lambda_{\text{s}} = 1$ ist im vorliegenden Fall nicht zulässig.
$\lambda_{\text{s}} = 1{,}30$	→ Beispiel 14.2, Berechnung von λ_{s}
Lastfall voller Kran:	$E_{\text{d,fat}} = \sum_i E_{\text{Gk,i}} \oplus E_{\text{Q,fat}}$

[56] Siehe EC 2-1-1, 6.8.5, Erklärung zu Gl. (6.71).

$$\sigma_{s,max} = \frac{M_{max}}{A_s \cdot z} = \frac{181}{18{,}6 \cdot 0{,}69} \cdot 10 = 141 \text{ N/mm}^2$$

(1.34): $\sigma_s = \frac{M}{A_s \cdot z}$

$$\sigma_{s,min} = \frac{M_{min}}{A_s \cdot z} = \frac{37}{18{,}6 \cdot 0{,}69} \cdot 10 = 29 \text{ N/mm}^2$$

$$\Delta\sigma_s = 141 - 29 = 112 \text{ N/mm}^2$$

$\Delta\sigma_s = \sigma_{s,max} - \sigma_{s,min}$

$$\Delta\sigma_{s,equ} = 1{,}3 \cdot 112 = 145{,}6 \text{ N/mm}^2$$

(14.29): $\Delta\sigma_{s,equ} = \lambda_s \cdot \Delta\sigma_s$

(14.28):

$$\gamma_{F,fat} \cdot \Delta\sigma_{s,equ} \leq \frac{\Delta\sigma_{Rsk}\left(N^*\right)}{\gamma_{S,fat}}$$

$$1{,}0 \cdot 145{,}6 \leq \frac{175}{1{,}15}$$

$$\underline{145{,}6 \text{ N/mm}^2} \leq \underline{152{,}2 \text{ N/mm}^2}$$

Betriebsfestigkeitsnachweis ist erfüllt!

(Fortsetzung mit Beispiel 14.4)

14.5.2 Nachweis für Beton

Die in **Abb. 14.2** angegebenen Wöhlerlinien für Beton lassen sich durch

$$\log N = 14 \cdot \frac{1 - E_{cd,max}}{\sqrt{1-R}} \tag{14.31}$$

beschreiben. Diese Gl. kann für die schädigungsäquivalente Schwingbreite mit $N^* = 10^6$ (**Tafel 14.1**) in Gl. (14.32) umgeformt werden. Für Beton unter *Druckbeanspruchung* gilt der Nachweis als erbracht, wenn die folgende Bedingung erfüllt ist:

$$E_{cd,max,equ} + 0{,}43 \cdot \sqrt{1 - R_{equ}} \leq 1{,}0 \tag{14.32}$$

$$E_{cd,max,equ} = \frac{\sigma_{cd,max,equ}}{f_{cd,fat}} \tag{14.33}$$

$$R_{equ} = \frac{\sigma_{cd,min,equ}}{\sigma_{cd,max,equ}} \tag{14.34}$$

Dabei sind:

$\sigma_{cd,max,equ}$ obere Spannung der schädigungsäquivalenten Schwingbreite mit einer Anzahl von $N^* = 10^6$ Zyklen.

$$\sigma_{cd,max,equ} = \lambda_c \cdot \sigma_{cd,max} \tag{14.35}$$

$\sigma_{cd,min,equ}$ untere Spannung der schädigungsäquivalenten Schwingbreite mit einer Anzahl von $N^* = 10^6$ Zyklen.

$$\sigma_{cd,min,equ} = \lambda_c \cdot \sigma_{cd,min} \tag{14.36}$$

Die schädigungsäquivalenten Schwingbreiten sind unter der maßgebenden ermüdungswirksamen Einwirkungskombination nach Gl. (14.18) zu bestimmen. In den allgemeinen Vorschriften findet man lediglich für Eisenbahnbrücken in EC 2-2/NA, Anhang NA.NN.3.2 Angaben zur Bestimmung der Betriebslastfaktoren λ_c. Für den Anwendungsbereich des EC 2 fehlen normengestützte Angaben zu den Betriebslastfaktoren, so dass unter Berücksichtigung der Wöhlerlinie für Beton nach Gl. (14.31) formal ein genauer Betriebsfestigkeitsnachweis durch Akkumulation der Schädigungsfaktoren zu führen ist (→ Kap. 14.4.1). Der genaue Ermüdungsnachweis für Beton ist jedoch im Allgemeinen nicht bemessungsrelevant.

Beispiel 14.4: Vereinfachter Betriebsfestigkeitsnachweis (für Beton)

(Fortsetzung von Beispiel 14.3)

Gegeben:
- Abmessungen und Ergebnisse von Beispiel 14.3
- $\lambda_c = 1,29$

Gesucht: Nachweis gegen Ermüdung für den Beton (nur für Biegung)

Lösung:

Nachweis gegen Ermüdung (Beton):

$$|\sigma_{cd,max}| = \frac{2 \cdot 0,181}{0,4 \cdot 0,279 \cdot \left(0,69 - \frac{0,279}{3}\right)} = 5,43 \text{ N/mm}^2$$

(11.6): $\sigma_{c2} = \dfrac{2 M_{Eds}}{b \cdot x \cdot \left(d - \frac{x}{3}\right)}$

$$|\sigma_{cd,min}| = \frac{2 \cdot 0,037}{0,4 \cdot 0,279 \cdot \left(0,69 - \frac{0,279}{3}\right)} = 1,11 \text{ N/mm}^2$$

$$\beta_{cc}(t_0) = e^{0,2\left(1-\sqrt{\frac{28}{365}}\right)} = 1,156$$

(14.11): $\beta_{cc}(t_0) = e^{s\left(1-\sqrt{\frac{28}{t_0}}\right)}$

Zement CEM 42,5 R (Klasse R) →
s = 0,2

(14.10):

$$f_{cd,fat} = 1,156 \cdot \left[1 - \frac{40}{250}\right] \cdot 22,7 = 22,0 \text{ N/mm}^2$$

$f_{cd,fat} = \beta_{cc}(t_0) \cdot \left[1 - \dfrac{f_{ck}}{250}\right] \cdot f_{cd}$

(14.9):

$$\frac{5,43}{22,0} = \underline{0,25} < 0,5 + 0,45 \cdot \frac{1,11}{22,0} = \underline{0,52} < 0,9$$

$\dfrac{|\sigma_{cd,max}|}{f_{cd,fat}} \le 0,5 + 0,45 \dfrac{|\sigma_{cd,min}|}{f_{cd,fat}} \le 0,9$

$$\frac{\sigma_{c,freq}}{f_{cd,fat}} = 0,25 < 0,52 = \frac{\sigma_{c,lim}}{f_{cd,fat}}$$

(14.6): $\sigma_{c,freq} \le \sigma_{c,lim}$

Nachweis nach Stufe 1 ist erbracht. Der Betriebsfestigkeitsnachweis ist erfüllt!

Zur Verdeutlichung der Nachweisführung wird zusätzlich der vereinfachte Betriebsfestigkeitsnachweis (Stufe 2) geführt.

Betriebslastfaktoren λ_c

Zur Durchführung des vereinfachten Betriebsfestigkeitsnachweises müssen die Betriebslastfaktoren λ_c bekannt sein. Normengestützte Berechnungsmethoden liegen derzeit für den Anwendungsbereich des EC 2 nicht vor.

$\lambda_c = 1,29$

Ergebnis eines genauen Betriebsfestigkeitsnachweises durch Akkumulation der Schädigungsfaktoren unter Berücksichtigung der Wöhlerlinie für Beton nach Gl. (14.31). Berechnung analog zur Vorgehensweise in Beispiel 14.2.

$\sigma_{cd,max,equ} = 1,29 \cdot 5,43 = 7,00 \text{ N/mm}^2$

(14.35): $\sigma_{cd,max,equ} = \lambda_c \cdot \sigma_{cd,max}$

$\sigma_{cd,min,equ} = 1,29 \cdot 1,11 = 1,43 \text{ N/mm}^2$

(14.36): $\sigma_{cd,min,equ} = \lambda_c \cdot \sigma_{cd,min}$

$R_{equ} = \frac{1,43}{7,00} = 0,204$

(14.34): $R_{equ} = \frac{\sigma_{cd,min,equ}}{\sigma_{cd,max,equ}}$

$E_{cd,max,equ} = \frac{7,00}{22,0} = 0,318$

(14.33): $E_{cd,max,equ} = \frac{\sigma_{cd,max}}{f_{cd,fat}}$

$0,318 + 0,43 \cdot \sqrt{1 - 0,204} = \underline{0,70 < 1,0}$

(14.32):

$E_{cd,max,equ} + 0,43 \cdot \sqrt{1 - R_{equ}} \leq 1,0$

Betriebsfestigkeitsnachweis nach Stufe 2 ist erfüllt!

15 Druckglieder und Stabilität

15.1 Einteilung der Druckglieder

Druckglieder treten bei Bauwerken i. d. R. als Stützen oder Wände auf. Druckglieder sind Bauteile, die vorwiegend durch Längsdruckkräfte beansprucht sind. Zusätzlich können Biegemomente (und Querkräfte) hinzutreten. Bei Druckgliedern tritt oftmals auch am Rand 1 (**Abb. 7.5**) eine Stauchung auf. Für die Bemessung des Stahlbetonbauteiles liegt somit der Bereich 5 vor. Um abzuschätzen, ob ein biegebeanspruchtes Bauteil oder ein Druckglied vorliegt, kann die bezogene Exzentrizität herangezogen werden.

$$\frac{e_0}{h} < 3{,}5 \qquad \rightarrow \text{Druckglied} \qquad (15.1)$$

Zu den *verformungsunbeeinflussten* (gedrungenen) Druckgliedern (→ Kap. 15.3.1) zählen Stützen und Wände, bei denen aufgrund ihrer geringen Schlankheit die Tragfähigkeit durch die Verformungen unbeeinflusst ist. Bei *verformungsbeeinflussten* (schlanken) Druckgliedern sind die Bauteilverformungen (structural deformation) dagegen bei der Bemessung zu berücksichtigen. Die maßgebenden Regelungen für Druckglieder sind in EC 2-1-1, 5.8, 9.5 und 9.6 aufgeführt. Man unterscheidet:

- stabförmige Druckglieder (Stützen mit Rechteckquerschnitt $h \geq b$ und Säulen)

$$h \leq 4\,b \qquad (15.2)$$

- Wände

$$h > 4\,b \qquad (15.3)$$

Eine andere Art der Unterscheidung ist die Art der Bügelbewehrung:

- bügelbewehrte Druckglieder
- umschnürte Druckglieder (**Abb. 15.1**).

Bei bügelbewehrten Druckgliedern dienen die Bügel nur dazu, die Längsstäbe gegen Ausknicken zu halten. Bei umschnürten Druckgliedern sollen die Bügel (bzw. Wendeln) die Querdehnung des Betons behindern und so einen dreiaxialen Spannungszustand ermöglichen. Hieraus ergibt sich eine Traglaststeigerung für Längskräfte.

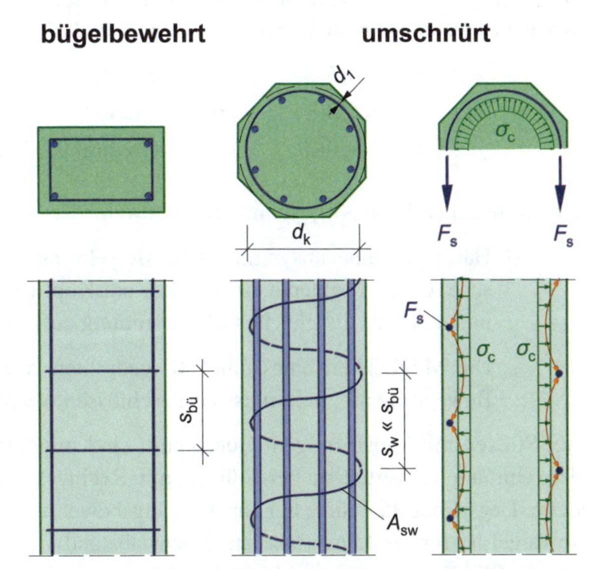

Abb. 15.1 Unterscheidung von bügelbewehrten und umschnürten Druckgliedern

15.2 Vorschriften zur konstruktiven Gestaltung

15.2.1 Stabförmige Druckglieder

Mindestabmessungen

Die Mindestdicke stabförmiger Druckglieder soll ordnungsgemäßes Einbringen des Betons und eine einwandfreie Verdichtung ermöglichen. Die Mindestwerte des EC 2 (**Tafel 5.2**) liegen an der alleruntersten Grenze. Im Hinblick auf eine gute Bauausführung (damit das Schüttrohr bei Fallhöhen über 2 m in den Bewehrungskorb eingeführt werden kann) sollten die Mindestabmessungen um 5 cm erhöht werden, sofern es sich um ein Außenbauteil handelt.

Längsbewehrung

Für die Längsbewehrung ist eine Mindest- und eine Maximalbewehrung vorgeschrieben (EC 2-1-1/NA, 9.5.2). Als Mindestbewehrung ist vorgeschrieben:

$$A_{s,min} = A_{s1} + A_{s2} = 0,15 \cdot \frac{|N_{Ed}|}{f_{yd}} \tag{15.4}$$

Sie soll Momente aus ungewollter Einspannung aufnehmen, die in der statischen Berechnung nicht erfasst werden (**Abb. 5.1**). Die Maximalbewehrung soll auch im Bereich von Stößen nicht größer sein als

$$A_{s,vorh} = A_{s1} + A_{s2} \leq 0,09\,A_c \tag{15.5}$$

Die Maximalbewehrung darf auch im Bereich von Stößen nicht überschritten werden. Durch die Bedingung, dass der maximale Bewehrungsquerschnitt auch im Bereich der Stöße eingehalten werden muss, ist die realisierbare Bewehrung (außerhalb der Stöße) begrenzt auf

- $\rho \leq 0,045 = 4,5\ \%$ bei einem 100 %-Stoß
- $\rho \leq 0,060 = 6,0\ \%$ bei einem 50 %-Stoß
- $\rho \leq 0,090 = 9,0\ \%$ bei einem direkten Stoß (→ Kap. 4.5).

Druckglieder sollen i. Allg. symmetrisch bewehrt werden; dies hat verschiedene Gründe:

- Häufig ist eine unsymmetrische Bewehrung nicht wirtschaftlicher als eine symmetrische, da die Momente einer Stütze am Kopf und Fuß wechselndes Vorzeichen besitzen und meistens die gleiche Größenordnung aufweisen.
- Die Möglichkeit eines um 180° gedrehten, verkehrten Einbaus (bei unsymmetrischer Bewehrung möglich) muss ausgeschlossen werden.

Bei Stützen mit kreisförmigem Querschnitt sind mindestens sechs Längsstäbe gleichmäßig um den Umfang zu verteilen; bei Stützen mit Rechteckquerschnitt reicht ein Längsstab in jeder Ecke. Der Mindestdurchmesser für die Längsbewehrung beträgt $\phi_{l,min}$ = 12 mm. Als konstruktive Regel ist für die Längsstäbe ein Höchstabstand von 0,30 m einzuhalten. Dies führt bei sehr großen Stützenabmessungen dazu, dass Längsstäbe in den Ecken und zusätzlich im Bereich der freien Seite angeordnet werden (**Abb. 15.2**).

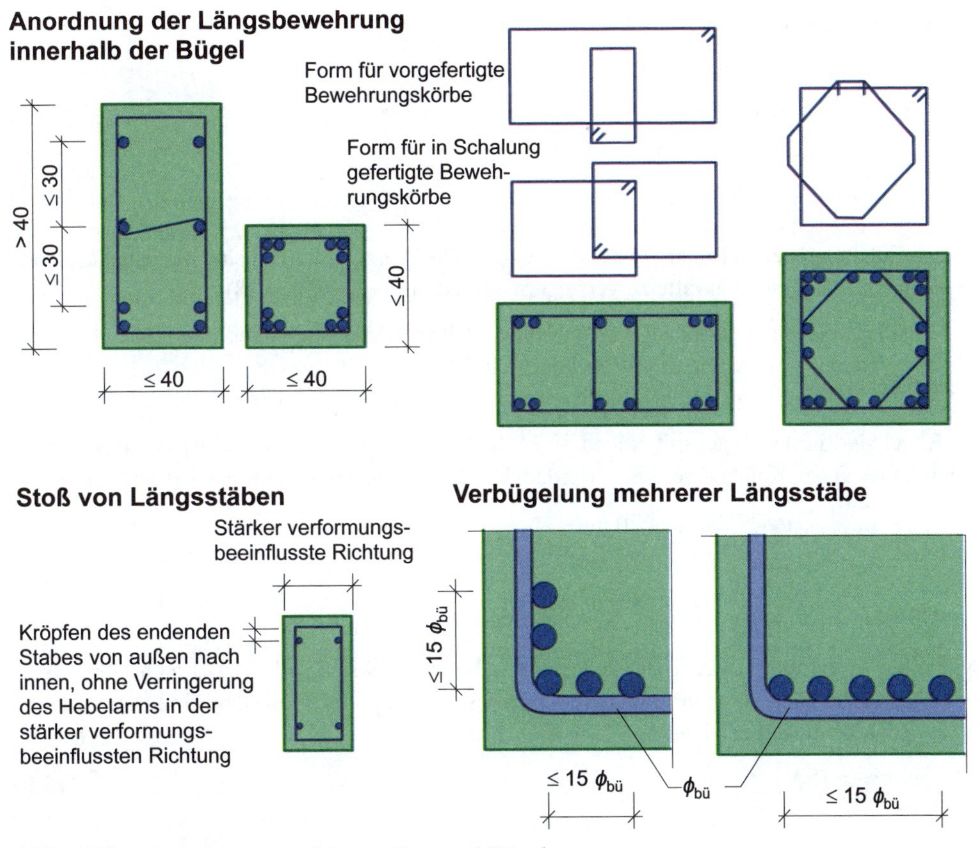

Abb. 15.2 Anordnung von Längsstäben und Bügeln

Die Längsstäbe von Stützen werden i. d. R. direkt über der Geschossdecke mit einem 100 %-Übergreifungsstoß (→ Kap. 4.4) gestoßen. Diese Vorgehensweise ist vom Bauablauf her sinnvoll, da nach dem Betonieren der Decke eine neue Arbeitsplattform entstanden ist. Wenn die Längsstäbe über den Geschossdecken gestoßen werden, sind die endenden Stäbe so abzukröpfen, dass in der stärker verformungsbeeinflussten Richtung keine Nutzhöhe verloren geht (**Abb. 15.2**). Zur Aufnahme der Umlenkkräfte ordnet man an den Knickstellen Zusatzbügel an.

Bügelbewehrung

Beton verformt sich unter Lasteinwirkung mit der Zeit. Hierdurch verlagert sich ein Teil der Druckkraft vom Beton auf den Stahl, wodurch die Knickgefahr der Stahleinlagen in Längsrichtung gesteigert wird. Ein Ausknicken der Längsbewehrung bedeutet die Zerstörung (= Versagen) des Druckgliedes. Daher ist der Knicksicherung der Längsbewehrung durch Bügel besondere Aufmerksamkeit zu schenken. Die Längsbewehrung soll hierzu in den Bügelecken konzentriert werden. Diese den Normen zu Grunde liegende Aufgabe der Bügelbewehrung wurde jedoch in neueren Untersuchungen [Seelmann – 97] widerlegt. Die Bügelbewehrung hat keinen spürbaren Einfluss auf die Maximallast, wenn keine Umschnürungswirkung vorliegt. Es wird lediglich der Bruchvorgang verlangsamt und die Duktilität erhöht. Stützenbügel gehen im Bereich der Unterzüge und Fundamente durch.

Der Höchstabstand von Bügeln $s_{bü}$ beträgt:

$$\max s_{bü} = \min \begin{cases} 12\,\phi_l \\ \min(b,h) \\ 300\text{ mm} \end{cases} \tag{15.6}$$

$$\text{red}\max s_{bü} = 0{,}6\max s_{bü} \tag{15.7}$$

An Lasteinleitungsstellen (unter Unterzügen und Decken) und an Stößen sind die Bügelabstände zur Aufnahme der Querzugkräfte zu verringern auf red max $s_{bü}$ (**Abb. 4.18**)

- in Bereichen unmittelbar über und unter Balken oder Platten über eine Höhe gleich der größeren Abmessung des Stützenquerschnittes
- bei Übergreifungsstößen von Längsstabdurchmessern $\phi_{sl} > 14\,\text{mm}$.

Die Bügel sind in der Regel mit Haken zu schließen. Mit Bügeln können in jeder Ecke bis zu 5 Längsstäbe gegen Knicken gesichert werden. Der Mindestbügeldurchmesser beträgt:

$$\min\phi_{bü} = \begin{cases} 6\text{ mm} & \text{bei } \phi_l \leq 20\text{ mm} \\ 0{,}25\phi_l & \text{bei } \phi_l \geq 25\text{ mm} \\ 5\text{ mm} & \text{bei Betonstahlmatten} \end{cases} \tag{15.8}$$

Der größte Achsabstand max s_E der äußersten Stäbe vom Eckstab soll 15 $\phi_{sbü}$ nicht überschreiten (**Abb. 15.2**). Längsstäbe in größerem Abstand sowie mehr als 5 Eckstäbe sind durch weitere Bügel (Zwischenbügel) zu sichern.

$$\max s_E = 15\phi_{bü} \tag{15.9}$$

15.2.2 Wände

Dieser Abschnitt behandelt Stahlbetonwände, bei denen die Bewehrung im Nachweis rechnerisch berücksichtigt wurde (unbewehrte Wände → Teil 2, Kap. 13). Für Wände mit überwiegender Plattenbeanspruchung (z. B. aus Erddruck) gelten die Regeln für Platten (→ Teil 2, Kap. 5).

Mindestabmessungen
Die Mindestdicke ist nach **Tafel 15.1** zu bestimmen.

Lotrechte Bewehrung
Hinsichtlich einzuhaltender Abstände gilt **Abb. 15.3**. Für die Längsbewehrung ist eine Mindestbewehrung (**Tafel 15.2**) vorgeschrieben. Die Mindestbewehrung ist oftmals maßgebend, da die Vertikalbeanspruchung auch vom Beton allein aufgenommen werden könnte. Als Maximalbewehrung für die gesamte lotrechte Bewehrung ist vorgeschrieben:

$$a_{s,\text{vorh}} = a_{s1} + a_{s2} \leq 0{,}04\,a_c \tag{15.10}$$

Horizontalbewehrung

Sie ist die oberflächennähere Bewehrung, um die lotrechte Bewehrung gegen Knicken zu sichern. Es gelten die in **Abb. 15.3** gezeigten Regelungen. Wenn die Querschnittsfläche der lastabtragenden lotrechten Bewehrung 0,02 a_c übersteigt, muss diese durch eine Bügelbewehrung umschlossen werden. Die Horizontalbewehrung beträgt zwischen 20 % (Querdehnzahl des Betons) und 50 % der Vertikalbewehrung.

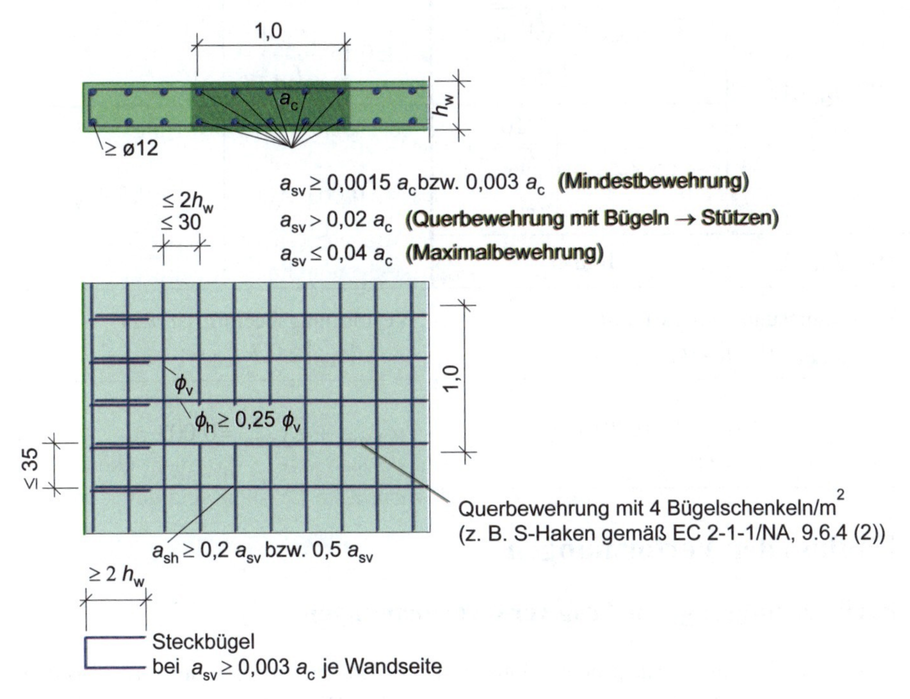

Abb. 15.3 Bewehrungsregeln für Wände

Tafel 15.1 Mindestwanddicken für tragende Wände in cm (EC 2-1-1/NA, Tabelle NA.9.3 und Tabelle NA.12.2)

Betonfestigkeitsklasse	Herstellung	Unbewehrte Wände		Stahlbetonwände	
		Decken über der betrachteten Wand			
		nicht durchlaufend	durchlaufend	nicht durchlaufend	durchlaufend
C12/15	Ortbeton	20	14	-	-
≥C16/20	Ortbeton	14	12	12	10
	Fertigteil	12	10	10	8

Tafel 15.2 Mindestbewehrung pro Längeneinheit (EC 2-1-1/NA, 9.6.2)

<table>
<tr><th rowspan="2">Beanspruchungskriterium</th><th rowspan="2">Schlankheit</th><th colspan="2">Bewehrung Gesamtquerschnitt</th></tr>
<tr><th>$A_{s,vmin}$ (lotrecht)</th><th>$A_{s,hmin}$ (horizontal)</th></tr>
<tr><td rowspan="2">$N_{Ed} < 0{,}3\, f_{cd} \cdot A_c$</td><td>$\lambda \leq \lambda_{max} = \begin{cases} \frac{16}{\sqrt{|\nu_{Ed}|}} \\ 25 \end{cases}$</td><td>$\geq 0{,}0015 \cdot A_c$
$\geq 0{,}15 \cdot \frac{|N_{Ed}|}{f_{yd}}$</td><td>$\geq 0{,}2\, A_{s,v}$</td></tr>
<tr><td>$\lambda > \lambda_{max} = \begin{cases} \frac{16}{\sqrt{|\nu_{Ed}|}} \\ 25 \end{cases}$</td><td rowspan="2">$\geq 0{,}003 \cdot A_c$</td><td rowspan="2">$\geq 0{,}5\, A_{s,v}$</td></tr>
<tr><td>$N_{Ed} \geq 0{,}3\, f_{cd} \cdot A_c$</td><td>Immer</td></tr>
<tr><td colspan="2">Verformungsunbeeinflusst *und*
$|n_{Ed}| < 0{,}3\, f_{cd} \cdot a_c$</td><td colspan="2">Verformungsbeeinflusst *oder*
$|n_{Ed}| \geq 0{,}3\, f_{cd} \cdot a_c$</td></tr>
<tr><td colspan="2">$a_{s1,min} + a_{s2,min} = 0{,}15 \cdot \frac{|n_{Ed}|}{f_{yd}} \geq 0{,}0015 \cdot a_c$</td><td colspan="2">$a_{s1,min} + a_{s2,min} = 0{,}003 \cdot a_c$</td></tr>
</table>

15.3 Einfluss der Verformungen

15.3.1 Berücksichtigung von Tragwerksverformungen

Im Wesentlichen auf Biegung beanspruchte Bauteile (z. B. Balken) werden am unverformten System betrachtet (Theorie I. Ordnung) [Schweda/Krings – 00]. Diese Herangehensweise ist jedoch dann nicht mehr zulässig, wenn die Verformungen einen wesentlichen Einfluss auf die Schnittgrößen haben. Dies ist der Fall, wenn die Schnittgrößen durch die Verformungen um mehr als 10 % erhöht werden. Die Verformungen sind dann bei der Schnittgrößenermittlung zu berücksichtigen (Theorie II. Ordnung) (**Abb. 15.4**). Dies ist i. d. R. bei Druckgliedern der Fall. Bei Zuggliedern vermindert die Längskraft die Verformungen. Auf der sicheren Seite liegend, werden sie daher vernachlässigt. Gleiches gilt nicht nur für das Bauteil, sondern auch für das Gesamtbauwerk.

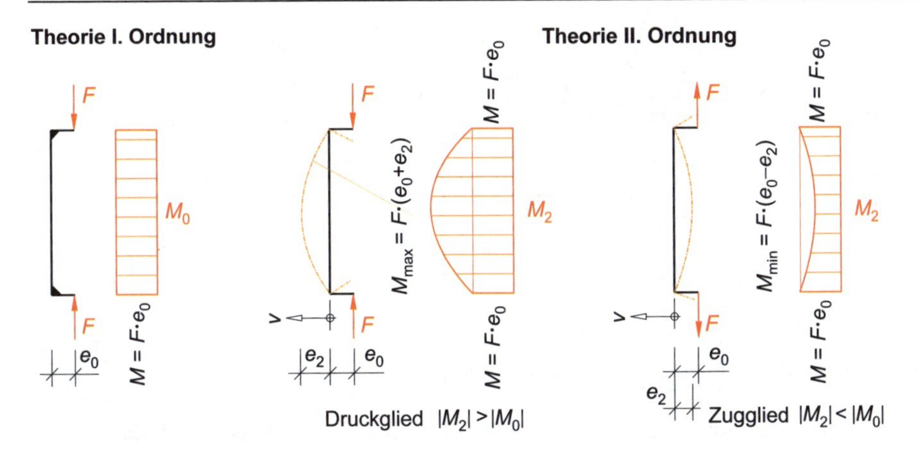

Abb. 15.4 Ermittlung von Schnittgrößen am verformten oder unverformten System

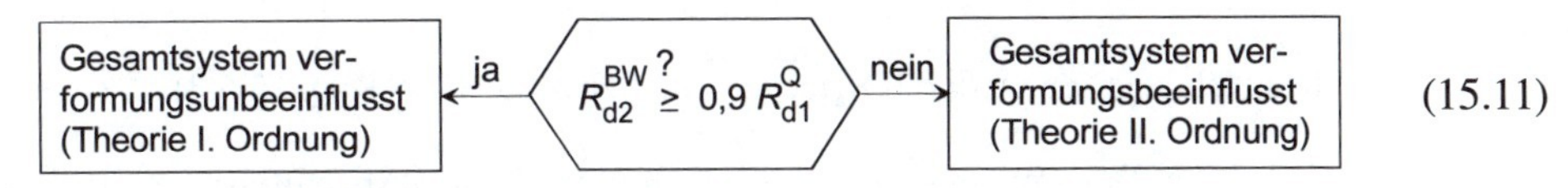

(15.11)

R_{d2}^{BW} Bauwerkswiderstand bei Ansatz der Verformungen

R_{d1}^{Q} Querschnittswiderstand des Bauteils ohne Ansatz der Verformungen

Wenn die Verformungen des Gesamtbauwerkes den Bauteilwiderstand um mehr als 10 % verringern, ist jedes Druckglied innerhalb des Bauwerkes als horizontal verschieblich (= verformungs-beeinflusst, sway) zu betrachten. Im anderen Fall dürfen Druckglieder als horizontal unverschieblich (= verformungsunbeeinflusst, non-sway) betrachtet werden.

15.3.2 Einflussgrößen auf die Verformung

Einfluss der Momentenverteilung

Stabausmitten können am oberen und am unteren Stabende gleich groß oder unterschiedlich sein (z. B. Stabausmitte an einem Stabende Null oder Stabausmitten an den Enden weisen entgegengesetzte Richtungen auf). Die Stabausmitte hat einen wesentlichen Einfluss auf die kritische Last F_k, wobei eine gleichgerichtete Stabendausmitte den ungünstigsten Fall darstellt, d. h. die kleinste kritische Last ergibt (**Abb. 15.5**). Für die Bemessung wird daher dieser Fall unterstellt.

Einfluss des Verbundbaustoffes Stahlbeton

Bei idealelastischen Werkstoffen liegt in allen Belastungsstufen eine konstante Biegesteifigkeit vor. Beim Stahlbeton vermindert sich dagegen die Biegesteifigkeit mit wachsender Belastung (**Abb. 1.9**). Durch Rissbildung und Fließen der Bewehrung nimmt die Biegesteifigkeit ab. Beim Verbundbaustoff Stahlbeton treten daher gegenüber ideal elastischem Material folgende Besonderheiten auf:

- Nichtlineare Spannungs-Dehnungs-Linien für Beton und Betonstahl (→ **Abb. 2.6** und **Abb. 2.15**)
- Unterschiedliches Verhalten des Betons auf Zug und auf Druck

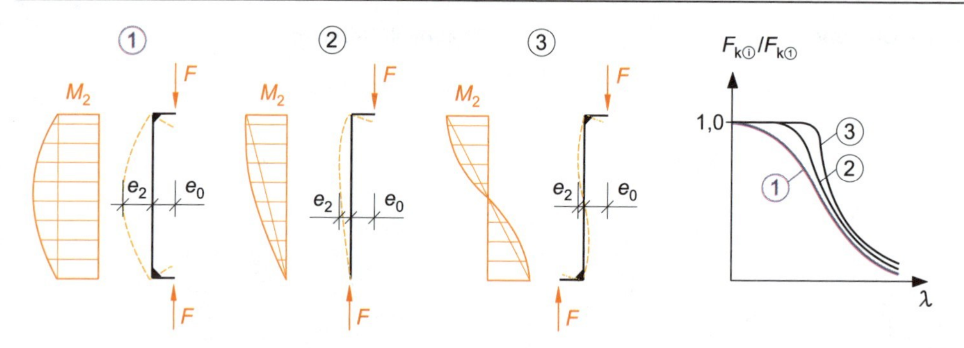

Abb. 15.5 Einfluss der Stabendausmitte auf die kritische Last

- Sprunghafte Änderung der Steifigkeit beim Auftreten der ersten Risse (→ **Abb. 1.9**)
- Fließen der Bewehrung beim Überschreiten der Fließgrenze auf der Zug- bzw. Druckseite
- Spannungsumlagerungen durch Kriechen und Schwinden (→ Kap. 15.5.3)

Eine wirklichkeitsnahe Bestimmung der Traglast von verformungsbeeinflussten Stahlbetondruckgliedern erfordert daher einen sehr hohen Rechenaufwand. Umfangreiche experimentelle Untersuchungen und Vergleichsrechnungen wurden durchgeführt, um zu einfachen Bemessungsgleichungen zu gelangen.

Im Folgenden soll noch einmal die Momenten-Krümmungs-Beziehung betrachtet werden, deren charakteristische Punkte bereits in **Abb. 1.9** ermittelt wurden. Für den Fall eines Druckgliedes ergeben sich kurz vor dem Versagen zwei Fließpunkte y_1 und y_2 für die beiden Bewehrungsstränge (**Abb. 15.6**). Je nach Beanspruchungsverhältnis aus Längskraft und Biegemoment kann zuerst die Druck- oder die Zugbewehrung fließen. Die Größe des Biegemomentes M_{cr} wird maßgeblich durch die Längskraft beeinflusst. Damit ist offensichtlich, dass die Form der Momenten-Krümmungs-Beziehung wesentlich von der Längskraft abhängt.

In **Abb. 15.6** wurden bezogene Schnittgrößen μ und eine bezogene Krümmung h/r aufgetragen. Die Steigung der Momenten-Krümmungs-Beziehung ist dann eine bezogene Biegesteifigkeit B.

$$B = \frac{E \cdot I}{A_c \cdot h^2 \cdot f_{cd}} \tag{15.12}$$

Es ist auch ersichtlich, dass man alternativ zu der bilinearen m-κ-Beziehung (Zustand I + anschließender Zustand II) auch ausschließlich mit dem Zustand II und einer Anfangskrümmung (Vorverformung) arbeiten könnte. Dieser Gedanke wird hier nicht weiter verfolgt.

Einfluss der Herstellung

Im Stahlbeton ist eine planmäßig genaue Herstellung nicht zu erreichen (Schiefstellung und Verformung der Schalung, Bewehrungskörbe nicht in exakter Lage). Deshalb muss bei allen Druckgliedern zusätzlich zur planmäßigen Ausmitte e_0 eine „ungewollte" Schiefstellung und eine daraus resultierende Zusatzausmitte e_i (imperfection) berücksichtigt werden. Sie beträgt für Einzeldruckglieder:

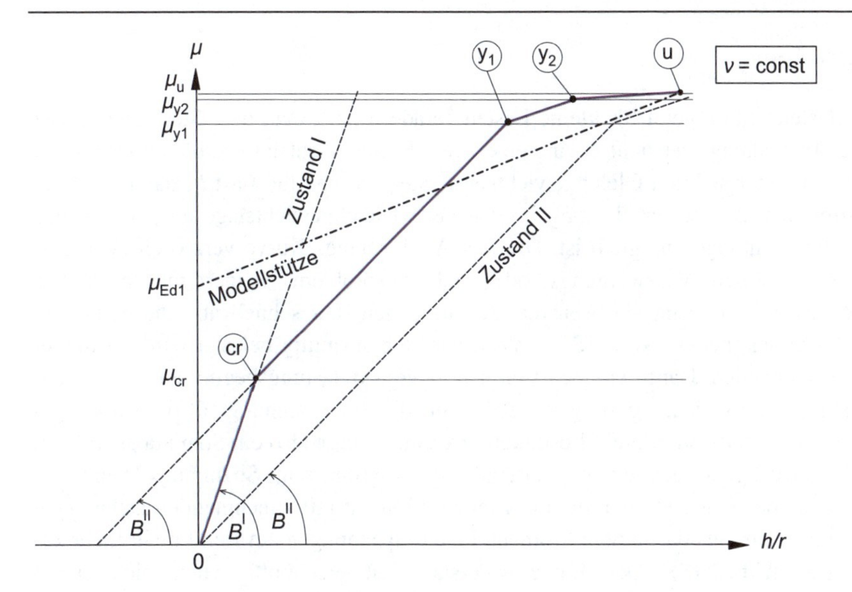

Abb. 15.6 Linearisierte Momenten-Krümmungs-Beziehung

$$e_{\mathrm{i}} = \theta_{\mathrm{i}} \cdot \frac{l_0}{2} \tag{15.13}$$

θ_{i} Schiefstellung gegen die Sollachse nach Gl. (5.23), hierbei entspricht l der Stützenlänge. Ist das Einzeldruckglied aussteifendes Bauteil für andere Druckglieder, muss zusätzlich überprüft werden, ob sich bei Ansatz der Schiefstellung des gesamten Tragwerks (l = Bauwerkshöhe) keine größere Ausmitte e_{i} für das aussteifende Einzeldruckglied ergibt.

Die Verformung infolge der Zusatzausmitte ist affin zur Verformung aus der planmäßigen Ausmitte. Neben Herstellungsungenauigkeiten deckt die Zusatzausmitte folgende Einflüsse ab:

- Rechnerisch nicht erfasste Biegemomente an den Innenstützen von Rahmen (**Abb. 5.1**)
- Kriechen bei gedrungenen Stützen.

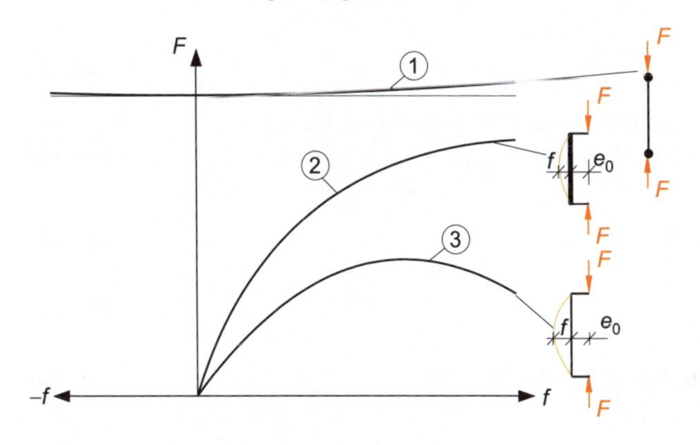

Abb. 15.7 Last-Verformungs-Kurven

15.3.3 Ersatzlänge

Ein zentrisch belasteter Stab bleibt für kleine Lasten gerade. Erteilt man dem Stab unter dieser Last eine kleine Auslenkung, versucht er, in seine alte Gleichgewichtslage zurückzukehren. Er befindet sich also in einer stabilen Gleichgewichtslage. Steigert man die Last F, dann knickt er unter einer bestimmten „kritischen" Last F_k in eine neue Gleichgewichtslage aus, wobei eine Verformung in alle Richtungen möglich ist. Die Last-Verformungs-Kurve verzweigt sich, deshalb spricht man von einem Verzweigungs- oder Stabilitätsproblem. Steigert man nach dem Ausknicken die Last weiter, dann wachsen die Verformungen sehr schnell an, und es kommt zum Versagen des Druckgliedes (**Abb. 15.7**). Wenn der Stab ausmittig belastet wird, ist immer ein Biegemoment vorhanden. Damit ergeben sich bereits vom Belastungsbeginn an Verformungen f. Die Belastung kann so lange gesteigert werden, bis die Randspannung auf der stärker gedrückten Seite an einer Stelle die Materialfestigkeit erreicht. Es liegt also ein Spannungsproblem vor. Besteht das Druckglied aus einem Material mit nichtlinearem Spannungs-Dehnungs-Verhalten, kann auch der Fall eintreten, dass das innere Moment mit zunehmenden Dehnungen immer langsamer zunimmt als das äußere Moment, da die Spannungen am Rand nicht mehr zunehmen (**Abb. 2.6**, **Abb. 2.15**). Der Bauteilwiderstand ist erschöpft, wenn die Linie 3 (**Abb. 15.7**) ihr Maximum erreicht. In diesem Punkt liegt ein indifferentes Gleichgewicht vor. Bei geringfügiger weiterer Vergrößerung der Last nimmt das äußere Moment (Beanspruchung) schneller zu als das innere (Bauteilwiderstand), wodurch kein Gleichgewicht mehr möglich ist. Dies wäre nur noch dann möglich, wenn gleichzeitig die Last F reduziert wird. Die Linie 3 kennzeichnet somit das Stabilitätsproblem ohne Gleichgewichtsverzweigung.

Das spätere Ziel wird die Reduktion aller vorkommenden statischen Systeme auf eine Kragstütze (Modellstütze) sein. Dies wird durch eine „Ersatzlänge" (effective length) geschehen. Die Ersatzlänge wird als Vielfaches (β-faches) der Stützenlänge l dargestellt. Allgemein gilt als Ersatzlänge l_0 der Abstand der Wendepunkte der Biegelinie im ausgeknickten Zustand (**Abb. 15.8**). Vor jeder Bemessung ist zu entscheiden, ob das betrachtete System horizontal verschieblich oder unverschieblich ist (→ Kap. 15.4.1). Die Ersatzlänge ist bei horizontal verschieblichen Systemen wesentlich größer als bei unverschieblichen. Während sie bei horizontal unverschieblichen Systemen maximal gleich der Stablänge sein kann, sind bei horizontal verschieblichen Systemen auch größere Ersatzlängen möglich. Wenn die Ersatzlänge bekannt ist, kann die Schlankheit λ (slenderness ratio) bestimmt werden. Die Schlankheit hat einen entscheidenden Einfluss auf das Verformungsverhalten.

$$l_0 = \beta \cdot l \qquad (15.14)$$

$$i = \sqrt{\frac{I}{A}} \qquad (15.15)$$

i Trägheitsradius

Rechteckquerschnitt: $i = 0{,}289\,h$ (15.16)

$$\lambda = \frac{l_0}{i} \qquad (15.17)$$

Rechteckquerschnitt: $\lambda = 3{,}464\,\dfrac{l_0}{h}$ (15.18)

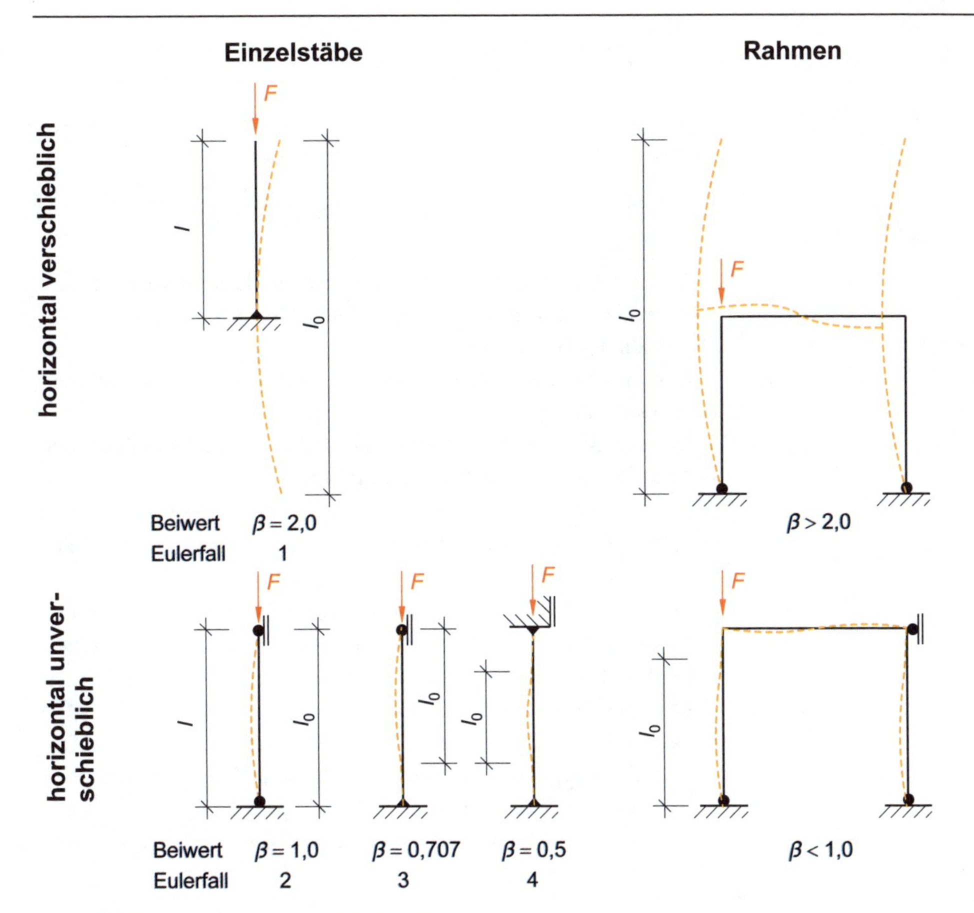

Abb. 15.8 Ersatzlängen und kritische Lasten

15.4 Statisches System

15.4.1 Horizontal verschiebliche und unverschiebliche Tragwerke

Bauwerke mit aussteifenden Bauteilen

Aussteifende Bauteile sind Wandscheiben und Treppenhauskerne aus Mauerwerk oder (Stahl-) Beton (**Abb. 5.1**). Sie sollen annähernd symmetrisch angeordnet sein und mindestens 90 % aller planmäßigen Horizontallasten aufnehmen können (vereinfachend weist man diesen Bauteilen 100 % zu). Ein aussteifendes Bauteil soll ausreichend steif sein und nur sehr kleine Horizontalverschiebungen zulassen. Ausgesteifte Bauwerke (braced structures) können als horizontal unverschieblich eingestuft werden, sofern das nachstehende Kriterium erfüllt ist (EC 2-1-1/NA, 5.8.3.3). Dieses Kriterium entspricht genau Gl. (15.11) für Tragwerke entsprechend **Abb. 5.1**.

– Lotrecht aussteifende Bauteile *annähernd symmetrisch*:

$$\frac{F_{V,Ed} \cdot L^2}{\sum E_{cd} \cdot I_c} \leq K_1 \cdot \frac{n_s}{n_s + 1{,}6} \tag{15.19}$$

Sofern sich die Gl. (15.19) nicht einhalten lässt, ist das Bauwerk horizontal verschieblich. Es bedeuten:

L Gesamthöhe des Tragwerkes von der Fundamentebene oder einer nicht verformbaren Bezugsebene (**Abb. 5.8**)

n_s Anzahl der Geschosse

$F_{V,Ed}$ Summe der Bemessungswerte der auftretenden Vertikallasten im Gebäude ($\gamma_F = 1{,}0$)

$\sum E_{cd} \cdot I_c$ Summe der Nennbiegesteifigkeiten aller vertikal aussteifenden Bauteile, die in der betrachteten Richtung wirken.

$$\sum E_{cd} \cdot I_c = \sum_{i=1}^{k} \left(E_{cd,i} \cdot I_{c,i} \right) \tag{15.20}$$

Das Trägheitsmoment $I_{c,i}$ wird unter Ansatz des ungerissenen Betonquerschnittes (Zustand I) jedes einzelnen lotrecht aussteifenden Bauteils i ermittelt. Ändert sich die Nennbiegesteifigkeit über die Gesamthöhe des Tragwerkes um mehr als ± 10 %, so darf der Nachweis mit einer mittleren Nennbiegesteifigkeit $(E_{cd} \cdot I_c)_m$ geführt werden. Die mittlere Nennbiegesteifigkeit wird aus der Bedingung ermittelt, dass sie die gleiche maximale Horizontalverschiebung ergibt wie der genaue Steifigkeitsverlauf.

$$E_{cd} = \frac{E_{cm}}{\gamma_{CE}} \quad \text{mit } \gamma_{CE} = 1{,}2 \tag{15.21}$$

k Anzahl der aussteifenden Bauteile

$K_1 = 0{,}31$ Die Aussteifungsbauteile befinden sich unter der maßgebenden Einwirkungskombination im Grenzzustand der Tragfähigkeit im gerissenen Zustand (Betonzugspannung > f_{ctm}).

$K_1 = 0{,}62$ Die Aussteifungsbauteile befinden sich unter der maßgebenden Einwirkungskombination im Grenzzustand der Tragfähigkeit im ungerissenen Zustand (Betonzugspannung ≤ f_{ctm}).

– Lotrecht aussteifende Bauteile *nicht annähernd symmetrisch*:

Neben Gl. (15.19) ist zusätzlich Gl. (15.22) zu erfüllen.

$$\frac{1}{\left(\frac{1}{L} \cdot \sqrt{\frac{E_{cd} \cdot I_\omega}{\sum_j F_{V.Ed,j} \cdot r_j^2}} + \frac{1}{2{,}28} \cdot \sqrt{\frac{G_{cd} \cdot I_T}{\sum_j F_{V.Ed,j} \cdot r_j^2}} \right)^2} \leq K_1 \cdot \frac{n_s}{n_s + 1{,}6} \tag{15.22}$$

$E_{cd} \cdot I_\omega$	Summe der Nennwölbsteifigkeiten aller gegen Verdrehung aussteifenden Bauteile
$G_{cd} \cdot I_T$	Summe der Torsionssteifigkeiten aller gegen Verdrehung aussteifenden Bauteile
$F_{V,Ed,j}$	Bemessungswert der Vertikallasten aller stützenden Bauteile j im Gebäude ($\gamma_F = 1{,}0$)
r_j	Abstand der stützenden Bauteile j vom Schubmittelpunkt des Gesamtsystems

Bauwerke ohne aussteifende Bauteile

Derartige Bauwerke gelten als unverschieblich, wenn die Schnittgrößen nach Theorie II. Ordnung höchstens 10 % größer als diejenigen nach Theorie I. Ordnung sind. Vereinfachend können alle unausgesteiften Bauteile als horizontal verschieblich angenommen werden.

15.4.2 Nennkrümmungsverfahren

Die genaueste Beurteilung des Verformungsverhaltens eines Stahlbetonrahmens erlaubt die nichtlineare Untersuchung des Verhaltens am Gesamtsystem. Diese Vorgehensweise ist jedoch sehr aufwändig, zumal für die Ermittlung der Steifigkeiten die zunächst unbekannte Bewehrung benötigt wird. Daher berechnet man Schnittgrößen im Stahlbetonbau unter Beachtung der Auswirkungen der Verformungen in vielen Fällen mit einer „Modellstütze". Hierbei handelt es sich um eine Kragstütze. Mit dem Nennkrümmungsverfahren werden die Einflüsse aus Theorie II. Ordnung in eine Querschnittbemessung überführt. Die Modellstütze wird durch ein Biegemoment am Kopfpunkt M_{Ed0} und eine Längskraft N_{Ed} beansprucht. Zusätzlich weist sie eine ungewollte Schiefstellung und ein daraus resultierendes Moment M_{Edi} auf.

$$e_{tot} = e_1 + e_2 = e_0 + e_i + e_2 \tag{15.23}$$

$$e_0 = \frac{|M_{Ed}|}{|N_{Ed}|} \tag{15.24}$$

$$M_{Ed1} = N_{Ed} \cdot (e_0 + e_i) \tag{15.25}$$

$$M_{Ed2} = M_{Ed1} + N_{Ed} \cdot e_2 = N_{Ed} \cdot e_{tot} \tag{15.26}$$

Die horizontale Verformung des Kopfpunktes f kann mit dem Prinzip der virtuellen Kräfte bestimmt werden.

$$f = \int_0^l \frac{M^u \cdot M^v}{E \cdot I} dx = \int_0^{l_0/2} \left(\frac{1}{r}\right) \cdot M^v \, dx \tag{15.27}$$

Aus **Abb. 15.9** ist ersichtlich, dass die Krümmung abhängig von Zustand I und Zustand II nach einer unbekannten Funktion verläuft. Sie liegt jedoch immer zwischen den Grenzkurven G1 und G2. Für die Modellstütze wird für den Anteil aus Theorie II. Ordnung ein parabelförmiger Krümmungsverlauf angesetzt.

$$e_2 = \frac{5}{12} \cdot \left(\frac{1}{r}\right) \cdot \frac{l_0}{2} \cdot \frac{l_0}{2} = \left(\frac{1}{r}\right) \cdot \frac{5 \cdot l_0^2}{48} \approx \left(\frac{1}{r}\right) \cdot \frac{l_0^2}{10} \tag{15.28}$$

Eine analoge Rechnung für die Grenzkurven G1 und G2 liefert:

$$\text{G1:}\quad e_2 = \frac{1}{3}\cdot\left(\frac{1}{r}\right)\cdot\frac{l_0}{2}\cdot\frac{l_0}{2} = \left(\frac{1}{r}\right)\cdot\frac{l_0^2}{12} \tag{15.29}$$

$$\text{G2:}\quad e_2 = \frac{1}{2}\cdot\left(\frac{1}{r}\right)\cdot\frac{l_0}{2}\cdot\frac{l_0}{2} = \left(\frac{1}{r}\right)\cdot\frac{l_0^2}{8} \tag{15.30}$$

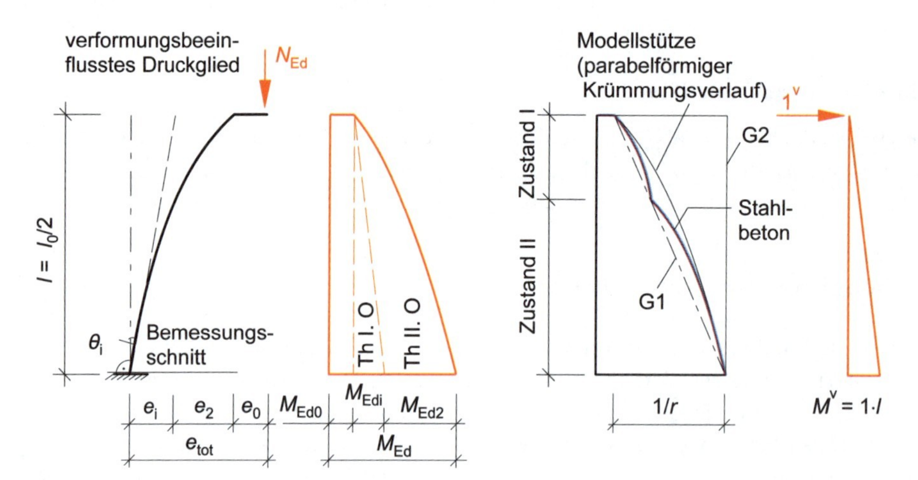

Abb. 15.9 Die Modellstütze und das Prinzip der Verformungsberechnung

Der Fehler infolge des willkürlich festgelegten Krümmungsverlaufes liegt somit bei ca. ± 20 %. Wenn nun Gl. (15.28) in Gl. (15.26) eingesetzt und diese in normierter Form geschrieben wird, erhält man:

$$\mu_{\text{Ed2}} = \mu_{\text{Ed1}} + 0{,}1\cdot|\nu_{\text{Ed}}|\cdot\left(\frac{l_0}{h}\right)^2\cdot\frac{h}{r} \tag{15.31}$$

Gl. (15.31) ist in **Abb. 15.6** eingetragen. Es handelt sich um eine Gerade (wegen des parabelförmigen Krümmungsansatzes der Modellstütze). Die Steigung der Geraden kennzeichnet die Auswirkung der Stabverformung (bei einem verformungsunbeeinflussten System ist die Gerade horizontal!) und hängt vom Quadrat der Schlankheit (vgl. mit Gl. (15.17)) ab. Je nach Steigung und Größe von μ_{Ed1} kann die Gerade (Gl. (15.31)) die Momenten-Krümmungs-Beziehung schneiden, tangieren oder vorbeilaufen. Die Tangente kennzeichnet dabei ein (optimales) System, bei dem der vorhandene Querschnitt gerade ausreicht ($A_s = A_{s,erf}$). Im Falle des Schnittpunktes ist der Querschnitt überbemessen ($A_s > A_{s,erf}$). Wenn keine Berührung vorliegt, ist die Standsicherheit nicht gewährleistet ($A_s < A_{s,erf}$).

15.4.3 Einzeldruckglieder und Rahmentragwerke

Um das Biegemoment der Modellstütze nach Gl. (15.31) zu bestimmen, ist die Kenntnis der Ersatzlänge l_0 nötig. Während für Einzeldruckglieder (isolated columns) die von EULER gefundenen Lösungen (**Abb. 15.8**) bekannt sind, müssen für die im (monolithischen) Ortbetonbau üblichen Rahmen Ersatzlängenbeiwerte β bestimmt werden. Unter Ansatz der Elastizitätstheorie werden hierbei die Dreh- und Verschiebungsbehinderungen an den Enden des jeweiligen Rahmenstiels in einen fiktiven Ersatzstab der Länge l_0 überführt, der dieselbe Knicklast wie der Ausgangsstab hat. Dieses Vorgehen führt zu transzendenten Gleichungen. Um die aufwändige Lösung dieser Gleichungen zu vermeiden, werden hierzu grafische Hilfsmittel (Nomogramme) oder vereinfachte Ersatzlängenformeln bereitgestellt.

Unverschiebliche Rahmen

Für einen regelmäßigen unverschieblichen Rahmen reicht es aus, wenn der in **Tafel 15.3** dargestellte Ausschnitt betrachtet wird. Die Beiwerte k_1 und k_2 ergeben sich als Summe der Stabsteifigkeiten $\sum(E_{cm} \cdot I/l)$ aller an einem Knoten elastisch eingespannten Druckglieder im Verhältnis zur Summe der Drehwiderstandsmomente $\sum M_{R,i}$ infolge einer Knotenverdrehung $\varphi = 1$.

$$k_i = \frac{\sum \frac{E_{cm} \cdot I}{l}}{\sum M_{R,i}} \qquad i = 1,2 \tag{15.32}$$

Die Beiwerte k_1 und k_2 sind demnach bei gelenkiger Lagerung unendlich und bei starrer Einspannung Null. Da eine absolut starre Einspannung aufgrund der Rissbildung in den Stahlbetonriegeln nicht realisierbar ist, wird die Anwendung von Werten $k_i < 0{,}1$ nicht empfohlen. Die aufgrund der Risse in den Riegeln reduzierte Steifigkeit kann zusätzlich näherungsweise berücksichtigt werden, indem die Flächenmomente der Riegel I_R (**Tafel 15.3**) um 50 % reduziert werden.

$$I_R = 0{,}5 \cdot I_c \tag{15.33}$$

Die Ersatzlänge kann nun näherungsweise über die nachfolgende Gleichung gemäß EC 2-1-1, 5.8.3.2 oder das Nomogramm für unverschiebliche Rahmen in **Abb. 15.10** bestimmt werden.

$$l_0 = 0{,}5 \cdot l \cdot \sqrt{\left(1 + \frac{k_1}{0{,}45 + k_1}\right) \cdot \left(1 + \frac{k_2}{0{,}45 + k_2}\right)} \tag{15.34}$$

Bei einer Pendelstütze (Euler-Fall 2) entstehen infolge beliebiger Drehwinkel der Knoten keine Momente. Für beide Stabenden ergibt sich dann $k_{1,2} = \infty$ und somit:

$$l_0 = 0{,}5 \cdot l \cdot \sqrt{(1+1) \cdot (1+1)} = l$$

Auch bei Euler-Fall 3 und 4 ergibt Gl. (15.34) die richtigen Ersatzlängen.

Tafel 15.3 Steifigkeiten regelmäßiger Rahmen und äquivalenter Einzelstäbe mit Drehfedern

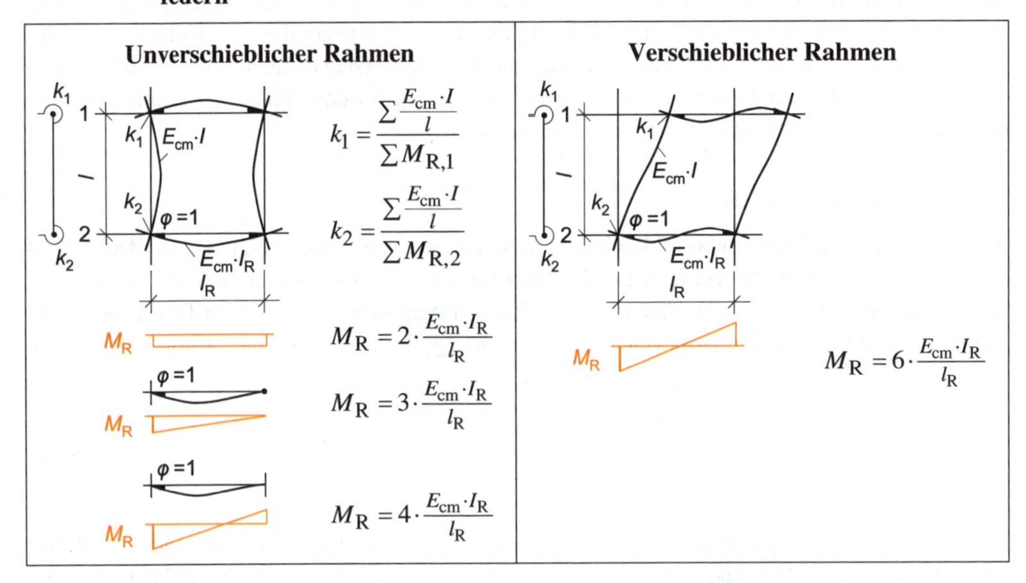

Verschiebliche Rahmen

Verschiebliche Rahmen dürfen auf Einzelstäbe reduziert werden, sofern sie regelmäßig sind (Stützen übereinander, annähernd gleiche Steifigkeit in allen Geschossen) und geringe Schlankheiten vorliegen. Die Ersatzlänge kann dann mit folgender Gleichung oder dem Nomogramm für verschiebliche Rahmen (**Abb. 15.10**) bestimmt werden

$$l_0 = l \cdot \max \begin{cases} \sqrt{1 + 10 \cdot \frac{k_1 \cdot k_2}{k_1 + k_2}} \\ \left(1 + \frac{k_1}{1 + k_1}\right) \cdot \left(1 + \frac{k_2}{1 + k_2}\right) \end{cases} \tag{15.35}$$

Sofern unregelmäßige Systeme mit größeren Schlankheiten vorliegen, ist der Gesamtrahmen zu betrachten.

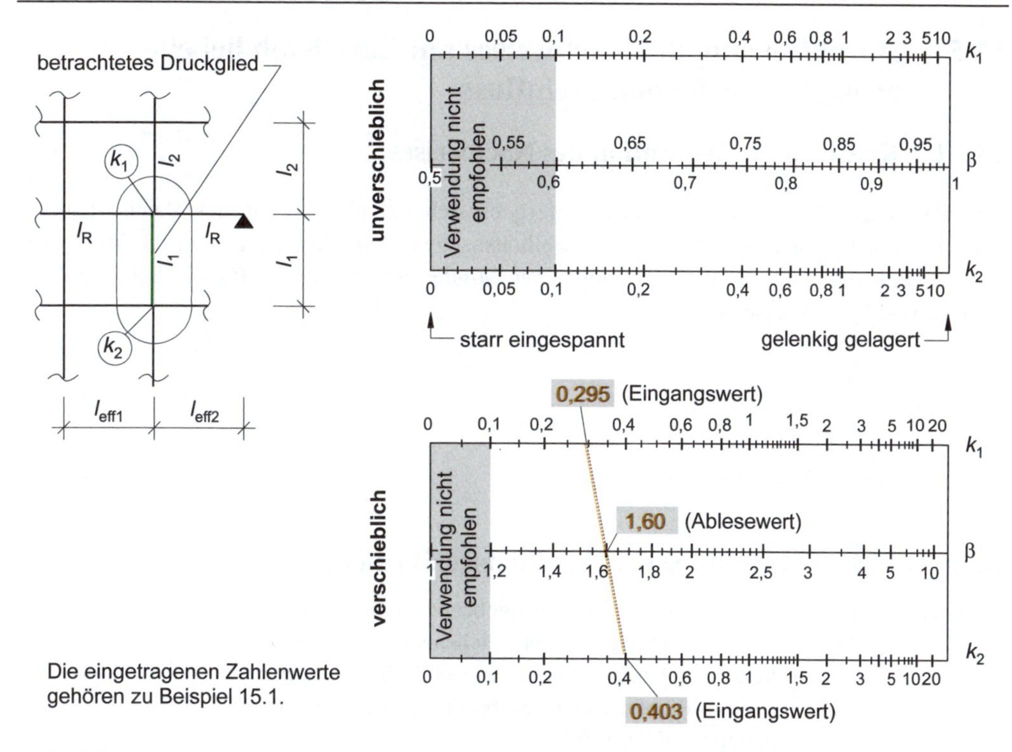

Abb. 15.10 Nomogramme zur Bestimmung der Ersatzlänge nach [Ehrigsen/Quast – 03]

Gemischte Rahmen

Im Stahlbetonbau treten häufig auch Rahmen auf, bei denen an aussteifende Stützen oder Rahmenfelder weitere auszusteifende Rahmenfelder gelenkig angeschlossen werden. In diesen Fällen können die Ersatzlängen mit den in [Ehrigsen/Quast – 03] angegebenen Näherungsgleichungen bestimmt werden.

15.4.4 Schlanke und gedrungene Druckglieder

Einzeldruckglieder gelten als schlank, sofern die Gl. (15.36) nicht erfüllt werden kann. Nur für schlanke Druckglieder ist ein Stabilitätsnachweis zu führen, bei gedrungenen Druckgliedern reicht die Regelbemessung (→ Kap. 7).

$$\lambda \leq \lambda_{\max} \tag{15.36}$$

$$\lambda_{\max} = \begin{cases} \dfrac{16}{\sqrt{|\nu_{\text{Ed}}|}} & \text{für} \quad |\nu_{\text{Ed}}| < 0{,}41 \\ 25 & \text{für} \quad |\nu_{\text{Ed}}| \geq 0{,}41 \end{cases} \tag{15.37}$$

$$\nu_{\text{Ed}} = \frac{N_{\text{Ed}}}{A_{\text{c}} \cdot f_{\text{cd}}} \tag{15.38}$$

15.5 Durchführung des Nachweises am Einzelstab bei einachsigem Verformungseinfluss

15.5.1 Kriterien für den Entfall des Nachweises

Der Stabilitätsnachweis kann entfallen, sofern es sich um ein gedrungenes Bauteil handelt (→ Kap. 15.4.4). Für den Fall, dass der Stabilitätsnachweis entfallen kann, sind die Stabenden der Druckglieder unter Berücksichtigung einer Mindestausmitte $e_{0,\min}$ für die Schnittgrößen $M_{\mathrm{Ed,min}}$ und N_{Ed} zu bemessen.

$$e_{0,\min} \geq \begin{cases} \dfrac{h}{30} \\ 20\text{ mm} \end{cases} \tag{15.39}$$

$$M_{\mathrm{Ed,min}} = |N_{\mathrm{Ed}}| \cdot e_{0,\min} \tag{15.40}$$

Beispiel 15.1: Überprüfung der Stabilitätsgefährdung

Gegeben:
- skizzierter Rahmen[57] mit den angegebenen charakteristischen Einwirkungen
- Die Rahmen haben senkrecht zur Zeichenebene einen Abstand 4,50 m.
- Senkrecht zur Zeichenebene befinden sich Wände zwischen den Rahmenstützen, sodass in dieser Richtung keine Stabilitätsgefährdung vorliegt.
- Baustoffgüten C20/25; B500

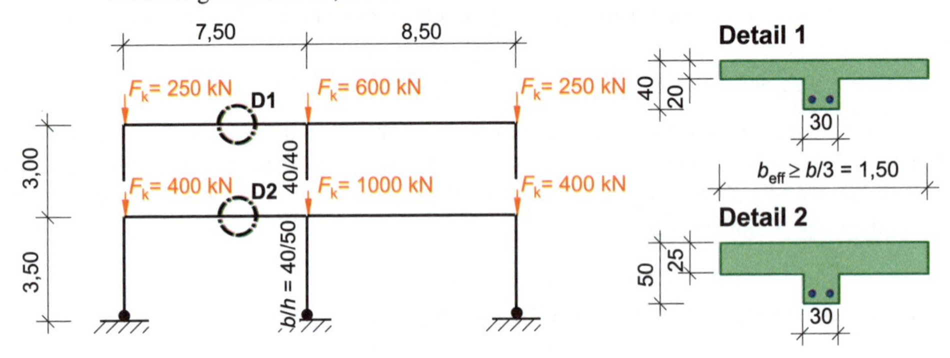

Gesucht:
- Rahmen horizontal verschieblich oder unverschieblich?
- Ersatzlängen der Innenstützen
- Überprüfung, ob der Stabilitätsnachweis für Innenstützen entfallen kann

Lösung:

Bauteil ist in der Zeichenebene nicht ausgesteift. Es ist horizontal verschieblich.

Riegel OG: $A_c = 1,5 \cdot 0,2 + 0,3 \cdot (0,4 - 0,2) = 0,36\text{ m}^2$ | $A = b_{\mathrm{eff}} \cdot h_f + b_w \cdot (h - h_f)$

[57] Derartig unterschiedliche Bauteilabmessungen sind nicht rationell herzustellen; sie wurden im Rahmen des Beispieles wegen der Deutlichkeit in der Zahlenrechnung gewählt.

$$e=\frac{(1{,}5-0{,}3)\cdot 0{,}2^2+0{,}3\cdot 0{,}4^2}{2\cdot 0{,}36}=0{,}133\text{ m}$$ $$e=\frac{(b_{\text{eff}}-b_{\text{w}})\cdot h_{\text{f}}^2+b_{\text{w}}\cdot h^2}{2A}$$

$$I_{\text{c}}=\frac{(1{,}5-0{,}3)\cdot 0{,}2^3+0{,}3\cdot 0{,}4^3}{3}-0{,}36\cdot 0{,}133^2$$ $$I=\frac{(b_{\text{eff}}-b_{\text{w}})\cdot h_{\text{f}}^3+b_{\text{w}}\cdot h^3}{3}-A\cdot e^2$$

$$=3{,}2\cdot 10^{-3}\text{ m}^4$$

$$I_{\text{R}}=0{,}50\cdot 3{,}2\cdot 10^{-3}=1{,}6\cdot 10^{-3}\text{ m}^4$$ (15.33): $I_{\text{R}}=0{,}5\cdot I_{\text{c}}$

Riegel EG: $A_{\text{c}}=1{,}5\cdot 0{,}25+0{,}3\cdot(0{,}5-0{,}25)=0{,}45\text{ m}^2$ $A=b_{\text{eff}}\cdot h_{\text{f}}+b_{\text{w}}\cdot(h-h_{\text{f}})$

$$e=\frac{(1{,}5-0{,}3)\cdot 0{,}25^2+0{,}3\cdot 0{,}5^2}{2\cdot 0{,}45}=0{,}167\text{ m}$$ $$e=\frac{(b_{\text{eff}}-b_{\text{w}})\cdot h_{\text{f}}^2+b_{\text{w}}\cdot h^2}{2A}$$

$$I_{\text{c}}=\frac{(1{,}5-0{,}3)\cdot 0{,}25^3+0{,}3\cdot 0{,}5^3}{3}-0{,}45\cdot 0{,}167^2$$ $$I=\frac{(b_{\text{eff}}-b_{\text{w}})\cdot h_{\text{f}}^3+b_{\text{w}}\cdot h^3}{3}-A\cdot e^2$$

$$=6{,}25\cdot 10^{-3}\text{ m}^4$$

$$I_{\text{R}}=0{,}50\cdot 6{,}25\cdot 10^{-3}=3{,}13\cdot 10^{-3}\text{ m}^4$$ (15.33): $I_{\text{R}}=0{,}5\cdot I_{\text{c}}$

Stütze OG: $I=\frac{0{,}4\cdot 0{,}4^3}{12}=2{,}13\cdot 10^{-3}\text{ m}^4$ $I=\frac{b\cdot h^3}{12}$

Stütze EG: $I=\frac{0{,}4\cdot 0{,}5^3}{12}=4{,}17\cdot 10^{-3}\text{ m}^4$ $I=\frac{b\cdot h^3}{12}$

Obergeschoss: Ersatzlänge mit Nomogramm

links: $M_{\text{R}}=6\cdot\frac{E_{\text{cm}}\cdot 1{,}60\cdot 10^{-3}}{7{,}5}=1{,}28\cdot 10^{-3}\cdot E_{\text{cm}}$ **Tafel 15.3**: $M_{\text{R}}=6\cdot\frac{E_{\text{cm}}\cdot I_{\text{R}}}{l_{\text{R}}}$

rechts: $M_{\text{R}}=6\cdot\frac{E_{\text{cm}}\cdot 1{,}60\cdot 10^{-3}}{8{,}5}=1{,}13\cdot 10^{-3}\cdot E_{\text{cm}}$

$$k_1=\frac{\frac{E_{\text{cm}}\cdot 2{,}13\cdot 10^{-3}}{3{,}0}}{1{,}28\cdot 10^{-3}\cdot E_{\text{cm}}+1{,}13\cdot 10^{-3}\cdot E_{\text{cm}}}=0{,}295$$ (15.32): $k_{\text{i}}=\frac{\sum\frac{E_{\text{cm}}\cdot I}{l}}{\sum M_{\text{R,i}}}$

links: $M_{\text{R}}=6\cdot\frac{E_{\text{cm}}\cdot 3{,}13\cdot 10^{-3}}{7{,}5}=2{,}50\cdot 10^{-3}\cdot E_{\text{cm}}$ **Tafel 15.3**: $M_{\text{R}}=6\cdot\frac{E_{\text{cm}}\cdot I_{\text{R}}}{l_{\text{R}}}$

rechts: $M_{\text{R}}=6\cdot\frac{E_{\text{cm}}\cdot 3{,}13\cdot 10^{-3}}{8{,}5}=2{,}21\cdot 10^{-3}\cdot E_{\text{cm}}$

$$k_2=\frac{\frac{E_{\text{cm}}\cdot 2{,}13\cdot 10^{-3}}{3{,}0}+\frac{E_{\text{cm}}\cdot 4{,}17\cdot 10^{-3}}{3{,}5}}{2{,}50\cdot 10^{-3}\cdot E_{\text{cm}}+2{,}21\cdot 10^{-3}\cdot E_{\text{cm}}}=0{,}403$$ (15.32): $k_{\text{i}}=\frac{\sum\frac{E_{\text{cm}}\cdot I}{l}}{\sum M_{\text{R,i}}}$

$\beta=1{,}60$ **Abb. 15.10**: verschieblicher Rahmen

$l_0=1{,}60\cdot 3{,}0=4{,}80\text{ m}$ (15.14): $l_0=\beta\cdot l$

$i=0{,}289\cdot 0{,}40=0{,}116\text{ m}$ (15.16): $i=0{,}289\,h$

$\lambda=\frac{4{,}80}{0{,}116}=41{,}4$ (15.17): $\lambda=\frac{l_0}{i}$

Die Lastanteile aus G und Q sind nicht bekannt, daher

$\gamma_F = \gamma_Q = 1{,}5$

$N_{Ed} = 1{,}5 \cdot 600 = 900$ kN

$$f_{cd} = \frac{0{,}85 \cdot 20}{1{,}5} = 11{,}3 \text{ N/mm}^2$$

$$\nu_{Ed} = \frac{0{,}900}{0{,}40^2 \cdot 11{,}3} = 0{,}50$$

$\lambda_{max} = 25$

$\lambda = 41{,}4 > 25 = \lambda_{max}$

Der Stabilitätsnachweis ist zu führen.

Tafel 6.5: näherungsweise größter Teilsicherheitsbeiwert

(2.17): $f_{cd} = \dfrac{\alpha_{cc} \cdot f_{ck}}{\gamma_C}$

(15.38): $\nu_{Ed} = \dfrac{N_{Ed}}{A_c \cdot f_{cd}}$

(15.37):

$$\lambda_{max} = \begin{cases} \dfrac{16}{\sqrt{|\nu_{Ed}|}} & \text{für } |\nu_{Ed}| < 0{,}41 \\ 25 & \text{für } |\nu_{Ed}| \geq 0{,}41 \end{cases}$$

(15.36): $\lambda \leq \lambda_{max}$

Erdgeschoss:

$k_1 = 0{,}403$

$k_2 = \infty \approx 1000$ (Gelenk)

$$l_0 = 3{,}50 \cdot \max \begin{cases} 2{,}24 = \sqrt{1 + 10 \cdot \dfrac{0{,}403 \cdot 1000}{0{,}403 + 1000}} \\ \underline{2{,}57} = \left(1 + \dfrac{0{,}403}{1 + 0{,}403}\right) \cdot \left(1 + \dfrac{1000}{1 + 1000}\right) \end{cases}$$

$= 3{,}50 \cdot 2{,}57 = 9{,}01$ m

$i = 0{,}289 \cdot 0{,}50 = 0{,}144$ m

$$\lambda = \frac{9{,}01}{0{,}144} = 62{,}6$$

$N_{Ed} = 1{,}5 \cdot (600 + 1000) = 2400$ kN

$$\nu_{Ed} = \frac{2{,}400}{0{,}40 \cdot 0{,}50 \cdot 11{,}3} = 1{,}06$$

$\lambda_{max} = 25$

$\lambda = 62{,}6 > 25 = \lambda_{max}$

Der Stabilitätsnachweis ist zu führen.

Ersatzlänge mit Formel

(15.32): $k_i = \dfrac{\sum \frac{E_{cm} \cdot I}{l}}{\sum M_{R,i}}$

(15.35):

$$l_0 = l \cdot \max \begin{cases} \sqrt{1 + 10 \cdot \dfrac{k_1 \cdot k_2}{k_1 + k_2}} \\ \left(1 + \dfrac{k_1}{1 + k_1}\right) \cdot \left(1 + \dfrac{k_2}{1 + k_2}\right) \end{cases}$$

(15.16): $i = 0{,}289\, h$

(15.17): $\lambda = \dfrac{l_0}{i}$

(15.38): $\nu_{Ed} = \dfrac{N_{Ed}}{A_c \cdot f_{cd}}$

(15.37):

$$\lambda_{max} = \begin{cases} \dfrac{16}{\sqrt{|\nu_{Ed}|}} & \text{für } |\nu_{Ed}| < 0{,}41 \\ 25 & \text{für } |\nu_{Ed}| \geq 0{,}41 \end{cases}$$

(15.36): $\lambda \leq \lambda_{max}$

15.5.2 Stabilitätsnachweis für den Einzelstab

Der Stabilitätsnachweis (ULS induced by structural deformation) ist zu führen, sofern die Grenze für schlanke Druckglieder überschritten wird (Gl. (15.36)). Hierbei kann das Nennkrümmungsverfahren angewendet werden, wenn folgende Bedingungen eingehalten werden:

- Der Querschnitt des Druckgliedes ist rechteckig oder kreisförmig (oder regelmäßig polygonal mit ≥ 6 Kanten begrenzt). Näherungsweise darf das Nennkrümmungsverfahren auch für andere symmetrische Querschnitte mit symmetrischer Bewehrung $A_{s1} = A_{s2}$ verwendet werden.
- Die Bewehrung in der Stütze wird ungestaffelt über die gesamte Stützenlänge eingelegt.
- Für die planmäßige Lastausmitte (first order eccentricity) nach Theorie I. Ordnung gilt:

  $$e_0 \geq 0{,}1\,h \tag{15.41}$$

  Diese Grenze resultiert nicht aus sicherheitsrelevanten Überlegungen, sondern aus wirtschaftlichen. Bei Unterschreitung der Grenze liefert das Näherungsverfahren zu große Bewehrungsquerschnitte. Eine „genaue“ Berechnung nach Theorie II. Ordnung ist wirtschaftlicher. Bei Einbeziehung der Arbeitszeit des Tragwerkplaners wird das Näherungsverfahren auch bei $e_0 < 0{,}1\,h$ oftmals angewendet.
- Die Verformungsfigur ist einfach (= in der Ebene) gekrümmt, wobei am Stützenfuß das Extremalmoment auftritt.

Das Nennkrümmungsverfahren wurde in Kap. 15.4.2 hergeleitet. Für eine Bemessung sind folgende Ergänzungen zu beachten.

Ein Einfluss aus dem Kriechen des Betons (und der damit verbundenen Zunahme der Lastausmitte) braucht bei Druckgliedern des üblichen Hochbaus und gleichzeitig horizontal unverschieblichen Systemen in der Regel nicht berücksichtigt zu werden. Ein ausgeprägter Einfluss des Kriechens ist zu erwarten, wenn die Biegefigur der Stütze affin zur Knickfigur ist. Dies trifft für verschiebliche Systeme und bei Druckgliedern mit einfach gekrümmter Biegefigur zu (→ Kap. 15.5.3).

Bei an beiden Enden unverschieblichen Druckgliedern ohne Querlasten, die längs der Stabachse eine veränderliche Lastausmitte aufweisen, darf bei einem konstanten Druckgliedquerschnitt eine Ersatzausmitte e_e (equivalent eccentricity) eingeführt werden (**Abb. 15.11**). Für die Zuordnung der Lastausmitten an den Stabenden e_{01} und e_{02} ist zu beachten, dass e_{02} die betragsmäßig größere Ausmitte sein muss. Hiermit wird berücksichtigt, dass die Stabilitätsgefährdung im mittleren Drittel der Ersatzlänge vorliegt. Selbstverständlich ist mindestens für das Moment nach Theorie I. Ordnung zu bemessen. Die Ersatzausmitte e_e wird nach Gl. (15.42) bestimmt.

$$e_e = \max\begin{cases} 0{,}6\,e_{02} + 0{,}4\,e_{01} \\ 0{,}4\,e_{02} \end{cases} \quad \text{mit} \quad |e_{02}| \geq |e_{01}| \tag{15.42}$$

$$e_{tot} = e_e + e_i + e_2 \geq e_0 \tag{15.43}$$

Für die Zusatzausmitte nach Gl. (15.13) wird die ungewollte Schiefstellung benötigt.

$$\theta_\mathrm{i} = \frac{1}{100 \cdot \sqrt{l}} \leq \frac{1}{200} \tag{15.44}$$

Frei stehendes Einzeldruckglied: $l \,\hat{=}\,$ Stützenlänge

Ist das Einzeldruckglied aussteifendes Bauteil in einem Tragwerk, ist zusätzlich zu untersuchen, ob sich bei Ansatz der Schiefstellung des gesamten Tragwerkes eine größere Ausmitte e_i ergibt.

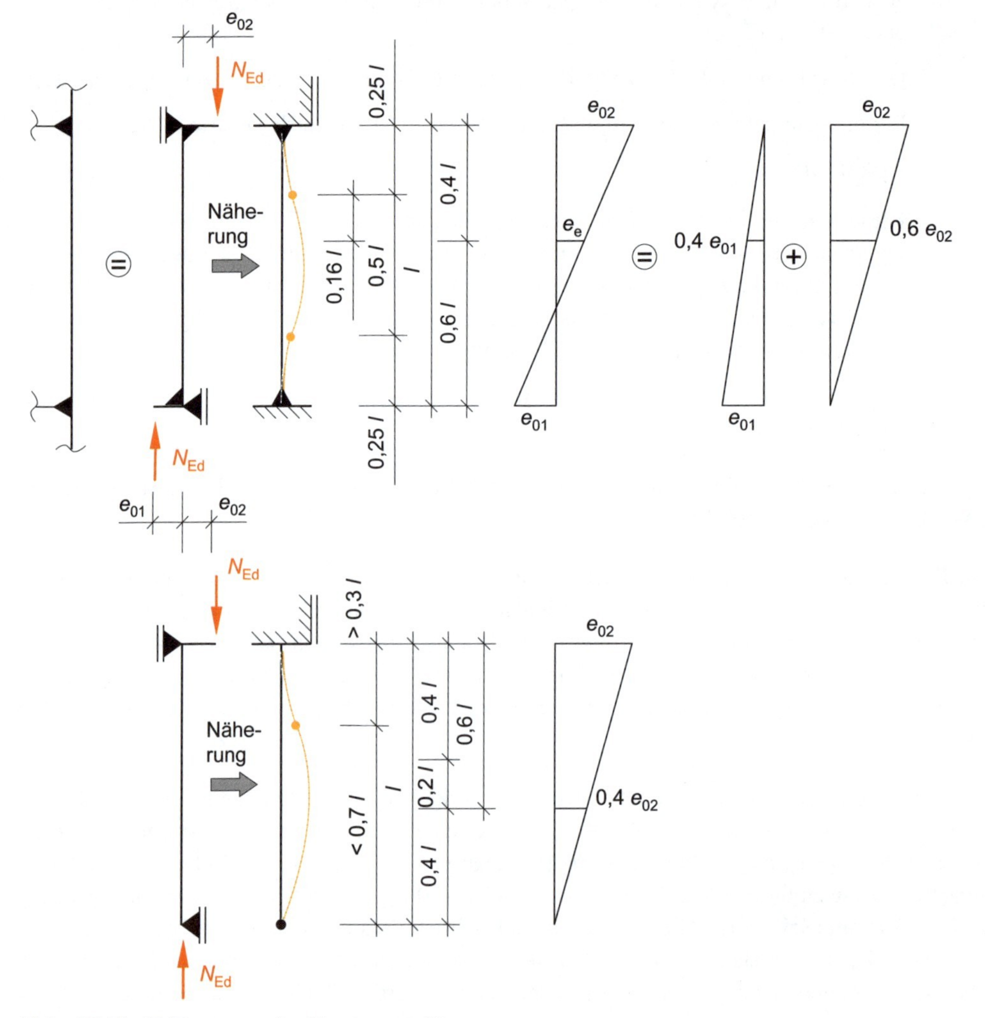

Abb. 15.11 Erläuterung der Ersatzausmitte e_e

Die Stabauslenkung e_2 darf nach Gl. (15.28) abgeschätzt werden, wobei ein Beiwert K_1 für den allmählichen Übergang vom verformungsunbeeinflussten zum verformungsbeeinflussten Druckglied eingeführt wird.

$$e_2 = K_1 \cdot \left(\frac{1}{r}\right) \cdot \frac{l_0^2}{10} \tag{15.45}$$

$$K_1 = \begin{cases} \dfrac{\lambda}{10} - 2{,}5 & \text{für} \quad 25 \le \lambda \le 35 \\ 1 & \qquad\;\; \lambda > 35 \end{cases} \tag{15.46}$$

Zur Berechnung der Krümmung $1/r$ wird angenommen, dass die Längsbewehrung auf beiden Seiten gleichzeitig die Fließgrenze erreicht. Dies ist die maximal mögliche Krümmung, die am „balance point" (Punkt C in **Abb. 7.25**) auftritt (**Abb. 15.12**).

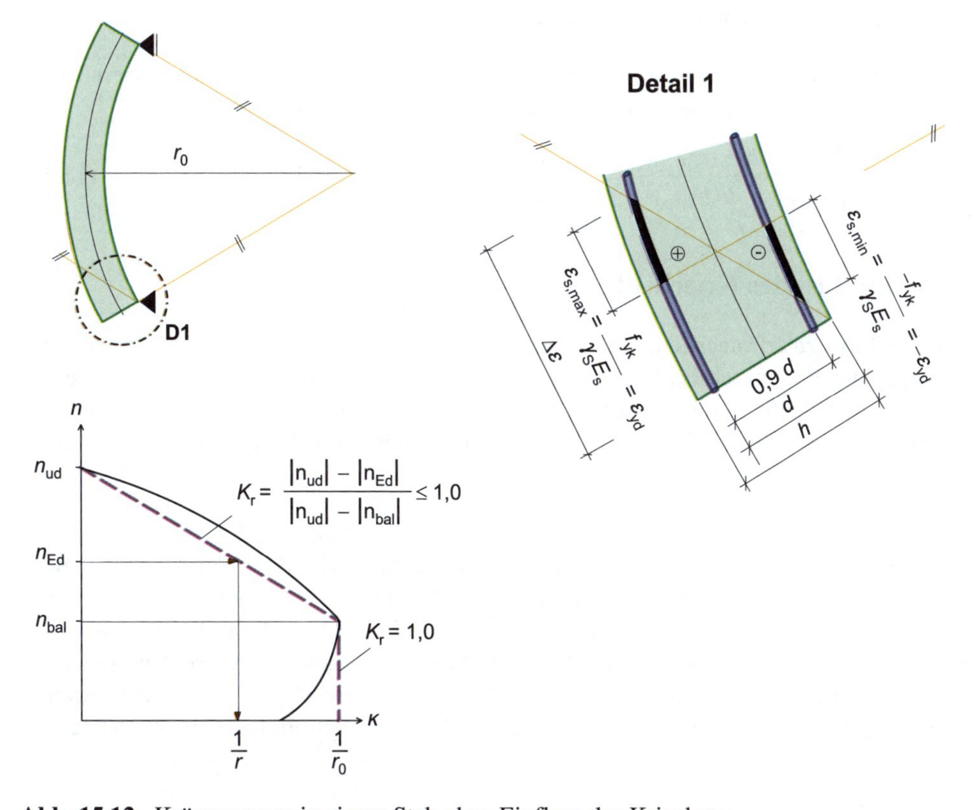

Abb. 15.12 Krümmungen in einem Stab ohne Einfluss des Kriechens

$$\frac{1}{r} = K_r \cdot K_\varphi \cdot \frac{1}{r_0} \tag{15.47}$$

$$\frac{1}{r_0} = \frac{\varepsilon_{yd}}{0{,}45 \cdot d} \tag{15.48}$$

$$K_r \approx \frac{|n_{ud}| - |n_{Ed}|}{|n_{ud}| - |n_{bal}|} \leq 1{,}0 \tag{15.49}$$

K_φ : Beiwert zur Berücksichtigung des Kriechens nach 15.5.3

Der Beiwert K_r berücksichtigt die Abnahme der Krümmung $1/r$ vom Maximalwert der Krümmung $1/r_0$ bei steigenden Längsdruckkräften. Die Krümmung hat den Wert Null, sofern der Bauteilwiderstand n_{ud} (bezogener Wert der Dimension 1) erreicht wird. Dies ist Punkt A in **Abb. 7.25**. Der Maximalwert der Krümmung $1/r_0$ tritt beim größten Biegemoment auf. Dies ist Punkt B′ in **Abb. 7.25** (der balance point). Durch Linearisierung der Kurve des Bauteilwiderstandes entsteht Gl. (15.49) (**Abb. 15.12**). Nachteilig bei der Auswertung von Gl. (15.49) ist, dass die Bewehrung bereits bekannt sein muss, um den Bauteilwiderstand bei zentrischer Beanspruchung n_{ud} bestimmen zu können. Sofern dieser Beiwert genau ermittelt werden soll, ist daher eine Iteration erforderlich.

Die bezogene Längskraft am balance point kann für Rechteckquerschnitte mit annähernd symmetrischer Bewehrung unter Beachtung von Gl. (7.27) abgeschätzt werden:

$$|n_{bal}| = \frac{|N_{bal}|}{A_c \cdot f_{cd}} = \frac{b \cdot x \cdot \alpha_R \cdot f_{cd}}{b \cdot h \cdot f_{cd}} = \frac{b \cdot 0{,}5 \cdot h \cdot 0{,}81 \cdot f_{cd}}{b \cdot h \cdot f_{cd}} = 0{,}5 \cdot 0{,}81 \approx 0{,}4 \tag{15.50}$$

15.5.3 Einfluss des Kriechens

In **Abb. 15.13** ist zu erkennen, dass Stauchungen und Dehnungen und damit die Krümmung bis zum Zeitpunkt $t = \infty$ anwachsen. Kriechen und Schwinden bewirken somit zunehmende Verformungen (→ Kap. 2.3.6). Aufgrund der Auswirkungen aus Theorie 2. Ordnung erhöhen sich damit auch die Schnittgrößen. Dies wird näherungsweise durch eine Erhöhung der Stabkrümmung mit dem Beiwert $K_\varphi \geq 1$ in Gl. (15.47) berücksichtigt.

Verbunden mit der Zunahme der Stauchungen ist auch eine Verschiebung der Nulllinie, da durch die infolge Kriechens abnehmenden Betondruckspannungen ein Abfall der resultierenden Kraft F_{cd} ausgeglichen werden muss (**Abb. 15.13**). Da infolge der Zunahme der Höhe der Druckzone der Hebelarm der inneren Kräfte z sinkt, gilt $F_{cd\infty} > F_{cd}$. Dieser Effekt wächst mit Zunahme der Druckzone im Querschnitt, ist bei Bauteilen im Zustand I somit stärker ausgeprägt als bei solchen im Zustand II (mit nur geringer Abnahme des Hebelarmes der inneren Kräfte). Die Spannungen im Betonstahl nehmen durch die zusätzlichen Verformungen (vom Betrag her) zu.

Druckglieder mit großer Schlankheit und geringer Ausmitte e verbleiben im Zustand I. Bei steigender Lastausmitte sinkt der Einfluss des Kriechens (Übergang in Zustand II). Demzufolge darf bei folgenden Randbedingungen der Einfluss des Kriechens (und Schwindens) rechnerisch unberücksichtigt bleiben (EC 2-1-1/NA, 5.8.4):

- wenn die Stütze an beiden Enden mit den anderen (lastabtragenden) Bauteilen monolithisch verbunden ist *oder*
- wenn bei verschieblichen Tragwerken die Schlankheit des Druckgliedes $\lambda < 50$ und gleichzeitig die bezogene Lastausmitte $e_0/h > 2$ ist.

Wenn Kriechen berücksichtigt werden muss, kann näherungsweise die Stabkrümmung nach Gl. (15.47) um den Faktor K_{φ} vergrößert werden. Somit ergibt sich nach Gl. (15.45) eine größere Zusatzausmitte e_2:

$$K_{\varphi} = 1 + \beta_c \cdot \varphi_{ef} \geq 1 \qquad (15.51)$$

$$\beta_c = 0{,}35 + \frac{f_{ck}}{200} - \frac{\lambda}{150} \geq 0 \qquad (15.52)$$

$$\varphi_{ef} = \varphi(\infty, t_0) \cdot \frac{M_{1,perm}}{M_{1,Ed}} \qquad (15.53)$$

$\varphi(\infty, t_0)$ Kriechzahl nach EC 2-1-1, 3.1.4

$M_{1,perm}$ Moment in der quasi-ständigen Einwirkungskombination nach Theorie 1. Ordnung inkl. Imperfektionen

$M_{1,Ed}$ Moment im Grenzzustand der Tragfähigkeit nach Theorie 1. Ordnung inkl. Imperfektionen

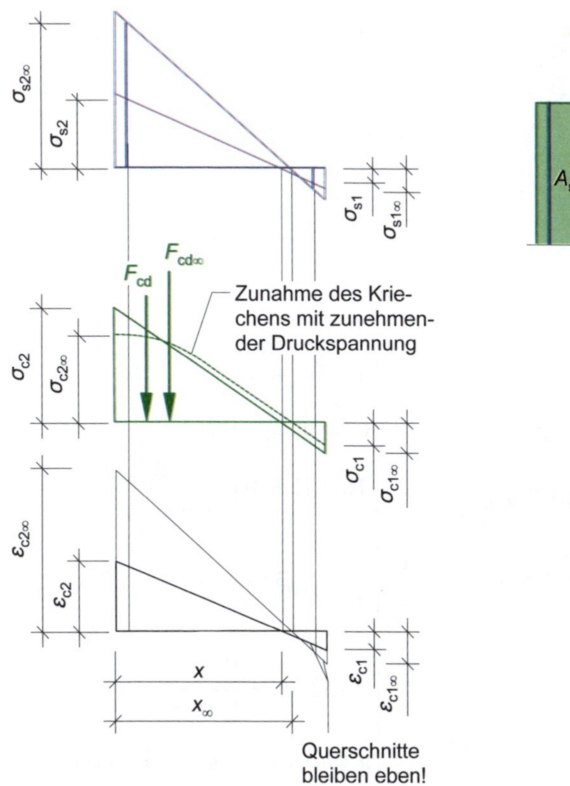

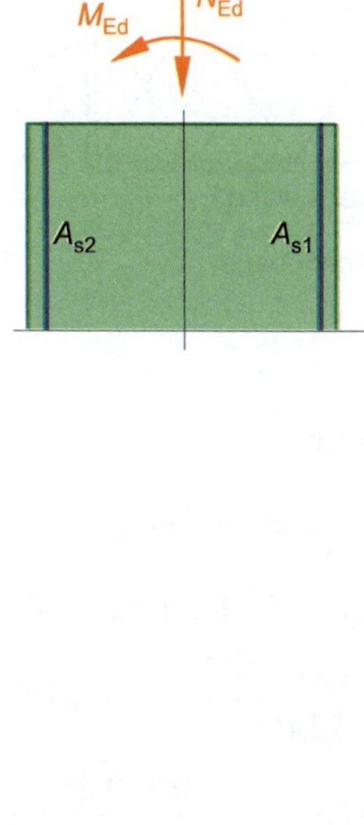

Abb. 15.13 Auswirkung des Kriechens bei Stützen im Zustand I

Beispiel 15.2: Bemessung mit dem Nennkrümmungsverfahren

Gegeben:
- Skizzierter Rahmen
- Rahmenstützen sind durch Längswände senkrecht zur Zeichenebene nicht stabilititätsgefährdet.
- Baustoffgüten C20/25; B500

Gesucht: Bemessung der Stützen

Grundriss

Giebelwand

10

Stütze

y

z

30

20

y

Betrachteter Rahmen

z

Verbände

Giebelwand

Rahmenebene

Statisches System des Rahmens

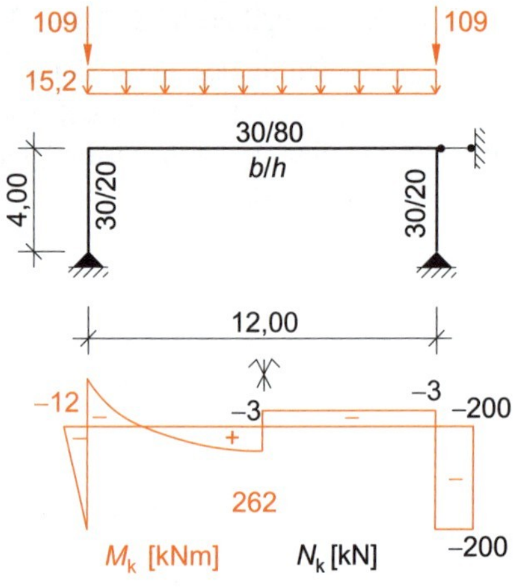

Lösung:

Riegel: $b/h = 30/80$ cm

$$I = \frac{0,3 \cdot 0,8^3}{12} = 12,8 \cdot 10^{-3}\ \text{m}^4$$

$I = \dfrac{b \cdot h^3}{12}$

$$I_R = 0,50 \cdot 12,8 \cdot 10^{-3} = 6,4 \cdot 10^{-3}\ \text{m}^4$$

(15.33): $I_R = 0,5 \cdot I_c$

$$M_R = 2 \cdot \frac{E_{cm} \cdot 6,4 \cdot 10^{-3}}{12,0} = 1,07 \cdot 10^{-3} \cdot E_{cm}$$

Tafel 15.3: $M_R = 2 \cdot \dfrac{E_{cm} \cdot I_R}{l_R}$

Stütze: $b/h = 30/20$ cm $\quad I = \dfrac{0,3 \cdot 0,2^3}{12} = 0,2 \cdot 10^{-3}\ \text{m}^4$

$I = \dfrac{b \cdot h^3}{12}$

$$k_1 = \frac{\frac{E_{cm} \cdot 0,2 \cdot 10^{-3}}{4,0}}{1,07 \cdot 10^{-3} \cdot E_{cm}} = 0,047 < \underline{0,1}$$

(15.32): $k_i = \dfrac{\sum \frac{E_{cm} \cdot I}{l}}{\sum M_{R,i}}$

$k_2 = \infty$

gelenkige Lagerung am Fußpunkt

$$l_0 = 0{,}5 \cdot 4{,}0 \cdot \sqrt{\left(1+\frac{0{,}1}{0{,}45+0{,}1}\right)\cdot(1+1)} = 3{,}08 \text{ m}$$

(15.34): $l_0 = 0{,}5 \cdot l \cdot \sqrt{\left(1+\frac{k_1}{0{,}45+k_1}\right)\cdot\left(1+\frac{k_2}{0{,}45+k_2}\right)}$

$i = 0{,}289 \cdot 0{,}20 = 0{,}058 \text{ m}$ — (15.16): $i = 0{,}289\,h$

$\lambda = \frac{3{,}08}{0{,}058} = 53{,}1$ — (15.17): $\lambda = \frac{l_0}{i}$

$N_{\text{Ed}} = 1{,}5 \cdot (-200) = -300 \text{ kN}$

$M_{\text{Ed}} = 1{,}5 \cdot (-12) = -18 \text{ kNm}$

Da die Lastanteile aus Eigen- und Verkehrslast unbekannt sind, wird mit $\gamma_{\text{F}} = 1{,}5$ gerechnet (sichere Seite).

$f_{\text{cd}} = \frac{0{,}85 \cdot 20}{1{,}5} = 11{,}3 \text{ N/mm}^2$ — (2.17): $f_{\text{cd}} = \frac{\alpha_{\text{cc}} \cdot f_{\text{ck}}}{\gamma_{\text{C}}}$

$\nu_{\text{Ed}} = \frac{-0{,}300}{0{,}30 \cdot 0{,}20 \cdot 11{,}3} = -0{,}443$ — (15.38): $\nu_{\text{Ed}} = \frac{N_{\text{Ed}}}{A_{\text{c}} \cdot f_{\text{cd}}}$

$|\nu_{\text{Ed}}| = |-0{,}443| = 0{,}443 > 0{,}41$ — (15.37): Fallunterscheidung

$\lambda_{\max} = 25$

$$\lambda_{\max} = \begin{cases} \frac{16}{\sqrt{|\nu_{\text{Ed}}|}} & \text{für } |\nu_{\text{Ed}}| < 0{,}41 \\ 25 & \text{für } |\nu_{\text{Ed}}| \geq 0{,}41 \end{cases}$$

$\lambda = 53{,}1 > 25{,}0 = \lambda_{\max}$ — (15.36): $\lambda \leq \lambda_{\max}$?

Querschnitt rechteckig — Stabilitätsnachweis ist zu führen, Nennkrümmungsverfahren ist zulässig.

$e_{01} = \frac{|0|}{|-300|} = 0$ — (15.24): $e_0 = \frac{|M_{\text{Ed}}|}{|N_{\text{Ed}}|}$

$e_{02} = \frac{|-18|}{|-300|} = 0{,}06 \text{ m}$

$e_{01} = 0 < 0{,}06 \text{ m} = e_{02}$ — (15.42): $|e_{01}| \leq |e_{02}|$

$\theta_{\text{i}} = \frac{1}{100 \cdot \sqrt{4{,}0}} = \frac{1}{200}$ — (15.44): $\theta_{\text{i}} = \frac{1}{100 \cdot \sqrt{l}} \leq \frac{1}{200}$

$e_{\text{i}} = \frac{1}{200} \cdot \frac{3{,}08}{2} = 0{,}008 \text{ m}$ — (15.13): $e_{\text{i}} = \theta_{\text{i}} \cdot \frac{l_0}{2}$

$$e_{\text{e}} = \max \begin{cases} 0{,}6 \cdot 0{,}06 + 0{,}4 \cdot 0 = \underline{0{,}036 \text{ m}} \\ 0{,}4 \cdot 0{,}06 = 0{,}024 \text{ m} \end{cases}$$

(15.42): $e_{\text{e}} = \max \begin{cases} 0{,}6\, e_{02} + 0{,}4\, e_{01} \\ 0{,}4\, e_{02} \end{cases}$

$K_{\text{r}} \approx 1{,}0$ — (15.47): $K_{\text{r}} \approx \frac{|n_{\text{ud}}| - |n_{\text{Ed}}|}{|n_{\text{ud}}| - |n_{\text{bal}}|} \leq 1{,}0$

$K_{\varphi} = 1{,}0$ — Schätzwert

$d = 15 \text{ cm}$

$\frac{1}{r} = K_{\text{r}} \cdot K_{\varphi} \cdot \frac{1}{r_0} = K_{\text{r}} \cdot K_{\varphi} \cdot \frac{\varepsilon_{\text{yd}}}{0{,}45 \cdot d}$ — (15.48): $\frac{1}{r_0} = \frac{\varepsilon_{\text{yd}}}{0{,}45 \cdot d}$

$$= 1{,}0 \cdot 1{,}0 \cdot \frac{500/(200000 \cdot 1{,}15)}{0{,}45 \cdot 0{,}15} = 32{,}2 \cdot 10^{-3} \text{m}^{-1}$$

(15.47): $\frac{1}{r} = K_r \cdot K_\varphi \cdot \frac{1}{r_0}$

(15.46):

$$K_1 = \begin{cases} \frac{\lambda}{10} - 2{,}5 & \text{für} \quad 25 \le \lambda \le 35 \\ 1 & \quad \lambda > 35 \end{cases}$$

$\lambda = 53{,}1: K_1 = 1$

$e_2 = 1 \cdot \frac{3{,}08^2}{10} \cdot 32{,}2 \cdot 10^{-3} = 0{,}031 \text{ m}$

(15.45): $e_2 = K_1 \cdot \left(\frac{1}{r}\right) \cdot \frac{l_0^2}{10}$

$e_{tot} = 0{,}036 + 0{,}008 + 0{,}031 = 0{,}075 \text{ m} > 0{,}06 \text{ m}$

(15.43): $e_{tot} = e_e + e_i + e_2 \ge e_0$

$M_{Ed2} = -300 \cdot 0{,}075 = -22{,}5 \text{ kNm}$

(15.26): $M_{Ed2} = N_{Ed} \cdot e_{tot}$

$\frac{d_1}{h} = \frac{0{,}05}{0{,}2} = 0{,}25$

Wahl des richtigen Interaktionsdiagrammes → Kap. 7.11

$\nu_{Ed} = \frac{-0{,}300}{0{,}30 \cdot 0{,}20 \cdot 11{,}3} = -0{,}44$

(7.102): $\nu_{Ed} = \frac{N_{Ed}}{b \cdot h \cdot f_{cd}}$

$\mu_{Ed} = \frac{|0{,}0225|}{0{,}30 \cdot 0{,}20^2 \cdot 11{,}3} = 0{,}17$

(7.103): $\mu_{Ed} = \frac{|M_{Ed}|}{b \cdot h^2 \cdot f_{cd}}$

$\omega_{tot} = \underline{\underline{0{,}27}}$; $\varepsilon_{c2} / \varepsilon_{s1} = -3{,}5 / 1{,}5$

Ablesung aus Interaktionsdiagramm (s. o.)

$A_{s,tot} = 0{,}27 \cdot \frac{30 \cdot 20}{38{,}4} = 4{,}2 \text{ cm}^2$

(7.105): $A_{s,tot} = \omega_{tot} \frac{b \cdot h}{f_{yd} / f_{cd}}$

$A_{s1} = A_{s2} = \frac{A_{s,tot}}{2} = \frac{4{,}2}{2} = 2{,}1 \text{ cm}^2$

Verteilung entsprechend der Vorgabe

gew.: 2 ∅14 mit $A_{s,vorh} = 3{,}1 \text{cm}^2$

Tafel 4.1

$A_{s,vorh} = 6{,}2 \text{cm}^2 > 4{,}2 \text{cm}^2 = A_{s,erf}$

(7.55): $A_{s,vorh} \ge A_{s,erf}$

$d_1 = d_2 = 35 + 6 + \frac{14}{2} = 48 \text{ mm} \approx 50 \text{ mm}$

$d_1 = d_2 = c_v + \phi_{sbü} + e$

(15.4):

$A_{s,min} = A_{s1} + A_{s2} = 0{,}15 \cdot \frac{N_{Ed}}{f_{yd}}$

$A_{s,min} = 0{,}15 \cdot \frac{300}{43{,}5} = 1{,}03 \text{ cm}^2 < 6{,}20 \text{ cm}^2$

(15.5):

$A_{s,vorh} = A_{s1} + A_{s2} \le 0{,}09 A_c$

$A_{s,vorh} = 6{,}2 \text{ cm}^2 < 54 \text{ cm}^2 = 0{,}09 \cdot 30 \cdot 20 = 0{,}09 A_c$

(15.8):

$$\min \phi_{bü} = \min \begin{cases} 6 \text{ mm}; \ \phi_l \le 20 \text{ mm} \\ 0{,}25\phi_l; \ \phi_l \ge 25 \text{ mm} \\ 5 \text{ mm; Matten} \end{cases}$$

$\min \phi_{bü} = 6 \text{ mm bei } \phi_l = 14 \text{ mm}$

(15.6): $\max s_{bü} = \min \begin{cases} 12\,\phi_l \\ \min(b,h) \\ 300 \text{ mm} \end{cases}$

$$\max s_{bü} = \min \begin{cases} 12 \cdot 14 = \underline{168 \text{ mm}} \\ 200 \text{ mm} \\ 300 \text{ mm} \end{cases}$$

gew.: Bü ∅6-16

(Fortsetzung mit Beispiel 15.3)

15.5.4 Bemessungshilfsmittel

Es liegen Interaktionsdiagramme für schlanke Druckglieder [Schneider/Albert – 14], Dinamogramme [Kordina/Quast – 01], μ-Nomogramme [Kordina/Quast – 01] und e/h-Diagramme [Kordina/Quast – 01] vor. Die Interaktionsdiagramme weisen die Schlankheit λ auf und werden wie diejenigen für die Querschnittsbemessung (→ Kap. 7.11) angewendet.

Die μ-Nomogramme sind in **Abb. 15.14** dargestellt. Die zusätzliche Ausmitte braucht hierbei nicht gesondert ermittelt zu werden, sie erfolgt im Zuge der Bemessung mit dem Nomogramm. Die μ-Nomogramme werden folgendermaßen benutzt:

/1/ Ermittlung des Gesamtmomentes nach Theorie I. Ordnung unter Einschluss der ungewollten Ausmitte

$$M_{\mathrm{Ed1}} = M_{\mathrm{Ed0}} + M_{\mathrm{i}} = N_{\mathrm{Ed}} \cdot (e_0 + e_{\mathrm{i}}) \tag{15.25}$$

/2/ Wahl des richtigen Nomogramms nach den Parametern Querschnittform, Bewehrungsanordnung, „B ...“ und „d_1/h = ...“

/3/ Bestimmung der bezogenen Schnittgrößen ν_{Ed} und μ_{Ed} nach Gln. (7.102) und (7.103)

/4/ Eintragen der Geraden zwischen μ_{Ed} und l_0/h

/5/ Eintragen der Kurve mit der bezogenen Längskraft ν_{Ed}

/6/ Ablesen des mechanischen Bewehrungsgrades ω_{tot} im Schnittpunkt der Geraden mit der bezogenen Längskraft ν_{Ed}

/7/ Ermittlung der Bewehrung nach Gl. (7.105).

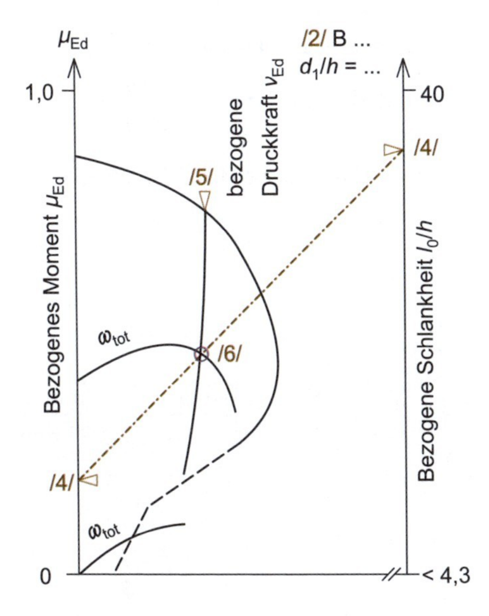

Abb. 15.14 μ-Nomogramm

Beispiel 15.3: Bemessung mit dem Interaktionsdiagramm für schlanke Druckglieder (Fortsetzung von Beispiel 15.2)

Gegeben:
- Skizzierter Rahmen lt. Beispiel 15.2
- Rahmenstützen sind durch Längswände senkrecht zur Zeichenebene nicht stabilititätsgefährdet.
- Baustoffgüten C20/25; B500

Gesucht: Bemessung der Stützen mit dem Interaktionsdiagramm für schlanke Druckglieder

Lösung:

Die Untersuchung, ob ein Stabilitätsnachweis zu führen ist, wird wie in Beispiel 15.2 durchgeführt.

$$\lambda = \frac{3,08}{0,058} = 53,1$$

(15.17): $\lambda = \frac{l_0}{i}$

$$e_e = \max\begin{cases} 0,6 \cdot 0,06 + 0,4 \cdot 0 = \underline{0,036\text{ m}} \\ 0,4 \cdot 0,06 = 0,024\text{ m} \end{cases}$$

(15.42): $e_e = \max\begin{cases} 0,6\,e_{02} + 0,4\,e_{01} \\ 0,4\,e_{02} \end{cases}$

$$e_i = \frac{1}{200} \cdot \frac{3,08}{2} = 0,008\text{ m}$$

(15.13): $e_i = \theta_i \cdot \frac{l_0}{2}$

$$M_{Ed1} = -300 \cdot (0,036 + 0,008) = -13,2\text{ kNm}$$

(15.25): $M_{Ed1} = N_{Ed} \cdot (e_e + e_i)$

$$\nu_{Ed} = \frac{-0,300}{0,30 \cdot 0,20 \cdot 11,3} = -0,443$$

(7.102): $\nu_{Ed} = \frac{N_{Ed}}{b \cdot h \cdot f_{cd}}$

$$\mu_{Ed} = \frac{|0,0132|}{0,30 \cdot 0,20^2 \cdot 11,3} = 0,097$$

(7.103): $\mu_{Ed} = \frac{|M_{Ed}|}{b \cdot h^2 \cdot f_{cd}}$

$$\omega_{tot} = 0,278$$

Ablesung aus Nomogramm

$$A_{s,tot} = 0,278 \cdot \frac{30 \cdot 20}{38,4} = 4,3\text{ cm}^2$$

(7.105): $A_{s,tot} = \omega_{tot} \frac{b \cdot h}{f_{yd} / f_{cd}}$

$$A_{s1} = A_{s2} = \frac{A_{s,tot}}{2} = \frac{4,3}{2} = 2,2\text{ cm}^2$$

Verteilung entsprechend der Vorgabe

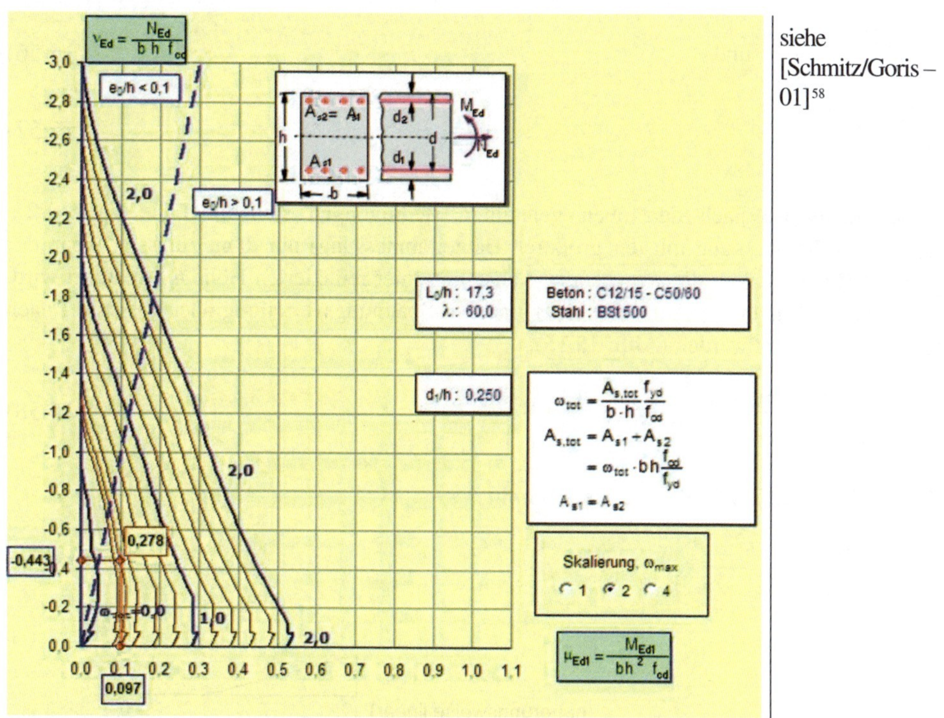

siehe [Schmitz/Goris – 01][58]

Die weitere Berechnung erfolgt wie in Beispiel 15.2.

15.6 Stabilitätsnachweis am Einzelstab bei zweiachsigem Verformungseinfluss

15.6.1 Getrennte Nachweise in beiden Richtungen

Für Druckglieder, die nach beiden Richtungen ausweichen können, ist ein Nachweis für schiefe Biegung mit Längsdruckkraft zu führen. Vereinfachend ist jedoch ein Nachweis in Richtung der beiden Hauptachsen y und z zulässig, wenn das Verhältnis der bezogenen Lastausmitten Gl. (15.54) oder (15.55) erfüllt. Anschaulich gesehen muss die resultierende Längskraft in den schraffierten Bereichen von **Abb. 15.15** liegen. Zusätzlich muss das Verhältnis der Schlankheiten Gl. (15.56) und Gl. (15.57) erfüllen.

$$\left|\frac{e_{0z}/h}{e_{0y}/b}\right| \leq 0{,}2 \quad \text{oder} \tag{15.54}$$

$$\left|\frac{e_{0y}/b}{e_{0z}/h}\right| \leq 0{,}2 \tag{15.55}$$

e_{0y}; e_{0z} Lastausmitten in y- bzw. z-Richtung nach Theorie I. Ordnung ohne Berücksichtigung der ungewollten Ausmitte e_i

[58] Die Nomogramme für schlanke Druckglieder nach dem Modellstützenverfahren aus DIN 1045-1 entsprechen dem Nennkrümmungsverfahren in EC 2-1-1, 5.8.8.

$$\frac{\lambda_y}{\lambda_z} \leq 2 \qquad \text{und} \tag{15.56}$$

$$\frac{\lambda_z}{\lambda_y} \leq 2 \tag{15.57}$$

Getrennte Nachweise nach den oben genannten Bedingungen sind im Falle $e_{0z} > 0{,}2h$ (z-Richtung ist die Richtung mit der größeren Bauteilabmessung) nur dann zulässig, wenn der Nachweis in Richtung über die *schwächere* Achse mit einer reduzierten Höhe h_{red} geführt wird. Der Wert h_{red} darf unter der Annahme einer linearen Spannungsverteilung nach Zustand I nach folgender Gl. bestimmt werden (**Abb. 15.15**):

$$\frac{N_{Ed}}{A_c} - \frac{N_{Ed} \cdot (e_{0z} + e_{iz})}{I_{cy}} \cdot \left(h_{red} - \frac{h}{2} \right) = 0 \tag{15.58}$$

Hieraus erhält man für einen Rechteckquerschnitt:

$$h_{red} = \frac{h}{2} + \frac{h^2}{12 \cdot (e_{0z} + e_{iz})} \tag{15.59}$$

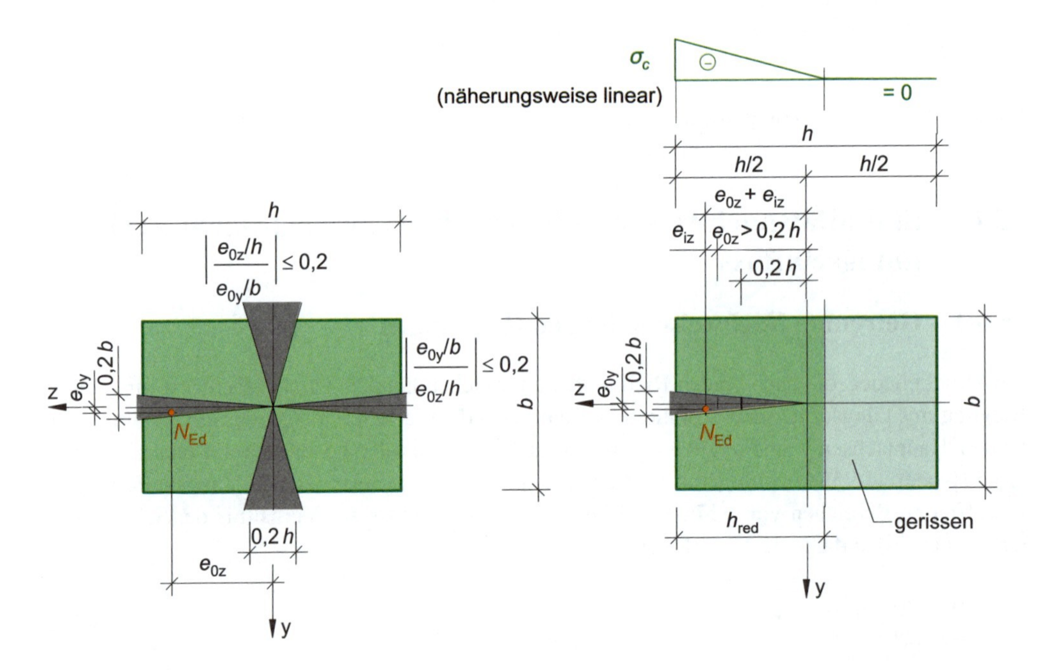

Abb. 15.15 Lage der Längskraft beim getrennten Nachweis für beide Richtungen

Beispiel 15.4: Bemessung einer zweiseitig verformungsbeeinflussten Stütze

Gegeben:
- In Beispiel 15.2 skizzierter Rahmen
- Rahmenstützen sind senkrecht zur Zeichenebene am Kopfpunkt durch Pfetten und Verbände horizontal unverschieblich gehalten.
- Baustoffgüten C20/25; B500

Gesucht: Bemessung der Stützen

Lösung:

Knicken ist in beiden Richtungen möglich. Das y-z-Koordinatensystem ist in der Skizze auf S. 375 angegeben (y-Richtung senkrecht zur Rahmenebene; z-Richtung in Rahmenebene). Gemäß der Definition von **Abb. 15.15** sind somit die Koordinatenrichtungen zu vertauschen, sodass die y-Richtung in Richtung der Rahmenebene zeigt.

$$e_{0y} = \frac{|-18|}{|-300|} = 0{,}06 \text{ m}$$ (15.24): $e_0 = \frac{|M_{Ed}|}{|N_{Ed}|}$

$$\lambda_y = \frac{3{,}08}{0{,}058} = 53{,}1$$ (15.17): $\lambda = \frac{l_0}{i}$, Beispiel 15.2

$$e_{0z} = \frac{|0|}{|-300|} = 0 \text{ m}$$ (15.24): $e_0 = \frac{|M_{Ed}|}{|N_{Ed}|}$

Das System ist senkrecht zur Rahmenebene horizontal unverschieblich; gelenkige Lagerung am Kopf- und am Fußpunkt

$\beta = 1{,}00$

$$l_0 = 1{,}00 \cdot 4{,}0 = 4{,}00 \text{ m}$$ (15.14): $l_0 = \beta \cdot l$

$$i = 0{,}289 \cdot 0{,}30 = 0{,}087 \text{ m}$$ (15.16): $i = 0{,}289\,h$

$$\lambda_z = \frac{4{,}0}{0{,}087} = 46{,}0$$ (15.17): $\lambda = \frac{l_0}{i}$

$$\left|\frac{e_y/b}{e_z/h}\right| = \left|\frac{0{,}06/0{,}20}{0/0{,}30}\right| = \infty > 0{,}2$$ (15.55): $\left|\frac{e_y/b}{e_z/h}\right| \le 0{,}2$

$$\left|\frac{e_z/h}{e_y/b}\right| = \left|\frac{0/0{,}30}{0{,}06/0{,}20}\right| = 0 < 0{,}2$$ (15.54): $\left|\frac{e_z/h}{e_y/b}\right| \le 0{,}2$

$$\frac{\lambda_y}{\lambda_z} = \frac{53{,}1}{46{,}0} = 1{,}15 \le 2$$ (15.56): $\frac{\lambda_y}{\lambda_z} \le 2$

Getrennter Nachweis in beiden Richtungen ist zulässig.

$e_{0z} = 0 < 0{,}06 \text{ m} = 0{,}2 \cdot 0{,}30$ $\quad e_{0z} > 0{,}2h$?

Beim Nachweis in Richtung der schwächeren Achse muss *nicht* mit einer reduzierten Breite gerechnet werden.

Knicken senkrecht zur Rahmenebene:

in Richtung der z-Achse gemäß **Abb. 15.15**

$$\lambda_z = 46,0$$

$$\nu_{Ed} = \frac{-0,300}{0,30 \cdot 0,20 \cdot 11,3} = -0,443$$

(15.38): $\nu_{Ed} = \dfrac{N_{Ed}}{A_c \cdot f_{cd}}$

$$|\nu_{Ed}| = |-0,443| = 0,443 > 0,41$$

(15.37): Fallunterscheidung

$$\lambda_{max} = \begin{cases} \dfrac{16}{\sqrt{|\nu_{Ed}|}} & \text{für} \quad |\nu_{Ed}| < 0,41 \\ 25 & \text{für} \quad |\nu_{Ed}| \geq 0,41 \end{cases}$$

$$\lambda_{max} = 25$$

$$\lambda_z = 46,0 > 25,0 = \lambda_{max}$$

(15.36): $\lambda \leq \lambda_{max}$?
Stabilitätsnachweis ist zu führen

$$e_{0z} = 0$$

$$\theta_i = \frac{1}{100 \cdot \sqrt{4,0}} = \frac{1}{200}$$

(15.44): $\theta_i = \dfrac{1}{100 \cdot \sqrt{l}} \leq \dfrac{1}{200}$

$$e_{iz} = \frac{1}{200} \cdot \frac{4,00}{2} = 0,01 \text{ m}$$

(15.13): $e_i = \theta_i \cdot \dfrac{l_0}{2}$

$$K_r \approx 1,0$$

(15.49): $K_r \approx \dfrac{|n_{ud}| - |n_{Ed}|}{|n_{ud}| - |n_{bal}|} \leq 1,0$

$$K_\varphi = 1,0$$

Kap. 15.5.3: unverschiebliches System, Stütze an beiden Enden mit den lastabtragenden Bauteilen (Randriegel und Fundament) monolithisch verbunden
→ Kriechen vernachlässigbar

$$d = 25 \text{ cm}$$

Schätzwert

$$\frac{1}{r} = K_r \cdot K_\varphi \cdot \frac{1}{r_0} = K_r \cdot K_\varphi \cdot \frac{\varepsilon_{yd}}{0,45 \cdot d}$$

(15.48): $\dfrac{1}{r_0} = \dfrac{\varepsilon_{yd}}{0,45 \cdot d}$

$$= 1,0 \cdot 1,0 \cdot \frac{500/(200000 \cdot 1,15)}{0,45 \cdot 0,25} = 19,3 \cdot 10^{-3} \text{m}^{-1}$$

(15.47): $\dfrac{1}{r} = K_r \cdot K_\varphi \cdot \dfrac{1}{r_0}$

$$\lambda_z = 46,0: \; K_1 = 1$$

(15.46):

$$K_1 = \begin{cases} \dfrac{\lambda}{10} - 2,5 & \text{für} \quad 25 \leq \lambda \leq 35 \\ 1 & \phantom{\text{für}} \quad \lambda > 35 \end{cases}$$

$$e_{2z} = 1 \cdot \frac{4,00^2}{10} \cdot 19,3 \cdot 10^{-3} = 0,031 \text{ m}$$

(15.45): $e_2 = K_1 \cdot \left(\dfrac{1}{r}\right) \cdot \dfrac{l_0^2}{10}$

$$e_{tot,z} = 0,00 + 0,01 + 0,031 = 0,041 \text{ m}$$

(15.43): $e_{tot} = e_0 + e_i + e_2$

$$M_{Ed2y} = -300 \cdot 0,041 = -12,3 \text{ kNm}$$

(15.26): $M_{Ed2} = N_{Ed} \cdot e_{tot}$

Knicken in Rahmenebene:

in Richtung der y-Achse gemäß **Abb. 15.15**

Der Nachweis ist identisch mit dem in Beispiel 15.2. Das Moment nach Theorie II. Ordnung wird daher diesem Beispiel direkt entnommen:

$M_{\text{Ed2z}} = -300 \cdot 0,075 = -22,5 \text{ kNm}$

(15.26): $M_{\text{Ed2}} = N_{\text{Ed}} \cdot e_{\text{tot}}$

Bemessung:

Die Möglichkeit einer achsengetrennten Bemessung wird genutzt.

$|M_{\text{Ed2z}}| = 22,5 \text{ kNm}$

$N_{\text{Ed}} = -300 \text{ kN}$

Bemessungsschnittgrößen in Rahmenebene (Biegemoment um die schwache Achse, z-Achse gemäß **Abb. 15.15**)

$|M_{\text{Ed2y}}| = 12,3 \text{ kNm}$

$N_{\text{Ed}} = -300 \text{ kN}$

Bemessungsschnittgrößen senkrecht zur Rahmenebene (Biegemoment um die starke Achse, y-Achse gemäß **Abb. 15.15**)

Die Bemessung um die schwache Achse kann Beispiel 15.2 entnommen werden. Der Nachweis um die starke Achse wird bei Anordnung einer symmetrischen Eckbewehrung nicht maßgebend.

$A_{\text{s,tot}} = 4,2 \text{ cm}^2$

Beispiel 15.2

gew.: 4 ∅14 in den Ecken mit $A_{\text{s,vorh}} = 6,2 \text{ cm}^2$

gew.: Bü ∅6-16

15.6.2 Nachweis für schiefe Biegung

Sofern der Nachweis nicht getrennt für beide Richtungen geführt werden darf, muss ein Nachweis für schiefe Biegung mit Längsdruckkraft geführt werden. Hierbei werden die Zusatzausmitten für jede Achsrichtung analog zu Kap. 15.4.2 ermittelt und anschließend eine Bemessung nach Kap. 7.11.3 vorgenommen.

15.7 Kippen schlanker Balken

Bei schlanken, auf Biegung beanspruchten Bauteilen kann die Gefahr des Biegedrillknickens (seitliches Ausweichen der Druckzone verbunden mit einer Drehung des Bauteiles um seine Stabachse, lateral buckling) bestehen (**Abb. 15.16**). Im Ortbetonbau sind die Balken i. d. R. seitlich gehalten, und im Gegensatz zum Fertigteilbau kann auf einen Nachweis verzichtet werden. Wenn die Kippsicherheit des Trägers nicht zweifelsfrei feststeht, muss sie nachgewiesen werden. Der Nachweis wird erbracht bei Erfüllung nachfolgender Gleichungen.

– Ständige Bemessungssituationen (→ EC 0, 3.2):

$$\frac{l_{0t}}{b} \leq 50 \cdot \sqrt[3]{\frac{b}{h}} \quad \text{und} \quad \frac{h}{b} \leq 2{,}5 \tag{15.60}$$

– Vorübergehende Bemessungssituationen (→ EC 0, 3.2):

$$\frac{l_{0t}}{b} \leq 70 \cdot \sqrt[3]{\frac{b}{h}} \quad \text{und} \quad \frac{h}{b} \leq 3{,}5 \tag{15.61}$$

l_{0t} Länge des Druckgurtes zwischen den seitlichen Abstützungen
b Breite des Druckgurtes
h Höhe des Trägers im mittleren Bereich von l_{0t}

In diesem Fall ist die Druckzone so breit, dass die möglichen Abtriebskräfte infolge des Kippens über Querbiegung im Balken zu den Gabellagerungen der Auflager übertragen werden können. Im Obergurt sind (geschlossene) Bügel anzuordnen, deren horizontale Schenkel die Querkraft aus einer möglichen Kippbeanspruchung abtragen. Wenn Gl. (15.60) bzw. (15.61) erfüllt wird, ist der Balken nicht auf Torsion beansprucht, auch wenn die weitere lastabtragende Konstruktion (Auflager) für ein Moment bemessen wird, das aus einem Torsionsmoment resultiert.

Sofern keine genaueren Angaben vorliegen, ist die Auflagerkonstruktion so zu bemessen, dass sie mindestens folgendes Torsionsmoment T_{Ed} aufnehmen kann:

$$T_{Ed} = V_{Ed} \cdot \frac{l_{eff}}{300} \tag{15.62}$$

Dieses Torsionsmoment stellt für die Gabellagerung und die Stütze ein Biegemoment dar und ist bei der Schnittgrößenermittlung der Stütze zusätzlich zu den planmäßigen Beanspruchungen zu berücksichtigen.

Falls die Näherungsgleichung Gl. (15.60) bzw. (15.61) nicht erfüllt wird, ist ein genauer Nachweis zu führen (z. B. [Hahn/Steinle – 95]).

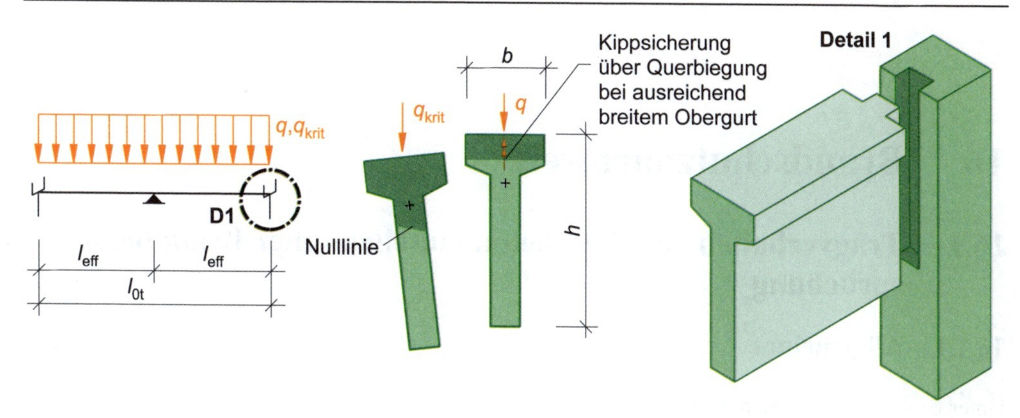

Abb. 15.16 Kippen schlanker Fertigteil-Träger

16 Brandschutznachweis

16.1 Tragverhalten von Stahlbetonbauteilen unter Brandbeanspruchung

16.1.1 Allgemeines

Unter Brandschutz werden die drei Aufgaben

- Erhalten der *Tragfähigkeit* des Bauteiles/Bauwerkes für die unter Brandeinwirkung auftretenden Einwirkungen,
- Sicherstellen des *Raumabschluss*es (bei Wänden und Decken) des brennenden Bauteiles, um einen Feuerüberschlag zu verhindern,
- Erfüllen einer *Mindestwärmedämmung*, um eine Selbstentzündung in Nachbarräumen zu verhindern

verstanden. Der folgende Abschnitt bezieht sich vornehmlich auf den erstgenannten Punkt und konzentriert sich auf die Stahlbetonbauweise. Hinsichtlich allgemeiner Grundkenntnisse wird z. B. auf [Mehlhorn – 96] verwiesen.

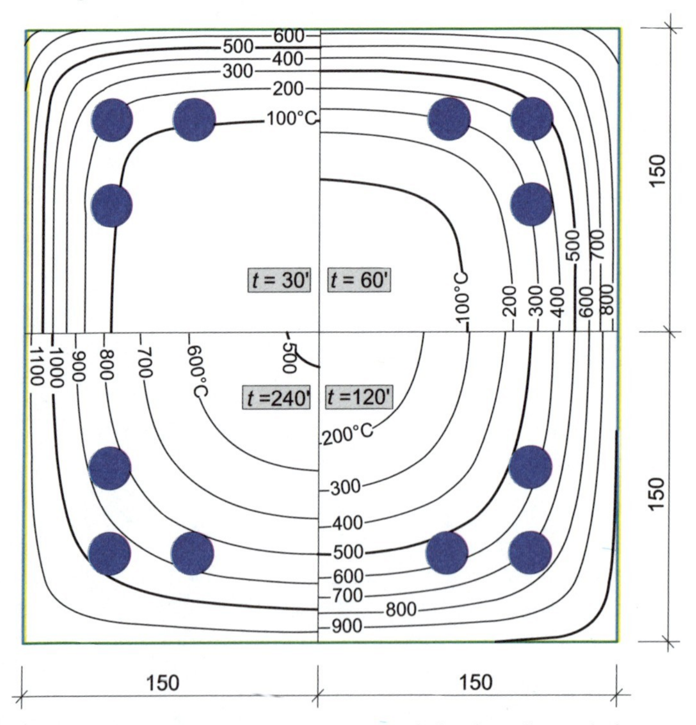

Abb. 16.1 Berechnete Temperaturverläufe in einer Stütze bei unterschiedlicher Dauer der Brandeinwirkung

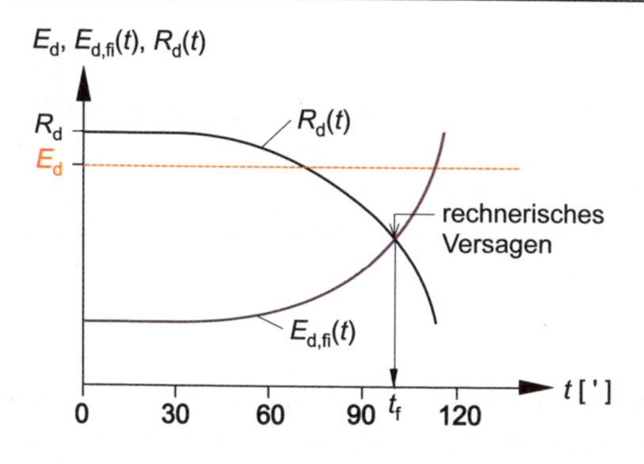

E_d	Beanspruchung im GZT unter der seltenen Lastkombination
$E_{d,fi}(t)$	steigt infolge der Brandausbreitung und Temperaturerhöhung
$R_d(t)$	sinkt infolge der temperaturbedingten Entfestigung

Abb. 16.2 Temperatur- und zeitabhängige Einwirkungen und Widerstände im Brandfall

Die Werkstoffgesetze für Beton (**Abb. 2.7**) und Betonstahl (**Abb. 2.16**) unter Hochtemperatur gelten in Abhängigkeit der unterschiedlichen Temperaturen im Bauteil. In **Abb. 16.1** sind Isothermen eines doppelt symmetrischen Stützenquerschnittes dargestellt. Mit zunehmender Branddauer erwärmt sich das Bauteil. Es ist zu erkennen, dass bis zu 60 Minuten Branddauer nur in der Betondeckung so hohe Temperaturen herrschen, dass die Betonfestigkeit deutlich abfällt. Die kritische Temperatur von 400 °C wird in der Längsbewehrung noch nicht erreicht, im Betonstahl tritt somit nur ein geringer Festigkeitsabfall auf. Das Bauteil kann die quasi-ständigen Lasten aufnehmen. Bei längerer Brandeinwirkung verlieren sowohl der Beton in den inneren Bereichen als auch der Betonstahl zunehmend die Festigkeit, und der Bauteilwiderstand der Stütze sinkt deutlich. Bei Feuerwiderstandsklassen ≥ R 120 wird der Brandschutznachweis maßgebend für die Bauteilabmessungen und die Bewehrungsmenge.

Die Geschwindigkeit der Erwärmung ist (bei dem vorausgesetzten Normbrand) wesentlich vom Verhältnis der beflammten Oberfläche A_m zum Bauteilvolumen V abhängig. Dieses Verhältnis wird mit Profilfaktor bezeichnet (A_m/V-Wert). Hierin geht auch ein, ob das Bauteil allseitig beflammt (freistehende Stütze) oder einseitig beflammt (Wand, Decke) ist. Der Bauteilwiderstand ist bei Brandeinwirkung eine Funktion der Zeit $R_d(t)$.

Auch die Brandeinwirkung selbst ist eine Funktion der Zeit $E_{Ad,fi}(t)$. Damit wird auch die Summe der Einwirkungen $E_{d,fi}(t)$ zeitabhängig (**Abb. 16.2**). Da entsprechend Gl. (6.24)6.21) die häufige Kombination $E_{d,frequ}$ zu Grunde zu legen ist, ist die Beanspruchung bei Brandentstehung geringer als E_d.

16.1.2 Tragverhalten unterschiedlicher Bauteile

Stützen

Freistehende Stützen sind die Bauteile, die sich bei Brandeinwirkung besonders ungünstig verhalten. Zum einen ist der Profilfaktor durch die allseitige Brandeinwirkung klein, zum anderen sinkt die Steifigkeit der Stütze unter Brandeinwirkung, und die Verformung nimmt zu. Hierdurch erhöhen sich die Momentenanteile aus Theorie II. Ordnung. Günstig wirkt sich aus, dass die Stützen im Hochbau üblich als oben und unten gelenkig gelagert angesehen werden (**Abb. 5.1**), tatsächlich jedoch eine Einspannung vorliegt.

Wände

Wände sind einseitig beflammt und haben einen günstigeren Profilfaktor. Im Vergleich zur Eckbewehrung bei Stützen, die durch den zweiseitigen Angriff besonders schnell erwärmt wird (**Abb. 16.1**), ist der Wärmestrom nur eindimensional, und die Bewehrung behält bei sonst gleichen Randbedingungen länger die Festigkeit. Da Wände auch Druckglieder sind, ist der Verformungszuwachs bei den Schnittgrößen zu berücksichtigen.

Decken

Die ungünstigere Brandeinwirkung ist Brand von unten, da Decken im Hochbau auf der Oberseite einen (schwimmenden) Estrich aufweisen, der als Wärmedämmung wirkt. Ein Versagen wird dann eintreten, wenn die Festigkeitsabnahme der Biegezugbewehrung entsprechend weit fortgeschritten ist. Während bei einem statisch bestimmten System keine Möglichkeit der Momentenumlagerung besteht, treten bei statisch unbestimmten (durchlaufenden) Systemen Momentenumlagerungen ein. Infolge der Erwärmung von unten biegt sich die Decke durch. Über den Stützen wird dadurch ein negatives Biegemoment erzeugt. Die hier vorhandene Bewehrung liegt auf der dem Brand abgewandten Seite und behält die volle Festigkeit. Sie kann das zusätzliche Stützmoment daher gut aufnehmen. Durch diese Tragwirkung werden die Feldmomente verringert. Durchlaufende biegebeanspruchte Stahlbetonbauteile zeigen daher ein sehr günstiges Verhalten bei Brandeinwirkung.

Plattenbalken

Plattenbalken verhalten sich nicht ganz so günstig wie Decken mit ebener Untersicht, da die Biegezugbewehrung im Unterzug ähnlich der Stützenbewehrung einem zwei- bzw. dreiseitigen Brandangriff ausgesetzt ist. Die Bewehrung erreicht daher eher eine kritische Temperatur.

16.2 Konzept des Brandschutznachweises

Der Brandschutznachweis kann grundsätzlich mit drei verschiedenen Verfahren geführt werden.

- *Nachweis klassifizierter Bauteile mit tabellarischen Daten (Stufe 1)*

  Der Nachweis wird nicht über den tatsächlichen Brandverlauf innerhalb eines Bauwerkes geführt, sondern auf Basis des Normbrandes (Einheits-Temperatur-Zeitkurve, ETK). Für einzelne Bauteile wurden anhand dieses Normbrandes Mindestabmessungen und ein (gegenüber der Grundkombination) reduzierter Ausnutzungsgrad festgelegt (→ Kap. 16.3).

- *Nachweis mit einem vereinfachten Verfahren (Stufe 2)*

  Der Nachweis wird über den tatsächlichen Brandverlauf geführt. Infolge der temperaturbedingten Reduzierung der Baustofffestigkeiten sinkt der Bauteilwiderstand. Dies wird über eine rechnerische Verminderung der Bauteilabmessungen erfasst. Die durch den Brand zerstörten oberflächennahen Bereiche des Bauteilquerschnittes werden nicht berücksichtigt. Mit dem so reduzierten Restquerschnitt werden die Einwirkungen analog zu den Nachweisen bei Normaltemperatur den infolge Hochtemperatur reduzierten Bauteilwiderständen gegenübergestellt.

– *Allgemeines Rechenverfahren (Stufe 3)*

  Der Nachweis wird über den sich infolge des tatsächlichen Brandverlaufs ergebenden Temperaturverlauf geführt. Im Rahmen dieser thermischen Analyse werden die (Verformungen und) Temperaturen im Bauteilquerschnitt und die sich daraus ergebenden Materialkennwerte für Beton und Betonstahl berechnet. Diese bilden die Eingangswerte für die Berechnung des Bauteilwiderstandes (mechanische Analyse).

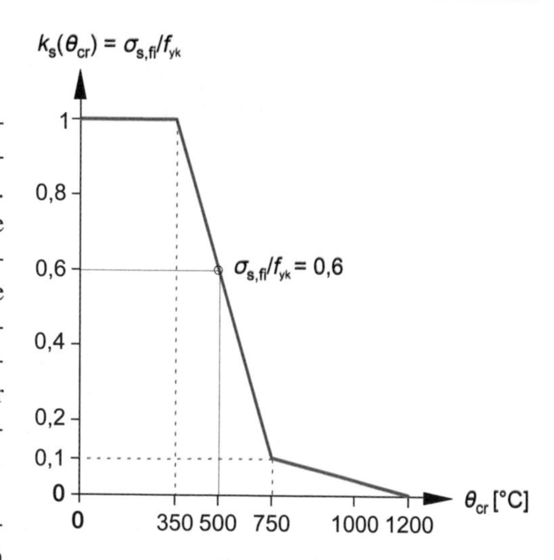

Abb. 16.3 Ausnutzungsgrad von Betonstählen in Abhängigkeit von der kritischen Temperatur

In Deutschland erfolgt der Brandschutznachweis auf Basis von EC 2-1-2 mit zugehörigem Nationalen Anhang EC 2-1-2. Da Stahlbetonbauteile über einen guten Bauteilwiderstand gegenüber Brandeinwirkung verfügen, reicht die einfachste Möglichkeit des Nachweises (Stufe 1) in vielen Fällen aus. Nur dieses Verfahren wird nachfolgend behandelt.

16.3 Brandschutznachweis für klassifizierte Stahlbetonbauteile

16.3.1 Allgemeines

Klassifizierte Stahlbetonbauteile werden in EC 2-1-2, 5 beschrieben. Grundlage zur Bemessung ist die kritische Temperatur θ_{cr} des Betonstahles ($\theta_{cr} = 500$ °C). Die kritische Temperatur ist die Temperatur, bei der die Bruchspannung des Stahls auf die im Bauteil vorhandene Stahlspannung absinkt. Sie darf bei Stahlbetonbauteilen näherungsweise zu (**Abb. 16.3**)

$$\sigma_{s,fi} = 0,6\, f_{yk} \tag{16.1}$$

angenommen werden.

Der Nachweis erfolgt in den Teilschritten:

– *Einhalten von Mindestabmessungen bzw. Mindestquerschnitten*

  Hiermit wird ein Wärmespeichervermögen sichergestellt und die Erhöhung der Bauteiltemperatur begrenzt.

– *Einhalten von Mindestabständen der Bewehrung zur beflammten Oberfläche*

  Dies ist der Achsabstand a der Bewehrung, gemessen von der beflammten Oberfläche. Durch einen entsprechenden Achsabstand kann die Temperaturerhöhung in der Bewehrung begrenzt werden. Bei Balken wird zur Berücksichtigung von Temperaturkonzentrationen in der Balkenecke bei einlagiger Bewehrung der seitliche Abstand a_{sd} des Eckstabes definiert. Bei Stabbündeln ist die Schwerachse des Bündels zu verwenden, bei mehrlagiger Bewehrung (oder unterschiedlichen Durchmessern) die Schwerachse aus allen Lagen (Durchmessern).

$$a_{\text{vorh}} \leq a \tag{16.2}$$

Sofern sich die Gl. (16.2) nicht erfüllen lässt, ist die Betondeckung entsprechend zu erhöhen.

– *Einhalten eines Ausnutzungsgrades des Betons*

Eine Begrenzung des Ausnutzungsgrades für die beflammte Druckzone ist in EC 2-1-2, 5 explizit nicht vorgesehen. In EC 2-1-2, 5.6.3, (5) und (6) werden Hinweise zu Mindeststegdicken und Mindestbalkenbreiten bei Durchlaufträgern gegeben.

Tafel 16.1 Mindestbreite b_{min} und Mindestachsabstand a der Längsbewehrung von statisch bestimmten Stahlbetonbalken aus Normalbeton bei dreiseitiger Brandbeanspruchung

Feuerwiderstandsklasse	Mindestmaße [mm]				
	Mögliche Kombinationen von a und b_{min} a: mittlerer Achsabstand zur Bauteilunterkante b_{min}: Mindestbalkenbreite				Mindeststegdicke b_w
1	2	3	4	5	6
R 30	$b_{\text{min}} = 80$ $a = 25$	120 20	160 15	200 15	80
R 60	$b_{\text{min}} = 120$ $a = 40$	160 35	200 30	300 25	100
R 90	$b_{\text{min}} = 150$ $a = 55$	200 45	300 40	400 35	100
R 120	$b_{\text{min}} = 200$ $a = 65$	240 60	300 55	500 50	120
R 180	$b_{\text{min}} = 240$ $a = 80$	300 70	400 65	600 60	140
R 240	$b_{\text{min}} = 280$ $a = 90$	350 80	500 75	700 70	160
a_{sd}: seitlicher Achsabstand $a_{\text{sd}} = a + 10$ mm [a]					

[a] Der seitliche Achsabstand der Eckstäbe ist bei 1-lagiger Bewehrung gegenüber dem maßgebenden Mindestachsabstand a um 10 mm zu vergrößern, allerdings nur für kleinere oder gleiche b_{min}-Werte als die nach Spalte 4.

Tafel 16.2 Mindestbreite b_{min} und Mindestachsabstand u_{min} der Längsbewehrung von Stahlbetonstützen aus Normalbeton bei mehrseitiger Brandbeanspruchung

Feuerwiderstandsklasse	Mindestmaße [mm] Stützenbreite b_{min} / Achsabstand a			
	Mehrseitige Brandbeanspruchung			Einseitige Brandbeanspruchung
	$\mu_{fi} = 0,2$	$\mu_{fi} = 0,5$	$\mu_{fi} = 0,7$	$\mu_{fi} = 0,7$
1	2	3	4	5
R 30	200/25	200/25	200/32 300/27	155/25
R 60	200/25	200/36 300/31	250/46 350/40	155/25
R 90	200/31 300/25	300/45 400/38	350/53 450/40 [a)]	155/25
R 120	250/40 350/35	350/45 [a)] 450/40 [a)]	350/57 [a)] 450/51 [a)]	175/35
R 180	350/45 [a)]	350/63 [a)]	450/70 [a)]	230/55
R 240	350/61 [a)]	450/75 [a)]	–	295/70

[a)] Mindestens 8 Stäbe

16.3.2 Biegebeanspruchte Bauteile

Balken sind in der Regel drei- (z. B. Plattenbalken) bis vierseitig (freier Balken) beflammt. Weiterhin wird unterschieden zwischen statisch bestimmten (EC 2-1-2, 5.6.2) und statisch unbestimmten (EC 2-1-2, 5.6.3) Balken. Bei statisch unbestimmten Balken ist die Momentenumlagerung (→ Kap. 5.4.3) auf 15 % zu begrenzen (EC 2-1-2, 5.6.3, (2). Die Mindestbreite b_{min} und der Mindestachsabstand a der Längsbewehrung von statisch bestimmten Stahlbetonbalken aus Normalbeton bei dreiseitiger Brandbeanspruchung sind in **Tafel 16.1** (EC 2-1-1, 5.6.2, Tabelle 5.5) dargestellt. Bei statisch bestimmt gelagerten Biegebauteilen, bei denen die kritische Temperatur θ_{cr} nach **Abb. 16.3** unterhalb 500 °C liegt, dürfen die in **Tafel 16.1** dargestellten Mindestachsabstände der Längsbewehrung um Δa nach EC 2-1-2, 5.2, (7) noch reduziert werden. Dies ist jedoch nur zu empfehlen, wenn eine Erhöhung der Betondeckung, z. B. bei Bauteilen im Bestand, nicht möglich ist.

16.3.3 Stützen

Druckglieder sind - wie bereits erwähnt - stärker gefährdet als biegebeanspruchte Bauteile, da die Auswirkungen der zusätzlich beim Brand entstehenden Verformungen in die Theorie II. Ordnung eingehen. Die Anwendung von **Tafel 16.2** (EC 2-1-1, 5.3.2, Tabelle 5.2a) zur Bestimmung der Mindestbreite und dem Mindestachsabstand der Längsbewehrung ist nur möglich, wenn die nachfolgend aufgeführten Randbedingungen erfüllt werden.

- Stützenenden horizontal unverschieblich gehalten (ausgesteiftes Gebäude)
- $\rho < 0{,}04$ Bewehrungsgrad der Stütze
- $\mu_{\text{fi}} \leq 0{,}70$ Ausnutzungsgrad der Stütze nach Gl. (16.3)
- $l_{0,\text{fi}} \leq 6{,}00$ m Ersatzlänge der Stütze mit Rechteckquerschnitt im Brandfall
- $l_{0,\text{fi}} \leq 5{,}00$ m Ersatzlänge der Stütze mit Kreisquerschnitt im Brandfall (Entwurf EC 2-1-2/NA/A1, Änderung zu NCI 5.3.2 (2))

Die Ersatzlänge $l_{0,\text{fi}}$ der Stütze im Brandfall kann in allen Fällen mit l_0 bei Normaltemperatur (→ 15.3.3) gleichgesetzt werden. Für Bauwerke mit einer erforderlichen Feuerwiderstandsdauer größer als 30 Minuten darf die Ersatzlänge für Stützen in innen liegenden Geschossen zu 0,5 l und für Stützen im obersten Geschoss zu $0{,}5l \leq l_{0,\text{fi}} \leq 0{,}7l$ angenommen werden. Dabei ist l die Stützenlänge zwischen den Einspannstellen. Die Stützenenden müssen rotationsbehindert (z. B. durch monolithische Bauweise) an die anderen kälteren Bauteile angeschlossen sein.

Zur Auswertung von **Tafel 16.2** ist der Ausnutzungsgrad μ_{fi} zu bestimmen:

$$\mu_{\text{fi}} = \frac{N_{\text{Ed,fi}}}{N_{\text{Rd}}} \tag{16.3}$$

$N_{\text{Ed,fi}}$ Bemessungswert der vorhandenen Längskraft im Brandfall nach Gl. (6.15) oder (6.16)

N_{Rd} Berechnung mit den Materialsicherheitsbeiwerten für Normaltemperatur sowie unter Berücksichtigung von Verformungseinflüssen infolge Theorie II. Ordnung bei einer über die Stützenlänge konstant anzunehmenden Lastausmitte in der Größe der Ausmitte von $N_{\text{Ed,fi}}$. Für die Ersatzlänge l_0 der Stütze ist mindestens die Stützenlänge zwischen den Auflagerpunkten anzusetzen.

Alternativ zur Anwendung von **Tafel 16.2** kann die Feuerwiderstandsdauer R in [min] nach Gl. (16.4) explizit berechnet werden. Hierbei sind folgende Randbedingungen einzuhalten.

- Stützenenden horizontal unverschieblich gehalten (ausgesteiftes Gebäude)
- $\rho < 0{,}04$ Bewehrungsgrad der Stütze
- $\mu_{\text{fi}} \leq 0{,}70$ Ausnutzungsgrad der Stütze nach Gl. (16.3)
- $l_{0,\text{fi}} \leq 6{,}00$ m Ersatzlänge der Stütze mit Rechteckquerschnitt im Brandfall
- $l \leq 6{,}00$ m Stützenlänge der Stütze mit Rechteckquerschnitt (Entwurf EC 2-1-2/NA/A1, Änderung zu NCI 5.3.2 (4))
- $l_{0,\text{fi}} \leq 5{,}00$ m Ersatzlänge der Stütze mit Kreisquerschnitt im Brandfall

– $l \leq 5{,}00$ m Stützenlänge der Stütze mit Kreisquerschnitt (Entwurf EC 2-1-2/NA/A1, Änderung zu NCI 5.3.2 (4))

$$R = 120 \cdot \left(\frac{R_{\eta\text{fi}} + R_\text{a} + R_\text{l} + R_\text{b} + R_\text{n}}{120} \right)^{1,8} \text{ [min]} \tag{16.4}$$

$$R_{\eta\text{fi}} = 83 \cdot (1{,}00 - \mu_\text{fi} \cdot \frac{1+\omega}{0{,}85/\alpha_\text{cc} + \omega}) \tag{16.5}$$

ω mechanischer Bewehrungsgrad unter Normaltemperatur mit $\omega = (A_\text{s} \cdot f_\text{yd})/(A_\text{c} \cdot f_\text{cd})$

$\alpha_\text{cc} = 0{,}85$

$$R_\text{a} = 1{,}6 \cdot (a - 30) \tag{16.6}$$

a Achsabstand der Längsbewehrung in mm mit $25 \text{ mm} \leq a \leq 75 \text{mm}$

$$R_\text{l} = 9{,}6 \cdot (5{,}00 - l_\text{0,fi}) \tag{16.7}$$

$l_\text{0,fi}$ Ersatzlänge der Stütze in m im Brandfall

→ Randbedingungen zu Gl. (16.4)

$$R_\text{b} = 0{,}09 \cdot b' \tag{16.8}$$

$b' = 2A_\text{c} / (b + h)$ für Rechteckquerschnitte in mm

$b' = \phi_\text{col}$ für Kreisquerschnitte in mm

$200 \text{ mm} \leq b' \leq 450 \text{ mm}$ und $h \leq 1{,}5 \cdot b$

$$R_\text{n} = \begin{cases} 0 & \text{für } n = 4 \\ 12 & \text{für } n > 4 \end{cases} \tag{16.9}$$

n Anzahl der Bewehrungsstäbe

16.3.4 Andere Bauteile

Die im Teil 2 behandelten Flächentragwerke (Wände, Decken, Scheiben usw.) können in analoger Weise als klassifizierte Bauteile nach EC 2-1-2, 5 nachgewiesen werden.

Beispiel 16.1: Brandschutznachweis einer Stütze

Gegeben:
- Stütze mit Bemessung in Beispiel 15.2
- $N_{\text{Ed}} = -300$ kN
  $M_{\text{Ed}} = -18$ kNm
- $l = 4,0$ m
- $b/h = 200/300$ mm, C 20/25, B500
- Feuerwiderstandsklasse R 60

Gesucht: Brandschutznachweis

Lösung:

Berechnung des Ausnutzungsgrades μ_{fi}

$l_0 \geq l = 4,00$ m

Erläuterungen zu (16.3): Für die Ersatzlänge l_0 zur Bestimmung von N_{Rd} ist mindestens die Stützenlänge anzusetzen.

$e_0 = \max(e_{01}, e_{02}) = \text{const.}$

Erläuterungen zu (16.3): Die Ausmitte ist konstant über die Stützenlänge anzunehmen.

Erhöhung der Längsbewehrung von 4 ∅14 auf 4 ∅20 mit

$A_{\text{s,vorh}} = 12,6\,\text{cm}^2$

Schätzwert. Die Bewehrung wurde im Vorfeld schon erhöht, da Ersatzlänge und Ausmitte bei der Bemessung in Beispiel 15.2 günstiger angenommen werden durften.

$N_{\text{Ed,fi}} = 0,7 \cdot (-300) = -210$ kN (6.16): $E_{\text{d,fi}} = 0,70 \cdot E_{\text{d}}$

$M_{\text{Ed,fi}} = 0,7 \cdot (-18) = -12,6$ kNm (6.16): $E_{\text{d,fi}} = 0,70 \cdot E_{\text{d}}$

Bestimmung von N_{Rd}

$i = 0,289 \cdot 0,20 = 0,058$ m (15.16): $i = 0,289\,h$

$\lambda = \frac{4,00}{0,058} = 69,0$ (15.17): $\lambda = \frac{l_0}{i}$

$e_{0,\text{fi}} = \frac{|-12,6|}{|-210|} = 0,06$ (15.24): $e_0 = \frac{|M_{\text{Ed}}|}{|N_{\text{Ed}}|}$

$\theta_{\text{i}} = \frac{1}{100 \cdot \sqrt{4,0}} = \frac{1}{200}$ (15.44): $\theta_{\text{i}} = \frac{1}{100 \cdot \sqrt{l}} \leq \frac{1}{200}$

$e_{\text{i,fi}} = \frac{1}{200} \cdot \frac{4,00}{2} = 0,01$ m (15.13): $e_{\text{i}} = \theta_{\text{i}} \cdot \frac{l_0}{2}$

$K_{\text{r}} \approx 1,0$ (15.49): $K_{\text{r}} \approx \frac{|n_{\text{ud}}| - |n_{\text{Ed}}|}{|n_{\text{ud}}| - |n_{\text{bal}}|} \leq 1,0$

$d_1 = d_2 = 35 + 6 + \frac{20}{2} = 51\text{ mm} \approx 50\text{ mm}$ $d_1 = d_2 = c_{\text{v}} + \phi_{\text{bü}} + e$

$d = 15$ cm $d = h - d_1$

$$K_\varphi = 1{,}0$$

Kriechen vernachlässigbar
→ Beispiel 15.2

$$\frac{1}{r} = K_r \cdot K_\varphi \cdot \frac{1}{r_0} = K_r \cdot K_\varphi \cdot \frac{\varepsilon_{yd}}{0{,}45 \cdot d}$$

$$= 1{,}0 \cdot 1{,}0 \cdot \frac{500/(200000 \cdot 1{,}15)}{0{,}45 \cdot 0{,}15} = 32{,}2 \cdot 10^{-3}\,\text{m}^{-1}$$

(15.48): $\frac{1}{r_0} = \frac{\varepsilon_{yd}}{0{,}45 \cdot d}$

(15.47): $\frac{1}{r} = K_r \cdot K_\varphi \cdot \frac{1}{r_0}$

$$\lambda = 69{,}0:\ K_1 = 1$$

(15.46):

$$K_1 = \begin{cases} \frac{\lambda}{10} - 2{,}5 & \text{für} \quad 25 \le \lambda \le 35 \\ 1 & \quad \lambda > 35 \end{cases}$$

$$e_{2,fi} = 1 \cdot \frac{4{,}00^2}{10} \cdot 32{,}2 \cdot 10^{-3} = 0{,}052\ \text{m}$$

$$e_{tot,fi} = 0{,}06 + 0{,}01 + 0{,}052 = 0{,}122\ \text{m}$$

$$M_{Ed2,fi} = -210 \cdot 0{,}122 = -25{,}6\ \text{kNm}$$

(15.45): $e_2 = K_1 \cdot \left(\frac{1}{r_0}\right) \cdot \frac{l_0^2}{10}$

(15.43): $e_{tot} = e_0 + e_i + e_2$

(15.26): $M_{Ed2} = N_{Ed} \cdot e_{tot}$

$$\nu_{Ed,fi} = \frac{-0{,}210}{0{,}30 \cdot 0{,}20 \cdot 11{,}3} = -0{,}31$$

$$\mu_{Ed,fi} = \frac{|-0{,}0256|}{0{,}30 \cdot 0{,}20^2 \cdot 11{,}3} = 0{,}19$$

$$\omega_{tot} = \frac{12{,}6}{20 \cdot 30} \cdot \frac{435}{11{,}3} = 0{,}808 \approx 0{,}80$$

(7.102): $\nu_{Ed} = \frac{N_{Ed}}{b \cdot h \cdot f_{cd}}$

(7.103): $\mu_{Ed} = \frac{|M_{Ed}|}{b \cdot h^2 \cdot f_{cd}}$

(7.104): $\omega_{tot} = \frac{A_{s,tot}}{b \cdot h} \cdot \frac{f_{yd}}{f_{cd}}$

$\nu_{Ed} = \frac{N_{Ed}}{b \cdot h \cdot f_{cd}}$

Betonfestigkeitsklassen bis C50/60

Betonstahl B500 $\quad d_1/h = 0{,}25$

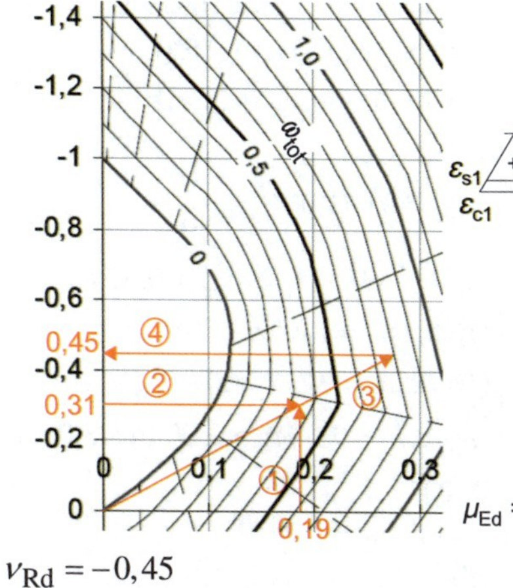

ε_{c2} ε_{s2} ε_{s1} ε_{c1} + M_{Ed} N_{Ed} A_{s2} A_{s1} b h d_2 $d_1 = d_2$

$\mu_{Ed} = \frac{M_{Ed}}{b \cdot h^2 \cdot f_{cd}}$

Wahl des richtigen Interaktionsdiagrammes → Kap. 7.11

$$\nu_{Rd} = -0{,}45$$

siehe Diagramm

$$N_{Rd} = -0{,}45 \cdot 0{,}2 \cdot 0{,}3 \cdot 11{,}3 = -0{,}305\ \text{MN}$$

(7.102): $\nu_{Ed} = \frac{N_{Ed}}{b \cdot h \cdot f_{cd}}$

$$\mu_{fi} = \frac{N_{Ed,fi}}{N_{Rd}} = \frac{0{,}210}{0{,}305} = 0{,}69 \le 0{,}70$$

(16.3): $\mu_{fi} = \frac{N_{Ed,fi}}{N_{Rd}}$

Stützenenden horizontal unverschieblich gehalten.

Randbedingungen zu **Tafel 16.2**.

$l_{0,fi} \leq l_0 = 3,08 \text{ m} \approx 3,00 \text{ m} \leq 3,00 \text{ m}$

Randbedingungen zu **Tafel 16.2**. Die Ersatzlänge $l_{0,fi}$ der Stütze im Brandfall kann in allen Fällen mit l_0 bei Normaltemperatur (→ Beispiel 15.2) gleichgesetzt werden. Da die Stützenenden rotationsbehindert durch monolithische Bauweise an den Riegel und das Fundament anschließen, wäre auch eine weitere Reduzierung der Ersatzlänge mit $l_{0,fi} = 0,5 \cdot l = 0,5 \cdot 4,00 = 2,00 \text{ m}$ möglich.

$$\rho = \frac{A_{s,vorh}}{A_c} = \frac{12,6}{20 \cdot 30} = 0,021 < 0,04$$

Randbedingungen zu **Tafel 16.2**, Bewehrungsgrad.

$0,5 < \mu_{fi} = 0,69 < 0,7:$

$a = d_1 = 50 \text{ mm} \geq a_{min} = 46 \text{ mm}$

$a \geq a_{min}$?

Interpolation **Tafel 16.2** für R 60

$b = 200 \text{ mm} < b_{min} = 248 \text{ mm}$

$b \geq b_{min}$?

Interpolation **Tafel 16.2** für R 60

Nachweis für Feuerwiderstandsklasse R 60 nach **Tafel 16.2** aufgrund der Unterschreitung von b_{min} nicht erbracht.

Alternativ zur Anwendung von **Tafel 16.2** kann die Feuerwiderstandsdauer R nach Gl. (16.4) berechnet werden.

Die Randbedingungen zu Gl. (16.4) entsprechen mit Ausnahme der Begrenzung der Ersatzlänge $l_{0,fi}$ der Stütze im Brandfall und der Stützenlänge den Randbedingungen zu **Tafel 16.2**.

$l_{0,fi} \leq l_0 = 3,08 \text{ m} \approx 3,00 \text{ m} \leq 6,00 \text{ m}$

Randbedingungen zu (16.4)

$l = 4,00 \text{ m} \leq 6,00 \text{ m}$

Randbedingungen zu (16.4)

(16.5):

$$R_{\eta fi} = 83 \cdot (1,00 - \mu_{fi} \cdot \frac{1+\omega}{0,85/\alpha_{cc} + \omega})$$

$$R_{\eta fi} = 83 \cdot (1,00 - 0,69 \cdot \frac{1+0,80}{0,85/0,85+0,80}) = 25,7$$

$\mu_{fi} = 0,69 \qquad \omega = \omega_{tot} \approx 0,80$

(16.6): $R_a = 1,6 \cdot (a - 30)$

$R_a = 1,6 \cdot (50 - 30) = 32,0$

(16.7): $R_l = 9,6 \cdot (5,00 - l_{0,fi})$

$R_l = 9,6 \cdot (5,00 - 3,00) = 19,2$

$l_{0,fi} \leq l_0 = 3,08 \text{ m} \approx 3,00 \text{ m} \leq 3,00 \text{ m}$ (s. o.)

(16.8): $R_b = 0,09 \cdot b'$

$R_b = 0,09 \cdot 240 = 21,6$

$b' = 2A_c / (b+h) =$

$2 \cdot 200 \cdot 300 / (200 + 300) = 240 \text{ mm}$

$200 \text{ mm} \leq 240 \text{ mm} \leq 450 \text{ mm}$

$200 \text{ mm} \leq b' \leq 450 \text{ mm}$

$300 \text{ mm} \leq 1,5 \cdot 200 \text{ mm} = 300 \text{ mm}$

$h \leq 1,5 \cdot b$

$R_n = 0$

(16.9): $R_n = \begin{cases} 0 & \text{für } n = 4 \\ 12 & \text{für } n > 4 \end{cases}$

$$R = 120 \cdot \left(\frac{25,7 + 32,0 + 19,2 + 21,6 + 0}{120} \right)^{1,8} = 84\,\text{min}$$

Die Stütze kann gemäß Gl. (16.4) in die Feuerwiderstandsklasse R 60 eingestuft werden. Der Nachweis ist erbracht.

$n = 4$

(16.4):

$$R = 120 \cdot \left(\frac{R_{\eta\text{fi}} + R_\text{a} + R_\text{l} + R_\text{b} + R_\text{n}}{120} \right)^{1,8}$$

17 Literatur

17.1 Vorschriften, Richtlinien, Merkblätter

[DIN EN 1992-1-1 – 11] DIN EN 1992-1-1 (= EC 2-1-1)
Bemessung und Konstruktion von Stahlbeton- und Spannbetontragwerken
Teil 1-1: Allgemeine Bemessungsregeln und Regeln für den Hochbau; 2011-01.

[DIN EN 1992-1-1/NA – 13] DIN EN 1992-1-1/NA (= EC 2-1-1/NA), Nationaler Anhang
Bemessung und Konstruktion von Stahlbeton- und Spannbetontragwerken
Teil 1-1: Allgemeine Bemessungsregeln und Regeln für den Hochbau; 2013-04.

[DIN EN 1992-1-2 – 10] DIN EN 1992-1-1 (= EC 2-1-2)
Bemessung und Konstruktion von Stahlbeton- und Spannbetontragwerken
Teil 1-2: Allgemeine Regeln – Tragwerksbemessung für den Brandfall; 2010-12.

[DIN EN 1992-1-2/NA – 10] DIN EN 1992-1-2/NA (= EC 2-1-2/NA), Nationaler Anhang
Bemessung und Konstruktion von Stahlbeton- und Spannbetontragwerken
Teil 1-2: Allgemeine Regeln – Tragwerksbemessung für den Brandfall; 2010-12.

[E DIN EN 1992-1-2/NA/A1 – 15] Entwurf DIN EN 1992-1-2/NA/A1 (= Entwurf EC 2-1-2/NA/A1)
Bemessung und Konstruktion von Stahlbeton- und Spannbetontragwerken
Teil 1-2/NA: Allgemeine Regeln – Tragwerksbemessung für den Brandfall; Änderung A1; 2015-02.

[DIN EN 1992-2 – 10] DIN EN 1992-2 (= EC 2-2)
Bemessung und Konstruktion von Stahlbeton- und Spannbetontragwerken
Teil 2: Betonbrücken; 2010-12.

[DIN EN 1992-2/NA – 13] DIN EN 1992-2/NA (= EC 2-2/NA), Nationaler Anhang
Bemessung und Konstruktion von Stahlbeton- und Spannbetontragwerken
Teil 2: Betonbrücken; 2013-04.

[DIN EN 206-1 – 01] DIN EN 206: Beton;
Teil 1: Festlegung, Eigenschaften, Herstellung und Konformität (Deutsche Fassung EN 206-1: 2000); 2001-07.

[DIN 1045-2 – 08] DIN 1045: Tragwerke aus Beton, Stahlbeton und Spannbeton;
Teil 2: Beton; Festlegung, Eigenschaften, Herstellung und Konformität - Anwendungsregeln zu DIN EN 206-1; 2008-08.

[DIN EN 13670 – 11] Ausführung von Tragwerken aus Beton; Deutsche Fassung EN 13670:2009; 2011-03.

[DIN 1045-3 – 12] DIN 1045: Tragwerke aus Beton, Stahlbeton und Spannbeton;
Teil 3: Bauausführung – Anwendungsregeln zu DIN EN 13670; 2012-03.

[DIN 488-1 – 09] DIN 488: Betonstahl;
Teil 1: Sorten, Eigenschaften, Kennzeichen; 2009-08.

[DIN 488-2 – 09] DIN 488: Betonstahl;
Teil 2: Betonstabstahl; 2009-08.

[DIN 488-3 – 09] DIN 488: Betonstahl;
Teil 3: Betonstahl in Ringen, Bewehrungsdraht; 2009-08.

[DIN 488-4 – 09] DIN 488: Betonstahl;
Teil 4: Betonstahlmatten; 2009-08.

[DIN 1045 – 88] DIN 1045: Beton und Stahlbeton;
Bemessung und Ausführung; 1988-07.

[DIN 1045-1 – 08] DIN 1045: Tragwerke aus Beton, Stahlbeton und Spannbeton;
Teil 1: Bemessung und Konstruktion; 2008-08.

[DIN EN 1990 – 10] DIN EN 1990 (EC 0)
Grundlagen der Tragwerksplanung; 2010-12.

[DIN EN 1990/NA – 10] DIN EN 1990/NA (= EC 0/NA), Nationaler Anhang Grundlagen der Tragwerksplanung; 2010-12.

[DIN EN 1991-1-1 – 10] DIN EN 1991-1-1 (= EC 1-1-1) Einwirkungen auf Tragwerke Teil 1-1: Allgemeine Einwirkungen auf Tragwerke – Wichten, Eigengewicht und Nutzlasten im Hochbau; 2010-12.

[DIN EN 1991-1-1/NA – 10] DIN EN 1991-1-1/NA (= EC 1-1-1/NA), Nationaler Anhang Einwirkungen auf Tragwerke Teil 1-1: Allgemeine Einwirkungen auf Tragwerke – Wichten, Eigengewicht und Nutzlasten im Hochbau; 2010-12.

[DIN 1080-1 – 76] DIN 1080: Begriffe, Formelzeichen und Einheiten im Bauingenieurwesen; Teil 1: Grundlagen; 1976-06.

[DIN 1080-2 – 80] DIN 1080: Begriffe, Formelzeichen und Einheiten im Bauingenieurwesen; Teil 2: Statik; 1980-03.

[DIN 1080-3 – 80] DIN 1080: Begriffe, Formelzeichen und Einheiten im Bauingenieurwesen; Teil 3: Beton- und Stahlbetonbau, Spannbetonbau, Mauerwerksbau; 1980-03.

[DIN 1164-1 – 00] DIN 1164: Zement mit besonderen Eigenschaften; Teil 1: Zusammensetzung, Anforderungen, Übereinstimmungsnachweis; 2000-11.

[DIN 4212 – 86] DIN 4212: Kranbahnen aus Stahlbeton und Spannbeton; Berechnung und Ausführung; 1986-01.

[DIN 18202 – 05] DIN 18202: Toleranzen im Hochbau; Bauwerke; 2005-10.

[DIN EN 197-1 – 04] DIN EN 197: Zement; Teil 1: Zusammensetzung, Anforderungen und Konformitätskriterien von Normalzement; 2004-08 (Deutsche Fassung EN 197-1: 2000).

[DIN EN 197-2 – 00] DIN EN 197: Zement; Teil 2: Konformitätsbewertung; 2000-11 (Deutsche Fassung EN 197-2: 2000).

[DIN FB 102 – 09] DIN Deutsches Institut für Normung e. V.: DIN Fachbericht 102 – Betonbrücken, Berlin, Beuth, 2009-03.

[DBV – 06/1] Deutscher Beton- und Bautechnik Verein e. V.: Merkblatt Begrenzung der Rissbildung im Stahlbeton- und Spannbetonbau; 2006-01.

[DBV – 06/2] Deutscher Beton- und Bautechnik Verein e. V.: Merkblatt Betonschalungen und Ausschalfristen; 2006-09.

[DBV – 11/1] Deutscher Beton- und Bautechnik-Verein e. V.: Merkblatt Betondeckung und Bewehrung nach Eurocode 2, 2011-01.

[DBV – 11/2] Deutscher Beton- und Bautechnik-Verein e. V.: Merkblatt Abstandhalter nach Eurocode 2, 2011-01.

[DBV – 11/3] Deutscher Beton- und Bautechnik-Verein e. V.: Merkblatt Rückbiegen von Betonstahl und Anforderung an Verwahrkästen nach Eurocode 2; 2011-01.

[WU-Richtlinie – 03] Deutscher Ausschuss für Stahlbeton DAfStb im DIN: DAfStb-Richtlinie Wasserundurchlässige Bauwerke aus Beton (WU-Richtlinie), 2003-11, Berichtigung 2006-03.

[Stahlfaserbeton-RiL – 10] Deutscher Ausschuss für Stahlbeton DAfStb im DIN: DAfStb-Richtlinie Stahlfaserbeton, 2010-03.

17.2 Bücher, Aufsätze, sonstiges Schrifttum

[Avak – 05] Avak, R.:
Stahlbetonbau in Beispielen: DIN 1045 und europäische Normung;
Teil 2: Bemessung von Flächentragwerken – Konstruktionspläne für Stahlbetonbauteile; 3. Auflage, Düsseldorf, Werner, 2005.
Das Buch wird in Querverweisen mit „*Teil 2*" bezeichnet.

[Avak – 93] Avak, R.:
Euro-Stahlbetonbau in Beispielen: Bemessung nach DIN V ENV 1992;
Teil 1: Baustoffe, Grundlagen, Bemessung von Stabtragwerken; Düsseldorf, Werner, 1993.

[Avak/Glaser – 05] Avak, R.; Glaser, R.:
Spannbetonbau – Theorie, Praxis, Berechnungsbeispiele; Berlin, Bauwerk, 2005.

[Beeby – 78] Beeby, A. W.:
Cracking – What are Crack Width Limits for? Concrete Vol. 12, No. 7/1978, P.31-33.

[Bertram/Bunke – 89] Bertram, D.; Bunke, N.:
Erläuterungen zu DIN 1045 Beton- und Stahlbeton, Ausgabe 07.88; Berlin, Beuth, 1989 (in: Deutscher Ausschuss für Stahlbeton, Heft 400).

[Cziesielski/Schrepfer – 00] Cziesielski, E.; Schrepfer, Th.:
Bauwerke aus wasserundurchlässigem Beton. In: Avak/Goris (Hrsg): Stahlbetonbau aktuell: Jahrbuch für die Baupraxis. Düsseldorf, Werner/Beuth, 3(2000) S. A.3-A.35.

[DAfStb Heft 525 – 03] Deutscher Ausschuss für Stahlbeton DAfStb; Fachbereich 07 des NA Bau im DIN Deutsches Institut für Normung e. V.:
Erläuterungen zu DIN 1045-1, Beuth, 2003 (Deutscher Ausschuss für Stahlbeton, Heft 525).

[DAfStb Heft 555 – 06] Deutscher Ausschuss für Stahlbeton DAfStb; Fachbereich 07 des NA Bau im DIN Deutsches Institut für Normung e. V.:
Erläuterungen zur DAfStb-Richtlinie Wasserundurchlässige Bauwerke aus Beton, Beuth, 2006 (Deutscher Ausschuss für Stahlbeton, Heft 555).

[DAfStb Heft 600 – 12] Deutscher Ausschuss für Stahlbeton DAfStb: Erläuterungen zu DIN EN 1992-1-1 und DIN EN 1992-1-1/NA (Eurocode 2); Beuth, 2012 (Deutscher Ausschuss für Stahlbeton, Heft 600).

[Ebeling – 07] Ebeling, K.:
Konstruktion - Weiße Wannen. In: Avak, R./Goris, A. (Hrsg.): Stahlbetonbau aktuell – Praxishandbuch 2007. Berlin, Bauwerk, (10)2007, S. E.1-E.48.

[Ehrigsen/Quast – 03] Ehrigsen, O.; Quast, U.:
Knicklängen, Ersatzlängen und Modellstützen. Beton- und Stahlbetonbau 98(2003) S. 251-257.

[Fischer – 98] Fischer, L.:
Sicherheitskonzept für neue Normen – ENV und DIN-neu, Berlin, Ernst&Sohn, insgesamt 11 Beiträge in: Die Bautechnik, 1998–2000.

[Fingerloos/Litzner – 06] Fingerloos, F.; Litzner, H.-U.:
Erläuterungen zur praktischen Anwendung der neuen DIN 1045 in: Betonkalender 2006, Teil 2, Berlin, Ernst&Sohn, (100)2006 S. 357-430.

[Fingerloos/Hegger/Zilch – 12] EUROCODE 2 für Deutschland, DIN EN 1992-1-1 Bemessung und Konstruktion von Stahlbeton- und Spannbetontragwerken – Teil 1-1: Allgemeine Bemessungsregeln und Regeln für den Hochbau mit Nationalem Anhang, Kommentierte Fassung, 1. Auflage 2012; Beuth 2012, Wilhelm Ernst & Sohn 2012.

[Goris et al. – 04] Goris, A.; Richter, G., Schmitz, U.:
Stahlbeton und Spannbetonbau nach DIN 1045-1 in:
Schneider, K.-J. (Hrsg.): Bautabellen für Ingenieure, mit Berechnungshinweisen und Beispielen; 16 Auflage; Düsseldorf, Werner, 2004 S. 5.29 - 5.185.

[Grasser – 79] Grasser, E.:
Bemessung von Beton- und Stahlbetonbauteilen nach DIN 1045 Ausgabe Dezember 1978; 2., überarbeitete Auflage; Berlin, Beuth, 1979
(Deutscher Ausschuss für Stahlbeton, Heft 220).

[Grünberg – 01] Grünberg, J.:
Sicherheitskonzept und Einwirkungen nach DIN 1055(neu). In: Avak, R./Goris, A. (Hrsg.): Stahlbetonbau aktuell – Jahrbuch für die Baupraxis 2001. Düsseldorf, Werner, Beuth, (4)2001 S. A.3-A.52.

[Grasser/Thielen – 91] Grasser, E.; Thielen, G.:
Hilfsmittel zur Berechnung der Schnittgrößen und Formänderungen von Stahlbetontragwerken nach DIN 1045 Ausgabe Juli 1988; 3., überarbeitete Auflage; Berlin, Beuth, 1991 (Deutscher Ausschuss für Stahlbeton Heft 240).

[Graubner/Kempf – 00] Graubner, C.-A.; Kempf, S.:
Mindestbewehrung in Betontragwerken. Warum und wieviel? Beton- und Stahlbetonbau 95(2000) S. 72-80.

[Gross – 05] Gross, D. u. a.:
Technische Mechanik; Bd. 2. Elastostatik; 8. Auflage; Berlin, Heidelberg, New York, Springer, 2005.

[Grunau – 92] Grunau, E. B. u. a.:
Sanierung von Stahlbeton; Stuttgart, Expert, 1992 (Baupraxis + Dokumentation, Bd. 6).

[Hahn/Steinle – 95] Hahn, V.; Steinle, A.:
Bauen mit Betonfertigteilen im Hochbau. In: Betonkalender 86(1995) Teil 2 S. 459-629; Berlin, Ernst&Sohn, 1995.

[Hilsdorf – 00] Hilsdorf, H. K.:
Beton; in: Betonkalender 89(2000) Teil 1 S. 1-138; Berlin, Ernst & Sohn, 2000.

[Karl/Solacolu – 92] Karl, J.-H.; Solacolu, C.:
Verbesserung der Betonrandzone – Wirkung und Einsatzgrenzen der saugenden Schalungsbahn; Beton 43(1992) S. 222-225.

[Klopfer – 83] Klopfer, H.:
Die Carbonatisierung von Sichtbeton und ihre Bekämpfung; Bautenschutz und Bausanierung; Filderstadt, E. Möller GmbH, 1983.

[König/Tue – 96] König, G.; Tue, N.: Grundlagen und Bemessungshilfen für die Rissbreitenbeschränkung im Stahlbeton und Spannbeton. Berlin, Beuth, 1996 (Deutscher Ausschuss für Stahlbeton, Heft 466).

[Kordina – 92] Kordina, K. u. a.:
Bemessungshilfsmittel zu Eurocode 2 Teil 1 (DIN V ENV 1992 Teil 1-1, Ausgabe 06.92) – Planung von Stahlbeton- und Spannbetontragwerken; Berlin, Beuth, 1992 (Deutscher Ausschuss für Stahlbeton, Heft 425).

[Kordina/Quast – 01] Kordina, K.; Quast, U.:
Bemessung von schlanken Bauteilen für den durch Tragwerksverformungen beeinflussten Grenzzustand der Tragfähigkeit - Stabilitätsnachweis. In Betonkalender 90(2001), Ernst&Sohn, Berlin, 2001, S. 349-416.

[Krings – 01] Krings, W.:
Bemessungstafeln für Rechteckquerschnitte nach der neuen DIN 1045. In: Bautechnik 78(2001) S. 164-170.

[Krüger/Mertzsch – 01] Krüger, W.; Mertzsch, O.:
Untersuchungen zum Trag- und Verformungsverhalten bewehrter Betonquerschnitte im Grenzzustand der Gebrauchstauglichkeit. In: Rostocker Berichte aus dem Fachbereich Bauingenieurwesen, Heft 3, Universität Rostock, 2001.

[Krüger/Mertzsch – 03] Krüger, W.; Mertzsch, O.:
Verformungsnachweise- Erweiterte Tafeln zur Begrenzung der Biegeschlankheit. In: Avak/Goris (Hrsg.), Stahlbetonbau aktuell – Praxishandbuch 2003. Berlin, Bauwerk, 2003, S. G.19-G.38.

[Lohmeyer/Ebeling – 07] Lohmeyer, G.; Ebeling, K.:
Weiße Wannen – einfach und sicher. 8. Auflage, Düsseldorf, Verlag Bau+Technik, 2007.

[Mainz – 03] Mainz, J.:
Bemessungsdiagramme und –tabellen zur Querkraftbemessung nach DIN 1045-1. Beton- und Stahlbetonbau 98(2003) S. 258-267.

[Mayer/Rüsch – 67] Mayer, H.; Rüsch, H.:
Bauschäden als Folge der Durchbiegung von Stahlbeton-Bauteilen; Berlin, Beuth, 1967 (Deutscher Ausschuss für Stahlbeton, Heft 193).

[Mehlhorn – 96] Mehlhorn, G. (Hrsg):
Der Ingenieurbau: Grundwissen Band 7 Bauphysik, Brandschutz, Berlin, Ernst&Sohn, 1996.

[Meyer/Meyer – 07] Meyer, G.; Meyer, R.:
Rissbreitenbeschränkung nach DIN 1045: Diagramme zur direkten Bemessung; 3. Auflage, Düsseldorf, Bau+Technik, 2007.

[Motz – 91] Motz, H. D.:
Ingenieur-Mechanik, Düsseldorf, VDI; 1991.

[Reineck – 01] Reineck, K.-H.:
Hintergründe zur Querkraftbemessung in DIN 1045-1 für Bauteile aus Konstruktionsbeton mit Querkraftbewehrung. In: Bauingenieur 76(2001) S. 168-179.

[Rußwurm/Martin – 93] Rußwurm, D.; Martin, H.:
Betonstähle für den Stahlbetonbau; Eigenschaften und Verwendung; Wiesbaden, Berlin, Bauverlag, 1993.

[Schlaich/Schäfer – 01] Schlaich, J.; Schäfer, K.:
Konstruieren im Stahlbetonbau. In: Betonkalender 90.2001 Teil 2 S. 311-492; Berlin, Ernst&Sohn, 2001.

[Schneider/Albert – 14] Albert, A. (Hrsg.):
Bautabellen für Ingenieure mit Berechnungshinweisen und Beispielen; 21. Auflage; Köln, Bundesanzeiger Verlag, 2014.

[Schneider – 88] Schneider, K. -J.:
Baustatik; Statisch unbestimmte Systeme; 2. Auflage; Düsseldorf, Werner, 1988.

[Scholz/Hiese – 03] Hiese, W. (Hrsg.):
Baustoffkenntnis; 15. Aufl. Düsseldorf, Werner, 2003.

[Schießl – 89] Schießl, P.:
Grundlagen der Neuregelung zur Beschränkung der Rißbreite; Berlin, Beuth, 1989 (in: Deutscher Ausschuss für Stahlbeton, Heft 400).

[Schmitz/Goris – 01] Schmitz, U.; Goris, A.:
Bemessungstafeln nach DIN 1045-1; Normalbeton – Hochfester Beton – Leichtbeton. Düsseldorf, Werner, 2001.

[Schmitz/Goris – 05] Schmitz, U.; Goris, A.:
DIN 1045 digital Version 2.0; Einführung, Anwendungsbeispiele. 2. Auflage; Düsseldorf, Werner, 2005.

[Schnellenbach-Held/Ehmann – 02] Schnellenbach-Held, M.; Ehmann, St.:
Stahlbetonträger mit großen Öffnungen; Beton- und Stahlbetonbau 97(2002) S. 130-139.

[Schnütgen – 05] Schnütgen, B.:
Stahlfaserbeton. In: Avak, R./Goris, A. (Hrsg.): Stahlbetonbau aktuell – Praxishandbuch 2007. Berlin, Bauwerk, (8)2005, S. G.1-G.42.

[Schweda/Krings – 00] Schweda, E.; Krings, W.:
Baustatik: Festigkeitslehre; 3., neubearbeitete u. erw. Auflage; Düsseldorf, Werner, 2000.

[Seelmann – 97] Seelmann, F.:
Tragverhalten von gedrungenen Wänden aus hochfestem Normalbeton unter Berücksichtigung des Knickverhaltens der Längsbewehrung. Diss. TH Darmstadt, 1997.

[Springenschmid – 84] Springenschmid, R.:
Die Ermittlung der Spannungen infolge von Schwinden und Hydratationswärme im Beton; Beton- und Stahlbetonbau 79(1984) S. 263-269.

[Soretz – 79] Soretz, St.:
Korrosion von Betonbauteilen – ein neues Schlagwort? Zement und Beton 24(1979) S. 21-29.

[Wierig – 84] Wierig, H. J.:
Herstellen, Fördern und Verarbeiten von Beton. In: Zement-Taschenbuch, 48. Ausgabe (1984), S. 197-333; Wiesbaden, Bauverlag, 1984.

17.3 Prospektunterlagen von Bauproduktenanbietern

Prospektunterlagen können aktuell über das Internet eingesehen, heruntergeladen oder angefordert werden. Daher werden nachfolgend (Internet-) Adressen bedeutender Anbieter von Bewehrungselementen genannt.

[BETOMAX]	http://www.betomax.de/ BETOMAX Kunststoff- und Metallwarenfabrik GmbH & Co. KG, Dyckhofstraße 1, 41480 Neuss
[ERICO]	http://www.erico.com Erico GmbH, 66851 Schwanenmühle
[HALFEN]	http://www.halfen.de/ Halfen GmbH & Co. KG, Liebigstr. 14, 40764 Langenfeld/Rhld.
[H-BAU]	http://www.h-bau.de H-Bau Technik Horstmann GmbH, Am Güterbahnhof 20, 79771 Klettgau 1
[JORDAHL]	http://www.jordahl-group.com JORDAHL GmbH, Nobelstraße 51, 12057 Berlin
[PFEIFER]	http://www.pfeifer.de/ Pfeifer Seil- und Hebetechnik GmbH & Co, Dr.-Karl-Lenz-Straße 66, 87700 Memmingen
[SCHÖCK]	http://www.schoeck.de/ Schöck Bauteile GmbH, Vimbucher Straße 2, 76534 Baden-Baden

18 Bezeichnungen

18.1 Allgemeines

Alle betonspezifischen Bezeichnungen werden zumindest an der Stelle erklärt, an der sie innerhalb dieses Buches zum ersten Mal benutzt werden. Darüber hinaus sind die Bezeichnungen in den folgenden Unterkapiteln nochmals stichpunktartig erklärt. Die innerhalb der Zahlenbeispiele aufgeführten allgemeinen Gln. sind unter der angegebenen Nummer in der theoretischen Abhandlung des Themas zu finden. Die Bezeichnungen orientieren sich an [DIN 1045-1 – 01]. Sofern eine Bezeichnung nur für eine der Normen gilt, ist dies in Klammern angegeben. Die Zuordnung von Farben ist in **Tafel 18.1** erklärt:

Tafel 18.1 Bedeutung der Farben im Buch

Farbe	Erläuterung
	Lasten und Schnittgrößen, Spannungen
	Baustoff Beton, Spannungen im Beton, Integral der Spannungen im Beton (innere Kraft), sofern eine Unterscheidung zum Betonstahl oder zu anderen Spannungen erfolgen soll
	Baustoff Betonstahl, Spannungen im Betonstahl, Integral der Spannungen im Betonstahl (innere Kraft), sofern eine Unterscheidung zum Beton oder zu anderen Spannungen erfolgen soll
	für Beispielrechnungen relevante Linien und Werte
	hervorgehobene Linien, Verformungen
	hervorgehobene Linien in Diagrammen
	Füllfarbe für Risse

18.2 Bücher, Aufsätze, sonstiges Schrifttum

aufn	aufnehmbar
bem	Bemessung
ca.	cirka
cal	Berechnung [calculation]
crit	kritisch [critical]
dir	direkt [direct]
est	geschätzt [estimated]
extr	Größt- oder Kleinstwert [extremal value]
evtl.	eventuell
Gl(n).	Gleichung(en)
Ges.	gesamt
ggf.	gegebenenfalls
Hrsg.	Herausgeber
i. Allg.	im Allgemeinen
ind	indirekt
inf	unterer (Grenzwert) [inferior]
i. d. R.	in der Regel
Kap.	Kapitel
lim	Grenz- [limit]
max	maximal [maximum]
min	minimal [minimum]
mod	modifiziert [modified]
nom	nominal [nominal]
red	reduziert [reduced]
SLS	serviceability limite state(s)
sup	Index für Unterstützung (support).......*oder* oberer (Grenzwert) [superior]
tot	Gesamt- [total]
u. a.	unter anderem
u. U.	unter Umständen
ULS	ultimate limit state(s)
usw.	und so weiter
vgl.	vergleiche
vorh.	vorhanden
z. B.	zum Beispiel
zul	zulässig
→	siehe

18.3 Fachspezifische Abkürzungen

18.3.1 Geometrische Größen

A	Fläche
A^{I}	Fläche im Zustand I (im Zusammenhang mit E-Modul EA^{I}: Dehnsteifigkeit im Zustand I)
A^{II}	Fläche im Zustand II (analog Zustand I)
A_0	Fläche eines Prüfkörpers
A_A	Auftragsfläche beim Einschneiden in den Querkraftverlauf
A_c	Betonfläche
A_{cc}	Gesamte Fläche der Biegedruckzone [2. Index: compression zone]
$A_{c,eff}$	wirksame Zugzone
A_{cf}	Betonfläche des Flansches eines Plattenbalkens [2. Index: flange]
$A_{c,n}$	Nettofläche des Betonquerschnittes
A_{ct}	Betonfläche der Zugzone (Zustand I) [2. Index: tension]
A_E	Einschnittsfläche beim Einschneiden in den Querkraftverlauf
A_i	ideelle Querschnittsfläche
A_k	Ersatzfläche für Torsionsbemessung (Kernquerschnitt)
A_s	Stahlfläche (evtl. weiterer Index zur Angabe der Lage im Querschnitt)
A_{sc}	Fläche der Bewehrungsstäbe in der Druckzone [2. Index: compression zone]
$A_{s,\phi}$	Stahlfläche eines Stabes
A_{sl}	Fläche der Längsbewehrung
A_{s1}	Fläche der (gesamten) Biegezugbewehrung
A_{sf}	Fläche der in den Gurt ausgelagerten Biegezugbewehrung [2. Index: flange]
A_{sR}	Fläche der Bewehrung am Auflager
$A_{s,s}$	Fläche der Aufhängebewehrung aus Schrägstäben [2. Index: slant]
$A_{s,st}$	Fläche der Aufhängebewehrung aus Bügeln [2. Index: stirrup]
A_{st}	Fläche der Querbewehrung [2. Index: transverse]

A_{sw} Fläche der Querkraftbewehrung
a Abstand zwischen Schweißstelle und Krümmungsbeginn eines Betonstahles .... *oder* Abstand der inneren Betondruckkraft F_{cd} vom (stärker) gedrückten Rand
a_c Betonfläche (in cm^2/m)
a_{HT} Länge des Kreuzungsbereiches im Hauptträger
a_i rechnerische Auflagertiefe (allgemein)
a_l Versatzmaß
a_{NT} Länge des Kreuzungsbereiches im Nebenträger
a_{sb} Abstand von Stabbündeln [2. Index: bundled bars]
$a_{sbü}$ erforderliche Bügelfläche in cm^2/m
a_{sf} Fläche der Querkraftbewehrung im Gurt (cm^2/m)
a_{sl} Fläche der (Torsions-)längsbewehrung (cm^2/m)
a_{sw} Fläche der Querkraftbewehrung (in cm^2/m); bei Querkraft plus Torsion kann ein zusätzlicher Index (V bzw. T) zur Unterscheidung angefügt werden.
$a_{sw,s}$ Fläche der Querkraftbewehrung aus Schrägstäben [2. Index: slant]
a_V Bezugsabstand zweier Punkte in Längsrichtung
a_1 rechnerische Auflagertiefe links
a_2 rechnerische Auflagertiefe rechts
B bezogene Biegesteifigkeit
b Bauteilbreite
b_{eff} mitwirkende Plattenbreite
$b_{eff,i}$ anteilige mitwirkende Plattenbreite der Platte i
b_f Flanschbreite eines Plattenbalkens [Index: flange]
b_{HT} Breite des Hauptträgers
b_i Teilbreite einer Platte i .... *oder* ideelle Breite
b_j Breite einer Arbeitsfuge [2. Index: joint]
b_k Bauteilbreite eines Ersatzquerschnittes
b_{NT} Breite des Nebenträgers
b_{sup} Unterstützungsbreite
b_t (mittlere) Breite der Zugzone [tension]
b_w Stegbreite [Index: web]
$b_1; b_2$ Teilbreiten von Platten .... *oder* Randabstand der Bewehrung in Richtung b
C_d ein festgelegter Grenzwert (z. B. zulässige Durchbiegung, zulässige Rissbreite)
c Betondeckung (allgemein) .... *oder* Größe eines Fachwerkfeldes bei der Querkraftbemessung
c_k Karbonatisierungstiefe
c_{min} Mindestmaß der Betondeckung (evtl. zusätzlicher Index X, b oder fi)
c_{nom} Nennmaß der Betondeckung
c_v Verlegemaß
c_{vorh} vorhandene Betondeckung
c' Projektion der Länge eines Fachwerkfeldes in Richtung der Betondruckstrebe
D Biegerollendurchmesser
d statische Höhe [effective depth]
d_g Größtkorn des Zuschlages [aggregate]
d_k Dicke des Kernquerschnittes
d_1 Randabstand der Bewehrung
$\varnothing$ Durchmesser
ϕ Stabdurchmesser des Betonstahles (Nenndurchmesser)
ϕ^* Grenzdurchmesser
$\phi_{bü}$ Stabdurchmesser eines Bügelschenkels
ϕ_l Durchmesser der Längsbewehrung
ϕ_n Vergleichsdurchmesser eines Betonstahlbündels
E_d durch Einwirkungen verursachte Größe (z. B. Durchbiegungen, Rissbreite); → auch Kap. 18.3.3
e allgemeiner Schwerpunktabstand
e_i Zusatzausmitte
e_{iz} Zusatzausmitte in Koordinatenachse z (bei schiefer Biegung)
e_e Ersatzausmitte
e_{tot} Gesamtausmitte
$e_y; e_z$ Ausmitte in Koordinatenachse y bzw. z
e_0 Exzentrizität nach Theorie I. Ordnung (bei schiefer Biegung zus. Index y bzw. z für Koordinatenachse)
$e_{01}; e_{02}$ Stabendausmitte
e_2 Ausmitte infolge Theorie II. Ordnung ($e_{2,stag}$ bei gestaffelter Längsbewehrung)
f (maximale) Durchbiegung

f_d Durchhang
f_R bezogene Rippenfläche des Betonstahles
$f_1; f_2$ Durchbiegung in verschiedenen Feldern
f_I unterer Rechenwert der Durchbiegung
f_{II} oberer Rechenwert der Durchbiegung
h Bauteilhöhe [overall depth] ....*oder* Gebäudehöhe über der Einspannebene für ein lotrechtes aussteifendes Bauteil
h' Bezugshöhe
h_0 wirksame Körperdicke
h_{eff} Höhe der wirksamen Zugzone
h_f Flanschhöhe (-dicke) eines Plattenbalkens [flange]
h_k Bauteilhöhe eines Ersatzquerschnittes
h_n Öffnungshöhe (evtl. mit zusätzlicher Indexzahl)
h_R Rippenhöhe des Betonstahles
h_{red} reduzierte Bauteilhöhe
h_t Höhe der Zugzone im Querschnitt unmittelbar vor Erstrissbildung
h_{tot} Höhe eines Bauteiles
h_W Wanddicke
I Flächenmoment 2. Grades
I^I Flächenmoment 2. Grades eines Betonquerschnitts im Zustand I
I^{II} Flächenmoment 2. Grades eines Betonquerschnitts im Zustand II
I_c Flächenmoment 2. Grades des Betonquerschnittes
$I_{col,o}$ Flächenmoment 2. Grades der oberen Randstütze
$I_{col,u}$ Flächenmoment 2. Grades der unteren Randstütze
I_b Flächenmoment 2. Grades eines Balkens [beam]
I_i ideelles Flächenmoment 2. Grades
I_T Torsionsflächenmoment 2. Grades
$I_{T,i}$ Torsionsflächenmoment 2. Grades des Teilquerschnitts *i*
I_ω Wölbflächenmoment 2. Grades
i Trägheitsradius
l_A Auftragslänge beim Einschneiden in den Querkraftverlauf
l_B Bezugslänge, auf die die Bewehrung verteilt wird
$l_{b,rqd}$ Grundmaß der Verankerungslänge
$l_{b,min}$ Mindestverankerungslänge
l_{bd} erforderliche Verankerungslänge
l Stützenlänge
l_E Einschnittslänge beim Einschneiden in den Querkraftverlauf
l_{eff} Stützweite [span] evtl. mit zusätzlicher Zahl im Index für das betreffende Feld
l_d lichter Abstand der Rippen des Betonstahls
l_i Ersatzstützweite
l_n lichte Weite ....*oder* Öffnungslänge (evtl. mit zusätzlicher Indexzahl)
l_R Stützweite eines Rahmenriegels
l_{Rand} Achsabstand von zwei Rahmen beim c_o-c_u-Verfahren
l_0 Übergreifungslänge
$l_{0,min}$ Mindestübergreifungslänge
l_t Einleitungslänge [transfer]
l_0 Abstand der Momentennullpunkte
l_{0t} Länge des Druckgurtes zwischen den seitlichen Abstützungen
S statisches Moment
s Stababstand ....*oder* lokale Koordinate
$s_{bü}$ Bügelabstand
s_{cr} Rissabstand
s_l Abstand der Längsbewehrung
s_{crm} mittlerer Rissabstand bei Erstrissbildung
s_{max} maximal zulässiger (möglicher) Bewehrungsabstand
s_r Rippenabstand beim Betonstahl
s_{rm} mittlerer Rissabstand
s_w Abstand der Stäbe der Querkraftbewehrung in Bauteillängsrichtung ....*oder* Ganghöhe einer Wendel
s_0 Randabstand eines Bewehrungsstabes im Übergreifungsstoß
t (tatsächliche) Auflagertiefe
t_{eff} effektive Wanddicke
u Relativverschiebung zwischen Beton und Betonstahl ....*oder* Versagenspunkt ....*oder* Umfang des Querschnittes
u_k Umfang des Kernquerschnittes
W Widerstandsmoment
W_T Torsionsflächenmoment 1. Grades

w Rissbreite ... *oder* Biegelinie
w'' zweite Ableitung der Biegelinie (Verkrümmung)
w_k charakteristische Rissbreite
w_m mittlere Rissbreite
x Koordinatenrichtung (eines lokalen Systems) ... *oder* Abstand vom linken Auflager ... *oder* Höhe der Betondruckzone [neutral axis depth]
$\bar{x}$ Koordinatenachse
x_C Abstand des Drehpunktes C vom stärker gedrückten Rand
x_F Abstand einer auflagernahen Einzellast vom Auflagerrand
x_V Stelle der maßgebenden Querkraft
x^I Höhe der Betondruckzone im Zustand I
y Koordinatenrichtung ... *oder* Punkt des Bewehrungsfließens
z Hebelarm der inneren Kräfte ... *oder* Koordinatenrichtung
z^{II} effektiver Hebelarm der inneren Kräfte im Zustand II
z_c Abstand zwischen der Schwerachse des Bauteils und der resultierenden Kraft in der Druckzone
z_{SP} Schwerpunktabstand
z_s; z_{s1} Abstand zwischen der Schwerachse des Bauteiles und der Schwerachse der Biegezugbewehrung
z_{s2} Abstand zwischen der Schwerachse des Bauteiles und der Schwerachse der Druckbewehrung
α Neigung der Fachwerkzugstrebe (Querkraftbewehrung) ... *oder* Umlenkwinkel am Betonstahl
α^I Winkel im Zustand I
α^{II} Winkel im Zustand II
β_r Neigung der Schubrisse
Δc_{dev} Vorhaltemaß der Betondeckung
$\Delta\varepsilon_s$ Dehnungssprung im Betonstahl
Δl Grenzabmaß
Δl_0 elastische Verformung des Betons
Δl_{cc} Verformung des Betons infolge Kriechen
ε_c Betondehnung (oder -stauchung) (evtl. weiterer Index zur Beschreibung der Lage)
$\varepsilon_{ca,\infty}$ Schrumpfdehnung des Betons
ε_{cc} Stauchung des Betons infolge Kriechen
$\varepsilon_{cd,\infty}$ Trocknungsschwinddehnung des Betons
ε_{cm} mittlere Betondehnung
$\varepsilon_{cs,\infty}$ Schwinddehnung des Betons
ε_{c2} Stauchung an der Übergangsstelle Parabel und Rechteck im Parabel-Rechteck-Diagramm ... *oder* Betonstauchung am Rand 2
ε_{c3} Stauchung an der Übergangsstelle im bilinearen Diagramm ... *oder* Betonstauchung an der Unterkante des Flansches eines Plattenbalkens
ε_{cu} Bruchdehnung (-stauchung) von Beton
ε_{cu2} Bruchstauchung im Parabel-Rechteck-Diagramm
ε_s Stahldehnung (-stauchung) (evtl. weiterer Index zur Beschreibung der Lage)
ε_{sm} mittlere Stahldehnung bei Berücksichtigung der Zugversteifung ... *oder* Bruchdehnung
ε_{smI} mittlere Stahldehnung bei Auftreten des 1. Risses
ε_{smII} mittlere Stahldehnung beim Übergang zwischen Erstrissbildung und abgeschlossener Rissbildung
$\varepsilon_{sm,fyk}$ mittlere Stahldehnung bei Erreichen der Fließgrenze im Betonstahl
ε_u Bruchdehnung
ε_{uk} charakteristische Dehnung unter Höchstlast (charakteristische Bruchdehnung)
ε_y Fließdehnung
κ (Ver-) Krümmung
$1/r$ (Ver-) Krümmung
$1/r_m$ mittlere Krümmung infolge Lasten unter Berücksichtigung des Kriechens an der Stelle des Maximalmomentes
$1/r_{cs,m}$ (Ver-)Krümmung infolge Schwindens
λ Schlankheit (einer Stütze)
λ_b Biegeschlankheit ... *oder* Beiwert zur Bestimmung der Ersatzbreite der Druckzone in einem Plattenbalken
λ_{crit} kritische Schlankheit

ρ geometrischer Bewehrungsgrad
ρ_{eff} effektiver Bewehrungsgrad
ρ_0 Referenzbewehrungsgrad
$\rho_{w,min}$ Mindestquerkraftbewehrungsgrad
ρ_l geometrischer Bewehrungsgrad der Längsbewehrung
ρ_2 geometrischer Bewehrungsgrad der Druckbewehrung
φ Winkel
φ_o, φ_u Neigung der Bauteilober- (-unter-) seite
θ Winkel der Betondruckstrebe im Fachwerk
λ_m mittlere Schlankheit
$\theta_{2,lim}$ flachest zulässiger Winkel einer Betondruckstrebe im Fachwerk am Auflager
θ_{opt} optimaler Winkel der Betondruckstrebe im Fachwerk (führt zum größten aufnehmbarem Schubfluss)
θ_i Schiefstellung gegen die Sollachse
ϑ Verdrillung der Stablängsachse (infolge Torsion)
ξ_{lim} maximal zulässige bezogene Druckzonenhöhe
ξ bezogene Druckzonenhöhe
ζ bezogener Hebelarm der inneren Kräfte

18.3.2 Baustoffkenngrößen

B Kennbuchstabe für Betonstahl mit anschließender Angabe der Fließgrenze
C Kennbuchstabe für Betonfestigkeitsklasse (mit nachfolgender Festigkeitsangabe $f_{ck}/f_{ck,cube}$) [concrete]
CEM Zementfestigkeitsklasse eines CEN-Zementes [cement]
D_{Sd} Schädigungssumme
E_c Tangentenwert des Elastizitätsmoduls für Normalbeton im Ursprung (Druckspannung Null)
$E_{c,eff}$ Wirksamer Elastizitätsmodul des Betons unter Beachtung der Auswirkungen aus Kriechen
E_{cm} Sekantenwert des Elastizitätsmoduls für Normalbeton
E_s Elastizitätsmodul des Stahls [steel]
f_c allgemein für Druckfestigkeit des Betons [concrete]
f_{cd} Bemessungswert der Zylinderdruckfestigkeit des Betons [design]
$f_{cd,fat}$ Bemessungswert der Zylinderdruckfestigkeit des Betons beim Ermüdungsnachweis
f_{ck} charakteristische (Zylinder-) Druckfestigkeit des Betons
$f_{ck,cube}$ charakteristische Würfeldruckfestigkeit des Betons [cube]
$f_{ck,\theta}$ charakteristische Druckfestigkeit des Betons bei der Temperatur θ
f_{cm} Mittelwert der Zylinderdruckfestigkeit des Betons [concrete medium]
f_{cm2} Mittelwert der Zylinderdruckfestigkeit des Betons im Alter von 2 Tagen
f_{cm28} Mittelwert der Zylinderdruckfestigkeit des Betons im Alter von 28 Tagen
f_{ct} zentrische Zugfestigkeit des Betons [concrete tension]
$f_{ct,eff}$ wirksame Zugfestigkeit des Betons
$f_{ctk;0.95}$ ($f_{ctk;0.95}$) charakteristischer Wert des 95 %- (bzw. 5 %-) Quantils der Betonzugfestigkeit
f_t Zugfestigkeit [tension]
f_{tk} charakteristischer Wert der Zugfestigkeit des Betonstahles
$f_{tk,cal}$ rechnerischer Wert der Zugfestigkeit des Betonstahles bei Ausnutzen des Verfestigungsbereiches (B500: 525 N/mm^2)
f_y Fließgrenze (to yield)
f_{yk} charakteristischer Wert der Fließgrenze des Betonstahles
G_{cm} Schubmodul
k_1, k_2 Steigung der Wöhlerlinie von Betonstahl
m Steigung der Wöhlerlinie
R_e Fließgrenze des Stahles nach DIN 488-1
R_m Zugfestigkeit des Stahles nach DIN 488-1
r Festigkeitsverhältnis des erhärtenden Betons bei 2 und 28 Tagen
w Wassergehalt
w/z Wasserzementwert
z Zementgehalt
z_{eq} Bindemittelgehalt
α_C Beiwert zur Berücksichtigung der Betonfes-

α_{CEM} Beiwert zur Berücksichtigung der Zementart

α_{cc} Beiwert zur Berücksichtigung von Langzeitauswirkungen auf die Betondruckfestigkeit

tigkeitsklasse

$\beta_{WN(150)}$ Betonfestigkeit an einem Würfel mit 150 mm Kantenlänge nach [DIN 1045 - 88]

ρ Trockenrohdichte

18.3.3 Kraftbezogene Kenngrößen

$A_{k,i}$ außergewöhnliche Einwirkung [accidential action]

C Auflagerkraft

C_{NT} Auflagerkraft des Nebenträgers

E_{cd} bezogene maximale Betonspannung unter der schadensäquivalenten Einwirkung

E_d allgemeiner Bemessungswert einer Last → auch Kap. 18.3.1, evtl. mit weiterem Index

F Einzellast oder Kraft (allgemein)

F_c Kraft im Beton

F_{cd} Bemessungswert der Druckkraft im Beton

F_{cdw} Bemessungswert der Betondruckstrebenkraft im Fachwerk

F_{cr} Risslast [crack]

F_{ctd} Bemessungswert der Biegezugkraft des Betons im Zustand I

F_d Bemessungswert der Streckenlast

F_{Ed} Bemessungswert einer Kraft

$F_{ed,sup}$ Auflagerkraft für die Momentenausrundung

F_k kritische Einwirkung

F_s Kraft im Betonstahl

F_{sd} Bemessungswert der Kraft im Betonstahl

F_{sdl} Bemessungswert der Längszugkraft im räumlichen Fachwerk bei Torsion

F_{sdw} Bemessungswert der Zugstrebenkraft im Fachwerk

$F_{s,cr}$ Kraft im Betonstahl bei Risslast

F_{td} Bemessungswert der Biegezugkraft im Zustand I

F_u Bruchlast

F_v vertikale Kraft

F_{yk} Kraft im Betonstahl bei Erreichen der Fließgrenze

f_b Verbundspannung [bond]

f_{bd} Bemessungswert der Verbundspannung

f_{cd} Bemessungswert der Zylinderdruckfestigkeit des Betons

$G_{k,i}$ ständige Einwirkung

g ständige Einwirkung (streckenbezogen = Streckenlast)

H Horizontalkraft

M Biegemoment (evtl. mit Index zur Beschreibung der Lage oder Koordinatenrichtung)

M_b Stützmoment des Riegels am Endauflager

$M_b^{(0)}$ Stützmoment des Endfeldes unter Annahme einer beidseitigen Volleinspannung und Volllast

M_{cr} Rissmoment (crack)

M_{Ed} Bemessungswert des Biegemomentes (zusätzlicher Index 0 = Th. I. O.; 2 = Th. II. O.)

M_{Ed1} Bemessungswert des Biegemomentes inkl. Auswirkungen aus Zusatzausmitte nach Th. I. O.

M_{el} Moment (nach der Elastizitätstheorie berechnet)

M_F Moment im Feld

M_k charakteristischer Wert des Momentes

M_R Moment im Rahmenriegel

M_{Rd} Bemessungswert des aufnehmbaren Momentes

M_u Biegemoment im Bruchzustand

M_{yk} Biegemoment bei Erreichen der Fließgrenze im Betonstahl

m_{Si} maßgebendes Stützmoment

m_1; m_2 bezogenes Biegemoment über einer Stütze

n_{bal} Bemessungswert der bezogenen Längskraft im balance point

N_{Ed} Bemessungswert der Längskraft

N_k charakteristischer Wert der Längskraft

N_{Rd} Bemessungswert der aufnehmbaren Längskraft

n_{ud} Bemessungswert der aufnehmbaren bezogenen Längskraft bei zentrischer Beanspruchung

P Vorspannung
p Querdruck
p_u Umlenkpressung
$Q_{k,i}$ veränderliche Einwirkung
q Streckenlast (-einwirkung) aus Verkehr
R_d allgemeiner Bemessungswert des Bauteilwiderstandes, evtl. mit weiterem Index
R_{equ} Bauteilwiderstand unter der schadensäquivalenten Spannung
R_{d1}^{Q} Querschnittswiderstand des Bauteiles ohne Ansatz der Verformungen
R_{d2}^{BW} Bauwerkswiderstand bei Ansatz der Verformungen
S Schnittgröße (allgemein); Beanspruchung
T Torsionsmoment [torsional moment]
T_d Torsionsmoment mit Bemessungswerten
T_{Ed} Bemessungswert des Torsionsmomentes
T_{Rd} Bemessungswert des aufnehmbaren Torsionsmomentes
$T_{Rd,max}$ Bemessungswert des aufnehmbaren Torsionsmomentes, der von den Betondruckstreben erreicht wird
$T_{Rd,sy}$ Bemessungswert des infolge Bewehrung aufnehmbaren Torsionsmomentes
U_h; U_v horizontale (bzw. vertikale) Umlenkkraft
V Querkraft
V_a; V_b; V_c Verankerungselemente nach **Abb. 8.25**
V_{ccd} Querkraftanteil der gegen die Systemachse geneigten Kraft der Druckzone
v_{cd} Querkrafttraganteil des Betons im Flansch (Dimension kN/m)
V_d allgemeiner Bemessungswert der Querkraft
V_{df} Querkraftanteil aus Dübelwirkung der Bewehrung
V_{d1} Querkraftanteil aus Rissverzahnung (-reibung) [friction]
V_{Ed} maßgebende Querkraft
V_{Ed0} Bemessungswert der bezogenen Längskraft nach Statik
$V_{Ed,T}$ Schubkraft aus Torsion in der Wandseite
V_{Rd} Bemessungswert der aufnehmbaren Querkraft
$V_{Rd,c}$ Querkrafttraganteil des Betons im Fachwerkmodell
$V_{Rd.ct}$ Bemessungswert der aufnehmbaren Quer-
$V_{Rd,cct}$ Bemessungswert der aufnehmbaren Querkraft ohne Querkraftbewehrung (Balken)
$V_{Rd,max}$ Bemessungswert der aufnehmbaren Querkraft, der von den Betondruckstreben erreicht wird
$V_{Rd,sy}$ Bemessungswert der aufnehmbaren Querkraft infolge Querkraftbewehrung (evtl. zusätzlicher Index st für Bügelbewehrung)
V_{td} Querkraftanteil der gegen die Systemachse geneigten Kraft der Bewehrung
v_{Ed} maßgebende Querkraft im Flansch ....*oder* Bemessungswert des Schubflusses aus Torsion
ΔF Differenzkraft
ΔF_{cc} Veränderung der Kraft im Beton infolge Kriechen
ΔF_d Bemessungswert der Differenzkraft in der Druckzone eines Plattenflansches
ΔF_{d2} Bemessungswert der Differenzkraft in der Druckzone eines Steges
$\Delta F_{d,tot}$ Veränderung der Biegedruckkraft (bei Zuggurten der Biegezugkraft) zwischen zwei Punkten in Längsrichtung, deren Abstand a_v beträgt
ΔM Ausrundungsanteil des Biegemomentes
ΔM_{Ed} Momentendifferenz zwischen zwei Punkten im Abstand a_v
$\Delta\sigma_s$ Spannungssprung im Betonstahl
$\Delta\sigma_{s,equ}$ schädigungsäquivalente Schwingbreite
$\Delta\sigma_{Rsk}$ Spannungsamplitude im Betonstahl für N^*-Lastzyklen
μ_{Ed} bezogenes Biegemoment
μ_{Eds} bezogenes Biegemoment in Höhe der Bewehrung
μ_u bezogenes Versagensmoment
μ_{y1}; μ_{y2} bezogenes Moment bei Erreichen der Fließgrenze in Bewehrungsstrang 1 bzw. 2
v_{Ed} Bemessungswert der bezogenen Längskraft
v_u bezogene Längskraft
σ_a halbe Amplitude einer Spannungsschwankung
σ_m Mittelwert einer Spannung

kraft ohne Querkraftbewehrung (Platte)

σ_c (Druck-)Spannung im Beton (evtl. zus. Index für Randbezeichnung)
σ_{cd} Bemessungswert der Betonlängsspannung
$\sigma_{c,freq}$ Bemessungswert der Betonspannung unter der häufigen Lastkombination
$\sigma_{c,lim}$ Grenzwert der Betonspannung beim Ermüdungsnachweis
σ_{cp} Längsspannung (z. B. aus Vorspannung)
$\sigma_{cp,eff}$ mittlere effektive Betondruckspannung infolge der Längskraft
σ_{ct} (Biege-) Zugspannung im Beton
σ_{dyn} dynamischer Spannungsanteil
σ_{Nd} Spannung infolge einer äußeren Kraft senkrecht zur Fugenfläche (Druckspannung positiv)
σ_s Stahlspannung (evtl. zusätzlicher Index für Lage der Bewehrung im Querschnitt)
$\sigma_{s,cr}$ Stahlspannung bei Auftreten des 1. Risses
$\sigma_{s,freq}$ Bemessungswert der Betonstahlspannung unter der häufigen Lastkombination [frequent]
$\sigma_{s,lim}$ Grenzwert der Betonstahlspannung beim Ermüdungsnachweis
$\sigma_{s,perm}$ Stahlspannung bei quasi-ständiger Einwirkungskombination [permanent]
σ_{stat} statischer Spannungsanteil
σ_t Quer-(zug-)spannung
σ_1; σ_2 Hauptspannung
τ_{adh} infolge Adhäsion aufnehmbare Schubspannung in einer Kontaktfuge
τ_{Ed} Bemessungswert der Schubspannung aus Torsion
τ_{fr} infolge Reibung [friction] aufnehmbare Schubspannung in einer Kontaktfuge
τ_s infolge kreuzender Bewehrung aufnehmbare Schubspannung in einer Kontaktfuge
τ_{sm} mittlere Verbundspannung innerhalb der Eintragungslänge
τ_T Torsionsschubspannung
υ_{Ed} Bemessungswert des Schubflusses
υ_{Rd} Bemessungswiderstand des Schubflusses
ψ_0 Kombinationsbeiwert für seltene Einwirkungen
ψ_1 Kombinationsbeiwert für häufige Einwirkungen
ψ_2 Kombinationsbeiwert für quasi-ständige Einwirkungen

18.3.4 Sonstige Größen

AF Arbeitsfuge
c_o; c_u Steifigkeitsverhältnis
cr Punkt der Rissbildung
E rechnerisches Ende der Bewehrung
f_k Quantilenwert
HT Hauptträger
i Zählvariable
K Beiwert zur Berücksichtigung des statischen Systems
K_1; K_r Beiwerte des Nennkrümmungsverfahrens
K_φ Beiwert zur Berücksichtigung des Kriechens
k Beiwert zur Berücksichtigung nichtlinear über den Querschnitt verteilter Eigenspannungen .... *oder* Beiwert zur Berücksichtigung der Bauteilhöhe
k_A; k_B Steifigkeitsbeiwert
k_c Beiwert zur Berücksichtigung des Einflusses der Spannungsverteilung innerhalb der Zugzone A_{ct} ....*oder* Beiwert zur Berücksichtigung der Betonfestigkeitsklasse beim Nachweis der Biegeschlankheit
$k_{c,\theta}$ Verhältniswert der Betonfestigkeit bei Hochtemperatur/Normaltemperatur
k_d Tafelwert bei der Biegebemessung mit dimensionsbehafteten Beiwerten (abhängig von Betonfestigkeitsklasse)
k_{dc} Tafelwert bei der Biegebemessung mit dimensionsbehafteten Beiwerten (unabhängig von Betonfestigkeitsklasse)
k_f Beiwert zur Berücksichtigung der Verformungsvergrößerung
k_p Quantilenfaktor
k_s dimensionsbehafteter Tafelwert zur Be-

k_a bezogener Randabstand der Kraft in der Druckzone
k_{zt} Zeitbeiwert zur Entwicklung der Zugfestigkeit f_{ctm}
k_1, k_2 allgemein für Beiwert
M Kennzeichen für Betonstahlmatten .... *oder* Schubmittelpunkt
MS Montagestab
N Lastspielzahl
N^* Lastspielzahl beim Übergang vom Zeitfestigkeits- in den Dauerfestigkeitsbereich
N_i Anzahl der ertragbaren Lastzyklen innerhalb eines Kollektivs
NT Nebenträger
n bestimmte Anzahl .... *oder* (als Exponent) Formänderungskennwert (Potenz) im Materialgesetz .... *oder* Schnittigkeit des Bewehrungselementes
n_i Anzahl der einwirkenden Lastzyklen innerhalb eines Kollektivs
n_s Anzahl der Geschosse
n_1 Anzahl der Bewehrungslagen
n_2 Anzahl der Bewehrungsstäbe
OK Oberkante
p_f Versagenswahrscheinlichkeit
R Feuerwiderstandsklasse
R_i Beiwerte mit Indizes i zur Berechnung der Feuerwiderstandsdauer
r Verhältniswert zur Festigkeitsentwicklung des Betons
rel F relative Luftfeuchte
S Kennzeichen für Stabstähle
SA Systemachse
SP Schwerpunkt
t Zeit
t_0 bestimmter Zeitpunkt .... *oder* wirksames Betonalter
t_1 bestimmter Zeitpunkt
u Punkt des Versagens
v Geschwindigkeit
WU wasserundurchlässig
y Punkt der Fließgrenze (bei beidseitiger Bewehrung mit zus. Index)
α Beiwert (evtl. mit weiteren Indizes)
α_c Völligkeitsbeiwert .... *oder* Abminderungsbeiwert für die Druckstrebenfestigkeit zur Bestimmung von A_s
k_T Rauigkeitsbeiwert
$\alpha_{c,red}$ reduzierter Abminderungsbeiwert für die Druckstrebenfestigkeit bei Torsion
α_e Verhältnis der Elastizitätsmoduln von Betonstahl und Beton
α_I unterer Rechenwert einer Verformungsgröße
α_{II} oberer Rechenwert einer Verformungsgröße
β Beiwert .... *oder* rechnerische Steigung im σ-ε-Diagramm des Betonstahles
$\beta_{cc}(t_0)$ Erhärtungsfunktion des Betons
β_{ct} Rauigkeitsbeiwert für Betontragfähigkeit
β_t Völligkeitsbeiwert infolge Spannungsänderung aus Zugversteifung
β_1 Beiwert zur Berücksichtigung des Einflusses eines Bewehrungsstabes auf die mittlere Dehnung
β_2 Beiwert zur Berücksichtigung der Belastungsdauer auf die mittlere Dehnung
γ Sicherheitsbeiwert
γ_C Teilsicherheitsbeiwert für Beton
$\gamma_{C,fat}$ Teilsicherheitsbeiwert für Beton im Rahmen des Ermüdungsnachweises
γ_E Ersatzsicherheitsbeiwert
γ_F Teilsicherheitsbeiwert für eine Einwirkung
$\gamma_{F,fat}$ Teilsicherheitsbeiwert für Einwirkungen beim Ermüdungsnachweis
γ_G Teilsicherheitsbeiwert für eine ständige Einwirkung
$\gamma_{G,stat}$ Teilsicherheitsbeiwert für den Nachweis der Lagesicherheit
γ_P Teilsicherheitsbeiwert für Vorspannung
γ_Q Teilsicherheitsbeiwert für eine veränderliche Einwirkung
γ_S Teilsicherheitsbeiwert für Stahl
$\gamma_{S,fat}$ Teilsicherheitsbeiwert für Betonstahl im Rahmen des Ermüdungsnachweises
Δt Zeitdifferenz
δ Anteil gestoßener Stäbe .... *oder* Umlagerungsbeiwert
δ_{lim} Grenzwert der bezogenen Momentenumlagerung
λ_s Betriebslastfaktor zur Bestimmung der

benfestigkeit infolge schiefwinklig kreuzender Risse

η Dehnungsverhältnis

η_1 Beiwert für Betonart (Normal- oder Leichtbeton)

μ Reibbeiwert .... *oder* Ermüdungsbeiwert

μ_{fi} Ausnutzungsgrad im Brandfall

ν Wirksamkeitsfaktor (Abminderungsfaktor, der die verminderte Druckfestigkeit des Betons infolge unregelmäßig verlaufender Risse zwischen den Druckstreben berücksichtigt)

schädigungsäquivalenten Schwingbreite

ν_{red} reduzierter Wirksamkeitsfaktor ν bei Torsion

φ Kriechzahl des Betons

θ Temperatur

$\rho_1; \rho_2$ Hilfsfaktor für Bemessungshilfsmittel

σ Standardabweichung

ω mechanischer Bewehrungsgrad

ω_w mechanischer Bewehrungsgrad der Querkraftbewehrung

$1/k_{II}$ Steifigkeitsbeiwert für Zustand II

Stichwortverzeichnis

Arabische Seitenzahlen beziehen sich auf ein Stichwort im Teil 1. Auf Stichwörter im Teil 2 wird durch „II" hingewiesen.

T